機械加工法

張天津 著

學歷：美國賓州大學工教博士

經歷：國立師範大學、清華大學、
　　　臺灣大學教授、副教授
　　　大華工專校長

現職：國立雲林工專校長
　　　國立師範大學工教研究所教授

三民書局印行

© 機械加工法

作　者　張天津
發行人　劉振強
出版者　三民書局股份有限公司
印刷所　三民書局股份有限公司
地址／臺北市重慶南路一段六十一號
郵撥／〇〇〇九九九八一—五號
初版　中華民國七十三年八月
修訂初版　中華民國七十六年八月
編　號　S 44025
基本定價　拾元捌角玖分
行政院新聞局登記證局版臺業字第〇二〇〇號

7. 本書取材，多採自中、英、日文名著及編者多年在師大、清華、臺大等校執教經驗而成，唯時間短促，疏誤之處難免，誠盼各界先進及讀者惠賜指教。

編 者 謹 識

編 輯 大 意

1. 本書係遵照民國七十二年一月教育部公布之五年
   制工業專科學校機械工程科「機械加工法」課程
   標準編著而成。

2. 本書全一冊，供五年制工專機械工程科第二學年
   上、下學期，每學期2學分，每週授課2小時教
   學之用。

3. 本書共有二十章，除了各種傳統式的加工法之
   外，另外粉末冶金、數字控制和各種特殊加工法
   均列有專章加予介紹。

4. 發展精密工業，提高產品品質是工業界一致
   與發展的目標，本書特將量具與檢驗列為專
   紹，使讀者了解其重要性。

5. 本書內容力求深入淺出，文字力求暢順
   際圖例特多，使讀者能一目了然，進
   興趣。

6. 本書所用之專有名詞，依照教育部
   工程名詞」為準，如未公布者，
   依機械工業界所常用者為主。

機械加工法　　目次

第三章　鉗工工作

第四章　木模工作

第五章　鑄造

第六章　特殊鑄造

第七章 粉末冶金

第八章　熱作

第九章　冷作

第十章　熔接工作

第十一章　切削理論

第十二章　車床

第十三章　製孔工作

第十四章　鋸切工作

第十五章　鉋床

第十八章 塑膠加工

第十九章 數字控制

第二十章　特殊加工

第一章 緒 論

1-1 引 言

　　自從人類廣泛應用機器製造工具以來，便有一種新的趨勢，那就是使其更為有效及具備更多的技術，以節省時間和勞力。以工具機而言，例如，1775 年威爾金森 (Wilkinson) 發明了搪孔機 (Boring machine)，而使得瓦特 (Watt) 得以發明和建造蒸汽機的引擎。為了滿足節省時間和勞力的要求，機器的控制與設計乃更趨複雜。自動化及全自動化，亦相繼成為機器改進之特色，此種技術性之發展，不但提高了生產速度，降低了生產成本，更重要的是，滿足了各階層人們享受較高生活水準之願望。

　　機械加工是利用各種機器及工具，使材料得到一定之形狀、尺寸精度、加工程度的加工方法。由於生產機器不斷的改良，品質方面亦倍受重視。品質控制後產品之互換性，必大為增加，使用上將更為方便。在大量生產制度下，每一件皆必須能滿足裝配上之要求。零件的互換性，縮短了整體機器組合的時間，降低了成本和簡化了修理維護的工作。但為了精密度能得到嚴格的控制，必須加強檢驗及品質控制的工作。

　　機械加工作業中，為了達到經濟的生產目的，必須具備下列三個原則：

1. 具有美觀而簡單之功能的設計。
2. 材料的選擇，要在物理性質，外觀、價格及加工性、切削性之間能表現出最好的選配。

　　3. 製造方法的選擇，必要考慮到成本，並且要合於品質之要求。

1-2 機械加工程序概要

1-2-1 產品設計 (Product design)

　　產品設計的重要原則，是在選用材料；製造方法，及存儲費用等以愈低愈好，這樣才可在市場上發揮其競爭能力。任何的產品，固然可以選用強度較高，耐蝕性較佳或壽命較久的材料，但考慮到價格問題時，工程師們有必要有責任在生產經濟上，採用折衷方式。

　　在經濟原則的觀點上，製品的精度，在設計上不必超過它所需要的程度。其次，一個好的設計，也要考慮到它表面光亮程度或電鍍、油漆等處理，因為製品之外觀與其功能有相同的重要性。但是無論如何，設計原則仍然以功能為主，特別是需要高強度、耐腐蝕、重量受限制等情形，更為重要。還有大量生產件之設計原則，必須合於大量生產的機器，且其特殊的工具準備和裝置，要設法減至最少。產品加工過程中，每一件都需要裝置、拆卸、運送等步驟，每一步驟皆須要時間，時間便是無形的金錢，故在設計時必須盡量減少時間。現代設計的一種趨勢，是產品的外形最好能為直線，或是能用數學方法表現出的一種曲線，以便能使用數值控制的機器來加工。總之，在產品設計的開始，就應考慮到其加工方法和步驟。

1-2-2 工程材料 (Engineering materials)

　　工程材料在基本上有金屬及非金屬兩大類，非金屬材料又可分為無機物及有機物二種。在大自然界中，材料之種類不勝枚舉，我們機械從業人員，對材料的認識與瞭解，是不可或缺的，如何選配一種最合於經濟原則的材料，是設計工程師及製造工程師共同之責任。

工程材料中有若干種存在於自然界中，例如金屬氧化物、硫化物及炭酸鹽等，在進一步加工後，其原子結構，在常溫狀態下非常穩定，歷久而不變。金屬元素中，鐵可能是最重要的元素之一，亦佔工程用金屬材料中之首位。但純鐵在工業上少有用途，量亦非常的少，若合併他種元素，如加上碳則稱爲鋼。成爲鐵合金，其功能則佔所有金屬中之第一要位。其次，非鐵金屬中有銅、錫、鎳、鋅、鎂、鋁及其他，亦各有其特殊性質及用途。

晚近的塑膠、粉末金屬、瓷質，甚至若干種新創的奇特材料，已代替過去使用木材、鋼、銅、錫、鋅等地位，又利用高能量作動力之生產，其推動及製造的方式，創造了新的材料，如高強度及耐火材料等。如果您乘坐現代化的噴射客機，機內四壁的材料看起來美觀舒適，質地輕柔，其實是一種強韌度甚高的玻璃纖維強化塑膠的製品。有人稱這種材料爲太空材料，簡稱 FRP (Fiber reinforce plastic)。

1-2-3 機器及加工法之選擇

以機器及工具來加工成品，必須合於經濟效益原則及具有精確尺寸。如要合於品質要求及經濟原則，機器和加工方法之選擇均非常重要，大凡某一種機器，有其適合於某一數量的生產量，此才合於經濟原則。例如少量或零星工作，則使用普通機器，如車床、鑽床、鉋床等工作母機來加工最爲合適，因爲此類機器有高度的改裝適應性，購置價格低，維護費用少，適合工場中改變之彈性。特種機器(Special purpose machine) 只適合於大量標準化零件之製造，此種單功能機器工作既快又好，費用亦低，甚至半技術工人即可勝任。

選擇最適當的機器及工作方法來製造產品，吾人必需具備各種生產加工方法的廣泛知識，亦必須考慮到產量、品質及各種設備的性能優點和限制。不要過份去重視一種產品可能會有多種製造方法的理想。吾人應該承認，在一般情況下，每樣產品只有一種是最經濟的生產方式。因此，在選擇各種加工方法時，應特別加以考慮。關於各種加工方法和製造程序 (Manufacturing processes) 之分類，一般而言，可歸納如下：

A. 改變材料形狀的加工法：

　　1. 由礦中提煉。

　　2. 鑄造。

　　3. 熱加工及冷加工。

　　4. 粉末冶金成形 (Powder metallurgy forming)

　　5. 塑膠模造 (Plastics molding)

B. 切削加工法：

　　1. 傳統式切削加工法。

　　2. 非傳統式切削加工法。

C. 表面層之加工法：

　　1. 除去金屬表面層 (Metal removal)

　　2. 拋光 (Polishing)

　　3. 塗敷覆蓋層 (Coatings)

D. 機件或材料連結法（結合法）(Joining)

E. 改變材料物理性質加工法 (Change of physical properties)

以上五大類是金屬加工及部份非金屬加工之方法，並可細分如下：

A. 改變材料形狀 (Shape change) 加工法：

1. 鑄造 (Casting)	4. 滾軋 (Rolling)
2. 鍛造 (Forging)	5. 抽拉 (Drawing)
3. 擠製 (Extruding)	6. 壓擠 (Squeezing)

7. 軋碎（Crushing）　　10. 彎曲（Bending）

8. 穿孔（Piercing）　　11. 剪切（Shearing）

9. 型鍛（Swaging）　　12. 旋轉成形（Spinning）

13. 伸拉成形（Stretch forming）

14. 滾軋成形（Rolling forming）

15. 氣炬切割（Torch cutting）

16. 爆炸成形（Explosive forming）

17. 電液壓成形（Electrohydraulic-forming）

18. 磁力成形（Magnetic forming）

19. 電積成形（Electro-forming）

20. 金屬粉末成形（Powder metal forming）

21. 塑膠模造（Plastics molding）

　　以上所舉金屬變形之加工方式，僅專為製造某一特定機件之初加工程序。但其中亦有若干種製品可以直接當作成品，如旋轉成形，滾軋之軸料，壓鑄件（Die casting），伸拉成形（Stretch forming）等製品。此類製法，於本書中將介紹多種。

　　B. 切削（Machining）加工法

　　(I) 傳統式切削法

1. 車削（Turning）　　7. 鋸斷（Sawing）

2. 平鉋（Planing）　　8. 拉削（Broaching）

3. 形鉋（Shaping）　　9. 銑切（Milling）

4. 鑽孔（Drilling）　　10. 輪磨（Grinding）

5. 搪孔（Boring）　　11. 滾銑（Hobbing）

6. 鉸孔（Reaming）　　12. 切槽（Routing）

　　(II) 非傳統式切削法

1. 超音波加工法（Ultrasonic machining）

2. 放電加工法 (Electrical discharge machining)

3. 電弧加工法 (Electro-arc machining)

4. 雷射加工法 (Optical laser machining)

5. 電化加工法 (Electro chemical machining)

6. 化學銑切法 (Chem-milling)

7. 磨料噴射切削法 (Abrasive jet cutting)

8. 電子束加工法 (Electron beam machining)

9. 電漿加工法 (Plasma arc maching)

以上所介紹的為傳統式及非傳統式之加工法。在傳統式加工法

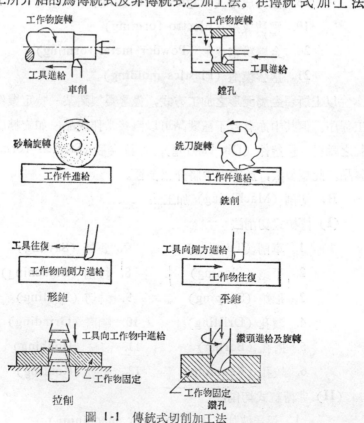

圖 1-1　傳統式切削加工法

中，工作方式不外是綜合旋轉及往復動作兩個原則，亦就是說工具或工作物作往復或旋轉的動作。如圖 1-1 所示。超音波加工 (USM)、放電加工 (EDM)、電化加工 (ECM)、電子束加工 (EBM)、雷射光加工 (LBM) 等等，皆是特殊之加工方法，亦稱非傳統式的加工法，將於後一章再詳細介紹。

C. 表面層加工法 (Surface finish)

表面層加工法其目的，在產生一種光平的表面、精確的尺寸、美觀的外表，或有保護作用的表面層，其方式有：

1. 拋光 (Polishing)
2. 帶磨 (Abrasive bett grinding)
3. 滾磨 (Barrel tumbling)
4. 電鍍 (Electroplating)
5. 搪磨 (Honing)
6. 研磨 (Lapping)
7. 精磨 (Super finishing)
8. 金屬噴敷 (Metal spraying)
9. 無機物敷層 (Inorganic coating)
10. 磷酸防蝕 (Parkerizing)
11. 陽極氧化 (Anodizing)
12. 滲鋅法 (Sheradizing)

以上各種方法之處理，對尺寸之影響極微，但能美化外表，增加美觀和延長使用壽命之功能。

D. 結合法 (Joining)

將二種或二種以上附件組合成一種產品之方法，稱為結合法，其結合方式，約有下列幾種：

1. 熔接 （Welding）   5. 壓接 （Pressing）

2. 軟焊 （Soldering）   6. 鉚接 （Riveting）

3. 硬焊 （Brazing）   7. 螺接 （Screw fastening）

4. 燒結 （Sintering）   8. 膠接 （Adhesive joining）

   E. 改變物理性質之加工法 （Change of physical properties）

利用升高金屬溫度，或迅速、重覆對材料施以壓力，而改變金屬材料之性質謂之，其方法如下：

1. 熱處理 （Heat treatment） 3. 冷加工 （Cold working）

2. 熱加工 （Hot working）   4. 珠擊法 （Shot peening）

熱處理可改變材料之物理性質及其金屬結構。熱加工及冷加工主要在於改變金屬之外形，但對於其物理性質及結構皆有相當的影響，珠擊法則以小件為對象，以增加對疲勞應力之抵抗。

1-3 新近機械加工發展的趨勢

自十九世紀初，工具機的切削方式使用動力之後，其構造更趨堅固，不但切削速度加快，進刀量增多，而且其尺寸亦更精確。然而由於切削速度增加，工具本身的溫度增高，因此也減低了工具的壽命，於是乃需要新的工具材料來克服這種困難。換句話說，切削速度增加，一般的刀具壽命卽減低，但在一些研究中，已發現切削速度已可增至 200,000ft/min(1000m/s)，另一發現是當切削速度超過100,000 ft/min,(500m/s) 時，其溫度不但未見增加反而有降低現象。這都是由於切削刀具的材質已有進步與改變的關係。

十九世紀初，金屬切削刀具是由高碳鋼製成的，其刀具如欲保持銳利的双口應保持在 400°F。以下的工作溫度。而廿世紀初，高速鋼被發展出來以後，工作溫度可高至 1000°F, 切削速率也加倍。近來由於燒結碳化物 （Sintered carbide） 和陶瓷氧化物刀具的發展和使用，使切削速再度加倍，耐高溫的程度再提高。將來，切削刀具的材料乃會朝耐極高溫、耐衝擊、耐震和耐磨方向繼續發展。

　　一般而言，任何機器的加工方式，都可使其自動化。但可行之範圍，應視經濟價值而定。一部機器可使連續不斷的，從進料、加工以至成品的輸出，完全為自動化。而有些機器，操作者僅作原料的裝置和成品的拆卸，其他一連串之操作則皆由機器自動為之，此種機器常稱為半自動化機器。

　　通常一部機器有一定的工作範圍，若希望此部機器完成更多的工作項目，則須將兩部以上機器合而為一，成為一種特殊機器，或稱切削中心 (Maching center)。另一種方式是使用各種單獨的標準機器，機器與機器之間利用輸送機構，使加工件由一部機器自動或半自動的送至另一部機器。但此種方式的最大問題，在於各個加工及輸送步驟的時間配合，若此種困難克服了，才能達到機械化的協調目的，許多自動化或半自動化的生產工廠，皆用此種方式設立生產線，以製造產品。

　　在過去二十年中，數值控制 (Numerical control) 廣泛應用於工具機上，此種機器稱為數值控制機器 (NC Machine) 是最具有戲劇性之發展。從小型車床至大型的製模銑床，皆可使用數值控制設備。圖 1-2 所示為由電子計算機所產生的紙帶，應用到數值控制的工具機上的例子。此類工具機未來在數量方面一定逐漸增多，同時由於電腦之快速發展，CNC 的工具機也跟着發展出來，將各種不同加工方法的電腦程式，儲存在機器設備內，用到時再把它叫出來應用，所以 CNC 又稱為電腦化的數值控制機器。此類機器應用到精密加工上將毫無疑問的越來越普遍。

　　近年來，或許是由於材料具有更強、更硬、更韌等性質，甚至非傳統性材料亦被採用，漸有使用無屑加工法 (Chipless machining) 之趨勢。而目前使用的傳統加工法，慢慢地亦以切除材料愈少愈好的現象。因為材料的切除不僅增加了加工費用，而且材料本身也是一種浪費。這是由於屑片料甚少有恢復使用之價值。無屑片加工法本身是一種昂貴的加工法，但是可以由節省的材料而得到補償。例如目前機械加工大量使用的鍛造、液壓旋轉、旋轉鍛造、旋轉成形、頭端鐵鍛、滾軋及壓鑄等方式加工即是。

現在，還有一種趨勢，即是為節省製造費用及增加生產速度，今後無論是使用金屬或非金屬材料，其加工量會越來越減少，此乃是一種不可抗拒之趨勢。

圖 1-2 數值控制機器

複 習 題

1. 解釋下列名詞：

製造程序、互換性生產、大量生產零件、特種目標機器、零星生產、全自動、數值控制。

2. 說明經濟生產準則。

3. 為什麼材料及設計，對製造程序很重要。

4. 製造程序如何分類？

5. 對大量、中量，及零星生產，試比較其優劣點。

6. 何謂全自動？它對於大量、中量或零星生產何者較為適合，試討論之。

第二章　量具與檢驗

2-1　度量儀器

　　機械加工主要在依照工作圖製造出所需尺寸與形狀的工件，故測量工件尺寸與形狀的量具是不可缺少的。長度單位有兩種制度：(1)公制：公厘、公分……(2)英制：吋、呎……。一般皆以公厘爲主，吋爲輔。爲了討論方便，現把量具分爲下列四種；

I.　直線度量

　　A.　直接讀數量具

　　　　1.　直尺

　　　　2.　深度量具

　　　　3.　分厘卡

　　　　4.　游標尺

　　　　5.　機械式度量儀器

　　　　6.　光學度量儀器

　　　　7.　複合量具

　　B.　間接讀數量具

　　　　1.　卡鉗

　　　　2.　針盤指示錶

　　　　3.　機械式比較儀

　　　　4.　伸縮量規

II.　角度量具

A. 量角器

B. 正弦棒

C. 標準角度量規

D. 標準比較量規

E. 分度器

III. 平面量具

A. 水平儀

B. 複合量具

C. 表面量規

D. 自動反光儀

E. 表面光度儀

F. 標準光學平面

IV. 多目標特殊量具

A. 空氣式

B. 電式

C. 電子式

D. 雷射式

2-1-1　直線度量

一、直接讀數長度量具

1. 直尺

　　直尺是用以量長度在工件尺寸比較不重要的部位，只能得到一約略值。大量生產及需要考究精度的工作已很少使用。

2. 深度量具

　　如圖 2-1 常見的深度量具，是用來測量內孔或槽的深度。是一非常方便的量具。

3. 分厘卡

分厘卡是一種較精密的量具，用以測量工作物之外徑、厚度、內孔、螺紋節徑、凹槽及管子厚度等尺寸。 又稱爲測微器 (Micrometer)。

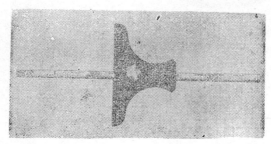

圖 2-1 深度量規

(1) 分厘卡的種類

A. 外徑分厘卡 (Outside micrometer)：主要用途在於測量工件之外徑、厚度或長度等尺寸。小型外徑分厘卡只能測量 25 公厘（或 1 吋）以內的工件，大者可測定 2000 公厘（或 80 吋）以下工件之精確尺寸。 一般的精密度有 0.01mm (0.001 吋) 及 0.001mm (0.0001 吋)。

外徑分厘卡有公制與英制，但也有公英制兩用的，即在分厘卡的套筒及襯筒上如係英制，則其指示計數器 (Digital counter) 所示的就是公制數字。如圖 2-2A 即爲公英制兩用外徑分厘卡。 英文名爲 Combimike。

圖 2-2B 爲 0-25 公厘量測範圍的公制外徑分厘卡，每一小格爲 0.01 公厘（每一小格之大小即該分厘卡能够達到的精度， 通常稱之爲分厘卡之精密度）之精密度。

圖 2-2C 爲精密度 0.001 公厘的外徑分厘卡。圖 2-2D 爲英制

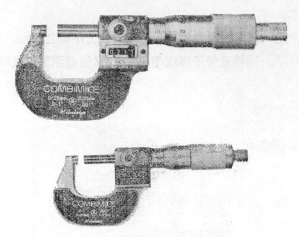

圖　2-2A 公英制兩用外徑分厘卡

外徑分厘卡，其精密度可達 0.0001 吋。圖 2-3A 爲精密度達 0.001 mm 之公制指示分厘卡 (Indicating micrometer)，圖 2-3B 爲英制指示分厘卡，其準確度可量到 0.0001 吋。

圖 2-2B 公制外徑分厘卡 (0.01mm)

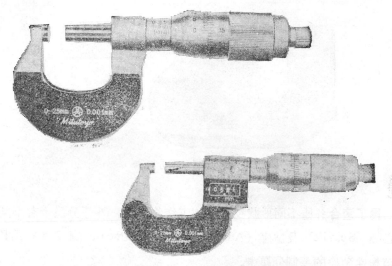

圖 2-2C　公制外徑分厘卡 (0.001mm)

圖 2-2D　英制外徑分厘卡 (0.0001″)

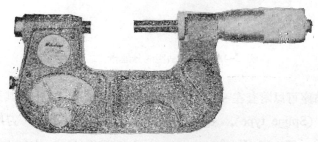

圖 2-3A　公制指示分厘卡

圖 2-3B 英制指示分厘卡

　　爲了適合各種不同形狀及大小的工作物測量，外徑分厘卡有不同的心軸 (Spindle) 及砧座 (Anvil) 和卡架 (Frame)，圖 2-4A 爲具有可換性砧座的英制分厘卡。

　　圖 2-4B 爲附有針盤指示表 (Dial indicator) 的外徑分厘卡，其優點是讀數容易。圖 2-4C 爲附有不同砧座做特殊用途的外 徑 分 厘

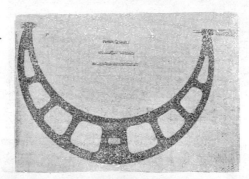

圖 2-4A　可換砧座的分厘卡

卡，　這些砧座可以附套在一般的外徑分厘卡上使用，　砧座依其形狀可分爲柱型 (Spline type)，比測儀型（Comparator type），刀片型（Blade type)，刀口型 (Knife-edge type) 和圓盤型(Disc plate type)

圖 2-4B 附有針盤指示表的外徑分厘卡

圖 2-4C 附有不同砧座的外徑分厘卡

圖 2-5 為使用指示分厘卡的情形，因其精度可達 0.001 公厘（或 0.0001吋），故可當做比測儀 (Comparator) 使用。圖 2-6 為利用外徑分厘卡測量曲軸的情形。

圖 2-5 指示分厘卡可當比測儀使用

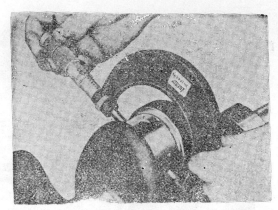

圖 2-6 使用分厘卡的情形

B. 內徑分厘卡 (Inside micrometer): 主要用途在於量測圓孔之內徑、 管之內徑及各種槽溝之寬度等。 與外徑分厘卡的精密度、 單位、尺寸大小均相似，只是其結構外形與外徑分厘卡有異。

圖 2-7 為兩腳式內徑分厘卡。 圖 2-8 為柱式內徑分厘卡。 圖 2-9 為圓管內徑分厘卡。圖 2-10 為使用內徑分厘卡量取鏜孔直徑的情形。

圖 2-7 公制兩腳式內徑分厘卡 (0.01mm)

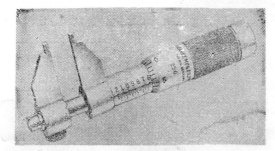

圖 2-7B　英制兩脚式內徑分厘卡（0.001吋）

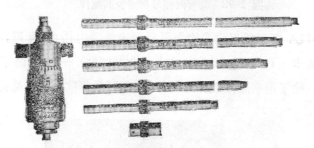

圖 2-8　內徑分厘卡

圖 2-9A　用內徑分厘卡量圓管

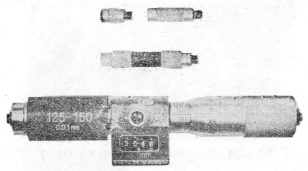

圖 2-9B　圓管內徑分厘卡及其配件

　　圖 2-11A 所示爲三點式的內徑分厘卡量測內孔 的 情 形，三 點
式內徑分厘卡（Three-point internal micrometer）一般皆 稱 測 孔 器
（Holtest），除了用來測量鏜孔直徑外，尙可量測陰螺紋的節徑，方

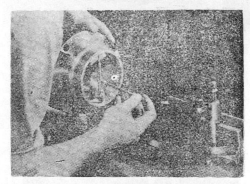

圖 2-10　用內徑分厘卡量鏜孔之大小

槽，V 型槽和鋸齒型槽等等。 此量具的砧座有固定式及可換式。 圖
2-11B 爲測孔器的一般外形。圖 2-11C 則爲各種測孔器的特別砧座
形狀。
　　C. 深度分厘卡 （Depth micrometer）: 其用途在於測量工作物
之深度或階梯式工件的部分尺寸，一般底座的寬度約爲16公厘，長度

圖 2-11A　三點式內徑分厘卡，又稱測孔器

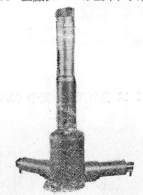

圖 2-11B　三種不同尺寸範圍的測孔器

	螺紋節徑		陰螺紋……………	
			方　槽……………	
	方　槽		V　槽……………	
			柱……………	
	V　槽		圓　槽……………	
			鋸齒形……………	

圖 2-11C　各種形狀的砧座

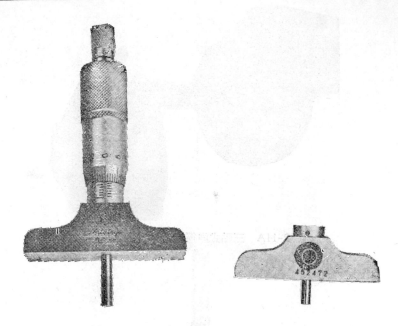

圖 2-12 公制深度分厘卡 (0.01mm)

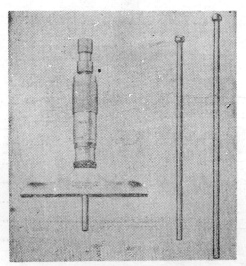

圖 2-13 英制深度分厘卡及其可換性之量柱

有 60mm 與 100mm 兩種，量測範圍最小為 0～25mm，最大為 0～300mm。圖 2-12～2-14 為各深度分厘卡及使用。

圖 2-14　測量工作物凹肩深度

D. 螺紋分厘卡 (Screw thread micrometer)：用於直接測量螺紋之節徑，免除使用三線法 (Three wire method) 的麻煩。其精密度一般可達 0.01mm (或 0.001″)

螺紋分厘卡的心軸及砧座有固定式及更換式兩種形式。更換式的螺紋分厘卡可以量取不同種類的螺紋。圖 2-15A 及圖 2-15B 為測量螺紋節徑的情形。

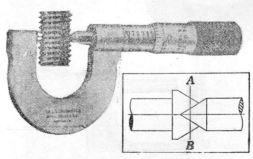

圖 2-15A　用螺紋分厘卡量螺紋節徑

圖 2-15B　螺紋分厘卡的使用情形

E. 管厚分厘卡 (Tube micrometer)：其用途在於量測軸環、管壁厚、管料等，亦可測定內孔到外緣之尺寸。管厚分厘卡有兩種型式，如圖 2-16A 及 2-16B 所示。

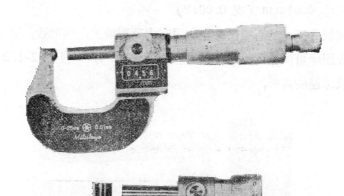

圖 2-16A　管厚分厘卡之一 (0.01mm)

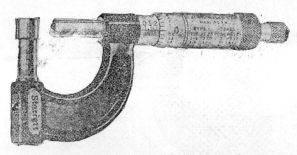

圖 2-16B 管厚分厘卡之二 (0.001″)

F. 特種分厘卡 (Special micrometers)： 主要是用來測量特定的工作物。常見的有：栓槽分厘卡 (Spline micrometer) 是用來測量軸溝、栓槽和其他不易測量之處。如圖 2-17A 所示。尖點分厘卡 (Poin micrometer)，尖點磨成 0.3mm 的圓弧，用來量測槽溝、鍵槽和其他不易量取之處，如圖 2-17 B 所示。界限分厘卡 (Limit micrometer)，係兩個分厘卡的組合，為 Go 與 No-go 的量規，如圖 2-17C 所示。V 型砧座分厘卡 (V-anvil micrometer) 是用來測量三槽溝或五槽溝的切削頭，如銑刀、鉸絲攻和刮刀等。其砧座有 60° 及 108° 角兩種，如圖 2-17D 所示。金屬片分厘卡 (Sheet metal micrometer) 另稱板金分厘卡，是用於量取金屬板之厚度，卡架成一深凹型卽其外形特徵，如圖 2-17E 所示。枱式分厘卡 (Bench micrometer) 能固定在枱桌上，其分厘卡之頭部特別大，以便於讀數，如圖 2-17F 所示。溝槽分厘卡 (Groove micrometer) 是用來測量溝之寬度，槽與槽間的長度和溝槽之定位等，如圖 2-17G 所示。罐縫分厘卡 (Can seam micrometer)，特別為罐頭工業而設計者，用以量測罐頭縫邊之寬度和長度，如圖 2-17H 所示。輪轂分厘卡 (Hub-micrometer) 是專門用於測量輪轂之厚度或長度卡架設計的特別淺，以便能通過輪孔而量測輪轂尺寸，如圖 2-17I 所示。

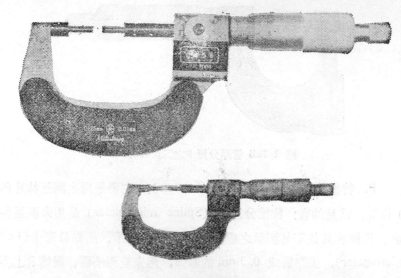

圖 2-17A 栓槽分厘卡

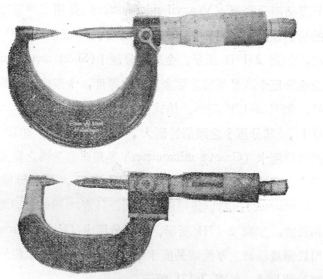

圖 2-17B 尖點分厘卡

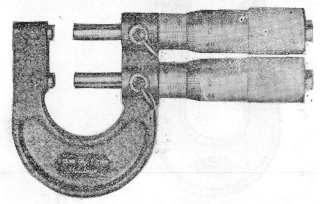

圖 2-17C 界限分厘卡

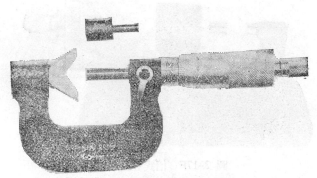

圖 2-17D V型砧座分厘卡

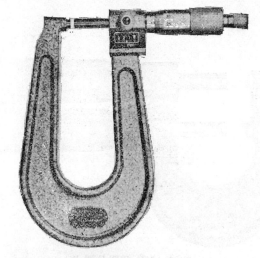

圖 2-17E 金屬片分厘卡

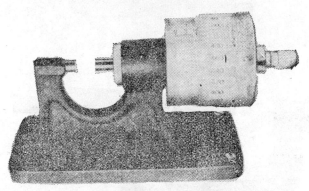

圖 2-17F 枱式分厘卡

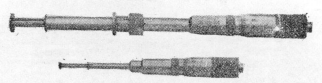

圖 2-17G 溝槽分厘卡

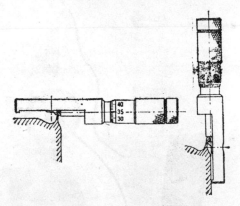

圖 2-17H 罐縫分厘卡

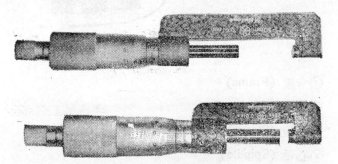

圖 2-17I 輪轂分厘卡

爲了方便量測特定工件的特種分厘卡將漸多，而且因電子工業的發展，將分厘卡或針盤指示錶與電子儀器配合使用是愈普遍。如圖 2-17J 即爲信號比測儀 (Signal hicator)，當工件放置於比測儀時，信號箱上的信號燈即會顯示，若亮綠燈則表示其尺寸在公差範圍之內是良品，如亮紅燈則表示尺寸太小 (Under size)，如亮黃燈則表示尺寸太大 (Over size)

(2) 分厘卡的構造

典型的分厘卡其主要的組成有下列各項：（如圖 2-18 所示）

圖 2-17J　信號比測儀

① 卡架 (Frame)

② 砧座 (Anvil)

③ 襯筒 (Sleeve)

④ 心軸 (Spindle)

⑤ 夾環或鎖帽 (Spindle lock or lock nut)

⑥套筒（Thimble)

⑦棘輪停止器（Ratch stop)

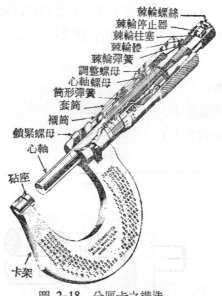

圖 2-18　分厘卡之構造

比較新型的分厘卡，具有清晰易讀的指示計數器（Digital counter)，將分厘卡所測得的尺寸用數字顯示出來，指示計數器的小齒輪與心軸的螺紋連接，套筒一轉動卽帶動計數器。

(3) 分厘卡的原理與讀法

分厘卡的心軸與套筒聯動，而襯筒連接於卡架。心軸螺絲節距爲0.5公厘。襯筒上刻度每一格也是0.5公厘，因而當旋轉套筒一圈，套筒邊緣沿襯筒前進一格，而套筒周邊上又分爲50格刻度，所以0.5公厘除以 50 格，卽在套筒上每旋轉一格時主軸前進或後退0.01公厘。

英制分厘卡的心軸螺絲每吋 40 牙，螺絲轉動 40 週，心軸卽移動一吋，襯筒上沿軸線方向每吋亦分 40 等分，每四小格由 0 ～10記入數字，每位數字代表$\frac{1}{10}$吋的乘積值，而套筒外斜面上沿圓周又分成

25 等分，每五等分記入一數字，如此，只在套筒上轉動一小格，心軸卽前進或後退千分之一吋$\left(\dfrac{1}{25}\times\dfrac{1}{40}=\dfrac{1}{1000}\right)$。爲使分厘卡能進一步地量取更高的精密度，在襯筒上刻上十等份的游標，不論是公制或英制，均可使其可量達之準確度增加十倍。圖 2-20A, 2-20B, 2-21, 2-22A, 2-22B 將說明分厘卡之讀法。

如圖 2-19A 所示

襯筒（中線上方）	5.00mm
襯筒（中線下方）	0.50mm
套筒	0.28mm
合計	5.78mm

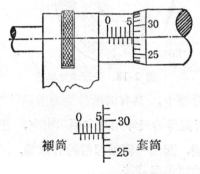

圖 2-19A　公制分厘卡讀法

如圖 2-19B 所示

分厘卡本體

襯筒（中線下方）	2.500mm
套筒	0.490mm
襯筒游標（中線上方）	0.004mm
合計	2.994mm

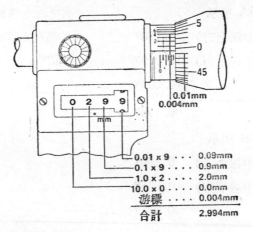

圖 2-19B 分厘卡指示計數器之讀法

分厘卡指示

計數器:	小數點以下第二位	0.01×9 ……0.09mm
	小數點以下第一位	0.1×9 ……0.9mm
	個位數	1.0×2 ……2.0mm
	襯筒游標	0.004mm
合計		2.994mm

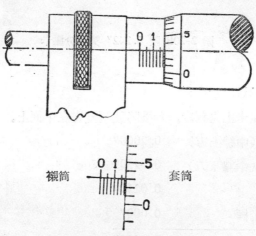

圖 2-20A 讀數爲 0.178″

如圖 2-20A 所示

襯筒（中線上方）	0. 150″
襯筒（中線下方）	0. 025″
套筒	0. 003″
合計	0. 178″

如圖 2-20B 所示

襯筒（中線上方）	0. 200″
襯筒（中線下方）	0. 025″
套筒	0. 017″
合計	0. 242″

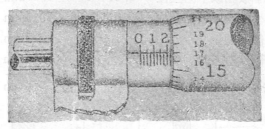

圖 2-20B 讀 0.242″ 英制分厘卡

如圖 2-21 所示

*A*為分厘卡上之刻度， *B*為將該刻度畫在平面上。

襯筒（中線上方）	0. 2000″
襯筒（中線下方）	0. 0250″
套筒	0. 0250″
襯筒游標	0. 000″
合計	0. 2500″

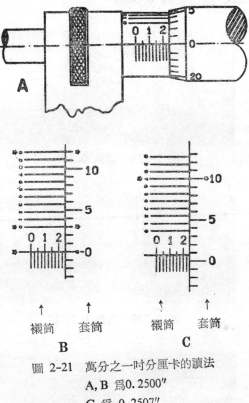

圖 2-21 萬分之一吋分厘卡的讀法
A, B 為0.2500″
C 為 0.2507″

如量測的結果係如C圖所示則其尺寸為:

襯筒（中線上方）	0.2000″
襯筒（中線下方）	0.0250″
套筒	0.0250″
襯筒游標	0.0007″
合計	0.2507″

如圖 2-22A 的讀數為 0.359″

如圖 2-22B 的讀數為 0.2991″

如圖 2-22C 的讀數為 0.3001″

圖 2-22A 讀數 0.359″

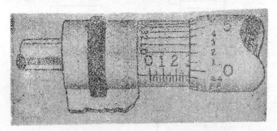

圖 2-22B 讀數 0.2991″

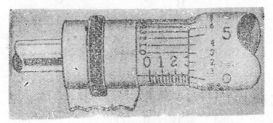

圖 2-22C 讀數 0.3001″

(4) 分厘卡的調整

　　當分厘卡使用過久或其他因素影響，其準確度有誤差時，應調整歸零之。圖 2-23A, 2-23B 為普通外徑分厘卡的調整方法，將套筒往後旋轉，轉到底，再用勾形扳手塞進調整螺帽溝，旋轉使之固定不動。清除砧座及心軸上所有的不潔物，再使砧座及心軸密接，並把勾形扳手塞進襯筒上，轉動襯筒使筒上之長線正確地與套筒上的零線成一直線，而做到歸零的工作。

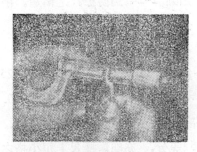
圖 2-23A 分厘卡的調整

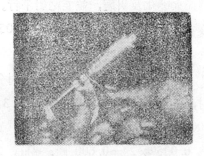
圖 2-23B 分厘卡歸零調整

　　若要調整指示器式分厘卡其方法如下：鬆開計數器的蓋子，轉動套筒，直到調整螺絲已定位，再鬆開調整螺絲，用手握持將已鬆動的調整螺絲用小螺絲起子推動之，並轉動套筒，使之與計數器上的數字與套筒上的讀數一致時才停止轉動，再旋緊調整螺絲，再裝上計數器的蓋子。圖 2-23C 及 2-23D 為分厘卡指示計數器的部份剖面圖。

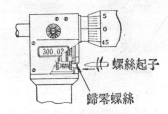
圖 2-23C 調整指示計數器

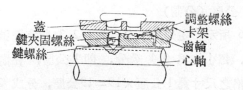
圖 2-23D 指示計數器剖面圖

4. 游標尺 (Vernier caliper)

游標尺有英制、公制、公英制併用三類，爲了量度精確兩卡爪須經淬火硬化及研磨，並能絕對平行。如圖 2-24 爲游標尺之構造。精度有 0.001 吋，0.02 公厘和 0.05 公厘。現分述其原理如下：

A. 0.001 吋（英制）

如圖 2-25 所示。主尺上一吋分爲 40 等分，每一小格爲 0.025 吋，每間隔四小格，刻有 1，2，3……9 的數字，各代表 0.100,0.200,……1.00 之尺寸，在游標尺（副尺）上取主尺 24 格之尺寸，爲 0.025″×24=0.600 吋，分成 25 等分，亦卽游標尺上每小格之差爲 0.025″−0.024″=0.001″，此卽其最高精度。

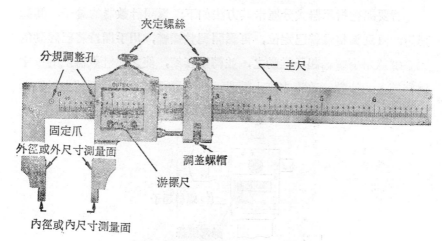

圖 2-24 游標尺各部構件之名稱

B. 0.05 公厘（公制）

如圖 2-26 所示。主尺每一公分以 1, 2, 3, 數字記號，而每公分又再細分十等分，每小格爲 0.1 公分，卽 1 公厘，在游標尺（副尺）上取主尺十九格之尺寸爲 1 公厘×19＝19公厘，分成 20 等分，因此副尺上每一格爲 19 公厘÷20＝0.95公厘，故主尺與副尺間每一格之

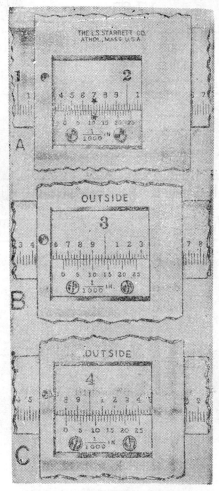

圖 2-25 英制游標尺之讀法

差距為 1－0.95＝0.05 公厘。此卽其最高精度。

C. 0.02 公厘（公制）

其原理與 0.05mm 者類似，在主尺內取 49mm 分成五十等分，游標尺（副尺）每小格為 49mm÷50＝0.98mm，所以主尺與副尺**每**

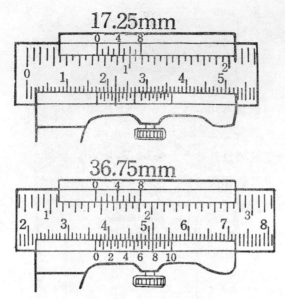

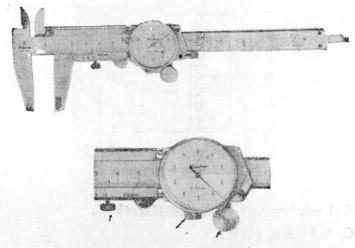

圖 2-26　公制游標尺讀法

夾定螺絲(1)　夾定螺絲(2)　拇指推桿(3)
圖 2-27　針盤游標卡尺

一小格之差距為 1 mm—0.98mm＝0.02mm，此卽其最高精度。

(1) 游標尺的種類

A. 針盤游標尺 (Dial snap calipers)

附有針盤指示表的游標尺其量取精度可達 0.01mm。 如圖 2-27 所示，不但可做量度用，而且做 Go/No-go 的量具使用。

B. 游標高度尺 (Vernier height gage)

游標高度尺可以量高度 、 劃線 ， 若加上簡單的附件則能够量深度。本尺及副尺皆係用經硬化處理及精密硏磨的不銹鋼所製成。其尖端有碳化物的劃線爪，非常耐磨。圖 2-28 為典型的游標高度尺，圖 2-29 為可將所測高度用數字顯示出的指示高度規 (Digital height gages)，其準確度可達 0.01mm (或 0.001″)。圖 2-30~2-32 為其應用的實況。

圖 2-28 典型的游標高度尺

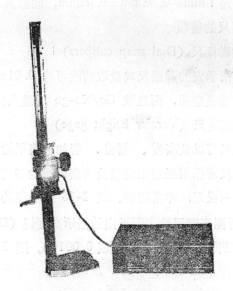

圖 2-29 指示高度規

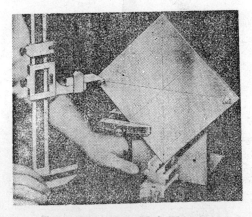

圖 2-30 游標高度尺配帶劃線針做為劃線之用

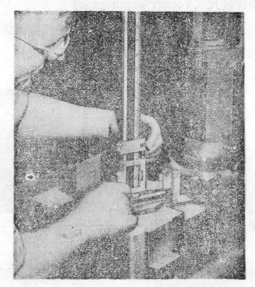

圖 2-31　游標高度尺配帶偏置具的情形

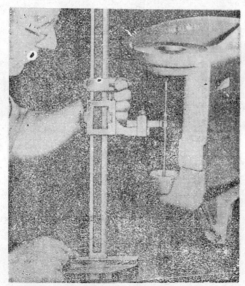

圖 2-32　游標高度尺可當深度尺用

C. 游標深度尺 (Vernier depth gage)

游標深度尺的本尺及底座皆用經硬化的不銹鋼製成，**標準底座的大小為** 100×8mm。圖 2-33 為典型的游標深度尺。

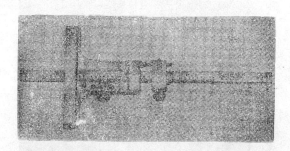

圖 2-33 游標深度尺

D. 齒輪齒游標卡規 (Gear-tooth vernier)

此卡規可用以測量輪齒的齒弦厚。如圖 2-34 即其外形。

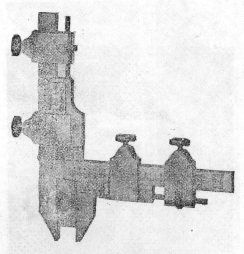

圖 2-34 齒輪齒游標卡規

E. 組合式游標尺 (Combination set vernier)

　　用以測量工作物的外徑．內徑及深槽孔長度。如圖 2-35 及圖 2-36 所示。

圖 2-35　游標尺測量外徑

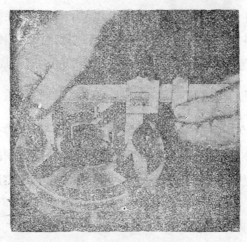

圖 2-36　游標尺測量內徑

5. 機械式度量儀器

　　此爲測量外徑稍大或精度較高者，如圖 2-37 所示，所測精度可達 0.001 公厘(或 0.0001吋)。操作情形如下: 先將極精密的標準量規固持在可調整的兩主軸中央，並設定所欲測之尺寸，而後取下標準量規，在相同位置放入欲測之工件，因而得知欲測工件尺寸和設定距離之差，故能算得所欲測工件的實際尺寸。一般又稱機械式比較儀。

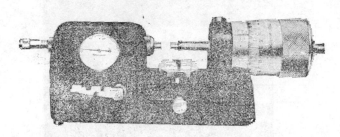

圖 2-37　機械式比較儀

6. 光學度量儀器

　　此乃爲藉助光學顯微鏡的機械式量度儀器，爲其外形。而其精度可達 0.0001 吋。其原理與分厘卡類似，卽利用旋轉套筒以測其尺寸。圖 2-38 爲三個刻度環的對齊組合應用，因這類似分厘卡之螺絲軸的螺紋是每吋 25 牙，三個刻度環中間的一環圓周有 400 等分刻度，因此它每刻度便等於 $\frac{1}{25} \times \frac{1}{400} = 0.0001$ 吋，最右一環上有一段十等分的刻度，這十等分的周長恰巧爲中間一環九等分的長度，所以中間一環每格和右環一格之差相當於 0.00001 吋，中間一環每轉 2.5 圈，最左一刻度環才剛好轉一格，可知最左環每格刻度等於0.01吋。故其讀數爲 $0.98 + 18 \times 0.0001 + 3 \times 0.00001 = 0.98183$ 吋。

7. 複合量具

　　此乃於精度較高的直尺上裝置各式的量具，用以測量長度、深度、錐度、角度及求斷面的中心。如圖 2-39 所示。

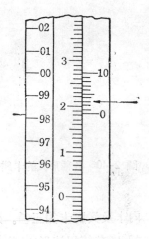

圖 2-38 刻度環的讀數為 0.98183

圖 2-39 複合量具

二、間接讀數長度量具

1. 卡鉗 (Calipers)

如圖 2-40 所示,乃是用以測量圓形工作物外徑或內徑及其他工作物兩平行面間的距離,它無法直接讀,故必須配合鋼尺、標準規等使用。

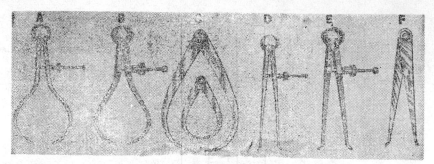

圖 2-40 各種形式的卡鉗

　　卡鉗一般有外卡、內卡及異腳卡鉗三種。外卡係用以測出外徑的大小。圖 2-41 及 2-42 即其使用情形。內卡係用以測量內徑之大小。圖 2-43～2-46 爲其使用情形。異腳卡鉗又稱兩性卡或陰陽卡或單腳卡，是用一外卡腳與分規腳所組成。係用以定圓桿中心，劃出與邊緣平行之線及在鋼尺上量取尺寸等均甚爲方便。圖 2-47～2-50 即其使用情形。

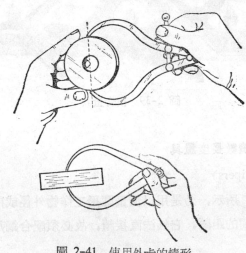

圖 2-41　使用外卡的情形

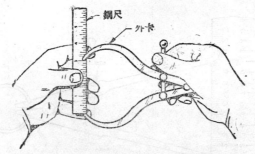

鋼尺

外卡

圖 2-42　用鋼尺量外卡之張開長度

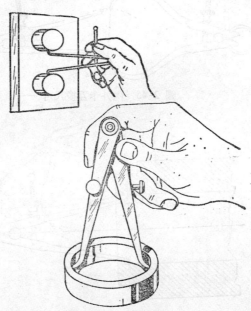

圖 2-43　用內卡量內孔

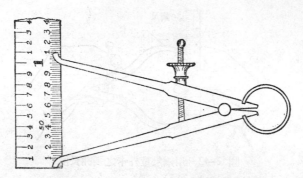

圖 2-44 用鋼尺量內卡之張開大小

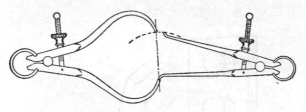

圖 2-45 內外卡互換尺寸

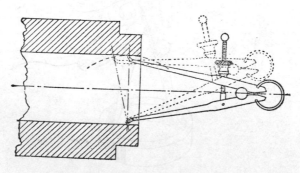

圖 2-46 用可調式內卡量測內孔

圖 2-47　用異脚卡鉗求圓
桿之中心

圖 2-48　用異脚卡鉗劃平行線

圖 2-49　異脚-卡鉗外形

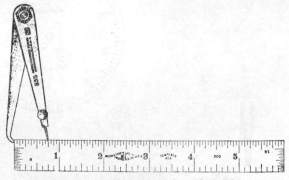

圖 2-50　用鋼尺調整異脚卡鉗的情形

2. 針盤指示錶 (Dial indicator)

　　針盤指示錶乃是應用機械原理，由指針的回轉以指示觸桿作微量的上下移動，而達到測量大小的目的。精確度公制可達 0.01 或 0.001 公厘，英制可達 0.001 或 0.0001 吋。

　　此儀器的用途是用於檢查回轉心軸的偏心、夾具或工作物的對準，高度、平度及尺寸大小之檢查。或可固牢於平面規或夾具上做多種的用途。常用的類型有二，一是平衡型 (Balanced type)，以頂端之零為準，左右正負兩方向均可轉動，而後再歸零。二是繼續讀數型 (Continuous-reading type)，只能做順時針方向轉動，且也以零為起點。圖 2-51 至圖 2-65 為各型式指示錶及其使用情形。

3. 機械式比較儀

　　此種儀器所測之精度可達 0.0001吋或 0.00005吋。其操作使用方法與前述的機械式度量儀器相同。圖2-66即為機械式比較儀的外觀。

　　此外電式比較儀也是用來測量工件尺寸公差，它是利用電橋不平

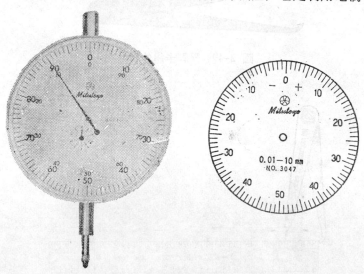

圖 2-51　公制平衡型針盤指示錶

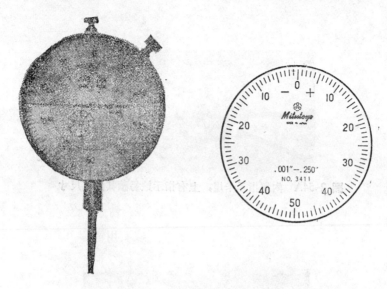

圖 2-52　英制平衡型針盤指示錶

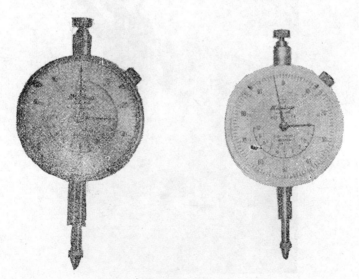

圖 2-53　具有調整針的針盤指示錶

圖 2-54A　內徑指示卡規，上有指示錶易讀其內徑尺寸

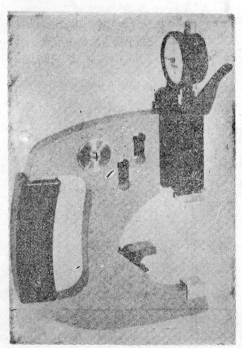

圖 2-54B　指示卡規

圖 2-54C　裝有底座的指示卡規操作方便

圖 2-54D　單用途的指示卡規

圖 2-55　厚度指示規

圖 2-56A　配有量孔附件的針盤指示錶

圖 2-56B　直角偏位附件裝在針盤指示器上

圖 2-57　放大比測規

圖 2-58A　針盤測試指示錶裝在高度規上使用

圖 2-58B 針盤測試指示錶用來對準立式鐵床之**孔**

圖 2-58C 針盤測試指示錶用來對準鐵床之**虎鉗**

圖 2-59A 使用厚度指示規量工作物直徑的情形

圖 2-59B 外徑指示卡規

圖 2-59C 深度指示卡規

圖 2-59D 使用深度指示卡規量測內隙深度的情形

圖 2-59E 可換性的指示卡規

圖 2-60　針盤測試指示錶

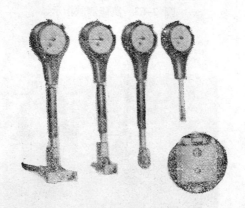

圖 2-61　驗孔指示錶（驗孔規）

圖 2-62　驗孔規附有伸縮自如的接觸器

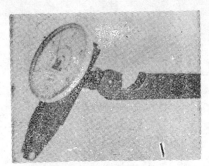

圖 2-63　萬能測試指示錶

圖 2-64　針盤測試指示錶與畫線臺合用的情形

圖 2-65 針盤測試指示錶使用情形

圖 2-66 機械式比較儀

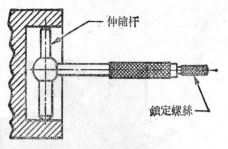

圖 2-67 伸縮量規

衡的作用，經擴大器的利用而測定工件尺寸的誤差。此種比較儀所測量的精度較高也較靈敏。

4. 伸縮量規

圖 2-67 為伸縮量規的一種，是用來量內孔或內槽尺寸。此量規由直徑大小不同的伸縮桿相互精密套合，皆受內部彈簧的牽動，在伸縮桿垂直方向有中空的手柄，手柄的頂端有可扭動的扭軸，能隨時使兩個伸縮桿的兩頂端長度固定，使用時先把兩頂端的長度固定到比所量的孔徑稍小，而後將它伸入到要量測的孔中，待將扭軸鬆脫使那兩頂端分別接觸到內孔的內壁之後再將它們扭緊以固定那兩頂端的長度，從工件取出之後再以測微器測量那兩頂端的長度，此卽其內孔的直徑。

2-1-2 角度量具

1. 量角器

量角器為測量工件夾角最常用的工具。它是由刻有 360° 圓周刻度的外盤及與外對對照的一段微分刻度的內盤所組成。其精度可達"分"。圖 2-68 為其外形。圖 2-69 為其刻度盤的刻度實例。讀數為50°20′。測量時要使那個直叉尺和工件夾角的兩個面相吻合，才能量測精確。

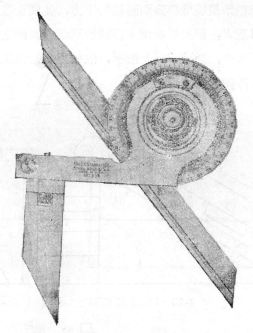

圖 2-68　量角器的外形

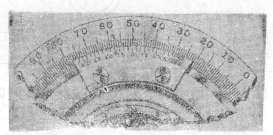

圖 2-69　角度讀數爲 50°20′

2. 正弦棒 (Sine bar)

　　正弦棒爲一精度高的矩形鋼棒，棒的下部兩端各銲定兩個同徑圓柱，圓柱中心線需與棒面平行，且兩柱中心距離（L）要很精確。圖 2-70 爲利用正弦棒量斜度的裝置。

測量時用標準規塊堆疊到兩圓柱的下方，並使正弦棒上表面達到所要的斜角 A 及 B，而後把欲測工件置於正弦棒表面上，同時使工件的上表面恰為水平，如圖 2-71 所示，然後用量錶在工件上表面移動以觀察明瞭工件斜度的精確程度。

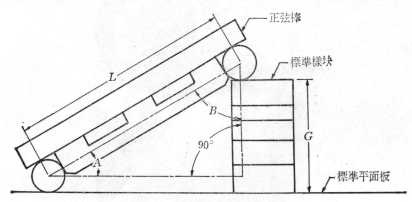

圖 2-70　用正弦棒量斜度的裝置

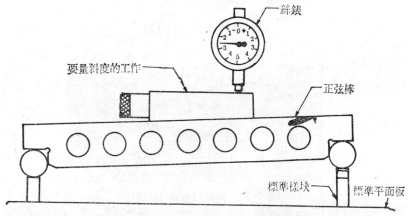

圖 2-71　以量錶檢查工件斜度的精確程度

3. 標準角度量規

　　一套標準角度量規包括三個三角板，三個夾定用的夾子和七塊近似矩形的平板，那七塊平板的兩端各有不同的斜邊，利用那七塊板和三角板可以拼湊成各種從 0～180 度的斜邊，等拼湊完後再用定位夾子夾定。利用圖 2-72 之標準量規便能比較量定工件的斜角差誤。其精度也達 1"分"。

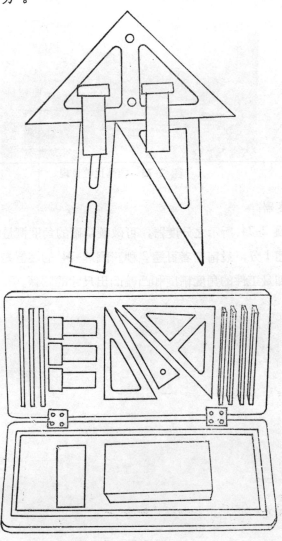

圖 2-72　標準角度量規

4. 標準比較量規

　　圖2-73為測定錐孔及錐柱的量規，上圖是測量錐孔用柱式量規，下圖為測量錐柱的環形量規。

圖 2-73　標準比較量規

5. 分度器

　　如圖 2-74 所示之分度器，可做較精確的角度測量。一般的讀數精度可達 1 分，最精密者可達 2 秒。圖 2-74 的裝置是用來檢驗精密凸輪，卽量工件的角度精度和凸輪凸出尺寸的關係。

圖 2-74　分度器

2-1-3 平面量具

平面量具是用來測定工件平面的平度和光度的工具。常見的平面量具有下列數種:

1. 水平儀

它是用來測定工件表面和地平面或其他平面相對斜度及測量表面波狀曲線,但無法測知其表面光度。

水平儀是在標準直尺的上表面裝置封閉玻璃管製的短管,管內充有適當大小氣泡的透明液體,玻璃管的中心線平行於直尺下表面,管的長度中央刻有"0"的刻線,故若將水平儀放在真平的平面上,則氣泡會恰正於玻璃管中央,否則氣泡將向左或右偏移。

由玻璃管中氣泡偏移的刻度就能計算出那工件平面與地平面傾斜的斜度。若工件長度大而水平儀長度小,則可測出此平面的波狀情形。

2. 複合量具

如圖 2-39 所示的複合量具可以測量平面的斜度,若將所有量角度的附件拿掉,則可用標準直尺去量平面的波狀變異情形。

3. 表面量規

此種量規一般的工具機製造廠皆具備。它是一條"工"字斷面的直尺,尺的上下表面皆是標準平面,長度可為 10 公分或是 1 公尺以上。將它放到欲測平面而後在其一側照射強光,並從另一側觀察它和那欲測平面間的透光情形,因而可判斷那平面波狀變化情形。

另一使用方法是在那表面量規的表面塗上薄層的紅丹油,使塗油的一面和要測定的平面對合而且作少許的長向移動,則可發現工件表面顯示不均勻的油斑,根據那油斑可瞭解要量平面的平度或波狀變化情形。

4. 自動反光儀

此為測定長平面波狀變異的儀器，如圖 2-75 為兩向指示的**自動反光儀**。

在儀器中有強光燈泡，其發出的光束經透鏡及半透鏡可使從接物鏡的平行光束射到工件表面，在離儀器相當遠的地方放置反光鏡，如那放置反光鏡地方的平面不和那光束平行，則從反光鏡反射回來的光束將不和原射入的光束重合，如圖 2-75 所示者，當這反射回來的光束再經接物鏡及半透鏡等可在前透鏡的附近集成影像，這影像便能和這儀器中的刻線相比較而能從它的接目鏡觀察，於是可以立刻從鏡中讀出數據來。此代表放置反光鏡地方的平面傾斜的情形，如是一站站

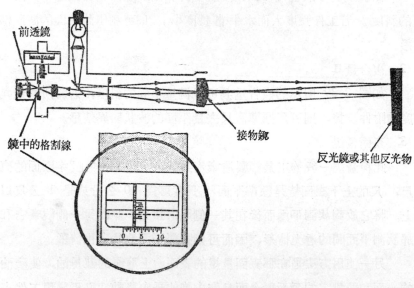

圖 2-75   自動反光儀

的移動那反光鏡在工件平面上的位置，則可瞭解那平面各處起伏的情形。圖 2-76 爲操作的情形。

　5. 表面光度儀

　　如圖 2-76 所示爲測定工件表面光度的裝置，此大都用於表面光度較差的場合。

　　它是把從 45 度斜射來的平行光束以 45 度折射到顯微鏡的接物鏡，而從接目鏡觀察工件表面紋路的間隔和高度，那卽是工件表面光度的高低。

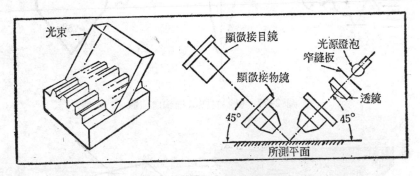

圖 2-76　表面光度儀的裝置圖

　　若測量光度較高的工件表面則可用記錄式表面光度儀，卽用尖銳的針狀物以極小的壓力和工件表面直接接觸，那尖的針狀物隨工件表面而起伏描繪出表面的粗糙情形，經放大後如圖 2-77 所示。

　　針狀物的夾角和尖端半徑不同則描繪的曲線便不同，圖 2-77 卽 20° 角與 75° 角的情形。據試驗顯示，針狀物的夾角爲 90°，尖端半徑爲 0.0001 吋最佳，如圖 2-78 所示。而材料以人造金剛石或人造寶石爲佳，而壓力以 0.2 公克最爲理想。

　　因此尖針起伏的運動可以用機械的方法放大 50 倍而成爲曲線，若將這曲線再用光學方法放大 100 左右，則可得到 5000 倍左右的放大，再根據這曲線便可較容易的去計算它表面光度了。

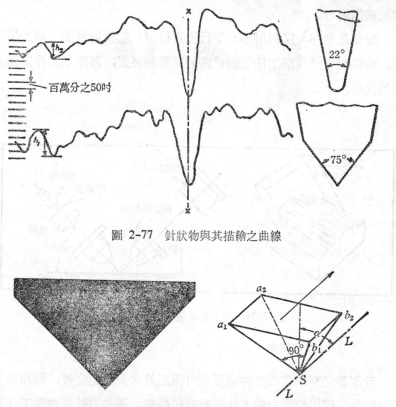

圖 2-77　針狀物與其描繪之曲線

圖 2-78　理想的針狀物

　　如果工件表面光度較高也可用電式表面光度儀， 如圖 2-79 所示。它是把那尖針狀的觸覺器的起伏運動直接傳至磁場中的線圈，因而產生感應電壓，然後再以電式放大器放大，於是可經一般電壓表的機構將那起伏波狀情形顯示出來。較好的儀器皆有小型計算機直接計算出數值，甚至再記錄下來。至於尖狀觸覺器和工件的相對運動可用手動或電動。

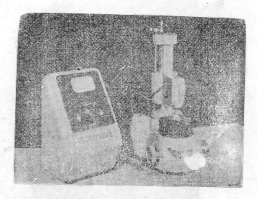

圖 2-79　電式表面光度儀

6. 標準光學平面

標準光學平面可快捷地測定工件表面的平度。它是極精確的硬質玻璃做成，表面很光平而且上下表面的平行度很高，而一般皆製成圓形。若工件表面很光平，當把那標準光學平面和工件表面很密合，則顯示不出任何光帶或暗條，反之，則可看出多數均勻分佈的平行暗條，如圖 2-80 所示。若工件不平而下凹，將標準光學平面和工件表面作稍微的斜放，如圖 2-81 所示，便可透過那標準光學平面看到向右彎曲的暗條，可能還作不均勻的分佈，那暗條是由於所投的光線從光學平面底面所反射的光和從工件表面反射的光未能同相而來的，反之，那光亮部分便是由那兩平面反射的光成同相的原故。

據光波干涉的原理可知，那兩個暗條間的間隔恰巧為所投光線的半個波長，假設投射的光為氮氣光，則半個波長相當於 0.0000116 吋，如圖 2-81 (B) 所指的四個暗條 便相當於那工件那一部份凹下 0.0000116×4 吋。同理 (A) 圖所示的暗條是向左彎曲，其表示工

圖 2-80　光學平面

件的表面是成中部上凸的，若投射的光也是氮氣光，則 2.2 暗條的距離是指那部分工件表面上凸 $2.2 \times 0.0000116 = 0.0000255$ 吋。

2-1-4　多目標特殊量具

一般比較儀包括機械式、電式、空氣式及光學式，它不僅可量外徑也可作內徑的尺寸比較，更可作外形內形的檢驗，故可稱多目標的量具。

而正在發展的氦——氖虹氣雷射，其作用是在於檢驗大型機械的直度，因這種雷射光有在 200 呎長沒有任何彎曲的優良性，而其精度可測達幾 μ。故它是用來作檢驗工件的直度、平度或垂直度。

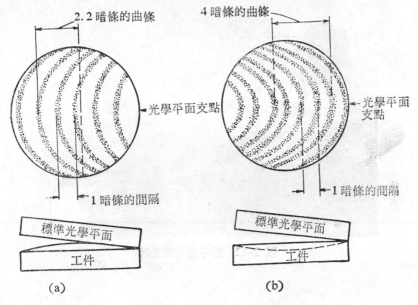

圖 2-81　光學平面的應用原理

雷射光束測量儀一般包括三部份，一為動源，二為雷射發生器及干涉器，三為偵測器，如圖 2-82 所示。其原理如下：從縫隙出來的紅色雷射光束一半引到取影的偵測器，另一半射入格柵反射鏡，待雷射從那格柵反射鏡返回進入光波干涉儀，由是這反射回的光束和原引入偵測器中的雷射光束會因光的干涉作用而發暗條，這暗條的間隔多指示每吋所測長度中有百萬分之十吋的錯誤，可以從它的記錄器中讀出來。

上述各種比較儀必用標準規塊以做為標準長度，而此標準規塊是表面極光平的矩形塊，而且都經時效處理，使其能平行而不變形。

普通每套標準規塊有 5 件到 116 件不等，圖 2-83 為一套標準規塊，而其精度依美國標準分為四級：AA 級——其精度容差為每吋2μ

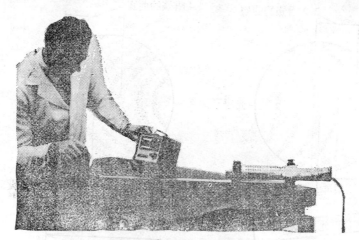

圖 2-82　雷射光束測量儀

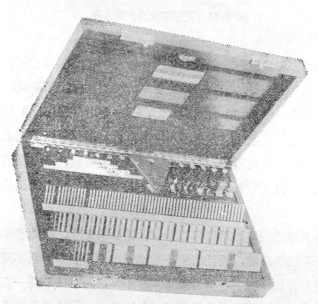

圖 2-83　一套標準規塊

（±0.000002″）是用於最精密的檢驗實驗，使用時保持溫度 68°F。

A 級——精度爲每吋 4μ（±0.000004″）用於儀規檢校。 B 級——精

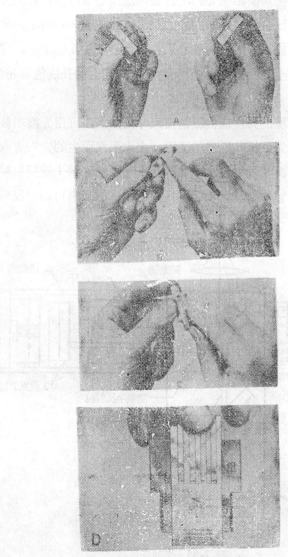

圖 2-84　規塊的組合

度爲每吋 $8\mu(\pm0.000008'')$ 用於一般檢驗工作。 *C* 級──精度爲每吋 $10\mu(\pm0.000010'')$ 工廠一般工作使用。

在湊合規塊使用前必須先把湊合表面的油脂水份或雜質除去，然後輕力將它們相貼合約 $1/8''$ 左右的長度，如圖 2-84 所示，再以斜向力量作用於兩規塊之間，可使它們密合情形下相互能滑移，等到滑動到兩者的面完全相對正時便是湊合完成。 湊合的長度能夠超過 12 吋。

一般檢驗規塊的長度或檢驗精密尺寸的差誤，可用光波干涉儀，如圖 2-85 所示爲依據其原理的裝置，由水銀汽而生的光束經聚光鏡變爲平行光束射到半反射鏡上，在那裏一半反射到第 1 號反射鏡，另一半透射到第 2 號反射鏡，從它們再反射回來的光束再經半反射鏡而

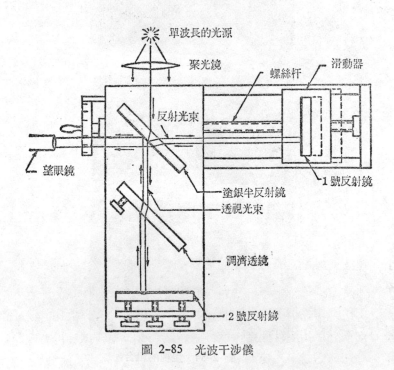

圖 2-85 光波干涉儀

能到達望遠鏡的光幕上，如果第 1 和第 2 反射鏡和半反射鏡的距離差大於 0.040 吋時，便能在那光幕上看到很多干涉暗環。此時若利用望遠鏡的手柄轉動螺杆而將 1 號反射鏡移向半透鏡的話，那光幕上的暗環便會逐漸減少，而且那暗環的寬度也會逐漸加寬，每減少一個暗環相當於將 1 號反射鏡移動了半個光波的距離，因為水銀汽光波波長為 21μ，故那每移動 21μ 便在光幕減少 1 個暗環，如果要檢驗的標準規塊放在第一號反射鏡的背後便能檢驗那規塊的實際製造公差之值。同樣地，它也可用來檢驗其他精密工件的尺寸公差。故可說它和標準規塊是多目標的檢驗量規。

2-2　公差與配合

2-2-1　配合

配合（Fitting）在金屬加工領域裏係指準備零件，**使其互相接觸**或連接。而其吻合方式有：

(1)一零件在他一零件內轉動。

(2)一零件在他一零件上滑動。

(3)諸零件緊密結合而不能彼此移動。

2-2-2　裕度與公差

零件間的配合鬆緊程度與其裕度和公差有關，裕度（Allowance）為配合件最大材料極限間所預期之差異，換句話說，就是配合件之最小間隙（正容差）或最大緊度（負容差）。公差（Tolerance）係尺寸全部所容許之變動範圍，亦卽尺寸極限間的變異，如圖 2-86 所示。

工程師們累積多年的經驗定出零件間（如孔與軸之間）配合標準。而配合係指配件間所保留的餘隙或緊度，在工廠裏兩個配件間最小的間隙稱為裕度，當最大的外件和最小的內件配合時，裕度則代表

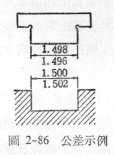

圖 2-86　公差示例

配合的鬆緊的程度。從另一方面而言，公差則是代表每一配件的尺寸的容許變量。如表 2-1 所示，若與理想配合相較，則這些尺寸的變量通常有使配合變鬆的傾向。

表 2-1　美國標準公差（ASAB4, 1-1955）

標　　稱 尺　時　寸 逾　　至	等　　　　　　　　級									
	4	5	6	7	8	9	10	11	12	13
	公差以千分之一吋為單位									
0.04—　0.12	0.15	0.20	0.25	0.4	0.6	1.0	1.6	2.5	4	6
0.12—　0.24	0.15	0.20	0.3	0.5	0.7	1.2	1.8	3.0	5	7
0.24—　0.40	0.15	0.25	0.4	0.6	0.9	1.4	2.2	3.5	6	9

2-2-3　配合的種類

在機器構造上，欲使各零件能够互相間的接近及其表面正確地接觸，留有一定的裝配量是至為必要的。配合的種類往往要因其應用上的需要而訂，一般工廠是將其分為八類：

(1) 鬆配合

(2) 自由配合

表 2-2　標準公差

精度 定名	1 IT1	2 IT2	3 IT3	4 IT4	5 IT5	6 IT6 10i	7 IT7 16i	8 IT8 25i	9 IT9 40i	10 IT10 64i	11 IT11 100i	12 IT12 160i	13 IT13 250i	14 IT14 400i	15 IT15 640i	16 IT16 1600i
自 1 至 3	1.5	2	3	4	5	7	9	14	25	40	60	90	140	250	400	600
超過 3 至 6	1.5	2	3	4	5	8	12	18	30	48	75	120	180	300	480	750
超過 6 至 10	1.5	2	3	4	6	9	15	22	35	58	90	150	220	350	580	900
超過 10 至 18	1.5	2	3	5	8	11	18	27	43	70	110	180	270	430	700	1100
超過 18 至 30	1.5	2	4	6	9	13	21	33	52	84	130	210	330	520	840	1300
超過 30 至 50	2	3	4	7	11	16	25	39	62	100	160	250	390	620	1000	1600
超過 50 至 80	2	3	5	8	13	19	30	46	74	120	190	300	460	740	1200	1900
超過 80 至 120	3	4	6	10	15	22	35	54	87	140	220	350	540	870	1400	2200
超過 120 至 180	4	5	8	12	18	25	40	63	100	160	250	400	630	1000	1600	2500
超過 180 至 250	5	7	10	14	20	29	45	72	115	185	290	460	720	1150	1850	2900
超過 250 至 315	6	8	12	16	23	32	52	81	130	210	320	520	810	1300	2100	3200
超過 315 至 400	7	9	13	18	25	36	67	89	140	230	360	570	890	1400	2300	3600
超過 400 至 500	8	10	15	20	27	40	63	97	155	250	400	630	970	1550	2500	4000

(3) 中級配合

(4) 適貼配合

(5) 緊貼配合

(6) 緊配合

(7) 中級壓緊配合

(8) 重壓縮緊配合

也有人主張配合分四種:

(1) 滑動或轉動配合

(2) 打入配合

(3) 壓入配合

(4) 冷縮配合

而美國標準協會 (ASA) 對於配合之分類較細, 請參閱附錄。

除此之外, 國際標準學會組織 (ISO) 採用公制尺寸來訂基本公差配合等級, 上下尺寸差常以 0.001mm(μ) 為單位, 而其基本公差

表 2-3 加工過程與公差等級之關係

操　　　　作	等　　　　級
研磨及搪磨 (Lapping & Honing)	4, 5
汽缸磨 (Cylindrical Grinding)	5, 6, 7
平面輪磨 (Surface Grinding)	5, 6, 7, 8
金剛石車削 (Diamond Turning)	5, 6, 7
金剛石搪孔 (Diamond Boring)	5, 6, 7
拉孔 (Broaching)	5, 6, 7, 8
絞孔 (Reaming)	5, 6, 7, 8, 9, 10
車削 (Turning)	7, 8, 9, 10, 11, 12, 13
搪孔 (Boring)	8, 9, 10, 11, 12, 13
銑 (Milling)	10, 11, 12, 13
鉋 (Planing & Shaping)	10, 11, 12, 13
鑽孔 (Drilling)	10, 11, 12, 13

等級和數值如表 2-2 所示。

　　在選用配合的種類時，需記得成本與所需之準確度成正比增加。故使用恰當的配合卽可，勿使用過於精密的配合。當然加工製造方法不同，其本身最大的可能準確度亦有別，表 2-3 可做爲參考。而如鑄件、煅件……等也各有其特殊的公差選用範圍。

2-2-4　製造公差及配合公差

　　工廠中所製造工件的大小和形狀都是用各種尺寸和角度來決定的，工件表面光度也是尺寸換算出來的，換句話說所製工件的精度不外乎尺寸和角度。但無論如何不能把那些尺寸做得一絲不差，例如在工作圖中註有 10 公厘的尺寸，此是公稱尺寸。在製造時設定和公稱尺寸允許相差的尺寸叫做製造公差，製造公差若訂得太大，則所製工件的精度較差，但加工簡單，加工時間較短，技術可較低，量具也用較低級的，工具機精度也允許比較差，製造成本也較低。

　　現在製造公差已有國際標準 (ISO) 公差，大體講起來它所包括的公差尺寸都是依工件的直徑成比例的，亦卽同一級精度的工件，直徑較大製造公差也較大，在相同直徑的工件如果製造公差較大，則表示是精度較低級。在國際標準製造公差中把工件總共分爲十六級精度，可參閱表 2-2。

　　若以 10 公厘的圓軸爲例，在工作圖中註爲$10^{-0.013}_{-0.022}$，那表示製造時可爲較公稱尺寸小 0.013 公厘或小於 0.022 公厘。亦卽那直徑在 9.987 公厘和 9.978 公厘之間皆爲合格工件。9.987 公厘稱爲最大允許尺寸，9.978 公厘稱爲最小允許尺寸，而其製造公差便是 0.022－0.013＝0.009 公厘，此 0.013 公厘叫做上偏差，0.022 公厘叫下偏差。

　　若尺寸標註爲 $10^{+0.015}_{+0.006}$ 公厘，則和上述例子一樣具有相同的製造公差，其最大允許尺寸爲 10.015 公厘，最小允許尺寸爲 10.006 公厘，上偏差爲 0.015 公厘，下偏差爲 0.006 公厘，而製造公差爲 0.015－0.006＝0.009 公厘，因此其精度與前一例子相同，由此可知相同級的精度還可以使最大允許尺寸和最小允許尺寸有所不同，亦卽使那製造公差位於公稱尺寸之上或位於公稱尺寸之下的不同，這部位的不同影響到工件的尺寸及品質的檢驗，因此國際標準組織又將製造公差的部分分爲 24 等。如圖 2-87 所示，軸以 a 到 z_c 做分佈，而孔以 A 至 ZC 表示。

由上述可知，要決定一公稱尺寸的最大允許尺寸和最小允許尺寸，必須確定製造公差的精度級數及公差的部位等數。以上兩例爲例，10 公厘尺寸的製造公差 0.009 公厘是屬於第 6 級精度，可以用"6"的符號代表，那 $^{-0.013}_{-0.022}$ 屬於 f 的部位，因此 $10^{-0.013}_{-0.022}$ 製造公差可以用"$f6$"來表示。同理，$10^{+0.015}_{+0.006}$ 可用"$m6$"來表示。而這些都可由公差表查得。

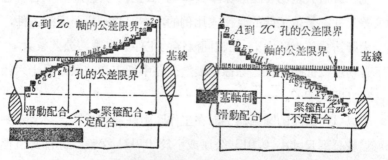

圖 2-87　公差的部位等數分佈圖

圖 2-87 所示之基孔制，基軸制是什麼意思？基孔制是把相配孔的製造公差確定不變而使和它相配軸的製造公差精度等級變動，一般是用大寫英文字母表示。基軸制是把相配軸的製造公差確定不變而把

它相配孔的製造公差精度級數變動，一般是用小寫英文字母表示。然因為加工容易，成本降低，故現皆用基孔制較多。

　　當孔大於軸時，孔的最大允許尺寸和軸的最小允許尺寸之差叫最大配合間隙（最大配合公差），孔的最小允許尺寸和軸的最大允許尺寸之差叫做最小配合間隙。當軸大於孔時，軸的最大允許尺寸和孔的最小允許尺寸之差叫做最大配合過盈，軸的最小允許尺寸和孔的最大允許尺寸之差叫做最小配合過盈。

　　由上可知當兩件軸孔或相當的一對機件相配合時，有最大配合間隙、最小配合間隙、或有最大配合過盈、最小配合過盈的情形，此皆稱為配合公差。配合公差很影響到機械配合的緊或鬆的程度，但都是以機件使用的情形而定。一般工作圖皆有註上公差，若沒有，則可參照下列之允許誤差：

　　尺寸在 6～30 公厘，允許誤差為 ±0.20 公厘

　　尺寸在 30～100 公厘　允許誤差為 ±0.30 公厘

　　尺寸在 100～300 公厘　允許誤差為 ±0.50 公厘

　　尺寸在 300～1000 公厘　允許誤差為 ±0.80 公厘

　　尺寸在 1000～2000 公厘　允許誤差為 ±1.20 公厘

　　尺寸在 2000～4000 公厘　允許誤差為 ±2.0 公厘

　　尺寸在 4000 公厘以上，允許誤差為 ±3.0 公厘

　　工件長度在 10 以下錐形角誤差為 ±1°

　　工件長度在 10～50 公厘錐形角誤差為 ±30′

　　工件長度在 50～100 公厘錐形角誤差為 ±20′

　　工件長度在 100 公厘以上錐形角誤差為 ±10′

2-3　量　規

量規是用來測量工件製造公差而具有一定尺寸的量具，此所謂一定尺寸乃表示最大允許尺寸與最小允許尺寸，若工件的實際尺寸能在那最大允許和最小允許尺寸之間，則工件就合乎要求。因此在使用限界量規時必須 "Go" 與 "No-go" 兩個量規。而此種量規大都用於大量生產中，因其方便而快捷。這種量規若以其精度或使用場合的不同可依序分爲三種：(1)製造用限界量規(2)檢驗用限界量規(3)參考限界量規。

2-3-1 柱式量規

如圖 2-88 所示爲柱式量規的一種，是用來測定內孔直徑製造公差，那工件的原有公差是 $0.750^{+0.000}_{-0.004}$ 吋，即最大允許尺寸爲 0.750，最小允許尺寸爲 0.746。爲顧及量規的允許磨耗及測量的相配情形，那量規的公稱尺寸並不是以工件的最大和最小允許尺寸，按標準分別是 0.7462 及 0.7498 吋，而它們也各有製造公差如圖 2-88 所示。圖中 "Go" 在前，"No-go" 在後，能很便利地測知工件是否合乎要求。

若所量的是內槽尺寸而不是圓孔，則也可將薄金屬板製成此類似量規，而也能算是柱式量規的一種。圖 2-89 爲用來測量螺紋節徑的柱式量規，也有 "Go" 與 "No-go" 兩個。若要檢驗錐孔，則要用

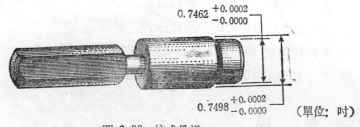

$$0.7462 \quad {}^{+0.0002}_{-0.0000}$$

$$0.7498 \quad {}^{+0.0002}_{-0.0000}$$

（單位：吋）

圖 2-88 柱式量規

圖 2-89　螺紋柱式量規

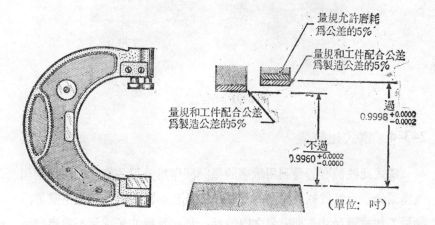

量規允許磨耗
為公差的5%

量規和工件配合公差
為製造公差的5%

量規和工件配合公差
為製造公差的5%

過
0.9998 +0.0000
     -0.0002

不過
0.9960 +0.0002
     -0.0000

（單位：吋）

圖 2-90　卡式量規

錐形柱式量規，在它錐部的大端可以劃出兩道環形細線，一為 "Go"，一為 "No-go"，當量規插入要量工件錐孔後和孔口看齊的環形應在那兩條線之間則算合格。

2-3-2　卡式量規

如圖 2-90 為卡式量規的一種，其原理和柱式量規類，都有其製造公差，如圖所示。

2-3-3　環式量規

如圖 2-91 所示為環式量規的一種，是用來測量圓軸外徑，同時也可測量圓軸的圓度，在製造上有時較卡式量規省時，但需有 "Go" 與 "No-go" 兩件，故使用稍覺不便。

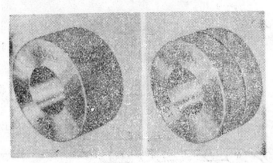

圖 2-91　環式量規

2-3-4　電式比較儀

電式比較儀有的是利用敏感的微開關作為量規的觸覺器，那兩個微開關分別連接於紅及綠光的電路，紅及綠光代表公差的上下限界，如果工件實際尺寸在那限界之內的話，那紅及綠的光線便不會出現，反之，則光線便會出現。故此種比較儀檢驗工件迅速，尤其是同一工件上好多尺寸都可以同時檢驗，但精度約在 0.002″左右。

另一種電子式量規是利用機械感觸器和要量的工件接觸，由於工件尺寸的差異會使那感觸器發生微小直線運動，這種運動傳遞到電子電路影響到電路電流的變化，再經擴大器擴大 50000 倍便很容易從電表上讀出數據出來，或者很容易的記錄下來，從讀數或記錄上可以判斷工件尺寸的合格與否。

2-3-5　空氣式比較儀

空氣式比較儀是利用把壓縮空氣送入到要量的內孔和所用已知直徑量柱的間隙裏去。若工件直徑和那已知直徑量柱間隙較大，則空氣流量較大，或者是那空氣在間隙中的壓力比較低，相反的，工作直徑比已知量柱直徑相差很少的話，那空氣流量便會比較少或者那部位的空氣壓力較高，由是可知空氣比較儀有兩種，一是量壓力高低的，叫

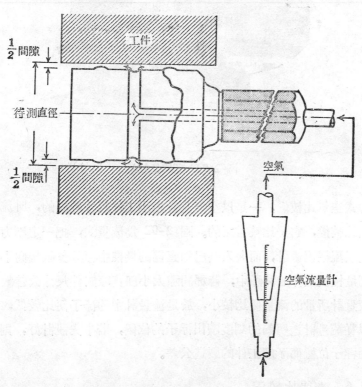

圖 2-92　流量式空氣比較儀

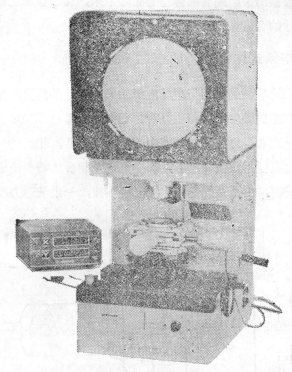

圖 2-93　光學比較儀

壓力式空氣比較儀，一是以空氣流量指示工件尺寸差異的，叫流量式空氣比較儀，它是比較常用的。圖 2-92 爲流量式，把一定壓力的壓縮空氣流經流量計，而進入到已知直徑的量柱中再分多數輻向小孔流入到量柱及工件的間隙中，若那間隙太小卽實際工件尺寸公差較小，那流量計所量的流量便比較小，於是流量計中的浮子便比較低，而且可以從流量計透明筒的刻度讀出浮子的位置，若事先設計好，則能迅速由浮子位置而了解工件的製造公差。

2-3-6　光學比較儀

　　光學比較儀的觸覺器是硬質的機件，當它觸及工件而那工件尺寸比標準尺寸不同時，觸覺器便會有直線運動，把這直線運動傳遞到反射鏡的支桿，使反射鏡有扭轉現象，故而可將反射鏡射入的光束發生反射的變位，同時又將它放大，那麼在光幕上便能見到有放大後的較大移位，從移位的大小可判定工件尺寸差異的大小，普通多可到 0.0001～0.00001 公厘的精度，那觸覺器和工作台面的距離可事先用標準規塊去檢驗而定出它的大小。圖 2-93 為光學比較儀的外形。

2-3-7　袖珍比較儀

　　圖 2-94 為輕便小巧的袖珍比較儀，使用時將比較儀底部軟圈直接放到工件的表面再移動它使其內部刻板上所刻的各種形狀或尺度等對準要量的部分，清晰程度可用圓筒狀透明圈的螺紋調整，刻板上有刻好的小直尺、小短線、小圓洞及各種圓弧半徑和各種夾角，如圖

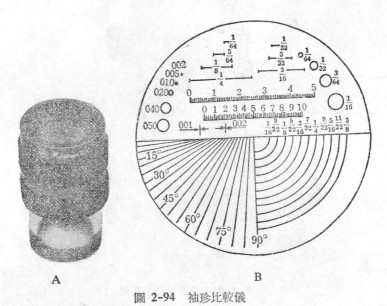

A　　　　　　　　　B

圖 2-94　袖珍比較儀

2-94 之右圖所示者。故可知它可以比較工件上長度、角度、圓弧半徑和孔徑等。但因放大鏡的放大倍數太小，故不甚精確。

2-3-8 萬能光學測量儀

萬能光學測量儀又稱工具顯微鏡，如圖 2-95 所示。它可算是光學比較儀的一種，因它也可以把工件投影放大。此機器具有正直坐標的精密刻度，藉使工件能隨工作台有左右前後的移動中量到工件的正直坐標尺寸，必要時也可以使工件隨工作台作扭轉運動，它的刻板上所預刻的也有各式螺紋的外形及各種大小不同的螺紋，那刻度板可以用手扭轉以使它和工件相對正，這多是用於工具製造上的檢驗。

圖 2-95 萬能光學測量儀

2-4 檢 驗

材料、零件或成品在製造過程中，或製造完成後，隨時加以核對或試驗，此項工作稱為檢驗 (Inspection)。

2-4-1 檢驗工作

一般的檢驗可分為下列數項:

(1) 材料檢驗

金屬、皮革、木材……等等不同材料，須作情況、顏色、斷裂、硬度、張力及品質等檢驗，此類皆是材料檢驗。

(2) 性能檢驗

汽車在出售之前，通常皆須作各種不同路面、氣候、速度的試驗。此項試驗通常稱為最後檢驗，其他各種機器在完工出廠前亦須作此類檢驗，此種性能檢驗有的是抽樣檢驗，有的是全部檢驗。

(3) 表面加工檢驗

金屬產品或零件常須作表面加工檢驗，表面經清潔、刮削、拋光或研磨後均予以檢驗。

(4) 尺寸檢驗

任何工作物之尺寸皆須準確，如汽車零件在生產製造過程中，每一次加工均需檢驗尺寸。

(5) 互換性

不同地區、不同工廠所生產製造的零件或成品，如具有互換性即可以互相配合。而要互換之零件必須要標準化。

(6) 尺寸的限度

即一個尺寸有最大允許尺寸和最小允許尺寸，換句話要有公差，才能達到所需精度或要求。請參閱 2-2 節公差與配合。

（7）測定不同材料的量規

在金屬工作中，量規係一種工具或儀器，用以檢驗或核對一種形

表 2-4　各種材料所用的量規號碼及尺寸表

量規號碼	美國標準量規 鐵皮鋼板鐵皮鋼板	普線規或美國標準線規沙 所屬片有金屬料線（鐵＊金鋼）（鋅除外）	美國鋼絲規 鋼絲（不含琴鋼）絲及鑽桿	麻花鑽與鋼絲 麻花鑽及鑽桿	美國公司琴鋼絲規鋼鐵與鋼絲 琴鋼絲	伯伯明罕或斯吐鐵絲規 與管壁厚電話及電報鐵絲	英國皇家標準線絲規 電話及電報銅絲	美國標準 機螺釘	螺紋規 木螺釘	量規號碼
	1	2	3	4	5	6	7	8	9	
0	.3125	.3249	.3065	......	.009	.340	.3240	.060	.050	0
1	.2813	.2893	.2830	.2280	.010	.300	.3000	.073	.073	1
2	.2656	.2576	.2625	.2210	.011	.284	.2760	.086	.086	2
3	.2500	.2294	.2437	.2130	.012	.259	.2520	.099	.099	3
4	.2344	.2043	.2253	.2090	.013	.238	.2320	.112	.112	4
5	.2188	.1819	.2070	.2055	.014	.220	.2120	.125	.125	5
6	.2031	.1620	.1920	.2040	.016	.203	.1920	.138	.138	6
7	.1875	.1443	.1770	.2010	.018	.180	.1760	......	.151	7
8	.1719	.1285	.1620	.1990	.020	.165	.1600	.164	.164	8
9	.1563	.1144	.1483	.1960	.022	.148	.1440	......	.177	9
10	.1406	.1019	.1350	.1935	.024	.134	.1280	.190	.190	10
11	.1250	.0907	.1205	.1910	.026	.120	.1160	......	.203	11
12	.1094	.0808	.1055	.1890	.029	.109	.1040	.216	.216	12
13	.0938	.0720	.0915	.1850	.031	.095	.0920	......	......	13
14	.0781	.0641	.0800	.1820	.033	.083	.0300	......	.242	14
15	.0703	.0571	.0720	.1800	.035	.072	.0720	......	......	15
16	.0625	.0508	.0625	.1770	.037	.065	.0640	......	.268	16
17	.0563	.0453	.0540	.1730	.039	.058	.0560	......	......	17
18	.0500	.0403	.0475	.1695	.041	.049	.0480	......	.294	18
19	.0438	.0359	.0410	.1660	.043	.042	.0400	......	......	19
20	.0375	.0320	.0348	.1610	.045	.035	.0360	......	.320	20
21	.0344	.0285	.0317	.1590	.047	.032	.0320	......	......	21
22	.0313	.0253	.0286	.1570	.049	.028	.0280	......	......	22
23	.0281	.0226	.0258	.1540	.051	.025	.0240	......	......	23
24	.0250	.0201	.0230	.1520	.055	.022	.0220	......	.372	24
25	.0219	.0179	.0204	.1495	.059	.020	.0200	......	......	25
26	.0188	.0159	.0181	.1470	.063	.018	.0180	......	......	26
27	.0172	.0142	.0173	.1440	.067	.016	.0164	......	......	27
28	.0156	.0126	.0162	.1405	.071	.014	.0148	......	......	28
29	.0141	.0109	.0150	.1360	.075	.013	.0136	......	......	29
30	.0125	.0100	.0140	.1285	.080	.012	.0124	......	......	30

＊ 鋅皮另有規格：未列於本表內。

狀或尺寸。表 2-4 所列爲各種材料所用之量規及其尺寸表。 例如金屬辦公桌的製作材料爲 20 號鋼板，從表卽可查出 20 號鋼板之厚度爲0.0375″。

2-4-2　螺紋檢驗及齒輪檢驗

1. 螺紋檢驗

因螺紋的節徑和形狀關係它們的配合是否能達到理想。螺距或導程關係到使用時的性能，尤其靠螺距或導程來控制工件尺寸時更顯得它的重要性。

螺紋的斷面形狀可用光學顯微鏡或光學儀去測量。而螺柱螺紋的節徑可用 (1) 螺紋分厘卡 (2) 三線及 (3) 光學顯微鏡去測量。 如圖 2-99 爲量螺柱螺紋節徑的分厘卡及測量的情形。

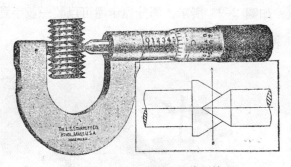

圖 2-96　螺紋分厘卡的使用情形

用三線測量螺紋的節徑的原理與方法請參閱第十二章。而一般使用的公式爲 $E = M + \dfrac{\cot \alpha}{2n} - G(1 + \csc \alpha)$。如圖 2-97 所示。

式中　　E　螺紋的節徑

　　　　M　裝鋼絲所測分厘卡的讀數

　　　　G　鋼絲直徑

α　螺紋角

n　每吋方數

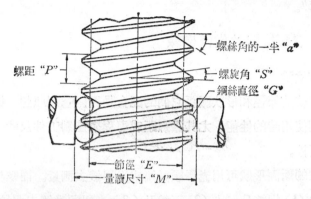

螺絲角的一半 "*a*"

螺距 "*P*"

螺旋角 "*S*"

鋼絲直徑 "*G*"

節徑 "*E*"

量讀尺寸 "*M*"

圖 2-97　三線測量螺紋

現爲了作較大量的測量螺紋而方便起見，可以將那分厘卡改爲機器式的裝置。如圖 2-93 所示。那分厘卡還可以較一般手動分厘卡爲高，自然所量螺紋的精度也高。

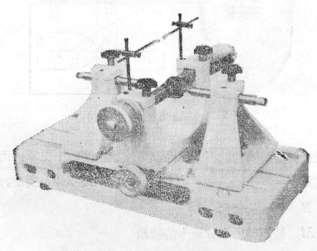

圖 2-98　機器式測量螺紋的裝置

　　如果螺紋較細小較精確，則最好用如圖2-95的工具顯微鏡測量。
卽把要檢驗的螺紋水平支持到工作臺上兩個中心軸中間，使那螺紋的
一側螺紋形狀投影到顯微鏡的接目鏡的色幕上，使那陰影和色幕上的
預刻螺紋完全重合，而後沿垂直於工作螺紋的軸向移動工作臺使螺紋
的另一側螺紋投影再和色幕上的預刻螺紋完全重合，那所移動的距離
應該是那螺紋的節徑，可是察看工作臺移動距離的實際尺寸可能和理
想的節徑不一致，它們的差誤便是工作螺紋節徑的差誤。利用顯微鏡中
的投影同時也可以觀察螺紋角的差誤以及螺紋和它中心線偏差情形。

　2. 齒輪檢驗

　　　一般齒輪檢驗有性能檢驗及尺寸和形狀的檢驗二種，性能檢驗乃
是將要檢驗的齒輪和標準齒輪在計算的中心線關係下相嚙合。而後以
標準齒輪帶動所要檢驗的齒輪在使用轉速及高於或低於使用轉速下作
旋轉，如果它們的中心線相對位置和
理想有差誤，或者齒輪的中心和齒節
中心有偏心現象，故而會使要檢驗的
齒輪中心發生移動，這移動的量可以
用量錶讀出，或者經放大後直接用記
錄器記下。如圖2-99卽其裝置構造。
如果在裝置中加裝噪音記錄器也能測
運轉時的噪音量和噪音高低。若是要
檢驗的齒輪爲螺旋齒輪，在運轉時它
的軸刀推力也可以量出來。

　　圖2-100爲齒輪尺寸形狀檢驗設
備的一種，是用來測定輪齒的齒節，
M_1 爲固定用，D_1 爲定位用，N_1 是
可以稍微移動，M_1 和 N_1 的距離用

圖 2-99　齒輪性能檢驗裝置

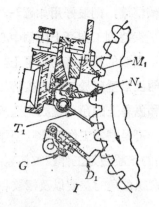

圖 2-100 測定輪齒齒節的構置與外形圖

標準輪齒先行校驗而使它所附的量錶讀數為 0 ，等把儀器按圖 2-100
配置好後， N_1 可能發生移動而致量錶可讀出它的偏差來。

圖 2-101 是用以檢驗輪齒節圓和中心孔偏心的裝置， 把中心主
軸上的指錐 Q 插入到齒間之後，調整量錶的指數為 0 ，而後將 Q 退回
再以 D_1 移動齒輪一定的齒數，然後將 Q 再行插入，若量錶的指數不

再爲 O 而指出其他數字，卽表示齒輪的偏心量的大小。

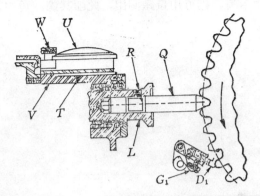

圖 2-101　檢驗齒輪偏心量的裝置

　　圖 2-102 所示爲測定平齒的軸向錐度的裝置，卽將 Q 插入輪齒後使那測具沿齒輪作軸向移動，那絲錶上的指數如果發生變更，則表示那錐度的情形。

　　如圖 2-103 所示，若把那使用的 Q 斷面從圓形改爲齒條形的斷面，並且利用正弦棒造成和螺旋齒輪的螺旋相同的角度，然後使 Q 的

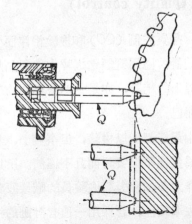

圖 2-102　測定平齒的軸向錐度的裝置

斷面也依它作成傾斜，待將那 Q 插入到那螺旋齒輪齒的時候應該 Q 沒絲毫的扭動，若有，則可用量錶測出，此卽其螺旋角的差誤。

圖 2-103 檢驗輪齒螺旋角的儀器

齒輪除了上述的檢驗外，還可以利用光學比較儀或顯微鏡放大和標準形比較，其原理與方法和螺紋檢驗類似，於此不再贅述。

2-5 品質控制 (Quality control)

於大量生產中，品質控制 (QC) 和檢驗相伴而生，而品質控制之目的是根據數字的統計，應用到製造過程中作製品尺寸之控制。此項科學已演變成工業界上的統計，亦是一門很專門的學問，於本節僅介紹品質控制之概念而已。

每件機械製品中最好都加以檢驗，但事實上，是不可能百分之百的都加以檢驗，因為這樣不但費時而且不經濟。所以不能將不及格者完全剔除。檢驗工作太多，會引起檢驗員的職業疲勞及失誤，亦易使檢驗規尺磨損或失去準確性。若採用一種有計劃的抽樣檢驗，是種可能可以計算之。例如保險絲、火柴等，一經作最後試驗卽損壞而歸於無用，故根本無法作百分之百的檢驗。檢驗是一種費錢，而對於依照規格製造之製品並無所裨益的措施。

品質管制是一種科學，可以讓檢驗員依據一種數學的程式抽樣，決定全生產線上之製品可否通過，並表示公司方面應接受若干的損失率。可以接受的損失率，大都是 1000 件爲 3 件。

使用品質管制科學以達到檢驗目的方式，可按照下列步驟實施之:

(1) 在生產線上抽樣。

(2) 量測樣品中所需要的尺寸。

(3) 計算自平均尺寸中之誤差。

(4) 製作控制圖 (Control chart)。

(5) 在控制圖上繪製其連續數據，點繪曲線。

2-5-1 品質控制工作

所謂的互換製造品 (Interchangeable manufacture) 是裝配之零件可在大量零件盲目任選者。因精度過高則成本相對增加，故在製造費用與裝配之容易度之間，應建立一種平衡。

抽取樣品必需注意，因製造的零件中可有兩種尺寸之變化，(1) 由機會所導致的尺寸變化，乃是不可避免者，在一定方法與一定機器，乃是不可消除或減少者。(2) 指定所導致之尺寸變化，是可以免除者，蓋此等原因包括燈光不良，工具不正確，材料不良，或工人訓練不夠。控制表或控制技術可以接受機會上或正常之尺寸差異，但可明白指示出貨發生的原因。

在抽取零件作爲檢驗者，必需以公平爲原則，使能作爲所製零件之代表性者。在採取樣品零件有不同的技術，但其中最佳之一種稱爲數學論說法 (Mathematically speaking)，乃以盲目任選爲基，此法乃應用任意數者，如表 2-5 所示，單獨零件或羣零件，可以應用任意數表所指之時間，或生產間隔時間而抽取樣品。

表 2-5 任意數表

09 73 25 33	76 53 01 35 86	34 67 35 48 76	80 95 90 90 17	39 29 27 49
54 20 48 05	64 89 47 42 96	24 80 52 40 37	20 63 61 04 02	00 82 29 16
42 26 89 53	19 64 50 93 03	23 20 90 25 60	15 95 33 47 64	35 08 03 36
01 90 25 29	09 37 67 07 15	38 31 13 11 65	88 67 67 43 97	04 43 62 76
80 79 99 70	80 15 73 61 47	64 03 23 66 53	98 95 11 68 77	12 17 17 68
06 57 47 17	34 07 27 68 50	36 69 73 61 70	65 81 33 98 85	11 19 92 91
06 01 08 05	45 57 18 24 06	35 30 34 26 14	86 79 90 74 39	23 40 30 97
26 97 76 02	02 05 16 56 92	68 66 57 48 18	73 05 38 52 47	18 62 38 85
57 33 21 35	05 32 54 70 48	90 55 35 75 48	28 46 82 87 09	82 49 12 56
79 64 57 53	03 52 96 47 78	35 80 83 42 82	60 93 52 03 44	35 27 38 74
52 01 77 67	14 90 56 86 07	22 10 94 05 58	60 97 00 34 33	50 50 07 39
80 50 54 31	39 80 82 77 32	50 72 56 82 48	29 40 52 42 01	52 77 56 78
45 29 96 34	06 28 89 80 83	13 74 67 00 78	18 47 54 06 10	68 71 17 78
68 34 02 00	86 50 75 84 01	36 76 66 79 51	90 36 47 64 93	29 60 91 01
59 46 73 48	87 51 76 49 69	91 82 60 89 28	93 78 56 13 68	23 47 83 41
48 11 76 74	17 46 85 09 50	58 04 77 69 74	73 03 95 71 86	40 21 81 65
12 43 56 35	17 72 70 80 15	45 31 82 23 74	21 11 57 82 53	14 38 55 37
35 09 98 17	77 40 27 72 14	43 23 60 02 10	45 52 16 42 37	96 28 60 26
91 62 68 03	66 25 22 91 48	36 93 68 72 03	76 62 11 39 90	94 40 05 64
89 32 05 05	14 22 56 85 14	46 42 75 67 88	96 29 77 88 22	54 38 21 45
49 91 45 23	68 47 92 76 86	46 16 28 35 54	94 75 08 99 23	37 08 92 00
33 69 45 98	26 94 03 68 58	70 29 73 41 35	53 14 03 33 40	42 05 08 23
10 48 19 49	85 15 74 79 54	32 97 92 65 75	57 60 04 08 81	22 22 20 64
55 07 37 42	11 10 00 20 40	12 86 07 46 97	96 64 48 94 39	28 70 72 58
60 64 93 29	16 50 53 44 84	40 21 95 25 63	43 65 17 70 82	07 20 73 17
19 69 04 46	26 45 74 77 74	51 92 46 37 29	65 39 45 95 83	42 58 26 05
47 44 52 66	95 27 07 99 53	59 36 78 38 48	82 39 61 01 18	33 21 15 94
55 72 85 73	67 89 75 43 87	54 62 24 44 31	91 19 04 25 92	92 92 74 59
48 11 62 13	97 34 40 87 21	16 86 84 87 67	02 07 11 20 59	25 70 14 66
52 37 83 17	73 20 88 98 37	68 93 59 14 16	26 25 22 96 63	05 52 28 25
49 35 24 94	75 24 63 38 24	45 86 25 10 25	61 96 27 93 35	65 33 74 24
54 99 76 54	64 05 18 81 59	96 11 96 38 96	54 69 28 23 91	23 28 72 95
96 31 53 07	26 89 80 93 54	33 35 13 54 62	77 97 45 00 24	90 10 33 93
80 80 83 91	45 42 72 68 42	83 60 94 97 00	13 02 12 48 92	78 56 52 01
05 88 52 36	01 39 09 22 86	77 28 14 40 77	93 91 08 36 47	70 61 74 29

17	90	02	97		87	37	92	52	41		05	56	70	70	07		86	74	31	71	57		85	39	41	18
23	46	14	06		20	11	74	52	04		15	95	66	00	00		18	74	39	24	23		97	11	89	63
56	54	14	30		01	75	87	53	79		40	41	92	15	85		66	67	43	68	06		84	96	28	52
15	51	49	38		19	47	60	72	46		43	66	79	45	43		59	04	79	00	33		20	82	66	85
86	43	19	94		36	16	81	08	51		34	88	88	15	53		01	54	03	54	56		05	01	45	11
08	62	48	26		45	24	02	84	04		44	99	90	88	96		39	09	47	34	07		35	44	13	18
18	51	62	32		41	94	15	09	49		89	43	54	85	81		88	69	54	19	94		37	54	87	30
95	10	04	06		96	38	27	07	74		20	15	12	33	87		25	01	62	52	93		94	62	46	11

[1]Churchman, C. West, Russell L. Ackoff, and E. Leonard Arnoff, *Introduction to Operations Research*, John Wiley and Sons, 1957.

　　檢驗零件尺寸標準差異，σ　必先計算，以便製作控制表，此表乃屬品質控制之基本工具。標準差異，乃是對平均尺寸差異之一種度量，一旦足够之資料，無指定原因之變化者，已經得到，及標準差異已經計算，則控制表卽可製成。σ之値應再度計算，以資核對，特別在其方法有些微之變更者爲更甚。

　　多數檢驗員將資料分成四組，稱爲樣品，縱然其時樣品尙未收集，亦稱爲樣品。其樣品必需依次抽取之，標準差異σ，則可以下法得之：

1. 計算每一組所量尺寸的平均尺寸$\bar{x}$。
2. 以下式計算每一組之標準差異：

$$\sigma = \sqrt{\frac{(x_1-\bar{x})^2+(x_2-\bar{x})^2+\cdots\cdots+(x_n-\bar{x})^2}{n}}$$

式中　　$x_1, x_2, x_3\cdots\cdots x_n=$樣品之各別尺寸，吋。

　　　　$\bar{x}=$樣品之平均尺寸，吋。

　　　　$n=$每一種樣品之零件數目。

3. 應用分組之數目N，計算平均差異　$\bar{\sigma}$，

$$\bar{\sigma}=\frac{\sum\sigma}{N}$$

　　控制表，如圖 2-104 所示，乃以樣品之平均尺寸對時間所點繪

出，其上控制限度與下控制限度所繪之距離，則等於平均尺寸線之上及之下

$$A_1 \bar{\sigma} = 3\sigma_{\bar{x}}$$

$3\sigma_{\bar{x}}$ 之值，乃屬一武斷的限度，而爲工業界所接受者，因之，控制限度已經建立，在 1000 個零件中僅有 3 個爲次貨。

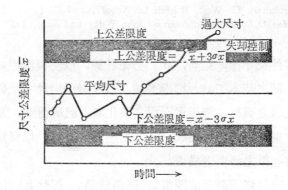

圖 2-104　控制表之性質

A_1 之值係以或然率理論所計算者，係以樣品之件數而定者，茲列表如下：

樣品多寡	A_1 之值
2 件	3.76
3 件	2.39
4 件	1.88
5 件	1.60
10 件	1.03

　　一零件之公差限度是在控制限度之外，而非在控制限度之內邊。若控制表已建立，數字記於其上，則該控制表可做爲一段時間之尺寸檢驗變化之紀錄。其點繪之資料若非爲指定因素所致之變化，則將以

任意之狀態落入控制線之間的範圍內。當所有資料係以此種狀態落入控制線範圍者，則在 99.73% 時間以內所製造而離開此生產過程。

　　若所有的點落入控制線之間，則製造的過程就不必調整或變更。若有五點至七點落於平均線之一邊，則此製造過程應予檢查。若有點子落於控制線之外邊，則應馬上查出原因並校正之。

　　若在一段極長的時間內所量的各種尺寸而無指定原因之差異者，則度量尺寸之周率可以對尺寸點繪成曲線，此種曲線稱為 正 常 曲 線 (Normal curve)， 其結果與圖 2-105 所示之曲線極為類似， 其顯著之差異，可以完全看出， 68.27% 之數字落入於 $\pm \sigma$ ，95.45% 落入 $\pm 2\sigma$ ，99.73%落入$\pm 3\sigma$ 。

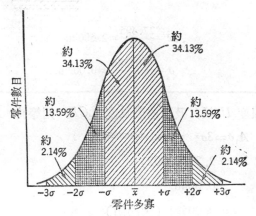

圖 2-105　零件正常之分佈與百分數可落於雪格瑪之限度以內者

2-5-2　控制限度之計算 (Control limit calculations)

　　現取一圓形齒輪毛胚做檢驗，來說明控制限度之計算。三組樣品的尺寸如下表所示。此法係仔細控制者，且無指定原因所致之誤差。表準差異 σ ，則按照上述之步驟計算。

樣品號數	尺寸			樣品之平均尺寸 $\bar{x}$	標準差異 σ
	x_1	x_2	x_3		
1	2.495(2.495)	2.501	2.499	2.498	0.00252
2	2.501	2.500	2.496	2.499	0.00216
3	2.501	2.495	2.498	2.498	0.00245
4	2.497	2.500	2.503	2.500	0.00245
5	2.497	2.503	2.501	2.500	0.00252
6	2.502	2.500	2.498	2.500	0.00163
7	2.499	2.499	2.496	2.498	0.00141
8	2.500	2.503	2.505	2.503	0.00216
9	2.500	2.497	2.499	2.498	0.00141
10	2.499	2.503	2.501	2.501	0.00163
11	2.503	2.497	2.501	2.500	0.00252
				$\sum \bar{x} = 27.495$	$\sum \sigma = 0.02286$

$$\therefore \bar{\bar{x}} = \frac{27.495}{11} = 2.500 \text{in.}$$

及

$$\bar{\sigma} = \frac{0.02286}{11} = 0.002 \text{in.}$$

上控制限度 UCL，及下控制限度 LCL，則等於

$$A_1 \bar{\sigma} = 3\sigma^{\bar{x}}$$

故

$$3\sigma^{\bar{x}} = 2.39(0.002)$$

$$= 0.0048$$

$$= 0.005吋 \text{（大約值）}$$

圖 2-106 為一控制表，後續之資料均可點繪其上，以決定過程之控制。通常應用較多之數字資料，以決定 σ。在雙向公差限度若最小應為 2.500±0.005，但通常最少應為 2.500±0.006吋，使在控制限度與公差限度略有差異。

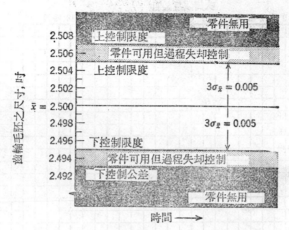

圖 2-106　齒輪毛胚之控制限度與公差限度

2-5-3　驗收抽樣 (Acceptance sampling)

在大量生產中，常大量購買局部總成的零件，探購者對所購之貨品必需作品質之驗收決定。例如，1/2 吋的墊圈，可能數以百萬計而探購者，故其驗收一定只能採用抽樣法。應用任意數表之明智方法，可作抽樣之用，由於生產過程已經缺少，故應用一有系統的數學方法以代替控制表，以決定抽樣檢驗之貨品可予驗收或退貨。圖 2-107 為1948年克利福甘乃迪 (Clifford Kennedy) 在品質控制法所發表的簡單的計算。

此種計劃可對貨品品質一無所知而必需急速驗收者。其設計乃是將具有 2 ％之次貨者予以驗收，若每批100件中有 2 件以上之次貨者，應予退貨。圖中所示之情形，其分批大小為 1000，故必需檢驗 180 件之樣品，若有 4 件零件以上之次貨，則應全部退貨。若是 4 件以下，則整批零件可以驗收。

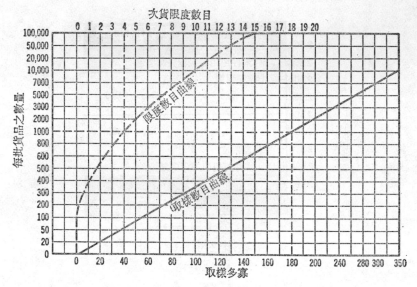

圖 2-107　簡單之驗收抽樣計劃

2-5-4　公差之間相互之關係(Interrelationship of tolerance)

　　如圖 2-108 所示，若有兩件或兩件以上的零件安裝在一起，就會有累積公差產生。應用統計方法，其累積公差 (T_{sum}) 等於：

$$T_{sum}=(x_{max}-x_{min})=\sqrt{(T_1)^2+(T_2)^2+\cdots\cdots(T_n)^2}$$

$T_1, T_2 \cdots\cdots T_n$ 為各件之個別公差，若以圖 2-108 為例，則其累積公差為：

$$T_{sum}=\sqrt{(0.004)^2+(0.008)^2+(0.002)^2}=0.009$$

　　其名義總尺寸為 2.321吋，其總公差為 0.009 吋，此總尺寸可寫為2.321±0.005，若如圖中所示，每一零件之公差相加，則所得之總尺寸將為 2.321±0.007，但此數乃錯誤。應用統計方法決定總公差之影響常導致由零件組成之總成，具有較大之公差。

2-5-5 品質控制的檢驗方法

品質控制的目的不但是事後的管制品質，而是重於事前缺點及錯誤的防止。

品質控制所用的檢驗方法有二：

1. 破壞性檢驗
2. 非破壞性檢驗

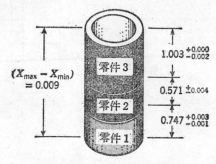

圖 2-108 公差之相互關係

一、破壞性檢驗

此方式通常係由一批製品中選取若干個有代表性的製品加以解剖、打碎、壓擠或其他使其不能復原之方法的檢驗稱為破壞檢驗，這是一種間接性而費時不可靠的方法。

二、非破壞性檢驗

此種方式已普遍被採用於各種重要性甚高之電子製品及太空船等數以千計的機件上。此法可廣泛的對每一單件皆加以檢查，而並不影響其品質，以證明其是否合於規定，故可靠性高。

三、非破壞性檢驗之方法

在近代工業上，尺寸、重量之衡量，及目視檢查已不足以做好檢驗，故有各種方式的檢驗，茲分述如下，以供參考。

1. 度量

形狀特別複雜的製品， 普通的檢驗工具是無法精確的度量 。 圖 2-109 爲一種電子儀器，可依照規格測量出數以千計的各有關部位是否合規定。 圖 2-110 爲一種特製的型架， 可在極短的時間作大量機件的精密檢驗。

圖 2-109　此儀器是根據打孔的紙帶，檢驗形狀極爲複雜之槳葉的各部尺寸

圖 2-110　用特製的規板，檢驗噴氣發動機槳葉的尺寸

2. X光檢驗

此法可檢驗內部的缺點及其位置。圖 2-111 為X光底片，檢驗機械或材料是否良好。

3. 超高週波檢驗

所謂超高週波檢驗 (Vetrasonic testing) 係利用一種極高頻率的音束，以檢驗機件內部之裂痕，或間斷不連續等缺點。其原理乃是當

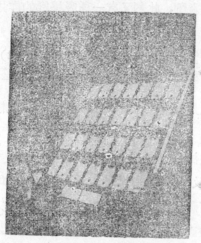

圖 2-111　用X光檢驗大量機件之內部情形。
內部之微小缺點，亦可出現。

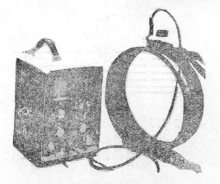

圖 2-112　超高週波檢驗儀

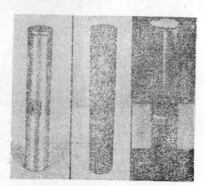

圖 2-113　螢光劑檢驗

音波遇有斷裂，卽行返射並減低音量，反射之波，由電子的設備將其映於螢光管之幕上，指示出缺點之位置及情況。圖 2-112 為此種儀器。

4. 螢光滲入劑 (Fluorescent penetrant)

實驗之原理是將螢光劑的液體用噴射，刷拭或浸蘸等方法，將其附於被檢查件的表面上。由微細管的作用吸入製品的裂縫內。表面清洗之後再敷一層顯影劑，此劑又有一種吸墨紙的作用，將縫內之螢光劑重行吸至表面。

將準備完成之樣品置於一種黑光 (Black light) 之下，（此種光之波長在人類視力範圍之外），則所有裂縫之處，顯示出亮晰之螢光。無論光之形狀是線或點，皆表示缺點之所在及情況。如圖 2-113 所示。

5. 磁化檢驗法

如圖 2-114 及 2-115 所示為磁化檢驗 (Magnaflux) 法，此法係以磁性微粒在有磁化性之金屬表面上所作之檢查方法。檢查工作簡單迅速，但只能檢查到較大的缺點，微小者無法顯示出。工作的原理

圖 2-114　用磁化檢驗設備，將一大型的曲軸磁化。

圖 2-115　此圖係表示與心軸順向之磁化線。鋼件裂斷處使磁力凸出於表面之外，使磁粉附着以表示裂痕之所在。

是以強電流在被檢查之工作物上，建立磁場，使該件磁化。凡有斷裂不連續處，卽生成一組南北磁極，再用極細磁性微粒撒佈於該件之面上（乾法），或將粉粒混懸於液體之內而分佈之（濕法）。磁性微粒被裂縫處之磁極所吸引而不脫落，其他處則否，故可表現出該裂縫之形狀、大小及位置。

第二章　附錄

在 1952 年及 1953 年，美、英、加拿大三國舉行會議，產生一極限及配合系統之提案，其在單向孔基礎上之標準式之配合及分類已發展完成，對於圓柱形零件之極限及配合 20 吋直徑以下已建立，較大直徑者則在研究中。

其標準配合分爲下列五類:

(1) 轉動或滑動配合 (Running and sliding fits)，簡稱 RC 配合，又分九類，RC1~RC9，請參閱附表1 及附 2 。

(2) 定位隙配合 (Location clearance fits)，簡稱 LC 配合，參閱附表 3 及附 4 。

(3) 定位轉動配合 (Location transition fits)，簡稱 LT 配合，參閱表附 5 。

(4) 定位緊度配合 (Locational interference fits)，簡稱 LN 配合，參閱附表6 及附表7 。

(5) 緊壓配合 (Force fits)，分有 FN_1~FN_5 五級，參閱附表8 。

另外，除美國標準轉動及滑動或餘隙配合被普遍採行外，國際標準組織機構 (ISO) 也有完整之規格資料可供參考，在一般工程手册內均可找到，至於我國也有 CNS 標準可供參照，而 CNS 大部分資料皆起源自 ASA 和 ISO 或日本工業標準 JIS 或德國 DIN 資料。

附表 1　美國標準轉動及滑動配合 (ASA B4. 1-1955)

　　表中所列之公差界限從基本尺寸加上或減去（按照所示之＋號或－號）以得配合件之最大及最小尺寸。

標　稱尺　寸範　圍吋逾　　　至	RC1　類			RC2　類			RC3　類		
	*間隙	標準公差界　限孔 H5	軸 g4	*間隙	標準公差界　限孔 H6	軸 g5	*間隙	標準公差界　限孔 H6	軸 f6
下　列　值　以　千　分　之　一吋　爲　單　位									
0.04—0.12	0.1 0.45	+0.2 0	−0.1 −0.25	0.1 0.55	+0.25 0	−0.1 −0.3	0.3 0.8	+0.25 0	−0.3 −0.55
0.12—0.24	0.15 0.5	+0.2 0	−0.15 −0.3	0.15 0.65	+0.3 0	−0.15 −0.35	0.4 1.0	+0.3 0	−0.4 −0.7
0.24—0.40	0.2 0.6	+0.25 0	−0.2 −0.35	0.2 0.85	+0.4 0	−0.2 −0.45	0.5 1.3	+0.4 0	−0.5 −0.9
0.40—0.71	0.25 0.75	+0.3 0	−0.25 −0.45	0.25 0.95	+0.4 0	−0.25 −0.55	0.6 1.4	+0.4 0	−0.6 −1.0
0.71—1.19	0.3 0.95	+0.4 0	−0.3 −0.55	0.3 1.2	+0.5 0	−0.3 −0.7	0.8 1.8	0.5 0	−0.8 −1.3
0.19—1.97	0.4 1.1	+0.4 0	−0.4 −0.7	0.4 1.4	+0.6 0	−0.4 −0.8	1.0 2.2	+0.6 0	−1.0 −1.6
1.97—3.15	0.4 1.2	+0.5 0	−0.4 −0.7	0.4 1.6	+0.7 0	−0.4 −0.9	1.2 2.6	+0.7 0	−1.2 −1.9
3.15—4.73	0.5 1.5	+0.6 0	−0.5 −0.9	0.5 2.0	+0.9 0	−0.5 −1.1	1.4 3.2	+0.9 0	−1.4 −2.3
4.73—7.09	0.6 1.8	+0.7 0	−0.6 −1.1	0.6 2.3	+1.0 0	−0.6 −1.3	1.6 3.6	+1.0 0	−1.6 −2.6
7.09—9.85	0.6 2.0	+0.8 0	−0.6 −1.2	0.6 2.6	+1.2 0	−0.6 −1.4	2.0 4.4	+1.2 0	−2.0 −3.2
9.85—12.41	0.8 2.3	+0.9 0	−0.8 −1.4	0.8 2.9	+1.2 0	−0.8 −1.7	2.5 4.9	+1.2 0	−2.5 −3.7
12.41—15.75	1.0 2.7	+1.0 0	−1.0 −1.7	1.0 3.4	+1.4 0	−1.0 −2.0	3.0 5.8	+1.4 0	−3.0 −4.4
15.75—19.69	1.2 3.0	+1.2 0	−1.2 −2.0	1.2 3.8	+1.6 0	−1.2 −2.2	4.0 7.2	+1.6 0	−4.0 −5.6

附表 2 美國標準轉動及滑動配合 (ASA B4.1-1955)

標稱尺寸範圍 吋 (逾——至)	RC4 類			RC5 類			RC6 類		
	*間隙	標準公差界限 孔 H7	軸 f7	*間隙	標準公差界限 孔 H7	軸 e7	*間隙	標準公差界限 孔 H8	軸 e8
	下列值以千分之一吋為單位								
0.04—0.12	0.3 / 1.1	+0.4 / 0	−0.3 / −0.7	0.6 / 1.4	+0.4 / 0	−0.6 / −1.0	0.6 / 1.8	+0.6 / 0	−0.6 / −1.2
0.12—0.24	0.4 / 1.4	+0.5 / 0	−0.4 / −0.9	0.8 / 1.8	+0.5 / 0	−0.8 / −1.3	0.8 / 2.2	+0.7 / 0	−0.8 / −1.5
0.24—0.40	0.5 / 1.7	+0.6 / 0	−0.5 / −1.1	1.0 / 2.2	+0.6 / 0	−1.0 / −1.6	1.0 / 2.8	+0.9 / 0	−1.0 / −1.9
0.40—0.71	0.6 / 2.0	+0.7 / 0	−0.6 / −1.3	1.2 / 2.6	+0.7 / 0	−1.2 / −1.9	1.2 / 3.2	+1.0 / 0	−1.2 / −2.2
0.71—1.19	0.8 / 2.4	+0.8 / 0	−0.8 / −1.6	1.6 / 3.2	+0.8 / 0	−1.6 / −2.4	1.6 / 4.0	+1.2 / 0	−1.6 / −2.8
1.19—1.97	1.0 / 3.0	+1.0 / 0	−1.0 / −2.0	2.0 / 4.0	+1.0 / 0	−2.0 / −3.0	2.0 / 5.2	+1.6 / 0	−2.0 / −3.6
1.97—3.15	1.2 / 3.6	+1.2 / 0	−1.2 / −2.4	2.5 / 4.9	+1.2 / 0	−2.5 / −3.7	2.5 / 6.1	+1.8 / 0	−2.5 / −4.3
3.15—4.73	1.4 / 4.2	+1.4 / 0	−1.4 / −2.8	3.0 / 5.8	+1.4 / 0	−3.0 / −4.4	3.0 / 7.4	+2.2 / 0	−3.0 / −5.2
4.73—7.09	1.6 / 4.8	+1.6 / 0	−1.6 / −3.2	3.5 / 6.7	+1.6 / 0	−3.5 / −5.1	3.5 / 8.5	+2.5 / 0	−3.5 / −6.0
7.09—9.85	2.0 / 5.6	+1.8 / 0	−2.0 / −3.8	4.0 / 7.6	+1.8 / 0	−4.0 / −5.8	4.0 / 9.6	+2.8 / 0	−4.0 / −6.8
9.85—12.41	2.5 / 6.5	+2.0 / 0	−2.5 / −4.5	5.0 / 9.0	+2.0 / 0	−5.0 / −7.0	5.0 / 11.0	+3.0 / 0	−5.0 / −8.0
12.41—15.75	3.0 / 7.4	+2.2 / 0	−3.0 / −5.2	6.0 / 10.4	+2.2 / 0	−6.0 / −8.2	6.0 / 13.0	+3.5 / 0	−6.0 / −9.5
15.75—19.69	4.0 / 9.0	+2.5 / 0	−4.0 / −6.5	8.0 / 13.0	+2.5 / 0	−8.0 / −10.5	8.0 / 16.0	+4.0 / 0	−8.0 / −12.0

附表 2 美國標準轉動及滑動配合 (ASA B4.1-1955) (續)

標稱尺寸範圍 吋 逾—至	RC7 類 *間隙	標準公差界限 孔 H9	標準公差界限 軸 d8	RC8 類 *間隙	標準公差界限 孔 H10	標準公差界限 軸 c9	RC9 類 *間隙	標準公差界限 孔 H11	標準公差界限 軸
	下列值以千分之一吋為單位								
0.04—0.12	1.0 2.6	+1.0 0	−1.0 −1.6	2.5 5.1	+1.6 0	−2.5 −3.5	4.0 8.1	+2.5 0	−4.0 −5.6
0.12—0.24	1.2 3.1	+1.2 0	−1.2 −1.9	2.8 5.8	+1.8 0	−2.8 −4.0	4.5 9.3	+3.0 0	−4.5 −6.0
0.24—0.40	1.6 3.9	+1.4 0	−1.6 −2.5	3.0 6.6	+2.2 0	−3.0 −4.4	5.0 10.7	+3.5 0	−5.0 −7.2
0.40—0.71	2.0 4.6	+1.6 0	−2.0 −3.0	3.5 7.9	+2.8 0	−3.5 −5.1	6.0 12.8	+4.0 0	−6.0 −8.8
0.71—1.19	2.5 5.7	+2.0 0	−2.5 −3.7	4.5 10.0	+3.5 0	−4.5 −6.5	7.0 15.5	+5.0 0	−7.0 −10.5
1.19—1.97	3.0 7.1	+2.5 0	−3.0 −4.6	5.0 11.5	+4.0 0	−5.0 −7.5	8.0 18.0	+6.0 0	−8.0 −12.0
1.97—3.15	4.0 8.8	+3.0 0	−4.0 −5.8	6.0 13.5	+4.5 0	−6.0 −9.0	9.0 20.5	+7.0 0	−9.0 −13.5
3.15—4.73	5.0 10.7	+3.5 0	−5.0 −7.2	7.0 15.5	+5.0 0	−7.0 −10.5	10.0 24.0	+9.0 0	−10.0 −15.0
4.73—7.09	6.0 12.5	+4.0 0	−6.0 −8.5	8.0 18.0	+6.0 0	−8.0 −12.0	12.0 28.0	+10.0 0	−12.0 −18.0
7.09—9.85	7.0 14.3	+4.5 0	−7.0 −9.8	10.0 21.5	+7.0 0	−10.0 −14.5	15.0 34.0	+12.0 0	−15.0 −22.0
9.85—12.41	8.0 16.0	+5.0 0	−8.0 −11.0	12.0 25.0	+8.0 0	−12.0 −17.0	18.0 38.0	+12.0 0	−18.0 −26.0
12.41—15.75	10.0 19.5	+6.0 0	−10.0 −13.5	14.0 29.0	+9.0 0	−14.0 −20.0	22.0 45.0	+14.0 0	−22.0 −31.0
15.75—19.69	12.0 22.0	+6.0 0	−12.0 −16.0	16.0 32.0	+10.0 0	−16.0 −22.0	25.0 51.0	+16.0 0	−25.0 −35.0

所有在實線以上之數據均按照美英加之協議，記號 H5, g4, 等等均爲美英加系統中之孔軸表示法。19.69 吋以上之尺寸限也在美國標準中給出。

　*所示成對之尺寸表示應用標準公差限所產生之最大與最小間隙量，又稱裕度。

附表 3 美國標準定位餘隙配合 (Locational Clearance Fits) (ASA B4. 1-1955)

表中所列之公差界限從基本尺寸加上或減去（按照所示之＋號或－號）以得配合件之最大及最小尺寸

標稱尺寸範圍 (吋) 逾 — 至	LC1 類			LC2 類			LC3 類		
	*間隙	標準公差界限 孔 H6	標準公差界限 軸 h5	*間隙	標準公差界限 孔 H7	標準公差界限 軸 h6	*間隙	標準公差界限 孔 H8	標準公差界限 軸 h7
	下列值以千分之一吋爲單位								
0.04—0.12	0 / 0.45	+0.25 / 0	0 / −0.2	0 / 0.65	+0.4 / 0	0 / −0.25	0 / 1	+0.6 / 0	0 / −0.4
0.12—0.24	0 / 0.5	+0.3 / 0	0 / +0.2	0 / 0.8	+0.5 / 0	0 / −0.3	0 / 1.2	+0.7 / 0	0 / −0.5
0.24—0.40	0 / 0.65	+0.4 / 0	0 / −0.25	0 / 1.0	+0.6 / 0	0 / −0.4	0 / 1.5	+0.9 / 0	0 / −0.6
0.40—0.71	0 / 0.7	+0.4 / 0	0 / −0.3	0 / 1.1	+0.7 / 0	0 / −0.4	0 / 1.7	+1.0 / 0	−0 / −0.7
0.71—1.19	0 / 0.9	+0.5 / 0	0 / −0.4	0 / 1.3	+0.8 / 0	0 / −0.5	0 / 2	+1.2 / 0	0 / −0.8
1.19—1.97	0 / 1.0	+0.6 / 0	0 / −0.4	0 / 1.6	+1.0 / 0	0 / −0.6	0 / 2.6	+1.6 / 0	−0 / −1
1.97—3.15	0 / 1.2	+0.7 / 0	0 / −0.5	0 / 1.9	+1.2 / 0	0 / −0.7	0 / 3	+1.8 / 0	0 / −1.2
3.15—4.73	0 / 1.5	+0.9 / 0	0 / −0.6	0 / 2.3	+1.4 / 0	0 / −0.9	0 / 3.6	+2.2 / 0	0 / −1.4
4.73—7.09	0 / 1.7	+1.0 / 0	0 / −0.7	0 / 2.6	+1.6 / 0	0 / −1.0	0 / 4.1	+2.5 / 0	0 / −1.6
7.09—9.85	0 / 2.0	+1.2 / 0	0 / −0.8	0 / 3.0	+1.8 / 0	0 / −1.2	0 / 4.6	+2.8 / 0	0 / −1.8
9.85—12.41	0 / 2.1	+1.2 / 0	0 / −0.9	0 / 3.2	+2.0 / 0	0 / −1.2	0 / 5	+3.0 / 0	0 / −2.0
12.41—15.75	0 / 2.4	+1.4 / 0	0 / −1.0	0 / 3.6	+2.2 / 0	0 / −1.4	0 / 5.7	+3.5 / 0	0 / −2.2
15.75—19.69	0 / 2.6	+1.6 / 0	0 / −1.0	0 / 4.1	+2.5 / 0	0 / −1.6	0 / 6.5	+4 / 0	0 / −2.5

附表 4　美國標準定位餘隙配合 (Locational Clearance Fits) (ASA B4. 1-1955)

標稱尺寸範圍 吋 逾—至	LC4 類 *間隙	LC4 孔 H10	LC4 軸 h9	LC5 類 *間隙	LC5 孔 H7	LC5 軸 g6	LC6 類 *間隙	LC6 孔 H8	LC6 軸 f8	LC7 類 *間隙	LC7 孔 H9	LC7 軸 e9
下列值以千分之一吋為單位											
0.04—0.12	0 / 2.0	+1.0 / 0	0 / -1.0	0.1 / 0.75	+0.4 / 0	-0.1 / -0.35	0.3 / 1.5	+0.6 / 0	-0.3 / -0.9	0.6 / 2.6	+1.0 / 0	-0.6 / -1.6
0.12—0.24	0 / 2.4	+1.2 / 0	0 / -1.2	0.15 / 0.95	+0.5 / 0	-0.15 / -0.45	0.4 / 1.8	+0.7 / 0	-0.4 / -1.1	0.8 / 3.2	+1.2 / 0	-0.8 / -2.0
0.24—0.40	0 / 2.8	+1.4 / 0	0 / -1.4	0.2 / 1.2	+0.6 / 0	-0.2 / -0.6	0.5 / 2.3	+0.9 / 0	-0.5 / -1.4	1.0 / 3.8	+1.4 / 0	-1.0 / -2.4
0.40—0.71	0 / 3.2	+1.6 / 0	0 / -1.6	0.25 / 1.35	+0.7 / 0	-0.25 / -0.65	0.6 / 2.6	+1.0 / 0	-0.6 / -1.6	1.2 / 4.4	+1.6 / 0	-1.2 / -2.8
0.71—1.19	0 / 4	+2.0 / 0	0 / -2.0	0.3 / 1.6	+0.8 / 0	-0.3 / -0.8	0.8 / 3.2	+1.2 / 0	-0.8 / -2.0	1.6 / 5.6	+2.0 / 0	-1.6 / -3.6
1.19—1.97	0 / 5	+2.5 / 0	0 / -2.5	0.4 / 2.0	+1.0 / 0	-0.4 / -1.0	1.0 / 4.2	+1.6 / 0	-1.0 / -2.6	2.0 / 7.0	+2.5 / 0	-2.0 / -4.5
1.97—3.15	0 / 6	+3 / 0	0 / -3	0.4 / 2.3	+1.2 / 0	-0.4 / -1.1	1.2 / 4.8	+1.8 / 0	-1.0 / -3.0	2.5 / 8.5	+3.0 / 0	-2.5 / -5.5
3.15—4.73	0 / 7	+3.5 / 0	0 / -3.5	0.5 / 2.8	+1.4 / 0	-0.5 / -1.4	1.4 / 5.8	+2.2 / 0	-1.4 / -3.6	3.0 / 10.0	+3.5 / 0	-3.0 / -6.5
4.73—7.09	0 / 8	+4 / 0	0 / -4	0.6 / 3.2	+1.6 / 0	-0.6 / -1.6	1.6 / 6.6	+2.5 / 0	-1.6 / -4.1	3.5 / 11.5	+4.0 / 0	-3.5 / -7.5
7.09—9.85	0 / 9	+4.5 / 0	0 / -4.5	0.6 / 3.6	+1.8 / 0	-0.6 / -1.8	2.0 / 7.6	+2.8 / 0	-2.0 / -4.8	4.0 / 13.0	+4.5 / 0	-4.0 / -8.5
9.85—12.41	0 / 10	+5 / 0	0 / -5	0.7 / 3.9	+2.0 / 0	-0.7 / -1.9	2.2 / 8.2	+3.0 / 0	-2.2 / -5.2	4.5 / 14.5	+5.0 / 0	-4.5 / -9.5
12.41—15.75	0 / 12	+6 / 0	0 / -6	0.7 / 4.3	+2.2 / 0	-0.7 / -2.1	2.5 / 9.5	+3.5 / 0	-2.5 / -6.0	5 / 17	+6 / 0	-5 / -11
15.75—19.69	0 / 12	+6 / 0	0 / -6	0.8 / 4.9	+2.5 / 0	-0.8 / -2.4	2.8 / 10.8	+4.0 / 0	-2.8 / -6.8	5 / 17	+6 / 0	-5 / -11

附表 4　美國標準定位餘隙配合 (Locational Clearance Fits) (ASA B4. 1-1955) (續)

標稱尺寸範圍 逾至 (吋)	LC8 類 *間隙	LC8 類 標準公差界限 孔 H10	LC8 類 軸 d9	LC9 類 *間隙	LC9 類 標準公差界限 孔 H11	LC9 類 軸 c11	LC10 類 *間隙	LC10 類 標準公差界限 孔 H12	LC10 類 軸	LC11 類 *間隙	LC11 類 標準公差界限 孔 H13	LC11 類 軸
					下列值以千分之一吋為單位							
0.04—0.12	1.0 / 2.0	+1.6 / 0	−1.0 / −2.0	2.5 / 7.5	+2.5 / 0	−2.5 / −5.0	4 / 12	+4 / 0	−4 / −8	5 / 17	+6 / 0	−5 / −11
0.12—0.24	1.2 / 4.2	+1.8 / 0	−1.2 / −2.4	2.8 / 8.8	+3.0 / 0	−2.8 / −5.8	4.5 / 14.5	+5 / 0	−4.5 / −9.5	6 / 20	+7 / 0	−9 / −13
0.24—0.40	1.6 / 5.2	+2.2 / 0	−1.6 / −3.0	3.0 / 10.0	+3.5 / 0	−3.0 / −6.5	5 / 17	+6 / 0	−5 / −11	7 / 25	+9 / 0	−7 / −16
0.40—0.71	2.0 / 6.4	+2.8 / 0	−2.0 / −3.6	3.5 / 11.5	+4.0 / 0	−3.5 / −7.5	6 / 20	+7 / 0	−6 / −13	8 / 28	+10 / 0	−8 / −18
0.71—1.19	2.5 / 8.0	+3.5 / 0	−2.5 / −4.5	4.5 / 14.5	+5.0 / 0	−4.5 / −9.5	7 / 23	+8 / 0	−7 / −15	10 / 34	+12 / 0	−10 / −22
1.19—1.97	3.6 / 9.5	+4.0 / 0	−3.0 / −5.5	5 / 17	+6 / 0	−5 / −11	8 / 28	+10 / 0	−8 / −18	12 / 44	+16 / 0	−12 / −28
1.97—3.15	4.0 / 11.5	+4.5 / 0	−4.0 / −7.0	6 / 20	+7 / 0	−6 / −13	10 / 34	+12 / 0	−10 / −22	14 / 50	+18 / 0	−14 / −32
3.15—4.73	5.0 / 13.5	+5.0 / 0	−5.0 / −8.3	7 / 25	+9 / 0	−7 / −16	11 / 39	+14 / 0	−11 / −25	16 / 60	+22 / 0	−16 / −38
4.73—7.09	6 / 16	+6 / 0	−6 / −10	8 / 28	+10 / 0	−8 / 18	12 / 44	+16 / 0	−12 / −28	18 / 68	+25 / 0	−18 / −43
7.09—9.85	7 / 18.5	+7 / 0	−7 / −11.5	10 / 34	+12 / 0	−10 / −22	16 / 52	+18 / 0	−16 / −34	22 / 78	+28 / 0	−28 / −50
9.85—12.41	7 / 20	+8 / 0	−7 / −12	12 / 36	+12 / 0	−12 / −24	20 / 60	+20 / 0	−20 / −40	28 / 88	+30 / 0	−28 / −58
12.41—15.75	8 / 23	9 / 0	−8 / −14	14 / 42	+14 / 0	−14 / −28	22 / 66	+22 / 0	−22 / −44	30 / 100	+35 / 0	−30 / −65
15.75—19.69	9 / 25	+10 / 0	−9 / −15	16 / 48	+16 / 0	−16 / −32	25 / 75	+25 / 0	−25 / −50	35 / 115	+40 / 0	−35 / −75

所有在實線以上之數據均按照美英加之協議，記號 H6, h5 等等，均為美英加系統中之軸表示法，19.69 吋以上之尺寸限也在美國標準中給出。 *所示成對之值表示應用標準公差限所產生之最大與最小間隙量。

附表 5 美國標準定位過渡配合 (Transition Fits)
(ASA B4.1-1955)

標稱尺寸範圍 吋 逾—至	LT1 類 *配合	LT1 標準公差界限 孔 H7	LT1 標準公差界限 軸 j6	LT2 類 *配合	LT2 標準公差界限 孔 H8	LT2 標準公差界限 軸 j7	LT3 類 *配合	LT3 標準公差界限 孔 H7	LT3 標準公差界限 軸 k6
	下列值以千分之一吋為單位								
0.04—0.12	−0.15 / +0.5	+0.4 / 0	+0.15 / −0.1	−0.3 / +0.7	+0.6 / 0	+0.3 / −0.1			
0.12—0.24	−0.2 / +0.6	+0.5 / 0	+0.2 / −0.1	−0.4 / +0.8	+0.7 / 0	+0.4 / −0.1			
0.24—0.40	−0.3 / +0.7	+0.6 / 0	+0.3 / −0.1	−0.4 / +1.1	+0.9 / 0	+0.4 / −0.2	−0.5 / +0.5	+0.6 / 0	+0.5 / +0.1
0.40—0.71	−0.3 / +0.8	+0.7 / 0	+0.3 / −0.1	−0.5 / +1.2	+1.0 / 0	+0.5 / −0.2	−0.5 / +0.6	+0.7 / 0	+0.5 / +0.1
0.71—1.19	−0.3 / +1.0	+0.8 / 0	+0.3 / −0.2	−0.5 / +1.5	+1.2 / 0	+0.5 / −0.3	−0.6 / +0.7	+0.8 / 0	+0.6 / +0.1
1.19—1.97	−0.4 / +1.2	+1.0 / 0	+0.4 / −0.2	−0.6 / +2.0	+1.6 / 0	+0.6 / −0.4	−0.7 / +0.9	+1.0 / 0	+0.7 / +0.1
1.97—3.15	−0.4 / +1.5	+1.2 / 0	+0.4 / −0.3	−0.7 / +2.3	+1.8 / 0	+0.7 / −0.5	−0.8 / +1.1	+1.2 / 0	+0.8 / +0.1
3.15—4.73	−0.5 / +1.8	+1.4 / 0	+0.5 / −0.4	−0.8 / +2.8	+2.2 / 0	+0.8 / −0.6	−1.0 / +1.3	+1.4 / 0	+1.0 / +0.1
4.73—7.09	−0.6 / +2.0	+1.6 / 0	+0.6 / −0.4	−0.9 / +3.2	+2.5 / 0	+0.9 / −0.7	−1.1 / +1.5	+1.6 / 0	+1.1 / +0.1
7.09—9.85	−0.7 / +2.3	+1.8 / 0	+0.7 / −0.5	−1.0 / +3.6	+2.8 / 0	+1.0 / −0.8	−1.4 / +1.6	+1.8 / 0	+1.4 / +0.2
9.85—12.41	−0.7 / +2.6	+2.0 / 0	+0.7 / −0.6	−1.0 / +4.0	+3.0 / 0	+1.0 / −1.0	−1.4 / +1.8	+2.0 / 0	+1.4 / +0.2
12.41—15.75	−0.7 / +2.9	+2.2 / 0	+0.7 / −0.7	−1.0 / +4.7	+3.5 / 0	+1.2 / −1.0	−1.6 / +2.0	+2.2 / 0	+1.6 / +0.2
15.75—19.69	−0.8 / +3.2	+2.5 / 0	+0.8 / −0.7	−1.3 / +5.2	+4.0 / 0	+1.3 / −1.2	−1.8 / +2.3	+2.5 / 0	+1.8 / +0.2

附表 5 美國標準定位過渡配合 (Transition Fits)
(ASA B4.1-1955) (續)

標 稱 尺 寸 範 圍 吋 逾 至	LT4 類			LT5 類			LT6 類		
	*配合	標準公差界限 孔 H8	軸 k7	*配合	標準公差界限 孔 H8	軸 m7	*配合	標準公差界限 孔 H7	軸 n6
	下 列 值 以 千 分 之 一 吋 為 單 位								
0.04—0.12				−0.55 +0.45	+0.6 0	+0.55 +0.15	−0.5 +0.15	+0.4 0	0.5 +0.25
0.12—0.24				−0.7 +0.5	+0.7 0	+0.7 +0.2	−0.6 +0.2	+0.5 0	+0.6 +0.3
0.24—0.40	−0.7 +0.8	+0.9 0	+0.7 +0.1	−0.8 +0.7	+0.9 0	+0.8 +0.2	+0.8 +0.2	+0.6 0	+0.8 +0.4
0.40—0.71	−0.8 +0.9	+1.0 0	+0.8 +0.1	−1.0 +0.7	+1.0 0	+1.0 +0.3	−0.9 +0.2	+0.7 0	+0.9 +0.5
0.71—1.19	−0.9 +1.1	+1.2 0	+0.9 +0.1	−1.1 +0.9	+1.2 0	+1.1 +0.3	−1.1 +0.2	+0.8 0	+1.1 +0.6
1.19—1.97	−1.1 +1.5	+1.6 0	+1.1 +0.1	−1.4 +1.2	+1.6 0	+1.4 +0.4	−1.3 +0.3	+1.0 0	+1.3 +0.7
1.97—3.15	−1.3 +1.7	+1.8 0	+1.3 +0.1	−1.7 +1.3	+1.8 0	+1.7 +0.5	−1.5 +0.4	+1.2 0	+1.5 +0.8
3.15—4.73	−1.5 +2.1	+2.2 0	+1.5 +0.1	−1.9 +1.7	+2.2 0	+1.9 +0.5	−1.9 +0.4	+1.4 0	+1.9 +1.0
4.73—7.09	−1.7 +2.4	+2.5 0	+1.7 +0.1	−2.2 +1.9	+2.5 0	+2.2 +0.6	−2.2 +0.4	+1.6 0	+2.2 +1.2
7.09—9.85	−2.0 +2.6	+2.8 0	+2.0 +0.2	−2.4 +2.2	+2.8 0	+2.4 +0.6	−2.6 +0.4	+1.8 0	+2.6 +1.4
9.85—12.41	−2.2 +2.8	+3.0 0	+2.2 +0.2	−2.8 +2.2	+3.0 0	+2.8 +0.8	−2.6 −0.6	+2.0 0	+2.6 +1.4
12.41—15.75	2.4 +3.3	+3.5 0	+2.4 +0.2	−3.0 +2.7	+3.5 0	+3.0 +0.8	−3.0 +0.6	+2.2 0	+3.0 +1.6
15.75—19.96	−2.7 +3.8	+4.0 0	+2.7 +0.2	−3.4 +3.1	+4.0 0	+3.4 0.9	−3.4 0.7	+2.5 0	+3.4 +1.8

所有在實線以上之數據均按照美英加之協議，記號 H_7, j_6 等等均為美英加系統中之孔軸表示法。

*所有成對之尺寸表示應用標準公差限所產生之過盈最大量(−)及間際最小量(−)。

附表 6 美國標準定位過盈配合 (Locational Interference Fits) (ASA B4. 1-1955)

表中所列之公差界限從基本尺寸加上或減去（按照所示之＋號或－號）以得配合件之最大及最小尺寸。

標　稱 尺　寸 範　　圍 吋 逾　　　至	LN2　類			LN3　類		
	*過 盈	標準公差 界　　限 孔 H7	 軸 p6	*過 盈	標準公差 界　　限 孔 H7	 軸 r6
	下　列　值　以　千　分　之　一　吋　爲　單　位					
0.04—0.12	0 0.65	+0.4 0	+0.65 +0.4	0.1 0.75	+0.4 0	+0.75 +0.5
0.12—0.24	0 0.8	+0.5 0	+0.8 +0.5	0.1 0.9	+0.5 0	+0.9 +0.6
0.24—0.40	0 1.0	+0.6 0	+1.0 +0.6	0.2 1.2	+0.6 0	+1.2 +0.8
0.40—0.71	0 1.1	+0.7 0	+1.1 +0.7	0.3 1.4	+0.7 0	+1.4 +1.0
0.71—1.19	0 1.3	+0.8 0	+1.3 +0.8	0.4 1.7	+0.8 0	+1.7 +1.2
1.19—1.97	0 1.6	+1.0 0	+1.6 +1.0	0.4 2.0	+1.0 0	+2.0 +1.4
1.97—3.15	0.2 2.1	+1.2 0	+2.1 +1.4	0.4 2.3	+1.2 0	+2.3 +1.6
3.15—4.73	0.2 2.5	+1.4 0	+2.5 +1.6	0.6 2.6	+1.4 0	+2.9 +2.0
4.73—7.09	0.2 2.8	+1.6 0	+2.8 +1.8	0.9 3.5	+1.6 0	+3.5 +2.5
7.09—9.85	0.2 3.2	+1.8 0	+3.2 +2.0	1.2 4.2	+1.8 0	+4.2 +3.0
9.85—12.41	0.2 3.4	+2.0 0	+3.4 +2.2	1.5 4.7	+2.0 0	+4.7 +3.5
12.41—15.75	0.3 3.9	+2.2 0	+3.9 +2.5	2.3 5.9	+2.2 0	+5.9 +4.5
15.75—19.69	0.3 4.4	+2.5 0	+4.4 +2.8	2.5 6.6	+2.5 0	+6.6 +5.0

在此表中所有數據均按照美英加（ABC）之協議。

19.69 吋以上之尺寸未含在 ABC 協議中，但在美國標準給出來。

記號 H7, p6 等等均爲美英加系統中之孔軸表示法。

＊所示成對之尺寸表示應用標準公差限所產生之過盈最大量及最小量，又稱種緊度。

附表 7　美國標準壓縮緊及收縮配合 (Force or Shrink Fits)
　　　　(ASA B4. 1-1955)

標稱尺寸範圍 吋 逾　至	FN1 類 *過盈	FN1 標準公差界限 孔H6	FN1 軸	FN2 類 *過盈	FN2 標準公差界限 孔H7	FN2 軸 s6	FN3 類 *過盈	FN3 標準公差界限 孔H7	FN3 軸 t6
				下列值以千分之一吋為單位					
0.04—0.12	0.05 / 0.5	+0.25 / 0	+0.5 / +0.3	0.2 / 0.85	+0.4 / 0	+0.85 / +0.6			
0.12—0.24	0.1 / 0.6	+0.3 / 0	+0.6 / +0.4	0.2 / 1.0	+0.5 / 0	+1.0 / +0.7			
0.24—0.40	0.1 / 0.75	+0.4 / 0	+0.75 / +0.5	0.4 / 1.4	+0.6 / 0	+1.4 / 1.0			
0.40—0.56	0.1 / 0.8	+0.4 / 0	+0.8 / +0.5	0.5 / 1.6	+0.7 / 0	+1.6 / +1.2			
0.56—0.71	0.2 / 0.9	+0.4 / 0	+0.9 / +0.6	0.5 / 1.6	+0.7 / 0	+1.6 / +1.2			
0.71—0.95	0.2 / 1.1	+0.5 / 0	+1.1 / +0.7	0.6 / 1.9	+0.8 / 0	+1.9 / +1.4			
0.95—1.19	0.3 / 1.2	+0.5 / 0	+1.2 / +0.8	0.6 / 1.9	+0.8 / 0	+1.9 / +1.4	0.8 / 2.1	+0.8 / 0	+2.1 / +1.6
1.19—1.58	0.3 / 1.3	+0.6 / 0	+1.3 / +0.9	0.8 / 2.4	+1.0 / 0	+2.4 / +1.8	0.8 / 2.4	+1.0 / 0	+2.6 / +2.0
1.58—1.97	0.4 / 1.4	+0.6 / 0	+1.4 / +1.0	0.8 / 2.4	+1.0 / 0	+2.4 / +1.8	1.2 / 2.8	+1.0 / 0	+2.8 / +2.2
1.97—2.56	0.6 / 1.8	+0.7 / 0	+1.8 / +1.3	0.8 / 2.7	+1.2 / 0	+2.7 / +2.0	1.3 / 3.2	+1.2 / 0	+3.2 / +2.5
2.56—3.15	0.7 / 1.9	+0.7 / 0	+1.9 / +1.4	1.0 / 2.9	+1.2 / 0	+2.9 / +2.2	1.8 / 3.7	+1.2 / 0	+3.7 / +3.0
3.15—3.94	0.9 / 2.4	+0.9 / 0	+2.4 / +1.8	1.4 / 3.7	+1.4 / 0	+3.7 / +2.8	2.1 / 4.4	+1.4 / 0	+4.4 / +3.5
3.94—4.73	1.1 / 2.6	+0.9 / 0	+2.6 / +2.0	1.6 / 3.9	+1.4 / 0	+3.9 / +3.0	2.6 / 4.9	+1.4 / 0	+4.9 / +4.0

附表 7 美國標準壓縮緊及收縮配合 (Force or Shrink Fits) (ASA B4.1-1955) (續)

標稱尺寸範圍 吋 逾 至	FN4 類			FN5 類		
	*過盈	標準公差界限 孔 H7	標準公差界限 軸 u6	*過盈	標準公差界限 孔 H7	標準公差界限 軸 x7
	下列值以千分之一吋爲單位					
0.04—0.12	0.3 / 0.95	+0.4 / 0	+0.05 / +0	0.5 / 1.3	+0.4 / 0	+1.3 / +0.9
0.12—0.24	0.4 / 1.2	+0.5 / 0	+1.2 / +0.9	0.7 / 1.7	+0.5 / 0	+1.7 / +1.2
0.24—0.40	0.6 / 1.6	+0.6 / 0	+1.6 / +1.2	0.8 / 2.0	+0.6 / 0	+2.0 / +1.4
0.40—0.56	0.7 / 1.8	+0.7 / 0	+1.8 / +1.4	0.9 / 2.3	+0.7 / 0	+2.3 / +1.6
0.56—0.71	0.7 / 1.8	+0.7 / 0	+1.8 / +1.4	1.1 / 2.5	+0.7 / 0	+2.5 / +1.8
0.71—0.95	0.8 / 1.2	+0.8 / 0	+2.1 / +1.6	1.4 / 3.0	+0.8 / 0	+3.0 / +2.2
0.95—1.19	1.0 / 2.3	+0.8 / 0	+2.3 / +1.8	1.7 / 3.3	+0.8 / 0	+3.3 / +2.5
1.19—1.58	1.5 / 3.1	+1.0 / 0	+3.1 / +2.5	2.0 / 4.0	+1.0 / 0	+4.0 / +3.0
1.58—1.97	1.8 / 3.4	+1.0 / 0	+3.4 / +2.8	3.0 / 5.0	+1.0 / 0	+5.0 / +4.0
1.97—2.56	2.3 / 4.2	+1.2 / 0	+4.2 / +3.5	3.8 / 6.2	+1.2 / 0	+6.2 / +5.0
2.56—3.15	2.8 / 4.7	+1.2 / 0	+4.7 / +4.0	7.2	+1.2 / 0	+7.2 / +6.0
3.15—3.91	3.6 / 5.9	+1.4 / 0	+5.9 / +5.0	5.6 / 8.4	+1.4 / 0	+8.4 / +7.0
3.94—4.73	4.6 / 6.9	+1.4 / 0	+6.9 / +6.0	6.6 / 9.4	+1.4 / 0	+9.4 / +8.0

附表 7　美國標準壓緊及收縮配合 (Force or Shrink Fits) (ASA B4.1-1955) (續)

標稱尺寸範圍 吋 逾　至	FN1 類 *過盈	標準公差界限 孔 H6	軸	FN2 類 *過盈	標準公差界限 孔 H7	軸 s6	FN3 類 *過盈	標準公差界限 孔 H7	軸 t6
		下　列　值　以　千　分　之　一　吋　為　單　位							
4.73—5.52	1.2 2.9	+1.0 0	+2.9 +2.2	1.9 4.5	+1.6 0	+4.5 +3.5	3.4 6.0	+1.6 0	+6.0 +5.0
5.52—6.30	1.5 3.2	+1.0 0	+3.2 +2.5	2.4 5.0	+1.6 0	+5.0 +4.0	3.4 6.0	+1.6 0	+6.0 +5.0
6.30—7.09	1.8 3.5	+1.0 0	+3.5 +3.8	2.9 5.5	+1.6 0	+5.5 +4.5	4.4 7.0	+1.6 0	+7.0 +6.0
7.09—7.88	1.8 3.8	+1.2 0	+3.8 +3.0	3.2 6.2	+1.8 0	+6.2 +5.0	5.2 8.2	+1.8 0	+8.2 +7.0
7.88—8.86	2.3 4.3	+1.2 0	+4.3 +3.5	3.2 6.2	+1.8 0	+6.2 +5.0	5.2 8.2	+1.8 0	+8.2 +7.0
8.86—9.85	2.3 4.3	+1.2 0	+4.3 +3.5	4.2 7.2	+1.8 0	+7.2 +6.0	6.2 9.2	+1.8 0	+9.2 +8.0
9.85—11.03	2.8 4.9	+1.2 0	+4.9 +4.0	4.0 7.2	+2.0 0	+7.2 +6.0	7.0 10.2	+2.0 0	+10.2 +9.0
11.03—12.41	2.8 4.9	+1.2 0	+4.9 +4.0	5.0 8.2	+2.0 0	+8.2 +7.0	7.0 10.2	+2.0 0	+10.2 +9.0
12.41—13.98	3.1 5.5	+1.4 0	+5.5 +4.5	5.8 9.4	+2.2 0	+9.4 +8.0	7.8 11.4	+2.2 0	+11.4 +10.0
13.98—15.75	3.6 6.1	+1.4 0	+6.1 +5.0	5.8 9.4	+2.2 0	+9.4 +8.0	9.8 10.4	+2.2 0	+13.4 +12.0
15.75—17.72	4.4 7.0	+1.6 0	+7.0 +6.0	6.5 10.6	+2.5 0	+10.6 +9.0	9.5 13.6	+2.5 0	+13.6 +12.0
17.72—19.69	4.4 7.0	+1.6 0	+7.0 +6.0	7.5 12.8	+2.5 0	+11.6 +10.0	11.5 15.6	+2.5 0	+15.6 +14.0

附表 8　美國標準壓緊及收縮配合 (Force or Shrink Fits)
(ASA B4. 1–1955)

標　稱尺　寸範　圍吋逾　　　至	FN4　類			FN5　類		
	*過盈	標準公差界　限孔H7	標準公差界　限軸u6	*過盈	標準公差界　限孔H7	標準公差界　限軸e7
	下 列 值 以 千 分 之 一 吋 爲 單 位					
4.73—5.52	5.4 8.0	+1.6 0	+8.0 +7.0	8.4 11.6	+1.6 0	+11.6 +10.0
5.52—6.30	5.4 8.0	+1.6 0	+8.0 +7.0	10.4 13.6	+1.6 0	+13.6 +12.0
6.30—7.09	6.4 9.0	+1.6 0	+9.0 +8.0	10.4 13.6	+1.6 0	+13.6 +12.0
7.09　7.88	7.2 10.2	+1.8 0	+10.2 9.0	12.2 15.8	+1.8 0	+15.8 +14.0
7.88—8.86	8.2 11.2	+1.8 0	+11.2 +10.0	14.2 17.8	+1.8 0	+17.8 +16.0
8.86—9.85	10.2 13.2	+1.8 0	+13.2 12.0	14.2 17.8	+1.8 0	+17.8 +16.0
9.85—11.03	10.0 13.2	+2.0 0	+13.2 +12.0	16.0 20.0	+2.0 0	+20.0 +18.0
11.03—12.41	12.0 15.2	+2.0 0	+15.2 +14.0	18.0 22.0	+2.0 0	+22.0 +20.0
12.41—13.98	13.8 17.4	+2.2 0	+17.4 +16.0	19.8 24.2	+2.2 0	+24.2 +22.0
13.98—15.57	15.8 19.4	+2.2 0	+19.4 +18.0	22.8 27.2	+2.2 0	+27.2 +25.0
15.57—17.72	17.5 21.6	+2.5 0	+21.6 +20.0	25.5 30.5	+2.5 0	+30.5 +28.0
17.72—19.69	19.5 23.6	+2.5 0	+23.6 +22.0	27.5 32.5	+2.5 0	+32.5 +30.0

　　所有實線以上之數據均按照美英加之協議：記號 H6, H7, t6 等等均爲美英加系統中之孔軸表示法，19.69吋以上之公差界限未包含在ABC協議，但在美國標準給出。

　　* 所示成對之尺寸表示應用標準公差所產生之過盈最大與最小量。

複　習　題

1. 異脚卡鉗又稱什麼? 其用途爲何?

2. 分厘卡主要功用爲何?

3. 內徑分厘卡與外徑分厘卡有何不同之處?

4. 深度分厘卡與螺紋分厘卡之用途爲何?

5. 分厘卡的主要構成部件有那些?

6. 游標尺的種類有那些?

7. 萬能角度儀的用途爲何?

8. 游標尺之構造原理爲何?

9. 針盤指示錶之用途爲何?

10. 什麼叫做公稱尺寸?

11. 遇到工程圖中註有 H7-r6 字樣是什麼意思?

12. 製造公差大小對製造成本有何關係?

13. 國際標準製造公差分有那幾級? 各用於何種場合?

14. 比較儀是如何用來測量工件尺寸?

15. 試述空氣比較儀的原理、種類及優點。

16. 測量工件角度的儀器有那些?

17. 如何使用標準光學平面?

18. 工廠中所要的眞正直線如何得到?

19. 螺紋的精度是指那些項目?

20. 怎樣測知螺紋的節徑大小?

21. 品質控制有何重要性?

22. 何謂超高週波檢驗?

第三章　鉗工工作

3-1　劃　　線

　　劃線工作是鉗工工作中最初應實施之項目，也是鉗工工作之基礎，因此在機械加工法中，劃線工作是不可或缺的技能與知識，於本節中將劃線的一些相關工具與檢驗知識介紹於后：

3-1-1　尺

　　尺是一種量測的工具，通常由木質、金屬或塑膠等材料製成；常用的有英制和公制兩種不同系統，尺上面各有英寸和公厘之刻度。

　　尺的種類很多，用在鉗工方面可分爲：標準鋼尺、鉤尺、縮尺、深度尺、短尺、鋼帶尺、組合尺、角尺等多種。

　　選用尺時宜注意其刻度是否明顯，材質要佳，一般以金屬製品，不銹鋼類爲優。使用前後必須擦拭乾淨，存放於固定位置，避免交叉重疊、碰擊、掉落。

　　(1) 標準鋼尺 (Standard steel rule) 又稱六吋回火鋼尺，厚$\frac{3''}{64}$，寬$\frac{3''}{4}$，長6″，尺之一面有十進位和八進位刻度互相對照，另一面是公制單位，爲最常使用者。如圖 3-1。

圖 3-1　六吋回火鋼尺，有公制與英制刻度並列著，亦有的只有英吋單位。

(2) **鈎尺** (Hook rule) 在標準鋼尺端點零處，伸出一固定或可調整之垂直鈎，量測無法觀察之內側起點，例如通過皮帶輪轂，以及定內卡鉗尺寸等，均甚方便。如圖 3-3。而狹鈎尺 (Narrow hook rule) 其起測量直線尺寸，一般均在直徑小於 $\dfrac{3''}{8}$ 之內孔上。如圖 3-2。

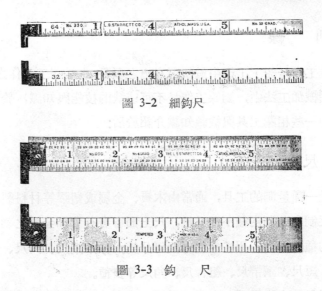

圖 3-2 細鈎尺

圖 3-3 鈎 尺

(3) **縮尺** (Shrink rule) 製作鑄件模型時用之，以允許融熔冷卻收縮，預先放大或縮小比例。常固定於尺上。如圖 3-4。

圖 3-4 縮 尺

(4) **深度尺**(Rule depth gage) 如圖3-5, 3-6。伸入內孔或槽內，由一繫扣固緊，讀取內部深度尺寸，另外亦可測量有角度之深度孔。

(5) **短尺** (Short rule) 如圖 3-7，成套有柄小型尺，由數隻短尺及一柄所組成，各短尺可夾於柄端使成各種角度。成套有柄之短尺，

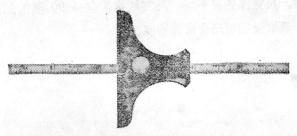

圖 3-5 深度尺

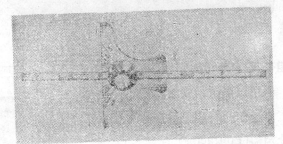

圖 3-6 深度與角度組合尺，可測量有角度之深度孔

各尺之長度不同，均刻有 $\frac{1}{32}$ 及 $\frac{1}{64}$ 吋之刻度，可夾於柄端之開口夾頭上，調整成各種角度，而以柄端輥花螺帽調節鎖緊之。此種尺係用回火鋼皮做成兩面均有刻度，用於測量普通尺無法量測之凹處或鍵槽等。

(6) 鋼帶尺 (Steel-tape rule) 具可撓性，不規則形狀或長距離之量測，尺之兩面分別有英寸和公厘刻度，携帶方便。如圖 3-8, 3-9。常用的鋼帶尺有 1 米及 3 米長的兩種，其外形直徑有的甚爲輕便，約 1 吋左右，有的

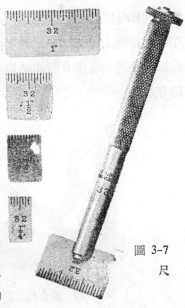

圖 3-7 尺

約有 3 吋。尺寬亦各有不同，尺尖端常帶有一 90 度的鋼鉤，以便量取長度，量畢後鋼帶尺會自動捲回。

圖 3-8 鋼帶尺之一

(7) 組合尺 (Combination set) 又稱組合角尺，係用以劃線，安裝，校正及試驗加工之工作。如圖3-10。組合尺可以代替一般的分角器(Protractor)，深度規(Depth-gage)，劃線規 (Marking gage)，高度規 (Heigh gage) 來劃 45° 鳩尾槽線，平行工作物上導線，或圓形工件上劃中心線，以及其他同樣目的和功用之量具，最為有效。

圖 3-9 鋼帶尺之二

圖 3-10 組合尺上有角尺頭，角分器圖，中心頭。

組合尺分別組成三種功能如下：

1. 組合角尺 (Combination square)：由一鋼尺上的長方槽，與角尺頭內導耳 (Guide lug) 組成爲滑動配合，上有一鎖緊螺帽能隨時固定，角尺頭 (Square lug) 上有劃針，酒精水平器 (Spirit level) 又稱水準器，與鋼尺組合，供檢驗 90° 與 45° 及水平面之工件。如圖 3-11, 3-12 所示，爲組合尺使用情形。

圖 3-11　以組合尺測量高度

圖 3-12　組合尺應用在各種工作物上

圖 3-13　用組合中心尺量中心

2.　組合中心尺：如圖 3-13 將組合角尺的尺頭拆下，換裝中心頭（Center head）則成爲一組合中心尺用以求圓柱體之中心，非常方便。

3.　分度規：如圖 3-14, 3-15。分角器頭（Protractor head）與鋼尺組成；分度規可以劃分 0° 至 180° 之圓弧角度線，可以用來作安裝及檢查等工作。

（8）角尺（Machinists square）又稱機匠曲尺係用來劃分與已知線或面成垂直之直線；試驗機器臺面是否與他面成直角，安裝工件於

圖 3-14　組合尺當分度規使用

圖 3-15　用組合尺量角度

平面板上；　及檢驗在製造過程中製成品和半成品之工件。　如圖 3-16
為一標準角尺。

圖 3-16　標準角尺

　　(9) 製模用角尺 (Die maker's square) 為用以量製模具之間隙，
尺之葉片係以夾緊螺絲固定，因此可調整成為以零為準之左右方各偏
至 10° 之角度，在直葉片式無法觀察或運用時，使用補助片將甚為方
便，如圖 3-17 所示，上圖為製模用角尺，下圖為角尺之補助片。

　　(10) 斜角尺 (Bevel rule) 係將尺之葉片鉸鏈於托柄上，在平面
內活動，能定成各種角度。萬能斜角尺 (Universal bevels) 之尺葉片

係偏置，以增大其用途，以符
合斜齒輪等製造工作之需要，
並能獲得任何角度。如圖3-18。
對於量測製模型之拔模線，及
車床上車製一般斜角尺不能達
到之各種角度，均甚為方便有
效。組合斜角尺（Combiration
bevel），其尺葉片之構造,使之
可於托柄上轉動成各種角度，

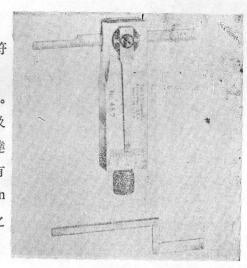

圖 3-17 製模用角尺（上）
及補助片（下）

作為劃線，測量或表示
任何所要求的角度。如
圖 3-19。

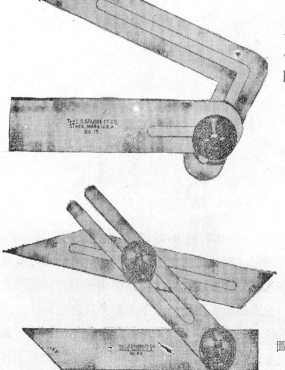

圖 3-18 （A）萬能和（B）組
合斜角尺

圖 3-19　斜角尺的各種用途

3-1-2　分規 (Dividers)

分規用以轉量各種長度，作圓或圓弧的規劃工作，從工作物或鋼尺上遷移相等距離及分直線成爲數等分之工具。運用分規，最宜熟練，使用分規時，必須旣迅速又能操縱自如。

彈簧式分規之普通構造，包括二件具有斜度之腳，一件支持柱釘，及一半成圓形扁簧，後者供給足够張力，俾使兩腳張開，張開寬度之調整，由一螺旋，一均衡墊圈，及一螺母操作。扁簧中央向上伸出一螺絲柱釘，旣利持握，又易於轉動劃圓；足端硬而尖，可在各種軟金屬面上劃線。劃圓時，一足尖斜方向置入心沖記號處，直立以此中心爲樞點，同時施壓力於他足尖，視線應依足尖的順時針方向，隨時觀

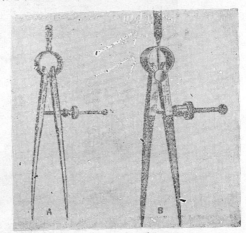

圖 3-20　分規

察而完成劃圓或圓弧工作。兩足尖在砂輪上磨尖後,應在油石上研磨,去其毛邊, 保持兩足一樣長度。 使用中足尖切忌揷擊。 如圖 3-20, 3-21, 3-22, 3-23。

圖 3-21　用分規劃圓的工作情形工作物先塗上
藍色奇異墨水再劃線

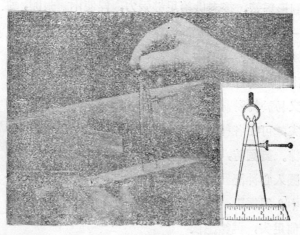

圖 3-22　用分規劃等分的情形

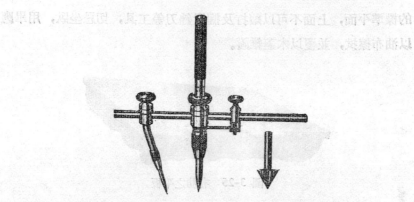

圖 3-23　長樑規可劃大圓

3-1-3　平板 (Surface plate)

　　如圖 3-24, 3-25, 3-26 以肋骨增加強度防止變形的鑄鐵或花崗岩爲材料的長方形平板，其表面經過刮光或磨光。作劃線或檢驗等工作的基準面外，尚可利用其平面檢查加工面之平度。經過精細加工的平面放在平板上，用手搖動時不應有間隙或不平衡現象。平板之規格，形狀及大小各有不同，如英國標準規格(British standard specification)第 817 號 "平板" 所列卽有 22 種不同標準尺寸，最小的係 6 吋 × 4 吋。精確平板的四邊通常都加工得很直，而且彼此成直角，一般所允許的最大公差 (Tolerance) 量是每呎爲 0.001 吋。平板是機工工作

圖 3-24　常見的平板

的標準平面，上面不可以敲打及擱置銼刀等工具，切忌坐臥，**用畢應以油布擦拭，並覆以木蓋維護。**

圖 3-25 有肋之平板

圖 3-26 有柄的平板

3-1-4 劃線臺

劃線臺 (Surface gage) 又稱平面規，在鉗工和工具機上均常用到。簡單的劃線臺只是一底座上固定一垂直桿而桿上裝劃線針。

萬能式劃線臺，可以做廣泛調節以應需要，劃線臺之軸可依擺動螺栓迅調整，能在底坐上下任何角度予以固定，並以輞有花紋之螺絲在近似位置鎖住，微量昇降可藉搖板端小螺絲調整。底坐下面的 V 槽使其置於圓桿或平面上更為方便。

劃線臺於裝置劃線針座上換裝針盤量表，能更精確孔位或工件平面度等檢驗工作如圖 3-27～3-35。

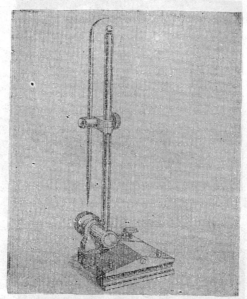

圖 3-27　劃線臺使用完畢放置情形

圖 3-28　常見的劃線臺

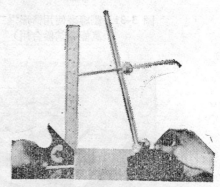

圖 3-29　劃線臺使用情形之四（與組
　　　　　合角尺合用）

圖 3-30　劃線臺使用情形之一（與直尺合用）

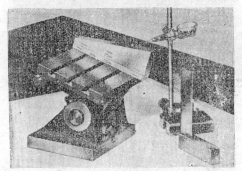

圖 3-31　劃線臺使用情形之二（與角塊規和
　　　　　萬能測試儀合用）

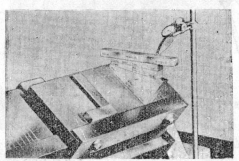

圖 3-32　劃線臺使用情形之三（與角塊規合
　　　　　用，以調整磁性夾盤。）

圖 3-33 劃線臺使用情形之五（在龍門鉋床上檢驗工作物。）

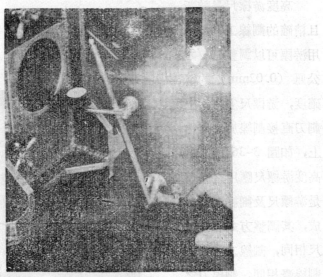

圖 3-34 劃線臺使用情形之六（與針盤指示表合用，以測孔之位置。）

圖 3-35 劃線臺使用情形之七（在鉗工桌上劃線）

3-1-5 高度游標尺

　　高度游標尺是較新
且精確的劃線工具，利
用游標可以調整到1/50
公厘（0.02mm）的精
確度，游標尺上可裝上
劃刀直接劃線於工作物
上，如圖 3-36 所示，
高度游標尺應用之原理
是游標尺及劃線臺之合
成，其調整方式和游標
尺相同，劃線工作亦和
劃線臺相同，劃線刀之
尖端乃是由炭化刀具製

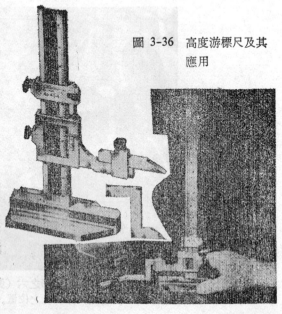

圖 3-36　高度游標尺及其
應用

成，非常堅硬、耐用，但切忌敲打碰撞。

3-1-6 劃 針

　　如圖 3-37，3-38，3-39，劃針係用經淬火硬化之工具鋼製成，長約 200～250 厘米，是一種一端或兩端磨尖且淬火之細桿，中間滾花便於持握。有時一端彎成直角狀，用於不易接近部份的劃線。

　　使用劃針時，正如握鉛筆一樣，針端緊靠尺邊，針桿向尺外並向劃線方向傾斜劃線，當然手指要穩穩壓住鋼尺或角尺，隨時保持工件之清潔。

　　劃針，尖端鈍化時，宜在油石上礪光，邊轉邊磨並需來回移動磨利。

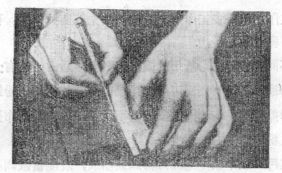

圖 3-37　用劃針及精密角尺劃線情形

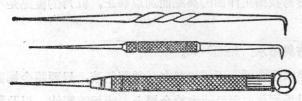

圖 3-38　常見之劃針

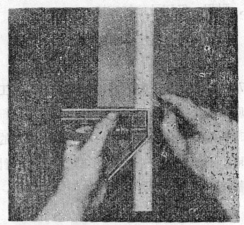

圖 3-39 用組合角尺與劃針劃線的工作情形

3-1-7 塗 料

劃線工作之第一步工作需在劃線部位先予擦拭乾淨,再予着色,使所劃之線段清晰易辨。

多種不同的塗料均可應用於機械工廠中,通常使用有:

(1) **粉筆** 粗糙的表面可用白粉筆或白漆著色,用粉筆時必須以手指加以摩擦令其均勻,一俟劃線處不用時,須卽時用布擦除上油,否則粉筆之粉末易使光滑面生銹。

(2) **紅丹** 以牛油攪配紅丹粉調製而成,既能當做潤滑劑又可塗敷於工作面上,尤其在刮削平面、內外圓或斜孔配合等,由於紅丹的使用,很容易找出工作面的高點而加以修正。紅丹的優點是不傷害工件面。

(3) **奇異墨水**: 如圖3-40。

奇異墨水是市面上不同染料之一種著色液,只要將金屬表面擦拭乾淨,再以手刷蘸取著色液塗於金屬上,或用噴霧法,以及利用虹吸現象直接塗抹;奇異墨水乾燥甚快,顏色多種,通常均使用藍色,**比**

具有危險性之硫酸銅液，在劃線工作上方便得多了。

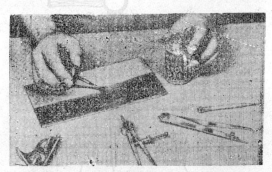

圖 3-40 先塗上塗料再劃線

3-2 定 位

在機械加工法中，「定位」這名詞應用頗廣，如加工一工件，必需要定出加工部位，才能很精確來施工，且定位必需精確迅速，以利加工之實施，再如機械製圖中，又有「定位」尺寸之名詞，其定位乃是當基準位置之意，由此可知，定位是機械加工的一項步驟，劃線完了須定位工作之配合，而定位工作於鉗工工作中，其方法頗為簡單，如後所述。

利用刺狀冲 (Prick punch) 及中心冲 (Center punch)，前者又稱尖衝，後者又稱中心衝，其外形如圖 3-41 所示。定位方式有：

(1) 著色及劃線後之工件，由於搬運、持握、或加工時，劃線處

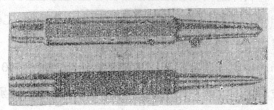

圖 3-41 刺狀冲（上）和中心冲（下）

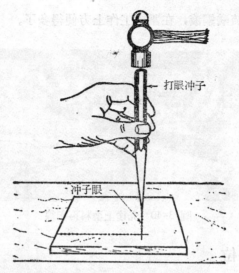

打眼冲子

冲子眼

用打眼冲子在劃線上打記號

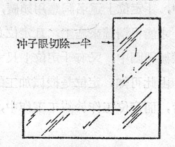

冲子眼切除一半 →

圖 3-42　使用剌狀冲打劃線記號之情形

容易模糊或消失，故須使用剌狀冲在劃線處打眼，不再變更位置且清晰易識別。剌狀冲之尖端須確實位於劃線上，並與工件表面保持垂直，然後以手鎚輕擊冲子上端，各眼距離約隔 1 ～ 2 公厘，工件經切斷後，恰好將冲眼去掉一半。如圖 3-42 所示。

　　(2) 中心冲與剌狀冲相似，尖端角度，中心冲為 90 度，而剌狀冲則應磨成30度。如圖3-43所示。剌狀冲打小眼以資識別，中心冲所衝之孔較大且深以導引鑽頭之中心，準確地鑽孔。使用剌狀冲或中心冲時，注意錐尖是否磨利。一手扶持衝桿，以小姆指，指引錐尖至劃線位置，然後保持衝桿垂直，用輕量鋼鎚敲擊。

(3) 自動中心冲 (Automatic center punch) 如圖 3-44。此不必使用手鎚，以手掌下壓卽能迅速定出中心孔，特別在輻射狀之相同尺寸中心孔更方便。如圖 3-45 所示。

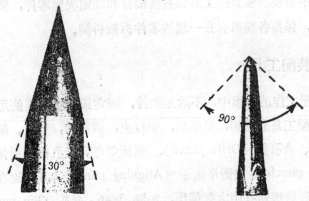

圖 3-43　中心冲尖角為 **90°**，刺狀冲尖角為 **30°**

圖 3-44　自動中心冲

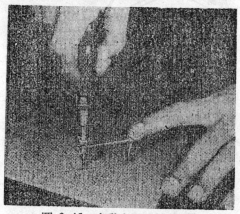

圖 3-45　自動中心冲及其附件

3-3 裝　配

　　裝配（Assembly）是將各種零件組合在一起，例如將汽車另件**組**合成一部汽車，或將機車、腳踏車零件組合成一部機車或腳踏車。在這些過程中需要各種裝配工具和各種接合和固定夾緊零件，裝配的反面爲拆卸，係指各種組合在一起的零件拆散拆開。

3-3-1　裝配工具

　　在裝配工作的過程中，不論是夾持，固定或扣接均需使用工具，常用的裝配工具有虎鉗，C 形夾，平行夾，鋼絲鉗，軟錘、鋼錘、起子、板手、合孔衝（Drift punch）、銷衝等等，合孔衝又稱錐形衝子（Tapered punch），或對準衝子（Aligning punch），其用途在使排列孔對成一直線或將孔中之銷衝出，如圖 3-46。銷衝（Pin punch）如圖 3-47 所示。

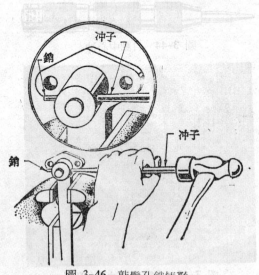

圖 3-46　敲鬆孔銷情形

圖 3-47 銷 衝

其前端爲直線形用以衝出孔中之開口銷，直銷與錐銷等，其使用要領首先須用合孔衝將孔中之銷敲鬆然後再用銷衝。如圖 3-48 所示爲銷衝之使用。

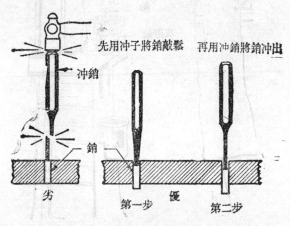

圖 3-48 銷衝之使用

另外在裝配與組合工作，常常會用到的利用槓桿原理來增大壓力的手板壓機 (Arbor press)， 手板壓機用以壓裝機器零件或將組合件拆卸， 例如將一軸壓入一皮帶輪或齒輪中或將其抽出， 如圖 3-49。

3-3-2 裝配附件及工作

一、鉚釘與鉚接 (Rivets and Riveting)

在裝配與組合的工作上，凡使用鉚釘將金屬零件連接成一體的結合工作均稱爲鉚接，鉚接工作是欲使諸另件作永久性的連結，鉚接之工作方法係將鉚釘置於諸接合另件之孔中，用鎚敲擊鉚釘之小端，形

軸

皮帶輪

圖 3-49 用手扳壓機將軸壓入皮帶軸中

成一鉚釘尖，若干過去用鉚接的工作物，現今已改用焊接法接合，如輪船船身之鋼板，雖是如此，鉚釘的用途還是很廣，例如汽車車體鋼板的接合還是使用鉚釘。

鉚釘爲一種金屬銷，類似螺栓，但無螺紋，以軟金屬製成，有各種不同之大小及各種不同之形狀的頭部，鉚釘之尺寸大小係以其鉚釘體之直徑及長度計算之，鉚釘出售則以每箱 100 個之磅數或公斤數計算，而白鐵匠鉚釘則以 1000 個之磅數（或公斤數）計算，常見的普通鉚釘頭其形狀如圖 3-50。

典型的標準鉚釘其形狀如圖 3-51A。

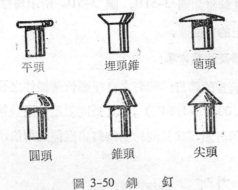

平頭　　　埋頭錐　　　菌頭

圓頭　　　錐頭　　　尖頭

圖 3-50　鉚　釘

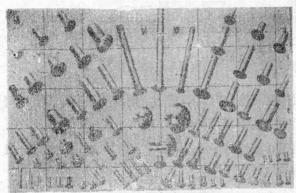

圖 3-51A　典型的標準鉚釘

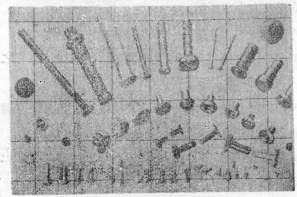

圖 3-51B　典型的特別鉚釘

圖 3-51C　標準或特別的空心鉚釘（管子鉚釘）

典型的特殊鉚釘如圖 3-51B。圖 3-51C 所示為標準或特別的**空心**鉚釘在應用上的剖面圖。

鉚接的工作步驟及注意事項:

(1) 選擇適當的鉚釘: 鉚釘之直徑應較鉚接件之孔小 0.075 至 0.3mm （或 0.003″～1/64″）, 其長度須足够通過鉚接件並有足够之長度以形成鉚釘頭,其長度約為鉚釘體直徑之兩倍,如圖 3-52。

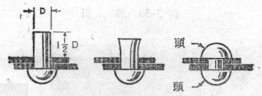

圖 3-52 留足够長度以形成鉚釘頭

(2) 先決定使用熱作或冷作方式鉚接: 鋼鐵加熱後易膨脹而變**大,**當其紅熱時每呎約膨脹 3.175mm～4.763mm （1/8″ 至3/16″）, 一呎長之冷鋼件加溫至紅熱時將變為 12¹⁄₈″ 至 12³⁄₆″ 大鉚釘一般多在加熱後鎚擊,小鉚釘則用冷作法。

(3) 鉚接前先將工件之鉚接處鑽孔或冲孔。

(4) 注意孔之位置及大小須準確。

(5) 將鉚釘放於孔中使工作連接一起,置鉚釘頭於堅硬物體上, 如鋼墊板,墊板上有半球形之槽與鉚釘頭之形狀相似,鉚接時原有之**鉚**釘頭方不致變形,如圖 3-53 所示。

(6) 以球頭鎚之頂端敲擊鉚釘末端之中央部位, 稍許脹大後再輪流鎚擊四周直至頂端已成菇狀之圓形為止。如圖 3-54。

(7) 再將鉚釘成形模套於已鎚擊之鉚釘頭上,以鎚敲擊此模之上**端。**如圖 3-55 所示,即可獲得光滑圓整之鉚釘頭。

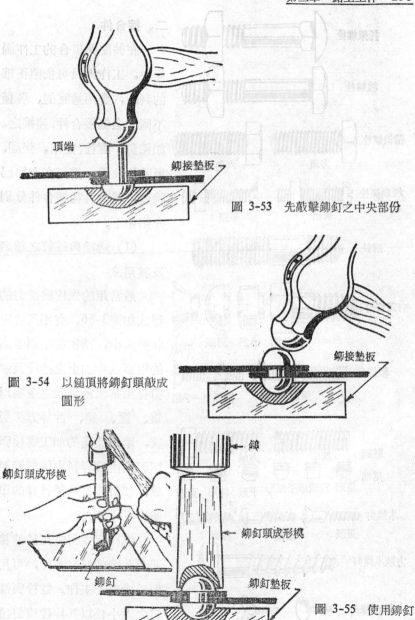

頂端

鉚接墊板

圖 3-53　先敲擊鉚釘之中央部份

鉚接墊板

圖 3-54　以鎚頂將鉚釘頭敲成
　　　　　圓形

鉚釘頭成形模

鎚

鉚釘頭成形模

鉚釘

鉚釘墊板

圖 3-55　使用鉚釘
　　　　　頭成形模

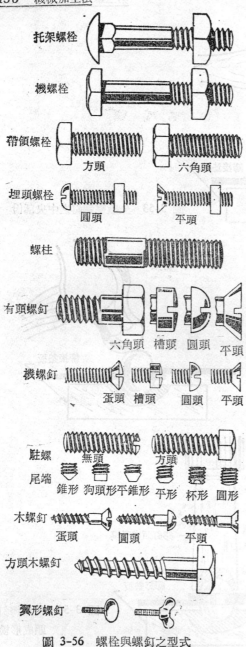

托架螺栓

機螺栓

帶領螺栓
　　　方頭　　　　　　六角頭

埋頭螺栓
　　　圓頭　　　　　　平頭

螺柱

有頭螺釘
　　六角頭　槽殳　圓頭　　平頭

機螺釘
　　　蛋頭　槽頭　　圓頭　　平頭

駐螺
　　　　無頭　　　　方頭
尾端
錐形　狗頭形　平錐形　平形　杯形　圓形

木螺釘
　　　蛋頭　　　圓頭　　　　平頭

方頭木螺釘

翼形螺釘

圖 3-56　螺栓與螺釘之型式

二、接合件

在裝配與組合的工作過程中，工作人員可依照正確的判斷，選用適宜的，各種不同的金屬接合件，連接之。如鉚釘，螺栓，螺帽，墊圈，填隙片及鍵，鉚釘在上節已論述，其他各種接合件分別介紹如下。

(1) 螺栓與螺釘之種類及其用途

最常用的螺栓與螺釘的型式如圖3-56。有不同的形狀與大小，精密度不須很高的粗製或半加上之螺栓及螺釘係用常溫或加熱之金屬以鍛、壓、鎚、沖等方法製成，準確性高的加工螺栓與螺釘則由鋼桿料由螺釘機製成，螺釘機是一種特殊的單能自動車床。

螺栓與螺釘常用於連接非永久性的接合零件，可用扳手或起子工作。螺栓與螺釘之大小係以其栓體或釘體之直徑與長度為準，通常不包括頭部，但平頭螺栓與螺釘則除外。如圖 3-57。

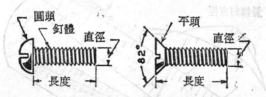

圖 3-57　螺栓與螺釘之量度

在採購螺栓與螺釘時應將考慮到下列因素：

(1) 另件名稱。

　　螺栓，螺帽，或螺釘。

(2) 需要件數。

(3) 類別。

　　(A) 螺紋類別。

　　(B) 加工類別

(4) 大小。

　　(A) 直徑×長度。

(5) 形狀。

　　(A) 頭部形狀。

　　(B) 尖端形狀。

　　如果所需的螺栓與螺釘是一種特殊用途，並應具有某些特性，如耐酸性等，則可在上列因素中加入材質種類及使用場合或所需之熱處理，以供銷售商或生產工廠參考。

　　托架螺栓 (Carriage bolt) 托架螺栓經常用於木製零件與金屬零件之接合，栓頭下方之方形部份則嵌入木材中，因此當固緊螺帽時螺栓不致於轉動，托架螺栓有一圓頭，頭部下方之栓體為方形。請參閱圖 3-56。此類螺栓為粗加工及美國標準粗螺紋(NC)。機螺栓(Mac-

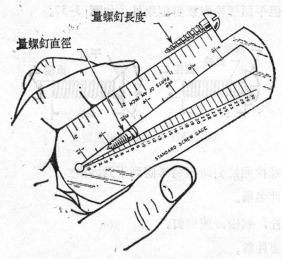

量螺釘長度

量螺釘直徑

圖 3-58 用螺紋規量木螺釘

hine bolts) 和自攻螺栓 (Tap bolts) 很類似，可爲方頭或六角頭。埋頭螺栓 (Stove bolts) 有圓頭亦有平頭， 但頭上均有槽以便起子旋轉。螺椿 (Stud bolts)， 無頭兩端具有螺紋， 常用於汽車引擎之汽缸蓋與汽缸體之連接。有頭螺釘又稱有頭螺釘 (Cap screw) 有四種形狀: 六角頭，槽頭，圓頭和平頭之釘頭，螺紋有 *NC* 和 *NF* (美國標準細螺紋)， 通常均爲全部加工，通常用在工件之兩面不便使用扳手之處。機螺釘 (Machine screw) 亦有四種形狀之釘頭，螺紋爲 *NC* 或 *NF*，其材質有銅製品，鋼製品或鋁製品。駐螺又稱固定螺釘 (Set Screw) 有方頭或無頭，有數種不同形狀的尾端，一般駐螺皆經表面硬化熱處理過，用於固定轉軸上之皮帶輪與套圈。木螺釘 (Wood screw) 釘體及螺紋爲錐形，用鐵或黃銅製成，有平頭 (Flat head)，圓頭 (Round head) 和扁圓頭 (Oval head)，頭上皆開槽以便用起子旋轉。木螺釘直徑之量度法係將木螺釘置於一錐形量規中，使其與量規之兩面接觸處之數字卽其大小號碼。如圖 3-58。常用作金屬與木材之連接。另外尚有方頭木螺釘(Lag screws)，及翼形螺釘 (Thumb screws) 方頭木螺釘類似螺栓，但其螺紋則與木螺釘相似， 用於較重形之工件，如機器固定於地板上，而翼形螺釘則用於小件之接合，可用手直接旋緊著。

(2) 螺帽與墊圈

螺帽有不同的種類、形狀與大小。最常見者如圖 3-56A。螺帽與

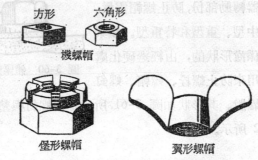

圖 3-59A 螺帽之種類

螺栓之直徑大小要相配， 如 1/2″ 螺帽配 1/2″ 螺栓。螺帽可以常溫或加熱之金屬，用壓、鎚、沖等方法製成。而精細加工螺帽則用鋼桿以機器車製而成。機螺帽 (Machine-screw nuts) 係用六角鋼條製成，其承接面為平面， 螺紋有 *NC* 或 *NF*。鎖緊螺帽 (Lock nuts or Jam nuts) 較普通螺帽為薄。用以鎖緊另一螺帽，使其不致因震動而鬆脫。堡形螺帽 (Castle nut) 係因伸出之部份形狀似堡壘而得名，其頂面有數條交叉之槽、開口銷可插入此槽內，並穿過螺栓上，使螺帽不致震脫。堡形螺帽常用作輪軸承與輪之連接。翼形螺帽 (Wing nut) 有兩片扁平之薄翼，用於輕型工作，藉手指之力而使之旋緊結合。

墊圈 (Washers) 具有多種用途，主要是置於螺帽之下，套入於螺栓或螺釘之外圍當承接面。普通為金屬圓薄片之平墊圈(Flat washer)

圖 3-59B 墊圈之大小係以其所配螺栓之直徑為準繩。如 1/2″ 墊圈

用於 1/2″ 之螺栓。墊圈有時候與鉚釘一起使用來緊固皮件，纖維布質品或其他軟質材料。亦可以用來分散或擴大負荷，保護外表，以及防止部件之移動。

圖 3-59B

鎖緊墊圈 (Lock washers) 如圖 3-60，亦稱彈簧墊圈形似一彈簧圈，緊固於工作物及螺栓或螺釘之間，亦可以鎖緊於機器轉動部份，防止螺帽震鬆。一般有輕型、中型、重型和特重型。鎖緊墊圈又有一類係齒形狀的，由經過硬化處理的鋼製成，用來防止螺栓、螺帽、螺釘從擺動的部位鬆脫。其形狀如圖 3-61 所示。而螺釘與墊圈的組合情形則如圖 3-62 所示。

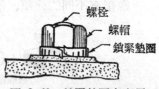

圖 3-60 鎖緊墊圈之應用

外張型　　　內張型　　　內外型　　　負重荷型　　　深頭型

圖 3-61 齒狀的鎖緊墊圈

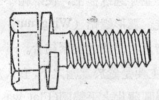 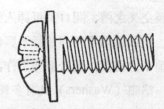

(A) 六角頭螺絲和彈簧鎖緊墊圈　　(B) 截錐頭螺絲和錐形彈簧墊圈

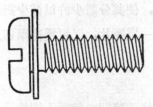

(C) 截錐頭螺絲和平面墊圈

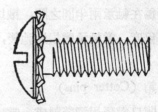

(D) 圓頭錐形螺絲與外張齒形的鎖緊墊圈

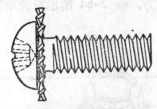

(E) 槽頭螺絲與內張齒形鎖緊墊圈

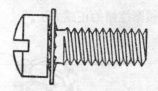

(F) 圓頭螺絲和內外齒形鎖緊墊圈

圖 3-62　螺釘與墊圈的組合體

(3) 填隙片、開口銷、錐銷及鍵

填隙片 (Shims)

　　填隙片係一種金屬，木材或紙張製成之薄片，用以置於二接觸面之間，使保持一定之距離。填隙片也是一種承片，如圖 3-63

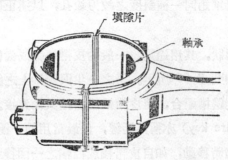

圖 3-63　在兩半軸承間使用填隙片

所示爲在軸承兩半圓之間，襯以塡隙片，使其分離少許以減少對軸之緊壓程度、當軸承磨損鬆弛後，可除去一塡隙片，又可獲得緊密之配合。

開口銷（Cotter pins）

開口銷係用鋼絲製成，當螺帽旋緊後，將開口銷插入螺栓孔中，使螺帽不致鬆脫，開口銷之頭部須嵌入螺帽之槽中，其一腳應扭彎繞於螺栓之末端，另一腳則彎於螺帽之側方，圖 3-64 所示爲使用開口銷，鎖緊螺帽的正確方法。

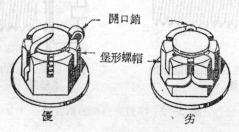

圖 3-64　堡型螺帽與開口銷之用法

錐銷（Tapered pins）（又稱推拔銷）

錐銷常用以固定皮帶或套箍於轉軸上，如圖 3-65 上所用錐銷之斜度爲每呎 $\frac{1}{4}''$，錐銷之長度由 $3/4''$ 至 $6''$ 不等。其配合之錐孔必須先鑽孔，然後以錐銷同一種斜度之鉸刀鉸孔，以達正確之裝配。

鍵（Keys）

鍵有多種形狀，其用途爲將一般的皮帶轉輪或齒輪連接於軸上，使隨軸轉動。如圖 3-66 所示。鍵之一半與轉軸上之鍵槽配合，另一半則與皮帶輪之鍵槽配合，將皮帶輪或齒輪與軸連接。在工廠裏常見的有方鍵（Square key）亦稱爲活鍵，係最常用的一種。帶頭鍵（Gib-head key）可隨時移動，如自皮帶輪或齒輪之一面移至另一面，可使用楔形柱使鍵由孔中退出。

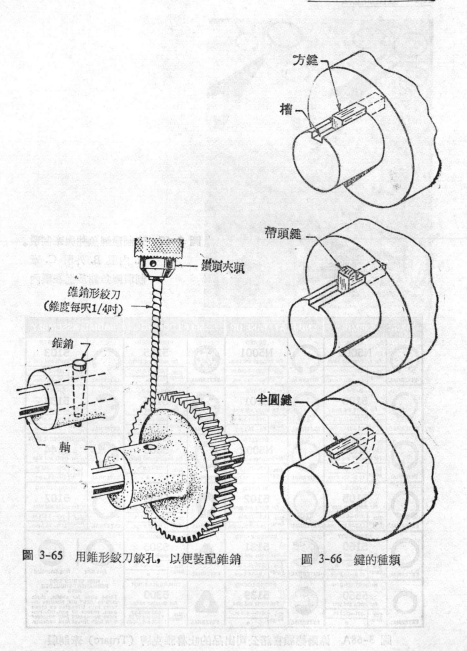

方鍵

槽

鑽頭夾頭

錐銷形絞刀
（錐度每呎1/4吋）

錐銷

軸

帶頭鍵

半圓鍵

圖 3-65　用錐形絞刀絞孔，以便裝配錐銷

圖 3-66　鍵的種類

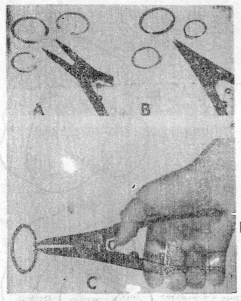

圖 3-67 牽制環鯉魚鉗與牽制環。
A. 內環 B. 外環 C. 牽
制環鯉魚鉗放進在環內

AXIAL ASSEMBLY			END-PLAY TAKE-UP			SELF-LOCKING			RADIAL ASSEMBLY		
INTERNAL	BASIC **N5000** For housings and bores	Size Range .250—10.0 in. 6.4—254.0 mm.	INTERNAL	BOWED **N5001** For housings and bores	Size Range .250—1.500 in. 6.4—38.1 mm.	EXTERNAL	REINFORCED **5115** For shafts and pins	Size Range .094—1.0 in. ●	EXTERNAL	CRESCENT® **5103** For shafts and pins	Size Range .125—2.0 in. 3.2—50.8 mm.
EXTERNAL	BASIC **5100** For shafts and pins	Size Range .125—10.0 in. 3.2—254.0 mm.	EXTERNAL	BOWED **5101** For shafts and pins	Size Range .188—1.500 in. 4.8—38.1 mm.	EXTERNAL	CIRCULAR **5105** For shafts and pins	Size Range .094—1.0 in. ●	EXTERNAL	E-RING **5133** For shafts and pins	Size Range .040—1.375 in. 1.0—34.9 mm.
INTERNAL	INVERTED **5008** For housings and bores	Size Range .750—4.0 in. 19.0—101.6 mm.	INTERNAL	BEVELED **N5002** For housings and bores	Size Range 1.0—10.0 in. 25.4—254.0 mm.	INTERNAL	CIRCULAR **5005** For housings and bores	Size Range .312—2.0 in. ●	EXTERNAL	REINFORCED E-RING **5144** For shafts and pins	Size Range .094—.562 in. 2.4—14.3 mm.
EXTERNAL	INVERTED **5108** For shafts and pins	Size Range .500—4.0 in. 12.7—101.6 mm.	EXTERNAL	BEVELED **5102** For shafts and pins	Size Range 1.0—10.0 in. 25.4—254.0 mm.	EXTERNAL	GRIPRING® **5555** For shafts and pins	Size Range .079—.750 in. 2.0—19.0 mm.	EXTERNAL	INTERLOCKING **5107** For shafts and pins	Size Range .469—3.375 in. 11.9—85.7 mm.
EXTERNAL	HEAVY-DUTY **5160** For shafts and pins	Size Range .394—2.0 in. 10.0—50.8 mm.	EXTERNAL	BOWED E-RING **5131** For shafts and pins	Size Range .110—1.375 in. 2.8—34.9 mm.	EXTERNAL	TRIANGULAR **5305** For shafts and pins	Size Range .062—.438 in.	Free Ring	Ring Assembled	
EXTERNAL	HIGH-STRENGTH **5560** For shafts and pins	Size Range .101—.328 in.	EXTERNAL	PRONG-LOCK® **5139** For shafts and pins	Size Range .092—.438 in.	EXTERNAL	TRIANGULAR NUT **5300** For threaded parts	Size Range 6-32 and 8-32 10-24 and 10-32 1/4-20 and 1/4-28	**NEW SERIES 5590 PERMANENT-SHOULDER RING** Three sizes for shafts, studs .375 to .625" dia. Notches deform into triangles to close gaps, reduce ID and OD. Provides permanent 360° shoulder with high thrust load capacity.		

圖 3-68A　偉爾德顧喜諾公司出品的吐魯雅克牌 (Truarc) 牽制環

牽制環（Retaining rings）又稱扣環

牽制環係一種較新的接合緊固件，平常係用特殊的鯉魚鉗，如圖 3-67，將之置用在軸或孔之外槽或內槽上。其主要之功能為定位和銷緊工件，以達組合裝配的目的。圖 3-68A 為美國偉爾德顧喜諾公司（Walds Kohinoor, Inc.）所出品的各種牽制環。概分為四類，一為軸向裝配（Axial assembly），二為軸端隙收緊器（End-play take-up），三為自鎖形（Self-locking），四為徑向裝配（Radial assembly）。每一類又依其用途及形狀而分為許多項，每一項如 3-68A 圖所示，左邊為形狀及名稱，右上為產品編號及用途，右下為其尺寸規格。

3-3-3　裝配工件實例——裝配軸承之步驟和應注意事項

常見的軸承有普通軸承，對合軸承，輥珠與輥子軸承，其裝配步驟各有不同，任何軸承在裝配之前，應當將軸頸或軸罩及定位裝置之座完全清潔，並觀察表面是否有損傷，不可將軸承裝於已損傷之表面。

上列軸承均裝於軸上之殼或襯套，並依軸之情形使用各種不同的材料製成，如圖 3-69A，3-69B 所示。在裝配軸承時一般均要使用心軸壓床，以得正確的裝配。

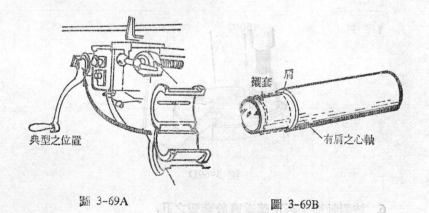

典型之位置　　　　　　　　　　襯套　肩　　　　　有肩之心軸

圖 3-69A　　　　　　　　　圖 3-69B

普通軸承

普通軸承之裝配方法如下:

1. 將套殼、心軸及壓床底坐完全清潔。

2. 在套殼及心軸上塗以輕級油。

3. 將壓床之分度底座轉至孔的尺寸最適宜之位置，如圖 4-312 C。

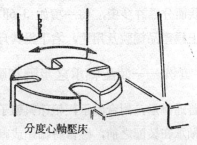

分度心軸壓床

圖 3-69C

4. 將軸襯裝於心軸上。

5. 將軸襯對準套殼，並將壓床之衝頭降下，利用衝頭保持軸襯之正確位置，如圖 3-69D。

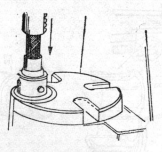

圖 3-69D

6. 核對軸襯是否正確垂直於套殼之孔。

7. 利用槓桿輕輕地將軸襯壓入套殼中，如圖 3-69E

將軸襯輕輕的
壓入套殼中

圖 3-69E

8. 裝配後核對軸襯之內徑。

對合軸承

另一種軸襯爲對合軸襯，其裝配步驟如下:

1. 將軸承座及軸頸完全清潔。

2. 將軸承片裝於套殼，檢查裝配是否正確，以及軸承片上之油孔是否與套殼上之油孔對準，如圖 3-69F。

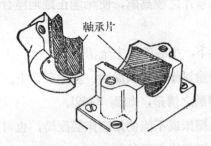

軸承片

圖 3-69F

3. 在軸上塗以塗料，並檢查下軸承片之凸出點，如圖 3-69G。

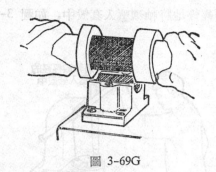

圖 3-69G

4. 刮去軸承片之凸出處，直至軸能正確地座合於軸承。

5. 將軸由下軸承片內取出，並裝於上軸承片檢查其凸出點，如圖 3-69H。

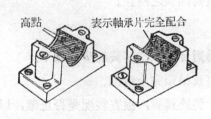

高點　　　　表示軸承片完全配合

圖 3-69H

6. 刮去上軸承片之較高處，使軸能正確地座合於軸承。並輕輕的將軸承座鎖緊。

7. 將軸承拆下，把各部份完全清潔。

8. 在各部份塗以輕級之潤滑油，並重新裝上。

9. 觀察軸轉動之情形，如圖 3-69I。

如果沒有心軸壓床或不能使用壓床裝配時，也可用輕敲法來裝配軸承，一般所用的輕敲法有兩種：

1. 利用管子及敲擊之鐵塊：此為較佳之一種方法，因為此法較能保持軸承垂直。

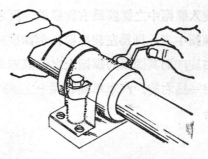

圖 3-69I

2. 利用衝銷：沿著內環均勻地輕輕敲擊，注意保持軸承與軸成垂直。

此法係用於軸承無法用其他方式裝入之位置，裝配時必須注意避免其他細屑進入軸承內。

使用衝銷之要領：

(A) 對準軸承與其座合之軸承座，並先用手裝入如需要的話以軟質之榔頭敲打。

(B) 輕輕的將軸承敲入軸承座中，敲打時需隨時核對是否垂直。

3-4　螺絲裝配與抗拉強度

3-4-1　螺絲裝配

螺紋係一種漩渦形的線紋，圍繞在螺栓、螺釘或螺帽孔上之槽。螺紋可以分為右旋螺紋和左旋螺紋。如圖 3-70, 3-71。凡螺釘按順時

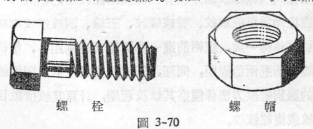

螺　栓　　　　　　　　　　螺　帽

圖 3-70

針方向轉動，能旋入螺帽中之螺紋爲右旋螺紋。反之，依反時針方向轉動，始能旋入螺帽中者，則爲左旋螺紋。例如砂輪機軸上兩端之螺紋一爲左旋一爲右旋，而其固緊的螺帽上之螺紋亦跟軸紋上之螺紋相同，一爲左旋，另一爲右旋。汽車車輪心軸上之螺紋螺帽亦一樣一左一右兩邊互相配合

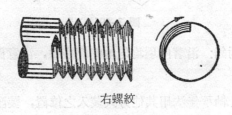

右螺紋

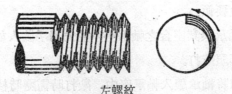

左螺紋

圖 3-71　右旋螺紋和左旋螺紋

(1) 單線、雙線、三線與四線螺紋

單線（或稱牙）螺紋係螺桿上僅有一條紋槽，雙線螺紋有兩條紋槽，同理三線與四線螺紋則分別有三條及四條紋槽，如圖 3-72 大部分螺釘與螺栓均爲單線螺紋。雙線螺紋、三線、四線螺紋均稱爲複螺紋。單線螺紋每轉一周，螺帽前進一個距離（稱螺距），雙線螺紋每轉一周，螺帽前進兩倍螺距，同理，三線螺紋爲三倍，四線螺紋爲四倍。最佳的識別螺紋方法係觀察其螺紋起端，計算其紋槽數目，便可知其爲單線或複線螺紋。

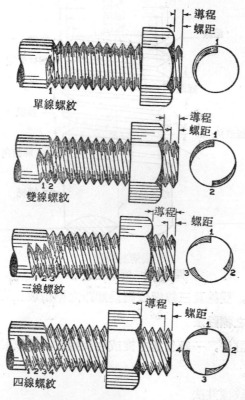

導程
螺距
單線螺紋

導程
螺距
雙線螺紋

導程
螺距
三線螺紋

導程
螺距
四線螺紋

圖 3-72　單線、雙線、三線和四線螺紋

(2) 螺紋各部份名稱

車製螺紋之桿料的直徑稱為螺紋外徑，英文縮寫為 O. D. (Outside diameter)，又稱為公稱直徑或大徑。如圖 3-73 所示。螺紋深度係指螺紋槽底部至頂端之垂直高度，縮寫為 $D.$。螺紋根徑 (RD) 為底部或根部之直徑。螺紋根徑之大小等於螺紋外徑減去兩倍螺紋深度(RD $=O. D. -2×D$)。節圓直徑 (PD) 等於外徑減去螺紋深度 $(P.D=$ $O. D. -D$)。螺距 (P) 為一螺紋之中心至次一螺紋中心之距離。導程為螺釘旋入螺帽中每轉動一整圈，螺釘所前進之距離。單線螺紋之導

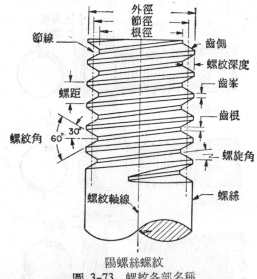

陽螺絲螺紋

圖 3-73 螺紋各部名稱

程與螺距相同，雙線及三線螺紋則爲螺距之兩倍或三倍。

(3) 螺紋之標註法

螺紋之標註法，一般包括左旋或右旋螺紋，螺紋頭數、螺紋等級等如下表所示。

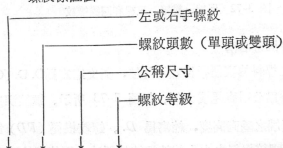

螺紋標註法

────── 左或右手螺紋

────── 螺紋頭數（單頭或雙頭）

────── 公稱尺寸

────── 螺紋等級

公制: 左 雙頭 $M5$ －2＝左手的雙頭螺紋，螺距爲 5mm 的粗牙

2 級的 60° 公制螺紋。

英制: $1/4-20UNC-2A/2B$＝直徑$\frac{1}{4}$吋，右旋，每吋有 20 個

統一標準粗牙，2 級外螺紋和 2
級內螺紋配合。

(4) 螺紋之量度

欲知螺栓或螺帽每吋的牙數，最迅速又可靠的方法莫如使用螺矩
規。測量時以不同之規片分別置於螺紋上，觀察規片與螺紋槽是否密
合，直至覓得一適合之規片爲止，如圖 3-73 所示。規片上所刻之數
字，卽每吋之牙數。如係公制，則規片上所刻之數字爲螺矩之大小，
平常以 mm 爲單位。

如果沒有螺矩規亦用鋼尺來量取螺紋每吋牙數，量取要點如下：
鋼尺上一吋之刻度，對準螺紋之頂點，然後計算一吋內之槽數或間隔
數目，卽爲每吋之牙數。公制螺紋之量法亦類似。

(5) 螺紋之種類

螺紋最初及最簡單之形狀爲 V 形螺紋，V 形螺紋兩邊相等長並成
V 字形，夾角爲 60 度。此種螺紋之銳角易碰成缺口，且磨損極快。

爲使螺紋能够統一而具有互換性，曾經有數種規格的螺紋問世，
如第一次世界大戰後，美國普通用於螺栓、螺釘及螺帽上之螺紋，其
形狀類似 V 形螺紋，但在牙頂切除 1/8 螺紋深度而在牙底則塡補 1/8
螺紋深度，使牙頂及牙底均有一小平面。此種螺紋稱爲美式螺紋 (U.
S. F)。爲統一各工廠製造螺栓螺帽的每吋牙數，又訂定美國標準螺紋
(U. S. S)，其形狀與美式螺紋相同。

汽車上所用螺紋，經試驗結果，證實細螺紋較粗螺紋爲優，因細
螺紋能承受震動而不致使螺帽鬆脫，於是美國汽車工程師學會 (S. A.
E) 又規定一種標準，其形狀與美式螺紋相同，但螺紋較細。後來又
把螺紋歸納兩類：一爲美國國家標準粗螺紋 (N. C)，包括 U. S. S. 螺
紋。另一爲美國國家標準細螺紋 (NF)，包括 1/4$''$ 以上之 SAE 螺
紋。其形狀與 U. S. F 螺紋相同。

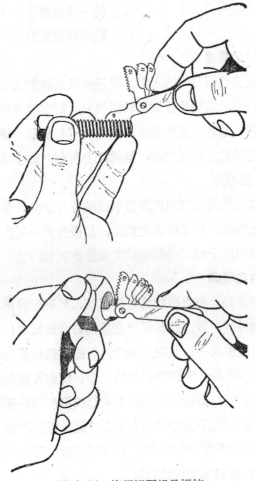

圖 3-74　使用螺距規量螺紋

在 1948 年，英、美、加拿大會商，同意採用統一式螺紋，使彼此間之螺紋件均能互換。其形式與美式螺紋大同小異，但螺紋底部為圓形，而螺紋之峯可為平頂或圓頂，如圖 3-74 所示。美國喜採用平頂，而英國則用圓頂。統一標準螺紋包括若干組，最常見為統一標準粗牙 (U. N. C) 及統一標準細牙 (U. N. F)，UNC 與 UNF 螺紋在

螺　　　紋

直		徑	每　吋　牙　數		
號　碼	吋	小當 數量	UNC (NC) (USS)	UNF (NF) (SAE)	E　F (特　細)
0	……	.0600	……	80	……
1	……	.0730	64	72	……
2	……	.0860	56	64	……
3	……	.0990	48	56	……
4	……	.1120	40	48	……
5	1/8	.1250	40	44	……
6	……	.1380	32	40	……
8	……	.1640	32	36	……
10	……	.1900	24	32	40
12	……	.2160	24	28	……
……	1/4	.2500	20	28	36
……	5/16	.3125	18	24	32
……	3/18	.3750	16	24	32
……	7/16	.4375	14	20	28
……	1/2	.5000	13	20	28
……	9/16	.5625	12	18	24
……	5/8	.6250	11	18	24
……	3/4	.7500	10	16	20
……	7/8	.8750	9	14	20
……	1	1.0000	8	14	20

同一組內相同尺寸牙數，如換成公制則將 25.4 除以每吋牙數（25.4 每吋牙數）所得之值卽爲螺矩之大小（單作 mm）。

特細螺紋（EF）係用在材料甚薄之處，以及管料需作精密調整之處。通常用在汽車之散熱器蓋等地方。

方螺紋形狀似正方形，如圖 3-75 所示，螺紋槽之深與寬相等，其峯之高與寬也相等，槽與峯均爲正方形。在虎鉗上常用方螺紋。

用在車床導桿上之螺紋，一般螺紋角均爲 29 度，此稱爲愛克姆 Acme）螺紋，其形狀如圖 3-76 所示。

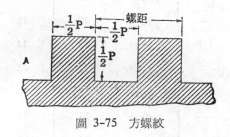

圖 3-75　方螺紋

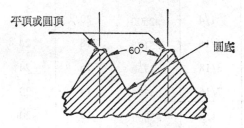

圖 3-76　英美加拿大國家統一螺紋

(6) 螺紋之配合

美國國家螺紋委員會，對螺紋之配合定爲下列四級。

第一級：鬆配合

採用鬆配合之螺紋零件，卽使螺紋有輕微之傷痕或染污亦能容易而迅速的裝卸。雖有甚大搖盪或鬆動亦無妨。

第二級:　自由配合

　　自由配合之螺紋零件，可用手指旋轉至接近到位處或全部旋轉到位，少許之搖盪或鬆動亦無妨，絕大部份螺紋均採用第二級配合。

第三級:　中級配合

　　中級配合，用於較高級之螺紋零件，可以手指旋轉至接近到位處或可全部旋轉到位，僅允許有極少量之搖動與鬆動，本級配合與第二級之自由配合相似，但配合較爲緊密。

第四級:　緊配合

　　緊配合用於最精細之螺紋另件，僅允許有微量之搖動或鬆動。螺紋裝配時須藉起子或板手。製造該類螺紋時必須用精密之工具與量具。故第四級配合應在確實需要或特殊情況而須有精細適貼配合之處，始行採用，此類螺紋另件，可能需經選擇方能裝配。

　　標準之英美統一螺紋，分爲六級，以前稱爲配合，現已不再採用「配合」二字。該六級包括外螺紋三級及內螺紋三級，外螺紋之三級爲 1A、2A 及 3A。內螺紋之三級爲 1B、2B 及 3B。螺紋配合係指螺紋結合時鬆緊之程度，按規定 2A 級外螺紋應與 2B 級內螺紋結合，然而任一統一標準之外螺紋，亦可與任一內螺紋結合，以符合規定需要之配合爲原則。下列各級螺紋結合之公差係與相當之配合所許可之公差相同。

　　　　1A 級與 2B 級:　鬆配合。

　　　　2A 級與 2B 級:　自由配合。

　　　　3A 級與 3B 級;　緊配合。

　　　　當 2A 級與 3B 級結合時，其許可公差則介於自由配合與緊配合之間。

　　而公制（*M*）螺紋之配合也分三級，精密級（緊配合）用 1 代表，中級（自由配合）用 2 代表，而 3 則代表一般（鬆配合）螺紋。

3-4-2 螺絲的抗拉強度

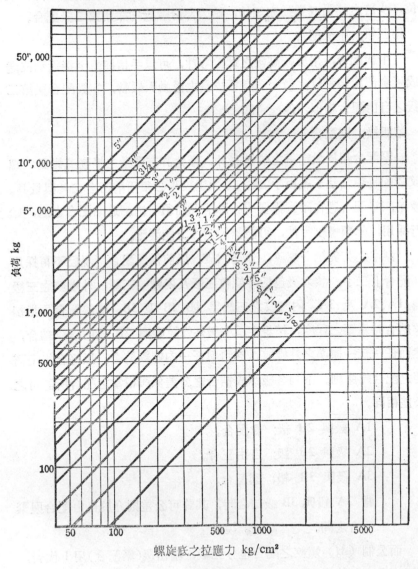

圖 3-77

3-5 刮　削

刮削在機械工作法中，係一種推去 (Pushing off) 而非剝除的方法，通常是指刮去或削去金屬表面薄層，得一較精細光整的平面。刮削之目的，希望從適當的地方刮去適當的材料，因此沒有經驗的工作者，須慢慢地從事工作，欲變成各種刮削工作之優良者，得配合充份的實際工作經驗。

3-5-1 刮　刀

刮刀 (Scrapers)，係以刮去小量金屬的一種手工具，刮成的表面，比使用機器切削或銼削，配合要來得優良。其理由如下：

1. 因機器或銼刀幾乎不可能達到一眞正平面，而刮刀可以依次檢驗平面中不平的高點，慢慢地，一處一處地刮正。

2. 一般平面均爲翻砂鑄造而成，而此平面通常由鉋床或銑床製成，因其機器本身就無法達到最細緻平度，如刀具磨損，材質硬度不均，加工時發生跳動等，且理論上亦非能成眞正平面所致。

3. 如軸之軸承座、軸承蓋、汽車引擎內的軸襯 (Bush) 等均爲曲線軸面，不論材質是鑄鐵，白合金或青銅，必須以刮切修整，確實對準配合，以符合需要。

3-5-2 刮刀的種類

1. 平刮刀 (Flat scraper) 如圖 3-78。

平刮刀最常用於刮削平面，通常由舊銼刀加予修改卽可爲優良的刮刀，先將銼刀尖端 (Tip) 銼齒磨除，然後磨銳刀刃，兩側面宜平行，刀鋒微呈凸圓狀。

2. 半圓刮刀 (Half-round scraper)

半圓刮刀又稱軸承刮刀 (Bearing scraper) 如圖 3-79，係在凹面或內環面刮削，如軸承上應用，刀鋒角度約為 90°。

3. 三角刮刀 (Three-square scraper)

三角刮刀如圖 3-80，主要用途係以除去鑽孔或絞孔後，孔眼端面所留的毛邊及圓形物的尖銳角、曲面等。可由三角銼刀修正製成，通常均有三個刀鋒，刀身切口邊之後宜成圓形，以免割傷手指。

4. 此外尚有方刮刀 (Square scraper)、半徑刮刀 (Radius scraper)，鈎或拉刮刀 (Hook or draw scraper) 等當其他專門用途。

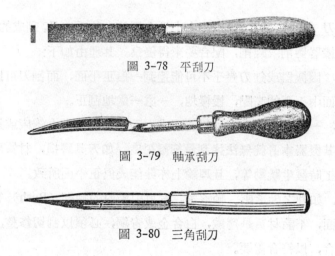

圖 3-78　平刮刀

圖 3-79　軸承刮刀

圖 3-80　三角刮刀

3-5-3　刮削平面的方法

1. 利用紅丹均勻塗抹工件表面，在乾淨平板上來回滑動，**檢測**平面度，找出工件高點（即沒有紅丹部份）。

2. 將工件水平地夾裝於虎鉗上。

3. 利用平面刮刀刮除高點，握持要領。如圖 3-81。

4. 注意雙手臂力量要互相配合，略傾方向以短程刮削。

圖 3-81　刮平面時握持刮刀姿勢

5. 反覆 1～4 動作，檢驗平面平度，直到所要求的光整度。

6. 一般刮刀的刀口角度隨刮削材料不同，如：

    a. 刮削鑄鐵，刀口角度 70°～80°

    b. 刮削軟鋼，刀口角度 90°～120°

    c. 粗刮削黃銅，刀口角度 60°～75°

    d. 光刮削軸承，刀口角度 85°～90°

3-5-4　刮削曲面的方法

1. 在軸上均勻塗抹紅丹後與工件密合，略將工件旋轉檢視工作
不圓滑處（即有高點處），如圖 3-82 所示。

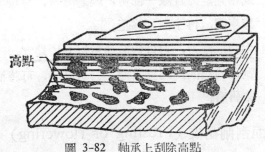

高點

圖 3-82　軸承上刮除高點

2. 將工件凹部向上，保持水平夾裝於虎鉗上。

3. 選用適合之半圓形刮刀，刮除工件高點，握持刮刀與夾持工件的正確姿勢。如圖 3-83 所示。

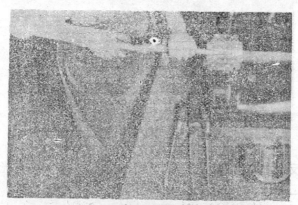

圖 3-83　刮削圓形軸承的正確姿態

4. 利用手腕力量，刮削時以手旋轉刮刀向前斜方作短程刮削為宜。

5. 反覆 1～4 刮削，並檢驗校正直至所需程度。

6. 特別注意事項：

 a. 已被燒損而成不正確的軸承，須先在車床上修整。

 b. 若軸承磨損過多，宜將兩瓣合軸承合併，利用圓形銼刀或半圓銼刀銼除一部份，經過酸洗，焊接填補後，由車床車圓，再予刮削修正。

 c. 半圓形刮刀，刀口角度通常以 60° 為宜。

 d. 刮刀的側面，因呈曲面不易研磨時，可將油石用手執住來研磨。

3-5-5　平面刮削花紋 (Frosting or flowering)

　　經過刮削平面後之工作物，如工作母機的床軌、平板等，常用刮刀刮出不同種類的花紋，其目的：

　　1. 增加美觀。

　　2. 儲存潤滑油，減少磨損。

　　3. 提高配合的精細度。

　　刮削花紋，如圖 3-84 需要有相當多時間的工作經驗並富藝術眼光方能達成，花紋有不同種類，通常分爲三種：

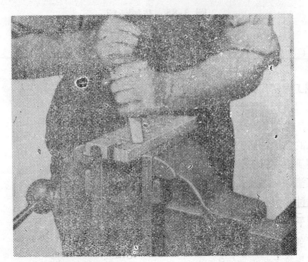

圖 3-84　刮削花紋

　　1. 牛月形花紋：如圖 3-85A

　　牛月形刮削之方法，以右手握持接刀柄，左手壓住前端，先由刀口右端接觸工作物表面，用力時將刀口倒左使刀口與工件平行，再倒向右端而起，卽成牛月形花紋。

　　2. 斜形花紋：如圖 3-85B

　　刮刀刮削時，先作垂直定位，再由底端與工作物成 45 度方向逐步刮成斜形花紋。

3. 方形花紋： 如圖 3-85C

刮刀刀口平均用力壓推前進，距離刮刀刀口寬度相等為止，其次間隔相同距離反覆刮出，刮刀進行方向與工作物成 45° 角，一俟完成後再予直角方向行之。

圖 3-85 花紋種類

複 習 題

1. 機械工廠常用的尺有那幾種？
2. 組合尺有何用途？
3. 分規的主要用途為何？
4. 平板的用途為何？如何保護它？
5. 何謂劃線臺與劃針？其用途為何？
6. 劃線塗料有那些？何者最常用？
7. 刺狀沖和中心沖有何區別？其用途各為何？
8. 刮削平面的要領為何？
9. 如何刮削軸承之曲面？
10. 刮削花紋之要領為何？
11. 工作物如果需要用手工刮削，應在銼鉋時預留多少厚度以便手刮之用？
12. 手工絞刀可分為那幾種？
13. 手工絞孔之方法為何？
14. 依照美國標準學會（ASA）所推薦的標準配合可分為那幾種？
15. 常見的裝配工具有那些？
16. 鉚接的工作步驟為何？
17. 如果你是工廠的負責人，你如何去訂購螺栓和螺釘？
18. 常用的鎖緊墊圈有那幾種？其主要用途為何？
19. 何謂開口銷、錐銷、鍵及填隙片？其主要功用為何？
20. 裝配對合軸承之步驟為何？

第四章　木模工作

木模(Wood pattern)爲機械工業製造過程中最基本的技術之一，它又名木型或木樣，俗稱「機械之母」，在整個機械中佔著一個相當重要的角色。

凡是一部機器、工具的產生，經設計後，分門別類畫出其圖形，再經鑄造、機械加工、裝配等多項的工程，而鑄造方面之機件，便需要先製成木模，其工作卽用木材依工作圖指示製成機件形狀的模型，然後將木模按照規定，印製成砂模 (Sand mold)，再將木模從砂中取出而澆注金屬或非金屬液在砂模的空穴內，卽鑄成所需要之機件，最後再予以機械加工成所需之規格的零件，由此可知木模在機械工業的重要性。

4-1　模型分類

木模模型的分類有很多種，其種類完全是根據結構型式而區分，而木模的結構要依照鑄工的工作法，機件的型式而定，今將木模根據結構型式，分爲八種，略述如下：

4-1-1　整體模 (Complete pattern)

整體模製法，是將工作的形狀用整塊木料做成，這種木模形狀非常簡單，也容易製作，有時可將數塊木板組合而成爲一個整體的木模，雖容易製作，但如形狀比較複雜的機件，用整體模方法製作就不

太可能；通常用於製作鉗座、爐柵、軸蓋、曲柄，如圖 4-1 所示爲砝
蘭盤（Frange）整體木模，鉗座、爐柵、軸蓋、曲柄等整體模。

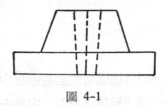

圖 4-1

4-1-2　分型模（Split pattern）

　　分型模在木模工作法中，採用相當的廣，它適合於小形、中型甚
至大型的工作物；分型模，多半是依據木模中心線分開，兩部份之間
用接合釘連結，如圖 4-2 爲分型模之例。此種分型模，應用方便，主
要優點，在於取模容易。

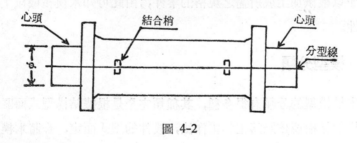

圖 4-2

4-1-3　轉括板模（Sweeping board）

　　轉括板模是屬於括板模工作之一，而刮板模用於大圓形工作物，而
且翻製在十數件以內，它是一種最簡單且經濟的製模方法；轉括板模
只限於轉括圓形砂模，它的工作方法爲用一兩塊木板，刻上不同的曲
線形狀或是直線形狀，再釘上一中心軸，卽可括成所需要的工作物。

如圖 4-3 所示為圓鈑之轉括板模。

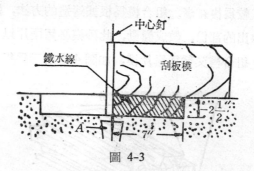

圖 4-3

4-1-4　形框模 (Frame pattern)

形框模，亦為刮板模之一種，只是它不受形狀限制,不論是圓形、方形，或者管狀，只要在條件範圍以內，都可用形框模製做木模，形框模亦稱形框板模。

其形成之法，就是用木板將機件外圍製造出來，中間不重要的地方，可以挖去，卽成，而機件之外圍形狀必須簡單才行，否則會增加鑄造時的困難，如圖 4-4 所示為形框模之例。

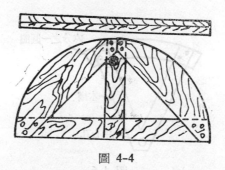

圖 4-4

4-1-5　組合模 (Composite pattern)

　　所謂組合模，乃是由幾個部份組合而成為一件木模，用於工作物結構或是形狀較為複雜者。組合模為根據鑄造的方法，將一些無法直接由模砂中取出的部份，做成鬆動，此砂模必用兩片以上結構之木模製成，故謂之組合模又稱為鬆片模，如圖 4-5 所示為組合模之例。

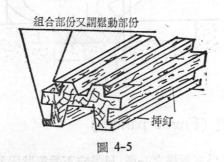

組合部份又謂鬆動部份

挿釘

圖 4-5

4-1-6　部分模 (Department pattern)

　　所謂的部份模，即做整個木模的幾分之一，如四分之一，六分之一，八分之一等謂之部分模，其主要原因乃由於物形過大，又有部分對稱，如此即可製造部分模，較為經濟，省力。如圖 4-6 所示為部分模之例。

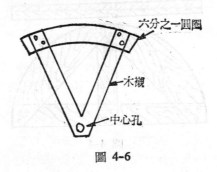

六分之一圓圈

木襯

中心孔

圖 4-6

4-1-7　骨架模 (Skeleton pattern)

　　骨架模通常用於外形簡單的大形工作物，採用骨架模主要目的可減輕木模的重量，又經濟，且可節省大量木料；骨架模製造法為將整個木模用架子圍成，其間以空隙間隔之，用特製括板刮製，為配合各部份不同形狀需要，還可製成各種刮板，如圖 4-7 所示為骨架模之例。

圖 4-7

4-1-8　金屬模 (Metal pattern)

　　金屬模用於大量生產中之鑄件，因金屬本身材料昂貴必須大量生產才合經濟，而用以代替木模，金屬模的產生必須先製成木模，此木模稱為「母模」，木模需要兩倍的收縮率；一般的金屬模以採鋁合金製成最多，因鋁合金質輕而易於加工；在特殊製造用途上也用到其他合金。

　　金屬模有很多優點：(1)經久耐用，不易變形。(2)金屬本身很堅固，耐磨耗。(3)表面十分光滑，取模簡單，可減少修整砂模的時間。如圖 4-8 為金屬模之例。

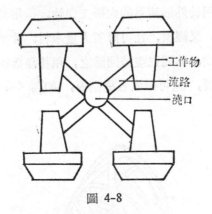

工作物
流路
澆口

圖 4-8

4-2 製模注意事項

在製造木模之前，必需詳加考慮，了解製模應注意事項，不可有一點疏忽，否則製模——鑄造——加工……，會產生嚴重的損失，製模注意事項，是身爲一位木模設計人員，製造木模的人員，所必備的知識。而製模注意事項有下列五點:

(1) 考慮鑄造人員的技術及工作習慣，否則造成脫節現象，影響工作次序，也使生產過程中，遭受更大的阻礙，這是製模所應注意的事項之一。

(2) 材料的選擇，結構的型式及型心盒的方式，必須要與翻製出鑄件的數量相配合，因爲木模設計的優劣，對於整個鑄件成本關係很密切，製模者必須慮及木模之設計與鑄造相配合。

(3) 製模必須慮及加工量的問題，這事項必須從機械工廠對於鑄件的加工方法上得到加工量裕度的多少，才能合乎經濟的原則，加於樣模的份量，小型和一般大小者約 1/8 吋 (3.2 公厘)。當長至幾尺時，則其裕度必須增加。

(4) 製模的木模本身無單獨用途的價值，故事前必須要知道砂模

工 (Molder) 和型心工 (Core-maker) 的工作方法及製造程序，方能很順利達到機械加工的最終目的。

（5）必須慮及拔模及其傾斜量，還有金屬收縮率與木模加工餘裕的因素，然後製模，方能達此製模的目的。

4-3　製模用器具

製模所用器具很多，現例舉五種分別說明之:

4-3-1　手　　鉋

手鉋是製模中最基本的工具之一。可分八種:

（1）橫紋鉋 (Block plane)

（2）圓鉋 (Circular plane)

（3）槽鉋 (Router Plane)

（4）反臺鉋 (Circular and Block plane)

（5）心型鉋 (Core box plane)

（6）邊鉋 (Rabbet plane)

（7）滾鉋 (Spoke shave plane)

（8）短鉋 (Small light plane)

（1）平鉋　主要在鉋平工作物,用途上分有粗平鉋與細平鉋兩種，又依式樣方面分有(1)日本形式之臺灣平鉋 (2)大陸式向前推的平鉋 (3)美國製之鐵質平鉋。如圖 4-9 所示。

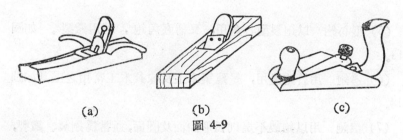

(a)　　　　　　(b)　　　　　　(c)

圖 4-9

(2) 圓鉋　以鉋製內面及曲面之用，其式樣上分長圓鉋及短圓鉋兩大類，如圖 4-10。

(3) 槽鉋　用於建築木工及傢具木工之鉋製槽形，可分有平槽鉋及圓槽鉋兩種。圖 4-11。

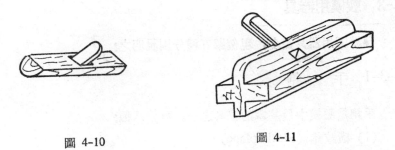

圖 4-10　　　　　　　圖 4-11

(4) 反臺鉋　用於鉋製形狀比較複雜的木模及不規則之凹曲面，其式樣分兩種 (1) 鉋光凹形用，鉋面具有兩個方向之弧面，(2) 鉋光弧度面用，鉋面僅有一個方向的弧面，如圖 4-12 之 (a),(b)。

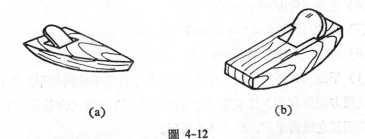

(a)　　　　　　　　(b)

圖 4-12

(5) 型心鉋　以鉋製型心盒用，又稱直角鉋，利用鐵製。如圖 4-13。

(6) 邊鉋　用於鉋邊用，是建築木工及傢具木工常用之工具如圖 4-14。

(7) 滾鉋　用以鉋製不規則弧形曲面及圓面，通常為銅製、鐵製，又名曲鉋，如圖 4-15。

(8) 短鉋　專門修平及修光平鉋鉋面用，如圖 4-16 所示。

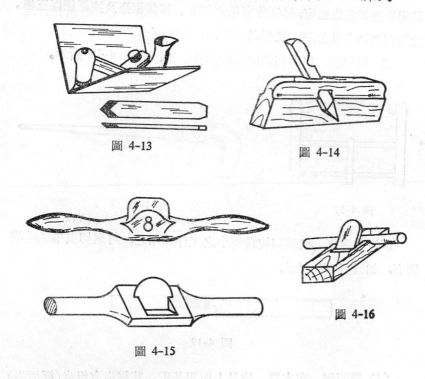

圖 4-13

圖 4-14

圖 4-16

圖 4-15

4-3-2 手　鋸

常用之手鋸有下列幾種：

(1) 木框鋸（Frame saw）

(2) 規鋸（Compass saw）

(3) 鳩尾鋸（Dovetail saw）

(4) 雙面鋸（Two face saw）

(5) 鏤鋸（Coping saw）

(6) 槽鋸（Router saw）

(7) 刀鋸 (Knife saw)

(1) 木框鋸　通常鋸木與機械上之鋸切方法相同,必須向下鋸切,其用途根據鋸條而定,鋸條分有粗鋸鋸條、細鋸鋸條及挖鋸鋸條三種。此鋸在臺灣十分普遍,又稱為繩框鋸,如圖 4-17 所示。

2. 鳩尾鋸　以專門鋸圓孔或內曲面用,如圖 4-18 所示。

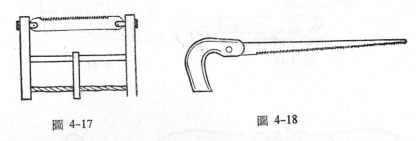

圖 4-17　　　　　　　　　圖 4-18

(3) 夾背鋸　以鋸切較為細小之工作物用之,可鋸切很平光的橫斷面,如圖 4-19 所示。

圖 4-19

(4) 雙面鋸　在木模,傢具上所用甚廣,其鋸齒有粗齒(縱面齒)及細齒(橫面齒),它是日本方式最基本的手鋸之一,如圖 4-20 所示。

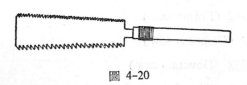

圖 4-20

(5) 鏤鋸　以專門鋸一些彎曲度很小的工作物,而鋸片以鋼絲為主,故俗稱鋼絲鋸,如圖 4-21 所示。

　　(6) 槽鋸　此鋸之特色，鋸片部分比較短小，而兩邊開齒，齒面具有弧度，用於鋸切凹槽，十分輕便，如圖 4-22 所示。

　　(7) 刀鋸　是一種使用較快速之粗鋸，又稱美國鋸，如圖 4-23 所示。

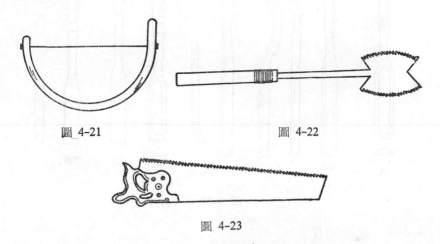

圖 4-21　　　　　　　　　　　　圖 4-22

圖 4-23

4-3-3　平鑿及圓鑿

　　平鑿及圓鑿在製模器具上，是一種最基本的手工具，在現代日趨自動化的機械工業中，平鑿及圓鑿之地位仍然佔有相當重要的角色，分為下列七種：見圖 4-24。

　　(一) 平削鑿 (Standard chisels) 如圖 **A**

　　(二) 半圓鑿 (Gouges) 如圖 **B**

　　(三) 彎把圓鑿 (Carving Gouges) 如圖 **C**

　　(四) 鏝鑿 (Outside Ground Gouges) 如圖 **D**

　　(五) 平打鑿 (Stanleg butt chisels) 如圖 **E**

　　(六) 圓打鑿 (Circular butt chisels) 如圖 **F**

　　(七) 反口圓打鑿 (Outside circular butt chisels) 如圖 **G**

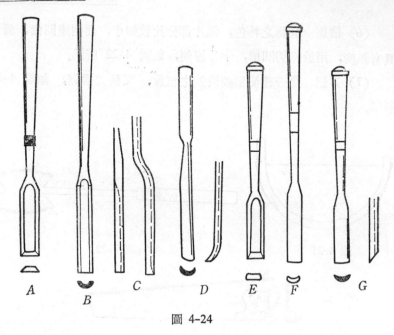

圖 4-24

4-3-4 度量工具

度量工具包括很多種，它是製模中不可缺少的基本器具之一。分述如下：

1. 尺 (Rule)

尺分為很多種， 依用途分有 (1) 六折尺 (2) 平尺 (3) 三角板 (4) 縮水尺 (5) 直角定規 (6) 活動定規。 由圖示可知， 圖 13-25 (a)平尺 (b)三角板 (c)元折尺 (d)縮水尺 (e)直角定規 (f)活動定規。

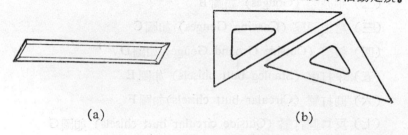

(a)   (b)

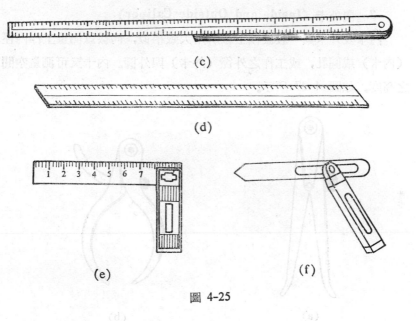

(c)

(d)

(e)　　　　　　　　(f)

圖 4-25

2. 圓規 (Dividers)

　　圓規在木模上之用途很多，主要有三，畫圓、等分與量距離之用
如圖 4-26 所示。(a)為一般用圓規，(b)為有固定螺絲裝置之圓規。

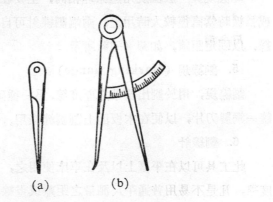

(a)　　　　　(b)

圖 4-26

3. 內外卡 (Inside and Outside Caliper)

內卡及外卡與一般機械工廠所用大致相似，同樣以測量工作內徑（內卡）或圓孔，或工作之外徑（外卡）與外圓。內卡又可測量空間之高度。如圖 4-27 所示。

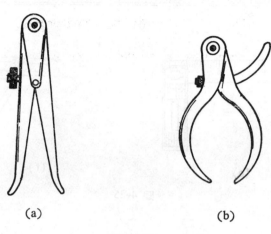

(a)   (b)

圖 4-27

4. 伸臂圓規 (Divider and Beam Compass)

此圓規與一般圓規用途原理相同，主要在於彌補一般圓規劃圓徑或弧線時當直徑較大時用之，兩端劃線針可自由伸縮，上面有固定螺絲，以固定距離，如圖 4-28 所示。

5. 劃線規 (Marking Gange)

劃線規，用於劃出標準之厚度線，爲一種硬木，在劃線桿的頂端，鑲一鋼製刀片，以便在木板面上割劃線條用。如圖 4-29。

6. 劃線針

此工具可以在平臺上以及在車床使用之，用於求取中心線或同高度線，凡是不易用普通平尺測量之距離或畫線可用劃線針代替。如圖 4-30 所示。

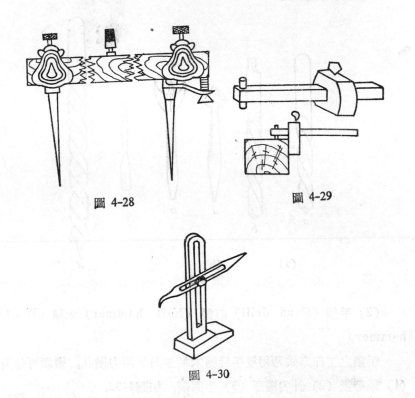

圖 4-28　　　　　圖 4-29

圖 4-30

4-3-5　雜項工具

雜項工具包括甚廣，凡是上列所舉之基本手工具外之製模手工具皆謂之雜項工具，茲分述如下：

(1) 弓形鑽 (Brace drill) 與鑽頭 (Drill)

適用於大型工作物而鑽孔機無法工作之情況下，而其所用之鑽頭由 $3/8''\phi \sim 1\frac{1}{2}''\phi$，此鑽為一弓型鑽。

鑽頭，分為機工用與木工用，較小之孔，用機工用鑽頭較理想，餘者用木工用鑽頭，木工用鑽頭又分為 (1) 傘形鑽頭 (2) 刮刀鑽頭 (3) 鋸形鑽頭 (4) 麻花鑽頭如圖 4-31 所示。

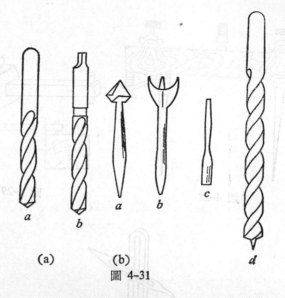

(a)　　　(b)　　　　　　d

圖 4-31

(2) 手鑽 (Hand drill) 釘錘 (Nail hammer) 木錘 (Wood hammer)

手鑽之工作方式乃用雙手旋轉木柄並向下用力鑽孔，鑽頭可分有(1) 錐形鑽 (2) 針尖鑽頭 (3) 半圓鑽。如圖4-32。

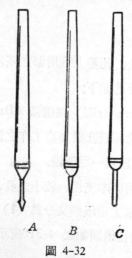

A　　B　　C

圖 4-32

釘鎚可分爲兩種，一種尖端可釘小洋釘，另一種上端開口處是用來拔取洋釘。如圖 4-33。

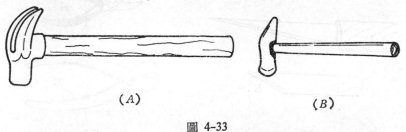

(*A*)　(*B*)

圖 4-33

木鎚是用來保護被擊面的完整，不致產生痕跡的，或者要直接錘擊木板時用之，木鎚以硬木製成，今還可用塑膠橡皮製成，如圖4-34。

圖 4-34

另外之雜項工具很多如圖 4-35 所示有 (a) 斧頭 (b) 起釘桿，(c) 螺絲起子，(d) 小刀，(e) 手鉗，(f) 木銼刀，(g) 衝子，(h) 木夾及鐵夾。

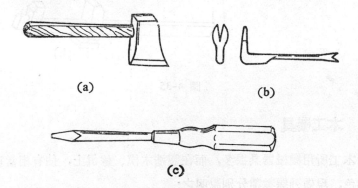

(a)　(b)

(c)

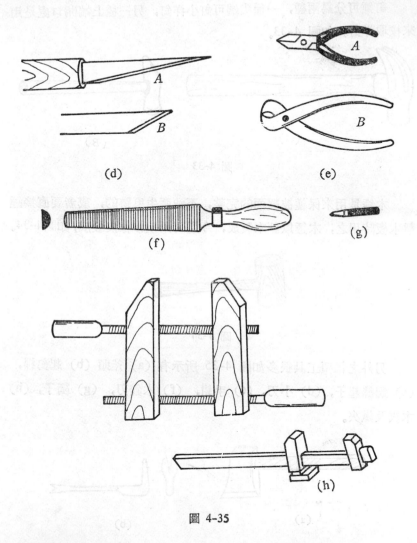

圖 4-35

4-4 木工機具

　　木工所用機械器具很多，而在製造木模、傢俱上，佔有相當重要的角色，現僅列舉數種分別說明之：

1. 木工車床 (Wood lathe)

2. 木工鋸床 (Saw)

3. 鉋床 (Plane machine)

4. 鑽孔機 (Drilling machine)

5. 砂輪機 (Grinder)

6. 砂光機 (Sander)

4-4-1　木工車床 (Wood lathe)

　　木工車床與一般車床（機工用）大同小異，凡工作物半徑在車床中心與床面距離以內者，均可車製，然大型工件體積過大易產生危險，而直徑大之木模，通常均用手工製造以策安全，車床主要工作乃車製圓形工作物。如圖 4-36 所示乃木工車床之各部構造。

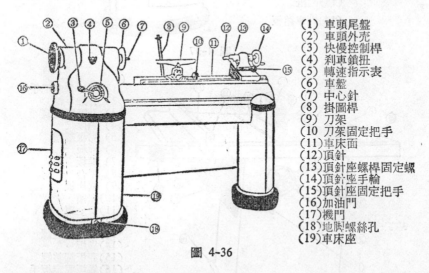

(1) 車頭尾盤
(2) 車頭外壳
(3) 快慢控制桿
(4) 利車鎖扭
(5) 轉速指示表
(6) 車盤
(7) 中心針
(8) 掛圖桿
(9) 刀架
(10) 刀架固定把手
(11) 車床面
(12) 頂針
(13) 頂針座螺桿固定螺
(14) 頂針座手輪
(15) 頂針座固定把手
(16) 加油門
(17) 機門
(18) 地腳螺絲孔
(19) 車床座

圖 4-36

4-4-2　木工鋸床 (Saw)

　　一般木工鋸床有很多種，如帶鋸機，圓盤鋸機，……等，帶鋸機

(Band saw) 是一般製材工業之主要設備，在木模工或木工其用途佔著首要地位，能使一塊圓木變成十片木板。如圖 4-37 所示。

(1) 電源開關
(2) 上輪安全罩
(3) 安全罩扭
(4) 導桿固定螺絲
(5) 上輪升降螺絲
(6) 鋸條導桿
(7) 鋸條滑輪
(8) 鋸條
(9) 護片
(10) 滑槽
(11) 平臺
(12) 出口
(13) 門扭
(14) 刹車踏板

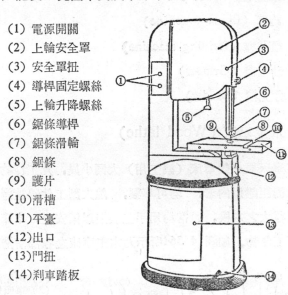

圖 4-37

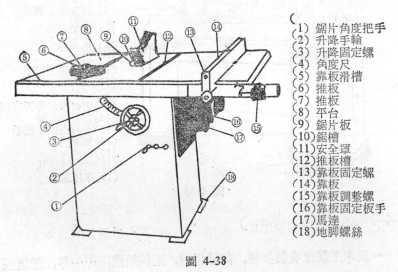

(1) 鋸片角度把手
(2) 升降手輪
(3) 升降固定螺
(4) 角度尺
(5) 靠板滑槽
(6) 推板
(7) 推板
(8) 平台
(9) 鋸片板
(10) 鋸槽
(11) 安全罩
(12) 推板槽
(13) 靠板固定螺
(14) 靠板
(15) 靠板調整螺
(16) 靠板固定板手
(17) 馬達
(18) 地腳螺絲

圖 4-38

　　圓盤鋸機之大小以鋸盤直徑爲準，是一種較爲簡單的鋸機具。如圖 4-38 所示。

4-4-3　鉋床 (Plane machine)

　　木工鉋床包括甚廣，大致上常用者有平鉋機、手壓鉋機、線鉋機，鉋機具主要用於鉋平工件之用。

　　(1) 平鉋機：構造較爲複雜，主要之用途僅爲鉋平木板平面，其構造係由許多齒輪及滾輪所組合而成之機具，如圖 4-39 所示。

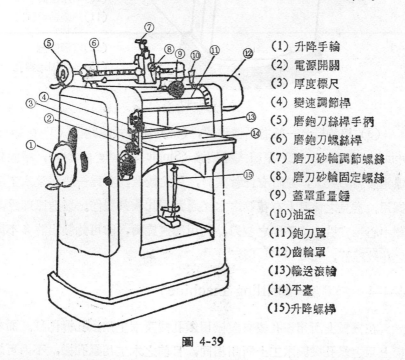

(1) 升降手輪
(2) 電源開關
(3) 厚度標尺
(4) 變速調節桿
(5) 磨鉋刀絲桿手柄
(6) 磨鉋刀螺絲桿
(7) 磨刀砂輪調節螺絲
(8) 磨刀砂輪固定螺絲
(9) 蓋罩重量錘
(10) 油盃
(11) 鉋刀罩
(12) 齒輪罩
(13) 輸送滾輪
(14) 平臺
(15) 升降螺桿

圖 4-39

　　(2) 手壓鉋機：用於刨削木板側面，及小塊木板之平面，或側面之斜度，平面斜度及斜角均可鉋削，用途甚廣，手壓鉋機在鉋木時，需用手或壓板壓緊木塊以鉋之，故稱之爲手壓鉋機。如圖4-40所示。

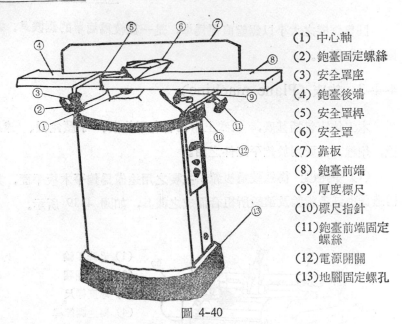

(1) 中心軸
(2) 鉋臺固定螺絲
(3) 安全罩座
(4) 鉋臺後端
(5) 安全罩桿
(6) 安全罩
(7) 靠板
(8) 鉋臺前端
(9) 厚度標尺
(10) 標尺指針
(11) 鉋臺前端固定 螺絲
(12) 電源開關
(13) 地腳固定螺孔

圖 4-40

(3) 線鉋機: 一般有兩種型式,(一) 複線式線鉋機 (Two speed spindle shaper) (二) 單線式線鉋機 (Single spindle shaper), 單線式線鉋機馬力較大, 並附有伸臂套筒, 用途較廣, 多為一般建築木工所採用。常見之傢具上有花紋之木條通常用此機具製作。製造原理為, 藉中心軸安裝各式不同之刨刀, 利用高速旋轉, 即可鉋製出許多不同之花紋線條, 如圖 4-41 所示。

4-4-4　鑽孔機 (Drilling machine)

在機械上所用鑽孔機有機械用鑽孔機及木工用鑽孔機兩種。而木模上用之鑽孔機與木工上所用相同, 目前之木工用鑽孔機, 不但可鑽圓孔, 而且還能鑽方形孔及小形長方形之槽溝。鑽孔機在木模上傢具木工上使用甚廣, 是一般工廠中所不可缺少的機具, 而鑽孔機在型式方面分為兩種,(一) 立式鑽孔機,(二) 臺桌上用鑽孔機, 如圖4-42

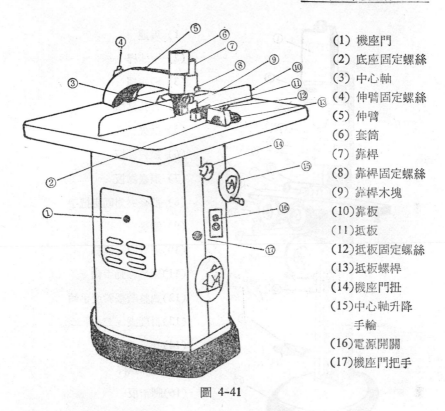

(1) 機座門
(2) 底座固定螺絲
(3) 中心軸
(4) 伸臂固定螺絲
(5) 伸臂
(6) 套筒
(7) 靠桿
(8) 靠桿固定螺絲
(9) 靠桿木塊
(10)靠板
(11)抵板
(12)抵板固定螺絲
(13)抵板螺桿
(14)機座門扭
(15)中心軸升降
　　手輪
(16)電源開關
(17)機座門把手

圖 4-41

所示為立式鑽孔機。

4-4-5　砂輪機（Grinder）

　　砂輪機用於磨銳各種車刀與鑽頭還有如鉋刀，平鑿等工具之工作母機，是機械工廠中最常用機械之一。在目前有專用木工砂輪，可避免高速旋轉下使木工具退火而不能使用之弊，如圖 4-43 所示為一般所用之機械砂輪。

4-4-6　砂光機（Sander）

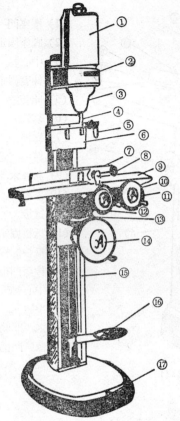

(1) 馬達

(2) 變速桿

(3) 鑽帽罩

(4) 方孔鑽頭

(5) 鑽夾

(6) 鑽夾靠板

(7) 鑽臺靠板

(8) 鑽臺夾鉗固定把手

(9) 鑽臺

(10)鑽臺固定螺絲

(11)鑽臺移動手輪

(12)調整鑽臺斜度手輪

(13)斜度表

(14)升降手輪

(15)升降螺桿

(16)腳踏板

(17)地腳螺機

圖 4-42

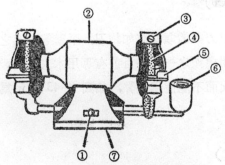

(1) 電源開關

(2) 馬達

(3) 安全玻璃固定螺絲

(4) 砂輪

(5) 磨刀架臺

(6) 水盆

(7) 底座

圖 4-43

砂光機是一般木模工廠中必備的機械之一，通常使用之砂光機很多有盤式砂光機，帶式砂光機及軸式砂光機三種，以下略爲說明之。

(1) 盤式砂光機：又稱爲砂盤機利用砂盤研磨之作用，把工作物砂光如圖 4-44 所示。

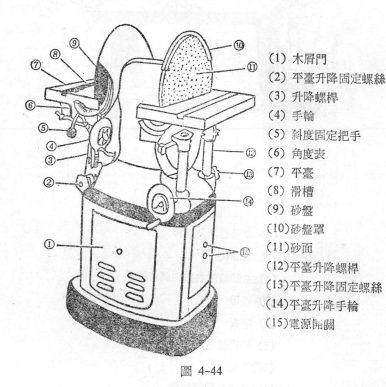

(1) 木屑門
(2) 平臺升降固定螺絲
(3) 升降螺桿
(4) 手輪
(5) 斜度固定把手
(6) 角度表
(7) 平臺
(8) 滑槽
(9) 砂盤
(10) 砂盤罩
(11) 砂面
(12) 平臺升降螺桿
(13) 平臺升降固定螺絲
(14) 平臺升降手輪
(15) 電源開關

圖 4-44

(2) 帶式砂光機：又稱砂帶機，其用途較廣，不但可砂光木材，而且還可砂光塑膠、牛角及象牙等其他非木材之物質，主要用於砂光平面，圓形表面及曲面等，如圖 4-45 所示。

(3) 軸式砂光機：在木模工作中是用途最大的一種，用於砂光大小內圓徑及各種曲弧面，其構造係利用中心軸之高速廻轉及凸輪之原理，以產生上下運動的作用，如圖 4-46 所示。

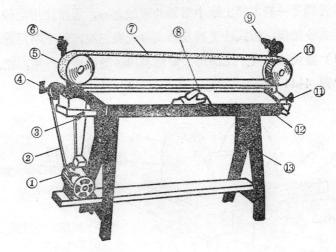

(1) 馬達

(2) 三角皮帶

(3) 手拉開關

(4) 砂帶鬆緊調整桿

(5) 主動輪

(6) 主動輪左右方向調整把手

(7) 砂帶

(8) 壓板

(9) 帶動輪左右方向調整把手

(10) 帶動輪

(11) 砂帶鬆緊調整桿

(12) 砂套

(13) 腳架

圖 4-45

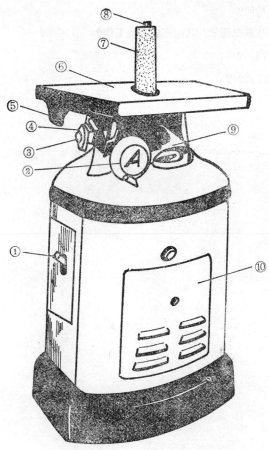

(1) 電源開關

(2) 平臺斜度調整手輪

(3) 平臺固定螺絲

(4) 平臺活動槽板

(5) 角度標尺

(6) 平臺

(7) 砂紙套

(8) 中心軸固定螺帽

(9) 出屑口

(10)機座門

圖 4-46

複 習 題

1. 模型根據什麼來分類？種類爲何？

2. 製模應注意那些事項？簡述之。

3. 製模所需量具有那些？簡述之。

4. 製模所需之手鋸有那些？用途爲何？

5. 製模所需之手鉋有那些？用途爲何？

6. 製模的木工機具種類爲何?

7. 木工車床之構造有那些重要部分? 其能完成那些工作?

8. 鉋機具之種類及用途爲何?

9. 砂光機之種類及其用途爲何?

第五章 鑄 造

鑄造（Casting）乃是將熔化成液體的金屬澆入空穴鑄模內，待金屬凝固冷卻後取出，即為所需的鑄件（Casting），而製成具有一定工件形狀空穴的物體，叫做工件的模型（Pattern）。因此鑄造所需要的最基本設備是（A）加熱使工件材料熔化的設備，及（B）製造鑄型（Mold）的設備。工件的鑄造程序包括製型（Molding），金屬材料的準備與熔化（Melting），金屬液的澆鑄（Pouring），鑄件清理及模砂的回收處理。

鑄造工作已具有很悠久的歷史，我國早就有夏禹鑄九鼎的傳說；但其基本原理與今日所應用者，稍有差別，雖然在這方面有若干研究發展，可資選擇與利用，但迄今仍未受到鑄造業者的重視。因目前的鑄造工作是注重快速的生產，光滑的鑄件表面，精密的尺寸公差，以及優良的材料性質，此等皆可導致各種金屬以鑄成各種不同尺寸及形狀複雜的鑄件。

鑄模雖然可用金屬、石膏、陶瓷或其他材料製造，但本章以砂模為討論的主要對象。

若以砂模鑄造的模型來區分，有可取出式模型（Removable pattern）及消失式模型（Disposable pattern）二種。

可取出式模型即為過去之傳統式造模法，將模砂置於模型（Pattern）周圍填實，並捶打至適當之鬆緊度，然後將模型從模砂中取出，而形成鑄模（Mold），再將熔融金屬倒入於鑄模內即得鑄件（Casting）。

可消失式模型，則於一九六三年才開始應用，利用聚苯乙烯 (Polyty-rene) 製造模型，埋入型砂中不再取出，當熔融金屬澆鑄之後，模型即同時氣化而消失，又稱爲全模法 (Full mold process) 或無穴法 (Cavityless method)。

要瞭解鑄造的方法，吾人必須知道砂模是如何製造，及良好鑄件的重要因素，而這些重要的因素有：

(1) 模型 (Pattern)

(2) 型砂 (Sands)

(3) 砂心 (Cores)

(4) 機械設備 (Mechanical equipment)

(5) 砂模製作程序 (Molding procedure)

(6) 金屬熔化 (Metal melting)

(7) 澆鑄及清理 (Pouring and cleaning)

5-1 模型 (Pattern)

模型正如前面所言，有可取出式模型 (Removable pattern) 與可消失式模型 (Disposable pattern) 兩大類。後者之結構原理與前者大部分相同，先以可取出式模型說明之，討論模型時應包括下列幾項要件：

(1) 模型的種類。

(2) 模型裕度。

(3) 模型材料。

(4) 模型製作程序。

(5) 可消失式模型製作法。

5-1-1 模型的種類 (Types of removable pattern)

可取出式模型構造可分成七種基本的形式，如圖 5-1 所示。

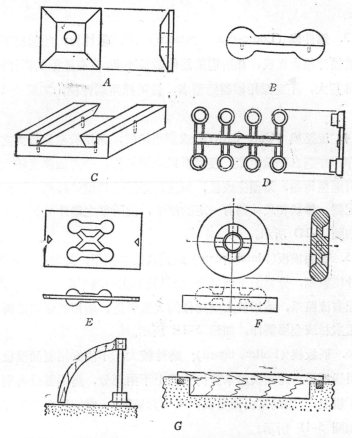

圖 5-1　模型的種類。A. 單件模。B. 分面模。C. 鬆件模。
　　　　D. 流路模。E. 雙面模板。F. 嵌板模。G. 刮板模。

1. 單件模 (Single-piece pattern) 或謂整體模 (Solid pattern)；
這是最簡單的模型構造，由一塊材料製作而成，只適合於鑄件形狀簡
單、構造單純者，如圖 5-1A 所示。

2. 分面模 (Split pattern) 或謂分裂模；有些鑄件採用單件模

製作，在砂模中取模時發生困難，必須分成兩部分者，製模型時，一部分在上型箱，一部分在下型箱，中間則以梢子定位，如圖 5-1B 所示。

3. 鬆件模 (Loose-piece pattern) 或謂散塊模；此種模型是由若干塊模件組合而成，如所需的鑄件數量不多，沒有造型的機械設備，或鑄件巨大，不宜採用機器造型者，皆可採用鬆件模，如圖 5-1C 所示。

4. 流路模 (Gate pattern)或謂集結模；常用於產量較大之小鑄件製作，亦適合小量生產，模型常以金屬製作，一方面強度較大，同時也可避免彎曲，鑄型完成後，以流路系將各鑄型連接爲一，流路系統的配置、形狀和尺寸都有一定的標準，使所製之鑄件品質能保持一致。如圖 5-1D 所示。

5. 雙面模板(Match plate) 或謂含模板模型；此種模型本體，依製造砂模原則，分爲上下兩部分，相對裝牢在一塊平板之上下兩面上，同時配有流路系，適用於大型鑄件的大量製造，廣用於機器造模，模板可用木材或金屬製作，如圖 5-1E 所示。

6. 嵌板模 (Follow board)：鑄件較大，不便採用雙面模板，則可採用嵌板模。此種模型本體仍分成上下兩部分，這兩部分各別裝在一塊平板上，因此常由兩塊板組成一套模型。常裝置在造模機上使用，如圖 5-1F 所示。

7. 刮板模 (Sweep pattern)：製造圓形鑄件砂模，可先在砂內安置一垂直中心柱，柱上裝有刮板，柱的上下端皆設法固定，沿水平方向圍繞的中心線轉動，即能在砂模內刮成一圓形空穴（外模），或一圓形砂心（內模），此種模型本體是簡單木質刮板，無需普通形式的模型和砂心盒。如鑄件是簡單圓柱或圓錐體，刮板邊緣形狀則爲簡單直線，邊緣亦可以適當曲線，和鑄件外圍形狀相符合，此種模型之主要優點是可省去昂貴的模型製作費用。如圖 5-1G 所示。

除了上述七種形式之外，對於特別的大形鑄件，則可採用骨架模 (Skeleton pattern)，可節省模型的木料，但製作模型費時，這種模型是由一組木質骨架構成，表面上形成多個空格，不用木料製成連續的全部表面，製造砂模時，須在各骨架之間空格內填入型砂。

5-1-2 模型裕度 (Pattern allowances)

裕度又稱尺寸加放，在製作模型 (Pattern) 時，必須將有關的尺寸裕度加以考慮，以備收縮 (Shrinkage)，拔模 (Draft)，加工 (Finish)，變形 (Distortion) 及震動 (Shake) 等補償之用。

1. 收縮裕度

金屬熔化為液體，注入鑄模而凝固，體積會有縮小的現象，此即為鑄件之收縮，因此製作模型時，若按照鑄件所需之大小尺寸製作，則澆鑄後所得鑄件，必小於所需鑄件的尺寸，欲避免此種現象，在製模時，就須把金屬之收縮量計算在內，其大小則視金屬之種類而異，一般鑄造金屬之收縮量，如表 5-1 所示，大鑄件製模時可按照比例加大，惟體積甚小之鑄件，無須放大其尺寸，因模型於拔模時，必須震動後才取出，由振動而加大部分，就足夠補償其收縮了。

表 5-1 各種金屬材料的收縮量

金屬材料	收縮量(mm/M)	金屬材料	收縮量(mm/M)
灰 鑄 鐵	2.5	黃　　銅	7.5
可鍛鑄鐵	9.4	鋁	2.3
鑄　　鋼	6.2	鋁 合 金	1.5
銅	4.7	鉛 合 金	4.7

2. 拔模斜度

當模型從砂中取出時，與模型相貼之砂，往往有被撕崩之虞，若在平行於取模方向之面作成小小的斜度，則取模就容易多了。模型的這種傾斜面，謂之拔模斜度（Draft）。模型所須斜度之大小，和鑄件形狀、尺寸、模型材料、砂模製法都有關係。用機器製模所需斜度比手工所需者少，金屬模比木模所需的斜度小，外形斜度比內形小，一般之簡單形狀，外形之拔模斜度約為 10~20mm/M，內形斜度為 30~60mm/M。

3. 加工裕度

一般鑄件都須施以機製加工，以能達到成品的尺寸，因此鑄件的尺寸，必須較成品的尺寸為大，以備機製加工，此種放大之尺寸謂之加工裕度。此種裕度的大小，乃由下列幾個因素決定：（a）金屬性質，（b）鑄件形狀及尺寸，（c）鑄造方法，（d）機製加工方法。一般之加工裕度約為 3 ~ 5 mm左右。

4. 變形裕度

複雜形狀的鑄件，冷卻時由於金屬之收縮，往往易起變形，故模型製作時，應給予變形裕度；例如，U字形之鑄件在砂模中冷卻時，其閉合一端收縮，但開口的一端因砂之限制，無法向中間靠近，故鑄件往往成張開之喇叭狀，在製模時若能將其兩邊微些向中間傾斜，則鑄件卽可互相平行，而不致產生變形。此種裕度的大小完全由經驗及判斷而定。

5. 震動裕度

模型要從砂模中取出時，皆向各方敲擊，使模穴微微擴大，普通尺寸之鑄件，此種加大之尺寸乃微不足道，可以忽略不管，但大型鑄件或鑄造後，不必加工卽行與他件配合裝置者，則這因拔模時敲擊而加大之尺寸，應該於製模時考慮在內，使模型尺寸較實際需要者為小，以補償因震動而使模穴加大之尺寸。此種裕度與收縮裕度正好相反。

5-1-3 模型材料

製造模型使用最多的材料是木材，因它價廉且易於加工。但在大量製模時，木模模型並不耐用，尺寸也難維持精確，因此常改用金屬製造模型，除此之外，也有採用塑膠及其他材料來製造模型。

1. 木材

製造模型所用之木材，必須乾燥而不易扭曲，以免製成的模型容易變形，收縮或裂開。木料紋理須細直，組織要緊密，沒有節疤，易於加工，木質不宜軟弱，亦不疏鬆，以免易於磨損及易於濕砂中吸收水分。木質模型邊角處常鑲配金屬，以求耐久，又在形狀曲折複雜部分，不以木質製作，而改用局部金屬製造。

木料在使用之前，要先用人工或天然法乾燥，有時兩者合併使用，即先在大氣中令其自然乾燥若干時間之後，再於爐中烘乾之，烘爐利用蒸汽管圈，在特設烘房內使空氣溫度升高，房內堆積的木材就能迅速地乾燥。於將木材乾燥之前，還有些預行處理方法，主要目的是除去木材內的樹脂，使乾燥後的木材更穩定耐用，例如將木材長久浸在水中，或將木材蒸煮，或直接與高壓蒸汽接觸等，皆是可行的辦法。

適於製作模型的木材有白銀松、桃花心木、檜木、柚木、胡桃木、柳安木、栂木、級木、槭木等。

2. 金屬

以金屬製造的模型不因受潮而變形，維護容易。製作模型常用的金屬有黃銅、白金屬、鑄鐵及鋁合金等；尤其鋁合金使用的最多，因鋁加工容易，比重輕，有良好的抗蝕性，是製模型最好的金屬材料，若以鑄鐵製作，常於製成模型後，稍為加熱，在表面上塗一層臘，則可防銹。金屬製模型，大都先由木模型鑄造後加工而成。

3. 塑膠

塑膠材料所製之模型，表面光滑，尺寸穩定，強度良好，不吸收水分；但易於澆鑄時，因不小心接觸熱金屬而遭損壞。塑膠模型可用與金屬相似之方法製造之，價錢便宜，複製及表面修整容易。製造塑膠模型，須先有一主模，然後將熔化之塑膠注入。此主模可用木材、橡膠、塑膠、金屬或石膏等各種材料製作。

5-1-4 模型製作程序

現以製作 V 型鑄鐵塊（如圖 5-2 所示）為例，說明模型的製作程序，圖上方為加工完成後之各部的詳細尺寸，繪製模型圖之步驟如下：

（1）先決定模型之拔模方向，再按成品詳圖上之尺寸用縮尺繪出其斷面圖形（如圖 5-2 之下圖）

（2）按詳圖中之說明全部須加工，繪出適當之加工裕度，同時兩

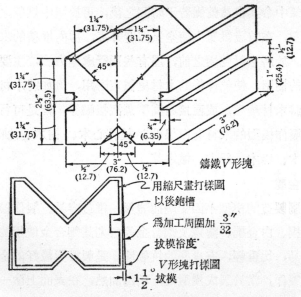

圖 5-2　V形塊模型劃線法

側之溝槽，留待機製時加工而成，因此把兩側外線改成直線。

(3) 加上適當之拔模斜度，卽爲模型之實際所需之尺寸及形狀。

(4) 按照最後求得模型線製作，同時把所有之尖角，修成圓弧形，以避免金屬收縮而引起龜裂。

(5) 木模型於製作完成後，表面至少要塗拭三層洋乾漆(蟲膠)，以塡補木材之小孔，防止水分浸入，使表面光滑。

假如模型無法以簡單之整體模製作，模型上必須有凸出或懸伸部分者，雖然分型亦無法將模型自砂模中取出，如圖 5-3 所示。此種模型之製作法是將凸出部分製成單體，以木料或金屬作定位梢鬆繫於主模型上，製砂模時模型抽出，此種鬆件仍留於模內，然後由另一方向

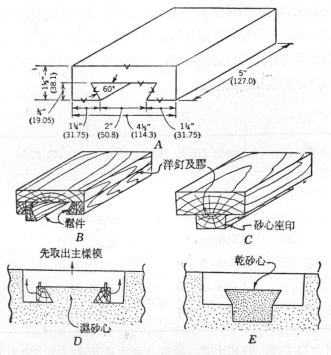

圖 5-3 鳩尾槽之兩種製模方法

自模穴內取出之。

模型製作初步是繪出其外形尺寸，包括拔模、加工及收縮等裕度，然後決定砂模製造方法，如圖 5-3 有兩種方式，*D* 圖是採用兩塊鬆件，以利模型自砂中取出，當主模型取出之後，兩塊鬆件仍存留於砂模內然後再由主模型所留之空間中取出之。此種模型共由五塊木料所組成，如 *B* 圖。

C 圖所示者，為使用乾砂心之構造，此法可將鬆件省去，但須另加一砂心盒，因砂心盒之製造費用無法避免，故適合於產量較大時之模型製作方式。

使用各種機器作大模型及木材之加工，可大量節省時間，所以可說各種機器工具為模型製作不可缺少之設備，這些木工機器包括：帶鋸機、圓鋸機、砂帶機，接縫鉋機、平鉋機、木工車床、工具砂輪機等，此類設備皆有甚高的切削速度，故使用時務須小心，下表即為各種木工機械之切削及進給速度。

表 5-2

機械名稱	主軸轉速 (R. P. M)	進給速度範圍 (F. P. M)
平 鉋 機	3,600～7,200	20～90
接縫刨機	3,600～5,400	手動控制
木工車床	4,000(max)	手動或自動
搪 孔 機	1,200～3,600	2～35
帶 鋸 機	4,000～9,000	50～225
圓 鋸 機	2,000～3,600	50～300

木材之加工性，與其比重、硬度、含水量及木紋之方向有關。由於木材之加工方式與其加工量有連帶的關係，故甚難比較兩種木材加

工性的優劣，有些木材之車削性良好，但並不一定對於鉋床的施工也好，含水量爲影響加工性之主要因素，水分在 6% 或以下者，有最好之加工性。

5-1-5 可消失式模型製作法

可消失式模型，無須從砂模中取出，仍留於砂模內，當金屬澆鑄時就氣化而逸出，基此原因，各種流路系及冒口等，皆與模型製作相連成一體，如圖 5-4 所示，而且常將模型、流道、鑄口安置在下型箱，上型箱中只有澆口、澆槽。

圖 5-4 可消失式模型

可消失式模型一般皆用發泡苯乙烯或聚苯乙烯製作，最好是由多數發泡的聚苯乙烯小球所組成之板料，各小球之間的膠合力必須很強，密度約爲 $1 \sim 1.2$ 磅/吋^{3}之間，耐壓程度爲 $11 \sim 18$ 磅/吋^2，聚苯乙烯板製成模型後，最少等待45日之後使其產生老化（Aging）作用後，再行使用，效果最佳。

製消失式模型所用之膠合劑，並無一定種類的限制，只要不侵蝕聚苯乙烯，含粉量低，快乾性良好者，皆可使用；微小的尺寸誤差、破裂及圓角等，皆可用鋸屑狀聚苯乙烯或蜂臘與飽和混合劑塡補之。模型若有感覺強度不夠的地方，可用與鑄造金屬相同之細線材料互相熔接起來，作爲牽條以加強之。

爲了要增進完成後鑄件表面的光滑度，常用鋯黏土漿噴敷或刷拭 1～2mm 的薄層於模型表面。 模型不需從型砂中取出， 因此拔模斜度可省去，其他部份與可取出式模型之製法相同；製作的方式是先從大件或大面積部分開始，若模型之構造複雜，各小塊用黏膠一件接一件的黏上，或用已裝妥的牽條將它牽於主體上，鑄口常安排在底部，以便金屬液從底部上升至頂面，可減少金屬液的亂流，並增強驅除聚苯乙烯氣體的能力，然後再加上各處的流道，其切面積略小於各澆入口面積之總和，冒口應放置在重要位置，以便於澆鑄時能觀察到模內充滿金屬液的情形。

模型製妥後，短時間內不擬使用，或須運輸至其他地方者，應噴上一層植物油顏料，以代替鋯砂塗料，使用顏料的目的，可以告訴將來使用時有無損壞或失落某一部分。

聚苯乙烯加工，可用手弓鋸、刀具、砂紙以及其他一般的木工用具爲之，鋸切的速度不可太高，用力要小，故工作的安全性遠較木工爲高，各工具中之最輕便者爲熱金屬線或刀具，用以切削聚苯乙烯，有如切奶油般的方便省力。

5-2 砂模型式

砂模依所用型砂的情況可區分爲：

(a) 濕砂模 (Green-sand molds)。

(b) 表面乾燥模 (Skin-dried molds)。

(c) 乾砂模 (Dry-sand molds)。

(d) 泥土模 (Loam molds) 又名砌模。

(e) 呋喃模 (Furan molds)。

(f) 二氧化碳模 (CO_2 molds)。

(g) 金屬模 (Metal molds)。

(h) 特殊模 (Special molds)。

茲分述如后：

a. 濕砂模 (Green-sand molds)：為鑄造上最常用的一種鑄模，此種鑄模所用之型砂含有適當之水分，取出式及消失式兩種模型皆可以此法造型，圖 5-5 所示卽為此種鑄型之製模程序，常用於鐵鑄件的鑄造。

b. 表面乾燥模 (Skin-dried mold)：此種鑄模之製模方法有二,其一是在模型周圍堆以一層半吋厚混有膠合劑之型砂,當乾燥成形後，卽產生表面乾燥層，其餘部分仍為普通之濕砂。其二是先製成濕砂模，而後在表面上噴一層塗料或漿質黏劑，加熱後卽可硬化，這些噴敷的常用材料為亞麻仁油 (Linseed oil), 糖漿水 (Molasses water), 膠化澱粉 (Gelatinized starch) 或其他類似溶液。以上二種方法，皆須以熱風或火焰予以加熱，方可使其表面硬化。

c. 乾砂模 (Dry-sand molds)：係使用較粗之型砂，混合適當之膠合劑，製成鑄型後，送入烘爐加熱，所以砂箱須用金屬製作，乾砂模於澆鑄時不致變形，亦無水蒸汽產生,鑄件不生氣泡，是其優點，但製作費用較高，常用於鋼鑄件的鑄造。

d. 泥土模 (Loam molds)：此種鑄型皆用於大鑄件的鑄造，首先用磚塊或鐵件構成模之基本形狀，然後再塗以厚泥漿，其最後正確的形狀，則以刮板或骨架構造之模型製成之。完成後待其完全乾燥，強度增加，才能承當金屬熔液的注入，此種鑄型製作費時，使用機會並不多。

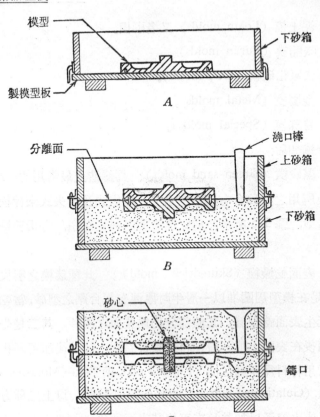

圖 5-5　製模程序 A．模型置於模板上，準備加砂於下型箱。
　　　　B．反置下型箱，模型組合完成，準備加砂於上型箱
　　　　C．砂模完成並裝上乾砂心。

　　e. 呋喃模 (Furan molds)：此種模型所用之型砂，必須乾燥而
且有尖銳之稜角，與有加速作用的磷酸徹底混合，再加入呋喃樹脂，
混合均勻後卽需製作鑄模,砂模製妥後於一至二小時內卽有充分硬度。
此種鑄模材料亦適合於可消失模型或砂心的製作，若用作可消失模型
者，可使呋喃佈於模型之外作爲外殼，然後用濕砂支持之，亦可全部
使用呋喃砂作成全模。

　　f. 二氧化碳模 (CO_2 molds)：將乾淨之型砂與矽酸鈉混合，然

後與濕砂模之造型法相同製成鑄模，再以　CO_2 氣體壓入通過鑄模，則鑄模卽成堅硬而有強度，此法可鑄成表面光滑且形狀複雜的鑄件，最初製造砂心卽用此種方法。

　　g. 金屬模 (Metal molds)：主要是低熔合金壓鑄之用，所得之鑄件尺寸精度高，表面光滑，且不須再加工卽可裝配，但模具費用昂貴。

　　h. 特殊模 (Special molds)：塑膠、水泥、石膏、紙、木材及橡膠等所製之模型，皆有其特殊用途，將於第六章特殊鑄造法中介紹之。

5-3　型砂 (Sands)

　　型砂對鑄件的關係重要，在選用之前，必須先瞭解其特性；能作為鑄模用的型砂，必須具備有下列幾項特性：

　　(1) 結合強度大。

　　(2) 透氣性良好。

　　(3) 耐熱、不易熔化。

　　(4) 具有各種大小不同的顆粒及形狀。

　　(5) 價格低廉，使用壽命長。

　　能符合以上五個條件者之天然砂為矽砂 (SiO_2)，但並不每一個特性都很合適，因此常常利用天然砂，再配合其他的材料混合而達所需的成分與特性。

　　矽砂在地球上以自然形態存在者甚多，由於它能耐高溫而不分解，故甚宜作鑄模之用。

　　純砂無結合的能力，不適宜作型砂，若加入 8～15% 之黏土則可得到適當的結合強度。常用的黏土有三，卽高嶺土 (Keolinite)，伊利黏土 (Illite)，及火山黏土 (Bentonite)，後者因為是風化之山灰，故使用最廣。

天然砂已含有適量的黏土，對於非鐵金屬及鑄鐵之鑄模，只需加上適量的水分卽可，有時天然砂中亦含有大量的有機物質，耐熱性不高，不適於作高熔點金屬或合金的鑄造。

5-3-1 型砂試驗

一、砂模及砂心的硬度試驗 (Hardness test)

砂模硬度試驗的應用原理，是由試驗儀器底部的鋼球壓入砂模之深淺，作為軟硬度的表示，鋼球直徑 0.2 吋，上裝一彈簧，作用於球上的壓力為 237 公克，壓入砂模表面以下的深度，可直接由指針表示出來，每一刻度表示 0.001 吋，如圖 5-6 所示。

一般所用之砂模硬度值為75，此種快速的砂模硬度試驗方法，對於檢查機器製模各部硬度之平均與否，甚為方便。砂模依工作性質的需要，其錘實硬度有下列三種：

圖 5-6　砂模硬度試驗器

較鬆軟之砂模硬度值在 70 以下。

中等之砂模硬度值約在 70~80 之間。

較硬之砂模硬度值在 80 以上。

二、細度試驗 (Fineness test)

型砂的細度試驗，是採用乾燥而不含黏土的型砂，經過不同的篩孔分析，而定其顆粒分佈情形的一種試驗；所用的篩子是一套由美國標準局編號為 6, 12, 20, 30, 40, 50, 70, 100, 140, 200 及 270 等 11 種不同粗細的篩子所組成者，各篩子依次由上至下，由粗而細層疊之，並裝置在馬達驅動的震動機上，以一定重量之乾燥而不含黏土的型砂置

於最上層，振動 15 分鐘後，各篩子上所存留之型砂，依百分數計算
之。

　　AFA(America Foundsyman's Association) 細度之計算法，是將
每一篩子上所存留之百分數乘以各個相當之乘數，各乘積之總和除以
百分數之總和，即為該型砂之細度值。此型砂細度值都是用以比較砂
的粗細程度，以備於不同鑄造工作選用型砂時之參考，下表即為細度
計算法之實例。

表 5-3　AFA 細度計算例

篩　號	篩上型砂存留之百分數	乘　數	乘　積
6	0	3	0
12	0	5	0
20	0	10	0
30	2.0	20	40.0
40	2.5	30	75.0
50	3.9	40	120.0
70	6.0	50	300.0
100	20.0	70	1400.0
140	32.0	100	3200.0
200	22.0	140	2680.0
270	9.0	200	800.0
底盤	4.0	300	1200.0
合　計	90.5		9815.0

此試驗型砂之細度 $\dfrac{9815}{90.5} = 108$

三、濕度試驗 (Moisture test) 又稱水分試驗

型砂內所含水分的多少，視砂模及鑄造金屬二者之種類而異；欲求鑄件之能合於要求，型砂內之水分，必須加以嚴格的控制。

測量型砂含水量的方法，是將型砂烘乾，測定其烘乾前後的重量。如圖 5-7 即為型砂的水分測定器 (Moisture teller)，其構造是由一電熱吹風機，吹送熱風通過置有型砂的濾盤，而盤中之濕砂重量為 50 公克， 吹風機上有一定時計， 所定時間以能吹乾型砂為準， 通常約為 5 分鐘，通過型砂之熱風濕度為 57°C， 型砂吹乾之後，再稱其重量，烘乾前後二者重量之差，與原濕砂重量之比，可求出水分之百分數，一般型砂之含水量約在 2～8％左右。

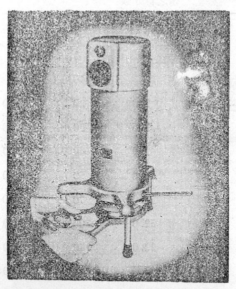

圖 5-7　型砂水分試驗器

四、含泥量試驗 (Clay content test)

此即型砂內黏土含量的測定，其設備包括有烘乾箱、天平、法碼及洗砂機，試驗的方法是先取 50 公克的全乾模砂，置於洗砂機內，

加入475c. c. 之蒸餾水，及25c. c. 含有 3 ％苛性蘇打之溶液，合計 500 c. c. 利用高速攪拌機，攪拌 5 分鐘，或使用旋轉式洗砂機，洗滌一小時，　加入足量的水，　到洗砂機內瓶之水平記號位置，　靜止 10 分鐘後，以虹吸管將水吸出。同法再重覆兩次，每次用虹吸管吸水時，皆應攪拌停止後等待適當時間，等砂沈靜下來，所餘的水及砂仍存留於瓶內，一併放入烘箱中烘乾，並稱出乾燥後之型砂重量，含泥量卽可由前後重量之差，與原重量之比而求出。

五、透氣性試驗 (Permeability test)

型砂必須有足夠的多孔性，以便於金屬澆鑄時，氣體的逸出；影響多孔性的因素很多，包括砂粒的形狀、細度、型砂錘實的程度、含水量以及結合料等因素。透氣性試驗是以一定的時間內和一定的標準情況下，　通過一已定之砂模試件的空氣容量來表示。　顆粒較粗之砂模、粒間的空隙大，透氣性良好，較細的型砂所製成的砂模，透氣性較差，透氣性與含水量的增多而提高，但以含水量 5 ％時之透氣性為最高值。

目前測定模型之透氣性的大小，是用 122 立方吋的空氣，空氣壓力保持在0.014～0.14 磅／吋^{2}之間，通過 2 吋直徑2 吋高的圓柱體錘實砂模試件，所需的時間來表示透氣性的大小，時間長者，透氣性低，反之則為高，透氣性的數值，可寫成下式表示之：

$$P = \frac{C \times V \times H}{P \times A \times T}$$

式中之　$V =$ 空氣體積（122 立方吋）

$H =$ 試件高度（2.0 吋）

$P =$ 空氣壓力（磅／吋^2）

$A =$ 試件之橫斷面積（3.1416 吋）

$T =$ 時間（分鐘）

C＝使用英制之因次常數，　（5.5磅、秒／吋⁴）

上式簡化後，可寫為$P = \dfrac{7.13}{P \times T}$

圖 5-8 即為砂模透氣性試驗設備佈置示意圖，　事實上在試驗室中，　卻將這些組合成一單獨之設備，　而備有如圖 5-8 各種裝置之功用；被試驗砂模的透氣性，可直接由儀器上表示出來，無須計算。

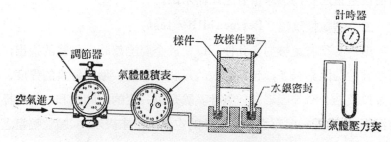

圖 5-8　砂模透氣性試驗裝置圖

下表即為適合於各種鑄造合金的模型之透氣性。

表 5-4

鑄 件 的 金 屬 材 料	透氣性數值
鋁（輕及中型鑄件）	8～ 15
黃銅（輕型鑄件）	8～ 12
黃銅（中型鑄件）	8～ 20
鑄鐵（輕型鑄件）	15～ 65
鑄鐵（中型鑄件）	65～100
鑄鐵（重型鑄件）	75～150
可鍛鑄鐵（輕型鑄件）	50～100
鋼（輕型鑄件）	100～150
鋼（中型鑄件）	125～200

六、型砂强度試驗

型砂之結合力，卽爲砂之强度，型砂的强度有壓力、拉力、剪力及側壓等，但在型砂的强度試驗中，常以壓力試驗爲主，試驗的方法雖因設備的不同而異，但其原理與其他材料之試驗方法相似。因砂試品之性質甚爲脆弱，故無論在移動或裝置於試驗機上，皆應非常小心，以防破碎。

圖 5-9 卽爲砂强度萬能試驗機，型砂之試品爲 2 吋直徑，2 吋長之圓柱體，試驗機以馬達驅動，用一重擺以等速度加上負荷，直到受荷重作用的砂模破壞爲止之最大强度，卽爲該砂模之壓力强度。試驗機上有各種附件，可作型砂或砂心之拉力、壓力、靱性及變形等性質的試驗工作。

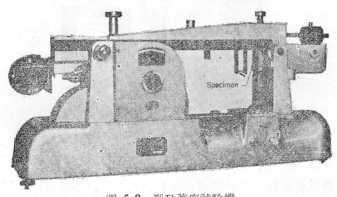

圖 5-9　型砂强度試驗機

除了上述各種常作的型砂試驗外，尚有若干他種試驗以檢查其他性質者，例如新砂常作燒結試驗，以判定其對於高溫金屬是否有熔黏之可能。又因有些元素能降低型砂之耐熱性，故需常作型砂之化學分析，以決定其化學成分，各種型砂之高溫强度及膨脹係數亦可求出，以檢查其與高溫金屬接觸時之作用，傳熱性與含水量及砂之錘實程度有關，型砂中含有較大比重之鋯砂者，傳熱性亦高。

七、自動型砂試驗機

　　大量生產的鑄造工廠，型砂循環使用的速度很高，對於每次使用後，重新再製砂模之前的型砂，必須很快的檢驗出各種性質，是否仍符合型砂應具備的條件，同時能馬上改進型砂爲符合要求的程度，這種裝置則爲型砂的自動試驗機，如圖 5-10 所示，此種自動試驗機若以大量的型砂試件供應，則在一分鐘內，卽可在其記錄帶上記錄出含水量、溫度、透氣性及剪力強度等。

圖 5-10　自動型砂試驗機

　　若將試驗機置於混砂機或調砂機之鄰近處，不但型砂可以按照一定的程序加以試驗，而且型砂之性質亦自動地加以控制。水分、結合料以及濕度太高時加入新砂，或將模砂打散充氣使其柔軟而富彈性等工作，皆可在此試驗機上自動操作。

5-3-2　型砂處理設備

　　欲得優良的鑄件，型砂必須予以適當的處理，新砂的處理準備與舊砂處理具有同樣的重要性，凡在造型之前，型砂應處理成具備有下列幾個特性：

(1) 結合劑能平均分佈於各砂粒之表面上。

(2) 含水量應加以控制，且使各砂粒間皆得到濕潤。

(3) 外物雜質，應自型砂中除去。

(4) 型砂不含圍塊，應使柔散，以利製模。

(5) 型砂溫度冷卻至室溫。

型砂之處理若以手工爲之，非常困難，一般鑄造廠皆以各種調砂設備處理之。常用者爲：

1. 混砂機

於混砂機中有兩個圓盤，每一盤中有垂直軸帶動之研磨滾子及犂形刮板；兩滾子之裝置方式，是使型砂能連續不斷的前進，並產生有力的摩擦的作用，其結果可使結合劑能均勻分佈於砂粒之表面上，濕砂及心型砂皆可以此法準備之，如圖 5-11 即爲混砂機複繪之線圖。

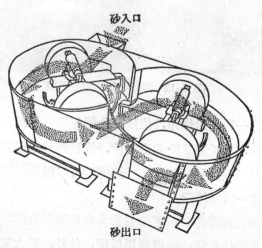

圖 5-11 混砂機

2. 連續式之舊砂處理及調和設備

當金屬在砂模中凝固之後，由輸送帶將其送至震動篩上，輸送帶將此用過的砂，送到另外一個安置有磁性分離器之輸送帶上，鐵屑經分離後，卸於斗式之垂直升降機上，然後再經過封閉式旋轉篩子，落於下方之儲砂箱中，由此箱將型砂再送至一個或多個混砂機中混合之，即可重新使用。如圖 5-12 所示。

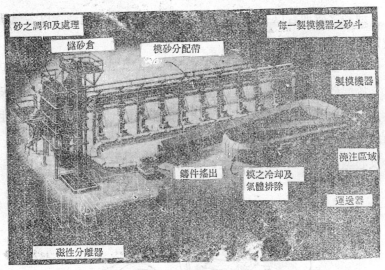

圖 5-12 連續式型砂處理設備

若再經過一種噴射作用，使砂粒分離並與空氣混合，不但可使砂質鬆軟，而且有助於錘實時的流動性，模砂經此處理之後，再經屋頂輸送帶，分送到各製模機上方之儲砂漏斗，以備製模及下一次的澆鑄，則此完成一整個循環。

採用連續式處理型砂，可節省許多新砂及結合劑，砂的性質可以嚴格控制，均勻性良好，處理費用低廉，此外，絕大部分的砂皆在循環之中，很少有堆積在地面的機會。

5-3-3 適合鑄造用之型砂特性

表 5-5 爲製作砂模時，適用各種不同金屬鑄件的型砂特性。

表 5-5

鑄件金屬類別	熔融溫度		含水分 (%)	含泥分 (%)	透氣值	細度數	抗壓強度 (磅/吋²)	變形量 吋/吋
	°F	°C						
鋁合金	2350	1288	6.5—8.5	12—18	7— 13	160—225	6.5—7.5	0.018—0.024
黃銅、青銅	2350	1288	6—8	12—14	13— 20	140—150	7—8	0.014—0.020
銅鎳合金	2400	1316	6—7.5	12—14	37— 50	120—130	6.5—8	0.014—0.020
輕型灰鑄鐵	2400	1316	6—7.5	12—14	18— 25	87—120	6.2—7.5	0.019—0.022
中型灰鑄鐵 (地面砂模)	2400	1316	5.5—7.0 4	11—14	40— 60	70— 86 55	7.5—8.0	0.010—0.014
中型灰鑄鐵 (合成型砂)	2450	1343	4—6 4	4—10	50— 80	55— 75	7.5—8.5	0.012—0.017
重型灰鑄鐵	2500	1371	4—6.5	8—13	80—120	50— 60	5—7.5	0.012—0.016
輕型可鍛鑄鐵	2500	1371	6—8	8—13	20— 30	90—120	6.5—7.5	0.017—0.020
重型可鍛鑄鐵	2500	1371	5.5—7.5	8—13	40— 60	70— 85	6.5—7.5	0.012—0.018
輕型鑄鋼	2600	1427	2—4	4—10	125—200	45— 56	6.5—7.5	0.020—0.030
重型鑄鋼	2700	1482	2—4	4—10	130—300	38— 62	6.5—7.5	0.020—0.030
鑄銅 (乾模)	2600	1427	4—6	6—12	100—200	45— 60	6.5—7.5	0.030—0.040

5-3-4 砂心 (Cores)

砂心是用於形成鑄件內中空部分，和不便用砂模製出的鑄件外形凹入部分，因此砂心可定義爲"任何突出於砂模中的部分"。此突出部分可能是由模型本身所製成，亦可用其他方式製成，待模型取出之後置於模中；鑄件之內孔面或外表面，皆可由砂心形成之。

一、砂心的形式

　　砂心可區分爲濕砂心與乾砂心兩大類；又由於安置方式的差異，乾砂心又可區分爲橫臥砂心，垂直砂心，平衡砂心，懸掛砂心和下落砂心等。如圖 5-13 所示。

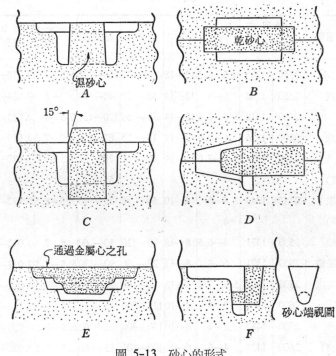

圖 5-13　砂心的形式

　　(1) 濕砂心：由模型本身所製成，砂心之型砂亦與砂模之型砂相同。這種砂心的強度低，不適用於形狀複雜，不易在砂模內支持的情況，較大型而需增加其強度者，可採用心骨以支持砂料。圖 5-13A 即爲濕砂心。

　　(2) 兩端支持之橫臥砂心：此即一般圓筒鑄件常用的砂心形式。模型由兩部組成，一爲砂心盒 (Core box)，一爲圓筒本體，模型兩端之凸出部分，爲安置砂心並支持用者，如圖 5-13B 所示。

(3) 垂直式乾砂心: 亦常為圓筒鑄件之砂心形成，支持部分是在砂模之中心部位，其頂部有適當之斜度，以便於上型箱安置時，容易定位，不易受損。如圖 5-13C 所示。

(4) 平衡式乾砂心: 此種砂心，只在一端支持，因此支持砂心部分應有適當的長度，以免懸空的一端落下。如圖 5-13D 所示。

(5) 懸掛式乾砂心: 此種砂心，常作成階級式盤狀，最大部分懸掛在模型上支持，砂心中間有一孔，以便金屬液由此孔澆入模內。如圖 5-13E 所示。

(6) 下落式乾砂心: 常用於內孔不在砂模之分界面上，只在側面或底部者，如圖 5-13F 所示。

通常應盡可能地採用濕砂心，以降低模型及鑄造的費用。因乾砂心必須另備心型盒; 分別製造砂心，並經烤爐烘乾後，才能安置於砂模內，故生產費用較高，但乾砂心所形成鑄件之孔，尺寸較為準確，表面光滑，且不易被熔融金屬沖刷。

乾砂心安置於砂模內,須有適當的承托部分,承托部分須於模型上製妥，但大而複雜之砂心，皆用若干砂心撐 (Chaplets) 置於模內，以得穩妥之支承。

二、砂心應具備的特性

砂心的使用情況特殊，除了在上節所提，與型砂的性質須具備之外，還應具備下列幾個特性:

(1) 強度大: 因砂心的位置往往是在砂模中凸出或懸掛的方式出現，所以必須要有足夠的強度，來支持它本身的重量，不致於變形或破壞。強度的高低則視砂的種類及結合劑而異。帶有銳角型砂，其結合強度較佳，製成砂心所得之強度亦大。

(2) 透氣性良好: 砂心在金屬澆鑄時,四週都受到熱金屬的包圍，結合劑受熱產生氣體，此氣體必須藉砂心之多孔性而逸出，砂粒之大小及有無細砂夾雜其間，為決定透氣性之重要因素。除了型砂的自然氣孔外，亦常用臘繩、草把等作成人造通氣孔，以提高透氣性。

(3) 光滑的表面：許多鑄件的內孔，都不再施以加工，因此砂心表面要有較高的光滑度，其主要關係因素是砂粒的大小，另外在砂心製成之後，亦可於其表面塗拭一層水與石墨之混合液，藉以提高砂心表面的光滑度。

(4) 耐熱性：砂心四週受熱金屬的包圍，因此砂心從金屬液澆入起到完全凝固止，此期間砂心必須具備足夠的耐熱性，以抵抗熱金屬的作用。砂本身耐熱性高，但結合劑的選用，則很重要，在增加表面光滑性所施之一層石墨液，亦能對熱產生抵抗力。鑄件冷卻後，砂心內之砂應能很輕鬆的自孔內取出，所以砂心在鑄造完成之後，應不再是堅硬如初，選用之結合料與熱金屬接觸後，應能自動分離或燒去，砂粒方能瓦解，而易於取出，此種性質的另一目的是不致使鑄件因收縮而受力龜裂。

三、砂心的結合劑

砂心所必須具備的特性已如上述，因此對於結合劑 (Binders) 的選用是否適當，影響砂心性質很大，砂心常用的結合劑有：

(1) 亞麻仁油 (Linseed oil)：為砂心最常用之結合劑；油在砂粒面上形成一層薄膜，加熱後氧化而加硬，使砂粒互相結合，提高砂心強度，增加透氣性。烘烤溫度在 175～220°C 之間，須時二小時，油與砂之比約為 1:40，此種結合劑的優點是不吸水分，放置於濕砂模內若干時間，仍能保持其原有的強度。

(2) 水溶性物質：常用的有麵粉、糊精 (Dextrin)、膠化澱粉 (Gelatinized starch)。此種結合劑使用量大，因其與型砂之比約為 1:8，所用之砂不必全為新砂，烘烤溫度約 175°C，強度較第一種之油砂略高。

(3) 熱固性塑膠: 如尿素 (Urea)、酚甲醛 (Phenol formaldehyde) 等，亦可爲砂心之結合劑，使用時常與其他物質，如矽砂粉、澱粉結合料、水、煤油及分離液等共同混合之，尿素之烘烤溫度約爲 160°～190°C，酚甲醛約爲 215°～235°C，目前採用此種結合劑，日漸增多，是基於有高的結合強度，防潮，具可燃燒性，並可使砂心有良好的光滑表面。

(4) 呋喃甲醇 (Furfuryl alcohol) 樹脂: 這種結合劑可在室溫空氣中乾燥，或用砂心機塡塞於 220°C 之熱砂心盒內，停留 10～20 秒鐘，卽行硬化，可自盒內取出，不用熱砂心盒，可將呋喃甲醇與甲醛或尿素甲醛樹脂混合，製造以空氣乾燥之砂心，稱爲呋喃或不烘烤砂心。

(5) 瀝青或松脂: 將這些材料先磨成細粉，與型砂混合，再加入水分，烘烤溫度約爲 175°C，瀝青砂心不易從鑄件中脫出，松脂則軟化過速，易使砂心變形，是其缺點。

四、砂心的製造

製造砂心之前，應將型砂徹底混合均勻，若型砂原屬乾燥，則先與結合劑混合後，再加入水分，混合均勻才可得到強度一致的砂心。

型砂不可太濕，以免附着於砂心盒或工具上，甚至於在烘乾之前，發生凹陷或變形，同時也避免於完成後，部分過於堅硬。

砂心的製造，以手工實施者，常用心型盒或刮板模完成之。常用的砂心盒計有框式砂心盒、整體砂心盒、散塊式砂心盒及分裂式砂心盒等四種形式。

用量多、生產量高者，砂心常用機器製造。製造砂模的機械設備，亦可用來製造砂心，而專門用以製造砂心的機械有二:

(1) 氣壓式砂心吹製機 (Core-blowing machine) 此種砂心製造機，如圖5-14所示，乃是利用壓縮空氣的壓力將砂料擠入砂心盒內，

迅速製成砂心。製砂心的情形是將控制桿撥到吹砂位置時，心型盒就
受到水平力量夾定，而向上抬起，使砂罐上端頂住一橡皮封檔，然後
將壓縮空氣輸入砂罐，使砂料經由吹砂板上各孔衝入砂心盒內。壓縮
空氣穿過砂心盒後，經各通氣口排出。砂料則在砂心盒內成形。這種
從夾定、吹砂和釋放，完成一循環約須時 3 秒鐘。製造砂心的重量
最大可達 200 磅，所製之砂心的透氣性良好，而且形狀準確，表面光
滑。

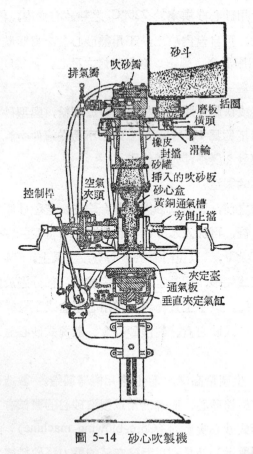

圖 5-14 砂心吹製機

(2) 螺旋式砂心機 (Screw core machine): 如圖 5-15 所示, 這種是屬砂心斷面相同之一種連續式製造法, 先將砂置於上部砂斗內, 經常予以攪動均勻, 砂斗下即為螺旋輸送器, 當螺旋轉動時, 迫使混合均勻之型砂, 經由管狀之砂心模, 在一定壓力下擠出, 作成均一斷面之圓柱狀砂心。

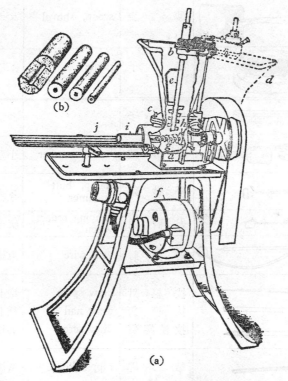

圖 5-15 螺旋式砂心機

5-3-5 砂模用手工具

一般製造砂模所使用的手工具如表 5-6 所示。

表 5-6

圖　　　例	中	英	日
	砂　　　箱	flask box case	枠
	造　模　板	mold board	定盤
	砂　　　鏟	scoop, shovel	スコツプ
	篩　　　子	riddle	ふるい
	梳　　　子		砂かき
	小　砂　鎚	bench rammer	小型ランマ
	平　砂　鎚	stamp, butt rammer	スタンプ
	尖　砂　鎚	tamping rod, peen	突き棒
	通　氣　針	vent wire	氣拔針，空氣針
	拔　模　針	draw spike	型上げ
	拔　模　釘	draw nail	種上げ
	拔模螺釘	draw screw	ねじ種上げ
	敲　　　桿	rapping bar	型拔き棒
	木　　　鎚	wooden hammer	木ハンマ
	吹　　　管	blow pipe	目吹き
	皮　老　虎	bellows	手ふいで
	鏡　　　子	mirror	鏡

圖　　　例	中	英	日
	手 電 筒		懷中電燈
	噴　　灯	blow lamp, torch	トーチランプ
	圓 壏 刀	large heart trowel	丸でて
	方 壏 刀	square trowel	角でて
	圓頭方壏刀	round noge trowel	
	匙 形 刮 刀	slick spoon	さじべら
	柳 葉 刮 刀	long spatula	柳べら
	彎 頭 刮 刀		曲べら
	蝌 蚪 刮 刀	spoon tool	お玉べら
	修 角 刮 刀		こうがいべら
	修 轂 刮 刀	boss spatula	ボスべら
	氣 動 砂 鎚	air rammer	空氣ランマ
	泥 水 刷	swab	はじろばけ
	扁筆（大，小）	flat brush	板筆平筆
	圓　　筆		水　　筆

圖　　　例	中	英	日
	掃　　刷	sweeper	けらいばけ
	噴　霧　器	sprayer	霧吹き
	噴　　壺	shower	如　霧
	水　　桶	bucket	水　桶
	泥　水　桶		けじろ桶
	塗　料　桶		黒味桶
	灑　粉　袋	dust bag	
	縮　　尺	contraction rule	鑄物尺
	卡　　鉗	calipers	パス
	圓　　規		コンパス
	刮尺（板）	strike-off bar	かき板
	直　　板	straight edge	直定規
	水　平　尺	level	水準器
	澆　道　棒	sprue bar	湯口棒

圖　　　例	中	英	日
	澆道切管	tubular sprue cutter	湯口抜き
	S　　鈎	double ender	天神べら
	砂　　鈎	lifter, cleaner	物あげ
	剷　　鈎	yankee lifter	ころしべら
	管 子 片	pipe sleeker	管りすわ
	雙 圓 片	double-ended radius sleeker	
	單 圓 片	round sleeker	丸りすわ
	外 角 片	angle sleeker	角りすわ
	內 角 片	square sleeker	角りすわ

5-3-6　機械造模設備

利用機器造模，有下列幾項優點：

(1) 節省勞力，適於大量生產。

(2) 起模精確，不致加大砂模空穴。

(3) 砂箱內各部分模砂錘實均勻，品質一致。

(4) 操作者的技術水準可不必太高，卽能製出良好的鑄型。

利用機器製模的原理，不外乎 (a) 震搗 (Jolt)，(b) 擠壓 (Squeeze)，(c) 拋砂 (Sandslinge)，如圖 5-16 所示。

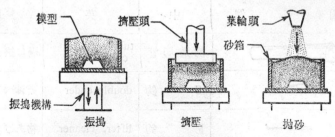

圖 5-16 機械製模原理

　　或是震搗與擠壓同時應用。脫模則以向下抽開式或向上推起式兩種爲主，如圖 5-17 所示。

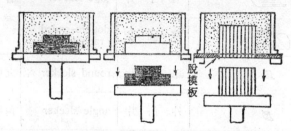

A.椿實位置　B.模型向下抽開簡單向下抽開　C.應用脫模板

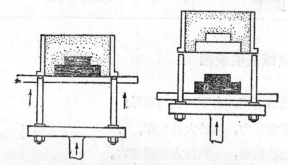

A.椿實位置　　B.頂銷向上運動，將砂模頂起，脫離模型。
圖 5-17　向上推起機械脫模方式

一、震搗製模機

　　如圖 5-18A 所示。 機上裝有可調整之砂箱舉升梢，砂模臺上可容納各種尺寸的砂箱。工作方法是以壓縮空氣將梢面舉升一短距離，

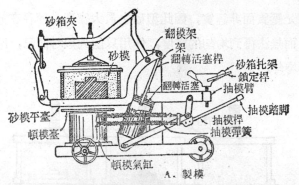

A. 製模

圖 5-18A　震搗式製模機之製模與脫模

然後會自動落下，可使型砂均勻壓實，緊密程度則視砂箱升降之高度及型砂之深度而異。此種製模機不但可使模型周圍的砂能均勻錘實，增加砂模強度，而且可以減少產生腫脹，斑點或脫落的可能。成形後砂模能自動升起，或翻轉後將模型脫離，如圖 5-18B 所示。

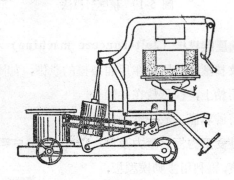

B. 脫模

圖 5-18B　震搗式製模機之製模與脫模

通常模枱上舉的高度，約為 3～5 公分，每分鐘可上下 150～250 次，一次只能處理一個砂箱，但對生產線的工作甚能配合。

二、擠壓製模機

適合於製造較淺薄之砂模，其工作程序如圖 5-19 所示。型砂所受之作用是壓實而非錘實，因此型砂之最大密度，僅存在於所施壓力之一面，而無法得到均勻的密度，作用只能到數吋而已，厚度大者，密度更不均勻。

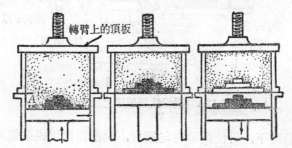

轉臂上的頂板

A. 在壓楔前，模型是 B. 多餘模砂已向 C. 在回程中，模
在砂模分面以下，　　上壓入砂模內　　型從砂模抽出
調整距離「A」使
擠壓作用能產生平
實砂模

圖 5-19　擠壓製模法

三、震搗擠壓製模機 (Jolt-squeeze machine)

利用震搗及擠壓兩種同時作用而製模的設備，如圖 5-20 所示。

將砂箱置於機器枱上，模型放在砂箱內適當位置，將砂填滿，放一壓力板於砂箱上，型砂受壓力板之壓力及震搗的作用而錘實，再利用震動模型板，將模型自砂箱中脫出，造型即告完成。這種造模方法，可以省去手工製模之錘砂、抹平分界面、散佈分型砂、在模型周圍刷水、蔽擊模型、切除澆入口等六種工作。

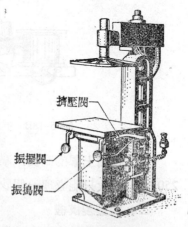

擠壓閥

振擺閥

振搗閥

圖 5-20 震搗擠壓製模機

四、拋砂機 (Sandslinger)

拋砂機的型砂是由機架上之砂斗中供給到輸送帶上，然後送到**轉輪**處，被轉葉挑起，跟隨轉動，在轉葉頭內含有一高速轉動之杯形，將型砂投擲於砂箱內，因拋擲出去的砂，力量相同，可得到錘實的均勻砂模，此種設備之大型者，每分鐘拋砂可達 4,000 磅。

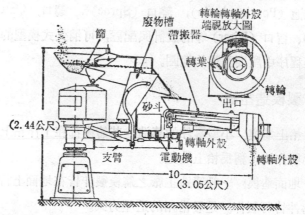

圖 5-21 固定式拋砂機

拋砂機有可移動式及固定式二種，圖 5-21 即為固定式者；可移動式在鑄造工廠裏可沿砂堆移動，其本身除拋砂之外，尚有切碎砂塊、篩砂及磁石分離鐵屑等功用，故不需要另外的型砂處理設備。大型拋砂機常於轉輪前端設有一駕駛座位，操作人員坐於其上，操縱並隨同轉臂運動，控制拋砂位置。

除了上述四類機器以外，現代化的造模工廠已擁有許多更新式的自動化設備，如自動混砂機等。

5-4 砂模製作程序 (Molding procedure)

這裏所謂的製模，就是指熔融金屬所要澆鑄的鑄模 (Mold) 如何製作而言，在此之鑄模亦稱之為砂模。

依造型的場所或造型的方法，可區分為:

(a) 枱上造模 (Bench molding)

(b) 地面造模 (Floor molding)

(c) 地坑造模 (Pit molding)

(d) 機械造模 (Machine molding)

此外，製模時金屬從鑄口到模穴所經過之流路系(Gating system)包括有澆池 (Pouring basin)，澆口 (Sprue)，鑄口 (Gate)，流道 (Runner)、冒口 (Riser) 等的設計與配置，可消失式模型的製模法，皆為製模程序中所要討論的範圍。

5-4-1 製模造型法

1. 枱上造模：小型零件的鑄造，其鑄模都在工作枱上製作，此種鑄型之製作法，稱為枱上造型。

2. 地面造模：一般鑄造工廠之鑄模製作皆在地面上行之，中等尺寸之鑄件皆可製作。是最常用的造型方式。

3. 地坑造模：大型鑄件之鑄模製作，常在地坑內作成下型箱，而另一上型箱蓋於其上，鑄模之四周以磚砌成之，底部先舖上一層爐碴，並用通氣管通至地面，由於地坑模可抵抗由熱氣所產生之熱氣壓力，雖然鑄模巨大，但在製作費用上並不昂貴。

4. 機器造模：利用機械的運動以代替人工製模的動作，例如錘砂、製造澆口、抽取模型等，皆可由機器為之，效率更高。

5-4-2 取出式模型之製模程序

以圖 5-5 所示的鑄鐵齒輪毛胚為例，說明取出式模型的製模程序，其模型分為兩部分，一在上型箱(Cope)內，一在下型箱 (Drag)，若需用三層，則在中間加一中型箱 (Cheek)，各層砂箱保持在一定的相對位置，可用角形梢及夾子來定位，使其不能互相移動。

現簡述其製模程序如下：

1. 選出一組與模型大小相配的上、下型模箱及模板，將模板平穩地安置在適當位置，並使下型箱反向置於其上，下模型亦安置在下型箱內之模板上，如圖 5-5A 所示。

2. 將篩過的型砂覆蓋於模型上，在模型四周用手指壓緊之，然後將下型箱加滿型砂，以手錘將砂錘實適當之鬆緊度，刮去多餘的型砂，並在模型周圍以插針每隔一时刺孔，以利澆鑄時氣體逸出。

3. 反轉下型箱，將上模型合上，放置上型箱於下型箱之上，灑上一層分型砂 (Parting sand)，如圖 5-5B 所示，然後離模型適當位置設置澆口之斜梢，再按第二步方式加砂打實之。

4. 輕輕拔取澆口梢 (Sprue pin)，將上下型箱分開，反轉上型箱，用拔釘輕輕分別將上下型箱內之模型取出，砂型若有損壞，須予修補，在下型箱上從澆口位置以鏝刀 (Trowel) 挖出流路系。並在砂模四週灑上一層石墨粉。

5. 將砂心 (Core) 安置於下模之適當位置，輕輕將上型箱置於下型箱之上，將準合梢，如圖 5-5C 所示，再以重型鐵件壓在砂箱上方週圍，則此鑄型之製模程序即告完成，可以準備澆鑄金屬。

5-4-3 可消失式模型之製模程序

如圖 5-22 所示，其模型為一整體型，先以承板支持模型，當下型箱之型砂錘實，插上適當之通氣孔後，反轉之，並加置上型箱，與移出式造模法相同，但上下型箱間不灑上分型砂，而且澆鑄金屬之流路系亦與模型同時預備好，不必再以鏝刀製作，上型箱之型砂加滿、錘實、通氣孔插妥後，在上型箱上面週圍壓以重鐵件，即可澆鑄。

聚苯乙烯是製作可消失式模型的常用材料，當熔融金屬注入模內，聚苯乙烯遇熱揮發，因而金屬液就填滿其空穴，冷卻後鑄件由模中取出並清潔之。在澆鑄時要迅速，以免聚苯乙烯發生燃燒而遺留碳的殘蹟。爲了要使鑄件有光淨的表面及增加模型的強度，故常在聚苯乙烯模型的表面塗上一層耐熱材料。

可消失製模法的優點有：

(1) 適於數量少而不用機器造模之鑄件製造，且所需時間較省。

(2) 鑄件表面光度良好且均勻。

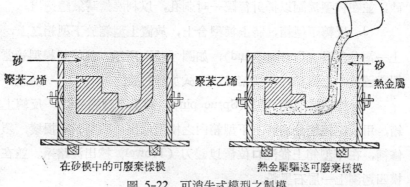

圖 5-22 可消失式模型之製模

(3) 模型製作簡化。

(4) 不必使用砂心。

(5) 製模工作簡化。

而其缺點是：

(1) 模型只能使用一次。

(2) 模型強度低、搬運、放置頗爲困難。

(3) 無法使用大量生產方式的機器製模。

(4) 鑄型是否良好，在金屬澆鑄前無法檢驗。

5-4-4 流路系統 (Gating system)

流路系 (Gating system) 包括砂模內從澆槽 (Pouring basin) 開始，經垂直部分的澆口 (Sprue)，與鑄模相接之鑄口 (Gate)，以及具

有分散支流之流道 (Runner)，達到砂模鑄穴 (Mold cavity)，以至於冒口 (Riser) 的金屬液流通路線。如圖 5-23 所示。有時尚須考慮及安排氣體排除之氣孔，均屬流路系統之內。

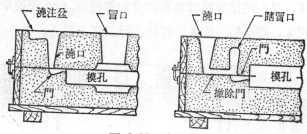

圖 5-23　流路系

流路系之目的是導引金屬液流入模穴之內，故在設計配置與製作甚為重要，其應遵守的原則是：

(1) 金屬液進入模穴時，亂流應減至最低。小鑄件的鑄口應置於模穴的底部或接近底部。

(2) 流路系應具有調節金屬流動的功能，避免流路系及模穴的型砂有被沖刷的現象。因此常有以乾砂心製造流路系者，則可抵抗金屬液的沖刷。

(3) 金屬流入模穴後，最好令其有一定的凝固方向，從面層開始至金屬最熱部分，以便使金屬能補償鑄件的收縮。

(4) 金屬液中所有雜質，在進入模穴之前必須全部濾除。

流路系之各部的構造及重點簡介如下：

1. 澆槽 (Pouring basin)：圖 5-24 為常用之澆槽形式。

　　A. 為一般所用澆槽的形式，金屬液充滿澆槽後，雜質浮起不易進入流路系。

　　B. 是用於上型箱不便安置澆槽，或大型鑄件，為便於大量金屬液澆入砂模，而在上型箱頂加上澆圈(Pouring cup)或澆箱(Pouring box) 者。

C. 是在上型箱頂加製澆箱之常用澆槽形式。

D. 是爲避免雜質混入模內而加裝擋塊之澆槽形式。

E. 是在澆槽與澆口相接部分加裝柱塞,待金屬液塡滿澆槽後,再拔起柱塞, 讓金屬液流入, 可防止雜質進入模內。

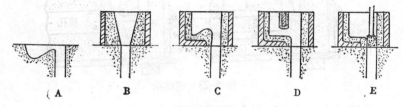

圖 5-24 澆槽形式

2. 澆口 (Sprue)

一般之澆口呈中空圓柱狀, 小型鑄件只須一個澆口, 大型鑄件有時需兩個以上, 使金屬液能迅速塡滿砂模空穴, 避免因流路過長而冷卻過快, 使流動性降低, 甚至於冷卻凝固。

3. 流路和鑄口 (Runner and gate)

最簡單之流路是砂模內一條短平通路,從澆口底部一直引到鑄口, 小型鑄件只需一個鑄口, 複雜或大型的鑄件可能需要數個澆口, 數條主流路與支流路, 及數個鑄口組合而成流路系。在同一砂模內如同時鑄出多個小型鑄件, 也需要同數的鑄口, 從澆口到鑄口這一段即爲流路, 流路須使金屬流順暢而迅速地流到各部, 且不產生亂流、撞擊或沖刷。

從澆口流入流路的金屬液, 可能還夾有若干渣質, 因此在流路開始處, 加上撇渣倉 (Skim bob), 暗冒口或稱撇渣冒口 (Blind riser), 擋渣砂心, 和使流路逐漸減薄的階梯形流路。

4. 冒口 (Riser)

冒口的主要功能在於補充鑄件較厚部分，凝固收縮時所需的金屬液同時亦可從冒口處得知模穴的金屬液是否已經澆滿，亦爲良好的透氣孔。砂模上部所設置的冒口必須够大，使冒口內金屬液較慢冷卻。暗冒口除了可作爲流路系上之撇渣作用外，也是作爲鑄件收縮時補償金屬液者。鑄件上冒口必須安排在易被切除的位置，以免清理鑄件時費工太多。

5-5　金屬熔化

將固體的金屬變爲具有所需規格的金屬熔液,此種工程謂之熔化。在鑄造中，金屬之熔化佔極重要的地位，雖然有良好的鑄模，但如澆鑄之熔液不良，亦難鑄造出優良的鑄件。

金屬之熔化設備有很多，如表 5-7 所示。不同的金屬以不同的

表 5-7　熔化爐的種類

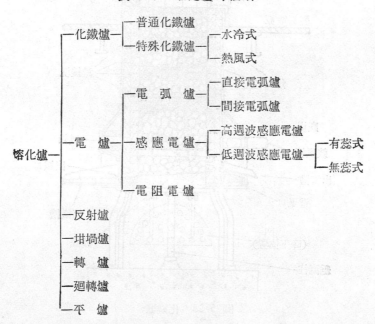

熔化爐來熔化。其中鑄鐵用化鐵爐爲主，亦有採用電爐，熔鋼用廻轉爐、平爐、電爐，非鐵金屬則常採用坩堝爐等。

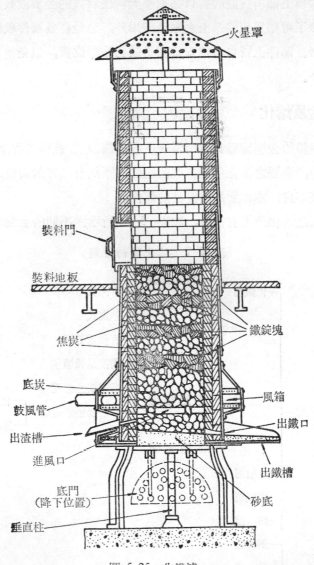

火星罩

裝料門

裝料地板

焦炭

鐵錠塊

底炭

鼓風管

風箱

出渣槽

出鐵口

進風口

出鐵槽

底門
(降下位置)

砂底

垂直柱

圖 5-25 化鐵爐

5-5-1　鑄鐵的熔化

1. 化鐵爐熔鐵法

大部分的鑄鐵都用化鐵爐 (Cupola) 熔化。化鐵爐與鼓風爐（Blast furnace) 相似，固體燃料與金屬材料同時裝入爐內，由下面送風使燃料燃燒，以此熱量來熔化金屬材料。

如圖 5-25 爲其構造圖，它是一直立中空的圓柱體，其外殼用鋼板製成，內部則襯以耐火材料以抵抗高熱，爐底有一生鐵門由鉸鏈連接於爐板上，於熔鐵時，將此門關閉並用支柱支撐，熔鐵完成後移去支柱，將焦煤餘燼及殘留生鐵及熔渣等，均落於爐底之砂盤上。圍繞爐底部有一風箱，空氣在此預熱而後送至爐中，以幫助燃燒。焦煤、生鐵及熔劑由爐上部之裝料口送入，爐頂有一篩網防護板與一圓錐形之防火罩，以便將逸出之廢煤氣燃燒之火焰及灰塵等送回爐中。爐底有一水平出口，稱爲出鐵口，以供熔化之生鐵水流入鑄杓內。風口下約數吋有一出口稱爲出渣口，以作熔渣排除之用。

化鐵爐還有一些附屬設備非常重要，如鼓風機之材料裝入設備及前爐等。化鐵爐內燃燒焦煤所需的空氣，乃由鼓風機供給。鼓風機的形式很多，但用於化鐵爐主要有魯氏型 (Root's type) 及離心型 (Centrifugal type)，如圖 5-26(a) 所示爲魯氏鼓風機，它是用二個轉子經常相互接觸而回轉，以壓出空氣。(b) 圖爲離心鼓風機，它是利用

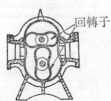

(a) 魯氏鼓風機　　　(b) 渦輪鼓風機

圖 5-26　鼓風機

內部葉輪的回轉，賦予吸入的空氣以離心力而達到送風作用。

　　化鐵爐內裝入原材料，　裝入離地約 3～8 公尺的高度，　故大都用機械裝入。　常用的裝入機械設備有吊斗型　(Skip type)　及箕型 (Bucket type)。吊斗型如圖 5-27(a) 所示，從容器的上部裝入，而箕型則從 (c) 圖所示之圓筒形底部裝入。

 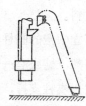 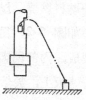

(a) 固定吊斗　(b) 傾斜型吊斗裝置　(c) 單側啓箕式　(d) 傾斜形箕式裝置

圖 5-27　原材料裝入之機械設備

　　前爐 (Receiver) 乃在於儲存從化鐵爐流出的鐵液。鐵液因不儲留於化鐵爐，　使其減少與焦煤接觸，　以減少吸收焦煤中之硫及碳素等。前爐有固定式與回轉式兩種，如圖 5-28 所示。

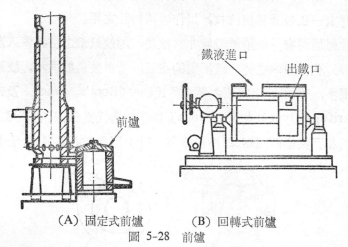

鐵液進口　出鐵口

前爐

(A) 固定式前爐　　(B) 回轉式前爐

圖 5-28　前爐

　2. 反射爐

反射爐 (Reverberatory) 亦稱氣爐 (Air furnace)，如圖 5-29

所示，以煤粉、重油等爲燃料，在爐的右方爐柵上燃燒的火焰熱量，進入加熱室內並由爐頂或爐壁將熱量反射至金屬面，而使金屬熔化。

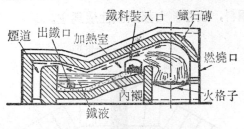

鐵料裝入口　蠟石磚
煙道　出鐵口　加熱室
燃燒口
內襯　火格子
鐵液

圖 5-29　反射爐

5-5-2　鑄鋼的熔化

因爲鋼的機械性質比鑄鐵優良，因此很多場合都使用鑄鋼。將鑄鋼熔化的方法有很多，常見的如電爐、轉爐、反射爐、平爐等。

1. 電爐熔鋼法

電爐乃以電氣爲熱源來進行熔化，電爐之使用漸被大量使用，因它有很多優點：不因燃料而污染熔池中的鋼液、具有溫度的快速控制性、具有過熱的可能性、可以藉加料及適當的去渣過程而影響熔池的作業、減少熔化的損失、可以迅速地進入正式作業。

電爐依其產生熱量的方法有電弧爐、感應電爐、電阻電爐等三種。

(1) 電弧爐

電弧爐是用碳棒爲電極，當電流通過碳棒間空隙時，卽產生電弧，發出極明亮的白光及大量的熱，因而使鑄鋼熔化。

電弧爐又分爲直接電弧爐及間接電弧爐兩種，如圖 5-30 所示。直接電弧爐其電流經電極通過裝入之固體或已熔化之金屬，再回到電極。間接電弧爐其電極及電弧在金屬之上，金屬的加熱是藉電弧的輻射作用而得。因直接電弧爐熔化速度快、成本較低，故目前大都使用此型式。此種電弧爐依爐內耐火材料的不同而分爲酸性爐及碱性爐兩種。酸性爐所用材料需要精選含硫、磷量低者。碱性爐對於材料無嚴格的規定，因此爐能精確控制鋼中含有硫、磷及其他成分，可以製造較等級的各種鋼料，故目前大都以碱性爐爲主。

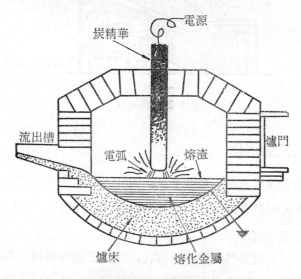

（A）直接電弧爐

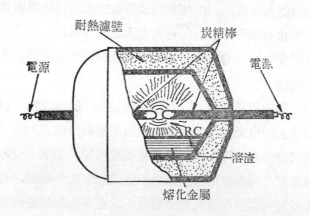

（B）間接電弧爐

圖 5-30 電弧爐

(2) 感應電爐

感應電爐 (Induction furnace) 的構造原理與無心變壓器相同，如圖 5-31 所示，爐內設有坩堝，外圍有耐熱材料製成整體爐襯。大型者不採用坩堝，而直接將待熔化的金屬放入爐襯裏，爐襯外用空心銅管繞成螺旋狀，使用時，管內有冷水流通。整個電爐相當於一變壓器，銅管相當於一次線圈 (Primary coil)，待熔化之金屬材料相當於二次線圈 (Secondary coil)，高週波電流通過銅管，在金屬材料內導出二次電流或渦電流 (Secondary current or Eddy current)。由於金屬電阻產生熱量，而使金屬熔化，先在金屬外層生熱，逐漸傳入內部，金屬開始熔化後，金屬液在爐底上堆積，並發生一種攪動作用，而由液體金屬冲刷未熔化部分，而加速熔化，且可使金屬液內各成分混合均勻。

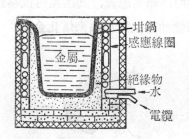

圖 5-31 感應電爐

(3) 電阻電爐

電阻電爐乃是利用爐內電阻加熱設備產生熱量以熔化金屬。電阻電爐有二種，一種是輻射電阻爐，如圖 5-32(A)，另一種是坩堝電阻爐，如圖 5-32(B) 所示。輻射電阻爐常用於熔化鑄鋼、鑄鐵或銅合金，熔化量比坩堝電阻爐大，而坩堝電阻爐則用於熔化輕合金，且熔化量較小。

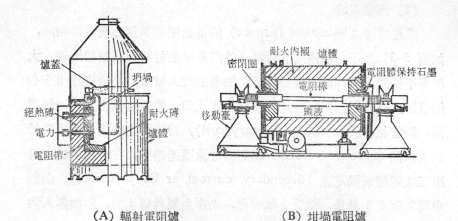

(A) 輻射電阻爐　　　　　　(B) 坩堝電阻爐

圖 5-32　電阻電爐

2. 轉爐熔鋼法

轉爐 (Converter)，顧名思義，其爐體可做轉動，如圖 5-33 所示，它是由爐口上用燃油或燃氣加熱來熔化金屬。

圖 5-33　轉爐

3. 平爐熔鋼法

平爐 (Open-heath) 有一淺而寬的爐床，如圖 5-34 所示，它是以煤氣、焦油或燃油爲燃料，在爐中以高溫的空氣燃燒燃料，使其產生高熱，並經爐頂反射熱量至爐床上的金屬而熔化之。平爐所用耐火材料亦有鹼性和酸性兩種，但實際上 90 ％以上之平爐皆爲鹼性。

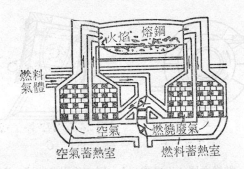

火焰　熔鋼

燃料氣體

空氣　　燃燒廢氣

空氣蓄熱室　　燃料蓄熱室

圖 5-34　平爐

5-5-3　非鐵金屬的熔化

　　銅、鋁、鎂、鋅、鉛等非鐵金屬及其合金，除了可用上述之電爐等熔化外，一般都是用坩堝爐熔化。凡在坩堝內放入金屬，以焦炭、重油、氣體或電氣等為熱源而熔解的爐皆稱之為坩堝爐（Crucible）。如圖 5-35 為其構造。

　　此種爐尤適用於銅合金、輕合金類需要正確的成分及量小的熔化。因它係在坩堝的外側加熱，金屬液不直接觸及火焰，所以可防止金屬的氧化，對於燃料、送風等中不純物的吸收少，因此金屬液的品

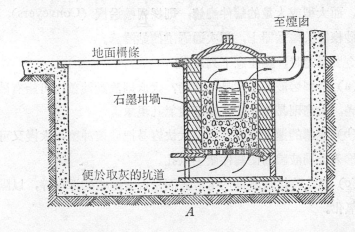

至煙囪

地面柵條

石墨坩堝

便於取灰的坑道

A

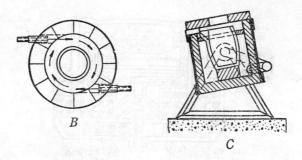

圖 5-35 非鐵金屬的坩堝爐。A，固定焦炭燃燒爐。B，爐子
的俯視圖，顯示用油或氣體燃燒的燃料嘴排列，C，
氣體燃燒式傾斜坩堝爐。

質較佳。但熱效率極差，燃料費較他種爐爲高。

　　坩堝爐依通風法之不同有自然通風及鼓風機強制通風，由燃料之不同有焦炭爐、重油爐、氣體爐，又由爐體而分有固定式及可傾式。

5-6　鑄件的澆鑄、清理與檢驗

5-6-1　鑄件的澆鑄

　　少量的鑄造係按其製造場地排列在地面上，用金屬液的盛桶依序澆鑄。而大型或大量的鑄件澆鑄，則採用輸送機 (Conveyers)，以製妥之砂模置於輸送器上，逐次通過澆鑄站澆鑄。

　　金屬澆鑄時，應注意下列幾點：

　　(a) 金屬熔液的溫度是否合適？太低則流動性差，可能有砂模無法鑄滿，太高則易使砂熔化及產生氣孔現象。

　　(b) 澆鑄的速度是否恰當？太快容易把砂模沖壞，太慢又可能使空氣摻入金屬液體而使鑄件產生氣孔。

　　(c) 傾注時熔液盛桶內熔液表面是否有適當的浮炭等，以隔絕空氣的氧化。

5-6-2 鑄件的清理

鑄件凝固成形且從模內取出後，都要做清理工作，以便做檢查及施行機械加工。清理工作包括去除鑄件上所連結的全部流路系，磨掉餘邊，打光表面，以及用浸漬法使表面光潔或防銹處理等。

鑄件清理常用機械設備處理，常用的兩種形式是：

（1）清砂：清除鑄件上黏附之砂料，而使表面光潔，如滾筒、噴沖設備、浸漬箱、沖水設備、鋼絲刷等。

（2）打磨：打磨切割金屬鑄件本體，如磨輪、鋸切、火焰切割等。

1. 滾筒機（Tumbling mill）

將小型鑄件放在滾筒內和具有各種星狀的小鑄塊混，一同緩慢轉動，鑄件與星狀鑄塊在轉動中互相碰撞、摩擦、使鑄件上黏附之型砂被刮掉，同時並將鑄件表面擦光。

2. 鋼砂旋擲滾筒機（Wheelabrator tumblast）

此機有二種形式，一是利用高壓空氣，使砂粒或鋼砂通過噴嘴而擲擊在鑄件上。一是不用壓縮空氣，只是將砂粒或鋼砂輸送到一高速轉輪上，使這些砂粒受離心力的作用，對著鑄件擲擊，如圖 5-36 所示。

3. 吹砂機（Sand blaster）

此機乃是利用堅銳的砂在一密封的小室內吹沖鑄件表面，以除去鑄件表面上之型砂或其他黏附雜質，而得清潔之表面。

4. 打磨工作

鑄件上連附流路系部分都須予切除，切除的難易與鑄件大小、金屬種類、澆口之形狀及位置等都有關係，最簡單的方法是用人工以手

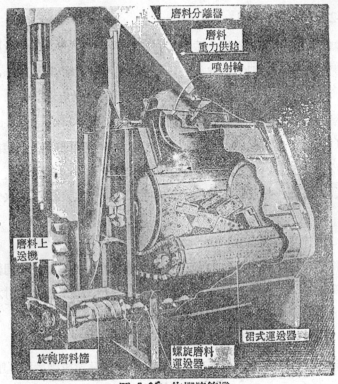

圖 5-36 旋擲滾筒機

槌敲擊，斷裂之。此外常用下列工具：

(1) 以手弓鋸、圓盤鋸或帶鋸切除之。

(2) 用剪斷機剪斷。

(3) 利用磨輪切斷。

(4) 以高溫燃燒火焰熔斷。

(5) 空氣鏨鑿斷。

5-6-3 鑄件的檢驗

把鑄件清理完畢後，再從事各項檢驗工作，以判定鑄件的形狀、

尺寸、品質的優劣，檢驗項目有:

(1) 外形檢驗: 查看鑄件有無缺陷、表面有無砂眼孔、尺寸是否合適。

(2) 傷痕檢驗:

(a) 浸濕法: 將油質塗料或摻有顯光劑的塗料噴到鑄件的表面，而後拭除之，如果表面有裂痕，則裂痕裏所殘留之塗料便顯現出來。

(b) 電磁法: 若鑄件表面下有砂孔或氣泡孔，則那部分的磁場會零亂而不均勻，故可利用電磁的通過鑄件，而探察出鑄件有孔性的部位。

(c) 敲擊音響法: 利用鋼體物件以適當的力量敲擊鑄件，從敲擊所發生的響聲，判斷是否有裂紋的地方。

(d) 放射線法: 把X光或鈷60的光穿透鑄件，則可於照相底片上顯示出鑄件是否有裂紋或缺陷。

(3) 顯微鏡金相試驗: 取鑄件的一部分，將斷面予以輪磨、精磨後，加以適當浸蝕，在顯微鏡下放大觀察它的金相組織，是否合乎所要求的組織成分。

(4) 機械性能檢驗: 利用各試驗機對鑄件做以下之檢驗: ①抗拉強度②抗壓強度③衝擊強度 ④硬度 ⑤彎曲試驗 ⑥疲勞試驗 ⑦耐磨試驗。

(5) 流體壓力檢驗: 將流體壓入鑄件封密的空間，提高液壓為實用時的兩倍，觀察有無洩漏或破裂的情形。

5-7 鑄品之一般缺點與預防

金屬凝固時，體積發生收縮，收縮孔出現於金屬維持熔融狀態最

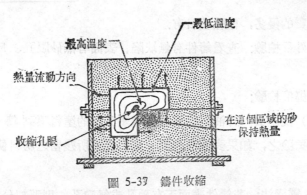

圖 5-37 鑄件收縮

久之處，如圖 5-37 所示，在鑄件冷卻過程中之等溫線、熱量的流動方向是從凝固金屬傳到砂模，因收縮而成之空穴，皆發生在溫度最高處，若收縮部位影響到鑄件的性能時，則此鑄型應設法改變形狀。

影響鑄件品質的金屬特性如下：

1. 凝固：鑄件厚度、鑄件表面積及凝固溫度變化等皆是影響金屬液在鑄模內凝固快慢的因素。如圖5-37所示之內彎角處冷卻不均，可在砂模中插入冷激件 (Chills)，從金屬中吸取熱量，使其迅速冷卻，則可控制其凝固情形。相反的，在需要保持較高溫度的部分，可利用發熱化學劑，置於靠近鑄件之需保溫處，可維持該處之溫度。

2. 收縮：鑄件厚度不均或形狀複雜皆會影響收縮，收縮時在鑄件內可能產生嚴重的收縮應力，甚至使內部發生裂縫，或在內面轉角處裂開。因此鑄件之外形曲線變化應緩慢，以及各轉角處作成圓角 (Fillet)，便可減輕這收縮的嚴重後果。

3. 結晶：金屬凝固時，逐漸形成結晶組織。鑄件斷面愈薄，冷卻和凝固愈快，結晶愈細，強度也愈高。凝固期中晶粒的成長是從鑄件表面開始，並沿著垂直於表面的方向進行，結晶受到阻礙，卽是鑄件內部強度較低部分，如圖 5-38 所示，上面之具有尖角的各種斷面內結晶情形，各對角斜面和中間線表示結晶受阻，如將這些尖角改成

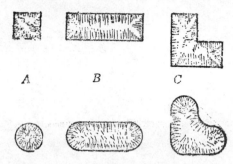

圖 5--38 鑄件結晶

圓角，如下面之形狀，則可除去斷面之弱點部分。鑄件之強度一致，不會有強度特低的部分。通常只要鑄件強度夠，應儘可能採用較薄斷面。

複 習 題

1. 何謂模型裕度？包括那些？各約爲若干？

2. 型砂應俱備那些特性？型砂的性質如何試驗？

3. 砂心要俱備什麼條件？有那幾種形式？它常用什麼結合料？

4. 機械造模的原理是什麼？有那些造模機械？

5. 試述鑄件如何澆鑄與清理？

6. 何謂流路系？它包括那些？製作時應考慮那些因素？

7. 試述金屬熔化爐的種類。

8. 試述化鐵爐的熔化作業過程。

9. 化鐵爐有那些重要的附屬設備？其功用各爲何？

10. 試說明電爐的原理及種類。

11. 何謂坩堝爐？其構造原理爲何？有那些型式？

12. 如何作鑄件的檢驗工作。

第六章　特殊鑄造

製造鑄件所採用的方法，乃視其生產量的大小、所用金屬的種類、及形狀之複雜性而定，任何一種金屬鑄件，都可由砂模鑄造，大小亦不受限制，但砂模只可使用一次，在澆鑄後，砂模即完全破壞，而且尺寸精度要求較高者亦不易以砂模鑄造而得。因而有些鑄件不採用砂模而採用可節省人工成本、提高鑄件之形狀及尺寸精度之特殊模型來鑄造，乃成為必然趨勢。本章所要論述介紹的各種特殊鑄造方法，如下列所述：

1. 金屬模鑄造法 (Casting in metallic molds)

(1) 壓鑄 (Die cast)

(2) 低壓鑄 (Low pressure)

(3) 重力或永久模鑄 (Gravity or permanent-mold)

(4) 瀝鑄 (Slush)

(5) 加壓或可西亞斯 (Corthias)

2. 離心力鑄造法 (Centrifugal casting)

(1) 眞離心力式 (Centrifugal)

(2) 半離心力式 (Semicentrifugal)

(3) 離心力加壓式 (Centrifuging)

3. 精密或包模鑄造法 (Precision or investment casting)

(1) 去臘法 (Lost-wax method)

(2) 瓷殼模 (Ceramic shell process)

(3) 石膏模 (Plaster molds)

(4) 殼模 (Shell molding)

(5) CO_2 硬模 (CO_2 mold-hardening process)

(6) 木、紙、橡皮及其他類似材料模。

   4. 連續鑄造法 (Continuous casting)

(1) 往復模 (Reciprocating molds)

(2) 抽拉鑄造法 (Draw casting)

(3) 固定模 (Stationary molds)

(4) 直接板鑄法 (Direct Sheet Casting)

6-1 金屬模鑄造

    永久性的金屬模能承受較高的溫度，但因製模費用高，故只適於生產量大者，此種鑄造方法雖不宜作高熔點金屬及大型產品的鑄造，但對於熔點較低之中小型鑄件的大量生產甚爲有利。

6-1-1 壓鑄 (Die cast)

    所謂壓鑄就是把熔化的金屬用壓力壓入金屬模內而製出鑄件。此金屬模叫做壓鑄模 (Die)。此法與砂模鑄造法相異之處如下：

(1) 熔融金屬射入鑄模的速度高。

(2) 可鑄出斷面較薄的鑄件。

(3) 鑄造速度快，鑄件表面光度良好，鑄件強度大。

(4) 鑄件尺寸精度高，可節省許多鑄件的加工工作。

(5) 金屬模費用高，大量生產方爲合用。

(6) 熔點較低之金屬或合金才能鑄造。

    壓鑄在金屬模鑄造法中，使用最多。以鑄造金屬熔點的高低，可區分爲①熱室 (Hot chamber)：其熔化爐在機器內，而注射缸永遠浸在熔化爐內。②冷室 (Cold chamber)：設有分置之熔爐，熔融之金屬以人工或機械方式注入注射缸內，然後由液壓方式壓入模內成形。

熔化爐位置卽其不同點。

　　壓鑄爲新近之鑄造法，省工省時，符合大量生產的要求，能滿足經濟產品的原則，故很多鑄造工廠都採用；而此法的優點，在於工作時操作方便，鑄模可連續使用，生產速度快，品質優良，成本低廉，鑄件光滑準確，加工甚少，故實非砂模鑄造法所可比擬。

　　1. 壓鑄模

　　壓鑄模的設計要項有三:

　　(1) 澆口設計: 澆口厚薄視鑄件重量及金屬適用壓力大小而定，一般在 0.2～2.54mm 左右。

　　(2) 通氣口設計: 爲排除模內之氣體，使鑄件不產生氣孔，需要有適當通路，使鑄件完全充實，不生氣孔，通氣孔之安排，視鑄件形狀而定，一般皆沿上下模之分型線 (Parting line) 開一小通路，使模內氣體逸出。通氣口之厚度約爲 0.13mm，寬度約爲 0.5～1.0mm 左右。

　　(3) 分型線的選擇: 分型線的位置與操作是否方便、生產速率能否提高，及成品的外觀、尺寸精度，和模具製作時的難易都有密切關係。

　　壓鑄模最簡單的構造是分成兩塊，以便在張開時取出鑄件，兩塊模板間有定位梢，使兩者閉合時互相對正，兩塊模板閉合定位後，金屬液由固定之一邊射入，張開時，活動模中的挺射板 (Ejector plate) 前進，使挺射梢 (Ejector pin) 穿過模具將鑄件自模穴頂出。如有活動之心型，則此心型及挺射板皆有其各別的機構裝置於壓鑄模上操作之，鑄模之壽命，視鑄造的金屬而異，黃銅可用約 10,000 次，鋅則可達數百萬次。

　　單模穴鑄模用於大而複雜的鑄件，多模穴鑄模則用於產量多而體形小的鑄件。而組合式的壓鑄模是在一個模子內具有兩個以上不同形狀鑄件的模穴，此種模子大都由數個插入之模塊組成，並可取出而代以其他模塊。爲使模具保持一定之溫度，壓鑄模內都有良好的水冷系統，如此，一方面可延長模具使用壽命，同時亦可提高鑄件之生產速度。

2. 壓鑄法

(1) 熱室壓鑄法 (Hot chamber)：適於熔點較低之鋁、鉛、鋅等金屬及其合金之鑄造。圖 6-1 爲其方式，將熔化之金屬利用壓力注入模中，直到模中之鑄件凝固爲止；壓力可由柱塞 (Plunger) 或壓縮空氣爲之，目前皆採用液壓系統操作，同時也以液壓控制壓鑄模的開閉。此式壓鑄機內設有金屬熔爐，在爐中有一鑄造之鵝頸狀容器，此容器常浸於熔融之金屬內，當柱塞下降時，活門關閉，壓力使得頸內之金屬液注入模穴。金屬所受之壓力，每平方吋可高達 5000 磅，能使鑄件結晶密實。金屬凝固完成後，壓力放鬆，鑄模開啟，鑄件由挺射梢頂出，澆口及流路系統等亦隨同鑄件自模中脫離。

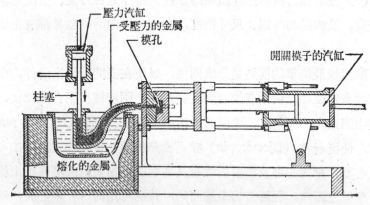

圖 6-1 熱室壓鑄法

(2) 冷室壓鑄法 (Cold chamber)：適用於鋁、鎂、銅等金屬及其合金之鑄造，在壓鑄機旁另設熔化爐熔化金屬，再用杓子將熔融金屬送入壓鑄模的柱塞孔內。此種壓鑄機可分垂直式及水平式。

　　圖 6-2 爲水平式冷室壓鑄機的操作圖。A 圖表示模已閉合，心型定位，杓中金屬正準備注入。B 圖表示金屬液注入後，由柱塞將它壓入模內。C 圖表示當金屬凝固後，心型抽出，兩模卽行分開。D 圖表示模子分開後，鑄件由固定模中脫離，以活動模之挺射梢頂出鑄件。此後兩塊模板復合，卽完成一操作循環。

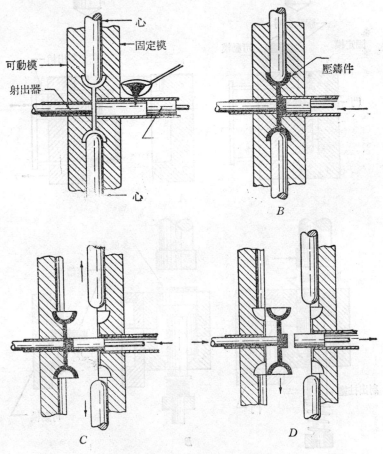

圖 6-2　冷室壓鑄操作程序圖

(3) 銅鑄件的壓鑄: 因銅之熔點較高, 故須長時間與壓鑄模接觸, 因而導致鋼料的迅速氧化, 所以目前以半液體狀態之金屬代替全液態之金屬, 乃是爲要降低鑄造之溫度, 降低鑄模之操作溫度, 並又利用高達水流通過靠近鑄模之板內, 藉以降低模溫。圖6-3即爲黃銅鑄件之壓鑄程序。

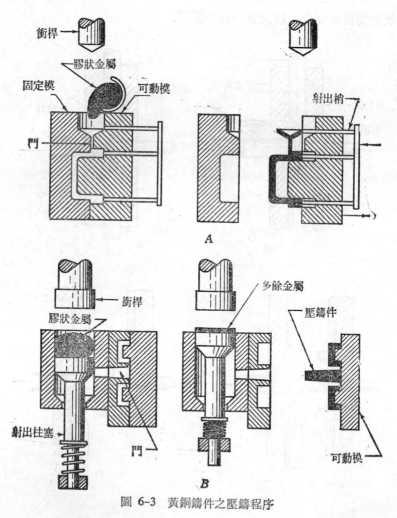

圖 6-3 黃銅鑄件之壓鑄程序

3. 壓鑄合金

很多非鐵金屬的合金，皆可做為壓鑄的材料，例如，鋅、鋁、鎂、銅、鉛、錫等之合金，卽是在商業上佔有重要地位的壓鑄材料，此類合金又分為低熔點合金與高熔點合金。前者之壓鑄溫度皆低於 1000°F，如鋅、錫、鉛等，其優點在於生產費用低，模具使用壽命長。

選擇壓鑄合金之重要因素為熔融金屬對鑄模及其接觸之壓鑄機上機件之腐蝕及溶解作用之大小，而此種作用常隨溫度的升高而急速加大；鋁對鐵金屬有甚大之破壞力，因此很少在壓鑄機中熔化鋁合金。

一般常用的壓鑄合金有下列幾種：

(1) 鋅合金：由於鋅合金熔點低，容易鑄造，表面光潔，強度高，而且價廉，故壓鑄合金材料 75% 以上皆為鋅合金。因鋅中所含之鋁、鎘及錫等不純物，能大大降低鑄件強度，故壓鑄用之鋅，純度皆高達 99.9%，鋅合金中之合金元素，大都為鋁、鎂、銅三者。表 6-1 為壓鑄用鋅合金。

(2) 鋁合金：鋁合金質輕而富有耐蝕性，故亦可為壓鑄材料，然而其機械強度稍遜於鋅合金，且不易壓鑄。因熔蝕鋁會損害鐵金屬，故皆以冷室法壓鑄。其主要合金元素中的矽能增加硬度及耐蝕性，銅可些微增加機械性質，鎂可減輕合金之重量並增加衝擊強度。表 6-2 為壓鑄用鋁合金。

(3) 鎂合金：鎂合金之主要成分為鋁，及少量的矽、錳、鋅、銅、鎳，為各種壓鑄合金中最輕者，但因耐蝕性差，故常於壓鑄完畢後，加以化學處理，或在表面上噴拭一層保護層。鎂合金之壓鑄從坩堝爐內取出金屬液時，須在杓上加一層內含非氧化性氣體的罩子，以資保護。此種合金之重量輕，機械性質良好，容易切削，故適用於飛機、馬達及儀器之零件、可攜帶式工具、家庭用具等。表 6-3 為壓鑄用鎂合金。

表 6-1 壓鑄用鋅合金

ASTM 材料編號	化學成分 (%)								機械性質					物理性質		
	Cu	Al	Mg	Fe (max)	Pb (max)	Cd (max)	Sn (max)	Zn	衝擊強度 (kg/cm)	抗拉強度 (kg/cm²)	抗壓強度 (kg/cm²)	硬度 B.H.N	延伸率 (%)	熔點 (°F)	收縮率 (%)	比重
XXI	2.5–3.5	3.5–4.5	0.02–0.10	0.100	0.007	0.005	0.005	餘量	43	33.5	65	83	5	711	1.25	6.7
XXIII	<0.10	3.5–4.3	0.03–0.08	0.100	0.007	0.005	0.005	餘量	43	28.2	42.3	74	5	713	1.16	6.6
XXV	0.75–1.25	3.5–4.3	0.03–0.08	0.100	0.007	0.005	0.005	餘量	43	31.8	61	79	3	712	1.16	6.7

表 6-2　壓鑄用鋁合金

ASTM 材料編號	化學成分 (%)									機械性質				物理性質		
	Cu	Si	Ni	Fe	Zn	Mn	Mg	Sn	Al	抗拉強度 (kg/cm²)	衝擊強度 (kg-cm)	硬度 (B.H.N)	抗剪強度 (kg/cm²)	比重	熔點 (°F)	膨脹係數 (cm/cm/°C)
IV	<0.6	4.5–6.0	<0.5	2.0	0.50	0.3	0.1	0.1	餘量	20	62.3	60	12.7	2.70	1162	2.2×10^{-5}
V	<0.6	11–13	<0.5	2.0	0.50	0.3	0.1	0.1	餘量	23.2	27.7	80	15.5	2.66	1081	2×10^{-5}
VI	1.5–2.5	2.5–3.5	<0.5	2.5	0.80	0.3	0.1	0.1	餘量	21.2	69.2	60	13.4	2.75	1182	2.3×10^{-5}
VII	3.5–4.5	4.5–5.5	<0.5	2.3	1.0	0.3	0.1	0.1	餘量	24.6	34.6	70	15.5	2.78	1150	2.3×10^{-5}
VIII	1.0–2.0	0.5–1.0	1.75–2.5	2.0	0.5	0.3	0.1	0.1	餘量	19.7	62.3	60	12.7	2.72	1233	2.1×10^{-5}
IX	3.5–4.5	1.0–2.5	3.5–4.5	1.8	0.8	0.3	0.1	0.1	餘量	23.2	27.7	80	15.5	2.78	1160	2.2×16^{-5}
X	1.0–3.0	7.0–9.0	<0.50	2.0	0.5	0.3	0.1	0.1	餘量	22.6	41.5	—	41.5	—	—	—
XI	6.0–8.0	<3.5	<0.5	1.3	1.8	0.3	0.1	0.3	餘量	22.6	41.5	70	18.3	2.85	1162	2.2×10^{-5}

表 6-3　壓鑄用鎂合金

ASTM 材料編號	化學成分 (‰)							機械性質			物理性質	
	Al	Mn	Zn	Si	Cu	Ni	Mg	抗拉強度 (kg/cm²)	延伸率 %	硬度 (B.H.N)	比重	熔點 (°F)
XII	9｜11	0.10	<0.30	1.0	0.05	0.03	餘量	21	1.0	62	1.81	1100
XIII	8.3｜9.7	0.13	0.40｜1.0	0.5	0.05	0.03	餘量	23	3.0	60	1.81	1121

　　(4) 銅合金：因其熔點高，壓鑄困難，故鑄模須使用耐熱合金，以減低其損壞程度。且因壓鑄時之溫度、壓力皆高，因此模具使用壽命短，故其製造成本較其他金屬高，但銅壓鑄件之強度，則爲其他壓鑄件所不及，同時亦具良好的耐蝕、耐磨性，一般皆用於五金、電機機件、小齒輪、汽車配件、化學儀器、設備之製造。表 6-4 爲壓鑄用銅合金。

　　(5) 鉛合金：其機械性質甚差，但價廉而易鑄造。主要用於製造輕負荷之軸承，法碼，蓄電池零件等。銻爲鉛合金中之重要元素，能增高硬度、減少收縮，錫則可增加合金之流動性、硬度及強度。因鉛有毒性，爲避免工作人員受害，故很少用壓鑄製造。表 6-5 爲壓鑄用鉛合金。

　　(6) 錫合金：錫合金價格高，但耐蝕性佳，承載性優，可鑄造成有高度的公差精度，故常用於小機件上，如計數器之數字輪與記錄儀器上之零件等，亦常作爲價廉之手飾珠寶或假銀之各種裝飾器皿。但在工業上用途不廣，少有重要性。

6-1-2　低壓式永久模鑄造法

　　圖 6-4 爲低壓式永久鑄模，裝置於一電感應爐上，坩堝之周圍密封，內則充以非活性而且有壓力之氣體，氣體壓力能迫使熔化之金屬

表 6-4　壓鑄用銅合金

SAE 材料編號	化學成分 (%) Cu Zn	Sn	Pb	Al	Mn	Ni	Si	Fe	其他	機械性質 抗拉強度 (kg/cm²)	衝擊強度 (kg-cm)	延伸率 (%)	硬度 (B.H.N.)	物理性質 比重	熔點 (°F)
黃銅 43	57~59 40~42	<1.5	<0.10	<0.40	<0.25	—	—	<2.0	—	45.4	457	15	120/130	8.5	1650
DOLER No.1	65 餘量	<0.25	<0.05	<0.25	<0.25	1.0	<0.75	<0.25	<0.25	45.4	500	25	120	8.6	1575
DOLER No.4	31.5 餘量	<0.10	0.05	<0.25	<0.25	4.0	<0.15	<0.25	<0.25	59.5	500	8	170	8.3	1575
DOLER No.5	83 餘量	<0.25	1.0	<0.25	<1.0	<0.25	5.0	<0.25	<0.25	63.3	415	5	190	8.2	1552
TINIG-OSIL	42 41	—	—	1.0	—	—	1.6	—	—	59.5	—	15	160	8.5	1674

表 6-5　壓鑄用鋁合金

ASTM 材料編號	化學成分 (%) Pb	Sn	Sb	Cu	Se	Zn	Al	機械性質 抗拉強度 (kg/cm²)	衝擊強度 (kg-cm)	延伸率 (%)	硬度 (B.H.N.)	物理性質 比重	熔點 (°F)
No.4	79~81	4~6	14~16	0.5	0.15	0.01	0.01	9.65	8.3	10.5	23.2	10.42	440/492
No.5	89~91	9.25~10.75	—	0.5	0.15	0.01	0.01	8.73	5.54	2.0	24.1	9.73	464/514
軸承合金	80	5	15	—	—	—	—	6.35	1.1	3.8	23.2	10.12	464/500
C.T.合金	85~87	0.65	12.5	—	2.65	—	—	6.85	2.77	5.5	18.0	10.39	441/501
無錫合金	90	—	10	—	—	—	—	5.38	11.1	15.5	15.5	10.65	441/500

通過已經加溫之通道而上升入模內，鑄模內有時用眞空泵抽取陷入其中的空氣，以確保金屬之結晶緊密，並助長其流入的速度。小件者在模內約一分鐘即可冷卻，大件者約三分鐘，所得鑄件無雜質，不良率在 10% 以下。

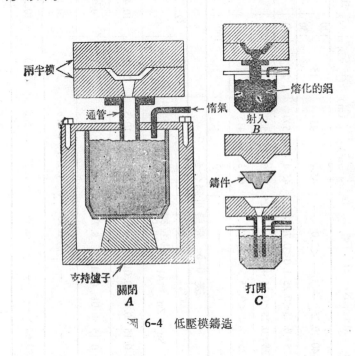

兩半模
通管
情氣
熔化的鋁
射入
B
鑄件
支持爐子
關閉
A
打開
C

圖 6-4　低壓模鑄造

6-1-3　重力式永久模鑄法

　　所謂重力式永久模鑄造法乃是把熔化的液體金屬，澆鑄到金屬或石墨模內，由液體金屬本身的重量注入金屬模內充滿金屬模空間的鑄造。

　　最簡單之重力式永久模鑄造之構造為兩半分裂式，即一邊有一個或多個永久性之鉸鏈，另一邊以臨時之夾子夾持之。當兩塊模具閉合後，給予澆鑄、冷卻、取出鑄件、吹冷鑄模、塗拭或噴敷表面附層，必要時並得裝置心型。

此種鑄法有下列幾個優點:

(1) 一鑄模可鑄造很多相同鑄件, 且鑄件表面光滑。

(2) 鑄件尺寸精確、減少鑄件加工。

(3) 金相組織細密, 不生氣孔, 人工節省, 廠房清潔。

它也有一些缺點:

(1) 不適於作高熔點金屬鑄件的鑄造。

(2) 不能鑄造大型的鑄件。

(3) 模具之結構複雜、製作費用較高。

6-1-4　瀝鑄法 (Slush casting)

瀝鑄法是利用金屬模製作空心鑄件而不用砂心的鑄造方法。鑄造時, 將熔融之金屬澆入模內, 在金屬液凝固之前, 即須翻轉, 將未凝固之液體倒出, 金屬液則在模壁上凝結一薄層之外形。此層外形之厚薄, 則視鑄模之急冷速度及金屬液停留在模內時間的久暫而定。

鑄模為兩塊分裂式, 打開後即可取出鑄件, 此種鑄造法所鑄材料大都是鉛鋅等低熔點合金, 主要供裝飾品、小雕像、玩具及其他小品鑄件之製造, 所以常於其外表加添一層金色或銀色的顏色, 以增進外觀, 提高售價。

6-1-5　加壓鑄造法 (Pressed casting)

此法為法國 Corthias 發展成功, 故又名為可西亞斯 (Corthias) 鑄造法, 頗似綜合重力與瀝鑄法二者合併而成, 但在施工程序上稍有不同, 其鑄模之一端為開口式, 當適量的金屬液澆入後, 某一適當之心型立即壓入模內, 迫使金屬在壓力下, 充滿模穴各個微細之處, 金屬一經凝固, 即將心型抽出, 造成一空心薄壁之鑄件, 故頗似瀝鑄法所製者，主要是用於裝飾品之製造。

6-2 離心力鑄造 (Centrifugal casting)

　　離心力鑄造法是將金屬熔液澆注於旋轉模中，而憑藉其離心力，使金屬熔液壓向模內周壁，以圖獲得鑄件之堅實性，由於離心力的作用，可使金屬中之氧化物及雜質，因比重之不同而與金屬分離，由此可使鑄件純潔、緻密，促進機械性質。

　　圓桶或管狀的鑄件使用此法，因可省去砂心，又不需冒口等流路系統，而且又可得外層有極密緻之金屬結構的鑄件，其雜質則因比重輕而集中於中心部，可於加工時除去。故甚為經濟。

　　離心力製造法，由模子構造的不同，可分為三種形式：

(1) 真離心力製造法

(2) 半離心力鑄造法

(3) 離心力加壓法

6-2-1 真離心力鑄造法

　　此法有水平式及垂直式。適於管子、襯套以及其他有對稱軸之製品。鑄鐵管鑄造所用之水平旋轉模有兩種形式，一是模壁厚，其內附一層薄薄的耐火材料，能使熔融金屬由外向內迅速的凝固，圖 6-5 即

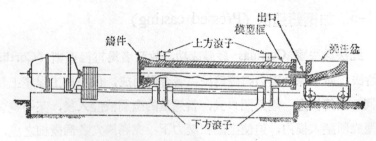

圖 6-5　鑄鐵管鑄造法

為此種鑄管機之剖面圖。管子厚度則由加入之金屬量控制。另一種為水平式鑄造法，是在模與鑄件之間，用一層厚而有高度絕熱之砂層隔離之，當金屬液澆入後，由於砂層之絕熱作用，使得內外同時凝固，而陷止其有方向性的凝固，因此金屬呈現一種不密集的海綿質，雜質則阻入鑄件內。

圖 6-6 為離心力鑄造法，右圖之水平式與前述相同，左圖之垂直鑄造法，其內徑形成拋物線狀，坡度則視轉速而定，為了減少上下直徑之差別過大，垂直鑄模之旋轉速度，皆較水平式高。

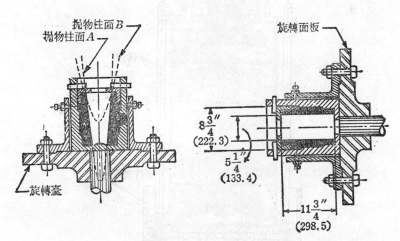

圖 6-6 離心力鑄造法

鑄造時模子旋轉，金屬受離心力之作用壓緊於模之內壁上，離心力可由公式 $F = \dfrac{W}{g} \cdot rw^2$ 計算而得。可見旋轉中金屬液所受離心力和轉速平方成正比，也和轉動半徑成正比。普通是將 rw^2 化成 g 的倍數，即以 (rw^2/g) 個 g 來表示離心力的大小，一般鑄件之離心力約為 $70g$，而極薄鑄件亦有高達 $150g$ 者。

6-2-2 半離心力鑄造法

　　半離心力鑄造法之壓力較低，　故結構不甚緻密，　其鑄件皆爲實心，但在中心部之雜質或氣孔，都經加工除去。圖6-7爲半離心力鑄造五個鐵質車輪之疊合式鑄法。此法常用於中心須經加工切除之鑄件製造，火車輪卽是。而此種結構之鑄模，每次可鑄造之件數，視鑄件之大小、模之疊合及搬運是否方便而定。

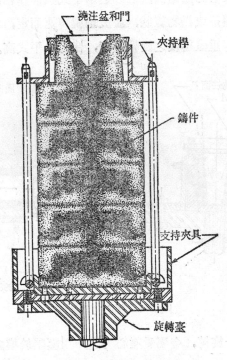

浇注盆和門

夾持桿

鑄件

支持夾具

旋轉臺

圖 6-7　半離心力鑄造法

6-2-3　離心力加壓鑄法

　　此法是將若干鑄模穴放置在模之周圍，中間有澆口，並用半徑方向的流路，引金屬流入各模穴中，鑄模可用單層，亦可用複層，當模轉時，熔化之金屬在離心力的作用下，因壓力而注入各模穴中，所以能得到加壓鑄造。此法主要是利用離心力之加壓作用，因此並不一定限制對稱形狀之鑄件，不規則形狀者，如軸承帽及各種框架等，皆可以此法鑄造之。

至於鑄模之旋轉速度，則視模之種類（金屬模或砂模），旋轉方式（垂直或水平），鑄件大小及金屬類別而定。

6-3　精密鑄造

精密或包模鑄造能鑄造鐵金屬或非鐵金屬之鑄件，其鑄件具有很好的光平度，且尺寸精度又高。此法對於不能以一般鑄造完成之合金，甚爲合適，其施工的方法雖多，但大都採用砂、瓷土、石膏及塑膠等材料與精確的模型製成鑄模，澆入金屬而成鑄件。大部分皆用於小型鑄件的製作。

精密或包模鑄法有下列優點：

(1) 可以鑄造不能加工之金屬成爲預行規定之形狀。

(2) 可以鑄造形狀複雜且有內凹的鑄件。

(3) 鑄件之形狀準確、尺寸精密。

(4) 可得表面光滑且無分型線的鑄件。

(5) 代替壓鑄法製造產量不多的鑄件。

此法的缺點：

(1) 只適合於小鑄件的製作。

(2) 鑄造成本高昂。

(3) 需要心型的鑄件，處理困難。

(4) 鑄件之孔徑不能小於2mm，其深度不得超過直徑的1.5倍。

6-3-1　脫臘鑄造法

此法是以臘製成模型，再由包模材料包圍，加溫後臘熔化而遺留有臘模形狀於模內，形成澆鑄金屬的模穴。包模材料常用石膏或細矽砂與黏劑混合而成。

　　鑲牙或藝術品的複製皆用此法，其施工方法是先將鋼或黃銅之複製品製成鉍或鉛合金之分裂模，再將熔臘澆入模內，凝結後分開模子，即可將臘型取出。亦常將分裂模置於水冷之虎鉗上，將熔臘以適當之壓力擠入分裂模定型，如此臘模之成型較速，製模材料亦可使用熱塑性之聚苯乙烯材料代替。

　　常將數個臘模及其流路等互相接合，然後以熱金屬線通過接觸面，而使臘熔接，此種臘模欐先噴上一層極細之矽砂粉混合漿，再妥為支持於金屬箱內，而後才灌入經磨細並與水或酒精調稀之耐火材料於砂箱中，當此種材料固定後，翻轉砂箱，在烘爐中加熱數小時，以使熔臘流出，並使鑄模完全乾燥。又可以重力、真空、壓力或離心力等方法製造。壓力範圍為每平方吋 3-30 磅，鑄件冷卻後，取出鑄件，切除流路系，即得所需之製品。

6-3-2　瓷殼模法 (Ceramic shell process)

　　此法與脫臘法相似，模型亦以臘或低熔點塑膠製成。模型完成後浸入瓷質的稠漿中，使之黏上一層瓷漿，再噴上一層耐火材料。如此重複數次，使耐火材料厚度達 5～12mm 為止，然後再送入爐中乾燥，加熱至 1800～2000°F，以使臘模熔化流出，以及除去殼中之水分及有機物，而後即可澆鑄。

　　模型材料亦可以冰凍水銀代替臘或塑膠。由要鑄造的物件製成的金屬模型或模子，附上所需要的澆口孔。當裝合並預備澆注時，部份泡入冷劑槽中，並且充滿丙酮，作為潤滑劑。當水銀傾入模中時，丙酮被擠出來。在保持約 −76°F (−60°C) 的液體槽中，進行凍結，約在 10 分鐘內完成。

樣模於是從模型中取出，反復泡在冷陶瓷泥漿中，予以包裹，到殼的厚度達 1/8 吋（3.1 公厘）時爲止。水銀在室溫中熔化後除去，經短時期乾燥後，在高溫中烘烤，成功一硬而透氣的殼。於是放在箱中，用砂包圍、預熱，並灌滿金屬。

此法雖可得高度精確之鑄件，但生產成本高及使用水銀造型對人體有害，故很少採用。

6-3-3　石膏模法（Plaster mold casting）

此法之鑄模材料是於生石膏中加入適量之加強劑及安定劑，然後加水混合成爲濃漿。將黃銅製成的模型及流路一起裝置在標準砂箱的底板上，而後在模型上噴一層分離劑，再將石膏之混合濃漿塡滿砂箱，並將鑄模微微震動，以確保能塡實模型細微處。數分鐘後石膏凝固，用眞空吸頭自砂箱中將石膏模取出，再加熱至 1500°F，除去石膏模內之水份，卽成爲澆鑄金屬之鑄模。澆鑄後，將鑄模打破取出鑄件；若石膏黏附在鑄件上，則可用水洗除它。

因爲石膏模具有良好的多孔性，便於澆鑄時氣體逸出，並有適當的強度，能承受澆鑄時之負荷，也有適當的彈性，以允許金屬冷卻時的收縮；因此石膏模所得之鑄件尺寸精確，表面光滑；更因石膏有絕熱性，金屬冷卻速度低，故可製作極薄的鑄件。

石膏模只適於黃銅、靑銅、鎂及鋁合金等非鐵金屬的鑄造，而以黃銅最佳。鑄件則有飛機零件、小齒輪、凸輪、手柄、小型外殼及其他不規則形狀之鑄件等。

6-3-4　殼模法（Shell molding process）

殼模（Shell mold）是用乾砂砂及酚樹脂混合物所製成之薄殼，全模分爲兩半，夾合後才澆鑄。而此法製模不需要高度的技術，可得尺寸精度高，表面光滑的產品，同時清潔鑄件之費用低廉，用砂量少，亦可用機械製模。它的缺點是使用金屬模型之烘模設備昂貴，樹脂膠合劑價格頗高，用過之砂無法重新使用。

圖 6-8 為殼模法的鑄造步驟。

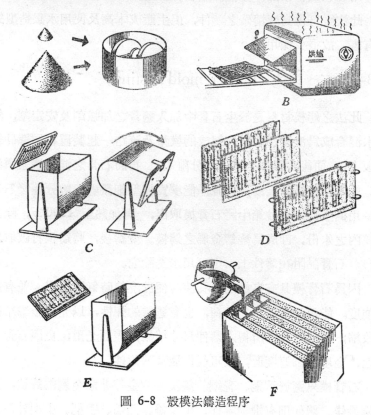

圖 6-8　殼模法鑄造程序

6-3-5　CO_2 硬化模法 (CO_2 mold hardening process)

此法是用 AFS 粒度標數（American Foundrymen's Society Fineness Number）75 左右之乾而純的矽砂與 3.5～5％之矽酸鈉混合，砂中不可含水及黏土，但必要時得以加入煤粉、石墨或木屑等。

混合完成後，卽可以機器造模，吹製砂心機或手工製造砂模。

砂模或砂心製成後，以每 20 磅/吋² 的壓力將 CO_2 吹壓入砂模中，砂中之矽酸與 CO_2 產生化學反應爲:

$$Na_2SiO_3 + CO_2 \rightarrow SiO_2 + Na_2CO_3$$

形成膠化之砂（卽 SiO_2）有膠合硬化功能，存在於各砂粒之間。一般砂模之通氣硬化時間約 15〜30 秒。小件之砂心可用漏斗型頭與砂心盒之間墊以襯墊，以免通氣時漏氣。圖 6-9 爲 CO_2 硬化模之製作程序。

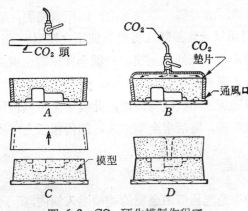

圖 6-9 CO_2 硬化模製作程序

CO_2 硬化模法有下列優點:

(1) 製模迅速。

(2) 不需烘乾鑄模。

(3) 製模技術不必太高。

(4) 鑄件表面光滑。

(5) 砂模與砂心可用相同的型砂。

其缺點爲:

(1) 用過之砂不易恢復重新使用。

(2) 調好之型砂不易久存。

6-3-6 其他材料之鑄造法

木材、橡膠、紙等等皆可作爲低熔點金屬鑄造的鑄模。有一Dow corning 矽化橡膠模，又稱爲 Silastic，此種材料可鑄造臘質模型、塑膠及低熔點合金，可耐 500°F 之高溫， 鑄造之精密性可用以翻版唱片。模型具有良好的柔靭性，製模時可自複雜之模型上輕易取下。

另一爲蕭氏（Shaw）方法的製模材料，是採用砂、水解矽酸乙烷及其他若干成分之混合劑，用包模法所製之模，可像剝皮似的從模型上取下，近似橡膠的柔靭，再烘乾之，即相當堅硬，透氣及光滑表面之模， 此法可用以複雜形狀且可重複使用之模型。 蕭氏方法 （Shaw Process）係用兩種不同的陶土模，一種全部用陶土做鑄模，另一種部分用陶土部分用耐火泥組成。

報紙之印刷版是用紙模爲鑄模，此模子是用濕紙板先印有字體及圖案等，待紙乾後，將活字金屬澆入，即得報紙之印刷版。

6-4 連續鑄造

連續鑄造法是包括熔融金屬的連續澆入模內，模子設有急冷裝置，可使金屬冷至凝固溫度，同時亦連續自模中抽出。從經濟的觀點，此法甚有價值，尤其是板、桿、塊狀等截面形狀相同的製品，以下將逐一介紹連續鑄造的方法。

6-4-1 往復模法 (Reciproating mold process)

此法採用水冷式之往復銅模，如圖 6-10 所示，其下降行程與鑄塊的排出速度，時間上恰好相同。先將熔化的金屬注入一保持爐內，在保持爐內有一 $\frac{7}{8}$ 吋的針孔閥，以控制金屬液的流量，澆注模內的下澆管直徑約爲 $1\frac{1}{8}$ 吋，金屬輸出量約 30000 磅/小時。

於金屬熔液中有一水平交叉件，使熔融金屬經此件分佈於模之各部位。金屬水平面之高度維持不變，金屬液經保持爐之針閥以控制澆鑄速度，當模底部分之金屬急冷凝固後，以等速下降，引入兩個滾輪之間，並以適當時間由一圓鋸將其切成適當長度之鑄件，常作爲各種型條擠壓之原料。

圖 6-10 往復模鑄造法

6-4-2 阿沙可（Asarco）法

如圖 6-11 所示，其鑄模與熔爐爲整體之構造，當金屬凝固並藉滾子自模中抽取鑄塊之同時，金屬液受本身重力作用，自動由爐中注入模內。

此法採用水冷或石墨模，不但有自動潤滑作用，而且有熱震動的

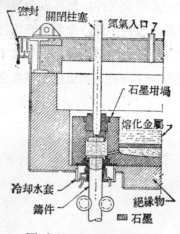

圖 6-11 Asarco 鑄造法

抵抗力，又不受銅合金之侵蝕，鑄塊之上端爲熔融金屬，可以補償鑄件因凝固而產生之收縮，同時亦可作氣體逸出之通路，而石墨加工成形也容易。

此法因用抽拉滾子爲原動力使鑄塊移動，故又稱「抽拉鑄造法」。它不論鑄件斷面形狀爲何，皆可鑄出光滑的鑄件，尤其特別適於青銅的連續鑄造。

6-4-3 黃銅模連續鑄法

因黃銅的傳熱性佳，只要溫度控制適當，並不容易被熔融的鋼料黏著。黃銅模之厚度剛好能充分傳遞熱量，而不致使鑄造的金屬損害到銅模。黃銅模之上有澆鑄箱，澆鑄箱至黃銅之間，有一孔將金屬引入模內。

冷卻迅速是此法所用模子最重要的條件，因冷卻迅速不但模子能延長壽命，而且鑄件不易產生偏析 (Segregation)，可得到細緻的結晶組織，以及表面光滑的鑄件，當金屬液從孔中流入模壁時，在其液面下散時即行凝固，而且向內微有收縮，故能與模壁脫離，鑄件繼續經過冷卻及防止膨脹、抽引等滾子後，即進入由火焰切割之鋸切區，裁成一定長度之鑄件，可作爲軋、鍛或擠製等各種尺寸之塊或板。

6-4-4 阿可亞 (Alcoa) 直接急冷法

此法是利用水冷的殼模，對鋁或鋁合金作連續鑄造的方法。如圖 6-12 所示。殼模固定於垂直位置，鑄件在模之下方，以水直接冷卻而凝固。

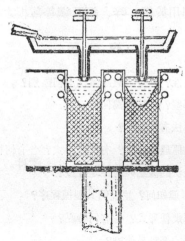

圖 6-12 Alcoa 鑄造法

操作時，在升降枱上置一導引鑄塊，剛好堵住殼模，熔融之金屬自爐中經澆口注入模內，澆鑄金屬液可用針狀閥以人工或自動控制之，使其與升降枱或傳動滾子相配合。金屬液流入周圍具有水冷卻之殼模後，沿模型開始凝固，而升降枱即行緩緩下降。鑄造速度依合金的種類及鑄塊的大小而異，每分鐘 1 ～10吋左右，且每次可同時鑄造 1 ～20個鑄件，視鑄件的大小而定。

6-4-5 Hazelett 薄板法

此法是利用兩條 0.030 吋厚的鋼帶以相同的速度移動，而熔融的金屬澆入此兩鋼帶之間，鋼帶受拉力的作用，甚爲平直且在背面有高速之水流冷卻，鋼帶之移動速度每分鐘 10~40 呎，而形成一種輸送帶式的移動模壁。若鑄薄板，則於兩鋼帶之邊緣以金屬塊或纜繩造成移動式之邊壁，鑄板厚度超過 2 吋以上時，可在兩鋼帶間裝上一冷水而固定不動的銅邊壁，兩鋼帶之移動並不對鑄板產生擠壓作用，邊壁之厚度卽爲鑄錠之厚度。

Hazelet 法專門用於鋁、鋅、銅及鋼等薄板之連續鑄造。

複 習 題

1. 金屬壓鑄有何特性？熱室法與冷室法有何區別？

2. 壓鑄用合金有那些？其特性爲何？

3. 重力式永久模鑄法有何特點？

4. 離心力鑄造法的原理是什麼？有那些形式？各有何特點？

5. 精密或包模鑄造法的優點與缺點是什麼？

6. CO_2 模硬化的原理如何？並說明其製模程序？

7. 連續鑄造法有那幾種形式？各有何特點？

8. 黃銅模連續鑄法的優點是什麼？

第七章 粉末冶金

粉末冶金 (Powder metallurgy) 是使用壓力及金屬粉末製造成品的一種技術。製造過程中可加熱亦可不必加熱，但溫度必須在金屬粉末之熔點以下。加熱於製造過程之中，或過程之末，此種方式稱之燒結(sintering)，其目的在使各細粒結合以增加成品之強度或其他性質。粉末冶金之製品中往往加入其他金屬元素或非金屬的組成物，以增加粉粒的結合力或其他優良性質。例如炭化鎢 (Tungsten carbide) 中加鈷 (Cobalt) 可以增加其結合力，而軸承材料加入石墨可以增加其滑潤性。而利用粉末冶金製造產品的整個過程，如圖 7-1 所示。

金屬為粉末狀態者較實體材料之價格為高，且其設備、機器及壓模等費用亦高，故僅適用於大量生產方式；但這種較高的製造成本，大抵能以其優良特性所補償。有不少製品其性質特殊，除以此法外並無其他方法可以製造。又有若干製品雖可用其他方法製造，但此法有其特殊優點，非其他方法可以比擬者。例如此法製品尺寸精確，無須進一步加工，即能補償其價昂缺點。

7-1 金屬粉末之特性

金屬粉末的粗細、形狀、大小分佈等，對壓製後成品的性質影響很大，主要的金屬粉末特性有：

(2) 形狀 (Shape)：粉末的形狀因製造方法而定，有球形、碎片、樹枝狀、平板及多角形。

(2) 細度 (Fineness)：細度係表示顆粒粗細的程度，可用標準篩或顯微度量法測得之。適合於粉末冶金之金屬粉粒細度為標準篩號之

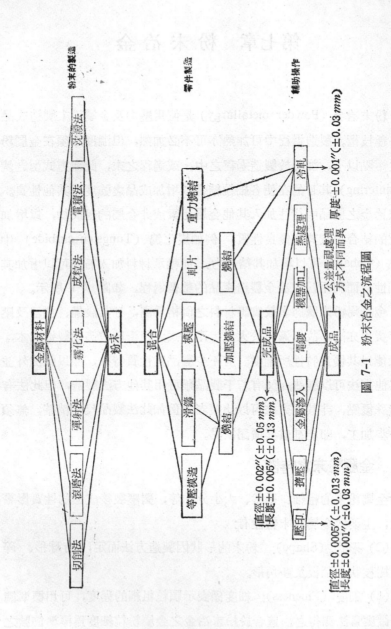

圖 7-1 粉末冶金之流程圖

100〜325 之間。

(3) 顆粒大小之分配 (Particle-size distribution)：所謂顆粒大小之分配，是表示合於各種標準篩號尺寸的顆粒，在量的 (卽百分數) 分配情形。此種特性對壓製時的流動性、外觀、比重、多孔性、成品強度都有影響。

(4) 流動性 (Flowability)：此指流動性與砂模鑄造所用模砂之流動性有相同的意義。流動性高者易於成形及充實模內各部份。

(5) 化學純度 (Chemical properties)：係指規格上化學組成之純度、氧化物及其他雜質所允許存在之量。

(6) 壓縮性 (Compressibility)：為粉末原有之體積與壓縮後體積之比。此值頗受顆粒大小分配及形狀之影響。模壓後未燒結之強度與壓縮性甚有關係。

(7) 外觀比重 (Apparent density)：為粉末未經壓縮時每立方吋之重量 (磅) 或 (kg/m^3)。此值必須保持一定不變，否則每次加入模內之量不能維持相同。

(8) 燒結性 (Sintering)：燒結為加熱使顆粒結合之加工方式，燒結性之優劣，以燒結溫度範圍是否寬大而定，燒結溫度範圍太窄不易控制，得不到適當的結合強度。

7-2　金屬粉末製造法

理論上任何金屬皆可製成粉末，但廣用於壓製金屬件者，種類並不多，原因是有的缺少其需要之特性，有的不能很經濟的製造出合於要求的成品。目前使用較廣之金屬，主要有鐵基 (Iron-base) 及銅基 (Copper-base) 兩種。此二者皆合於粉末冶金之要求。將此原料製成粉末狀後，才能壓製成形。常用的製造粉末方法有下列幾種：

7-2-1　機製法 (Machining)

利用機械切削加工方法所得之顆粒較大，只適合於鎂粉製造。

7-2-2　滾磨法 (Milling)

對硬脆的材料，以軋碎機，旋轉滾磨機及搗碎機等用壓軋及撞擊方式使材料破碎，可製各種細度及不規則形狀的粉粒。此法亦可用柔性材料製造油漆顏料（如鉛粉、銅粉等）之片狀粉粒。

7-2-3　彈射法 (Shotting)

將熔化的金屬經過篩孔或極細之嘴，落於冷水中而成圓球形顆粒，但此法所得之顆粒太粗。

7-2-4　霧化法 (Atomization) 或稱金屬噴射法

此法特別適用於低溫金屬如鉛、鋁、鋅、錫等，將低溫金屬變成霧狀後冷凝而得者。

7-2-5　成粒法 (Granulation)

金屬於冷卻凝固時，迅速予以攪拌而成小顆粒。但攪拌時顆粒表面易生氧化。

7-2-6　電解沈積法 (Electrolytic deposition)

常用於鐵、銀、鉭 (Tantalum) 粉的製造，鐵粉的製造是用鋼板置於電解液中作爲陽極，不銹鋼作爲陰極，鐵粉卽沈積於上面；以直流電通電 48 小時，卽可於不銹鋼板上沈積約 2.5mm (3/32 in) 之鐵粉。

7-2-7　還原法 (Reduction method)

將粉狀之金屬氧化物在熔點下與還原性氣體接觸而得。鐵粉是用軋鋼時之銹皮與軋碎之焦炭裝入轉窰中，在出口端熱至 1900°F，炭與氧化鐵中之 O_2 化合成氣體而逸出，所餘者即呈海綿狀之純鐵粉。可用相同方法還原之金屬有鎢、鉬、鎳及鈷等。

另外還可利用沈澱法 (Precipitation)、凝結法 (Condensation)，及化學法 (Chemical processes) 等方式製造金屬粉末。

7-3　造形 (Forming to shape)

金屬粉在製造成品形狀之前，須先施以混合，以期獲得合金所具備之性質。另一方式是將金屬粉末通過特殊氣體，使每一顆粉粒表面能均勻的附上一層材料，壓合時強度大，同時燒結後之製品，即具備此一附層物之特性。又混合粉末時，常加入潤滑劑，以減少成形時與模壁之摩擦，並利於自模中脫出。

金屬粉與其他粉末經混合均勻，或附層材料後，即可造形，造形的方法有下列數種:

7-3-1　壓製 (Pressing)

將調配好之金屬粉置於鋼模內，以壓力壓製成形，柔軟之粉末能以互相扣鎖，易於壓製成形，可塑性材料多者所需之壓力，較硬度高者爲低，且可得較高之密度。一般來講，壓力愈大所得製品之強度、密度、硬度亦愈高。但超過某一限度之後，所得之利益甚爲有限。如圖 7-2 即爲最簡單之單模壓製工作。此模包括上下兩個衝子，上衝子與模之上部相同，下衝子與下模相同。模穴內壁必須非常光滑，且有適當的脫模角，以利脫模。裝料後與模壓完成時之衝子移動距離，視粉末壓縮比而定，普通銅及鐵粉之壓縮比約爲 2.5:1 。模中裝料之

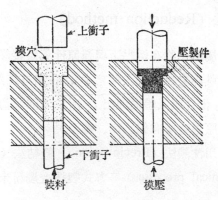

上衝子

模穴

壓製件

下衝子

裝料　　　　模壓

圖 7-2　單模壓製法

深度，約爲壓製件高度之 3 倍。則所需之壓力大小視成品的大小而定，可以下式計算之:

$$F = P \times A$$

式中　F＝壓製所需之總壓力（磅力，牛頓）

　　　P＝壓製件單位面積上所需之壓力〔磅／吋^2(Psi), Pa〕

　　　A＝壓製件之最大受壓面積（吋^2，米^2）

從上式可知，壓製件大者壓力機之容量亦大，目前最大者可達 750 噸。

7-3-2　離心力製坯法 (Centrifugal compacting)

　　由於模壁的阻力，有阻止粉末內壓力傳遞的作用，因此前述製坯法，對上下粉末之密度差異甚大。採用離心力製坯法，可得較均勻密度之製坯件，尤以比重大之金屬粉更佳，所須之離心壓力約爲 400 lb/in^2，此方式只適宜於製造較重的金屬，如炭化鎢等，又所製機件之剖面形狀應相同，否則所得強度不一。

7-3-3　滑鑄法 (Slip Casting)

鎢、鉬，以及其類似材料之生密集塊 (Green compact) (註：生密集塊係僅藉粉粒間互鎖之力而成形，故強度甚低；最終的強度是經過燒結而得者)，有時用滑鑄法製造之。先將金屬粉末作成糊狀之混合物，然後澆入石膏模中，由於模為多孔性，液體為其吸收，模面則留存一層材料。中空製品，可於澆入相當時間後，材料積成適當厚度，其餘者即可倒出。此鑄件乾燥後，再施以燒結即可，此法之優點是施工簡單，尺寸及形狀亦不受限制。

7-3-4 擠製法 (Extruding)

由粉末金屬製造長條形之成品，必須使用擠製法。且擠製之法，視原料之性質而異，有的加入適當之膠合劑用冷擠法擠製之，有的須加熱至適當溫度。可製成密度高且強度良好之各種長條形製品，可連續製造，生產速度快。在情況極為嚴重情形下，為了避免氧化，壓製之大塊可封裝於金屬箱內加熱之。

7-3-5 重力燒結 (Gravity sintering)

多孔性金屬板片之孔的多少須加控制者，可用重力燒結法製造。此法對於多孔性不銹鋼板之製造，有其特別的優點。製造方法，是在瓷盤中分佈一層厚度均勻之粉末，於氨氣中加熱燒結之，時間最久達48小時。燒結後滾軋至均勻的厚度，並增加其表面的光平度。此法常用以製造抗蝕性良好，具多孔性可作為各種過濾器之不銹鋼板。

7-3-6 滾軋 (Rolling)

金屬粉從漏斗中漏下，送入兩個滾筒之間，由滾子的壓力使粉末互鎖而結合，再送入爐中燒結而得。燒結後若有需要可作進一步再加以滾軋及熱處理。適宜於此種製造方法之金屬，有銅、黃銅、青銅、

蒙納 (Monel) 合金，及不銹鋼等。此法之製品，可得均勻之機械性質，其多孔性的多少亦可加以控制。

7-3-7　等壓模製法 (Isostatic molding)

金屬粉在模內成型時，藉流體或氣體的壓力經媒介物而作用，可得受壓力均勻之製品。如圖 7-3 所示，在一彈性之容器內放置心型或心軸，中間加入適量的金屬粉末，整個裝入高壓之容體內，壓力經由彈性容器而作用，因內部為實體心型，故粉末受壓而成形。加壓完成之後，製品自金屬容器中取出，並抽出其心型。可適用於鋁、鎂、鈹鐵、鎢及不銹鋼等之製品。此法之優點是製品密度均勻，各方向強度一致，設備費用低廉。

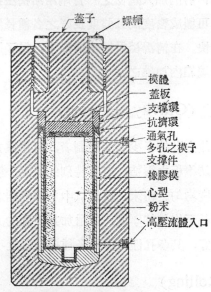

圖 7-3　等壓模之構造剖面圖

7-3-8　爆炸模壓法 (Explosive compacting)

爆炸法對於不易壓製之材料有其優點，故近來此法能引起一般的高度興趣。爆炸可獲得極高的壓力，製品可得到極高的密度。高密度可減少燒結時間，又可減少燒結後之收縮；因模的構造較爲簡單，故可節省製造成本。這皆是此法優點。

此法是將金屬粉裝入模後，再裝上壓擠之柱塞一個或多個，視需要而定。柱塞受高爆炸力作用之緩衝板所推動，以壓縮粉末。另一種方式是用水放入厚壁之圓桶內，同時再放入一用防水袋盛裝之炸藥包，炸藥爆炸時，液壓自一端作用於粉末上而成形。

7-3-9 金屬纖維法 (Fiber metal process)

此法用極細之金屬線或金屬棉切至適當的長度，成爲金屬纖維，將金屬纖維與一種液體糊狀物混合，澆入多孔性之模內，待液體流出，即成亂線一樣的纖維所組成之 "蓆子"，然後再經加壓、燒結即得製品。常用來製造過濾器 (Filters)、振動阻尼器、蓄電池極板及火焰阻擋網等。

7-4 燒結 (Sintering)

經壓製成形之粉末密集體，加熱至高溫，利用原子之吸力，將固體之顆粒結合，互相熔接在一起，以增加表面張力，同時新的顆粒邊界組成，並導致新的結晶開始，顆粒間產生一種流體薄網，能使可塑性增加，密集體內之氣體被驅除，增進機械性質。

燒結溫度大都遠低於主要金屬成分之熔點，但可以變化之範圍頗大，必要時亦可提高至恰在熔點溫度之下。由試驗證明，在某一特定情況下，常有一最好的燒結溫度，若再提高，亦無任何利益。鐵之燒結溫度爲 $1095°C$ (2000°F)，不銹鋼爲 $1180°C$ (2150°F)，銅爲 $870°C$ (1600°F)，炭化鎢爲 $1480°C$ (2700°F)，上述各金屬燒結時間約 20～40分左右，燒結爐亦常以一般熱處理爐即可，若爲防止氧化膜形成，可使用還原氣體或氮氣。燒結爐有分批式，亦有連續式，如圖7-4所示爲連續式之燒結爐。

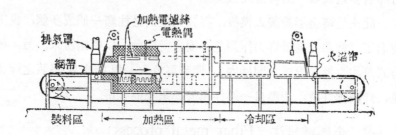

7-4-1 熱壓 (Hot pressing)

粉末冶金經加熱加壓同時進行後，可得更高之強度、硬度、精確度與密度，唯有模的費用太高、加熱困難、氣體不易控制以及時間之長短等限制，此法只有炭化鎢之部分製品採用之。

7-4-2 火花燒結 (Spark sintering)

火花燒結是加壓加熱同時進行的新方法，可於 12～15 秒鐘內，製造甚爲密實之金屬機件。它是利用放電時所產生高能量的火花，在 1～2 秒鐘之內可將粉末表面之污雜成份除去，使顆粒結合。火花過後繼續通電流 10 秒，維持溫度在金屬熔點之下，可進一步促進顆粒之結合，最後再以液壓機加壓，使製品在兩極間受壓而更堅實，以增加密度。

圖 7-5 爲雙金屬（炭化物及鋼）火花燒結的示意圖。黑色部分表示燒結之炭化物部份，將碳化金屬燒結於鋼質之基料上。燒結前將材料填滿於石墨模內，與上面平齊。中心直立之石墨件，僅爲造成環形模子之中心形狀，石墨電極加壓之後，密度即行增加。

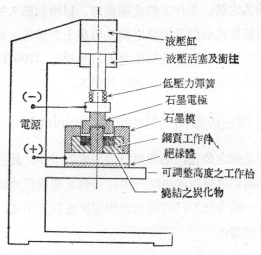

液壓缸
液壓活塞及衝柱
低壓力彈簧
石墨電極
石墨模
鋼質工作件
絕緣體
可調整高度之工作枱
燒結之炭化物

（－）
電源
（＋）

圖 7-5　火花燒結示意圖

7-5　成品再處理

金屬粉末經壓製、燒結成型後，還須經各種處理方式，以便獲得精密之尺寸或某種特性，常使用方法如下：

7-5-1　滲油處理 (Oil impregnation)

多孔性軸承常作此種處理，將燒結後之軸承，浸入油中加熱，保持適當時間，軸承藉多孔性之毛細管作用，將油吸入空隙部分而填滿，空隙一般約佔全體積之 25～35% 左右。而後軸承使用時，受熱的作用，軸承中之油釋出，即產生自動潤滑作用，又稱為自潤式軸承。

7-5-2　金屬滲入 (Infiltration)

此法係將低熔點之熔融金屬，滲入多孔性之燒結製品中。一方面減少孔的體積，也能增進機械性質。滲入金屬之熔點，遠較固體金屬爲低；且在滲入之前，先作某種化學處理，以增加滲入的範圍，滲入金屬方法，可將熔化金屬從固體之燒結製品上方流入，亦可從下方吸入。例如用銅放置在鐵粉末燒結件之上，加熱至 2100°F (1150°C)，使銅溶化，由鐵之毛細管作用，而將其吸入。

7-5-3 尺寸矯正或壓印 (Sizing or coining)

製品需要精確之公差，必須加以最後處理工作。此法是將燒結製品置於與壓模相似之模內，再壓一次，可得正確的尺寸或花紋。此種加工，亦屬於一種冷加工，可增加表面層硬度及光平度，尺寸的精確度及密度亦可提高。

7-5-4 熱處理 (Heat treatment)

粉末冶金製品亦可用普通熱處理方式加以處理，但結果並不與普通實體金屬完全相同而已。密度高者，粉末間密集結合，可得最優之熱處理效果，而多孔性影響熱之傳遞，在液鹽槽中處理，則導致內孔滲入雜質，故粉末冶金機件不宜用液體滲炭法作處理。

7-5-5 電鍍 (Plating)

高密度機件，常用電鍍處理，但中及低密度之件，必須先作另一處理，使孔隙閉合；先行處理法可用珠擊法 (Peening)、擦光法(Burnishing) 或塑膠樹脂滲入法，以封閉面層之孔隙、避免鹽類滲入，而導致電鍍的起泡。作以上處理法後，再使用標準方式電鍍之。

7-5-6 機械加工 (Machining)

粉末冶金製品特性之一，爲模壓可製成最終的精密尺寸，但需要有螺紋、溝槽 (Grooves)、挖切 (Undercuts) 以及側孔 (Side holes)

等無法直接製造之，必須藉機器的切削施工之。切削時可用高速鋼刀具或炭化刀具來加工，所用冷卻劑，凡適鐵基金屬用者皆可，不宜用水，因其易於產生銹蝕的。

7-6　工業上常見的粉末冶金

粉末冶金種類日益增加，用途亦日漸廣泛，如圖 7-6 所示，且於製造完成後，大都不須另施機器加工。茲將比較突出的粉末冶金製品介紹如下：

1.　金屬過濾器 (Metallic filters)

以金屬粉末所製之濾器，強度、衝擊抵抗皆較瓷質者大，且多孔性高達 97%，可作熱或冷氣體或液體之過濾。如第 7-7 圖所示，A 為去濕器中使潮濕空氣圍繞矽膠乾燥劑擴散而吸收水份。B 為汽油的

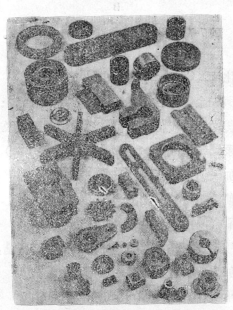

圖 7-6　由金屬粉末所製之各種機件

過濾，使水分及灰塵等自汽油中分離。金屬濾器亦可作火焰隔離及消聲之用。

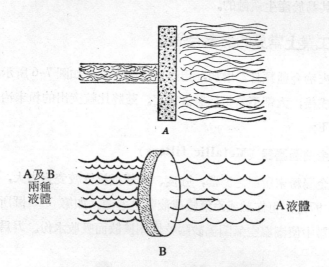

A及B
兩種
液體

A液體

圖 7-7 金屬過濾器，A．擴散。B．分離。

2. 燒結碳化物 (Cemented carbides)

炭化鎢粉與鈷金屬粉混合後，模壓成形，然後在高於鈷熔點之溫度燒結之，所得之燒結炭化物，可作各種切削刀具及模具之用。

3. 齒輪及泵浦轉子 (Gears and pump rotors)

係以鐵粉加入適量之石墨粉製成，孔隙量約 20%，於燒結後滲油處理之，可使運轉時較爲安靜。

4. 馬達電刷 (Motor brushes)

馬達上所用電刷，係用銅與適量的石墨混合製造，需有相當的強度，有時亦可加入少量之錫或鉛，增進耐磨性。

5. 多孔軸承 (Porous bearing)

此機件多利用銅、錫及石墨等粉末，經壓製、燒結後作尺寸矯正處理，並以眞空法滲油。孔隙量易於控制，最高可達 40%。

6. 磁石 (Magnets)

由鐵、鋁、鎳及鈷等粉末作適當之組合，可製若干種小型之高級磁石，可得優良之磁氣特性。

7. 接觸機件 (Contact parts)

常用於電器接觸件之製造，必須要有良好的耐磨性、耐火性，同時必須具備良好之導電性。組合之成份有鎢-銅，鎢-鈷，鎢-銀，銀-鉬，及銅-鎳-鎢等。

還有很多機件亦可用粉末冶金製之，如離合器片、刹車鼓、鋼珠保持環、焊條等。除此之外，金屬粉末還可用作油漆顏料，火箭燃料及發熱熔接 (Thermit welding) 等。亦可加入塑膠內，增加塑膠之強度。

7-7　粉末冶金的優缺點

許多製品利用粉末冶金法製造，不但品質優良，且較爲經濟。它具有下列優點:

(1) 有些產品，捨此法外，無其他方法可製造，如燒結炭化物、多孔性軸承、雙金屬 (Bimetallic)。

(2) 多孔性材料中孔隙所佔之體積，可加以控制。

(3) 製品尺寸精確，表面光滑，特別適合於量多而小件製品之生產。

(4) 由於金屬粉末之純度甚高，故可製成高純度之成品。

(5) 施工時不生廢料，產製經濟。

(6) 製作及使用設備，不須高度技術，人工費用低廉。

粉末冶金亦有其缺點，茲列述如下:

(1) 金屬粉末價格高昂，儲存困難且易變質。

(2) 設備費用較貴。

(3) 金屬粉受壓時流動性不良，無法製造較複雜形狀的製品。

(4) 製品尺寸受限制，許多產品用他法製造可更經濟更方便。

(5) 燒結溫度必須嚴格控制，故加熱困難。

(6) 許多金屬粉易生火災及爆炸的危險，諸如鋁、鎂、鋯及鈦等
　　細粉。

(7) 此法無法產製完全密實的成品。

複 習 題

1. 何謂粉末冶金？
2. 金屬粉末的那些性質對製品有何影響。
3. 如何製造金屬粉末？
4. 金屬粉末製造成品形狀有那些方法？
5. 燒結有何作用？應注意些什麼？
6. 何謂火花燒結？有何特點？
7. 粉末冶金製品常作那些最後處理？
8. 工業上常見之粉末冶金製品有那些？
9. 試述整個粉末冶金術的流程圖。
10. 粉末冶金之優缺點為何？

第八章 熱　　作

　　一般所見到的各種鋼料，都是由鋼錠，經鎚打或壓、軋、擠製等方式，製造而成各種產品。由錠塊改變成板、條、桿、棒等形狀，其變化實在很大，但若在常溫加工，雖可得到光滑的表面，而對形狀的改變則相當困難，施工時間之耗費亦過多，因此一般常將錠塊加熱，使其溫度升高到再結晶溫度以上，再施以外力，則其形狀的改變就比較容易。因金屬在高溫時，呈塑性狀態，加壓力易於造形。但高溫材料易於氧化，產生銹皮，因此一般鋼料都先經熱作改變形狀，而後用低溫作精製的加工，以期得到光滑的表面和精確的尺寸，並增進機械性質。

　　由上可知，使金屬材料作塑性變形以改變形狀的方法，主要者不外乎（1）高溫加工的熱作及（2）低溫加工的冷作。一般所謂熱作（Hot working）及冷作（Cold Working）二者，亦如其他冶金問題，其區別甚難加以界說。但一般金屬熱作，所需力量較小，其機械性質相對的亦無變化。但冷作需力較大，其固有強度亦會增加，且歷久而不變。

　　而熱作與冷作之區別，是在於加工終止時之溫度，是在再結晶（Recrystallization）溫度以上，抑在再結晶溫度之下而言。所以熱作加工的全部過程是在再結晶溫度以上，也就是在加工硬化範圍以上。冷作大都在低於再結晶溫度中實施之。亦有不少冷作加工在常溫中實施。又由於熱作、冷作各有其優點、缺點，因此改變材料形狀時，往往是先行熱作，再繼之以冷作，則可取得兩者加工之優點，不但外形改變快速，同時又可得到光滑的表面。

熱作除了易於改變材料的形狀之外，還有以下幾項優點：

(1) 可使金屬內之孔隙大量減少。因為鋼錠於鑄造時大都含有大量的細小氣孔，熱作時在高的工作壓力下，即被壓縮而密合。

(2) 存在於金屬內之雜質，經加工而破碎，並均勻分佈於金屬內。

(3) 粗粒及柱狀晶粒因加壓而細化。因熱作加工之溫度正是結晶細化之再結晶溫度。

(4) 由於晶粒細化，所以各種機械性質都得到改善。強度加大，柔靭性提高，材質均一，衝擊值增加。

(5) 熱作改變形狀所需之能量，較冷作所需之能量為低。

熱作除了以上的優點之外，亦有下列幾項缺點：

(1) 高溫易於氧化，產生銹皮脫落。

(2) 表面粗糙，缺乏光平的外觀，尺寸甚難精確。

(3) 高溫作業的設備及維持費用較高。

金屬熱作的重要方法有下列幾種：

A. 滾軋 (Rolling)

B. 鍛造 (Forging)

    (1) 手鍛（俗稱打鐵）(Hammer, or smith forging)

    (2) 落鍛 (Drop forging)

    (3) 擠鍛或端鍛 (Upset forging)

    (4) 壓鍛 (Press forging)

    (5) 滾鍛 (Roll forging)

    (6) 型鍛 (Swaging)

C. 擠製 (Extrusion)

D. 製管 (Pipe and tube manufacture)

E. 抽製或壓凹 (Drawing or cupping)

F. 熱旋壓 (Hot spinning)

G. 特殊加工 (Special methods)

8-1 滾軋 (Rolling)

一般斷面形狀相同之鋼料，皆以滾軋加工為主，在金屬熱作加工中，也以滾軋加工之速度最快，加熱滾輥中有再結晶的作用，可使晶粗細化，如圖 8-1 所示。由原來鋼錠之粗晶粒經滾軋加工，晶粒破壞而伸長，又由於溫度高，有再生的作用，組成細微的晶粒。此時晶粒迅速生長，直至溫度降到低於再結晶完成為止。但高溫時若不加工，晶粒迅速生長變成粗大，直到溫度降至再結晶溫度範圍之下極限為止。

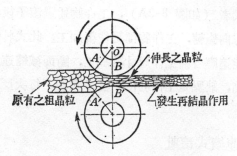

圖 8-1 滾軋對晶粒之影響

經滾軋後，材料由厚而薄，其離開滾輪之速度，比進入滾輪之速度為高，經加工後材料之寬度略有增加，厚度減少，而長度則迅速加長，加工過程中，溫度的均一性很重要，它控制著材料的可塑性及流動性。

滾軋的加工方法是將鋼錠，由燜爐 (Soaking pit) 加熱至熱作溫度（約 2200°F），送入軋鋼機中，先軋成斷面 6″×6″(150×150mm)的中塊 (Blooms) 材料，再軋成小塊 (Billets)、扁塊 (Slabs)，到最後軋成板、棒、桿、結構型鋼或箔片等材料。

軋鋼機之滾輪常為二重往復式或三重連續式，如圖 8-2 所示。

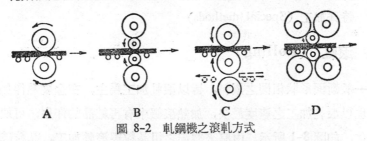

圖 8-2　軋鋼機之滾軋方式

滾軋也可以配合各種熔接方法做各種管子之加工，例如將一塊或一條金屬板子滾軋成管狀再加予熔接使成金屬管。

8-1-1　二重往復式滾軋

二重往復式者（如圖 8-2A），工作物通過滾子後，滾子須停止轉動，並以反方向旋轉，工作物卽可往復加工。此式軋鋼機之優點是調整範圍大，能適應各種工作尺寸的加工，斷面減縮速度大，對各種工作之可變性高，缺點是工作物的長度多限制，每次反轉之慣性要克服困難。

8-1-2　三重連續式滾軋

三重連續式者（如圖 8-2C），備有工作物升降機構，可消除克服慣性的困難，但工作物每次通過滾輪之時間不易配合是其缺點，但製造費用低，生產速度快。圖 8-2 中之 C、D 兩種滾輪，是採用兩個、四個甚至於更多個以支持並加強兩個實際工作的滾子，此能够加大機器的工作容量。

如圖 8-3 所示為 100×100mm 斷面製成圓桿及其所經過之次數。此外，亦有許多軋鋼機，是以其製造之成品來定名的，諸如鋼軌、結構用型鋼、板、桿、帶狀等製品之滾軋。

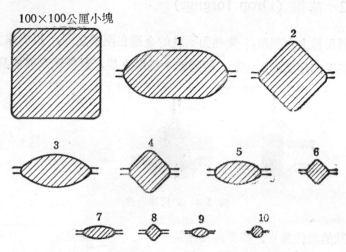

圖 8-3 由 100×100mm 材料製成圓桿所經過減縮斷面積之
軋製過程及次數。

8-2 鍛造 (Forging)

將延展性良好的金屬材料，加熱至熱作溫度，施以鍛打而成各種
所需之形狀，稱之為鍛造 (Forging)。凡機器上需要強度大或耐衝擊
的部分，如曲軸、連桿、搖臂以及各種工具等，都先鍛造成毛胚，然
後再加工而得。

鍛造由使用的設備或鍛打的方式不同，有下列幾種形式：

8-2-1 手鍛 (Hammer forging)

此法為最古老的鍛造方法，即所謂打鐵匠的鍛造方式，常用於修
理維護的工作，及掛鈎、撬桿、鑿子、切削工具等小件的產品。此法
所得之鍛造品尺寸精度差，無法製造形狀複雜的產品，而只限於小件
之鍛造品。

8-2-2 落鍛 (Drop forging)

利用錘上之模型，使熱而柔軟的金屬在兩模之間，以衝擊或壓力，在模內作激烈的流動，經過數次衝壓之後，最後達到與模具相同

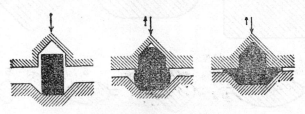

圖 8-4 鍛模鍛造程序

之形狀的鍛件為止。模型採用漸進式，以資控制其流動方向，所需之級數，則視鍛件的形狀、大小、材料之可鍛性及公差的要求而異。如圖 8-4 即為鍛模之落鍛步驟。

落錘式鍛造機的主要形式有三：

(1) 蒸汽落錘 (Steam hammer)：以其衝柱及錘體之重量，由蒸汽力量舉升，衝擊力以控制蒸汽量為之。如圖 8-5 所示，蒸汽錘之工作迅速，每分鐘可鍛打 300 次以上，工作量在 500 磅至 50,000 磅 (2-200KN)。

(2) 重力落錘 (Gravity drop) 又稱板錘機 (Board hammer)：利

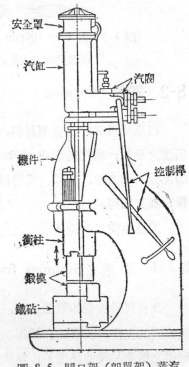

安全罩

汽缸

汽閥

機件

控制桿

衝柱

鍛模

鐵砧

圖 8-5 開口架 (卽單架) 蒸汽鍛造機

用衝柱及模之重量自由落下時所產生衝擊的力量，作用於鍛模，而實施鍛造者，如圖 8-6 所示。落錘之舉升，可用壓縮空氣或水蒸汽的力量。錘擊的力量則視錘體之重量及舉升的高度而定。

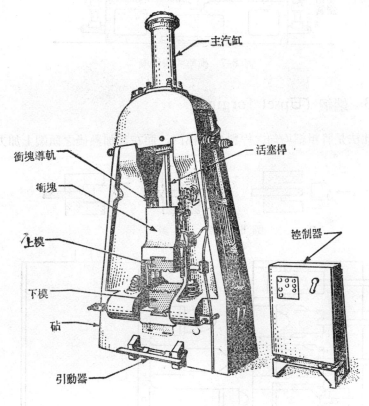

主汽缸

活塞桿

衝塊導軌

衝塊

控制器

上模

下模

砧

引動器

圖 8-6 重力落錘式鍛造機

(3) 衝擊式鍛錘機 (Impacter forging hammer)：如圖 8-7 所示，利用兩個相對之水平式汽缸，作用於中間以機械方式固定之鍛件，衝擊之時間短，所需之工作能量較其他方式者為低，所得之鑄件，在分界面之周圍有一被擠出之額外薄層，在鍛件完成後，送到整修壓床 (Trimming press) 上剪除之。

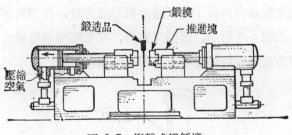

圖 8-7 衝擊式鍛錘機

8-2-3 端鍛 (Upset forging)

此法是將粗細均勻之桿料夾於模內，而在其加熱後之頭端上加力

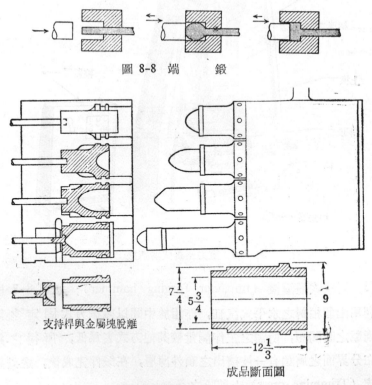

圖 8-8 端 鍛

支持桿與金屬塊脫離

成品斷面圖

圖 8-9 汽缸殼之端鍛程序

使其加粗或變形，如圖 8-8 所示。端壓部份桿料之長度，不得超過其直徑之二至三倍，否則必致彎曲而不能加粗充滿於模內。

製造彈殼或發動機之汽缸，亦常採用分段穿孔或內部位移 (Displacement) 方式鍛造，如圖 8-9，即為其施工之程序圖，先將所需之桿料加熱至鍛造溫度，一端以支持桿固定，一步一步地施以端壓穿孔，而成為厚底之杯形，最後一步是使用一個斜度的沖子，使金屬在模內擴張並且伸長至模端之內，一方面使支持桿脫離，同時也衝斷前端的金屬塊。

8-2-4 壓鍛 (Press forging)

壓鍛是利用緩慢的作用力，迫使塑性金屬變形，壓力可達鍛件的中心，內外各處皆可得到加工的效果。鋼料熱作溫度所需之鍛造壓力約為 3,000~27,000 lb/in²。壓床大都為垂直式，有機械操作者，亦有用油壓操作者。

小的壓鑄件皆採用閉合式鍛模，且常於一個鍛造行程即行完成。壓鑄件之形狀，皆為對稱，表面光滑，所得之尺寸精度亦較高，但不能鍛造形狀複雜的鍛件。

8-2-5 滾鍛 (Roll forging)

以滾軋的方式實施鍛造有兩種情況：一是桿料斷面形狀改變之直式滾鍛，如圖 8-10 所示。另一種是製作圓輪等之旋轉式滾鍛法，如圖 8-11 所示。

滾鍛可用於各種機件的鍛造，例如車軸、飛機螺旋槳的胚料、刀片、鏨子、斜度管、鋼板彈簧之頭端等。此法所得之鍛件，表面光滑、精度良好、機械強度大，比落鍛可節省 20% 的材料，生產速度快，但鍛件的形狀受到限制，且滾輪造價高昂為其缺點。

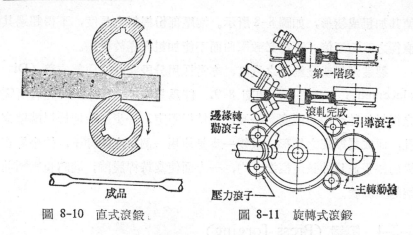

圖 8-10　直式滾鍛　　　　　圖 8-11　旋轉式滾鍛

8-3　擠製 (Extrusion)

以壓力將可塑材料，通過一定形狀之模孔面而成斷面形狀均一的製品，謂之擠製(Extrusion)，其情形有如牙膏從牙膏管中擠出。桿、管、裝飾邊條、結構製品、彈殼、電纜的覆層等，皆爲此法之典型產品。

擠製可製造各種斷面形狀之製品，所得製品的強度高、精度良好、表面光滑、產量大、模具費用低廉、長度不受限制等優點。但產製速度比滾軋慢三倍，且產品斷面必須均一是其缺點。

目前市面上的各型鋁門窗之結構體，其形狀很特殊，用其他加工方法很難製造，但用擠製方法則很容易。

擠製的方法一般有下列四種:

8-3-1　直接擠製法 (Direct extrusion)

經加熱後之金屬圓粒體（爲可塑狀材料），置於能承受高壓的模具內，利用高壓力的衝柱，迫使材料從衝柱對面之模孔內擠出，如圖8-12A 所示。擠壓至剩餘一小部份爲止。然後自靠近模孔處鋸斷，並取出餘料。

8-3-2 間接擠製法 (Indirect extrusion)

　　如圖 8-12B 所示，製品是由空心之衝柱內擠出者，其他皆與直接擠製法相同。此法所需之壓力較小，因原料在容器內無滑動作用，亦無摩擦阻力，但衝柱必須為中空，強度較弱，且擠製件不能得到適當的支持，為其缺點。

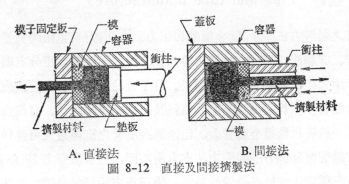

A.直接法　　　　　　　　　　　　　B.間接法

圖 8-12　直接及間接擠製法

8-3-3 覆層擠製法 (Sheathing extrusion)

　　常於電纜外加一保護層時使用之，如圖 8-13 所示，上方之缸內為熔融之鉛，且由液壓之活塞迫使鉛繞纜繩周圍熔接而成一層均勻的被覆層，並能產生足夠的夾持力，推送纜繩通過模孔前進。此一擠製行程完成之後，提起活塞，加入新的鉛液，繼續施工，中間不至有間斷之虞。

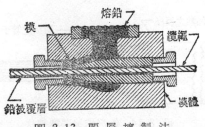

圖 8-13　覆 層 擠 製 法

8-3-4 衝擊擠製法 (Impact extrusion)

此法主要是在於冷作中實施，但亦有將金屬加熱後，置於容器模內，以衝子直接加力，迫使金屬圍繞衝子周圍上升，製成一管狀，常爲可壓摺之管子的製造，如牙膏管等製品。

8-4 製管 (Pipe and tube manufacture)

管之製造方法頗多，就金屬熱加工方面有對接法、電阻焊對接法、疊接法、穿刺法、擠製法、抽製法等六種方法，而金屬管可分有縫管及無縫管兩大類，有縫管常用於構架、柱子及輸送氣體、水，或廢流體等。無縫管多用於高溫及高壓或氣體及化學劑之輸送等。有縫金屬管的直徑一般皆比無縫金屬管大，但無縫金屬管之直徑最大可達16吋。

有縫管與無縫管的製造方法亦有所不同，茲將製管方法介紹於後，前三種方法屬於有縫管的製造，後三種方法爲無縫管的製造法。

8-4-1 對接法 (Butt welding)

此法是先將條狀之鋼板加熱，在邊緣上作成斜角，以便成圓管後，二邊能很精確的接合。此法又分間斷式及連續式兩種對接法。

(1) 間斷式對接法：如圖 8-14 爲間斷式之對接製造法，將鋼板條之前端剪成 V 形，便於通過鐘形之熔接器，鋼板加熱至熔接溫度時，V 形端由一鉗子夾住，鉗子鈎於鍵條上，將鋼板抽拉通過鐘形熔

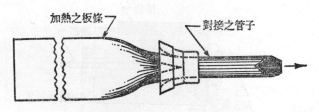

圖 8-14 鐘形熔接器製管法

接器，一方面造成圓形管，同時其邊緣 亦自動熔接，管子熔接完成後，再經過一次矯正修整之模子，以得出正確之尺寸及除去氧化膜。管子即製造完成。此種方式是一支支間斷地來製成。

(2) 連續式對接法：連續式對接法之鋼板料,常捲成圓筒狀,鋼板先經過加熱爐，加熱火焰對準鋼板之兩邊緣，使之達到熔接溫度，接着進入一系列水平及垂直交錯之滾子，壓合成為管子，並加以整形、去銹、切斷成適當之長度。如圖 8-15 所示，此法所製之管子，其最大直徑為 3 吋 (75mm)。

圖 8-15 連續式製管法

8-4-2 電阻焊對接法 (Electric butt welding)

先將條狀鋼板，經過一系列之滾子，逐次變更其形狀成圓管，再將此成形圓管經過以兩個圓盤滾子為電極之焊接器，使電流通過產生熱量，而把相對之管縫部分熔合，如圖 8-16 所示。再經尺寸矯正及精光表面，作業即告完成。

8-4-3 搭接法 (Lap welding)

先將條狀鋼板之兩邊作成斜角，經加熱後，通過造形模或滾子成

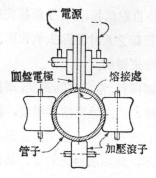

圖 8-16 電阻焊連續製管

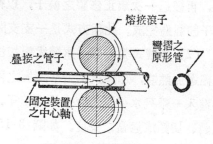

圖 8-17 搭接製管法

圓管，且其邊緣互相重疊，再次加熱後，使其通過兩個有槽的滾子，如圖 8-17 所示，中間有一直徑與管子內徑相同之心軸，藉著滾子與中心軸間的壓力，使重疊的邊緣熔接為一。

8-4-4 穿孔法 (Piercing)

將圓柱形的鋼棒，加熱後通過兩個轉向相同的錐形滾子，且在兩滾子中間安置一針狀之心軸，當滾子轉動迫使材料前進時，便產生穿孔的作用，即把圓柱狀之實心鋼料穿孔成中空之圓筒。穿孔後之管子，繼續通過一對有槽之滾子，其間有固定於中心軸之柱塞，滾軋後厚度合於規定，且長度增加。此時溫度仍高，尚可繼續加工，再通過一捲軸機，能使管子伸長、尺寸正確、表面光平，最後經矯正滾子完成管子的製造。如圖 8-18 所示。

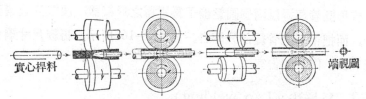

實心桿料   穿孔滾子　柱塞滾軋機　捲軸機　矯正滾子　端視圖

圖 8-18 穿孔法製管程序

8-4-5　管擠製法 (Tube extrusion)

　　此法大都用於非鐵金屬管的製造，將塑性良好的材料，置於容器內，利用高壓將材料擠出有軸之模孔，心軸之大小卽爲管子之內徑，如圖 8-19 所示，爲擠製管子最常用之方式；此法爲直接擠製法。若爲鋼料的擠製，溫度要高，壓力要大，作用速度要快，每秒鐘在10呎以上（或 3 m/sec），通常都用於銅、鋁、鉛等低熔點金屬的製造。

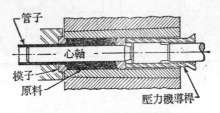

圖 8-19　擠製法製管

8-4-6　抽製法 (Drawing)

　　將材料加熱至鍛造溫度，利用穿孔沖子在沖床上先衝擠一端閉合之空心鍛件，然後取下鍛件，重新加熱後，置於抽製檯上，經過數個模子，連續的縮減直徑，降低壁厚，增加長度，最後將閉合端切除再經矯正尺寸卽完成管之製作。如圖 8-20 所示。氧氣瓶常以此法製作，且閉合端不須切除。

8-5　熱旋壓 (Hot spinning)

　　圓盤或厚金屬板在旋轉模上的造型，以及在管之前端的頸端，皆採用熱旋壓加工，如圖 8-21 所示，使用一個鈍頭的工具或滾子與旋轉件接觸，並加壓力使金屬流動，隨中心軸之形狀而變形，因刀具與材料之間的摩擦阻力產生適當的熱量，使金屬維持在可塑狀態；此法可加工到所希望的形狀或與模型相同形狀爲止。

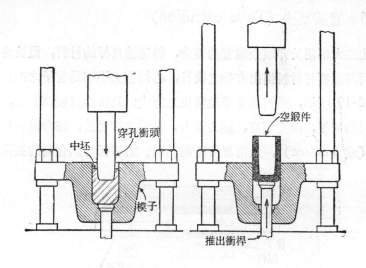

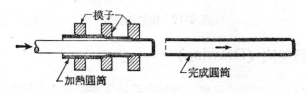

圖 8-20 厚壁圓筒之抽製

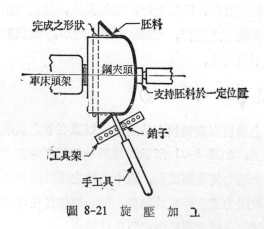

圖 8-21 旋 壓 加 工

8-6 特殊熱作加工方法

有些爲了特殊產品的製造，採用比較獨特的方法加工，下列介紹幾種熱作加工方法:

8-6-1 鋁板連續製造法

此卽採用小的鋁珠經滾軋而成，如圖 8-22 所示。先將熔融之鋁注入多孔的旋轉圓筒內，鋁熔液經細孔流出後，受到冷卻板的作用而凝結成小鋁珠，然後用風吹送至預熱室，將小鋁珠經熱軋成鋁薄片而捲繞成筒狀，此法適用於大量生產、設備費用低。理論上此法所製之板片，長度可不受限制。

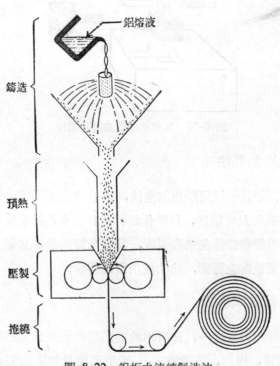

圖 8-22 鋁板之連續製造法

8-6-2 高溫成形法

難於鍛造之金屬，在鍛造的周圍加以惰性氣體，防止氧化及銹蝕的脫落，並能增加高溫作用下鍛模的壽命。

8-6-3 在鍛造加工中

利用輔助桿的移動，而使鍛件造成內孔，省略了以後機製加工的麻煩，適合於大量生產，如圖 8-23 所示。

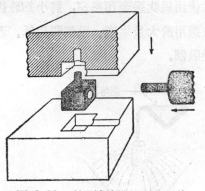

圖 8-23　利用輔助模鍛內孔工件

8-6-4 鍛模加熱法

對薄斷面鍛件可採用鍛模加熱法，以適當之潤滑劑，減少表面的氧化，保持高的尺寸精度，同時使鍛件維持較長時間的柔軟狀態，生產量增加。但鍛模維持在較高溫度，其壽命將縮短，且需要加熱的費用；除非必須較薄之斷面，此法使用價值甚少。

8-6-5 高能量成形法

為冷作加工方法之一，亦可用於高溫耐熱而難於鍛造的合金，係利用各種機構、爆炸、放電方式，產生高能量加工而完成者，由於作迅速，較薄之件亦可在其冷卻前鍛造完成。

　　以上介紹了五種特殊熱加工方法，以資參考；今日科技一日千里，新方法不斷研究發展，都往加工費廉、迅速、便捷、精緻等方面努力，不久將來，定能推出其他新的熱加工方法。

複　習　題

1. 何謂熱作？有何優點與缺點？
2. 試述滾軋加工的方法。
3. 何謂鍛造？有那幾種形式？各有何特點？
4. 何謂擠製？有那幾種擠製法？各有何特點？
5. 試述金屬管的製造方法？
6. 簡述熱旋造的加工方法。
7. 試述利用鋁珠連續製造鋁板的方法。
8. 試述鍛模加熱法的優缺點。

第九章 冷 作

9-1 冷作對金屬之效應

冷作 (Cold working) 又稱冷加工,是於再結晶溫度下之低溫或室溫,對金屬實施加工,如此能使金屬之結晶產生畸變 (Distortion),畸變對材料尺寸的改變不大,但可增進金屬的強度、切削性、尺寸的精確度及表面光度;又由於冷作時氧化機會很少,因此可軋出比熱作更薄之片或箔。

在瞭解冷加工的作用之前,必須先對金屬的結晶組織有個基本認識。所有的金屬結構,在本質上都是由各種不同大小及形狀各異之晶粒所組成。此可由磨光之金屬表面經化學劑腐蝕之後,由顯微鏡下觀察之;每一晶粒是由無數多的原子,依照一定的次序排列成所謂的格子 (Lattice),當材料受到冷作加工而變形時,也影響到結晶組織,而使晶粒破裂、原子移動及格子變形。滑動面 (Slip plane) 則發生於格子結構內原子相互吸力最弱之處,如圖 9-1 所示。當滑動發生時,原子的方向未變。但遇有另一種原子方向,滑動面則隨之改變,這種現象稱之為雙晶(Twinning)。雙晶的發生是在於一邊的原子方向,不同於另一邊,原子本身並無不同。金屬變形的主要原因正是由於滑動。

金屬冷作所需之力,遠大於熱作之所需,所加的外力若不超過材料的彈性限度,就無法使材料產生塑性變形,在低溫或室溫,當結晶粒經冷作而變形或破裂,即無法復原,但在結晶粒變形時,自動建立起一種抵抗力,也就是增加了金屬的強度和硬度,這種金屬不經熱處理,而能增加材料強度與硬度的效果, 稱之應變硬化 (Strain hard·

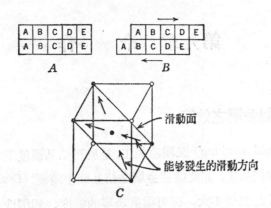

圖 9-1 體心立方格子 (B.C.C.) 產生滑動情形

ened)。 這種現象有若干冶金學者提出各種原理， 一般都認爲這種抵抗阻力是晶粒內原子之錯位或差排 (Dislocation)， 分裂 (Fragmentation), 格子畸變 (Lattice distortion), 或由三者綜合而成之現象。

　　金屬冷加工量的多寡，視其延性而定，延性大，冷加工量亦大。由於合金元素有迅速增加應變硬化之趨勢，故一般純金屬比合金元素能承受較多的冷加工變形。材料經冷作後，在內部出現殘留應力 (Residual stresses)，此可將材料加熱至再結晶溫度之下消除之。有時這種應力有利無害，希望它存留在材料內者，例如小機件之珠擊法，使表面產生壓力，裏面生拉力，可以增加材料的疲勞強度。

　　從上面可知，金屬材料經冷作加工後，可產生下列各效應：

(1) 金屬內部存留一種應力，加以熱處理後始能消除之。

(2) 晶粒產生畸變或碎裂。

(3) 硬度及強度增高，但延性亦有相當的減少。

(4) 冷作後再結晶溫度增高。

(5) 冷作能增進表面光度。

(6) 可維持精密的尺寸及公差。

9-2 冷作加工方法

冷作的加工方法很多，諸如抽製、擠壓、彎曲等可使晶粒產生畸變，並改變材料之性質及形狀；剪切僅改變其形狀，並不使晶粒發生變形。各種的金屬冷作方法如下：

I. 抽製 (Drawing) 加工，依成品之不同，有下列幾種加工法：

(1) 彈殼 (Blanks)

(2) 管子 (Tubes)

(3) 壓浮花 (Embossing)

(4) 線材 (Wire)

(5) 金屬旋壓 (Metal spinning)

(6) 剪力旋壓 (Shear spinning)

(7) 拉伸成形 (Stretch forming)

(8) 拉伸抽製成形 (Stretch draw forming)

II. 擠壓 (Squeezing) 亦由成品的不同，有下列幾種加工法：

(1) 壓印 (Coining)

(2) 冷軋 (Cold rolling)

(3) 定尺寸 (Sizing)

(4) 型砧或冷鍛 (Swaging or cold forging)

(5) 內孔造形 (Intraforming)

(6) 螺紋滾軋及滾紋 (Thread rollig and knurling)

(7) 鉚接 (Riveting)

(8) 椿接 (Staking)

III. 彎曲 (Bending) 由於形式的不同，有以下幾種：

(1) 彎角 (Angle bending)

(2) 滾壓造形 (Roll forming)

(3) 板之彎曲 (Plate bending)

(4) 捲邊 (Curling)

(5) 摺縫 (Seaming)

IV. 剪切 (Shearing) 加工，又可區分爲下列幾種：

(1) 下料 (Blanking)

(2) 冲孔 (Punching)

(3) 切斷 (Cutting off)

(4) 剪邊 (Trimming)

(5) 冲小孔 (Perforating)

(6) 冲缺口 (Notching)

(7) 冲縫 (Slitting)

(8) 冲凹穴 (Lancing)

(9) 刮鉋 (Shaving)

V. 高能量加工 (High energy rate) 加工方法有三：

(1) 爆炸法 (Explosing)

(2) 電氣液壓法 (Electrohydraulic)

(3) 磁力法 (Magnetic)

VI. 冲壓工作，可有下列幾種：

(1) 壓凹穴 (Hobbing)

(2) 冷擠製 (Cold extruding)

(3) 衝擊擠製 (Impact extruding)

VII. 珠擊法 (Shot peening)

以上各種冷作加工方法中，有部分是熱作加工的延續，而且加工方法亦相同，只是被加工材料溫度的高低不同而已。在本章中就抽製、擠壓、板金工作、冲壓工作，或其他冷作加工等等，依序分別說明於后：

9-3　抽製 (Drawing)

在冷作中的金屬抽製，所能改變材料的尺寸及形狀極為有限，而冷作之抽製，主要的目的，是使產品能得到精確的尺寸，光潔的表面及良好的機械性質。

9-3-1　管子加工 (Tube finishing)

金屬管子經過熱軋後，以酸蝕及清洗以除去銹皮，再塗上一層潤滑劑，防止抽製時擦傷，減少磨擦阻力，及增進表面的光度。

(1) 管子定中心及精光之抽製，在抽製枱上實施，如圖 9-2 所示。管端先以型砧機 (Swaging machine) 鍛細，穿過抽製模孔，並用鉗子夾住，掛於抽拉機之鏈條上；抽製時使管通過較其外徑為小之模孔，內部放入一固定的心軸，以控制其內徑尺寸。抽製拉力約為 50,000～300,000 磅（或 0.2～1.3MN），全長可達 100 呎（30米）。

每抽製一次，最大之收縮率可達40%，因金屬產生塑性流動，使

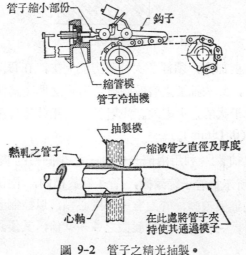

管子縮小部份　　　鈎子

縮管模
管子冷抽機

抽製模

熱軋之管子　　　縮減管之直徑及厚度

心軸　　　在此處將管子夾持使其通過模子

圖 9-2　管子之精光抽製。

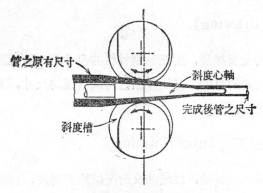

圖 9-3 管子縮減機

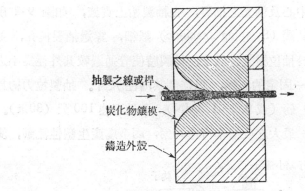

圖 9-4 抽線模切面圖

金屬的硬度、強度加大，須經多次抽製方能完工，在每通過一次，必須退火軟化一次；此法抽製之管較熱軋法所得之厚度爲薄，直徑較小，但中間必須作若干次的退火處理。注射針亦可用此法抽製，其外徑可小於 0.005 吋 (0.13mm)。

(2) 縮管之抽製： 利用兩個具有斜度之 半圓槽的 圓滾子 爲抽製模，如圖 9-3 所示爲管子縮減機， 管子置於槽內， 兩個滾子前後轉動，作交互的前進與滾動，管內有一斜度心軸，以控制管之縮減，此種縮管之減縮量，一次有一般抽製機之 4～5 倍；其優點能抽製更長之管子。

9-3-2 線的抽製 (Wire drawing)

金屬線之抽製模，如圖 9-4 所示，桿料經熱軋，酸洗去銹後，敷上一層可防止氧化之潤滑劑，潤滑劑並可助其黏著。卽可送入抽製模抽線；抽線又分單級分段式及多級連續式。

(1) 單級分段式是將粗線捲於捲軸上，使其細端通過抽製模，以鉗子夾住，鉗子勾於抽製機上，抽至一定長度後卽捲繞於捲軸上。再作爲第二次抽製之線軸，依次更換較細之線模，直到最後合乎尺寸爲止。其中常施以退火處理。

(2) 多級連續式是將金屬線通過依次排列逐漸變細之模及捲軸，所用之模數少則 4 個，多者可達12個，金屬線從這些排列之線模通過後　卽達所需之尺寸精度。抽模多用炭化鎢製造，但直徑小者可用鑽石製之。

9-3-3 製箔 (Foil manufacture)

製箔所需之材料要純度高，常於眞空熔爐熔化後，以連續鑄造法鑄造，給予冷卻，而後滾軋。熔化時加入之料皆爲最純的金屬，必要時自然亦可加入高純度之合金元素。 Hunter 法是將熔融金屬在壓力作用下，通過噴嘴至水冷之滾子間，凝成金屬板，再經一連串之滾軋而達 0.006 吋 (0.15mm) 厚之箔片，箔之厚度係由滾軋及拉伸兩種作用合成。箔有兩面光或一面光一面類似有微細斑點之毛面兩類。最薄之箔片可達 0.00008 吋 (0.0020mm)。

9-3-4 金屬旋壓 (Metal spinning)

金屬的旋壓 (Spinning) 是用一種鈍頭的工具加壓於薄金屬板上，一方面旋轉，一方面隨背後的模子形狀而造形。此法在基本上所製之

形狀，必須是對稱的圓形斷面，所用之設備與木工車床相似，如圖 9-5
所示，模型常以硬木或鋼料製成，固定於車床之頭架上，車床刀架上
安裝刀具，沿着金屬板旋壓成形。最後加以修剪卽可。旋壓除了外形
工件，內形工件亦可加工。製品諸如花瓶、茶壺、炊具、樂器、反射
器、漏斗等等。

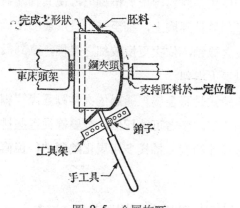

圖 9-5 金屬旋壓

旋壓時可用肥皂、蜂蜜、白鉛及亞麻仁油等作爲潤滑劑，以減低
工具之磨擦阻力。由於旋壓爲冷加工之一種，故其加工程度或伸長作
用受到限制，必要時中間可能需要一次或兩次的退火。雖然旋壓加工
可用於大量生產工作，但小量的製造約 5000 件左右，最爲適宜。旋
壓加工之優點是工具設備費用低廉，工具準備省時，短時間內可發展
出新產品並正式生產。製造容易，大型成品可避免採用價格昂貴之大
壓力機械設備。缺點是人工技術高，用人費貴，產量低。

9-3-5 剪力旋壓 (Shear spinning)

厚金屬板的旋壓加工，必須使用動力驅動的滾子，以代替傳統式
的手工具。此種施工方式普通稱之爲剪力旋壓。一般旋壓僅使金屬彎

曲或擴張，並不造成塑性變形或縮減其厚度。在剪力旋壓中，金屬受滾軋及擠製的綜合作用，使材料變薄。如圖 9-6 所示。滾子造形工具加壓力於板上，迫使材料隨中心軸而成形，並從頭到尾保持均勻的厚度。 成形後之板厚度， 等於原板厚度乘以 $\sin\dfrac{\alpha}{2}$，α 為錐角，錐角小於 60° 者，需先作成一錐體，然後才能作剪力旋壓；材料厚度的縮減，最大可達80%。剪力旋壓可製管子或半球形及類似的曲面製品。

剪力旋壓之優點有：增加強度、節省材料、降低製造費用，及產品可得光淨的表面。

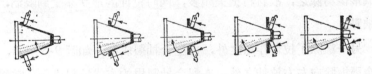

圖 9-6 剪力旋壓法

9-3-6 拉伸成形 (Stretch forming)

對於大而薄之金屬板，加工造成對稱形狀或彎曲度面，常用拉伸成形，如圖 9-7 所示。以兩側滑動之金屬板夾持器，將金屬板兩邊夾牢，向左右作水平移動，中間之模型則作垂直運動，皆以油壓控制，超過材料之彈性限度後，材料卽可隨模之形狀而成形。拉伸後，材料

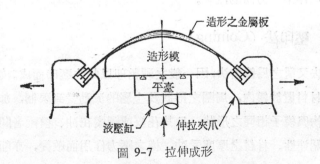

圖 9-7 拉伸成形

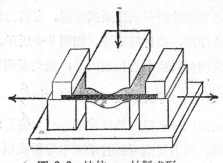

圖 9-8 拉伸——抽製成形

厚度會微些減小，同時亦有小量的彈性回復 (Spring-back)，夾持部分在成形後剪除之，故材料損失頗多，同時拉伸的形狀亦受到限制，是其缺點。

另一種除了拉伸作用之外，再配合抽製成形，如圖 9-8 所示，是將金屬板除向左右拉伸之外，亦配合抽製模的方式抽製成形，常用於飛機鋁板件及汽車工業的製品成形，諸如車身頂蓋、引擎罩、後艙蓋及門檻等。鈦及不銹鋼等亦可用此法造形。

9-4 擠壓 (Squeezing)

金屬在低溫的狀態下受到外力的作用，迫使材料成一定的形狀，而這外力是壓力或衝擊力，金屬除了順應模子形狀之外，亦能順應力的作用，作某一方向的流動。

9-4-1 壓印法 (Coining)

此法又稱之為鑄幣法，因一般之硬幣卽以此法壓印而成。如圖 9-9 所示。材料置於模內，周圍之形狀及金屬的流動受到限制，加壓時形成工作物與模子相同之形狀，且其花紋或圖案在冲、模兩者間，並無相對的關連性。材料之厚度受冲、模之壓力作用而改變，亦卽兩面各有深淺不同之圖案。此法所須之壓力較高，只適用於較軟之合金。

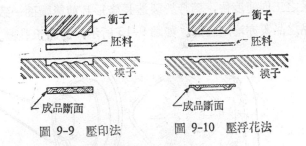

圖 9-9 壓印法　　　圖 9-10 壓浮花法

9-4-2 壓浮花 (Embossing)

此法與壓印相似，如圖9-10所示。所不同者是材料的厚度幾乎不變，衝、模之間有一定的關係，亦卽衝子凹形，模子爲凸形，相反的，衝子爲凸形者，模子爲凹形。由此亦可說是一種拉伸作用，往往在衝子上僅有浮花部分與胚料接觸，而形成浮花的圖案，而衝子與模子之配合形狀完全相同，此法所需之壓力較低，金屬受擠壓的作用很小，主要用於獎牌、名牌、證明牌、以及各種精美圖案之 金屬片等的製造。

壓浮花亦可利用兩個滾動之滾輪上，刻有相對的圖案爲模子，當金屬板在兩滾輪間通過時，形成浮花圖案，稱之爲旋轉壓浮花 (Rotary embossing)，如圖 9-11 所示。

9-4-3 冷軋 (Colding rolling)

長條形金屬板經過一連串之組合成形模，以每分鐘 50～300 呎 (0.3～1.5m/s)，依次改變其斷面形狀，通常材料形狀的改變，都是由中心開始，依次通過各組滾子，逐漸擴及兩側。如圖9-12所示。每通過一對滾子所能彎折之量受到限制。若一次彎折之量太大，在此對滾子之前，金屬板卽先有了某種程度的變形，因此會影響前一站的工作效果。角的彎折，其半徑不能小於板之厚度。

　　冷軋之工作速度快，適合於製造長條形且前後斷面一致之產品，所得製品之品質亦均勻良好。如圖 9-13 所示，為冷滾軋機。

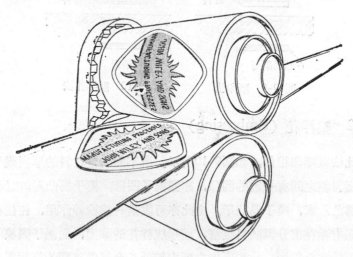

圖 9-11　旋轉壓浮花

圖 9-12　冷軋造成製品
A. 板條材料所製成品
B. 窗簾造形的程序

圖 9-13 冷滾軋機

9-4-4 冷鍛 (Cold forging)

最簡單之冷鍛法，是以小的壓力，施於鍛件、鑄件或鋼之組合件上，得到較精密之公差及平直的表面。經此作用之材料，並無多大變形，僅在垂直方向上有些許的金屬移動。如圖 9-14 爲旋轉式之冷鍛加工法 (Rotary swaging)，利用兩旋轉模作迅速閉合動作，產生壓力及衝擊的作用，使材料改變形狀或縮減直徑。常用於自動鉛筆、金屬

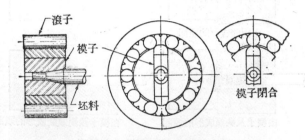

圖 9-14 旋轉式之冷鍛加工法

傢俱腿、傘柄、小齒輪、凸輪，及其他不規則形狀等之加工製造。

螺栓、鉚釘以及類似件頭端之製品，都是成捲之金屬線經冷鍛而

圖 9-15 高速單行程冷鍛頭機 4.8mm 之線圈鋼，
每分鐘生產 600 枚。

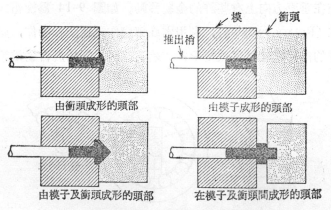

由衝頭成形的頭部   由模子成形的頭部

由模子及衝頭成形的頭部   在模子及衝頭間成形的頭部

圖 9-16 冷鍛頭模子之種類

成，製造之程序是先將金屬線裁剪成適當之長度，接着鍛壓頭部，然後向前推進夾持，以夾或剪出尖端，而後頂出，每分鐘可製造 600 枚左右。如圖 9-15 為高速單行程冷鍛頭機。又如圖 9-16 為冷鍛頭模子之種類。如圖9-17為各種冷鍛頭型式。

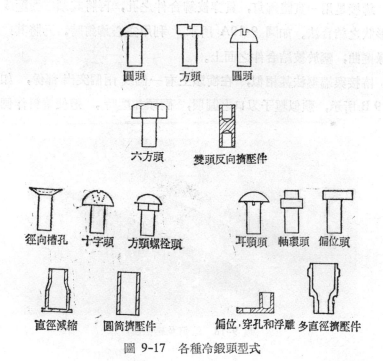

圓頭　方頭　圓頭

六方頭　雙頭反向擠壓件

徑向槽孔　十字頭　方頭螺栓頭　耳頭頭　軸環頭　偏位頭

直徑減縮　圓筒擠壓件　偏位，穿孔和浮雕　多直徑擠壓件

圖 9-17　各種冷鍛頭型式

9-4-5　內孔造形 (Intraforming)

先以鍛件或粉末冶金而成之胚料，送入在 300 噸 (4000Mpa) 左右之高壓作用下，材料圍繞心軸擠壓成與心軸相同之內孔形狀，如圖 9-18 為內孔造形之心軸、工作物及完成件。此法製造所得之工件，表面光滑、公差精確，但最大製品之外徑只能達到 4 吋 (100mm)，而且工具價格高昂，但模具使用壽命只有 1,000～100,000 件左右。此

法常用於栓槽 (Spline) 孔，內齒輪，以及特殊形狀之孔及軸承支持環
等製造。

9-4-6 鉚接及椿接 (Riveting and Staking)

鉚接是用一實體鉚釘，貫穿被鉚合件之孔，再將其頭端衝壓成某
種形狀之結合法。如圖 9-19A 所示。利用空心鉚釘時，乃將其頭端
邊緣捲曲，壓於被結合件之面上。

椿接與端壓法甚相似，在衝頭上有一個或 兩個突出 部份， 如圖
9-19 B 所示，類似鑿子刄口之圓環，衝頭加壓時， 迫使椿料作側向

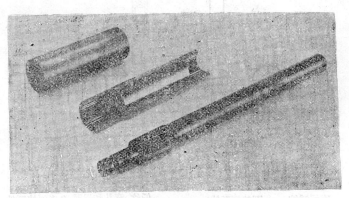

圖 9-18 鉚釘及椿接法

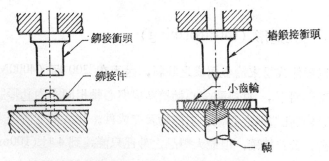

圖 9-19 鉚接（A）及椿接（B）

擴張，所需之壓力不太大，常於小壓床上爲之，常用於小齒輪與心軸之接合。

9-5 板金工作

　　板金工作通常指 3mm 以下之金屬板。通常有彎曲及剪切等二大類，其中利用各種機器及工具來完成加工件或新成品。在本節僅就金屬板的彎曲，及摺縫 (Seaming) 來加以說明，其他如冲床工作、銲接工作，或其他板金工作在此不加以介紹。

9-5-1 金屬板之彎曲

　　金屬板彎曲作成圓筒狀，最常用的方法，是利用三個直徑相同的滾子所組成之。如圖 9-20 所示，其中兩個滾子之位置爲固定，而另一個爲可調整者；金屬板經滾壓後成圓筒形，筒之直徑視可調整滾子之位置而定。三個滾子之距離愈近，所得金屬圓筒之直徑愈小，亦卽由金屬板與三個滾子接觸之三點可求出一圓。

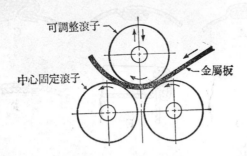

圖 9-20　輥板機之原理

9-5-2 摺縫 (Seaming)

　　金屬板、罐、桶及其他用薄金屬板所製之容器，其結合處皆以摺縫 (Seaming) 方式爲之。如圖 9-21 爲最常用之各種摺縫形式。

(1) 互鎖式摺縫: 亦稱之"互扣摺縫",用於不需要絕對緊密之處,此縫於罐成形之後,以折叠邊緣而壓緊之。可分為內、外互鎖兩種,視所需之平直部份須在內或在外緣而定, 如圖 9-21A、B 所示。

(2) 複合摺縫: 材料互相折叠之次數加多, 較互鎖式摺縫為強,密封能力亦強, 常用於裝細粉材料之罐上。如圖 9-21C 所示。以上兩種皆可用手力或動力摺縫之壓力機來作之。

(3) 底摺縫: 與互鎖摺縫相似, 是一種用於罐之周圍, 底折縫是用於罐之底部材料的扣接, 又分平底與凹底兩種。平底者必須在罐尚未加蓋時, 工具能伸入罐內壓實之, 故只限於罐之一端使用。凹底者可由外面加工, 兩端皆可使用。摺縫的製法是先將邊部作成凸線, 捲曲然後壓平。如圖 9-21 D、E 所示。

(4) 黏結縫: 是利用黏結性良好之樹脂加以膠合, 如圖 9-21 F 所示。

(5) 熔接縫: 利用電阻加熱而熔合者。如圖 9-21 G 所示。

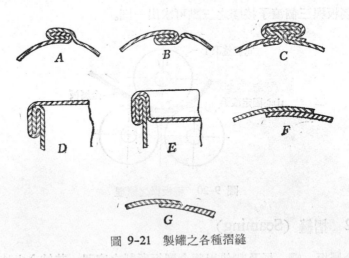

圖 9-21 製罐之各種摺縫

9-6 冲壓工作

　　冲壓工作大都應用衝柱或衝子，壓入模子內，使胚料或材料成形，於本節中將壓凹穴（Hobbing）及擠製（Extruding）分別加以說明之：

9-6-1　壓凹穴（Hobbing）

　　如圖 9-22 所示，使用硬化處理過之衝頭，將材料壓入模穴中，製成凹穴，稱之為壓凹穴（Hobbing）。當衝柱壓入時，須多加小心；需要多次的漸進壓入及退火，始克完成。壓製時胚料之側向流動，受到模形的限制，而能迫使胚料順應模穴之形狀而成形，此法壓製軟鋼板所需之力量約 250～8,000 噸左右。

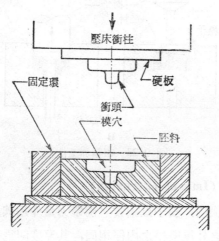

圖 9-22　壓凹穴

　　此法之優點在於製作經濟、產品表面精度高、亮度大，除上部及側邊有少量多餘材料需切除外，不需其他的切削加工，常用於製造塑膠及壓鑄工業之模子製造。

9-6-2　擠製（Extruding）

　　冷作之擠製加工與熱作者相同，只是被加工材料溫度高低不同而已。因此冷作之擠製加工，常對軟金屬才能實施。如圖 9-23 所示卽為兩種不同形式的擠製方法。

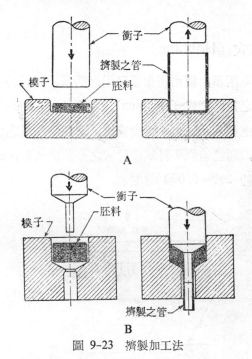

圖 9-23 擠製加工法

(1) 衝擊擠製 (Impact extrusion)

將胚料置於模內，衝子以適當之衝擊力量作用其上，使材料圍繞衝子而噴出。管之外徑與模之內徑相同，其厚度卽為衝子與模子間之間隙，常用於牙膏、刮鬍膏、油漆顏料等可摺壓薄管之製造，如圖 9-23A 所示。

例如製造牙膏管，是將胚料中心衝一小孔,在模穴內造成頸縮部，衝子往上回程時，以壓縮空氣將管子自衝頭上吹落，再將前端滾製螺紋，經檢驗卽告完成。此操作全為自動化，每分鐘可生產 35～40 支牙膏管。

亦可於擠製前之胚料上結合其他材料，擠製後成為管內之箔襯，成為保護薄膜，常用於各種飲料罐，及一端封閉或半封閉之中空產品。

(2) Hooker 法擠製

此法係作小管或彈殼之用，與熱作之金屬管擠製完全相同，如圖 9-23B 所示，材料置於模內，受擠壓的作用，材料經下方之模孔擠出，所製管之形狀及尺寸，由衝子與模穴之間的空隙控制，常用於軟金屬管的製造，此法所製之銅管，厚度由 0.004~0.010 吋 (0.10~0.25mm) 不等，長度可達 12 吋 (300mm)。

(3) 高速冷擠製法

除了以上兩種對軟金屬的擠製之外，亦可用高速冷擠的方式製造輪軸，擠製的方法是使用直徑小於軸徑之模子用力在輪軸上推送，而使輪軸伸長，直徑縮減，全部分四段完成。如圖 9-24 所示。此法製造輪軸的優點是增進表面光平度，提高材料的疲勞強度，完成加工時材料的切除量少，表面有加工硬化的作用，增進軸材的機械性質。

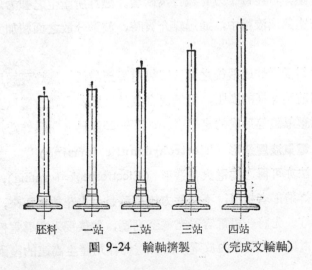

胚料　一站　二站　三站　四站

圖 9-24 輪軸擠製　　　（完成之輪軸）

9-7 其他冷作加工

於此節中將介紹高能量加工及珠擊法，由於新科技不斷良改與創新，利用特殊方法愈爲人所重視，許多無法用傳統方式製造的，可以用較特殊方法完成之。

9-7-1 高能量加工成形

高能量成形 (High energy rate forming)，簡稱爲 HERF，是利用極高之壓力及速度，造成製品的形狀。能製造傳統方法無法生產之產品，此法晚近發展的方向，是趨向於薄金屬板的成形，粉末冶金的壓縮、鍛造、冷接、黏接、擠製及割切等工作。

(1) 爆炸造形

利用爆炸時所形成之高壓的氣體壓力，及爆震速度，迫使材料貼合於模具而成形。爆炸壓力有高與低壓兩種。低壓者膨脹之氣體受到限制，每平方吋的壓力可達10萬磅；高壓者氣體不受限制，並有高速爆震，壓力可達每平方吋數百萬磅者。爆炸所產生之強力爆震波，不論是在空氣或液體中，通過媒介質時，波動分散之面積加大，強度則降低。

材料受爆炸成形後之彈性回復可降至最低。爆炸可採用炸藥，亦可利用液體瓦斯的膨脹，氫氧混合氣的膨脹，火花放電以及突然間釋放之高壓氣體等形成的高壓力。如圖9-25即爲各種爆炸造形的方法。

(2) 電氣液壓造形 (Electrohydraulic forming)

此法亦可稱之爲電火花造形 (Electrospeok forming)，造形之設備與爆炸造形者相似，不過壓力的來源是由火花放電而來，而非由火藥之爆炸。先將一組電容器充電至高壓，然後浸入非導電性液體介質內的兩電極間之間際內放電，由於電的作用產生高速的震動波，而生

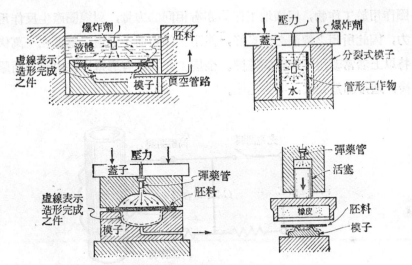

圖 9-25 各種爆炸成形的方法

有壓力，迫使工作物成形。此法之安全性高，設備費用較低，能量的
放出可以精密控制。

(3) 磁力造形 (Magnetic forming)

此法之壓力來源，是由電能直接轉變而得，電能之線路裝置如圖
9-26 所示。利用高壓電源，將與其並聯之電容器予以充電，充電之
能量，可由改變電容器之多少及改變電壓而變更之。在極短時間內卽
可充電完成，然後高壓開關閉合，電源迅速通過線圈，產生強大的磁
場，此磁場在其靠近或線圈內有導電性之工作物內誘導出一電流，並
產生作用於工作物上之壓力，此壓力若超過材料之彈性限度，卽成永
久變形，而達到造形的目的。如圖 9-27 卽爲磁力造形常見方式：A
圖爲線圈繞於管外，利用收縮的力量而成形。B圖是線圈置於組合體
內，利用磁場所產生之膨脹力量而造形。C圖則採用平板上之凸出圖
案，經磁場作用而達造形者。

此法所採用之線圈有固定式或可伸脹式兩種，造形的力量是由線

圈作用於工作物，同樣地工作物亦有相同的力量，對線圈產生反作用力，因此所用之線圈必須良好，能耐工作力而不破壞。電壓在一萬伏特以上者常改用可伸脹式線圈。金屬工作物具有導電性，由磁力衝擊後，造形卽造完成，非常迅速。

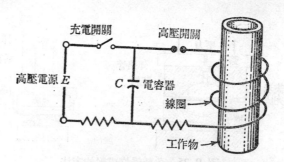

圖 9-26 磁力造形線路圖

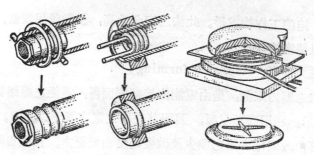

圖 9-27 磁力造形三種方式

A. 收縮　B. 膨脹　C. 壓浮花或剪胚料

　　磁力造形的壓力均勻，生產迅速，複製性良好，不需要潤滑劑，設備中無活動機件，工人之技術要求不高，是其優點；缺點是不能製造複雜形狀，工件上各處之壓力不能變化，最大作用力只有60,000磅／吋。(400 MPa)

9-7-2　珠擊法 (Shot peening)

　　利用冷作加工使金屬表面產生一種壓應力，以增進材料對疲勞應力的抵抗。此法常用小的鋼珠，利用壓縮空氣，以高速而密集的方式，打擊在金屬表面上，使之產生小凹痕，造成表面有極淺（約為千分之幾吋）之塑性流動，面層因受鋼珠敲擊而有凸凹，纖維拉長，而下層則有恢復原來狀態的趨勢，故外層為壓應力，內層為拉應力，面層纖維因加工而伸長，同時也稍微增加了硬度，因疲勞破壞是由於拉力，而珠擊後給予材料壓力。二者可收抵銷之效，因而增加了材料的疲勞強度。並可改善材料的外觀，亦常為鑄件表面的清潔處理方法之一。如圖 9-28，為表面經珠擊後之情形。

圖 9-28　珠擊後表面，硬度 HKc 45。

複 習 題

1. 冲床工作有那些特性？
2. 冲床有那些形式？
3. 冲床構架有那些形式？各有何特性？
4. 試述摺板機、轉塔冲床、液壓床之特點。
5. 作圖並說明冲床及壓床之各種驅動機構。
6. 說明冲床或壓床自動進給機構的原理。
7. 冲模或壓模有那些形式？
8. 剪切模有何特性及其應注意的地方？
9. 彎曲及定型模有何特性。

10. 抽製模有何特點。
11. 何謂進給模？複合模？各有何特性。
12. 試述橡皮模、優麗旦模之特性及其工作原理。

第十章　熔　接　工　作

　　利用加熱或加壓或二者同時使用而將金屬接合在一起的方法，稱為熔接（Welding）。熔接工作日愈增多，其中最大原因乃是熔接技術不斷提高，克服了以往的各種困難，例如以往不能熔接僅能以鑄造施工之工件，但時至今日，亦成為可能了。熔接工作是利用加熱、加壓來接合之，亦可說是利用金屬原子間的吸力，造成一種冶金上的結合。在結合之前，必須把金屬表面之水汽、氧化物、雜質等清除乾淨，兩金屬接觸面之境界面主要成為結晶面時，可得完美之結合效果。冷熔接（Cold welding）卽是利用高壓力，使結晶粒突破面層或消除氧化膜，而使金屬結晶面與結晶面接觸，達到結合之目的者。

　　若將結合之金屬溫度升高，使材料的延性增加，原子之擴散作用更快，存在於內表面之非金屬材料，由於基本金屬之塑性流動而軟化，更易於破碎或除去。因此加熱熔接是最有效的結合方式。但亦有若干需要錘擊、滾軋，或加壓以增加熔接的效力。

　　大多數的熔接，都在熔化溫度為之，且以某種方式加入若干熔接金屬，補填接合部位之間隙。亦可將熔化的金屬，澆鑄於兩熔接件間的空穴內而成接合效果，謂之鑄造法。通常表面之雜質或氧化物，在任何方式的熔接之前，必先清除之，為了要確保熔接的效果，接觸面必須保持清潔，因此在熔接時，常使用熔劑（Flux），使氧化物成為熔渣，漂浮在熔融金屬的表面，同時可防止空氣進入熔接部位。亦有產生氣體罩幕而隔絕空氣者。

10-1 熔接方法

熔接因加熱方法及所用設備的不同而有所區別，已發展成功之熔
接方法有:

A. 軟焊及硬焊 (Soldering and brazing)

B. 鍛焊 (Forge welding)

C. 氣焊 (Gas welding)

(1) 空氣──乙炔氣 (Air-acetylene)

(4) 氧乙炔 (Oxyacetylene)

(3) 氫氣 (Oxyhydrogen)

(4) 壓力 (Pressure)

D. 電阻熔接 (Resistance welding)

(1) 點熔接 (Spot)

(2) 縫熔接 (Seam)

(3) 突熔接 (Projection)

(4) 對頭熔接 (Butt)

(5) 閃光熔接 (Flash)

(6) 衝擊熔接 (Percussion)

E. 感應熔接 (Induction welding)

F. 電弧熔接 (Arc welding)

(1) 碳棒電極 (Carbon electrode)

　　a. 覆蓋式 (Shielded)

　　b. 無覆蓋式 (Unshielded)

(2) 金屬電極 (Metal electrode)

　　a. 覆蓋式 (Shielded)

　　b. 無覆蓋式 (Unshielded)

G. 特殊熔接法 (Special welding process)

(1) 電子束熔接 (Electron beam welding)

(2) 雷射熔接 (Laser welding)

(3) 摩擦熔接 (Friction welding)

(4) 發熱熔接 (Thermit welding)

(5) 流動熔接 (Flow welding)

(6) 冷　熔接 (Cold welding)

(7) 爆炸熔接 (Explosion welding)

(8) 超音波熔接 (Ultrasonic welding)

10-2　熔接接頭的型式

欲求有效之熔接，在結合頭必須依照使用目的，作適當的處理，如圖 10-1 所示，即爲熔接接頭之常見型式。其中有些因厚度之不同，又可在接合處之金屬，作成各種形狀，以利焊接工作，使能得到適當之焊接強度。圖 10-1 中之 A. B. C. D. 四種形式皆稱爲對接 (Butt)，A 圖是適用於薄材料之接合，厚度在 $1 \sim 3$ mm 左右者採用之，焊接金屬不須加工成凹斜形狀。

B 圖是焊接金屬厚度在 3 mm 以上者，將接合部分作成單 V 形，以利焊接施工。

C 圖是用在重型金屬板焊接時而作成之雙 V 形。

D 圖是對厚鑄件，於焊接之前先將焊接金屬作成 U 字形缺口，以利焊接施工，凹口部份須用焊料填滿。

E 圖爲薄金屬之凸緣式接頭。

F 圖爲單蓋板式接頭。在焊接金屬之一邊加上一層蓋板，增加焊接部分的強度。

G 與 H 圖爲搭接 (Lap) 式接頭，I 圖爲 T 型接；J 圖爲邊接，K

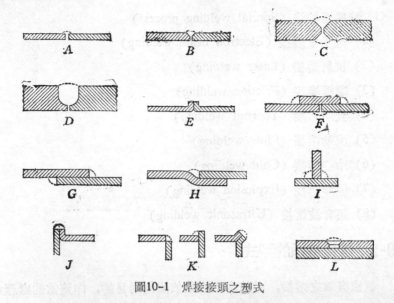

圖10-1 焊接接頭之型式

圖爲薄金屬之角接。L圖爲柱塞接。柱塞或鉚釘孔之直徑爲板厚之兩倍以上，亦有將孔製成橢圓形者，孔之周緣與金屬面成 30° 之斜度。

　　另外以熔接接合的方式區分，又可分爲連續熔接 (Continuous welding) 和間隔熔接 (Discontinuous welding)。連續熔接係指沿着熔接部接合線不中斷地熔接。間隔熔接則指在熔接之接合線上有一定間隔做斷續熔接。若 J 型接頭做間隔熔接時，又可分爲間隔並排熔接和間隔錯縱熔接。

10-3 軟焊及硬焊 (Soldering and brazing)

　　在兩金屬間熔入第三種液體金屬，凝固後使二塊金屬結合起來的熔接法，稱爲軟焊或硬焊。此種方式廣用於小零件、板金或電氣零件的結合。

10-3-1 軟焊 (Soldering)

軟焊所用之焊接金屬熔點在 800°F (430°C) 以下，主要的軟焊材料係鉛及錫合金，其熔點約在 350～700°F (180～370°C)左右。常用於鍍鋅鐵板、鍍錫鐵板、黃銅皮等之焊接，使用含30～40％之錫的焊料。鉛對人體有害，禁止用含鉛量 10％ 的焊料焊接飲食器具，直接與食物接觸部份，所用之焊料含鉛量要低於 5％理想之焊料其熔點要比欲接合之金屬低，富於流動性、機械性良好，且顏色與所接合者相似。

軟焊常用烙鐵，烙鐵是由銅製之烙鐵及鋼柄組成。分矛形與斧形兩種，以木炭或焦炭火焰加熱，亦有在烙鐵內部繞上鎳鉻線圈，通上電流時由電阻而生熱之電烙鐵。

通常軟焊時應牢記三點：(1)焊接部份要清潔乾淨。(2)要選擇適當之焊料與焊劑。(3) 須選擇能把接合部分加熱至足够溫度的烙鐵，把焊料攤開一點。表面清除常以鋼刷去除銹皮，亦有用砂布、刮刀者、焊劑以氯化鋅為主，鍍鋅鋼板則常用鹽酸，或氯化氨等。

10-3-2　硬焊 (Brazing)

填入兩金屬間之第三金屬（非鐵金屬材料)熔點高於 800°F (430°C) 以上者，為硬焊 (Brazing)。但低於被焊之二金屬熔點。主要焊料是銅與鋅之合金的黃銅焊料，也有加入銀之銀焊料及白銅焊接。硬焊用之焊劑是以硼砂，或硼酸為主。

硬焊之基本結合型式有搭接 (Lap)，對頭接 (Butt)，及斜接 (Scarf) 三種，如圖 10-2 所示。焊接前須先把接合部的銹皮或油漬清除乾淨。在此熔接中，歸納其加熱方式有下列四種：

(1) 將焊接件浸入填充金屬或熔劑的熔體內。此法先將焊件組合，中間放置填充金屬薄片，以夾具支持之，然後共同浸入熔劑之熔體內，填充金屬熔化，表面藉熔劑之清潔作用而自動焊接。

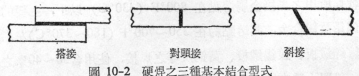

搭接　　　　　　對頭接　　　　　　斜接

圖 10-2　硬焊之三種基本結合型式

（2）將焊料填充於焊件接合部位，並以夾具固定置於爐中加熱，加熱法以煤氣或電爐都可以。

（3）利用氧乙炔或氫氧火焰加熱於焊接處，使線條狀焊接金屬熔化，填充於結合面內之焊條熔化前先沾上一層熔劑。

（4）電氣加熱，可用電阻、感應，或電弧。其中前二者之溫度控制精確，使用最為普遍。

為了加速施工之進行，填充金屬往往先作成某種形狀，如環狀、墊圈形狀、桿條、或其他適合於焊接處之特殊形狀。這樣不但可控制所需要材料量的多寡，而且放置的位置也可正確。

硬焊之優點，可使不易熔接之金屬，不同的金屬，以及特別薄之件，得到良好之連接。作業速度迅速、外表美觀、加工量少等等皆是。其用途有：管子接頭、炭化物刀尖塊、散熱器、熱交換器、電氣零件，及鑄件的修理等。

10-4　鍛焊　(Forge Welding)

鍛造熔接是人類最早採用的熔接法，此法是將金屬加熱至塑性狀態，然後加壓力使其連接。鍛焊前先將結合面打成適當形狀，由中心部份開始接合，錘擊作用由中心向外，將氧化物及雜質逐出，而達金屬結合的目的。鍛銲時為了防止結合面氧化，於加熱時使用較厚之碳層或於面上覆蓋一層熔劑以溶化氧化物，所用熔劑常為硼砂及氯化錏之混合物。

加熱方式常以煤或焦炭；亦有用油或天然氣者，操作大都以手工爲主，因此祇限於件的接合，鍛焊件厚薄不同時，加熱要緩慢，鍛焊大都在鐵砧（Anvil）上，面對面錘擊之。

10-5 氣焊（Gas Welding）

氣焊是由於加熱接合部份的熱能是從燃燒氣體的火焰而得，故稱之爲氣焊。燃燒時所用的氣體有兩種，卽助燃用的氧氣，及自然的各種燃燒氣體，如氫、乙炔、天然氣等，目前工業界常用的有：

10-5-1 氧乙炔焊（Oxyacetylene welding）

此法是利用氧與乙炔之燃燒，而將接合處熔化，可用塡料金屬，亦可不用，通常都不加壓力。氧氣之製造可用電解法或液化法得之。電解是藉電流的通過，使水分解爲氫及氧。大部份熔接所用之氧氣皆由液化空氣而得，並將它以每平方吋 2000 磅之壓力裝於鋼瓶內，如圖 10-3 所示。

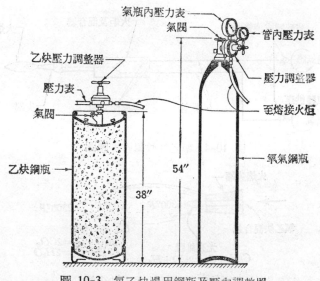

圖 10-3 氧乙炔焊用鋼瓶及壓力調整器

乙炔係碳與氫的化合物，是非常不安定的無色瓦斯體，是從電石 (CaC_2) 與水作用而得；乙炔發生器之反應式為：

$$CaC_2 + 2H_2o \longrightarrow Ca(OH) + C_2H_2$$

一般熔接所用之鋼瓶裝乙炔，都是乙炔溶於丙酮 (Acetone)，其溶解度與壓力同時增加，瓶裝者壓力可達每平方吋 250 磅。使用時乙炔氣壓力極低，須把乙炔調整器裝在高壓鋼瓶上減壓，如圖 10-3 所示。如圖 10-4 即為氧乙炔焊之氣體供應簡圖，乙炔之燃燒，首先是乙炔和氧化合，變成氫與一氧化碳，而這些化合物會形成白點之碳化烙，一氧化碳更因空氣中的氧而完全燃燒，變成二氧化碳，氫和氧化合變成水蒸汽形成氧化烙。而在白點之尖端會產生略呈灰暗的部分，則為還原烙。標準火焰如圖 10-5 所示，其前端之白點的光亮錐體可達 6300°F 的高溫。

標準火焰的氧與乙炔之混合比是 1：1，其燃燒火焰在錐體外圍

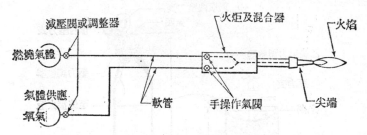

圖 10-4　氧乙炔焊氣體供應圖

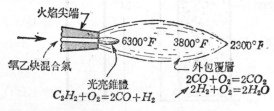

圖 10-5　標準形之氧乙炔火焰

有微亮的帶藍色的火焰。乙炔氣比例高時，火焰長度加大，且成白色
錐體，長度的大小則視乙炔多餘量之多寡而定，此種火焰爲還原焰或
碳化焰，是用於蒙鈉合金，鎳或若干合金鋼的熔接。若氧氣太多，則
火焰錐體縮短，且呈藍色，甚而有嘶嘶之聲發出，氧化焰僅用於黃銅
及青銅之熔接。

　　此法熔接之設備費用低廉、維護便宜、機動性大，可携帶至現場
施工，非常快速，只要使用適當，幾乎所有金屬皆可熔接。此外還可
用作割切鋼料。

10-5-2　氧乙炔火炬切割

　　此法所用之火嘴與熔接所用者不同，在火嘴之中心孔外圍繞以若
干小孔，噴射出預熱的火焰，中心孔噴出者爲純氧，預熱火焰與熔接
用者完全相同，是於切割之前先將鋼料預熱。火炬切割之原理，是
利用氧氣與鐵或鋼之親和力在高溫時，一股純氧的氣流噴射於鋼鐵面
上，氧化作用在瞬間產生，而呈熔渣狀之氧化鐵。一立方吋鐵的完全
氧化，約需 1.3 立方呎的氧氣。切割鋼料厚度最大可達 30 吋。

　　在水中切割所用之氣體軟管有三：一爲預熱氣體，一爲氧氣，一
爲壓縮空氣。而壓縮空氣之作用是使火炬的尖端產生一空氣泡以穩定
火焰，並在此區域內將水排除。深水時，預熱者常以氫氧焰代替氧乙
炔焰，因深水壓力大，氧乙炔焰不安全。

　　自動火焰切割機如圖 10-6 所示，可同時切割數塊同樣形狀的材
料，且在機器上裝有控制器以導引火嘴沿一定之路徑前進。

　　另外還有利用數字控制的切割機，使速度加快，精度提高，可將
切割速度、預熱調整、切割程序、穿孔、火炬高度調整，一件接一件
的施工程序等，都可先作成控制帶，來控制切割機的操作，如圖10-7
即爲數字控制式的火炬切割機。

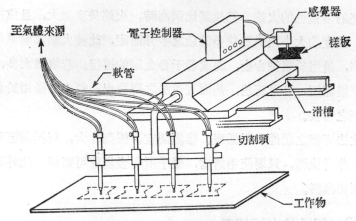

圖 10-6　氧乙炔切割機簡圖

圖 10-7　數字控制式火炬切割機

10-5-3　氫氧焊 (Oxyhydrogen welding)

此種燃燒火焰的溫度只有 3600°F (2000°C) 左右，比氧乙炔焰低，故只能用於薄板或低熔點金屬的熔接或硬焊工作。又由於氫氧焰之顏色並不因氣體比例的變化而有顯著的差異，故調整困難，一般使用者大都以還原性氣體爲主。

10-5-4　空氣乙炔焊 (Air-acetylene welding)

此法之火焰與本生（Bunsen）燈相似，空氣是由大氣中視需要量而抽取。此種燃燒氣體之溫度低，僅用於鉛之熔接或低溫之硬焊及軟焊工作。

10-5-5　壓力氣焊（Pressure gas welding）

此種焊接是在熔接區域用氧乙炔加熱至熔接溫度 2000°F（1200°C），而後加壓力以結合之。施工法有閉合式與開口式兩種。閉合式是於加熱中同時加壓，溫度提高壓力亦跟着加大。開口式如圖 10-8 所示。在兩接合面先加熱均勻至有一層熔化金屬，然後迅速將火焰抽出，即以每平方时約 4000 磅的壓力，使兩片金屬接合。

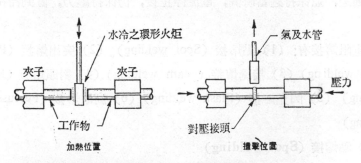

圖 10-8　壓力氣焊對接法

10-6　電阻熔接（Resistance welding）及感應熔接（Induction welding）

10-6-1　電阻熔接

電阻熔接係將電流通在熔接部，利用兩金屬及接觸面之電阻而生熱，予以熔接的方法。把電壓降低，電流加大，金屬由電阻而生熱成半熔化狀態，加壓則予以熔接。此法具有熔接部精度高，受熱影響少，所需時間短，熔接部重量輕等優點。

電阻熔接所產生的熱量，可根據焦耳定律 (Joule's Law) 予以計算，假設 $I=$ 電極間電流（安培），$R=$ 電阻（歐姆），$T=$ 時間（秒），則熱量 Q（卡）為:

$$Q \fallingdotseq 0.24 I^2 RT$$

因此電阻熔接的熱量取決於電流、電阻及時間之因素，而此三因素則視工作物的材料、厚度及電極尺寸而定，在電阻熔接設備裏都有利用變壓器來調整電流的裝置。

電流通過時間的長短及起訖時間接合甚為重要，於電極加壓後熔接開始前，電流通過應有一可調整之延遲時間，然後由定時器控制使電流通過，並保持適當時間，電流停止後，仍保持壓力，直到冷卻為止。

電阻熔接有: (1) 點熔接 (Spot welding) (2) 突出熔接 (Projection welding) (3) 接縫熔接 (Seam welding) (4) 對頭熔接 (Butt welding) (5) 閃光熔接 (Flash welding) (6) 衝擊熔接 (Percussion welding)

(1) 點熔接 (Spot welding)

此法又稱點焊，是將兩片或兩片以上的金屬板搭接起來，置於兩電極之間，如圖 10-9 所示。在通電前先加壓，其次再通以電流，使金屬迅速升高至熔接溫度，即將金屬壓擠合而為一，熔接即告完成。

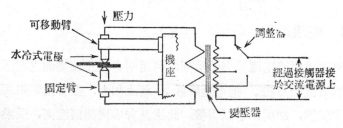

圖 10-9 點焊機線路圖

先行加壓尚未通電之時間，稱之爲擠壓時間，通電時間約 0.05～0.5秒左右，此段稱熔接時間，電流停止後仍然保持壓力，謂之維持時間，最後除去壓力，工件即可自電極上取下，以上總共約須 0.05～1 秒左右。熔接時間太短，則熔化不夠充分，時間太長，則金屬板會被貫穿，一般點焊之壓痕以深入板厚之 20～30％爲理想。

點焊前金屬板間須先清潔而無氧化層，點焊時產生熱量之區域可分爲五區，如圖 10-10 所示。兩金屬間之電阻最大，熔接由此開始。兩接觸面及兩電極與金屬板間之電阻，視面的情況，電極的壓力，及電極的大小而定。若金屬板材質及厚度相同，則熔接發生在兩金屬板之間，若板厚不同 或傳熱性不同，則須使用不同尺寸 或傳導性之電極，方可得到適當的熱平衡，在金屬板間產生熔接作用。

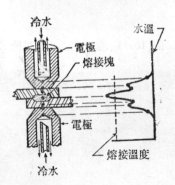

圖 10-10　點焊之溫度分佈

點熔接機（點焊機）之型式普通有三種：固定單點式，可携帶單點式及多點式三種，固定式又可分搖臂與直接加壓兩種。搖臂式構造最簡單，價格最廉，壓力由上電極之上臂作用而得，適用於較小容量之焊接工作。較大型者都採用直接加壓式，如圖 10-11 所示，此種亦可作突出熔接之用。大件工作，不便於在點焊機上工作，或裝配施工時，常以可携帶式之點焊槍爲之，它以長電纜與變壓器連接，可携帶至任何工作場所，如圖 10-12 所示。

圖 10-11　氣體壓力式點焊機

圖 10-12　點焊槍之形式

(2) 突出熔接 (Projection welding)

突出熔接與點熔接相同，如圖 10-13 所示。此法之工作物在電極的壓力之下，產生局部的熔接點。金屬板在熔接之前，先在冲床上壓出若干突出之點。各點之大小相等，凸出高度約爲材料厚度之 0.6 倍，工作物在電極之作用下，於突出點部分接合。

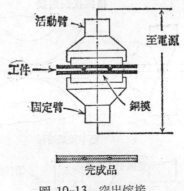

圖 10-13 突出熔接

此法可作金屬線的交叉熔接，或由機器加工所製有凸出部機件之熔接。若有數點熔接處須同時施工，必須注意壓力及電流要平均分佈之，則熔接效果優異，所得之熔接外觀良好，電極爲一平板面，故使用壽命長，維護工作少。

(3) 接縫熔接 (Seam welding)

此法是在兩搭接金屬板上，作連續不斷的熔接，由電阻的熱效應產生熱量，由熱量使兩者結合。搭接之板在兩個圓滾子電極間加壓，同時通過電流。由於電流的通過是由計時器控制，通常皆是緊密的間歇方式，故事實上可視爲是一種連續不斷的點熔接。

接縫熔接方式有三種，如圖 10-14 所示。最簡單者如上圖之搭接接縫，利用壓力使金屬內部熔接產生封閉作用。若不須封閉作用者，亦可於熔接塊間有適當距離作針縫施工，又稱之爲滾動點熔接法。圖之中部爲壓平接縫熔接，使搭接處之厚度減少至適當程度，而使熔接部位保持與金屬板相同厚度者。圖之下部爲一面光平，另一面具有露邊之接縫熔接。

接縫熔接大都用於金屬罐、汽車消音器、擋泥板、水箱、汽油桶等產品的製造；其優點有外觀美觀、節省材料、結合緊密、費用低廉等。

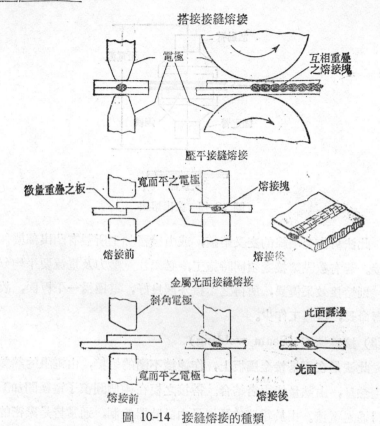

圖 10-14 接縫熔接的種類

(4) 對頭熔接:

　　這種形狀的熔接如圖 10-16 所示,是兩件有同一斷面的金屬,夾在一起,當接觸表面時,由電阻產生熱量,把它壓在一起,雖然當熱量產生時,壓力保持,沒有時間使溫度足以熔化金屬,此種方法可將接頭略加鐓粗,但是這種缺點,能够由以後的輾軋或者輪磨消除它,被熔接的兩件,需要電阻相同,以便接頭均勻加熱,假若兩種不同金屬被熔接,從模子夾持器伸出的金屬長度,應該和被熔接材料的比電阻成正比,對接材料的斷面不同地方,應該作同樣的處理。

　　在實際操作中工作件先夾在機器上,而壓力加在接頭地方,於是通入熔接電流，發生加熱，它的速率要看壓力、材料和表面情況來決定，因為接觸電阻和壓力成反比，開始壓力小，然後增加到熔接完好的需要量，當熔接溫度到達時，壓力通常約為 2500 到 8000 每平方吋磅 (17 至 55 Mpa) 這種熔接，特別適於桿子、管子小型結構件，和許多其他斷面均勻零件，面積高到 70 平方吋 (0.05m²) 的，已經熔接成功，由於電流的限制，通常限於小面積。

如第 10-15 圖為電阻熔接中連續對頭熔接，管子製造用接縫熔接之特殊方式。兩滾子電極使接縫處通過大量電流，藉接觸之電阻作用產生熱量，薄壁之管子，可用由感應線圈所產生之高週波電流以代替電極，亦可作管子之連續接縫熔接。

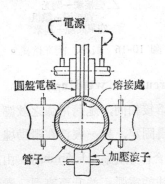

圖 10-15　鋼管之連續對頭熔接

(5) 閃光熔接 (Flash welding)

閃光熔接和對頭熔接之施工方式相同，如第 10-16 圖所示。先將兩熔接件輕輕接觸，通上電流，兩接觸面間開始有電弧產生，兩塊金屬慢慢靠近，溫度升高到鍛造溫度後，再加以適當的壓力，熔接即告完成。熔接處由於壓力的作用，有凸出或擠大部分，熔接後除去之。

斷面小者採用對頭熔接法，大斷面者採用閃光熔接；但一般都可用閃光熔接施工，面積由 0.002～50 平方吋，都可得到良好的熔接效果。閃光熔接具有以下幾個優點: 所需之電流小, 熔接周圍處材料的去除量少, 操作時間短, 熔接處的金屬不受大氣的浸入影響, 能作板片之對頭熔接, 除了合金中含有大量的鉛、鋅及銅者, 不宜使用此法外, 其他所有之鐵與非鐵金屬皆可以用此法熔接。

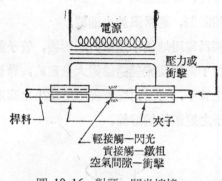

圖 10-16 對頭、閃光熔接。

(6) 衝擊熔接 (Percussion welding)

衝擊熔接與閃光熔接相同, 是藉電弧之效應加熱, 並不是由於電阻。兩接合件一夾持為固定, 另一夾持在滑動塊上受彈簧作用迅速向熔接位置推進, 兩接合件相距約 1.5mm 時, 由於突然的放電作用, 在兩接合面上產生極強的電弧, 並升至高溫, 滑動作用繼續發生, 當兩接合件相遇時, 電弧消失, 同時有衝擊力將兩接觸面壓合而造成熔接。

放電所需電能之聚積方式有二: 其一為靜電法, 電能存在電容器內, 熔接處受電容器突然放電的大電流而加熱。另一種為電磁熔接機, 係利用變壓器初級及次級線圈, 或其他感應裝置, 當磁場消失時產生之放電能量。以上二者皆可產生電弧, 隨之一擊而完成熔接。

此法熔接時間僅須 0.1 秒左右, 故材料不受熱的影響, 熱量集中於熔接的表面, 不同熱傳導性材料, 亦可有良好的熔接效果。但接合面積不能超出 0.5 平方吋，及斷面形狀特殊者不易熔接是其缺點。

10-6-2 感應熔接 (Induction welding)

利用感應電流通過熔接接觸面而生熱，並加壓使熔接處接合。電流所通過之線圈，並不與接合處接觸，而係利用導體而所感應之電流，當電流通過時，熔接處由於電阻的關係，在兩熔接邊上感應產生高電流，卽能迅速加熱至熔接溫度，再用滾子或接觸壓力，才完成熔接接合。

另一種感應熔接是採用高週波熔接，直接將電流通過導體本身直接接觸，而非間接的感應。普通感應熔接金屬所用之週波數約為 400～450，而高週波者由 200,000～500,000（每秒）。而高週波電流僅在導體之表層通過，加熱迅速，不會造成氧化物。

高週波熔接幾乎可以用到任何金屬上，也可以很成功的用於非相同金屬上。其用途有：管子之對接及接縫熔接、封裝容器、熔接膨脹的金屬，以及由平板料製成之各種形狀的熔接。

10-7 一般電弧熔接及其他形式之電弧熔接

10-7-1 電弧熔接 (Arc welding)

電弧熔接係指焊條與金屬本體間持續放電，使其發生電弧，利用電弧所產生的熱量熔化本體金屬及焊條，而予以接合的方法，其溫度可高達 10,000°F (5500°C)。電源有直流與交流兩種，直流機能產生穩定的電弧，當偶然間遇有短路，亦不致產生遇急的大電流，電弧長度變化時，亦能自動發生某種程度的補償，不致使電弧中斷。正極性的熔接法是將焊條接於焊接機之負極上，反極性熔接法則把焊條接於焊接機之正極上。

電弧熔接由焊條來區分，又有碳棒電極及金屬電極兩種。

(1) 碳棒電極熔接

電弧熔接最早使用的是碳棒電極，目前還有少數在手工或機器操作上，乃應用碳棒電極。碳棒只供應熱量的來源，若須於熔接處填充金屬，則需另外金屬焊條。碳棒電極又分雙碳棒與單碳棒。雙碳棒之電弧是在兩個碳棒電極之間產生，乃為熱之來源，而非碳棒與工作物之間，施工時常將工作物放平，電弧在工件上方保持 6～10mm 的距離，此法只用於軟焊及硬焊的熔接。

單碳棒電極較簡單，電弧發生於碳棒電極與工作物之間，填充金屬由另外金屬條供給，此法之電極不易黏着工作物，電弧易於產生，但只限於電弧較穩定之正極性連接法，才可熔接。

(2) 金屬電極電弧熔接

在 60 伏特電壓之直流焊機上，把正極接金屬本體，負極接上焊條。使焊條尖端與金屬接觸，立即引起電弧，然後邊速將焊條離金屬本體 2～3 mm，在這中間有很大的阻力而產生電弧，只要焊條與金屬保持一定距離，電弧就會連續發生，有 3800°C 的高溫將焊條熔化而滴下堆積在金屬本體上，此即為電弧熔接。

電弧熱的分佈情形是正極的溫度比陰極的溫度高，如果是直流電弧時，須將正極接在熱容量很大的本體金屬上。直流之電壓愈高電弧愈安定，但電壓太高，電弧長度會延長，反而使焊接困難，而且操作危險。電流太大，會使焊條很快熔化過多，也很難保持電弧的安定。

電弧熔接如圖 10-17 所示，是由電弧流、熔融金屬及氣體保護罩三者組成。氣體保護罩係包圍着電弧外圍，以防止氧化物或氮化物之生成。同時亦形成熔接金屬上一層有保護作用之熔渣，以防止於冷卻時之表面氧化。

對於厚鋼板或填角熔接，使用交流較之直流產生"磁性閃動"或稱

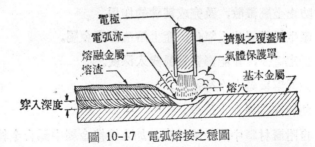

圖 10-17 電弧熔接之穩圖

"電弧吹動 (Arc blow)" 之機會為少，（有人俗稱為偏吹現象）此點甚為重要，且交流電源焊機，構造簡單，效率高，無負荷時之損失少，設備及維護費用低廉。 但交流機之 操作電壓大， 工作者之 危險性較高。

3. 電極 (Electrode)

金屬電極（俗稱焊條），共有三種，即可分赤裸式、熔劑覆蓋式及厚覆蓋式三種。使用赤裸焊條熔接，堆積金屬將受到空氣中氧及氮的影響，而使熔接金屬中產生不良的氧化物及氮化物。此法宜用正極性連續法，只限於熟鐵及軟鋼之熔接。熔劑覆蓋式是用撒粉或浸漬法在焊條上附一薄層熔劑，熔劑的作用，可除去不良氧化物及阻止氧化物的形成。採用厚附層焊條可在電弧周圍產生氣體護幕，防止氧化物或氮化物之生成，在熔接金屬上有一層保護熔渣，可防止氧化，可使熔接部分有優良的強度與機械性質，目前成為焊條中最重要者，手工用焊條之95%皆屬厚覆蓋式焊條。

4. 電極覆蓋層

金屬合金或非鐵金屬之熔接，焊條上特別需要一層熔劑材料。這是因為此類合金中有若干元素的熔接時甚不穩定，並且在無保護的情形下易氧化損失， 厚附層者， 可允許使用粗焊條、 高電流及 快速熔接。而熔劑附層之功用，可概括如下：

(1) 有除去氧化物及不純物，增加金屬集積之效率。

(2) 防止金屬濺散，及完成精煉的作用。

(3) 產生保護層防止氧化，產生熔渣保護金屬。

(4) 穩定電弧，並能影響電弧穿入深度。

(5) 減低熔接處之冷卻速度。

(6) 便於作仰焊及定位焊。

(7) 自附層材料中之金屬粉末，加入熔接金屬中為合金材料。

(8) 影響熔接滴珠（bead）之形狀。

因此在焊條之包覆料中，常會有去氧劑、熔渣化劑、合金劑、結合劑等，主要的成份有：

(1) 熔渣化劑：SiO_2, MnO_2，及 FeO，亦有用 Al_2O_3 但會降低電弧之穩定性。

(2) 改進電弧特性者：Na_2O, CaO, MgO 及 TiO_2

(3) 去氧作用者：石墨、鋁及木粉。

(4) 結合劑：矽酸鈉、矽酸鉀，及石棉。

(5) 增加熔接強度之合金成分有V, Ce, Co, Mo, Al, Zr, Cr, Ni, Mn, 及 W。

10-7-2 其他型式之電弧熔接

1. 原子氫電弧熔接（Atomic-hydrogen arc welding）

此法是在兩個鎢電極間產生電弧並引入氫氣，當氫介入電弧時，分子分裂為原子，通過電弧後又合為分子，如此則可使溫度高達 $11,000°F$ (6100°C)。其操作方式與氧乙炔焊相似。

此法之特點在於能產生高度的熱量集中，氫氣亦有保護的作用，以免氧化。填充金屬可用與工作物相同的材料，其他方式不易熔接者，此法亦可得滿意的效果。可以手動或自動操作，亦可利用惰性氣體為保護氣幕。如圖 10-18 為原子氫熔接用火炬。

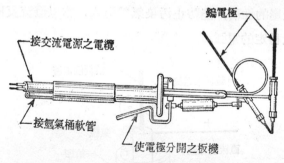

接交流電源之電纜

鎢電極

接氫氣桶軟管

使電極分開之板機

圖 10-18　原子氫熔接的氣炬

2. 惰性氣體遮蔽電弧熔接 (Inert-gas-shielded arc welding)

在電極與工作物間之電弧而以氫、氦、二氧化碳或其他惰性混合氣掩蔽之，與大氣隔絕。此法有二種，一為使用鎢電極另加填充金屬（簡稱為 TIG, 卽 Tungsten inert gas 之縮寫），另一種方法是使用消耗性的金屬電極（簡稱為 MIG, 卽 Metal inert gas 之縮寫）。此二者既可用手工操作，亦可用自動熔接機為之，且無須使用熔劑或附層作為保護之用。

TIG 法如圖 10-19 所示，熔接區域受通過水冷的電極夾持器之惰性氣體保護，電源用交流或直流皆可，常用於薄材料的熔接。

MIG 法如圖 10-20 所示，填充金屬經過電弧直接傳遞至工作物上，工作效率及速度皆較非消耗性電極者為高。金屬線不斷的供應至

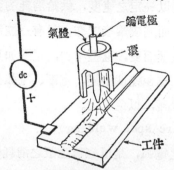

氣體

鎢電極

環

dc

工件

圖 10-19　氣體鎢電弧熔接法簡圖 (TIG)

熔接處，金屬的堆積，能防止污染氣體進入，常以直流反極性接法，可得高溫及穩定的電弧。

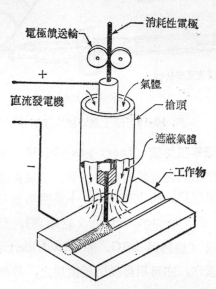

電極饋送輪
消耗性電極
＋
氣體
直流發電機
槍頭
遮蔽氣體
工作物

圖 10-20　氣體金屬電極熔接簡圖 (MIG)

3. 自動電弧熔接機 (Automatic arc-welding machines)

此式之設備較貴，適合於產量較大者，且可得均一之品質，為了使熔接件之形狀、大小相同，須使用適當之夾具及運輸設備。此法主要的特點是在於機器以一定之速度，供給消耗的金屬電極，同時電極能按一定之路徑移動而完成熔接工作。另有一控制系統是電極之輸送速度隨跨接電弧的電壓而變，電壓增加，電弧加長，電極的輸送亦加快。另一形式是輸入電極速度不變，電壓、電弧長度保持一定。熔接時亦採用惰性氣體保護，以免氧化。

4. 電弧點熔接 (Arc spot welding)

能作點焊工作之電弧，是以氫氣遮蔽之消耗性金屬電極，利用板機式之焊槍壓緊工作物之熔接處，放鬆板機時，氫氣閥打開、電流通過約 2 ～ 5 秒，然後切斷，熔接卽告完成。此法可作薄板之單邊熔接，特別適合於大而不規則件難於使用電阻點焊者。

5. 埋藏式電弧熔接 (Submerged-arc welding)

如圖 10-21 所示，金屬電極之電弧，是隱藏在粉狀而可熔化之熔劑下進行熔接。電弧之引發可用電極在掩蔽下碰衝工作物而得，亦可在電極下預先放置導體材料而引發。電弧將熔劑熔化後成一金屬熔池，浮在表面之熔渣，可防止金屬潑濺，亦可防止氧化。常用於低碳或合金鋼之厚材料的焊接。

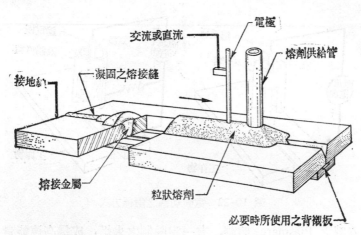

圖 10-21　埋藏式電弧熔接

6. 樁電弧熔接 (Stud-arc welding)

此法是專爲金屬樁端熔接於金屬平面上用者。熔接時使用手槍式的熔接槍夾持樁桿，壓下槍之板機，樁卽脫離產生電弧，金屬熔化，然後由彈簧壓力的作用，使樁挿入熔融之金屬池中。

衝擊式者焊槍之樁前端有一小突出物，當樁向前移動時，突出物先接觸工作而引發電弧，把金屬熔化後將樁壓入金屬表面卽得。

電弧由瓷環遮蔽保護，可限制金屬，亦可防止潑濺。常用於造船及其他工業之裝置扣件。

7. 傳遞式電弧切割 (Transferred arc cutting)

將電弧氣通過噴嘴而形成一柱體，使溫度增高而集中能量作用在小面積上，迅速熔化，並將熔化之金屬除去。工作物爲正極，電弧在氣流中朝向工作物。如圖 10-22 即爲兩種電弧切割之簡圖， *A*圖爲 Heliarc 切割法，電弧不受週圍物體之壓縮或限制，一般金屬皆可切割，亦可熔接，切割時之電流密度高，所用之氣體爲氫氫混合物。但切割厚度限於 1/2 吋以下者。

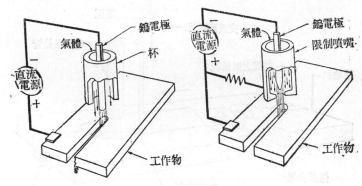

圖 10-22　電弧切割之兩種方式

*B*圖之 Plasmarc 切割，有一定限制之火炬，成爲高速能量集中之電弧，溫度較高，可切割 4 吋厚之材料。所用之氣體有氫、氬及氮，若採用氮與氫之混合氣，效果更佳。氮氣僅用於不銹鋼的自動切割。電弧切割所發生之氣霧有毒，必須要有適當之排氣系統。又如圖 10-23 爲 Plasma 電弧切割，在龍門式床臺上施工，亦稱高溫電離氣電弧切割。

8. 電氣熔渣熔接 (Electroslag welding)

如圖 10-24 所示，先從電極與底板間引發電弧，繼續作用在熔渣上，維持足夠的溫度使電極及工作物表面熔化，接縫兩側有水冷卻之

滑動銅板，當熔化之熔渣凝固後，銅板緩慢上升，上方繼續加入熔渣，
上方熔化，下部冷卻接合，如此由下而上進行熔接，此法可適宜作厚
板及垂直位置的熔接。

圖 10-23　plasma 電弧切割

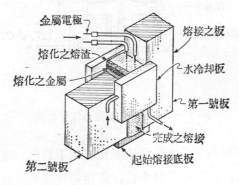

圖 10-24　電氣熔渣熔接

10-8　特殊熔接法

10-8-1　電子束熔接 (Electron beam welding)

利用高速而密集之電子束撞擊到工作物上，而成之接合作用。金
屬的熔接，是電熔接邊本身熔化，或穿通被熔接之材料，一般皆不須
使用填充金屬。此法不但可熔接普通金屬，亦可用於耐高溫金屬，極

易氧化之金屬，或各種超級合金等。

目前所用者為電子束發射之電子槍，如圖 10-25 所示，此槍整個被真空室包圍，當抽到約 10^{-4}mm 之水銀柱真空時，電子束有加強的作用，而將它導向熔接點，所生之熱量高，光束之深與寬比可達 20:1 鄰近之金屬不受影響。

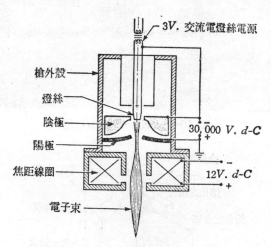

圖 10-25　電子束熔接用電子槍圖

電子光束亦可在空氣中或惰性氣體籠罩下為之。電子光束在普通真空室內形成後，通過一特殊小孔，再通過氬或氦氣而至工作物。電子束之最大有效長度為 1 吋，因此工作物熔接厚度限在半吋以內。

10-8-2　雷射熔接 (Laser welding)

雷射是把普通光加以激勵擴大，並支配着光平行的往一個方向發射，再經過透鏡集聚成一道約為萬分之一公分左右，非常狹窄的強烈光束，這一道強烈的光束，投射在金屬上，卽可加熱熔化而接合。工具不需接觸工作物，而不致損壞零件焊接部分的周圍，這也是雷射促進精密工業及電子工業驚入發展的一大成就，也克服了過去無法以其他焊接達成圓滿任務的難題。

10-8-3 摩擦熔接 (Friction welding)

兩圓桿或條狀之金屬端面相對，在軸向壓力下旋轉而生熱，當接觸面溫度升到熔點時，停止旋轉，在軸向再加壓力則熔接卽告完成。

熔接之端面必須清潔及平整，如圖 10-26 卽為圓棒實施摩擦焊之情形。旋轉速度及軸向壓力視工作物大小及材料而定。例如同樣為 1 吋直徑之圓桿，碳鋼之轉速為 1500 轉/分，軸向壓力為 1500 磅/吋² (10 MPa)，而不銹鋼棒則要 3000 轉/分，及 12,000 磅/吋² 的軸向壓力。

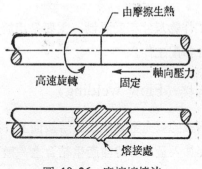

圖 10-26　摩擦熔接法

此法只限於圓桿或管等焊料使用。但其設備簡單，熔接效果好，速度快，準備之時間少，亦可用於不同金屬、塑膠的熔接。

10-8-4 發熱熔接 (Thermit welding)

發熱熔接為唯一利用化學反應放熱之法而達到熔接目的者。此原理是利用鋁對氧之高度親和力，可作若干金屬氧化物之還原劑，一方面使其還原，同時生熱而使其熔化。常用之發熱混合物為細粒之鋁及氧化鐵，按 1：3 之重量比，在 2800°F（1500°C）之高溫時方能引發其化學反應，引發時須使用特別配製之粉狀物，化學反應約可在30秒鐘內完成，溫度可達 4500°F（2500°C），其化學反應式為

$$8AI+3Fe_3O_4 \longrightarrow 9Fe+4AI_2O_3$$

經此反應後可得高純度之鋼料，及浮於面上之氧化鋁熔渣。

　　圖 10-27 即為發熱焊之施工情形，先在熔接處周圍塑造與須熔接形狀相同之蠟質模型，然後敷上耐火砂及作出適當之澆口、冒口，使用預熱火焰將蠟熔化，烘乾砂模，並將熔接處加熱至紅熱狀。發熱反應在坩堝內進行，完成後將坩堝底孔打開，使高溫金屬液注入模內。液態鋼之溫度約為熔點之兩倍，熔接容易，同時由內向外凝固，接合性良好。

　　發熱熔接之工作物尺寸不受限制，主要是用於大尺寸而不易用其他方法熔接的機件修配工作。

10-8-5　流動熔接（Flow welding）

　　此法是利用熔融的填充金屬澆注於熔接面上，待工作物升至熔接溫度，且填充金屬加入量足夠時即產生結合之一種熔接法。施工前先把接合面清潔及預熱，待熔融之金屬液填充後，停止流動時緩緩冷卻即可。此法用於斷面厚之非鐵金屬的熔接。填充金屬應與熔接之材料相同。

10-8-6　冷熔接（Cold welding）

　　此法屬固態結合，不須外來的加熱，將接合件之接觸面先以鋼刷或磨輪清除氧化物，然後兩接合件重疊或相對，利用高壓令材料有塑性的金屬流動而接合之。

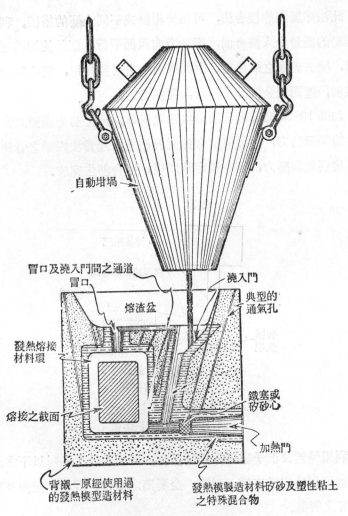

自動坩堝

冒口及澆入門間之通道
冒口
熔渣盆

澆入門
典型的
通氣孔

發熱熔接
材料環

熔接之截面

鐵塞或
矽砂心

加熱門

背襯—原經使用過
的發熱模型造材料

發熱模製造材料矽砂及塑性粘土
之特殊混合物

圖 10-27　發熱熔接

加壓可用緩慢之擠壓，亦可用衝擊方式行之，主要用於鋁、銅之
接合，鋁所須之接合壓力約爲 25,000～35,000 磅/吋²。

10-8-7　超音波熔接 (Ultrasonic welding)

此法亦屬固態接合法，可用於相同或不同金屬的搭接。利用高週波振動的能量介入接合面，振動方向與面平行，振動使熔接面上產生剪力，除去表面之氧化層，由面與面間之滑動作用，使金屬與金屬直接接觸，進而使金屬分子擾合，而接合之。

如圖 10–28 即爲超音波熔接法之情形。施工前先調整適當之夾持力、時間及動力，然後將接合件置於砧上，超音波振動之音極與接合金屬接觸並加壓力，經一預定時間後，接合卽告完成。

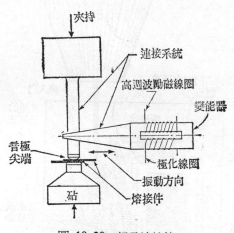

夾持

連接系統

高週波勵磁線圈

變能器

音極尖端

極化線圈

振動方向

砧

熔接件

圖 10–28　超音波熔接

利用轉盤及滾子砧可作接縫接合，但祇限於 1/8 吋以下之薄板接合，並可用於電子工業、封裝、金屬箔之接合、飛機、飛彈及原子反應器等之製造。

10–8–8　爆炸熔接（Explosive welding）亦稱之"加層"（Cladding）熔接法

利用爆炸時所產生大的衝擊壓力，使兩金屬面接合，在上層金屬。與炸藥之間放置一層橡膠，防止爆炸時受損。如圖 10–29 所示卽爲兩種放置方式。

　　另一種是由兩金屬面所形成之噴口，先在衝擊點之前使板有塑性流動，亦卽利用高壓而造成金屬的結合。如圖 10-30 所示。

　　金屬之熔點及衝擊抵抗力高者，不適此法接合。常用於大面積板材之結合，亦可作接縫、點、搭接及邊接等工作。

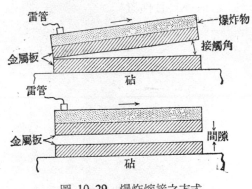

圖 10-29　爆炸熔接之方式

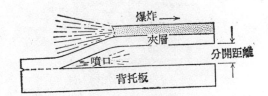

圖 10-30　爆炸接合法，顯示由於上流壓力從碰撞點放出的高速噴射

複　習　題

1. 何謂熔接? 熔接前材料應如何處理?
2. 何謂軟焊、硬焊? 各有何特性?
3. 試述熔接時金屬接頭之基本型式。
4. 氧乙炔氣焊如何以其火焰顏色判別氣體比例的多少?
5. 如何以氧乙炔火焰作切割金屬的工作?
6. 電阻焊的原理是什麼? 有那些型式?

7. 以圖說明點焊時的溫度分佈情形及其熔接的原理。

8. 試述突焊及縫焊的原理。

9. 電弧焊的原理是什麼？有那兩大類形？

10. 焊條之包覆料有何作用？其主要成分是什麼？

11. 何謂氫圍氛電弧焊、TIG 焊、MIG 焊？各有何特點？

12. 何謂電熔渣焊、鋁熱焊、熔澆焊？各有何特點？

第十一章 切削理論

11-1 切削原理

　　所謂切削乃用鋒利的割削刀具從工件原坯上割削去除不要的部份而使工件原坯變成所需的形狀和所要求的尺寸精度。基本的切削型式如圖 11-1 所示。若設切削角為 β，當切刀切入工件再向前移動時，可以使切刀前面的工件材料發生擠切而產生堆積現象，如圖11-1(a)。當切刀再向前推進時，被切部份和工件母體材料因而發生裂縫，且裂縫逐漸延長，圖 11-1(b)(c) 卽其情形。故在切刀繼續推進之情形下將會使那產生裂縫的小塊切屑和工件原坯母材脫離而滑移，因而一塊塊小切屑堆積起來可以連為一條長的切屑，這就是切屑形成的過程和現象。

　　圖 11-2 所示為切刀的基本角度。圖中 γ 稱為前銳角，α 是背間隙角，$\gamma + \beta + \alpha = 90°$，前銳角 ($\gamma$) 的大小對切屑脫離工件母體材、被切削之工件表面光度，和切削力量的大小三者皆有很大的影響，因此前銳角 (γ) 的大小不能隨便的決定，

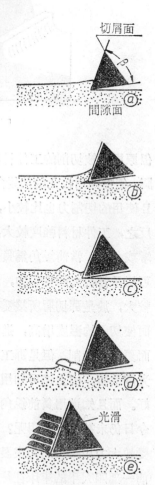

切屑面

間隙面

光滑

圖 11-1　切屑的形成

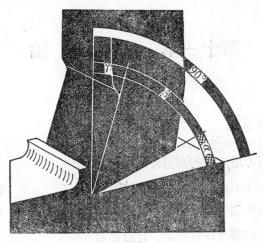

圖 11-2 切刀之基本角度

但原則上被切削的工件材料若強度比較小， 例如木質工件或軟質塑膠， 便需採用較大的前銳角，如此，不但切削之工件表面光度較佳，而且使用的切削力也比較小，亦卽切削所需馬力(Horse power)較小。反之，工件材料強度較大，則 γ 角就應該小些，甚至其前銳角可以為零或負值。當前銳角為負值時，則切削角就較大，切刀因此較堅強，可以承當較大的切削力， 切削也更深，切削所需要的能量和馬力也比較大， 於是那切屑所接受的能量也隨著因較大能量轉換成熱能的增多而使切屑的溫度增高，進而因此項過度的升高而使它的強度降低，故而更容易切削。但是那工件母體的溫度卻不會升高，反而使工件表面光度改善。 由上述可知用較大的馬力可切削較多的材料，而光度也很好。而且知道用負前銳角的切削比正前銳角作同量切削要好，但時至今日仍未被廣泛應用呢? 那是因為現在的各種工具機，都沒能按此種受較大力用較大馬力來設計的關係。不過，目前已漸有改變，例如以前一部四呎半的車床往往只用一馬力 (Hp) 的馬達，而現在新出廠的則用五馬力的馬達了。

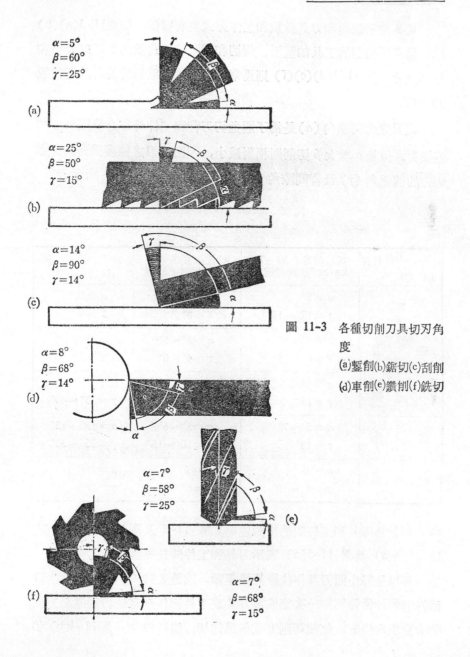

$\alpha=5°$
$\beta=60°$
$\gamma=25°$

(a)

$\alpha=25°$
$\beta=50°$
$\gamma=15°$

(b)

$\alpha=14°$
$\beta=90°$
$\gamma=14°$

(c)

$\alpha=8°$
$\beta=68°$
$\gamma=14°$

(d)

$\alpha=7°$
$\beta=58°$
$\gamma=25°$

(e)

$\alpha=7°$
$\beta=68°$
$\gamma=15°$

(f)

圖 11-3　各種切削刀具切刃角
度
(a)鑿削(b)鋸切(c)刮削
(d)車削(e)鑽削(f)銑切

切刃的前銳角和刀具種類和工作方式也有關係，如圖11-3(a)(b)(c) 為用手切削的工具如鑿削、鋸切和刮削等其前銳角 γ 皆有大小和正負之分。圖 11-3(d)(e)(f) 則為車削、鑽削與銑切時的刀具正前銳角示例。

刀具之背間隙角 (α) 是為了避免切刀背與工件材料之接觸而生摩擦損失，但是 α 增大 β 切削則相對減小，因而切刀之強度減弱。一般切刀的前銳角 (γ) 及背間隙角 (α) 之數值可參考表 11-1 所示。

工件材料 切刃	抗拉強度在50—70 kg/cm² 的鋼和鑄鐵	抗拉強度在 100 kg/cm² 以上的鋼	鋁 及 鋁 合 金
軔	$\alpha = 8°$ $\gamma = 12° \sim 18°$	$\alpha = 6° \sim 8°$ $\gamma = 8°$	$\alpha = 10°$ $\gamma = 40°$
銑 刀	$\alpha = 4° \sim 6°$ $\gamma = 6° \sim 15°$	$\alpha = 3° \sim 5°$ $\gamma = 4° \sim 6°$	$\alpha =$ $\gamma =$
鑽 頭	$\alpha = 6°$ $\gamma = 15°$	$\alpha = 6°$ $\gamma = 15°$	$\alpha = 6°$ $\gamma = 35° \sim 40°$
鋸 片	$\alpha = 5° \sim 7°$ $\gamma = 15°$	$\alpha = 5° \sim 6°$ $\gamma = 10° \sim 15°$	$\alpha = 10° \sim 12°$ $\gamma = 25° \sim 30°$
螺 絲 攻	$\alpha = 0$ $\gamma = 8° \sim 10°$	$\alpha = 0$ $\gamma = 0° \sim 5°$	$\alpha = 0$ $\gamma = 20° \sim 30°$

切削時刀具和工件間的相對運動如圖 11-4 及圖 11-5 所示，在圖 11-4(a) 及圖 11-5(a) 表示刀具和工件間是為直線式的相運動。工件可以是靜止而刀具作往復直線運動，或是刀具靜止而工件作往復直線運動，當每切削一次完成後刀具或工件即作垂直於切削運動方向的少量橫向移動，此種切削方式稱為鉋切，簡稱曰鉋。圖 11-4(b) 和

圖 11-5(b) 為刀具和工件做相對的旋轉圓運動，不論刀具旋轉或工件旋轉此種切削方式皆曰車削，簡稱車。車削時因刃具和工件可以時時接觸，而沒有鉋切的回程，故較不浪費工時而合乎經濟的切削。另外一種是製作內孔的工作，若所要車的工件內孔直徑比較大，則叫做搪孔。以上之鉋切、車削、搪孔都叫做單鋒切削。

在切削上為了減低切刃的負擔，而延長使用壽命，或者為了使刃具受力平衡，有時候都使用具有多鋒切刃的切削，此曰多鋒切削。圖11-4(c) 為具有八個切刃的旋轉切削運動，其工件是作垂直於刃具中線的直線運動。由此可知，刃具和工件間的相對運動是螺旋線運動，

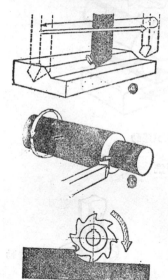

若刃具的刃數和切削深度配合恰當，則可使切刃和工件時時接觸而作不斷的切削。而且因這種切刃一次所切削的工件表面積比較大，可以減少工時，此種切削方式稱為平銑。平銑是銑刀的中心軸呈水平裝置，若是將銑刀的中心軸豎立裝置，則此種切削方式稱為立銑。圖11-6(a) 即為立銑。

若於棒形工件作旋轉運動，而於多鋒砂粒切刃的砂輪也作旋轉運動，則工件與切刃的相對切削運動是旋轉圓運

圖 11-4　各種切削工作
(a)鉋　(b)車　(c)銑　(d)磨

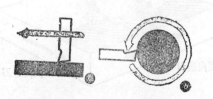

圖 11-5　(a)鉋切(b)車削

動，如工件再做軸向移動而增大切削面積。此種切削方式叫做外圓磨光。如果將砂輪放入工件的內孔，而做內孔磨光工作則稱曰內圓磨光。圖 11-7 為砂輪作旋轉運動而工件作直線平面運動，而做磨光平面的工作，此稱平面磨光。圖 11-8 為旋轉的雙双螺旋鑽頭向靜止工作進行穿孔的工作叫做鑽孔，此工作是切刀和工件做旋轉圓運動的相對切削運動。圖 11-9 的切刀是類似鋸條的多鋒式作直線運動，工件是固定，則此切刀稱為拉刀，利用拉刀在工件內孔拉切出貫穿的窄槽，此

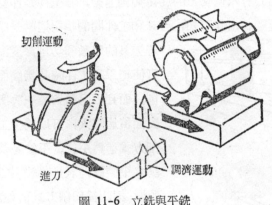

圖 11-6 立銑與平銑

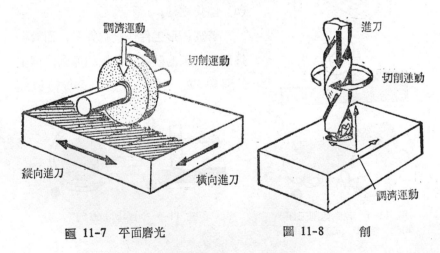

圖 11-7 平面磨光　　　　　圖 11-8　　削

種切削方式叫做拉削，簡稱拉。

　　除了上述鉋、車、銑、鑽、磨、拉的基本切削方式之外，尚有他種不同的方式，但類皆為改進及綜合以上方式而成的。

11-2　切削力計算

　　圖 11-10 所示切刀切入工件 t 的深度而工件材料發生堆擠的相對運動的切屑情況，於切刃前堆擠的切屑厚度 t_1 大於切削深度 t 。此

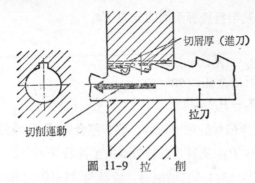

切屑厚（進刀）

拉刀

切削運動

圖 11-9　拉　　削

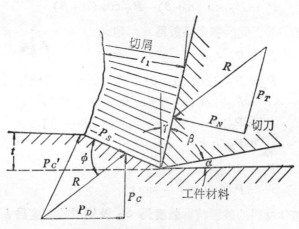

圖 11-10　切削力分佈之分析

切屑在切刃前表面上產生一垂直方向力，相反地，切刃對切屑也生一大小相等方向相反的力，如圖中的 P_N 所示。因切屑在向上堆擠時產生切屑與切刃前表面之沿切刃表面向上的摩擦力，相對地，切刃對切屑有一沿切刃前表面向下的力 P_T，因而可知切刃對切屑所作用的合力原為圖示之 R。此合力 R 可以經過切屑直接傳至工件母材，亦即切屑對工件材料作用一個力量 R。相反地，工件母材對切屑也生一反作用力 R，如圖 11-10 所示，把合力 R 分為垂直於切屑滑離工件母材滑面的分力 $P_C{}'$ 及平行於那滑面的分力 Ps。

由圖可得

$$P_C{}' = R \cos (90-\phi)$$
$$P_S = R \sin (90-\phi)$$
$$P_S = P_C{}' \mu_S$$

μ_S 為切屑和工件母材的摩擦係數。倘若把合力 R 分為沿刀具或工件行進方向的分力 P_D 及沿垂直於刀具或工件行進方向的分力 P_C，P_D 稱曰主切力，P_C 稱曰垂直切削力。故從圖 11-10 可知

$$P_D = P_T \cos (\alpha+\beta) + P_N \sin (\alpha+\beta)$$
$$P_C = P_T \sin (\alpha+\beta) - P_N \cos (\alpha+\beta)$$

設切屑與切刀前面間的摩擦係數為 μ，則

$$P_T = P_N \cdot \mu$$

故
$$P_D = P_N \mu \cos (\alpha+\beta) + P_N \sin (\alpha+\beta)$$
$$= P_N [\sin (\alpha+\beta) + \mu \cos (\alpha+\beta)]$$
$$= P_N [\sin (90-r) + \mu \cos (90-r)]$$
$$= P_N (\cos r + \mu \sin r)$$
$$P_C = \mu P_N \sin (\alpha+\beta) - P_N \cos (\alpha+\beta)$$
$$= P_N (\mu \cos r - \sin r)$$

若設工件材料的破壞抗剪強度為 S_S 及切屑的寬度為 b，則切屑滑離工件材料所需的力量 P_S 為

$$P_S = S_S bt,$$
$$= S_S bt / \sin \phi$$
$$= Pc' \mu_S$$

若再整理垂直於及平行於切屑滑離平面上的各力而理出公式，則得

$$P_C' - P_T \cos (\phi - r) - P_N \sin (\phi - r) = 0$$

$$P_C' \mu_S + P_T \sin (\phi - r) - P_N \cos (\phi - r) = 0$$

於是　　　$$P_C' \mu_S = P_N \cos (\phi - r) - P_T \sin (\phi - r)$$

卽　　　　$$S_S bt / \sin \phi = P_N \cos (\phi - r) - \mu P_N \sin (\phi - r)$$

因而得

$$P_N = \frac{S_S bt / \sin \phi}{\cos (\phi - r) - \mu \sin (\phi - r)}$$

代 P_N 公式入 P_D 公式則得

$$P_D = \frac{S_S bt / \sin \phi}{\cos (\phi - r) \mu \sin (\phi - r)} (\cos r + \mu \sin r)$$

由上列公式得知工件材料三種類及強度有關，切刀的前銳角 r 也有關係。今設工件材料的斷裂抗壓強度為 S_C，斷裂抗剪強度為 S_S，則可得經驗公式

$$S_S = S_0 + k S_N \tag{1}$$

式中 S_0 及 k 是試驗常數，隨工件材料種類不同而異。由試驗結果可知

$$2\phi + \tan^{-1}\mu - r = \cot^{-1}k$$

亦卽　　　$$\phi = \frac{1}{2}(\cot^{-1}k + r - \tan^{-1}r)$$

因此知 (a) 材料 S_S 和 S_C 的經驗公式，卽知 k 值，(b) 切屑和切刀前面的摩擦係數 μ，(c) 切刀的前銳角 r，(d) 切削深度 t 及 (e) 切

屑寬度 b，即能求出主切削力 P_D。同理求出垂直切削力 P_C 之值，

$$P_C = \frac{S_s bt/\sin \phi}{\cos (\phi-r)-\mu \sin (\phi-r)}(\mu \cos r - \sin r)$$

由上列之 P_D、P_C 的公式得知切削力和 (1) 材料的抗剪強度 S_s 成正比 (2) 切削的寬度 b 成正比 (3) 切削深度 t 成正比 (4) 切刀的前銳角 r 成反比 (5) 切屑和切刀間摩擦係數 μ 成正比。亦即切削力和工件材料、切刀材質的種類有關，甚至於切屑和切刀間之潤滑程度也有關係。

11-3 切削速度計算

切削速度乃於切削時切刀和工件的相對線速度，換言之，若切刀做連續切削，則其每秒鐘所切出來切屑的總長即是它的切削速度。切削速度快則加工生產速度較快，但快的切削速度於刀尖摩擦生熱，溫度較高，故抗摩力差，刀鋒易鈍化，使用壽命因而縮短。因此為求能於延長使用壽命而求加工快速，便需對切削速度有所限制。一般皆以「標準切削速度」(V_{60}) 為準，即切刀每次磨利後使它能使用 60 分鐘而切削規定精度的工件。決定 V_{60} 之值一般是以實驗得之，而由實驗結果影響 V_{60} 之因素有下列幾項：

（1）工件材料的抗拉強度：工件材料抗拉強度越高，抗剪強度也愈高，每單位切屑斷面 ($b \times t$) 所需之切削力也要較大，切削生熱也多，故便不適於做較高速切削。圖 11-11 為用高速鋼的切刀材料的實驗所得。

（2）工件材料的硬度：一般說工件材料硬度較大則所需切削力較大，切削摩擦生熱也較多，因而不適於作較高速的切削，圖 11-12 為以高速鋼切刀切削一般鋼料所作實驗曲線。

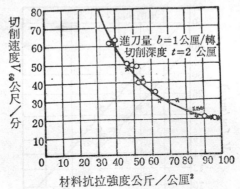

圖 11-11　材料抗拉強度與切削速度之關係

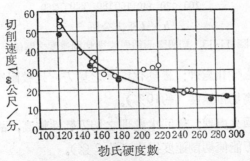

圖 11-12　材料硬度與切削速度之關係

(3) 切刀材料：一般說起來高速鋼材料切刀的切削速度比碳鋼切刀快一倍，燒結碳化物切刀比高速鋼多兩倍，瓷質切刀又比燒結碳化物高一倍多，金剛石切刀又等於高速鋼的 20 倍左右，由此可知，切刀材料對切削速度影響很大，但因瓷質切刀和金剛石切刀之使用受到條件限制，故很少使用。

(4) 切屑斷面積：因切屑斷面積（$b \times t$）越大，則切削力越大，摩擦生熱越多，刀具壽命越短，尤其切削速度愈高是如此。故切屑斷面積比較大時，要用較低的切削速度。圖 11-13 為切屑斷面積（$b \times t$）與標準切削速度（V_{60}）之關係圖。

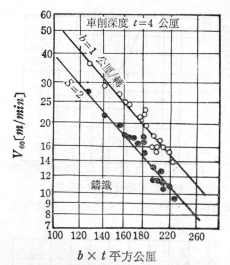

圖 11-13　切屑斷面積與標準切削速度之關係

(5) 切刀之硬化處理: 經硬化處理之切刀，比較耐磨，利鋒刃較持久，故能提高切削速度（約10%）。

(6) 切刀回火處理: 經回火處理之切刀靱性較高，故在適切的回火處理後之切刀能使切削速度提高（約2%）。

(7) 切刀的切削角: 若前銳角較大且爲正值，則切屑斷面所需之切削力較小，故摩擦小，生熱少，壽命延長，因而能用較高的切削速度。

(8) 切削方式: 因斷續切削在工件和切刀間會驟然的撞擊而損傷切刀，故切削速度要低。但連續切削則切削速度可加快。

(9) 所需之工件表面光度: 一般粗加工時爲求速度快而切屑也易折斷，故可用較高的切削速度。細加工時因求其穩定，故切削速度要低些。

(10) 使用的潤滑冷卻劑: 使用適當而適量的潤滑冷卻劑，可使切屑與刀面間之摩擦力減小，故能提高其切削速度。

(11) 操作之機器精密度：若機器精密度高，則穩定性佳，故能使用較高的切削速度而維持相當的使用壽命。

上述只是原則性的敍述，各種加工條件不同則切削速度有異。柯路奈室經驗公式可做為一般切削速度計算的參考：

$$V = \frac{C_v}{\varepsilon_v \sqrt{b \times t}} 公尺/秒$$

上式中　　　c_v：依切刀材料而定之常數

　　　　　　ε_v：依工件材料而定之常數

　　　　　　b：切屑寬度（單位：mm）

　　　　　　t：切削深度（單位：mm）

表 11-2 與表 11-3 為各項數據可作為參考。其中之切削速度單位為呎／分。

表 11-2

工　作　材　料	ε_v 值	C_v 值		
		16～18%鎢高速鋼	燒結碳化物	碳　鋼
黃　　銅	1.65	112	224	56.0
青　　銅	2.73	80	100	40.0
鑄　　銅	2.75	28.7	57.4	14.4
35～50公斤/公厘²碳鋼	2.44	50	100	25
50～60公斤/公厘²碳鋼	2.44	35	70	17.5
60～80公斤/公厘²碳鋼	2.44	20	40	10.0
鎳鉻鋼	1.75	29	58	14.5
頓鑄鋼	3.60	42	82	21.0
中鑄鋼	3.60	26	52	13.0
硬鑄鋼	3.60	15	30	7.5

表 11-3 各種刀具材料之切削速度 (ft/min)

工　件　材　料	高 速 鋼 刀 具		碳 化 物 刀 具	
	粗 切 削	細 切 削	粗 切 削	細 切 削
灰鑄鐵	50～ 60	80～100	120～ 20	350～400
半鋼	40～ 50	65～ 90	140～160	250～300
可鍛鑄鐵	80～110	110～130	250～300	300～400
鑄鋼 (0.35% C)	45～ 60	70～ 90	150～180	200～250
黃銅 (85～5～S)	200～300	200～300	600～1000	600～1000
青銅 (80～10～10)	110～150	150～180	600	1000
鋁	400	700	800	1000
碳鋼 (0.20% C)	80～100	100～120	300～400	300～400
碳鋼 (0.50% C)	60～ 80	100	200	200
不銹鋼	100～120	100～120	240～300	240～300

若要實際應用則可利用下列公式去計算或校對：

$$N = \frac{1000 \cdot V_{60}}{\pi d}$$

式中　　N: 切刀或工件之 rpm（每分鐘轉數）

V_{60}: 標準切削速度（單位是公尺／秒）

d: 單位是公厘，可代表下列意義：

①車床切圓的工件直徑。

②鑽孔時鑽頭的直徑。

③銑床工作時銑刀的直徑

④磨床工作時砂輪的直徑

倘若切削時切刀或工件是作直線運動，則每衝程切削時間可由下列公式求之：

$$t = \frac{W}{1000V_{60}} 秒$$

公式中　　　t：每衝程切削時間（單位：秒）

　　　　　　W：切削衝程（單位：公厘）

　　　　　　V_{60}：標準切削速度（單位：公尺/秒）

11-4　切削用潤滑劑及冷却劑 (Lubricant agents and coolant)

　　在切削時切刀與工件，切屑與切刀間皆會因摩擦而生熱。此種摩擦生熱會影響工件的尺寸精度，降低切刀強度與硬度，使刀鋒鈍化而失去切削能力。爲改善上述情況，故一般的切削潤滑冷却劑的應用實不可少，因它有下列功用：

　　(1) 減少切屑和切刀及工件和切刀間的磨擦。

　　(2) 降低切刀和工件的溫度，以增長切刀使用壽命。

　　(3) 冲離切屑於切刀和工件之外。

　　(4) 改進切削工件之表面光度。

　　(5) 減少切削所耗用的動力。

　　(6) 避免積屑切口 (Building-up edge) 現象的發生。

　　(7) 能有潤滑防銹之功用（若潤滑冷却劑爲油質）。

爲能達到上述功用，潤滑冷却劑必須具備下列條件：

　①良好的熱傳導性。

　②具有優良的潤滑作用。

　③不易蒸發易保存而不變質。

　④有較高的燃點，以免招致火災。

　⑤無毒而不有害人體。

　⑥要有良好的穩定性。

　⑦不致浸腐工具設備。

　⑧價錢不昂貴。

一般常用的潤滑冷却劑有下列五大類：

A. 調水油： 這是一種較便宜的切削劑， 它是水調浮油類，那微粒油有潤滑作用而水有冷卻之效。但因水與油不易混合，故要使用媒介物質，一般常用的是肥皂。其混合方法是將 40°F 以上溫度的油倒入40°F 以上溫度的溶融肥皂水， 然後做不激烈的攪拌，使水調油成乳白色。有時候爲了節省費用起見，常將其沖淡到一份水調油配 5 ～ 100 份軟水，但如果水太多，則易浸腐機器。

B. 純油質： 這是以潤滑爲主，冷卻爲副的潤滑冷卻劑，一般皆用礦物油或有用動物油（如豬油）。此大都用於切削易削鋼或用於高速自動車床。因動物油較貴，且易發生臭味，故現今很少使用。

C. 礦油和動物油混合劑： 兩者配合之比例依所要求的潤滑和冷卻的比例而定，如果是輕切削，則礦油成分要高些，若切削深度 (t) 與切屑寬度（b）較大，則動物油要多些。

D. 硫化或氯化的切削油： 硫化切削油有二種製法，一是把硫磺和動物油混合蒸煮而做成透明的硫基油，然後再把硫基油和石油煉成的礦油作適當比例的配合而成爲硫化切削油。二是把加熱的硫磺加入到礦油中而成深色不透明的硫化切削油。同樣方法把氯氣加入礦油中而造成氯化切削油。此類切削油大都用於重切削。

E. 水溶液： 若對工件或切刀是以冷卻爲主，則用肥皂水或碱水便可。一般是比例爲一磅碳酸鈉加入 1 公升動物油及 1 公升軟肥皂，而後再用軟水沖配成10～12加侖的液體，配成後加熱煮化約 $1\frac{1}{2}$ 小時卽成爲可用的均勻切削水溶液。

切削劑的應用並無一定則可遵循，端視實際應用作判斷。表11-4可做爲選擇切削劑的參考。

表 11-4　切削劑的選擇

材料	鑽孔	鉸孔	車削	銑削	攻內(外)螺紋
鋁	煤油與豬油 煤油 調水油	豬油 調水油 礦物油	調水油	調水油 豬油 礦物油、乾	調水油 煤油與豬油
黃銅	乾 調水油 煤油與豬油	乾 調水油	調水油	乾 調水油	調水油 豬油
青銅	乾水油 調礦物 豬油	乾水油 調礦物 豬油	調水油	豬油 乾水油 調礦	豬油 調水油
鑄鐵	乾 調水油	乾水油 調礦物豬油	乾 調水油	乾 調水油	硫化油 礦物豬油
鑄鋼	乾 礦物豬油 硫化油	調水油 礦物豬油	調水油	調水油 礦物豬油	礦物豬油
銅	乾水油 調礦物豬油 煤	調水油 豬油	調水油	乾 調水油	調水油 豬油
可鍛鑄鐵	乾 蘇打水	乾 蘇打水	調水油	乾 蘇打水	蘇打水 豬油
軟鋼	調水油 礦物豬油 硫化油 豬油	調水油 礦物豬油	調水油	調水油 礦物豬油	調水油 礦物豬油
工具鋼	調水油 礦物豬油 硫化油	調水油 豬油 硫化油	調水油	調水油 豬油	硫化油 豬油

11-5　刀具材料

(1) 工具鋼 (Tool steel)：爲自古以來所用的工具材料，因切削發熱產生高溫，硬度因而降低，故不適於高速切削，因其價格較低，尚可用於低速切削及軟質金屬的切削。

表 11-5 碳化鎢刀具之適用性

顏色	國際分類	泰登	碳化鎢車刀片材質對照表			使用情形	被切削材料	切削方式	作 業 條 件
			三菱	山特維克	東芝				
	P 01	SP	Ti 02/03	F 02	TX 05	切削速度增大 ↑	鋼、鑄鋼	精密車削、精密內圓車削	高速作小切削面、加工品之尺寸精度正確者，但無振動下之作業適用。
	P 10		STi 10/10T	SiP	TX 10/15		鋼、鑄鋼	車削、螺紋切削、銑削	高速、中速作內圓車削，作業條件比較良好時，及需精密鎝圓車削者適用。
			UTi 10	S 2		韌性	鋼、鑄鋼	高速、中速作內圓車削，比P10韌性大，切削數之不良條件下比韌可用。
	20		STi 20	S 2	TX 20 / S 2	耐磨耗損性	鋼、鑄鋼、不銹鋼（可鍛鑄鐵、切削時會出長屑者）	車削、銑削、鉋削	中速作內圓車削可適用，P系材種均可韌用、精細作業均受廣用，粗及精細作業條件需比較良好，鉋削小切削面者及不銹鋼可適用。
藍色	P 25	SU	STi 25	S 4	TX 25 / S 4		鋼、鑄鋼、不銹鋼（可鍛鑄鐵、切削時會出長屑者）	車削、銑削、不鉋	中速作中切削中~大面切削中用。鋼削的荒削需準用，砂孔及有偏心的材料切削作業適用。
	P 30	SR	STi 30		TX 30	增大 ↓	鋼、鑄鋼、不銹鋼（可鍛鑄鐵、切削時會出長屑者）	車削、鉋削、銑削、型削	用中~低速作大切削面面者可適用，一般粗切削表面在切削中不良及粗糙，硬度比切削中會變化之作業條件良好時適用。鉋削時需比較良好者適用。
	P 40		STi 40	S 8	TX 40	大	鑄鋼、可鍛鑄鐵（切削時會出長屑者）	車削、鉋削、型削	用低速作大切削面者適用，在最惡劣作的切削作業條件下與高速鋼性能相同者適用。

表 11-5　碳化鎢刀具之適用性（續）

顏色	國際分類	碳化鎢車刀片材質對照表				使用情形	放切削材料	切削方式	作　業　條　件
		泰登	三菱	山特維克	東芝				
	M 10	SF CI	UTi 10		TU 10	切削速度增大↑	鋼、鑄鐵、鑄鋼	車削	用高～中速下切削中～小面者適用。鑄鐵在比較良好條件下用共用。用中速作內圓車削及螺紋切削也可用。
	M 20	SU CK	UTi 20		TU 20 G 2		高錳鋼、不銹鋼、鐵、沃斯田鐵、與斯田鐵、鑄鐵	車削	用高～中速切削小～中面者適用。條件比較良好時適用。刀刃需採用槽式者適用。
	M 30		UTi 30		TU 30	耐磨耗性增大	鋼、鑄鋼	車削 銑削	用中速切削中面者適用。需對鋼、鑄鐵共用者。條件較不良者可用。
黃	M 30					韌性增大↓	高錳鋼、合金鑄鐵、不銹鋼、特殊、沃斯田鐵、與斯田鋼、鑄鐵	車削 銑削	用中速作切削中面者適用。作業條件較不良者可用。如條件良好時刀刃作槽式切削及重初削。
	M 40	SR CM	UTi 40		TU 40		軟鋼、與斯田鋼、特殊鑄鐵、耐熱鋼	車削 鉋削 銑削	用中速作切削大面者適用。切削黑皮及有砂孔者適用。不良條件材質有焊接之者可用。
	M 40						快削鋼、低抗張性鋼、非鐵金屬	車削 鉋削 型削	用低速作切削中～大面者適用。切削時有顯著不良條件材質等如黑皮及有砂孔採用槽式及段材料，刀刃需採用槽式形狀者可用。

表 11-5　碳化鎢刀具之適用性（續）

顏色	國際分類	泰登	三菱	山特維克	東芝	使用情形	被切削材料	切削方式	作業條件
紅	K 01	CH	HTi 03		TH 03	切↑削速度　韌性　增　耐磨耗性增大　大↓	鑄鐵	精密車削、銑削、精密內圓車削	用高速作切削小面者適用。無振動的作業狀況下可用。
	K 05	CH	HTi 05	H 05	TH 05　TH 2		冷硬鑄鐵、高硬度鑄鐵、淬火鋼；高矽鋁、硬質紙、石棉	車削	用極低速度作切削小面可用。無振動的作業狀況下可適用。
	K 10	CI	HTi 10	H 10　H 13	TH 1　TH 10　G1F		黑鉛、陶器、玻璃；布氏硬度數200以上硬質之鑄鐵、切削連續性之可鍛鑄鐵；淬火鋼	車削、銑削、內圓車削、拉削、絞光作業；車削	用中速作切削小面～中面而可用。振動狀況較小者可適用。振動狀況比較少者可用。
	K 20	CK	HTi 20	H 20	G2F		硬質銅合金、玻璃、硬質橡膠、瓷器、合成樹脂；布氏硬度數200以下之鑄鐵	車削、銑削、鉋削、鑽削、鉸削、鉋光作業	用中速作切削中～大面者適用。要求韌性強的作業條件可適用。要求韌性強的作業條件可適用。
	K 30　40	CM	HTi 30		G 3		銅及鋁合金等非鐵金屬、木材；抗振性強、硬度低之鑄鐵、非鐵金屬	車削、銑削、鉋削、型削	用低速作切削大面適用。作業條件比較不良者可適用。刀叉需深槽式者可適用。

表 11-6 陶瓷刀具之適用性

使用分類	使用情形	工件材料	切削方式	切削速度 (m/min)	作業	條件
NTK HC1	耐磨耗性增大 →　靭性增大 →	鑄鐵 鑄鋼 鋼	精密車削 精密膛孔	200 ~ 500	振動較少之作業 尺寸精密之細切削作業 粗、中、細切削 延性鑄鐵濕細切削	
NTK C1		鑄鐵 鑄鋼 鋼 淬火鋼	一般切削 精密車削 精密膛孔	200 ~ 400 淬火鋼 50	振動較少之作業 鑄鐵之粗、中、細切削 鑄件表面存在時應當加深切削深度 鋼之中、細切削 之切削 不通濕粗切削	硬質材料 (HRc 50 以下)
NTK HC2		鑄鐵 鑄鋼 鋼	一般車削 精密車削 膛孔 割(槽)斷	100 ~ 300	鑄件表皮存在時之粗、中、細切削 鑄鐵之低速至高速切削 延性鑄鐵濕之切削 比紮、氮氫酸更須耐防錕之切削	

(2) 合金工具鋼（Alloy tool steel）：在碳鋼中加 Ni、Cr、W、V 等特殊元素作成合金，可分為切削用、耐衝擊用、耐磨不變形用、熱間加工用。

(3) 高速鋼（High speed steel）：碳鋼中含有 W、Cr、V、Co、Mo 的合金鋼，切削性能良好，為最重要的切削材料。

(4) 史斗鉻鈷（Stellite）：以鈷、鉻、鎢等合金壓鑄而成，具有高速鋼與超硬合金之切削性能，耐熱性良好，亦具高溫硬度，耐磨性亦佳，唯一缺點是質較脆。

(5) 金鋼石（Diamond）：鑽石為所有物質中硬度最高，耐磨性及熱傳導率很優良，但質脆，不適於振動或衝擊。一般都用於精密切削鋁、鎂、銅及其合金、金、銀、鉑等非鐵金屬或非金屬材料。

(6) 超硬合金：以鈷（Co）為結合劑，將碳化鎢（WC），碳化鈦（TiC），碳化鉭（TaC）等高熔點硬質碳化物燒結。做成刀尖（Tip）塊而非整體刀，可分為 P、M、K 三類，如表 11–5 所示。

(7) 陶瓷刀具（Ceramic tool）：是以氧化鋁（Al_2O_3）90％以上與氧化鈦、鎂、鉻加黏結劑混合，在 1600°C 以上燒結而成。其特性為在高溫時硬度仍很高，能耐高溫，但抗折力及壓縮強度較低，可作超硬合金刀具所不能切削的刀具或進行高度切削。是一種甚為優良的切削刀具。目前用以切削鑄鐵、石墨、玻璃纖維及其他高度耐磨的金屬。見表 11–6。

複　習　題

1. 前銳角是指切刀那部分的角度？
2. 背間隙角的功能是什麼？
3. 多刃切刀的定義是什麼？舉例說明它的優點？
4. 磨光時的切刀是否為多刃切刀？它的前銳角是正或是負？
5. 切屑脫離工件時是不是用切刀的刀刃切掉的？

6. 什麼叫做垂直切削力? 它如何計算?

7. 切削速度怎樣才算經濟?

8. 影響切削速度的因素是什麼?

9. 切屑斷面積的大小對切削速度有什麼影響?

10. 連續切削的切削速度一般比斷續切削的爲高嗎? 爲什麼? 請說明原因。

11. 切削用潤滑冷卻劑的任務是什麼?

12. 是否所有切削都需要潤滑冷卻劑? 爲什麼?

13. 潤滑冷卻劑要具備的條件是什麼?

14. 水的比重較油爲大, 如何能作成水調油呢? 試將水調油的製法逐步說明。

15. 什麼是易削鋼? 有什麼特點?

16. 切削工具鋼工件可用的潤滑冷卻劑是什麼?

17. 碳化鎢車刀與高速鋼車刀有何不同?

第十二章 車 床

車床是以動力驅動，用刀具柱或刀架支持車刀，以車削工件的端面、外圓、內孔、斜度、螺紋、曲面等，也可用來做鑽孔及研磨等工件，是發明最早的工作母機，使用最廣的基本機械。因此，有人稱車床爲工作機械之母。

12-1 車床形式

車床爲適應各種不同的工作而設計各種不同的型式，一般車床是以其工作特性來分類，有(1) 枱式車床，(2) 機力車床，(3) 高速車床，(4) 工具車床，(5)六角車床，(6)自動車床，(7) 自動螺絲機，(8) 立式車床，(9) 特種車床及數值控制 (*NC*) 車床，*NC* 車床等。請參考第十九章第五節。

12-1-1 枱式車床 (Bench lathe)

爲裝於枱面或工作臺上的小型車床，其面盤上之旋轉容量最大爲 254 公厘。適用於製作鐘錶測量器計類等精密小形零件，故又稱鐘錶車床，如圖 12-1 所示。

12-1-2 機力車床 (Engine lathe)

此卽一般所稱的車床，早期的車床動力是由動力機（Engine）而來，與高速車床不同之處是轉軸之控制，工具的裝置以及進刀的控制皆有其特殊的構造。一般轉軸之廻轉方式有三：

(1) 塔輪驅動式 (Step-conepulley drive)

如圖 12-2 所示爲一般普通車床的形式，轉數較低，以三階或四階塔輪變速，若再配上後列齒輪則可多出一倍之變。塔輪各階段面略呈圓弧狀，其目的在使皮帶定位而不致滑移，但皮帶若仍易滑動，則動力傳達將無法確實，此時卽應調整皮帶之長度。

圖 12-1 枱式車床

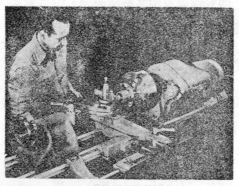

圖 12-2 塔輪驅動式車床

(2) 齒輪驅動式 (Gear-head drive)

因齒輪加工技術的進步，精密車床都利用齒輪直接驅動主軸。車床主軸轉速以撥桿撥動齒輪箱內之齒輪而得，其優點爲變速快，速度傳達確實。如圖 12-3 所示。

(3) 無段變速傳動式 (Variable-speed drive)

如圖 12-4 所示，車床的主軸轉數是由馬達傳至錐形輪無段變速箱而達心軸，其變速是由最大及最小錐形輪徑之比決定。

圖 12-3　齒輪驅動式的枱式六角車床

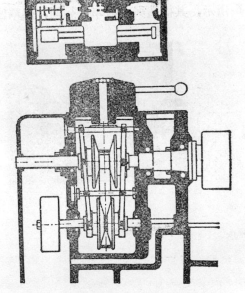

圖 12-4　工作主軸的無段傳動一例

12-1-3　高速車床 (Hight speed lathe)

　　如圖 12-5 所示，其機座大、堅固而廻轉速高。因現代製造技術

進步，金屬加工用的車
床的轉速可達 2000
RPM 以上，且可承受
各種不同的輕重切削，
並有自動縱向、橫向進
刀及切製公制、英制、
節距、模數之螺絲的裝
置。

圖 12-5　高速精密車床

12-1-4　工具車床 (Tool lathe)

　　如圖 12-6 所示，其構造與一般車床類同，但精密度極高，且附

圖 12-6　工具車床

件齊全，如斜度附件、中心架、變速齒輪、筒夾、指示器；一般皆用於製作檢驗規、小工具、模具零件，及精度較高的機械零件。

12-1-5　六角車床（Turret lathe）

即轉塔車床，係因具有六個旋轉式刀座而依工作次序裝上六種刀具而得名。必須由具有精湛技術之人員裝設刀具，調整刀具及定位試車，再交給操作者操作。一般皆用於大量或整批生產工作。其優點為降低成本，產品之精密度高及能大量生產。

（1）臥式六角車床（Horizontal turret lathe）

如圖 12-7 所示，車床主軸為水平者，按照其轉塔刀座設計而成，一般可分二類：

(a) 滑座式（Ram type）：如圖 12-3 所示，車床之轉塔裝於滑座式柱塞上面，而滑座式柱塞置於床軌尾端之鞍座上，進刀時拉動手進刀桿自右向左進刀，完成一項操作後，再往後一拉則轉塔轉動 1/6 圈，即可改換另一刀具操作。此種車床用於長條及輕負荷的工件加工。

(b) 鞍座式〔Saddle type〕：如圖 12-7 所示，其轉塔直接裝於鞍座上，因其六角刀座部份很結實且有較長之行程，故適合車製長形工件及深槽搪孔或做較重的切削。

(c) 臥式自動六角車床，如圖 12-8 所示，與鞍座式六角車床類似，但其操作係完全自動化，用油壓操作六角轉塔而且能自動迅速的換向變速，可得正確的進刀，亦能節省人力獲得較高的生產效率。

(d) 數值控制之六角車床，如圖 12-9 所示，其主軸速度、進刀、轉塔變向、滑板移動均為數字制系統自動控制，一般皆用來車削較複雜且需大量生產的工作物，可控得高精度的加工效果。

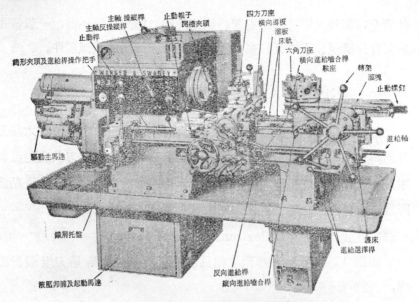

主軸 操縱桿
主軸反操縱桿
止動桿
止動輥子
開槽夾頭
四方刀座
橫向導板
溜板
床軌
六角刀座
橫向進給嚙合桿
鞍座
轉架
溜塊
止動螺釘

筒形夾頭及進給桿操作把手

驅動主馬達

進給軸

鐵屑托盤

護床
進給選擇桿

液壓邦浦及起動馬達

反向進給桿
縱向進給嚙合桿

圖 12-7 鞍座式六角車床構造

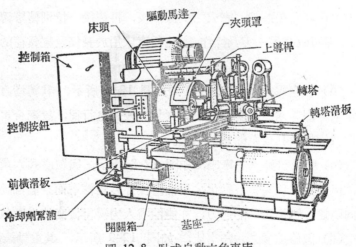

驅動馬達
床頭
夾頭罩
控制箱
上導桿
轉塔
控制按鈕
轉塔滑板
前橫滑板
冷卻劑幫浦
開關箱
基座

圖 12-8 臥式自動六角車床

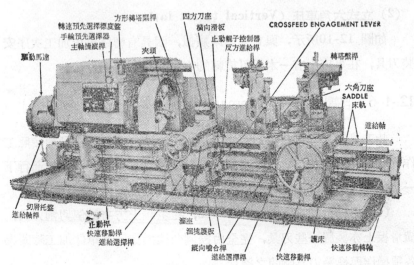

轉速預先選擇標度盤
手輪預先選擇器
主軸操縱桿
方形轉塔緊桿
夾頭
四方刀座
橫向滑板
止動輥子控制器
反方進給桿
CROSSFEED ENGAGEMENT LEVER
轉塔繫桿
六角刀座
SADDLE
床軌
進給軸
驅動馬達
切屑托盤
進給軸桿
止動桿
快速移動桿
進給選擇桿
溜座
溜塊護板
縱向嚙合桿
進給選擇桿
快速移動桿
護床
快速移動轉軸

圖 12-9 六角車床之構造

圖 12-10 立式六角車床

(2) 立式六角車床 (Vertical turret lathe)

如圖 12-10所示，與立式搪床類似，因具有轉塔可依加工次序安裝刀具，在車床上有一水平可旋轉的夾頭用以固定工作物。

12-1-6　自動車床 (Automatic lathe)

此乃是利用控制凸輪 (Control cam) 使刀具能夠自動地按照工作物（工件）的加工次序，車削至成品後再自動退刀，並繼續進行下一個成品之切削，如圖 12-11所示。一般可分兩類：

（1）單軸自動車床：如圖 12-12，在主軸上方有數個切削刀具，橫滑板上亦裝置一些刀具，完全由控制凸輪操作。其單件加工時間為各項操作與換裝刀具時間之總合。

（2）多軸自動車床：如圖 12-13，為桿料加工最迅速的機器，其類型很多，有二、四、六、八等不同數的主軸；加工時每一支主軸為一個工作站，同時進行工件不同部位之加工。其優點為可充分利用刀具以增加生產量。

圖 12-11　自動車床

圖 12-12 單軸自動車床

圖 12-13 多軸自動車床

12-1-7 自動螺絲機 (Automatic screw machine)

此機能自動控制轉塔移動，使刀具進刀依照所預定之速度進行且能自動退出。材料之輸送也用凸輪控制，其操作動作如下：自動放鬆夾具→送料→夾緊→進行循環切削工作。如圖 12-14所示。

12-1-8 立式車床（搪床）(Vertical lathe)

圖 12-14 自動螺絲機

此主要用於車削不規的工件，或體積很大用臥式車床無法加工者。如圖 12-10 所示。若依其設計形式之不同而分有單軸式、多軸式、立式多站自動車床或門型立式車床。

12-1-9 特種車床 (Special lathe)

(1) 複製車床（靠模車床）：將工件之樣模置於車床之對面，使

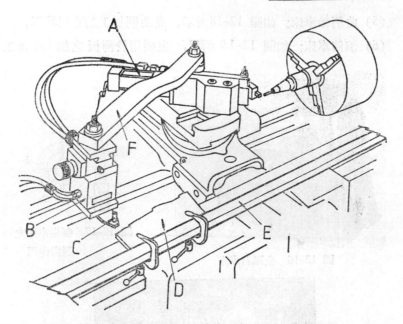

圖 12-15　液壓靠模車床原理　A.液壓汽缸　B.閥座　C.靠模探針　D.樣板
　　　　　E.樣板支座　F.液壓閥連接臂

樣模與探針相接觸，而探針以油壓、氣壓或電氣設備所控制操作，將動作傳達於刀具，作出相同的進刀。一般皆用於不規則形狀之複製。如圖 12-15所示。

　　(2) 削面車床：適用直徑大而 短的工件加工，一般夾頭下端的機罌皆做成凹口，以適於工件的自由廻轉。

　　(3) 金剛石車床：其主軸是用無接頭尼龍帶驅動，故旋轉不致振動，以適於金剛石或超硬合金等脆硬刀具的高速切削。如圖 12-16所示。

　　(4) 剷齒車床：此機專用於去除刀双背之金屬，以減少刀具切削時造成之摩擦。刀具的進刀是藉凸輪裝置向工件的半徑方向運動。如圖 12-17所示。

(5) 曲柄軸車床: 如圖 12-18所示，為曲柄加工的專用機器。

(6) 滾筒車床: 如圖 12-19 所示，主要用於薄板 之加工壓延工

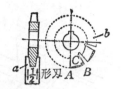

圖 12-17　剖齒車床之
剖齒作用

圖 12-16　金剛石車床

圖 12-18　曲柄軸車床

圖 12-19　滾筒車床

作，爲一種強力車床。

(7) NC 車床: 如圖 12-8 所示，以儲存於紙帶、磁帶或打孔卡上之數字資料來控制車床之操作；其控制系統有二種型式: **(I) 開式廻路 (Open loop) (II) 閉式廻路 (Closed loop)。**

附錄　車床的規格

車床的大小規格通常以下列三種尺寸表示:

(1) 夾頭所能夾持最大工作物旋轉直徑表示，又可分爲 (a)橫向進刀臺之旋徑表示 (b)床軌之旋徑表示。如圖12-20。

(2) 以車床上兩頂心間最大距離表示。

(3) 以床臺全長表示。

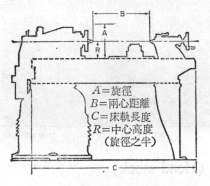

A＝旋徑
B＝兩心距離
C＝床軌長度
R＝中心高度
　　（旋徑之半）

圖 12-20　車床規格

12-2 車床的主要部份

車床之構造各廠商之設計互異，但其主要機構之設計皆是大同小異，一般可分爲頭座、床座、刀具座、進刀及切螺絲機構、尾座、冷卻系統、動力系統、數值控制系統等主要部份。如圖 12-21所示。

圖 12-21 車床構造之名稱

12-2-1 頭座 (Head stock)

頭座爲支持工件帶動工件廻轉的機構；依其傳動方式可分爲①塔輪式②齒輪式兩類。

(1) 塔輪式頭座 (Cone-pulley head stock)

如圖 12-22所示，是由本體 (Head stock casting)、車頭心軸 (Spindle)、塔輪 (Cone-pulley)、主軸齒輪 (Bull-gear)，及後列齒輪 (Back gear) 組成。

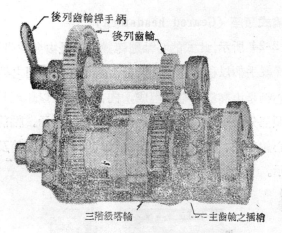

後列齒輪桿手柄

後列齒輪

三階級塔輪

主齒輪之插梢

圖 12-22　塔輪式頭座

　　如圖 12-23所示，其動力由傳動機構傳達至塔輪後，再由驅動齒輪直接連結心軸廻轉，使頭座心軸廻轉，或由塔輪傳至後列齒輪傳再動心軸廻轉。

皮帶鬆緊桿

皮帶張力調整器

V 皮帶調整器

圖 12-23　動力傳動機構

(2) 齒輪式頭座 (Geared headstock)

如圖 2-24 所示, 此式的心軸廻轉數變換是由多數齒輪組合而成, 其變速藉操縱手柄以移動齒輪之嚙合而選用多種不同之轉速。

頭座心軸是由高級合金鋼製成, 內部爲中空以適應長形工件之伸入, 其軸頸部分經研磨裝配軸承, 如圖 12-25所示。軸前端可製成凸緣式、偏心鎖定式、長錐形式, 或螺紋式以便配合套筒及頂心; 如圖 12-26 所示。

圖 12-24　齒輪式頭座

圖 12-25　頭座心軸

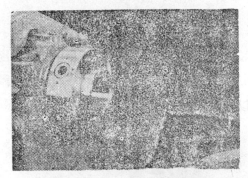

圖 12-26 A　凸輪鎖定式

圖 12-26 B　長錐形式

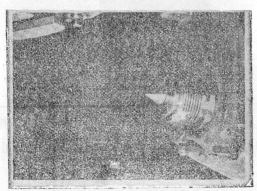

圖 12-26 C　螺　紋　式

12-2-2 床座 (Bed)

床座為車床之基礎，如圖 12-27所示，用以支承頭座、刀具座、尾座及支持切削工件時所發生的旋轉力矩，一般皆由鑄鐵製成，且有加強肋 (Rib) 以承受更大的外力，使不致發生變形或振動。

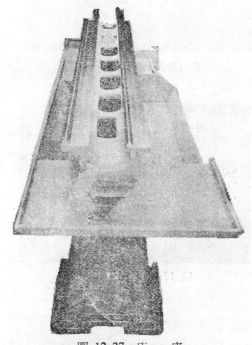

圖 12-27 床　座

一般床軌是由平行軌與V型軌組成，外側兩V型軌用以引導縱向進刀，內側之一平行軌及V型軌用以引導尾座之移動。

(1) 英式的平行軌：由於面積廣，所以單位面積的壓力小不易磨耗，但是刀具溜座易生橫方向的振動，故需加楔子防止振動。如圖 12-28 所示。

(2) 美式的V形軌：V形軌面積比平行軌小，易磨耗，但是刀具

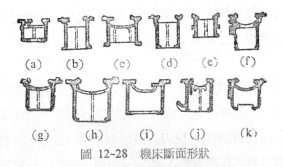

(a)　　(b)　　(c)　　(d)　　(e)　　(f)

(g)　　　(h)　　　(i)　　　(j)　　　(k)

圖 12-28　機床斷面形狀

溜座擠貼 V 形床軌而移動，故不作橫方向振動亦不偏心，因而平行度不易變化，且不會積屑而床軌損傷率少。

12-2-3　刀具座 (Carriage)

如圖 12-29所示，刀具座包括　1.床帷（護床，Apron）　2.床鞍 (Saddle)　3.複式刀座（Compound rest）　4.刀具柱（Tool post）

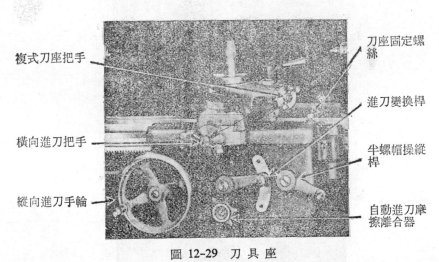

複式刀座把手

橫向進刀把手

縱向進刀手輪

刀座固定螺絲

進刀變換桿

半螺帽操縱桿

自動進刀摩擦離合器

圖 12-29　刀具座

(1) 床帷：又稱護床，如圖 12-30所示，裝置在床鞍下方，以兩半螺母套於螺桿上，包括手動進刀變換桿、縱向進刀手輪、縱向自動進刀裝置、半螺帽裝置及牙標（車螺紋指示標）。自動進刀機構由導螺桿或進刀變換桿上之蝸輪靠自動進刀摩擦離合器之摩擦力而產生自動進刀。

(2) 床鞍：係跨置於床軌上，轉動床帷手輪使齒輪及齒條產生廻轉運動，或壓入半開口螺帽使床鞍沿床軌運行而產生縱向進刀。轉動床鞍上方之橫向進刀螺桿，使刀具沿滑板作橫向進刀，橫向進刀螺桿上之刻度圈可表示其進刀量。如圖 12-31 所示。一般車床刻度是 1 : 2，卽旋轉領圈上一小格刻度，其進刀深度為 0.01mm，而工件外徑減少 0.02mm。若為 1 : 1 精密車床，其進刀深度為 0.005mm，而工件外徑減少 0.01mm。

圖 12-30　自動進刀機構

圖 12-31　領圈刻度

（3）複式刀座：可旋轉一圈，與主軸形成各種不同的角度，通常只用到左右各90度，車削角錐非常方便。

（4）刀具柱：有四方形及圓柱形兩種，如圖 12-32所示。舊式皆使用圓柱形，其優點是因其有半月形片與曲面底座接觸能迅速調整中心，其缺點是支撐力不夠強固，重切削會產生振動。四方形是目前新型車床使用者，雖其支撐力強，但調中心費時而不易。

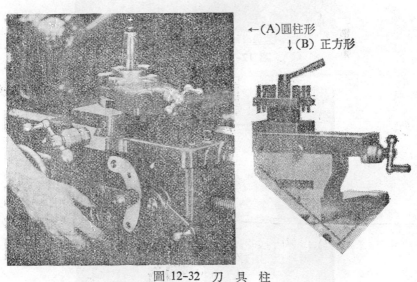

←(A)圓柱形

↓(B) 正方形

圖 12-32 刀 具 柱

12-2-4　進刀及螺絲車削機構 (Feeding & Thread-cutting mechanism)

自動進刀及車削螺絲之動力由主軸柱齒輪經反向齒輪傳至複式輪系，再傳達至導螺桿，導螺桿之靜止、正、反轉等三種不同之嚙合，經由床帷之三種進刀方式，作各種不同方向之切削。如圖12-33所示。自動縱橫向進刀量可由齒輪之搭配或由快速變換齒輪機構變換，如圖12-34所示。

圖 12-33 自動車削機構

圖 12-34 快速變換齒輪

12-2-5 尾座 (Tail stock)

如圖 12-35所示，尾座係由手輪鎖緊桿、把手螺桿、套筒本體，及底座等構成。尾座是置於床枱尾端，依中間導軌滑移，裝頂心於套筒，用以支持工件之一端或裝置鑽頭、鉸刀等刀具以做鑽、鉸工作。

廻轉手輪套筒可作往復移動，套筒上刻度可控制套筒之運行距

離。在本體及底座側端上有刻度線可作尾座偏置車削錐度。一般尾座
套筒內錐度爲莫氏 3 號（0.60235 吋／呎），而大型車床者爲莫氏 4
號（0.62326吋／呎）。

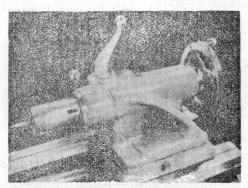

圖 12-35 尾 座

圖 12-36 切削給油裝置

12-2-6 冷卻系統

如圖 12-36所示，冷卻系統係由小型幫浦（Pump）、管路（通常
用 20mm A 管）、閘閥所構成。輸送冷卻劑以冷卻刀具因切削工件所
產生之熱量，延長刀具壽命，增加工件之精度和亮度。

12-2-7 動力系統

為使讀者對工作機械之各種電力控制系統有所了解,特摘錄 MAS 5032 機械用電器略號及其略圖。 但因篇幅關係, 將之列為附錄請參閱。

12-3 車床工作

12-3-1 車床之進刀與切削速度

一、進刀 (Feed)

指工作物廻轉一周時車刀所移動的縱向距離(由導螺桿控制),進刀的大小依車床的能量、工作物的大小與切削量的多少來決定。見表 12-1所示。

二、切削速度 (Cutting speed)

工作物廻轉一週時,車刀切削工作物所行經的圓周長度($\nu = \pi d$)乘以每分鐘之廻轉數 (Revolution per minute) 即為切削速度。參閱圖 12-37。

每分鐘經過的圓周距離m稱為圓周速度, 與切削長度有關, 切削速度即每分鐘之切削長度 (m/min), 若以 V 代表速度 (m/min), d 代表工作物直徑, n 代表工作物每分鐘之廻轉數, 則

$$V = \frac{\pi \times d \times n}{1000} \text{m/min}。$$

例: 試計算一車床工作物之切削速度, 假設工作物直徑為 50mm,工作物廻轉數為 160 RPM。

解: 由公式 $V = \dfrac{\pi d n}{1000}$

$$\therefore \ V = \frac{3.14 \times 50 \times 160}{1000} = 25.12 \text{m/min}$$

表 12-1　車床之切削速度

(1) 18—4—1 形高速度鋼　(2) 超硬合金（碳化物）

切削速度〔m/min〕、切削深度〔mm〕、進刀〔mm/rev〕

工　件 材　料	SAE 鋼 材編號等	刀具 材料	切削速度 0.13～0.38 進　刀 0.051～0.13	切削深度 0.38～2.4 進　刀 0.13～0.38	切削深度 2.4～4.7 進　刀 0.38～0.76	切削深度 4.7～9.5 進　刀 0.76～1.3	切削深度 9.5～19 進　刀 0.76～2.3
易削鋼	1112、 X1112、	(1)		76～106	53～ 76	24～ 45	16～22
	1120、 1315等	(2)	228～457	183～228	137～183	106～137	53～106
碳素鋼	1010	(1)		68～ 91	45～ 61	22～ 38	13～19
	1025	(2)	213～366	167～213	122～167	91～122	45～91
	1030	(1)		61～ 83	38～ 53	21～ 36	12～18
	1050	(2)	183～300	137～183	106～137	76～106	38～76
	1060 1095 1350	(1)		53～ 76	38～ 53	19～ 30	10～16
		(2)	152～288	122～152	91～122	61～ 91	30～91
鎳　鋼	2330	(1)		61～ 83	39～ 54	21～ 33	13～18
	2350	(2)	167～244	129～167	99～129	68～ 99	38～68
鎳鉻鋼	3120、 3450 5140、 52100	(1)		45～ 61	30～ 38	15～ 22	9～15
		(2)	129～167	99～129	76～ 99	53～ 76	22～53
鉬　鋼	4130	(1)		48～ 64	33～ 42	18～ 24	10～16
	4615	(2)	144～198	106～144	83～106	61～ 83	30～61
不銹鋼	6120、 6150、 6195	(1)		30～ 45	24～ 30	15～ 22	9～15
		(2)	114～158	91～114	76～ 91	53～ 76	22～53
鎢　鋼	7260	(1)		36～ 45	22～ 36	12～ 22	7～12
		(2)	99～122	76～ 99	61～ 76	45～ 61	15～45
鑄　鐵	軟質鑄鐵	(1)		36～ 45	27～ 36	22～ 27	10～22

表 12-1　車床之切削速度（續）

(1) 18—4—1 形高速度鋼　(2) 超硬合金（碳化物）

切削速度〔m/min〕、切削深度〔mm〕、進刀〔mm/rev〕

工件材料	SAE鋼材編號等	刀具材料	切削速度 0.13~0.38 進刀 0.051~0.13	切削深度 0.38~2.4 進刀 0.13~0.38	切削深度 2.4~4.7 進刀 0.38~0.76	切削深度 4.7~9.5 進刀 0.76~1.3	切削深度 9.5~19 進刀 0.76~2.3
		(2)	137~183	106~137	76~106	61~76	30~61
	中質鑄鐵	(1)		36~45	27~36	18~27	9~18
	可鍛鑄鐵	(2)	106~137	76~106	61~76	45~61	22~45
	硬質合金	(1)		27~38	18~27	12~18	6~12
	鑄　鐵	(2)	76~91	45~76	30~45	22~30	15~22
	白鑄鐵	(1)	3~4				
		(2)	9~15	3~9			
銅合金	快削鉛黃	(1)		91~122	68~91	45~77	30~45
	銅及青銅	(2)	305~381	244~305	198~244	152~198	91~152
	黃銅及	(1)		83~106	68~83	45~68	22~45
	青銅	(2)	213~244	183~213	152~183	122~152	11~122
	高錫青銅	(1)		30~45	22~30	15~22	10~15
	錳青銅等	(2)	152~183	122~152	91~122	61~91	30~61
輕合金	鎂	(1)	152~228	106~152	83~106	61~83	38~61
		(2)	381~610	244~381	183~244	152~183	91~152
	鋁	(1)	106~152	68~106	45~68	30~45	15~30
		(2)	213~305	137~213	91~137	61~91	30~61
塑膠	熱可塑性	(1)					
	熱硬化性等	(2)	198~305	122~198	76~122	45~76	

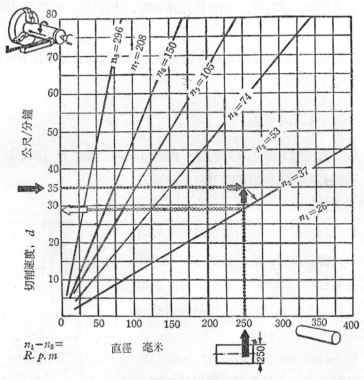

圖 12-37　切削速度表

　　切削速度若太低則加工時間長，若太高則刀具易鈍化，故在選擇切削速度時要考慮各因素：

　　①工作物之材料：車削硬質材料易生高熱，故應用較低的切削速度。

　　②車刀之材料：碳化物刀具較高速鋼的耐熱度大，可採用較高的切削速度。（一般為高速鋼切削速度的 3 倍）。

　　③切削深度：重切削（一般之粗車切削深度 5 mm）較輕切削（常用的細車切削深度 0.25mm）產生較高之熱度，故切削速度宜較慢。

④冷卻劑：車削時，如果使用冷卻劑，切削速度可增高 10%左右。

⑤車床之設計：全齒式高速精密車床較塔輪式普通車床有較高之切削速度。

12-3-2 車刀的裝置

(1) 圓柱型刀座之車刀裝置：如圖 12-38。通常車刀鎖緊於刀把上，再將刀把夾緊於砲彈型刀座上，車刀及車刀把伸出量不可過長，大約爲刀寬的 $1\frac{1}{2}$ 倍，以免因主切削力的衝擊使車刀跳動量過大導致車刀折斷。如圖 12-39，若車刀寬度超過 10mm 以上時，可直接鎖緊於刀座上不需使用刀把，但只能夾持一支車刀。

(2) 四方刀座之車刀裝置：可同時裝置四支不同車刀，節省更換車刀的時間，車刀伸出量爲刀柄寬的 $1\frac{1}{2}$ 倍，車刀對中心需用墊片墊高，費時較多。圖 12-40所示。

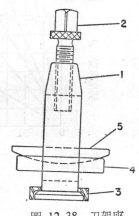

圖 12-38 刀架座

(3) 車刀伸出位置：裝置車刀時應注意工件之中心線，若車刀裝

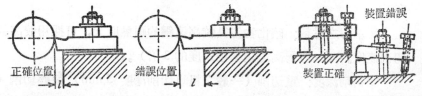

圖 12-39 車刀裝置位置應使保持之距離愈短愈好，(a) 車刀伸出刀架之距離 l 短——正確位置。(b) 車刀伸出刀架之距離 l 過長——錯誤位置用夾板裝置車刀之位置 (a) 正確 (b) 錯誤

置稍高或稍低，都會改變車刀之前間隙角及後斜角之大小。如圖
12-41 所示。

①車刀刀尖高於工件中心線 2～5° 時（約爲工件值徑的 2％）
時，前間隙角（α）變小，前隙面與工作切削面間之摩擦力增大，工
件表面較粗糙。而後斜角（γ）增大，可使切屑易於排出，適用於粗
車削工件。

②車刀刀尖低於工件中心線時，前間隙角（α）增大，前隙面與工
作切削面間之摩擦面減小，後斜角（γ）變小，切屑難於排除而聚集，
易刮傷工件表面，如圖12-42所示。

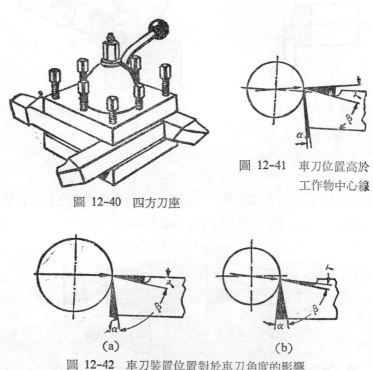

圖 12-40 四方刀座

圖 12-41 車刀位置高於
工作物中心線

(a)

(b)

圖 12-42 車刀裝置位置對於車刀角度的影響
(a) 刀尖與工作物中心線一致
(b) 刀尖低於工作物中心線

12-3-3 車　端　面

在車端面時，使用右手面車刀的主切削邊，由工件中心往外緣車削，否則切削效果不良，如圖 12-43。若工件較長可利用半頂心支撐車削端面，如圖 12-44所示。

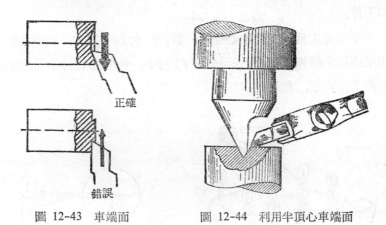

圖 12-43　車端面　　　　　　圖 12-44　利用半頂心車端面

12-3-4 車　外　圓

在粗車時，粗車刀必須保持與工件軸中心線成直角之位置，切削時車刀才不致挖入工件而損傷中件。如圖 12-45所示。

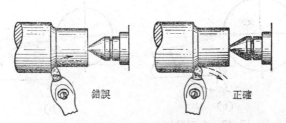

圖 12-45　(a) 車刀位置與廻轉軸線成直角之位置——正確
　　　　　　(b) 車刀與軸線成斜度時之位置——錯誤

12-3-5 車肩角與倒角

(1) 車方肩角: 利用切斷刀或端面車刀車肩角, 欲著精光面車刀應由裏往外車。如圖 12-46 所示。

(2) 車圓肩: 依圓角尺寸大小而磨成形車刀, 其磨法有二: 一為車刀左角依尺寸磨成圓角, 一為依尺寸磨成圓口刀車削。如圖 12-47 所示。

(3) 倒角: 用端面車刀倒角, 亦有尖角磨成 90°, 可直接修工件左右之角邊, 一般倒角有45°, 60°, 30°。

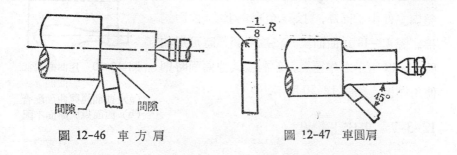

圖 12-46 車方肩　　　　　圖 12-47 車圓肩

12-3-6 車 曲 面

一般車製手柄, 球形把手或滑輪導槽等曲面的方法有 (1) 成形車

圖 12-48 曲面規

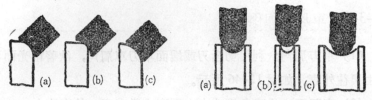

圖 12-49 用半徑規測量凹凸圓弧面情形
（a）用樣板完全配合圓弧凹凸面
（b）弧面過小 （c）弧面過大

刀車製 (2) 利用靠模裝置車削 (3) 利用熟練的雙手轉動橫向進刀把手及縱向進刀手輪而車削成一圓滑之曲面。在車削曲面時，車刀裝置必須與工件中心同高，以避 免車削 出的 曲面變形。圖 12-48 為曲面規。在量度圓弧時可用如圖 12-49 所示之半徑規。若測度其他曲面時則使用樣板，如圖 12-50 所示。

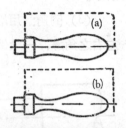

圖 12-50 用曲面規測驗曲面
（a）曲面規與曲面配合
（b）曲面規與曲面不配合

12-3-7 車床上鑽孔

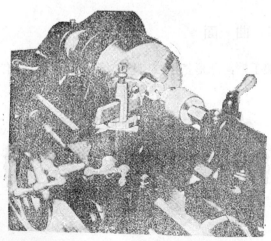

圖 12-51 車床之鑽孔之一

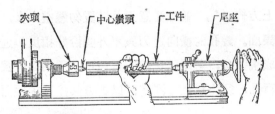

夾頭　　　中心鑽頭　　　工件　　　尾座

圖 12-52　車床上鑽孔之二

車床上鑽孔有兩種方式：(1)將鑽頭裝置於尾座，工作夾持在夾頭上，即工件轉動而鑽頭做縱向移動，如圖 12-51 所示。(2)將鑽頭裝置於主軸鑽帽夾頭，工件置於尾座的中心座上，即鑽頭轉動而工件做縱向移動，如圖 12-52 所示。

12-3-8　車床上鉸孔

利用鉸刀孔可得精光及正確圓孔的尺寸。且在車床上鉸孔，必須選用機械鉸刀（切削斜邊較短且附有斜度柄），不可使用手鉸刀（切削斜邊較長附有直柄）以免鉸刀切削邊崩裂。

在鉸孔時鉸刀之廻轉方向為順時鐘方向一直前進，不可逆時鐘方向廻轉，以免鉸刀刀刃變鈍或崩裂。尤其在車床上應使主軸正轉，不可反轉，且要用最低轉速，切削速度大約為 5 m/min。並加潤滑油潤滑。如圖 12-53 所示。

12-3-9　車床上鏜孔 (Boring)

在車床上若鑽削比尾座錐度所能容納極限鑽頭大的孔及沒有相當尺寸的鑽頭時，則須採用鏜孔來解決。鏜孔刀有用整體之高速鋼製成，或用碳化鎢刀尖塊鑲焊於刀把上而成，如圖 12-54 所示，其前間隙角視工件孔徑之大小而異，孔徑愈小其前間隙角愈大，以免刀尖底邊與切削過之工件發生磨擦。刀具裝置與工件平行，且鏜孔刀尖應高於工件中心上方約 5°， 並且注意刀具裝置勿懸空太多，以免顫動而造成粗糙的表面。鏜孔的橫向進刀與車外圓恰好相反，進刀量不可過深，以免造成喇叭口，若用碳化鎢刀具精車，需用高速及適宜之進刀深度。若鏜盲孔，須注意孔徑深度，以免刀具撞及工件而損壞。

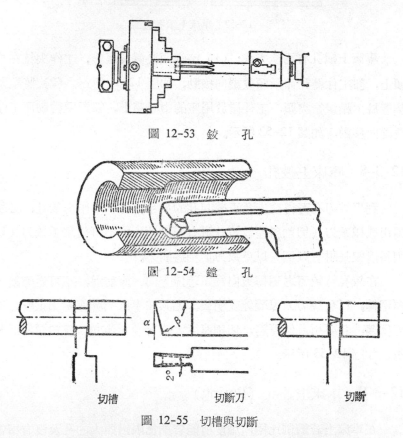

圖 12-53 鉸　孔

圖 12-54 鏜　孔

切槽　　　　　切斷刀　　　　　切斷

圖 12-55 切槽與切斷

12-3-10　切槽與切斷

一般採用片狀之切斷刀較方便， 切斷刀之一 般規 格為 $2 \times 12 \times 115$， $2 \times 16 \times 125$，研磨角度與方牙車刀相同，惟需磨後斜角，以利

流出切屑，見圖 12-55 所示。切斷作業不可用頂心支持工件，以免車
刀折斷。

12-3-11　車　錐　度

　　柱形工件兩端直徑不相等，則稱此工件具有錐度，通常錐度的表

示為 $\dfrac{D\ (大徑)\ -d\ (小徑)}{L\ (錐度鄰邊長)}=\dfrac{1}{K}$，公制以 1：$K$ 表示，卽表示工

件每 K mm 長，其直徑增大或減小 1 mm。英制以 $\dfrac{1}{K}$ 代表每吋長工件

大小直徑相差 $\dfrac{1}{K}$ 吋，稱為每吋錐度（Taper per inch 簡寫為 T.P.I

），T.P.I×12＝T.P.F（Taper per feet）稱為每呎錐度。在機工上

錐角在 8° 以下（1：1.685），($1\dfrac{3}{4}$ T.P.F）以下稱為錐度（Taper），錐

角在 8° 以上稱為角度（Angle）。角度可分為含角（Included angle）及

半角（Half angle）。

　　含角：係工件兩邊所夾之角，用以決定工件之錐度。其斜率為
$1：2K$。(α)

　　半角：又稱中心線角，為工件之一邊與中心線所夾的角。($\dfrac{\alpha}{2}$) 如
表 12-2 所示。

英制　$\tan\dfrac{\alpha}{2}=\dfrac{\dfrac{D-d}{2}}{L}=\dfrac{D-d}{2L}$

$\therefore\ \dfrac{\alpha}{2}=\tan^{-1}\dfrac{D-d}{2L}=\tan^{-1}\dfrac{T.P.I}{2}=\tan^{-1}\dfrac{T.P.F}{24}$

$\fallingdotseq T.P.F\tan^{-1}\dfrac{1}{24}\fallingdotseq T.P.F\times2.383$

$\fallingdotseq 12\times2.383\times\dfrac{D-d}{L}=28.6\times\dfrac{D-d}{L}$

$=28.6\times T.P.I$

表 12-2

錐度1：x	半　角（α）	精度等級	公　　　差	精度等級	公　　　差
	錐度與半角		錐度公差		角度公差
1：3	9° 27′ 44″	1 T	0.000016	1 A	4″
1：4	7° 07′ 30″	2 T	0.000025	2 A	6″
1：5	5° 42′ 38″	3 T	0.000040	3 A	10″
1：6	4° 45′ 49″	4 T	0.000063	4 A	15″
1：7	4° 05′ 08″	5 T	0.00010	5 A	25″
1：8	3° 34′ 35″	6 T	0.00016	6 A	40″
1：10	2° 51′ 45″	7 T	0.00025	7 A	1′
1：12	2° 23′ 09″	8 T	0.00040	8 A	1′30″
1：15	1° 54′ 33″	9 T	0.00063	9 A	2′30″
1：20	1° 25′ 56″	10 T	0.0010	10 A	4′
1：30	57′ 17″	11 T	0.0016	11 A	6′
1：50	34′ 23″	12 T	0.0025	1 A	10′
1：100	17′ 22″	13 T	0.0040	13 A	15′
1：200	08′ 36″	14 T	0.0063	14 A	25′
1：500	03′ 26″	15 T	0.010	15 A	40′
		16 T	0.016	16 A	1°

註： 錐度公差係指單向
（十或－）全公差
或雙向（±）半公差。

註： 角度公差係指
單向全公差或
雙向半公差

公制　$\tan\dfrac{\alpha}{2}=\dfrac{\dfrac{D-d}{2}}{L}=\dfrac{D-d}{2L}$

$\therefore\quad\dfrac{\alpha}{2}=\tan^{-1}\dfrac{D-d}{2L}=\tan^{-1}\dfrac{1}{2K}=\dfrac{28.6}{K}$

例: 若一斜率爲 1：20 則其半角爲若干?

公制: $\dfrac{\alpha}{2}=\dfrac{28.6}{20}=1.43°=1°26'$

英制: $\dfrac{\alpha}{2}=28.6\times\dfrac{1}{20}=1.43°=1°26'$

(1) 錐度的分類

①自著式錐度 (Self-holding taper): 工具機心軸錐度較小，結合力大，裝卸方便，安置後自然對準中心不易脫落的錐度謂之。一般爲 $1:50(\frac{1}{4}$ T.P.F) 用於車床、鑽床之心軸孔。

②自離式錐度 (Self-releasing taper): 爲了使工具機之心軸與軸套之配合卸除容易而採用的大錐度謂之。一般爲 $1:16(\frac{3}{4}$ T.P.F)，廣用於銑床軸及斜管螺絲。

(2) 標準錐度:

除美國銑床錐度外其餘皆是自著式錐度。

①莫式錐度 (Morse taper): 其標準尺寸以號數表示。由 0～7 號共八種，但其斜率均不相同，由 0.5986 T.P.F 至 0.6315 T.P.F 而且並不依照大小排列或公式計算，爲目前用途最廣泛，用於車床、鑽床心軸及鑽頭、鉸刀柄，其各部尺寸見表 12-3 及表 12-4 所示。

②布朗夏普錐度 (Brown & Sharpe taper): 其標準尺寸以1#～18#共十八種，4#～12#等九種較常用，除了10#斜率爲 0.5161 T.P.F 外其餘均爲 0.500 T.P.F，一般用於舊式銑床心軸。

③茄諾錐度 (Jarno taper)：其標準尺寸以號數代表，斜度皆爲 0.05 T. P. I，各部尺寸可由號數公式求得，其計算公式如下：

大端直徑　$D = \dfrac{錐度號數 (N)}{8}$ 吋

小端直徑　$d = \dfrac{錐度號數 (N)}{10}$ 吋

斜度長度　$L = \dfrac{錐度號數 (N)}{2}$ 吋

④美國銑床錐度 (America standard milling machine taper)：爲自離式錐度，僅用於銑床之心軸孔及刀軸，其尺寸以 10#, 20#, 30#, 40#, 50#, 60# 等六種，斜度爲 $3\dfrac{1}{2}$ T. P. F $\left(\dfrac{7}{24}\right)$，使用時要用拉桿螺紋旋轉拉緊，以免脫落，其各部尺寸見表12-5所示。

⑤德國工業標準錐度 (DIN254) (DIN228)：依據德國工業標準分爲 a.(DIN254) 用於一般規板之錐度。b.(DIN228) 用於工具機器上之錐度。見表 12-6 及12-7。

(3) 錐度的車削方法

車削錐度的方法有①尾座偏置法②使用複式刀座法③使用錐度附件法。此三種依錐度長度、斜率大小（錐度大小）及工件數量多少，而選擇適當之方法。

①尾座偏置法：當工件斜率較小（$\dfrac{1}{16}$ T. P. I）而錐度長較長（超過複式刀座之移動量），或沒有錐度附件及工件數量少的情況下，採用此種方法。其調整方式係使尾座向一側偏離，使頭座中心與尾座中心產生偏距，只能車削工件外往而形成錐度。如圖 12-56 所示。

偏置量的計算：

設　D＝大徑　　d＝小徑　　T＝錐度

L＝錐度長　P＝工件全長　S＝偏置量

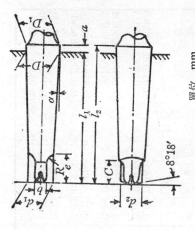

表 12-3　莫 氏 斜 度 柄

(Morse taper shanks)

此斜度用於車床、鑽床之主軸及其刀具柄

單位　mm

斜度號數	斜度	度	半錐角	斜度部						份	柄			根	
				D	D₁(約)	d₁(約)	d₂(最大)	l₁(最大)	l₂(最大)	a	b	c(最大)	e(最大)	R	r
0	1/19.212	0.05205	1°29′29″	9.045	9.2	6.1	6.0	56.5	59.5	3	3.9	6.5	10.5	4	1
1	1/20.047	0.04988	1°25′43″	12.065	12.2	9.0	8.7	62.0	65.5	3.5	5.2	8.5	13.5	5	1.2
2	1/20.020	0.04995	1°25′50″	17.780	18.0	14.0	13.5	75.0	80.0	5	6.3	10	16	6	1.6
3	1/19.922	0.05020	1°26′16″	23.825	24.1	19.1	18.5	94.0	99.0	5	7.9	13	20	7	2
4	1/19.254	0.05194	1°29′15″	31.267	31.6	25.2	24.5	117.5	124.0	6.5	11.9	16	24	8	2.5
5	1/19.002	0.05263	1°30′26″	44.399	44.7	36.5	35.7	149.5	156.0	6.5	15.9	19	29	10	3
6	1/19.180	0.05214	1°26′36″	63.348	63.8	52.4	51.0	210.0	218.0	8	19	27	40	13	4
7	1/19.231	0.05200	1°29′22″	83.058	83.6	68.2	66.8	286.0	296.0	10	28.6	35	54	19	5

表 12-4　莫氏斜度 (Morse Taper)

（單位吋）

桿斜度 8°19′

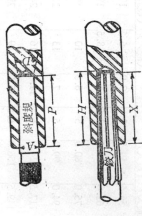

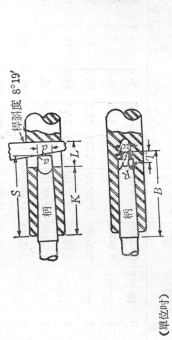

斜度號數	柄小徑 D	套筒大徑 A	柄全長 B	柄深 S	鑽孔深 H	鉸孔深 X	標準套筒深 P	柄厚 t	長 T	半徑 R	根直徑 d	半徑 a	鉗孔寬 W	鉗孔深 L	鉗位置 K	每吋斜度	每呎斜度
0	0.252	0.3561	2 11/32	2 7/32	1 11/16	2 1/32	2	0.1562	1/4	5/32	0.235	0.04	0.160	9/15	1 15/16	0.052050	0.62460
1	0.369	0.475	2 9/16	2 7/16	2 3/16	2 5/32	2 1/8	0.2031	3/8	3/16	0.343	0.05	0.213	3/4	2 1/16	0.049882	0.59858
2	0.572	0.700	3 1/8	2 15/16	2 21/32	2 39/64	2 9/16	0.250	7/16	1/4	17/32	0.06	0.260	7/8	2 1/16	0.049951	0.59941
3	0.778	0.938	3 7/8	3 11/16	3 5/16	3 1/4	3 3/16	0.3125	9/16	9/32	23/32	0.08	0.322	13/16	3 1/16	0.050195	0.60235
4	1.020	1.231	4 7/8	4 5/8	4 3/16	4 1/8	4 1/16	0.4687	5/8	5/16	31/32	0.10	0.478	1 1/4	3 7/8	0.051938	0.62326
4½	1.266	1.500	5 3/8	5 1/8	4 5/8	4 9/16	4 1/2	0.5625	11/16	3/8	1 13/64	0.12	0.573	1 3/8	4 3/8	0.0520	0.6240
5	1.475	1.748	6 1/8	5 7/8	5 5/16	5 1/4	5 3/16	0.6250	2 1/4	3/8	1 13/32	0.12	0.635	1 1/2	4 15/16	0.052625	0.63151
6	2.116	2.494	8 9/10	8 1/4	7 3/4	7 21/64	7 1/4	0.750	1 1/8	1/2	2	0.15	0.760	1 3/4	7	0.052137	0.62555
7	2.750	3.270	11 5/8	11 1/4	10 5/32	10 5/64	10	1.125	1 3/8	3/4	2 5/8	0.18	1.135	3 5/8	9 1/2	0.05200	0.6240

表 12-5　美國標準銑床斜度

(American Standard Milling Machine Taper)

此斜度被採用於銑床心軸與銑刀柄

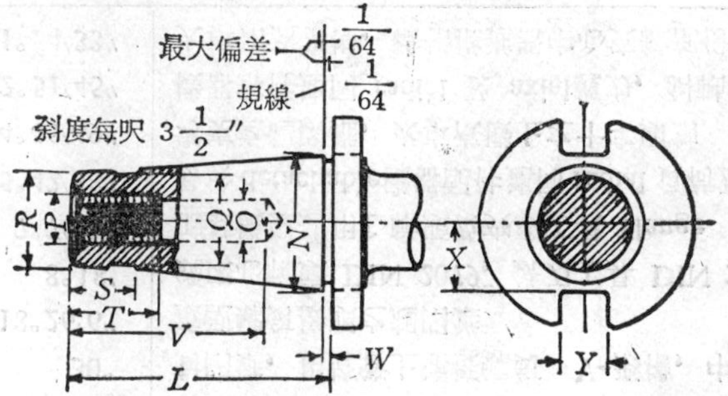

心軸尺寸　　　　單位吋

號數	規線上直徑 N	螺絲底孔 O	脖徑 Q	拉桿螺絲 P	導柱直徑 R	導柱長 S	拉桿螺絲孔長 T	底孔深 V	螺絲至柄端長 L	規線至環緣間線 W	缺口深 X	缺口寬 Y
30	1¹/₄	²⁷/₆₄	⁴¹/₆₄	¹/₂—13	0.675 0.673	¹³/₁₆	1	2	2³/₄	¹/₁₆	0.640 0.625	0.630 0.640
40	1³/₄	¹⁷/₃₂	¹⁵/₁₆	⁵/₈—11	0.987 0.985	1	1¹/₈	1¹⁵/₁₆	3³/	¹/₁₆	0.890 0.875	0.630 0.640
50	2³/₄	⁷/₈	1¹/₂	1—8	1.549 1.547	1	1³/₄	3¹/₂	5¹/₈	¹/₈	1.390 1.375	1.008 1.018
60	4¹/₄	1⁷/₆₄	2⁹/₃₂	1¹/₄—7	2.361 2.359	1³/₄	2¹/₄	4¹/₄	8⁵/₁₆	¹/₈	2.400 2.390	1.008 1.018

表 12-6　依據 DIN 254 規板之斜度

圖 12-6 依據 DIN 254 規板之斜度

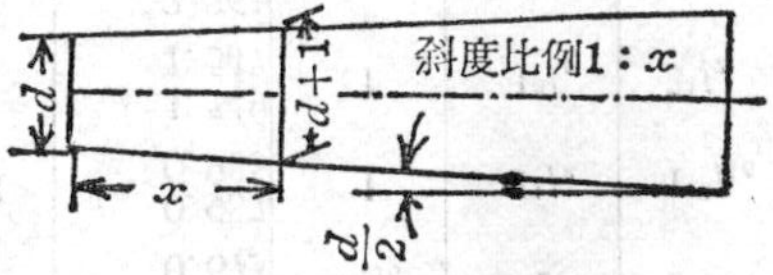

斜度 1:x	斜度角 α	在工具機定角度 α/2	應用	實例
1:0.289	120°	60°	中心孔之保護沉頭	
1:0.500	90°	45°	活瓣錐、活塞桿上之肩格	
1:0.866	60°	30°	封閉錐、用於管上連接螺釘。	
1:1.50	36°52'11"	18°26'6"	重型螺釘接頭之超閉錐	
1:3.429	16°36'	8°18'	銑床心軸頭 DIN 2079, 銑刀工具 DIN 2080	
1:4	14°15'	7°7'30"	工具機製造用心軸頭及夾頭工具 flange.	
1:5	11°25'16"	5°42'38"	易於 detachable機器配件連同 radial 負荷及扭力, thrust journal, 摩擦離合器	
1:6	9°31'38"	4°45'49"	考克氏超閉錐, 火車汽機上之十字頭銷	
1:10	5°43'30"	2°51'45"	機器零件連同 radial 及 axial應力, 斜軸端, 可調節 bearing bushes.	
1:15	3°49'6"	1°54'33"	火車用活塞桿, 輪船推進器中心突緣部份	
莫氏斜度				
1:20	2°52'52"	1°26'56"	工具柄及工具機心軸斜度套筒	
1:30	1°54'34"	57'17"	連接鉸刀連接鑽孔之斜孔	
1:50	1°8'46"	34'23"	斜銷斜度管螺紋	

表 12-7 機器用斜度為標準 DIN 228

圓柱形—圓錐形

Designation 用途	Metr.		莫 氏 (Morse) 斜 度								Meter 公斜度
	4	6	0	1	2	3	4	5	6		80
套筒 D	4	6	9.045	12.065	17.780	23.825	31.267	44.399	63.348		80
d₅	3	4.5	6.7	9.7	14.9	20.2	26.5	38.2	54.8		71.4
l₅	25	34	52	56	67	84	107	135	187		202
l₆	21	29	49	52	63	78	98	125	177		186
柄 D₁	4.1	6.15	9.212	12.240	17.981	24.051	31.543	44.731	63.759		80.4
d	2.85	4.40	6.453	9.396	14.583	19.784	25.933	37.574	53.905		70.2
l₂	25	35	53	57	68	85	108	136	189		204
d₂	—	—	6.115	8.972	14.059	19.132	25.154	36.547	52.419		69
l₄	—	—	59.5	65.5	78.5	98	123	155.5	217.5		228
a	2	3	3.2	3.5	4	4.5	5.3	6.3	7.9		8
斜度	1:20		1:19.212	1:20.408	1:20.020	1:19.922	1:19.254	1:19.002	1:19.180		1:20
α/2 (裝置角度)	1°25'56"		1°29' 27"	1°25' 43"	1°25' 50"	1°26' 16"	1°29' 15"	1°30' 26"	1°29' 36"		1°25' 56"

公制:

$$尾座偏置量 = \frac{工件全長 \times 錐度}{2}$$

$$S = \frac{P \times T}{2} = \frac{P \times \dfrac{D-d}{L}}{2} = \frac{P(D-d)}{2L}$$

$$若 L = P \quad 則 S = \frac{D-d}{2}$$

英制:

$$尾座偏置量\,(S) = \frac{P}{12} \times \frac{T.P.F}{2}$$

$$= \frac{T.P.I \times P}{2} = P \times \frac{\dfrac{D-d}{L}}{2} = \frac{P(D-d)}{2L}$$

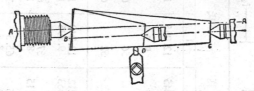

圖 12-56 尾座偏置法

　　偏置量係依工件之錐度及全長而變，若偏置量一定時，工件錐度之大小隨工件之長度而變，如欲將長度不同之工件車成同一錐度，則工件愈長尾座偏置量愈大。

　　②使用複式刀座法：當工件之錐度長較短及所含角度超過8°時採用此種方法較為便捷。如圖 12-57 所示。此法可作內外錐度之車削。

　　偏置量的計算：

　　設　$D = $大徑　$d = $小徑　$L = $錐度長　$S = $偏置量

公制: $S=\dfrac{D-d}{2L}=\dfrac{1}{2K}$ 半角$=\dfrac{28.6}{K}$

英制: $S=\dfrac{D-d}{2L}=\dfrac{1}{2}T.P.I=\dfrac{1}{6}T.P.F$

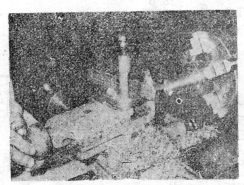

圖 12-57　使用複式刀座法

刀座所擺之角度不受工件之長短而變更。

③使用錐度附件法：此法用於工件錐度較長（不能超過錐度附件導板長度），大量生產時或車削內斜孔時使用錐角可達至 10°。其優點有：（a）工件可裝於兩頂心間或用夾頭夾持。（b）導板錐度調整後，工件長短均可同樣車削，亦可永久固定該錐度不影響其他工作，不論時間長久亦可重行使用（c）車削內孔很方便快捷，經由一次之調整換裝刀具可車製兩配合件。滑板兩端有刻度，英制：一端以$\dfrac{1}{16}$或$\dfrac{1}{8}T.P.F$ 刻度，另一端以角度為刻度。公制：一端以$\dfrac{1}{100}$或$\dfrac{1}{200}$為刻度，另一端以角度為刻度。此法可參閱圖12-58～12-59。

偏置量的計算

設　$T=$偏移量　$D=$大徑　$d=$小徑　$L=$錐度長

(i) $T=\dfrac{D-d}{L}=T.P.I\quad T.P.I\times12=T.P.F$

$$\text{(ii)} \quad T = \frac{D-d}{L} = \frac{1}{K}$$

$$\text{(iii)} \quad \frac{\alpha}{2} = 28.6 \times T.P.I$$

$$\text{(iv)} \quad \frac{\alpha}{2} = \frac{28.6}{K}$$

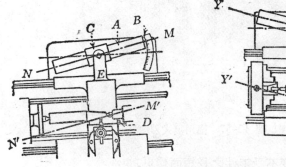
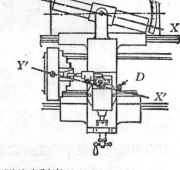

圖 12-58 斜度附件車斜度

圖 12-59 斜度附件

12-3-12 車削螺紋

一、螺紋的功用

機械上螺紋效用最廣，一般用於傳達動力，控制運動，運送材料及固定機件等。

二、螺紋的形成

將一長直角三角形紙捲在一圓柱體上，卽成螺旋線。如圖 **12-60** 所示，沿此螺旋線而切削凹槽，與螺母之螺紋相配合。

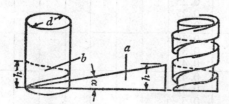

圖 12-60　螺紋之形成 (a) 直角三角
形 (b) 螺旋線，(h) 導程
(lead) 節距 (d) 直徑(α)
lead angle導程角＝螺旋角

三、螺紋制度

為使螺紋零件互換方便，故有標準的螺紋制度:

(1) 國際標準螺紋 (ISO screw thread): (1) 公制系統: 以其外徑與節距表示螺紋之粗細， 如 $M10 \times 1.5 \times 30$ 卽表示: 公制螺紋，外徑 10mm, 節距 1.5mm, 螺紋長度 30mm。 粗節距亦可不註明其節距，如上寫為 $M10$ 卽可。如表12-10所示。(2) 英制系統有四種:

①粗牙 (Coarse thread series) (U. N. C)

②細牙 (Fine thread series) (U. N. F)

③特細牙 (Extra-fine thread series) (U. N. E. F)

④節距牙 (Constant pitch series) (U. N)。如表12-8所示。

(2) 美國國家標準螺紋 (American national thread system): 共分四種系列: (見表 12-9)

①粗牙 (National coarse threads) (N. C)

②細牙 (National fine threads) (N. F)

表 12-8　國際標準公制螺紋　　　　　　　(mm)

公稱尺寸			節距	細									距
(1)	(2)	(3)	粗	3	2	1.5	1.25	1	0.75	0.5	0.35	0.25	0.2
1			0.25										0.2
	1.1		0.25										0.2
1.2			0.25										0.2
	1.4		0.3										0.2
1.6			0.35										0.2
	1.8		0.35										0.2
2			0.4									0.25	
	2.2		0.45									0.25	
2.5			0.45								0.35		
3			0.5								0.35		
	3.5		0.6								0.35		
4			0.7							0.5			
	4.5		0.75							0.5			
5			0.8							0.5			
		5.5								0.5			
6			1						0.75				
		7	1					1	0.75				
8			1.25					1	0.75				
		9	1.25						0.75				
10			1.5				1.25	1	0.75				
		11	1.5					1	0.75				
12			1.75			1.5	1.25	1					
	14		2			1.5	1.25	1					
		15				1.5		1					
16			2			1.5		1					
		17				1.5		1					
	18		2.5		2	1.5		1					
20			2.5		2	1.5		1					
	22				2	1.5		1					
24			2.5		2	1.5		1					
		25	3		2	1.5		1					
		26			2	1.5							
	27		3		2	1.5		1					
		28			2	1.5		1					
30			3.5	(3)	2	1.5		1					
		32			2	1.5							
	33		3.5	(3)	2	1.5							
		35				1.5							
36			4	3	2	1.5							
		38				1.5							
		39	4	3	2	1.5							

註：①公稱尺寸(1)(2)(3)為選擇之優先順序。②M14×1.25僅使用於火花塞。
③ M35 僅使用於軸承固鎖螺紋。

表 **12-8** 國際標準公制螺紋（續）

公 稱 尺 寸			節	距				
				細				
(1)	(2)	(3)	粗	6	4	3	2	1.5
		40				3	2	1.5
42			4.5		4	3	2	1.5
	45		4.5		4	3	2	1.5
48			5		4	3	2	1.5
		50				3	2	1.5
	52		5		4	3	2	1.5
		55	5.5		4	3	2	1.5
56					4	3	2	1.5
		58			4	3	2	1.5
	60		5.5		4	3	2	1.5
		62	6		4	3	2	1.5
64					4	3	2	1.5
		65			4	3	2	1.5
	68		6		4	3	2	1.5
		70		6	4	3	2	1.5
72				6	4	3	2	1.5
	75				4	3	2	1.5
	76			6	4	3	2	1.5
		78					2	
80				6	4	3	2	1.5
		82					2	
	85			6	4	3	2	
90				6	4	3	2	
	95			6	4	3	2	
100				6	4	3	2	
	105			6	4	3	2	
110				6	4	3	2	
	115			6	4	3	2	
	120			6	4	3	2	
125				6	4	3	2	
	130			6	4	3	2	
		135		6	4	3	2	
140				6	4	3		

表 12-8 國際標準公制螺紋（續）

公 稱 尺 寸			節	距			
(1)	(2)	(3)	粗	細			
				6	4	3	2
	150	145		6	4	3	2
				6	4	3	2
		155		6	4	3	
160				6	4	3	
	170	165		6	4	3	
				6	4	3	
180		175		6	4	3	
				6	4	3	
		185		6	4	3	
	190			6	4	3	
200		195		6	4	3	
				6	4	3	
	210	205		6	4	3	
				6	4	3	
		215		6	4	3	
220				6	4	3	
		225		6	4	3	
		230		6	4	3	
	240	235		6	4	3	
				6	4	3	
		245		6	4	3	
250				6	4	3	
	260	255		6	4		
				6	4		
		265		6	4		
		270		6	4		
		275		6	4		
280				6	4		
		285		6	4		
		290		6	4		
		295		6	4		
	300			6	4		

表 12-9 國際標準英制螺紋

尺寸 (1)	尺寸 (2)	大徑 in	每吋牙數 UNC	UNF	UNEF	4UN	6UN	8UN	12UN	16UN	20UN	28UN	32UN
No. 0		0.0600		80									
	No. 1	0.0730	64	72									
No. 2		0.0860	56	64									
	No. 3	0.0990	48	56									
No. 4		0.1120	40	48									
	No. 5	0.1250	40	44									
No. 6		0.1380	32	40									UNC
No. 8		0.1640	32	36									UNC
No. 10		0.1900	24	32									UNF
No. 12		0.2160	24	28	32							UNF	UNEF
1/4		0.2500	20	28	32						UNC	UNF	UNEF
5/16		0.3125	18	24	32						20	28	UNEF
3/8		0.3750	16	24	32					UNC	20	28	UNEF
7/16		0.4375	14	20	28					16	UNF	UNEF	32
1/2		0.5000	13	20	28					16	UNF	UNEF	32
9/16		0.5625	12	18	24				UNC	16	20	28	32
5/8		0.6250	11	18	24				12	16	20	28	32
	11/16	0.6875			24				12	16	20	28	32
3/4		0.7500	10	16	20				12	UNF	UNEF	28	32
	13/16	0.8125			20				12	16	UNEF	28	32
7/8		0.8750	9	14	20				12	16	UNEF	28	32
	15/16	0.9375			20				12	16	UNEF	28	32
1		1.0000	8	12	20			UNC	UNF	16	UNEF	28	32
	1 1/16	1.0625			18			8	12	16	20	28	
1 1/8		1.1250	7	12	18			8	UNF	16	20	28	
	1 3/16	1.1875			18			8	12	16	20	28	
1 1/4		1.2500	7	12	18			8	UNF	16	20	28	
	1 5/16	1.3125			18			8	12	16	20	28	

表 12-9 國際標準英制螺紋（續）

尺寸 (1)	(2)	大徑 in	UNC	UNF	UNEF	4UN	6UN	8UN	12UN	16UN	20UN	28UN	32UN
1 3/8		1.3750	6	12	18		UNC	8	UNF	16	20	28	
	1 7/16	1.4375			18		6	8	12	16	20	28	
1 1/2		1.5000	6	12	18		UNC	8	UNF	16	20	28	
1 9/16		1.5625			18		6	8	12	16	20		
		1.6250			18		6	8	12	16	20		
1 11/16		1.6875			18		6	8	12	16	20		
1 3/4		1.7500	5				6	8	12	16	20		
		1.8125					6	8	12	16	20		
1 7/8		1.8750					6	8	12	16	20		
	1 15/16	1.9375					6	8	12	16	20		
2		2.0000	4 1/2				6	8	12	16	20		
	2 1/8	2.1250					6	8	12	16	20		
2 1/4		2.2500	4 1/2				6	8	12	16	20		
	2 3/8	2.3750	4			UNC	6	8	12	16	20		
2 1/2		2.5000	4			4	6	8	12	16	20		
	2 5/8	2.6250	4			UNC	6	8	12	16	20		
2 3/4		2.7500	4			4	6	8	12	16	20		
	2 7/8	2.8750				UNC	6	8	12	16	20		
3		3.0000	4			UNC	6	8	12	16	20		
	3 1/8	3.1250				4	6	8	12	16			
3 1/4		3.2500	4			UNC	6	8	12	16			
	3 3/8	3.3750				4	6	8	12	16			
3 1/2		3.5000	4			UNC	6	8	12	16			
	3 5/8	3.6250				4	6	8	12	16			
3 3/4		3.7500	4			UNC	6	8	12	16			
	3 7/8	3.8750				4	6	8	12	16			
4		4.0000	4			UNC	6	8	12	16			

表 12-9 國際標準英制螺紋（續）

尺寸 (1)	尺寸 (2)	大徑 in	每吋牙數 UNC	UNF	UNEF	4UN	6UN	8UN	12UN	16UN	20UN	28UN	32UN
	4 1/8	4.1250				4	6	8	12	16			
4 1/4		4.2500				4	6	8	12	16			
	4 3/8	4.3750				4	6	8	12	16			
4 1/2		4.5000				4	6	8	12	16			
	4 5/8	4.6250				4	6	8	12	16			
4 3/4		4.7500				4	6	8	12	16			
	4 7/8	4.8750				4	6	8	12	16			
5		5.0000				4	6	8	12	16			
	5 1/8	5.1250				4	6	8	12	16			
5 1/4		5.2500				4	6	8	12	16			
	5 3/8	5.3750				4	6	8	12	16			
5 1/2		5.5000				4	6	8	12	16			
	5 5/8	5.6250				4	6	8	12	16			
5 3/4		5.7500				4	6	8	12	16			
	5 7/8	5.8750				4	6	8	12	16			
6		6.0000				4	6	8	12	16			

註：①尺寸(1)(2)為選擇優先順序。②一般以 NUC, NUF 優先選擇。

③特別牙 (National special threads) (N. S)，表 12-11。

④節距牙 (Pitch threads)：不論其直徑大小皆爲每吋 8 牙，12牙或16牙三種。

(3) 美國自動車工程師學會標準螺紋 (S. A. E Standard thread system)：其粗牙、細牙及節距牙系列與美國國家標準相同，而以特細牙 (SAE Extra-fine threads) 及特種節距牙 (SAE Special-pitch threads) 爲代表，如 $\frac{3}{16}-$SAE32。

(4) 美國標準愛克姆螺紋 (American national acme thread)：如 $\frac{7}{8}-$6Acme。

(5) 統一標準螺紋 (The unified screw threads)，見表 12-10 所示。

(6) 英國韋氏標準螺紋 (The British standard withworth threads)：如 $W\frac{1}{16}-$60。

四、螺紋種類

①依螺紋之位置分：(i) 陽螺紋 (External thread)，(ii) 陰螺紋 (Internal)。如圖12-61所示。

②依螺紋之旋向分：(i) 左手螺紋 (L. H) (ii)右手螺紋(R. H)。如圖12-62及12-63所示。

③依螺旋線數分：(i) 單線螺紋 (Single thread) (ii) 複線螺紋 (Multiple thread) (iii) 三線螺紋 (Triple thread)。如圖12-64所示。

④依螺紋之形狀分：

　　a. 尖V形螺紋 (Sharp V thread)，如圖12-65所示。

　　b. 國際標準螺紋 (ISO screw thread)，如圖12-66所示。

　　c. 統一標準螺紋 (Unified screw threads)，如圖12-67所示。

　　d. 美國國家標準螺紋 (American national thread)，如圖 12-68

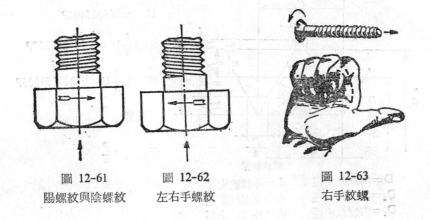

圖 12-61　　　　圖 12-62　　　　圖 12-63

陽螺紋與陰螺紋　左右手螺紋　　右手紋螺

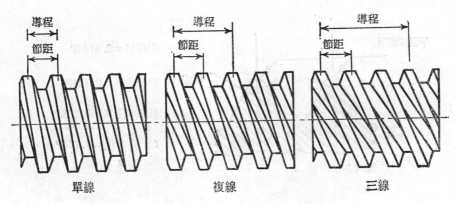

單線　　　　　　　複線　　　　　　　三線

圖 12-64　單線、複線、三線螺紋

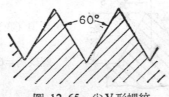

圖 12-65　尖V形螺紋

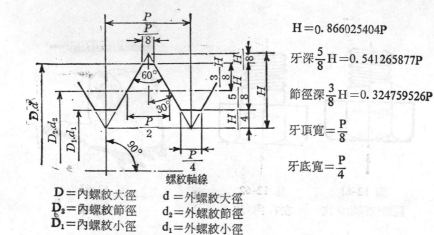

$H = 0.866025404P$

牙深 $\frac{5}{8}H = 0.541265877P$

節徑深 $\frac{3}{8}H = 0.324759526P$

牙頂寬 $= \frac{P}{8}$

牙底寬 $= \frac{P}{4}$

D＝內螺紋大徑　　　d＝外螺紋大徑
D_2＝內螺紋節徑　　d_2＝外螺紋節徑
D_1＝內螺紋小徑　　d_1＝外螺紋小徑

圖 12-66　國際標準螺紋

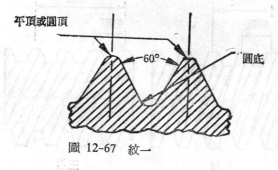

牙深 $H = 0.6134P$

牙頂寬 $F = 0.125P$

牙頂半徑 $R = 0.108P$

r 牙底半徑 $= 0.144P$

圖 12-67　紋一

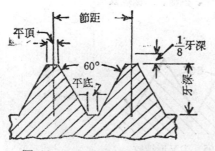

牙深 $H = 0.649519P$

牙頂（底）寬 $F = 0.125P$

螺紋角 $= 60°$

圖 12-68　美國國家標準螺紋

表 **12-10** 統一標準公制螺紋

公 稱 尺 寸	節 距 P		公 稱 尺 寸	節 距 P	
	粗	細		粗	細
M 1 ×0.25	0.25		M 16×2	2	
M 1 ×0.2		0.2	M 16×1.5		1.5
M 1.2×0.25	0.25		M 20×2.5	2.5	
M 1.2×0.2		0.2	M 20×2		2
M 1.4×0.3	0.3		M 24×3	3	
M 1.4×0.2		0.2	M 24×2		2
M 1.7×0.35	0.35		M 30×3.5	3.5	
M 1.7×0.2		0.2	M 30×3		3
M 2 ×0.4	0.4		M 36×4	4	
M 2 ×0.25		0.25	M 36×3		3
M 2.3×0.4	0.4		M 42×4.5	4.5	
M 2.3×0.25		0.25	M 42×4		4
M 2.6×0.45	0.45		M 48×5	5	
M 2.6×0.35		0.35	M 48×4		4
M 3 ×0.5	0.5		M 56×5.5	5.5	
M 3 ×0.35		0.35	M 56×4		4
M 4 ×0.7	0.7		M 64×6	6	
M 4 ×0.5		0.5	M 64×4		4
M 5 ×0.8	0.8		M 72×6		6
M 5 ×0.5		0.5	M 72×4		4
M 6 ×1	1		M 80×6		6
M 6 ×0.75		0.75	M 80×4		4
M 8 ×1.25	1.25		M 90×6		6
M ×1		1	M 90×4		4
M 10 ×1.5	1.5		M 100×6		6
M 10 ×1.25		1.25	M 100×4		4
M 12 ×1.75	1.75				
M 12 ×1.5		1.5			

表 12-11 美國國家標準螺紋

公稱尺寸	每 吋 牙 數			外 徑	底 孔 鑽 頭 75%		
號 數	NC	NF	NS	吋	吋	吋小數值	mm
0	—	80	—	0.0600	3/64	0.0469	1.19
1	—	—	56	0.0730	54	0.0550	1.39
1	64	—	—	0.0730	53	0.0595	1.51
1	—	72	—	0.0730	53	0.0595	1.51
2	56	—	—	0.0860	50	0.0700	1.77
2	—	64	—	0.0860	50	0.0700	1.77
3	48	—	—	0.0990	47	0.0785	1.99
3	—	56	—	0.0990	45	0.0820	2.08
4	—	—	32	0.1120	45	0.0820	2.08
4	—	—	36	0.1120	44	0.0860	2.18
4	40	—	—	0.1120	43	0.0890	2.26
4	—	48	—	0.1120	42	0.0935	2.37
5	—	—	36	0.1250	40	0.0980	2.48
5	40	—	—	0.1250	38	0.1015	2.57
5	—	44	—	0.1250	37	0.1040	2.64
6	32	—	—	0.1380	36	0.1065	2.70
6	—	—	36	0.1380	34	0.1110	2.81
6	—	40	—	0.1380	23	0.1130	2.87
8	—	—	30	0.1640	30	0.1285	3.26
8	32	—	—	0.1640	29	0.1360	3.45
8	—	36	—	0.1640	29	0.1360	3.45
8	—	—	40	0.1640	28	0.1405	3.56
10	24	—	—	0.1900	25	0.1495	3.79
10	—	—	28	0.1900	23	0.1540	3.91
10	—	—	30	0.1900	22	0.1570	3.98
10	—	32	—	0.1900	21	0.1590	4.03
12	24	—	—	0.2160	16	0.1770	4.49
12	—	28	—	0.2160	14	0.1820	4.62
12	—	—	32	0.2160	13	0.1850	4.67

表 12-11　美國國家標準螺紋（續）

公稱尺寸	每　吋　牙　數			外　徑	底　孔　鑽　頭 75%		
	NC	NF	NS	吋	吋	吋小數值	m m
1/4	20	—	—	0.2500	7	0.2010	5.10
1/4	—	28	—	0.2500	3	0.2130	5.41
5/16	18	—	—	0.3125	F	0.2570	6.52
5/16	—	24	—	0.3125	I	0.2720	6.90
3/8	16	—	—	0.3750	5/16	0.3125	7.93
3/8	—	24	—	0.3750	Q	0.3320	8.43
7/16	14	—	—	0.4375	U	0.3680	9.34
7/16	—	20	—	0.4375	25/64	0.3906	9.92
1/2	13	—	—	0.5000	27/64	0.4219	10.71
1/2	—	20	—	0.5000	29/64	0.4531	11.50
9/16	12	—	—	0.5625	31/64	0.4844	12.30
9/16	—	18	—	0.5625	33/64	0.5156	13.09
5/8	11	—	—	0.6250	17/32	0.5312	13.49
5/8	—	18	—	0.6250	37/64	0.5781	14.68
3/4	10	—	—	0.7500	21/32	0.6562	16.66
3/4	—	16	—	0.7500	11/16	0.6875	17.46
7/8	9	—	—	0.8750	49/64	0.7656	19.44
7/8	—	14	—	0.8750	13/16	0.8125	20.63
7/8	—	—	18	0.8750	53/64	0.8281	21.03
1	8	—	—	1.0000	7/8	0.8750	22.22
1	—	14	—	1.0000	15/16	0.9375	23.81
1 1/8	7	—	—	1.1250	63/64	0.9844	25.00
1 1/8	—	12	—	1.1250	1 3/64	1.0469	26.59
1 1/4	7	—	—	1.2500	1 7/64	1.1094	28.17
1 1/4	—	12	—	1.2500	1 11/64	1.1719	29.76
1 3/8	6	—	—	1.3750	1 7/32	1.2187	30.95
1 3/8	—	12	—	1.3750	1 19/64	1.2969	32.94
1 1/2	6	—	—	1.5000	1 11/32	1.3437	34.13
1 1/2	—	12	—	1.5000	1 27/64	1.4219	36.11
1 3/4	5	—	—	1.7500	1 9/16	1.5625	39.68
2	4 1/2	—	—	2.0000	1 25/32	1.7812	45.24
2 1/4	4 1/2	—	—	2.2500	2 1/32	2.0313	51.59
2 1/2	4	—	—	2.5000	2 1/4	2.2500	57.15
2 3/4	4	—	—	2.7500	2 1/2	2.5000	63.50
3	4	—	—	3.0000	2 3/4	2.7500	69.85
3 1/4	4	—	—	3.2500	3	3.0000	76.20
3 1/2	4	—	—	3.5000	3 1/4	3.2500	82.55
3 3/4	4	—	—	3.7500	3 1/2	3.5000	88.90
4	4	—	—	4.0000	3 3/4	3.7500	95.25

註：1. NC 粗牙　2. NF 細牙　3. NS 特別牙

所示。

e. 60°的短齒螺紋 (60° stub thread)

f. 公制梯形螺紋 (Trapezoidal metric threads)，如圖 12-69 所示。

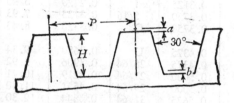

外螺紋牙深 H＝0.5P＋a

內螺紋牙深 H＝0.5P＋a－b

螺紋角＝30°

（a，b 為餘隙）

圖 12-69　公制梯形螺紋

g. 美國國家標準愛克姆螺紋 (American national acme threads)，如圖12-70所示。

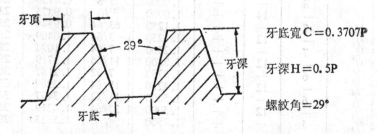

牙底寬 C＝0.3707P

牙深 H＝0.5P

螺紋角＝29°

圖 12-70　美國國家標準愛克姆螺紋

h. 29° 蝸桿螺紋 (29-degree worm threads)，如圖12-71所示。

i. 短齒愛克姆螺紋 (Stub acme threads)。

j. 方牙螺紋 (Square threads)，如圖12-72所示。

k. 鋸齒形螺紋 (Buttress threads)，如圖12-73所示。

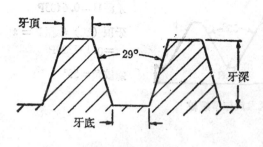

牙深 H＝0.6866P

牙頂寬 F＝0.335P

牙底寬 C＝0.310P

螺紋角＝29°

圖 12-71　29° 蝸桿螺

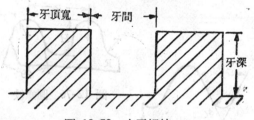

牙深 H＝0.5P

牙頂（底）寬 W＝0.5P

圖 12-72　方牙螺紋

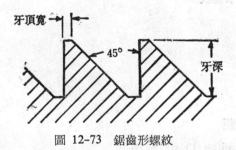

牙深 H＝0.75P

牙頂（底）寬 F＝0.125P

螺紋角＝45°（或30°）

圖 12-73　鋸齒形螺紋

k. 英國韋氏標準螺紋 (British standard whitworth thread)，如圖12-74所示。

l. 英國聯合螺紋 (British association threads)，如圖 12-75 所示。

m. 圓螺紋 (Round threads)，如圖12-76所示。

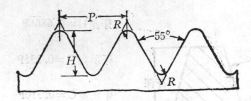

牙深H＝0.6403P

牙頂（底）半徑R＝r
＝0.137329P

螺紋角＝55°

圖 12-74 英國韋氏標準螺紋

牙深H＝0.6P

牙頂（底）半徑R＝r＝0.182P

螺紋角＝47$\frac{1°}{2}$

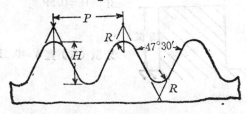

圖 12-75 英國聯合螺紋

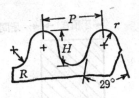

圖 12-76 圓螺紋

⑤依節距單位分：

a. 公厘（mm）節距

b. 英吋（inch）節距

c. 模數（module）節距

d. 徑節（Drameteral pitch D. p）節距

五、螺紋的製造方法

陽螺紋的製造方法有①車床車②螺紋鑄鉸③螺紋車床車④銑床銑⑤在絲板間輾造（有平式、圓式、機頭式）⑥壓鑄⑦輪磨（單線或多線）等。陰螺紋的製造方法有①車床車②螺絲攻攻②自動收縮螺絲攻攻④銑床銑⑤螺絲刮刀刮等。見圖12-77所示。

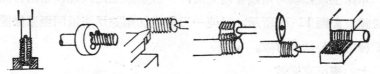

圖 12-77　製造螺紋之各種方法（a）絲攻版鉸螺紋，　（b）用
　　　　　鋼板鉸螺紋，　（c）用螺絲刀切螺紋，　（d）用螺絲
　　　　　刀銑螺紋，　（e）磨螺紋，（f）輥螺紋。

六、車床上攻鉸螺紋

　　利用螺絲攻在車床攻螺紋，如圖 12-78 所示。若工件係盲螺絲孔
則應以手攻之。貫穿孔則可用機力攻之。

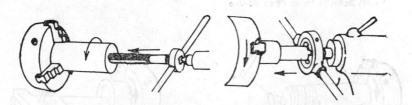

用螺絲攻鉸製內螺紋　　　　　　用螺紋鋼板鉸製外螺紋
圖 12-78　車床上攻鉸螺紋

圖 12-79　自動鬆模裝置

　　車床上鉸螺紋可用螺絲鉸完成，一般車床上之鉸螺紋常用自開式螺紋鉸，如圖 12-79 所示，以使一刀完成切削並迅速退回至原位置對於螺絲之鉸製頗為有效。

七、車床車螺紋

　　利用車床車製螺紋是最原始且最廣泛的方法，如圖 12-80 所示。因具有下列優點:

　　a. 有螺紋均可由車床車製。

　　b. 利用齒輪系之配換，可車製不同節距的螺紋。

　　c. 車製各種不同之螺紋，僅需改磨車刀之形狀，而車刀之磨製方便。

　　d. 車製螺紋精確適合要求。

用螺絲刀具車製外螺紋　　　　　　用螺絲車刀車製內螺紋

圖 12-80　車床車螺紋

八、車削螺紋

　　車削螺紋的方法，理論上有兩種，即直進刀法與 29° 斜進刀法。直進刀法又稱平行法，係使複式刀座之中心與橫向進刀平行；因此法車刀係沿工件之垂直方向使刀具兩邊同時切削，效果較差。29° 斜進法，如圖 12-81 所示，係單邊切削，受力及磨擦力為直進方法之一半，車削效果較佳，且複式刀座之搖進量等於節距，不必再換算。

　　車削螺紋除上述兩種方法外，尚有一種垂直法，係將複式刀座中心固定與橫向進刀垂直方向，而利用橫向進刀至牙深，縱向進刀為單邊切削，直至所需深度後再退回複式刀座之縱向進刀，此種方法常用於車削美國國家標準螺紋。切削情形如圖12-82所示。

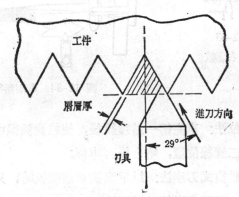

圖 12-81　29° 法車螺紋

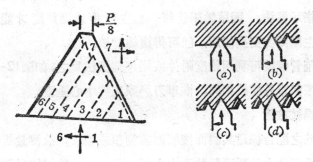

圖 12-82　垂直法車螺紋

　　車削左手螺紋與右手螺紋的方法相同，只是縱向進刀的方向由左至右而已。如圖12-83所示。

　　車削複螺紋與車削單螺紋方法相同，但在計算搭配齒輪時，應根據導程而非節距。例如車一導程為 $\frac{1}{4}$ 吋的雙線螺紋，其節距為 $\frac{1}{8}$ 吋，但其欲車齒數 (N_n) 應為 $1 \div \frac{1}{4} = 4$。車完第一螺紋後，使工件迴轉牛周再車製第二線螺紋。其工作方法有三種：

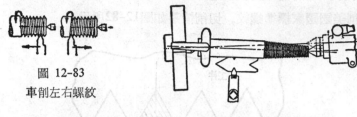

圖 12-83
車削左右螺紋

圖 12-84 車削斜管螺紋

①主軸轉位法：車完第一道螺紋後，使柱齒輪與中間輪脫離，轉動柱齒輪至第二螺線位置，嚙合後再車削。

②縱向移動複式刀座法：以垂直法車削螺紋時，只需將複式刀座移動一個節距，就可車出第二道螺紋。

③螺紋指示器法：只有在單數牙（每吋內）雙線螺紋時，才可利用螺紋指示器法。因單數牙為每一組主刻度或副刻度才能吻合牛螺帽，將主副刻度交換使用，即可得複線螺紋。

車削管螺紋可利用錐度附件或尾座偏置法為之，如圖12-84所示，車削程序與車外螺紋相同，惟車刀應與工件中心垂直。

九、螺紋檢驗

螺紋之配合係藉其斜面接觸而非齒頂或齒根，故測量螺紋應測其導程及節徑，次為斷面形狀及大小徑。但一般檢驗螺紋為測量螺紋的節徑。

利用光學比較儀及顯微鏡可將齒形放大數倍，再與樣板比較，用以檢驗其導程、節徑、含角、表面等，如圖12-85，12-86所示。

方便且迅速的檢驗螺紋可利用螺紋測微器、螺紋柱規、套規、卡規及三線計量法等，以測量螺紋的節徑。

(1) 螺紋測微器 (Thread micrometer)：螺紋測微器與普通測微

圖 12-85　光學比較儀

圖 12-86　比較儀之量測

器相似，僅軸端及卡砧不同，如圖 12-87 所示。卡砧為一 *V* 形槽，與
螺絲之齒形相吻合，並可轉角以適用各種不同節距之導角，量軸之尖

端為 60° 錐形，與螺紋槽相嚙合，軸端及卡砧之頂部與根部均截除相
當部份，以避免因大小徑之誤差而導至節徑之誤差。因節距之範圍太
大，同一卡砧不能完全適用，通常螺紋測微器分為每吋 $4\frac{1}{2}\sim 7$，
$8\sim 13, 14\sim 20, 22\sim 30, 32\sim 40, 48\sim 64$ 齒等六種。

(2) 螺紋樣規 (Thread gage)：螺絲樣規亦有 "Go" 與 "Not-
Go" 兩部份，"Go" 同時檢驗節徑、導程、大小徑等，"Not-Go" 僅
用以量節徑。圖12-88為螺紋柱規，長端為 "Go"。圖12-89 為螺紋套
規，可由裂口上之螺絲細微調整，"Not-Go" 之外圓周上有一凹槽以
資識別。圖為12-90螺紋卡規，由於可調整（±0.200″），其適用範圍
較廣，且於施工中計量方便、準確。

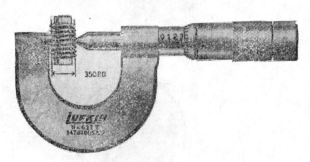

圖 12-87　螺紋測微器

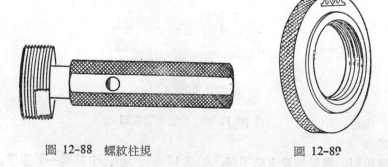

圖 12-88　螺紋柱規　　　　　　　　　圖 12-89

(3) 螺紋三線計量法 (Three wire measurement)：三線量法係利

圖 12-90　螺紋卡規

用尺寸相同（眞圓度、直徑半吋長度內之容差及三根之直徑容差皆小於0.00002″）之鋼絲三根置於螺紋之齒槽內，兩根置於相鄰兩齒槽，另一根置於相對之一側，如圖 12-91 所示，然後以測微器計量其距離

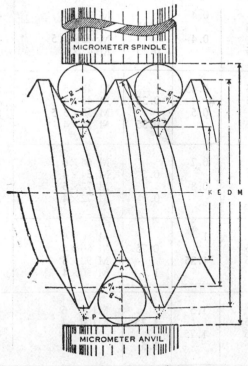

圖 12-91　螺紋三線量法

表 **12-12** 60度標準螺絲三線計量之鋼線直徑及常數表

公 稱 尺 寸	節 距 P		公 稱 尺 寸	節 距 P	
	粗	細		粗	細
M 1　×0.25	0.25		M 16×2	2	
M 1　×0.2		0.2	M 16×1.5		1.5
M 1.2×0.25	0.25		M 20×2.5	2.5	
M 1.2×0.2		0.2	M 20×2		2
M 1.4×0.3	0.3		M 24×3	3	
M 1.4×0.2		0.2	M 24×2		2
M 1.7×0.35	0.35		M 30×3.5	3.5	
M 1.7×0.2		0.2	M 30×3		3
M 2　×0.4	0.4		M 36×4	4	
M 2　×0.25		0.25	M 36×3		3
M 2.3×0.4	0.4		M 42×4.5	4.5	
M 2.3×0.25		0.25	M 42×4		4
M 2.6×0.45	0.45		M 48×5	5	
M 2.6×0.35		0.35	M 48×4		4
M 3　×0.5	0.5		M 56×5.5	5.5	
M 3　×0.35		0.35	M 56×4		4
M 4　×0.7	0.7		M 64×6	6	
M 4　×0.5		0.5	M 64×4		4
M 5　×0.8	0.8		M 72×6		6
M 5　×0.5		0.	M 72×4		4
M 6　×1	1		M 80×6		6
M 6　×0.75		0.75	M 80×4		4
M 8　×1.25	1.25		M 90×6		6
M 8　×1		1	M 90×4		4
M10　×1.5	1.5		M100×6		6
M10　×1.25		1.25	M100×4		4
M12　×1.75	1.75				
M12　×1.5		1.5			

M，並代入公式求其節徑。三線計量法之一般公式爲：

$$E = M + \frac{\cot \alpha}{2n} - G\left(1 + \csc\alpha + \frac{s^2}{2}\cos \alpha \cot\alpha\right)$$

式中　E＝節徑

　　　M＝測微器所量之値

　　　n＝每吋牙數

G＝鋼絲最佳直徑，卽放入齒槽 內適於 節徑面相切，其值＝$\dfrac{P}{2}$ sec α，如60°含角之螺紋，則 $G = 0.57735\ p$，式中 p 爲節距，α 爲螺紋含角之半。

s＝導角之正切＝導程 $/\pi E$（E 可用基準節徑或估計節徑）在一般情形下 $\dfrac{Gs^2}{2}\cos \alpha \cot \alpha$ 之值均在 0.00015″ 以下，可略而不計，而使其公式爲： $E = M + \dfrac{\cot \alpha}{2n} - G(1 + \csc\alpha)$

用於 60° 含角之螺紋其 $E = M + 0.86603\ p - 3\ G = M - (3G - 0.86603p)$，式中 $3G - 0.86603\ p$ 一項對某一 定節距 及鋼絲直 徑係一常數，可查表而獲得，如表 12-12 所示。

12-3-13　車床的特殊工作

在車床上除了車內孔、外徑、螺紋、錐變、壓花、曲面、切槽等基本工作，尙能做其他特殊工作，如車平面螺紋、車圓球、繞彈簧，或將工件夾持於鞍座虎鉗上，以銑鍵槽、鳩尾槽、齒輪；或將砂輪機安裝於鞍座上，接上電源可代替磨床做研磨工作。

一、平面螺紋（渦漩螺線）的車製法

在車床三爪聯動夾頭卡盤裏的螺紋就是平面螺紋，如圖 12-92 所示。車製此種螺紋，在普通車床加上自動橫向進刀的裝置，將工件夾持於夾頭上，車刀的運行是用橫向進刀螺桿來推進。輪系的計算由橫

向進刀螺桿和工件的轉數保持一定的速比。

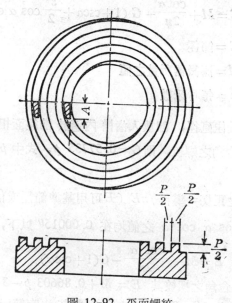

圖 12-92 平面螺紋

　　如圖 12-93 所示，在導螺桿上裝蝸輪 D 其齒數為 T_d，齒輪 B 的齒數為 T_b 與 D 相嚙合，齒輪 A 的齒數是 T_a 裝於 螺距為 P_c 的橫向進刀螺桿 F 上。車床主軸齒輪 SP 經由中間齒輪 I 而與導螺桿齒

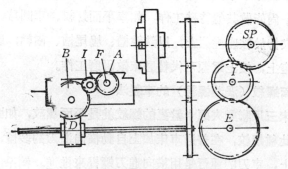

圖 12-93　齒輪搭配

輪 E 相嚙合，若主軸轉動一轉時，橫向進刀螺桿 F 轉數為：

$$\frac{SP}{E} \times \frac{T_d}{T_a}$$

車刀進給量為：$\dfrac{SP}{E} \times \dfrac{T_d}{T_a} \times P_c$

若車螺距 P 的平面螺紋時

$$P = \frac{SP}{E} \times \frac{T_d}{T_a} \times P_c$$

$$\therefore \quad \frac{SP}{E} = \frac{P \times T_a}{P_c \times T_d}$$

即

$$\frac{\text{主軸齒輪齒數}}{\text{導螺桿齒輪齒數}} = \frac{\text{平面螺紋螺距}}{\text{橫向進刀螺桿螺距}}$$
$$\times \frac{\text{橫向進刀螺桿齒輪的齒數}}{\text{導螺桿上蝸輪的齒數}}$$

因 T_a 與 T_d 在車床上為定值，N_a、N_d 代表齒輪迴轉數

$$\frac{T_d}{T_a} = \frac{N_a}{N_d}$$

$$\therefore \quad P = \frac{SP}{E} \times \frac{N_a}{N_d} \times P_c$$

　　$N_a = N_d$ 可由鞍座內的齒數算出來，若不知其齒數，可以在導螺桿和其軸用粉筆劃一道線，亦在橫向進刀螺桿和其軸上劃一道線，使車床慢慢轉動，查出導螺桿和橫向進刀螺桿各轉動幾轉後，才同時回到原來劃線的位置，若導螺桿轉了 4 轉，橫向進刀螺桿轉了 1 轉，其比為 4：1 = 4。

二、車圓球

若用手操作來車削圓球，則需高度的熟練技術，欲得正確的球面及尺寸是不可能的，因此要獲得正確之球面就要利用球面切削附件之裝置，如圖 12-94 所示，圓球之直徑大小，可由車刀高度調整螺絲來調整，裝上圓口車刀，左右扳動把手就可車圓球。

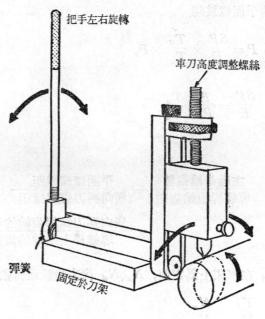

把手左右旋轉

車刀高度調整螺絲

彈簧

固定於刀架

圖 12-94　切削球面附件

三、繞彈簧

在心軸橫斷面適當位置鑽孔，並夾持於車床的夾頭上，再用頂心頂緊，將鋼絲固定於軸孔內，並將鋼絲用兩片 木片夾緊 固定於刀座上，配好進刀螺距，揑合半開口螺帽，轉動車床卽可繞好。

四、銑削鍵槽、鳩尾槽、齒輪

將複式虎鉗附件垂直安裝於鞍座上，銑刀裝於主軸上，如圖 12-95 至 12-100 所示，可代替銑床工作，注意銑刀廻轉方向與進刀方

圖 12-95 水平方向銑削

圖 12-96 垂直方向銑削

圖 12-97 銑刀裝在錐軸上

圖 12-98 銑刀裝在夾頭心軸上

圖 12-99 銑刀裝在兩心間之橫軸上

圖 12-100 銑刀裝在兩心之橫軸上
與 12-99 圖相似

向相反。

五、車床上研磨

　　將小型砂輪機裝於複式刀座上，工件固夾於夾頭及尾座上，兩者接上電源卽可做研磨銑刀或鉸刀工作，若銑刀順時鐘方向廻轉則砂輪機要逆時鐘方向廻轉。如圖12-101，12-102所示。

圖 12-101 在車床上研磨銑刀

圖 12-102 在車床上研磨鉸刀

六、車床上搪磨

　　將搪孔刀或圓棒砂輪裝於車床主軸上，工件固定於鞍座上，卽可進行搪磨工作。

七、車削多角形工件

工件夾持於夾頭上靜止不動，而在鞍座上裝置有太陽行星輪系的廻轉附體，將車刀裝於行星小齒輪的軸上，當太陽輪繞車床心軸線廻轉 n 圈時，行星輪廻轉 $2n$ 圈。若在行星輪繞太陽輪公轉的圓周上裝置一把車刀可車成兩個平行面。若相隔 180° 裝置二把車刀（卽行星輪兩個）可車成四角形。若相隔120°裝置三把車刀可車成六角形，若

圖 12-103 用車削多角工件的車床車出的工件

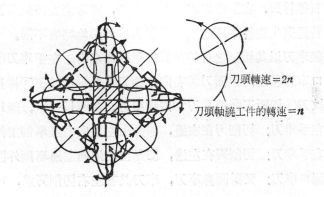

刀頭轉速 = $2n$

刀頭軸繞工件的轉速 = n

圖 12-104 多角工件車削原理：刀頭上裝兩把相同
而相隔180°的車刀，車頭軸的轉速恰巧
等於刀頭軸圓繞工件中線轉速的兩倍，
那兩把刀的刀尖形成兩個垂直相交的橢
圓那交線圍成的形狀便是工件的斷間形
狀（四方）。

工件偏移車床心軸線就可車成三角形。若裝置四把車刀，能車成八角形。如圖 12-103, 12-104, 12-105, 12-106 所示。

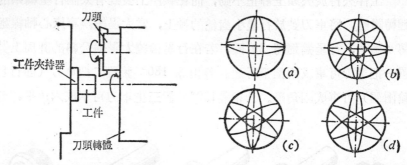

圖 12-105 車削多角形工件的車
床夾頭與刀具

圖 12-106 車削多角形工件的形成情
形。a.四角形工件，b.八
角形工件，c.六角形工
件，d.三角形工件。

12-4 車 刀

　車刀之材料最早使用碳鋼，進而使用高速鋼、碳化鎢及陶土混合物和鑽石等材質，在選擇車刀刀具材料時，宜考慮經濟效益及實用性而定。普通與生產性車床所用者之材質、外形均略有不同。

　一般車刀以其切削之目的及其外形而命名有①左手車刀②右手車刀③圓口車刀④左向削面刀⑤右向削面刀⑥V形螺紋刀⑦梯形螺紋刀⑧方螺紋刀⑨切斷刀⑩搪孔刀⑪內螺紋刀。如圖12-107，圖12-108。

　①左手車刀：切削刃在右邊，即是由左邊向右邊車削工件外圓。

　②右手車刀：切削刃在左邊，即是由右邊向左邊車削外圓。

　③圓口車刀：又稱圓鼻車刀，車刀具有左右切削刃邊，可做左右車削外圓。

　④左向削面刀：車削左端面的車刀。

　⑤右向削面刀：車削右端面的車刀。

　⑥V形螺紋刀：車削60°V形螺紋的車刀。

　⑦梯形螺紋刀：車削29°愛克姆（ACME）螺紋的車刀。

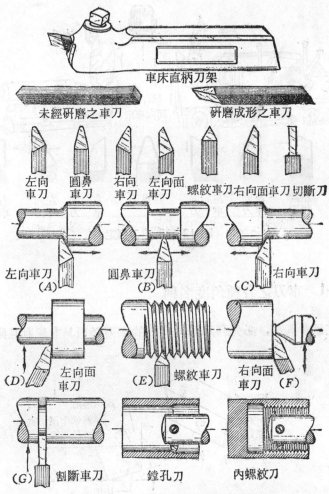

車床直柄刀架

未經研磨之車刀　　　研磨成形之車刀

左向車刀　圓鼻車刀　右向車刀　左向面車刀　螺紋車刀　右向面車刀　切斷刀

左向車刀
(A)

圓鼻車刀
(B)

右向車刀
(C)

(D)　左向面車刀

(E)　螺紋車刀

右向面車刀　(F)

(G)　割斷車刀

鏜孔刀

內螺紋刀

圖 12-107 車刀形狀及其應用

⑧方形螺紋刀：車削90°方形螺紋的車刀。

⑨切斷刀：用以切斷或切槽頸的車刀。

⑩搪孔刀：以車刀裝置於柄上，作擴孔之用。

⑪內螺紋刀：將各種螺紋刀裝置於柄上，以切削陰螺紋的車刀。

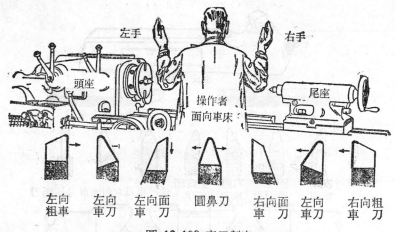

左手　　　　右手

頭座

操作者
面向車床

尾座

左向　　左向　　左向面　　圓鼻刀　　右向面　　左向　　右向粗
粗車　　車刀　　車刀　　　　　　　　車刀　　　車刀　　車刀

圖 12-108 車刀判定

12-4-1　車刀之各種角度名稱

工欲善其事，必先利其器，良好的車刀必須具有銳利且耐用的切

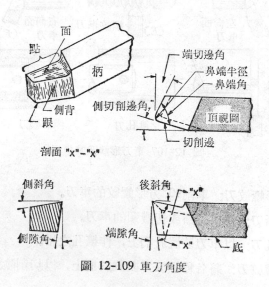

面
點
柄

側背
跟

剖面 "x"-"x"

端切邊角
鼻端半徑
鼻端角
側切削邊角
頂視圖
切削邊

側斜角　　　　後斜角　　"x"

側際角　　端際角　　"x"　　底

圖 12-109 車刀角度

削刃口，因此必須依據車削材料的不同而研磨適當的車刀角度，車刀角有五種，如圖12-109所示。

（1）前隙角（Front clearance）：為了使車刀尖在車削時不與工件產生摩擦而磨成的角度，其角度之大小視工件材料之大小及刀尖裝置高度與刀把是否具有後斜角（$16\frac{1}{2}°$）而異，一般前隙角約為8°～15°。

（2）邊隙角（Side clearance）：其目的在車削時防止車刀邊與工件產生磨擦，如圖12-110所示。一般車削軟金屬時角度要大，反之則小。

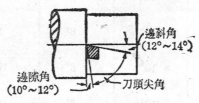

圖 12-110 邊隙角與邊斜角

（3）邊斜角（Side rake）及後斜角（Back rake）：其目的在獲得有效之車削及容易逃屑，常在車刀上磨一邊斜角與後斜角。一般邊斜角為 12°～14°，後斜角為 8°～16°，若車刀把已有後斜角，則車刀不必磨後斜角，車銅料時應磨負的後斜角，並與工件中心等高，避免刀尖受損及容易車削。

（4）刀頭尖角（Tool angle or Angle keenness）：為車刀之實際角度，一般為60°～80°使對各種材料有銳利的切削，且有足夠之強度支持切削時所產生的應力，工件愈軟角度愈小，工件愈硬角度愈大。

車刀研磨角度視車削工件之材質而不同，表 12-13 為高速鋼車刀的研磨角度，表 12-14 為碳化鎢車刀的研磨角度。圖12-111為碳化鎢刀具的角度。

表 12-13　車刀角度（高速鋼）

工 件 材 料	邊 隙 角	前 隙 角	後 斜 角	邊 斜 角
低 碳 鋼 (SAE1020～1035)	12°	8°	$16\frac{1}{2}°$	14°
中 碳 鋼 (SAE 1045)	12°～10°	8°	$16\frac{1}{2}°～8°$	14°～12°
高 碳 鋼 (SAE1095)	10°	8°	8°	12°
鎳 合 金 鋼 (SAE 2340)	10°	8°	10°	12°
高 速 鋼	10°	8°	8°	12°
不 銹 鋼	10°	8°	10°	15°～20°
鑄 鐵	10°	8°	5°	12°
鋁	12°	8°	35°	15°
電 木	12°	8°	0°	0°
黃 銅	10°	8°	0°	0°～−4°
靑 銅	10°	8°	0°	0°～−4°
鎳 銅 合 金	15°	13°	8°	14°
鎳	15°	13°	8°	14°
橡 皮 （硬）	20	15°	0～−5°	0°～−7°

表 12-14　車刀角度表（碳化鈣）

工　件　材　料	前　隙　角	邊　隙　角	後　斜　角	邊　斜　角
鋁	6°～8°	6°～8°	10 ～20°	10°～20°
銅	6°～8°	6°～8°	4°	20°
黃　　　　銅	6°～8°	6°～8°	0°	4°
靑　　　　銅	6°～8°	6°～8°	0°～4°	3°～8°
鑄　　　　鐵	6°～8°	6°～8°	0°～4°	2°～4°
低　碳　鋼 (SAE1020～1035)	6°～8°	6°～8°	0°	3°
高　碳　鋼 (SAE1095)	6°～8°	6°～8°	0°	3°
鎳　合　金　鋼 (SAE2315～2335)	6°～8°	6°～8°	0°	3°
鎳　鉻　合　金　鋼 (SAE3140～3250)	6°～8°	6°～8°	0°	3°
鉬　合　金　鋼 (SAE4015)	6°～8°	6°～8°	0°	3°
鉻　釩　合　金　鋼 (SAE6145)	6°～8°	6°～8°	0°	3°

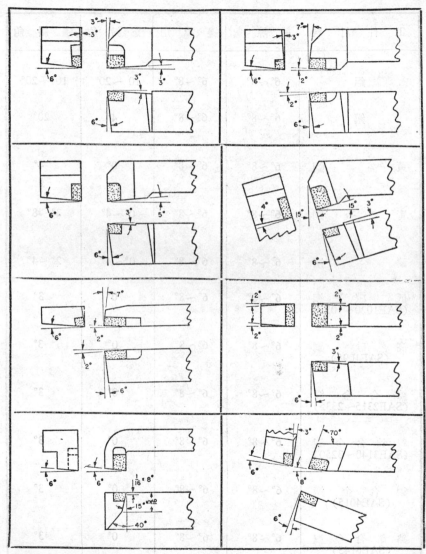

圖 12-111 碳化鎢刀具的角度

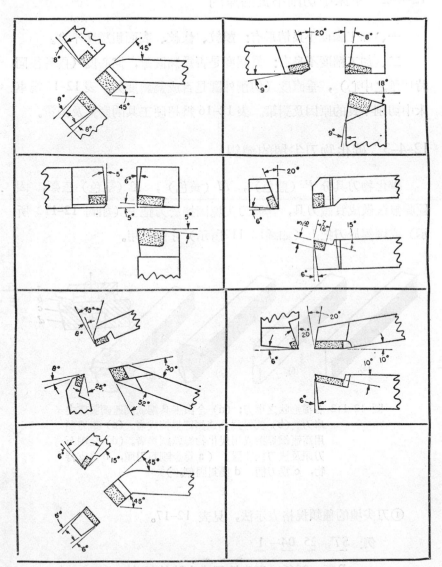

圖 12-111　碳化鎢刀具的角度（續）

12-4-2 車床中切削不良的原因

一、加工表面不良情形有：顫紋、條紋、表面粗糙度不良。

二、加工精度不良有：真圓度是否為橢圓形，同心度（內外徑同時切削之中心），垂直度（切削外圓是否成為斜度）。表 12-15 為車床中切削不良的原因及對策。表 12-16 為超硬工具的磨耗及對策。

12-4-3 碳化物刀尖塊的鑲銲

碳化物刀具分 P（藍色），M（黃色），K（紅色）三類，因硬脆無法做成實體刀具，需將刀尖塊固持於刀把上（如圖 12-112 所示）或鑲銲於刀把上（如圖12-112所示）才能使用。

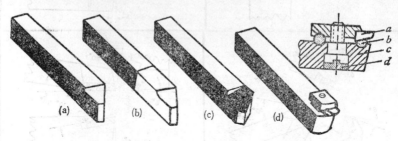

圖 12-112 各種形狀之車刀；（a）全由工具鋼或高速鋼製成之車刀。（b）部份為高速鋼經焊接成者。（c）車刀頭用高速鋼焊接或用炭化物刀頭銅焊者。（d）金剛石刀頭及扶刀柄裝置。（a 為金剛石刀頭，b 為支持物，c 為刀柄，d 為封固劑。）

①刀尖塊的種類規格表示法，見表 12-17。

　　例：$\underline{ST_i}\ \underline{25}\ \underline{04}-\underline{1}$

　　　　P類　25種　刀尖塊型式 1 號的尺寸

②刀柄大小尺寸，一般規格為 13×13, 16×16, 19×19, 25×25,

表 12-15　車床中切削不良的原因

原因的分類	原　　因	摘　　要
工作物所致者	工作物的剛性、工作物的不平衡、工作物的頂針孔不良、工作物的硬度不均勻。	細長者用穩定扶架
切入量、進給量	切削面積不適當、精密切削比強力切削更易發生。	
切削速度	速度不適合材料與切刀。	降低速度，即可消失
切削所致者	切刀的切削角度不良、切刀的刃尖裝得過分突出、研削切刀時的裝角不良。	切削能力不良者會發生顫紋；工作物太軟時，會起毛片
設計構造	主軸臺的剛性不足、主軸的剛性不良、主軸扭振、主軸的平衡不良、主軸軸承的距離太短、機床的剛性太長、未設計高進給而使用高進給時。	設計構造所致者不易矯正
工作所致的原因	主軸軸承的內外徑不適合、主軸與軸承的間隙太大、主軸軸承的油槽的去角不良、主軸前滾珠軸承的鬆弛不良、主軸後滾珠軸承的精度不良、主軸止推軸承的調整不良、主軸止推軸承的配合不良、主軸中心線及V溝的精度或不平衡不良、刀座的配合不良、電動機及直角齒輪的整形不良、匣箱內的齒輪通孔不良、任復臺構架的調動、振動、扭動、機床進給、軸承的安裝不良、進給的彎曲。	包括軸間距離與齒輪間隙的關係
齒輪所致的原因	主軸齒輪偏心、螺距誤差、齒隙太多時、齒輪音響時高者、齒輪比不良、齒形及齒輪觸不良、齒條與小齒輪的嚙合及接觸不良、齒輪的嚙合不良、齒輪面未垂直主軸時。	產生齒輪痕以相同的間隙發生條紋
工作物的安裝者	尾座軸長伸而切削時、面板、夾轉具的平衡不良。	
油所致者	對主軸軸承的潤滑方法不良與潤滑油不適當時、滑動面的油不足。	油膜斷離時，主軸擺停
靜性精度檢查	機床的水平不良、機床扭轉者、架設不良。	

表 12-16　超硬工具的磨耗與其對策

損傷的狀況 ── 它在使用中使切刀的双尖損傷,切削能力漸漸變差
　　├─ 為向損傷
　　└─ 切削能力變差

2大類	類中的小分類	發生的現象	損傷的原因	切品種	刀具加工	切削條件	機械
摩耗	切刃摩耗	切刀與切削物的摩擦增加 (1)切削加工尺寸惡化 (2)加工尺寸變化 (3)音響、顫動 (4)火花 (5)動力增加 刃小缺口	與切削物的摩擦	選耐摩耗的品種	修正研磨	若減少切削速度(或旋轉)、切入進給等,則壽命延長(但在末種限度以上反而無效。)	
	離隙面摩耗		與切削面摩擦		修正角度(橫切刃角)		
	双尖斜角面摩耗 (疤痕)	起切削屑力變差,但後來 (1)切屑小捲、飛散 (2)切屑變色、火花 (3)双尖缺損	在切削屑摩擦(主要為鋼材切削時)	選擇耐疤痕的品種			
缺損	小缺口	(1)可用放大鏡看出 (2)離隙面摩耗成鋸齒狀 (3)損傷急進、缺損	振動 銲皮及双尖脫落 摩擦過度 研磨不良	選高切屑品種	夾具、切刀下向反切 適正銲接 適除例外 正研磨,刃口積層切(双尖角大)較終的切刀尺寸。適正角度。	參照切削條件表	
	大缺口	容易看出	銲接變形、研磨不良 衝擊(黑皮)荷重過大 重切屑				振動及顫動減少 安裝牢固,減少切刀外伸量
損	破裂						

集中研磨　　　適中研磨　　　在正面切削、切斷時未必適合。

表 12-17　刀尖塊規格

Standard Blanks (JIS B4104)　　　　　　　　　　　　單位 mm

左半部

型	略圖	番號	A	B	C	R
01		0				
		1	13	9	3	5
		2	16	11	4	5
		3	19	13	5	5
		4	22	15	6	8
		5	25	17	7	8
		6	30	20	8	8
02		0				
		1	13	9	3	—
		2	16	11	4	—
		3	19	13	5	—
		4	22	15	6	—
		5	25	17	7	—
		6	30	20	8	—
03		0				
		1	12		3	
		2	15		4	
		3	18		5	
		4	24		6	
		5	24		7	
		6	28		8	
04		0	10	6	3	4
		1	13	9	3	5
		2	19	11	4	5
		3	19	13	5	5
		4	22	15	6	8
		5	25	11	7	8
		6	30	20	8	8
05		0				
		1	5	8	3	
		2	6	10	4	
		3	7	12	5	
		4	9	16	6	
		5	10	18	7	
		6	11	20	8	

右半部

型	略圖	番號	A	B	C	R
06		0	10	10	3	2
		1	13	13	3	2
		2	16	16	4	3
		3	19	19	5	4
		4	22	22	6	5
		5	25	25	7	5
		6	30	30	8	5
07		0	10	10	3	—
		1	13	13	3	—
		2	16	16	4	—
		3	19	19	5	(4)
		4	25	20	6	(5)
		5	25	22	7	(6)
		6	30	25	8	(6)
08		0	3	8	3	1
		1	3	8	3	1
		2	4	13	4	1
		3	4	13	4	1
		4	5	15	5	1
		5	6	17	6	1
		6	8	20	8	1
09		1	5	13	4	—
		2	6	16	5	—
		3	7	19	6	—
		4	9	22	8	—
		5	10	24	9	—
		6	11	30	10	—
10		1	3	13	4	—
		2	4	15	5	—
		3	5	17	6	—
		4	6	20	8	—
		5	8	25	9	—
		6	10	30	10	—

$25 \times 30, 30 \times 25$ 六種，厚度為刀尖塊厚度的四倍。

③斷屑槽寬度的尺寸，如圖12-113所示。

④刀尖塊鑲銲的方法，其鑲銲有鐵銲、銅銲、電阻銲、氣銲等四種方法。而以銅銲及鐵銲較常用。

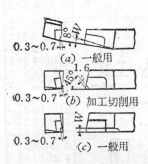

圖 12-113
斷屑槽寬度的尺寸

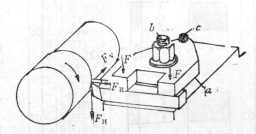

圖 12-114 切削阻力 F_H、F_V、F_k，切削力 F，
(a)夾板(b)夾緊螺釘(c)調置螺釘

12-4-4 車刀在車削時的阻力

在車削時工件承受三種阻力，如圖12-114所示。

(1) 進刀力 (Feeding force, F_V)：與工件軸平行，阻止車刀做縱向移動的力，其大小為主切削力的40%。

(2) 推力 (Radial force, F_R)：又稱徑向力，係垂直於工件中心，向外頂推車刀的力（等於刀具保持正確切削深度的力），其大小為進刀力的50%。

(3) 主切削力 (Tangential force, F_H)：又稱切線力亦稱 轉動力，在工件切線方向，阻止車刀車削的力，為三種阻力中最大者，其阻力之大小可由測力柱儀器測定。若材料為軟鋼，其切削屑之斷面積 $1mm^2$ 之主切削壓力為 $160kg$，當切屑的斷面積為 $3mm^2$ 時其主切削壓力為 $F = 160kg/mm^2 \times 3mm^2 = 480$ kg。

12-5 切屑形成

影響切削過程中產生切屑的 形態的因 素首為切 削條件、 刀具條件，和被削材料，而工件切削表面的光度或粗糙亦與切屑形態（Chip geometry）密切相關。

切屑的三種基本形態是(1)不連續或斷片切屑 (The discontinuous or segmental chip); (2) 連續切屑 (The continuous chip); (3) 積屑刀口的連續切屑 (The continuous chip with built up edge)。如圖 12-115所示。

圖 12-115 切屑形態，不連續（左），連續（中），積屑（右）

12-5-1 不連續或斷片切屑 (Discontinuous or segmental chip)

不連續切屑的形態是切削後的切屑，形成個別的一小片，鬆鬆地互相附著連接的形態，或切屑離刀具後卽變成零碎小斷片的形態。在切削過程中，刀具刀口未到切削部位前切屑卽先斷裂，此及不連續切屑或斷片切屑形成的原因。此種切屑形態在切削較脆材料如鑄鐵，或用低速切削延性材料均可能發生。前者的情況，則造成工作物表面光度尚佳，動力的消耗和刀具的壽命也較合理。後者的情況，卽切削延性材料而產生不連續切削的形態， 則表面光度 極差且刀 具損耗 也極快。

不連續切屑的形態又可分下列三類型：

①剪斷型切屑 (Shear type chip)：如圖 12-116 所示，為其變化線圖，刀口到達切削點 a 時切屑已在 bc 剪斷，形成 a'bcd' 切屑。

②撕裂型切屑 (Tear type chip)：如圖 12-117 所示，為其產生圖，此型切屑的產生是刀口到達切削點時切屑撕裂，裂口延至內部，

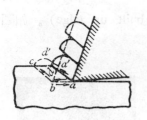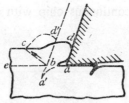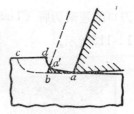

圖 12-116 剪斷型切屑　　圖 12-117 撕裂型切屑　　圖 12-118 斷裂型切屑

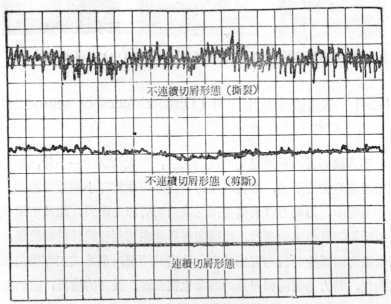

圖 12-119 切屑力的變化

而刀口到 b 點時裂口不再擴大，但殘留裂痕 $aa'b$，同時切屑在 bc 方向滑動斷裂。因而表面光度不佳。

③斷裂型切屑 (Crack type chip)：如圖12-118 所示，爲其形成線圖。ad 間切屑斷裂後刀口切削點 a 至 b 間切屑內向斜上方密集地斷裂，而刀口達 b 點時，瞬間地在 bc 面發生斷裂。

不連續切屑的切削形態，刀口上的切削力經常在變動，如圖 12-119 中上所示。

12-5-2　連續切屑 (Continuous chip)

在刀口到達切削點前，切屑沒有剪斷破壞而密集地連續變形，而存於刀口面上長條流動的切屑形態稱爲連續切屑或流動型切屑 (Flow type chip)，如圖12-120所示。展性材料以 60m/min 以上高速切削，或仍以較低速度切削，但噴注有效切削劑，通常均可獲得此種切屑形態。連續切屑的切削形態能夠成長，主要歸因於切屑和刀具間的摩擦小。如用高速鋼車刀切削軟鋼時，增加刀口斜角可減少摩擦阻力，而有助於連續切屑形態的形成。如圖12-121所示。

圖 12-120
連續切屑的變形線圖

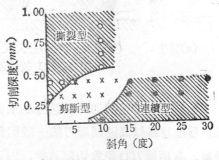

圖 12-121 刀口斜角和切屑形態

12-5-3 積屑刀口的連續切屑
(Continuous chip with built up edge)

　　此形態和連續切屑形態類似,只是在刀口或刀鼻上多堆積薄層切屑,如圖12-122所示。切屑自刀口斜角的面(Rake angle, Tool face)流動排屑時,刀口和切屑間發生摩擦,其排屑的壓力加於刀口面使切屑和刀口面發生焊接作用, 結果焊著於刀口 的薄層切屑 又因剪斷破壞,自一條流動的排屑剝落,殘留附著於刀口面。堆積於刀口的薄層切屑,增加切削摩擦,繼續增加積屑,到某一大小時有刀口脫落,刀口將產生新的積屑。圖12-123為積屑刀口的成長程序。

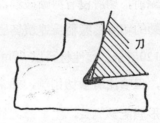

圖 12-122 積屑刀口

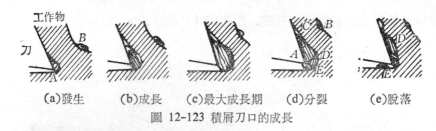

(a)發生　　(b)成長　　(c)最大成長期　　(d)分裂　　(e)脫落
圖 12-123 積屑刀口的成長

　　積屑刀口的連續切屑形態發生主要以刀口和排屑間的摩擦最有關係。展性材料以高速鋼車刀按一般切削速度切削時皆可發現積屑刀口現象。有積屑刀口現象切削結果,因刀鼻部位一時脹大,切削深度變化,且剝落的薄層切屑流落於工作物面,致使切削面的光度極差。

12-5-4 積屑刀口的消失

積屑刀口形態的切削因刀口反覆地積屑脹大和切削力不安定（如圖12-119），引起切削刀具或工作物的震動。切削深度亦因刀口的反覆脹大，經常更動，且剝落積屑殘留於工作物面（如圖12-123所示）而使表面光度不佳。

積屑刀口的成長和消失的因素有下列幾點:

(1) 斜角 (Rake angle)：刀口斜角小，則切屑和刀口間接觸壓力增加，接觸面溫度亦昇高，其間的焊接作用容易發生，積屑刀口卽生長，相反地斜角大，接觸壓力小，積屑刀口不易生成，若生成亦較小。一般斜角大於 30° 時積屑刀口現象可以消失。

(2) 切削速度：切削速度的增高，將使刀口的溫度昇高，刀口積屑情形成長。但切削速度若高於 某一限度時， 超高的溫度 使切屑軟化，刀口積屑現象消失。

(3) 切削深度：切削深度大，接觸壓力增大，刀口積屑也增大。但切削深度過大時，因接觸摩擦力的溫度太高，對切屑有軟化作用，使積屑變小。

(4) 切削溫度：積屑刀口與摩擦溫度有密切關係，故高溫切削和低溫切削的研究工作近來漸增加，其原理是切削部位在冷卻狀態下切削，或在加熱狀態下切削，均可使積屑刀口現象消失。

(5) 切削劑：使用切削劑可使切削部位或刀口切屑間冷卻，或接觸面間產生油膜，減低摩擦，降低溫度，不易產生積屑刀口現象。

(6) 刀具材質：被削材料和刀具材質相近時易形成積屑刀口。如切削軟鋼，按高碳工具鋼、高速鋼、超硬鑄合金、碳化刀具、瓷質刀具的順序，前列者更易形成積屑刀口。

(7) 振動切削和彈性切削： 切削刀具 加以超 音波振動 叫振動切

削，或以彈性車刀切削的彈性切削，因刀具所產生的反覆振擊力使切削情況的瞬間變化，可使積屑刀口不易發生或不易增大。

<h2 align="center">複 習 題</h2>

1. 車床的種類有那些？
2. 機力車床的傳動方式有那幾種？
3. 尾座的主要結構爲何？
4. 車床的冷卻系統爲何？
5. 數值機械控制（NC）其控制系統有那幾種？
6. 車刀的種類及其用途爲何？
7. 碳化鎢車刀與高速鋼車刀有何不同？
8. 車床的切削速度如何計算？
9. 冷卻劑的種類有那些？
10. 車刀在車削時的阻力有那些？
11. 車床的夾持工具有那些？
12. 在車床上如何車錐度？
13. 螺紋的製造方法有那些？
14. 螺紋的種類有那些？
15. 如何在車床上車圓球？
16 如何車多角形工件？
17. 自動車床有何特點？
18. 試述靠模車床的工作原理。

第十三章 製孔工作

鑽床是機械工場中重要的工作母機之一，能在金屬工作物中進行鑽孔 (Drilling)，鉸孔 (Reaming)，搪孔 (Boring)，鑽柱坑 (Counter-boring)，鑽錐坑 (Counter-sinking)，攻螺絲 (Tapping) 等工作，如圖 13-1 A、B、C、D、E、F 所示為六種在鑽床上常做的工作。

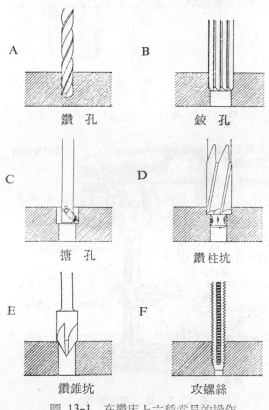

A 鑽孔　　　B 鉸孔

C 搪孔　　　D 鑽柱坑

E 鑽錐坑　　F 攻螺絲

圖 13-1　在鑽床上六種常見的操作

而對工作物孔徑的要求，其尺寸和位置宜正確且需光滑圓直，因此，如何運用鑽床及其附屬工具使之達到經濟、有效，而能迅速正確地發揮鑽床的最大功能，是本章的主題。

13-1 鑽床型式

鑽床的型式種類很多；一般分為:

圖 13-2　傳動軸V形皮帶及塔輪

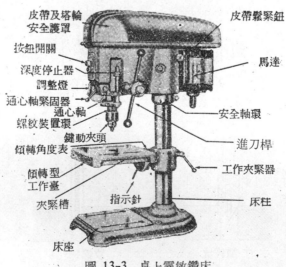

皮帶及塔輪安全護罩
按鈕開關
深度停止器
調整燈
通心軸緊固器
通心軸
螺紋裝置環
鍵動夾頭
傾轉角度表
傾轉型工作臺
夾緊槽
指示針

皮帶鬆緊鈕
馬達
安全軸環
進刀桿
工作夾緊器
床柱
床座

圖 13-3　桌上靈敏鑽床

13-1-1　桌上鑽床（Bench-model drilling machine）

桌上鑽床通常屬於輕型鑽床，可置於枱桌上，以 *V* 形皮帶和塔輪來驅動，鑽床主軸，如圖 13-2 沒有自動進刀設備，完全以手動來進刀，構造簡單，一般是鑽 12mm 以下的孔徑，應用時因以手來操縱進刀桿，可感覺到鑽頭上所受的力量，因此又稱為靈敏鑽床（Sensitive drilling machine）其構造如圖 13-3。

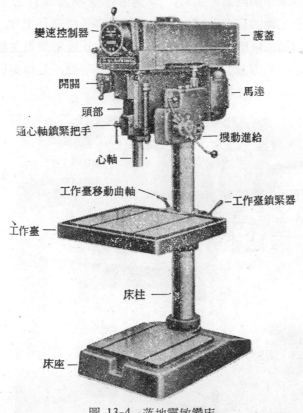

變速控制器　護蓋
開關　馬達
頭部
通心軸鎖緊把手　機動進給
心軸
工作臺移動曲軸　工作臺鎖緊器
工作臺
床柱
床座

圖 13-4　落地靈敏鑽床

13-1-2　落地鑽床（Floor-model drilling machine）

落地鑽床與桌上鑽床類似，皆是靈敏式鑽床，惟落地鑽床安裝於地面上。其構造如圖 13-4 作爲一般鑽孔、鉸孔的工作，較大工件可利用工作臺 (Table) 之 T 形槽來固定，若工作較小時，則通常均用虎鉗夾持，以手扶住虎鉗即可。如圖 13-4 所示。

13-1-3　旋臂鑽床 (Radial drilling machine)

旋臂鑽床對於笨重、龐大工件的鑽孔甚爲方便，因其旋臂能夠上下移動又可沿水平面做圓周擺動，以適應各種 不同 工件的 高度和位置；同時能在工件的廣大面積上，精密地從事各種鑽孔工作。由於旋臂鑽床係爲齒輪或液壓驅動，能由人力或機力正確地變更主軸的**轉速**和鑽頭的進給（進刀量）。旋臂鑽床的大小和等級，是以旋臂的**長度**和圓柱的直徑爲區分標準。如圖 13-5 所示。

圖 13-5 旋臂鑽床在巨型工作物上鑽孔之情形

圖 13-6　多軸鑽床同一時間可鑽許多個孔

圖 13-7　輕便及可調整式的多
軸鑽床鑽頭之剖開圖

13-1-4 多軸鑽床 (Multiple drilling machine)

多軸鑽床由一萬能接頭連接甚多的轉軸 (Spindle) 於主軸上，如圖 13-6, 13-7。每一轉軸上可裝一鑽頭，驅動主軸由 $\frac{1}{2}$ ～100 Hp (馬力) 而轉軸由 2 ～200 隻不等，故在同一時間內能鑽若干個孔，最適於大量生產製造，節省時間與空間，普通鑽頭鑽孔時均為直立方向，由下向下進入工件，有時亦呈水平方向鑽孔稱為多軸水平鑽床。

13-1-5 成排鑽床 (Gang drilling machine)

多軸鑽床與成排鑽床均有一龐大的底座來支撐鑽床上的長形工作臺，如圖 13-8 係以兩部以上之小鑽床組成一排而每部鑽床卻能獨立旋轉。成排鑽床為生產性用工具機,其性能有靈敏或自動進刀等多種,當一工件需要進行各種不同之鑽孔工作時，須由第一部鑽床完成一項

圖 13-8　成排鑽床

或數項鑽孔後，再遞至次一鑽床繼續完成其他鑽孔工作，如此在同一床臺上的一組鑽床完成所需工作。

13-1-6　轉塔鑽床（Turret drilling machine）

轉塔鑽床均呈多邊轉塔式轉軸，如圖 13-9 爲一小型六個轉軸手動的轉塔式鑽床，適於鑽削13m m直徑之鋼材孔徑，減少工具(Tool)改變裝置時間，至於大型的轉塔鑽床，則爲一數值控制（Numerical control）的轉塔鑽床，使用紙帶或磁帶的信息爲指令，透過電子控制和自動化設備，作一般鑽孔或特殊的工作。

圖 13-9　小型轉塔鑽床

13-2　鑽頭（Driller）

鑽頭是在機械工場中用來穿孔（Piercing）或鑽削圓孔最常用的工具之一，鑽頭本身，大都有兩條螺旋槽，其主要功用是形成鑽頭尖端的切削刃口及作爲切削屑流出的通路，亦具有輸送切削液至刃口的功能。

13-2-1 鑽頭之各部分名稱

鑽頭一般由三大部分組成，如圖 13-10，茲分述如下：

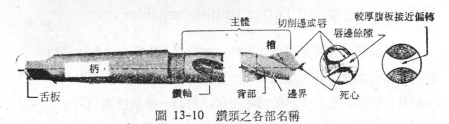

圖 13-10 鑽頭之各部名稱

1. 鑽頭柄 (Shank)

鑽頭柄最常見有直柄式和錐柄式兩種,直柄式夾持於鑽頭夾頭上,由一鑽頭板手來鬆緊鑽頭,如圖 13-11。而錐柄式其柄均為莫氏斜度直接或間接先裝於斜度套筒（如圖 13-12)內，再套於轉軸的推拔孔。柄的尖端為舌板,插於推拔孔槽內,阻止滑動。若須將鑽孔退出時,宜用一鑽頭衝銷 (Drill drift) 又稱退鑽銷,如圖 13-13, 13-14 兩種, 其要領是將機器停止, 以退鑽銷插入孔內, 加壓於舌板上, 鑽頭即可取出。如圖 13-15。

圖 13-11 直柄式鑽頭夾頭及夾頭扳手

圖 13-12 斜度套筒

圖 13-13 鑽頭衝銷

圖 13-14 安全鑽頭衝銷

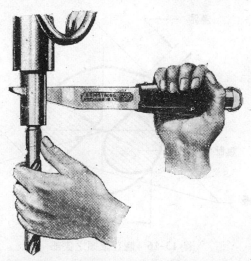

圖 13-15 從鑽軸上取下鑽頭的正確方法

2. 鑽頭本體（Body）

鑽頭本體係指自柄部至其鑽頭尖端有螺旋溝槽起點處的部分，該部分又可分三小部分：

(1)槽 (Flute)：其目的是：（1）形成前端之切削刃口。（2）引導切屑容易捲曲和排除。（3）填注切削液。

(2)腹板 (Web)：腹板是兩槽間的厚度，由尖端至根部逐漸加厚，增強鑽頭強度。如圖 13-16, 13-17, 13-18。

(3)邊界 (Margin)：邊界又稱鑽邊，是沿螺旋溝槽邊上隆起的小狹帶，兩側的鑽邊距離是鑽頭的眞正直徑，其餘部分的直徑均較小，因此鑽孔時只有鑽邊切削，減少其他部分的磨擦。

鑽頭尖端 (Point)

(1)靜點 (Dead center)：鑽頭尖端呈錐形狀，其錐尖頂部份稱為靜點或死心，此處不產生切削作用，卻引導鑽頭以一定方向切進。

(2)鑽錐面：指刃口之後的圓錐面，鑽錐面形成一鑽刃角和鑽唇間隙。兩者需適當配合，若鑽唇間隙太小，產生磨擦失去切削作用，太大則過於尖銳極易碎裂。如圖 13-19。

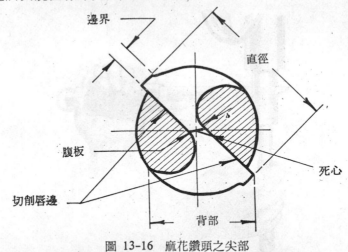

圖 13-16　麻花鑽頭之尖部

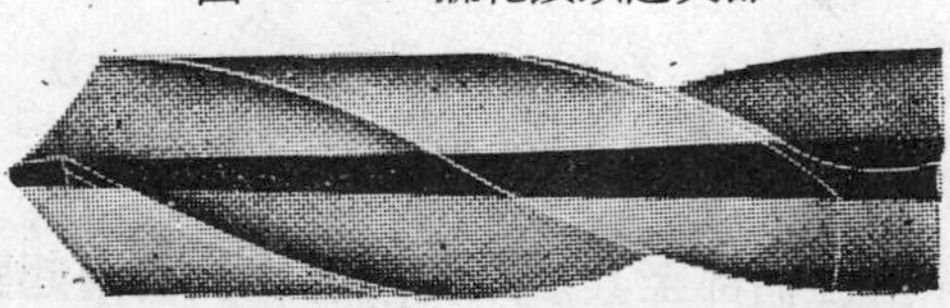

圖 13-17　黑線部分為鑽頭之腹板，由小而大

圖 13-18　左圖為靠近鑽尖部分之腹板
右圖為靠近鑽柄底部之原腹板

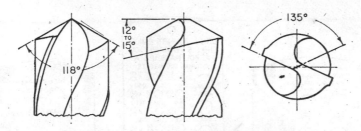

圖 13-19　標準的一般用途鑽頭之各種角度
A. 唇邊餘隙角 8°-12°
B. 鑽頭之尖端與邊夾角120°～135°
C. 鑽頭角 118°

13-2-2　鑽頭的尺寸規格

鑽頭尺寸規格的表示方法，通常有三種：

1. 號碼 (Number)

以號表示者，由最小的 80 號至最大的 1 號，1～60 號用途較廣，而 60～80 號，因直徑太小使用機會不多。

2. 英文字母 (Alphabet)

以英文字母中最小的 A 至最大的 Z 共26種，最小 A 的直徑尺寸較號碼鑽頭最大的號碼 1 還大，順著號碼次序逐漸增大直徑尺寸。

3. 分數或小數 (Fraction or Decimal)

在英制中以分數表示，直徑從最小 $\frac{1}{64}$ " 至最大 $3\frac{1}{2}$ "，其中每相

鄰兩鑽頭直徑均相差 $\frac{1}{64}$ "，而公制中以小數表示，最小 0.4mm 至 10.5

mm 不等。

由上列三種分類法，由圖 13-20, 13-21, 13-22 所示，其鑽頭直徑

均在 $\frac{1}{2}$ " 以下，爲了儲存與選用方便起見，依上述號碼、字母、及分

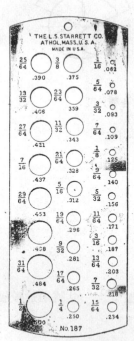
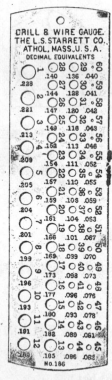
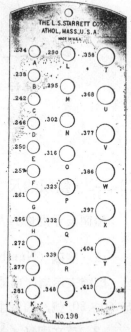

圖 13-20　分數及小數　　圖 13-21　號碼鑽頭規　　圖 13-22　英文字母鑽
　　　　　點鑽頭規　　　　　　　　　及線規　　　　　　　　　　頭規

數小數製成三種鑽頭規（Drill Gage）來識別，但有一點須注意，由於鑽頭使用過久，容易受損，宜用分厘卡於使用前校正。如圖13-23。確定其眞正尺寸後再使用，以得所需的正確孔徑。

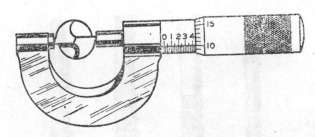

圖 13-23　用分厘卡量鑽頭

13-2-3　鑽頭種類及用途

1、麻花鑽頭（Twist drill）

麻花鑽頭，其有槽部分爲鑽頭主體(Body)，鑽孔時夾持鑽柄；而麻花鑽頭依鑽柄型式之不同又分下列四種：

(1) 方錐柄式（Square bit shank）：配合曲柄鑽（Bit brace）夾持使用，如圖13-24(A)。

(2) 直柄式（Straight shank）：如圖 13-24(B)，直柄式的鑽頭均用鑽頭夾頭（Drill chuck）夾持，通常鑽頭直徑均在 13mm 以下。

(3) 推拔柄式（Tapered shank）：推拔柄式鑽頭如圖 13-24(C)是以標準的莫氏斜度柄 （Standard Morse tapers）來密合轉軸內的莫氏斜度孔，一般推拔式鑽頭直徑都在 13mm 以上，柄上均有一斜度套筒（Tapered sleeve）如圖 13-25，而舌板端呈扁平狀與轉軸內緣嚙合，阻止鑽孔時產生滑動現象。

(4) 棘輪柄式（Ratchet shank）：如圖 13-24(D)。

2、中心鑽頭 (Combined drill and countersink) 如圖13-26。

中心鑽頭能夠一次完成鑽孔 (Drilling) 和鑽錐孔 (Countersinking)的工作,因其鑽頭角為60°,配合頂心,在車床兩心工作時使用之。

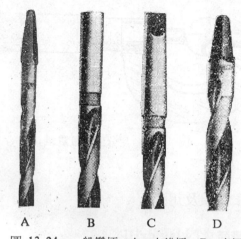

圖 13-24 一般鑽柄 A. 方錐柄 B. 直柄
C. 推拔柄 D. 棘輪柄

圖 13-25 斜度套筒

圖 13-26 中心鑽頭

圖 13-27 錐坑鑽頭

而中心鑽頭因鑽孔直徑小，為 3～6 mm，普通夾持在鑽頭夾頭上，在鑽床或車床上鑽中心扎，注意中心鑽頭宜緩慢接觸工作進行鑽孔，否則易因衝擊太大而被剪斷或扭斷。

至於錐坑鑽頭 (Counter sinking drill) 如圖 13-27，與中心鑽頭類似，惟鑽錐坑時宜先鑽孔，一般錐坑中心角均為82°角。

3、特種鑽頭

(1) $\frac{1}{2}''$鑽柄鑽頭 (Drill with $\frac{1}{2}$ shank)：如圖 13-28(A)。

鑽頭的鑽柄固定直徑為$\frac{1}{2}''$，用於手提電鑽或用鑽頭夾頭夾持鑽孔，由於夾持不易穩固，若鑽孔孔徑太大宜先鑽一導孔。

(2) 帶有碳化刀尖的直柄式鑽頭：如圖 13-28(B)(C)。

適合對鑄鐵、鑄銅以及非鐵金屬材料的鑽切，卻很少使用於鋼性材料的鑽孔。

(3) 帶有碳化刀端模的直柄式鑽頭 (Carbide-tipped die drills of straight shank)：

用來鑽削經過熱處理硬化的材料，其硬化程度允許在洛氏硬度 (Rockwell) 48-65 度之間，直接以 75-100 rpm 的切削速度加入適當切削液鑽削，效果非常良好。

(4) 三槽鑽頭 (Three fluted core drill)：

具有較寬的鑽切邊，本身不宜直接鑽孔，其作用在擴心孔 (Enlarging core holes)，能準確地鑽孔，易排除切屑增加孔的光整度。如圖 13-28(D)(E)。

(5) 分階鑽頭 (Step drills) 如圖 13-28(F)。

分階鑽頭係於鑽頭有不同直徑的幾個部分組成，能一次完成鑽削。如圖 13-29 為此種鑽頭可能鑽孔的型式。

（A） $\frac{1}{2}''$ 鑽柄鑽頭

（B）　帶有碳化刀尖的直柄麻花式鑽頭

（C）　帶有碳化刀尖的刀式鑽頭

（D）　錐柄式三槽鑽頭

（E）　直柄式三槽鑽頭

（F）　分階鑽頭

（G）　油孔鑽頭

（H）　水泥鑽頭

圖 13-28　特種鑽頭

圖 13-29　分階鑽頭可能鑽之各種孔的剖面圖

(6) 油孔鑽頭 (Oil hole drills)：如圖 13-28(G)。

當大量製造的螺釘機 (Screw machine)，或需鑽深孔時，通常應用油孔鑽頭，沿鑽身長度處，具有螺旋油孔，將潤滑油經由油泵 (Oil pump) 輸導至鑽切邊，其油孔具有四種效用：(1) 潤滑作用，(2) 冷卻作用，(3) 冲洗排切屑，(4) 增加鑽頭壽命。

(7) 水泥（或磚砌）鑽頭 (Masonry drill)：如圖13-28(H)。

水泥鑽頭係於鑽頭尖端燒焊碳化刀尖，以增加切邊效果，使用於磚 (Brick)，石板 (Slate)，牆板 (Wall Boord)，灰泥 (Plaster)，和大理石 (Marble) 上鑽孔。

4、鑽頭研磨

利用鑽頭磨床，如圖 13-30，研磨鑽頭在需要相當數量的鑽切工作時，相當經濟方便，因其可以迅速調整以支持任何長度或直徑範圍的鑽頭，依照正常要求來磨銳鑽頭，一般磨銳的鑽頭應具備三要素：

圖 13-30　鑽頭研磨附件

(1) 鑽頭唇邊切口兩面長度須相等。

(2) 鑽頭唇邊刀口與中心線所成角度要相等。

(3) 鑽唇間隙角須相等。

而理想的鑽孔效果，如圖 13-31，所示鑽除的切屑均成捲曲排出而無顫動現象。

因鑽頭的使用非常普遍，只要注意研磨要領每當鑽頭鈍化後，卽可以手工在砂輪上磨銳，故研磨鑽頭已成爲每位機械技術人員必備的技能。

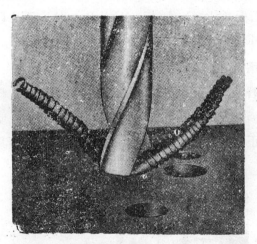

圖 13-31　研磨準確的鑽頭其切屑均成捲排出

5、手工研磨鑽頭的步驟

(1) 將鑽頭擦拭乾淨，帶上安全護目鏡，若砂輪機上有護目鏡應以蓋上使用之。

(2) 檢查砂輪面是否正直確實，否則應以磨輪修整器 (Wheel dresser)，如圖 13-32，修正削銳，其握持要領如圖 13-33。

(3) 檢視備用的冷卻液是否足夠，並起動開關自由運轉至定速。

(4) 以鑽尖角規 (Drill point gage)：如圖 13-34，觀察其必須磨削多少。

(a) 磨輪修整器之一

(b) 磨輪修整器之二

(c) 磨輪修整桿

圖 13-32

(5) 雙手持握鑽頭如圖 13-35, 13-36 依刃口角度傾斜鑽頭慢慢接觸砂輪並由刃口邊起微微轉動成錐狀，若感覺手中發燙時應卽時冷卻，若鑽頭切邊已呈藍色，表示已退火軟化失去切削效能，磨除而重新磨銳，直至所需正確角度爲止。若角度不正確，鑽頭易缺裂鈍化而且所鑽孔將不正確，如圖 13-37 所示爲鑽頭唇邊切口兩面不等長所鑽之孔，如圖 13-38 所示爲利用磨鑽頭附件研磨鑽頭之情形。

(6) 若鑽腹太厚，必須在凸形磨輪（Convex grinding wheel）上磨薄以利鑽削，如圖 13-39。

圖 13-33 磨輪修整器的正確使用法

圖 13-34 鑽尖角規（鑽頭規）

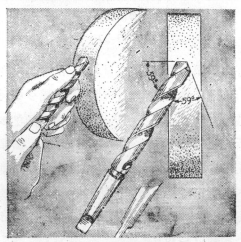

圖 13-35 磨鑽頭

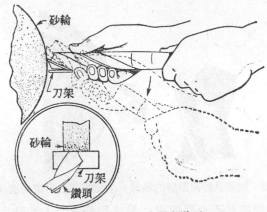

圖 13-36 用手研磨鑽頭

圖 13-37 鑽頭唇邊或角度研磨錯誤所鑽之孔卽不正確

圖 13-38 用磨鑽頭附件研磨鑽頭

圖 13-39　左圖爲磨薄鑽腹的鑽頭　右圖爲用凸形磨輪磨薄鑽腹

（7）檢驗鑽頭是否合乎要求，最後用細油石上油除去毛邊卽成。

6、鑽頭之角度與工作物之關係

　　鑽頭之鑽刃角 (Lip Angle)，係以所鑽材料之不同可自 60 度至 120 度不等，圖 13-40 爲美國摩氏鑽頭機械公司 (Morse Twist Drill & Machine Co.) 提供的不同工件材料所使用的鑽刃角。圖 13-41, 13-42, 13-43 所示爲研磨角度不正確所發生的不良效果。圖 13-44, 13-45 所示爲刃角不對之情形。

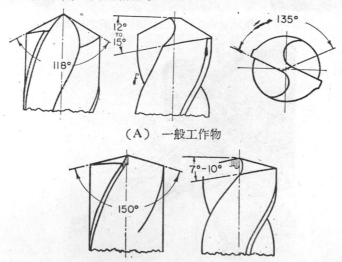

（A）一般工作物

（B）鋼軌-含 7%～13% 錳合金鋼-裝甲鋼板

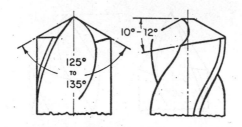

（C）　熱處理鋼，落鍛合金鋼，不銹鋼。

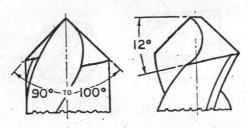

（D）　軌或中等鑄鐵

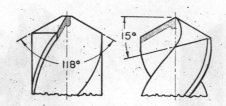

（E）　軌或中等，如係硬黃銅或銅則減小斜角度到5°

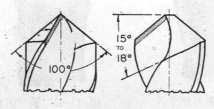

（F）　錳合金

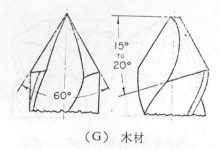

（G）木材

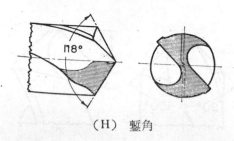

（H）鑿角

圖 13-40 鑽頭角度與各種材料之關係

圖 13-41 沒有鑽刃餘隙角

圖 13-42 鑽頭斷裂因沒有足夠
的鑽刃餘隙角

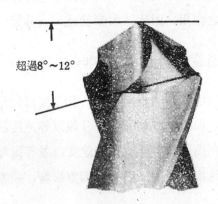

超過8°～12°

圖 13-43　鑽頭邊角斷裂因為鑽刃餘隙角太大

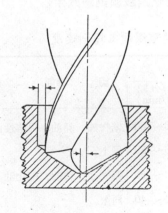

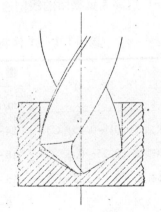

圖 13-44　鉆唇不等長所鑽之孔被
　　　　　擴大

圖 13-45　鑽頭之切削邊角度不同
　　　　　鑽出的孔卽不正確

13-3　鑽孔工作

　　鑽孔時鑽頭皆與鑽床主軸同轉；如在普通車床上鑽孔時，則多靜止按放在車尾中心；用深孔鑽頭鑽孔，亦將之靜止平放，卽不論鑽頭

是轉動或靜止，它和工件間必有相對的切削速度，而其完成，亦有賴
於各個附屬工具之作用，因此，本節就此一一分述：

13-3-1 鑽削速度 (Cutting speed)

鑽削速度是表示鑽頭的表面速度，其單位以每分鐘若干呎或公尺
來表示。簡言之，卽鑽頭在平面上每分鐘以等速度滾動所前進之距離
謂之，所以稱鑽削速度爲鑽頭的表面速度，並非指每分鐘的轉數。

鑽頭的鑽削速度，受到下列幾個因素影響，通常採用適當的平均
切削速度爲宜。

1. 工作材料的性質，硬度高者鑽削速度宜低，反之宜高。如表
13-1 爲高速鋼鑽頭的鑽削速度，如用碳鋼鑽頭則應減半。

表 13-1　工作物和高速度鋼鑽頭之鑽削速度

工　作　物　（材　料）	鑽　削　速　度		切　　削　　劑
	公尺/分鐘 （m/min）	呎/分鐘 （ft/min）	
軟鋼（0.01～0.25％C）	24～30	80～100	礦物油、豬油、可溶性油。
中碳鋼（0.25～0.5％C）	18～24	60～ 80	同上。
高碳鋼（0.5～1.2％C）	15～18	50～ 60	礦物油、豬油、硫化油。
不銹鋼	9～13	30～ 40	同上。
錳　鋼	4.5	15	同上。
鑄　鋼	21～30	70～100	乾切，空氣噴射。
展性鑄鋼	24～27	80～ 90	礦物油。
黃銅和靑銅	60～90	210～300	煤油，可溶性油。
鋁和鋁合金	60～90	200～300	煤油，礦物—豬油混合劑。
木	90～100	300～330	

2. 使用的鑽頭材料，高速鋼鑽頭（High Speed Steel 簡寫為H. S. S.）的鑽削速度可以提高至碳鋼鑽頭的兩倍，而碳化鎢鑽頭（Tungsten-carbide drills）其鑽削速度更高。

3. 是否使用切削劑，參照表13-1 切削劑部分。

4. 鑽床的型式規格，所承受負荷不同以及工件夾緊的牢固性是否良好。

5. 鑽頭的直徑大小及鑽頭每分鐘的廻轉數（rpm）如表 13-2A，均有關係。

鑽削速度依照鑽頭直徑尺寸，選用的主軸轉速，可由前表直接查出，若依鑽削速度之計算公式亦可求出：

(1) 公制公式

$$C.S. = \frac{\pi DN}{1000} \text{ 或 } N = \frac{C.S. \times 1000}{\pi D}$$

$$C.S. = 鑽削速度 \text{ (m/min)}$$
$$D = 鑽頭直徑 \text{ (mm)}$$
$$N = 主軸每分鐘廻轉數 \text{ (r. p. m)}$$

例題: 欲以高速鋼鑽頭在中碳鋼工件上鑽 17. 5mm 之孔，求鑽床每分鐘的廻轉次數? 自表 13-1 得

$$C.S = 22 \text{ m/min}$$
$$D = 17.5 \text{ mm}$$
$$\therefore N = \frac{C.S \times 1000}{\pi D} = \frac{22 \times 1000}{3.14 \times 17.5} = 400 \text{r. p. m}$$

(2) 英制公式

$$C.S = \frac{\pi DN}{12} \text{ 或 } C.S = \frac{DN}{4}$$

表 13-2A 鑽頭直徑與廻轉數

切削速度 呎/分（鑽頭每分鐘轉數）

直徑(吋)	30	40	50	60	70	80	90	100	110	120	130	140	150
1/16	1,833	2,445	3,056	3,667	4,278	4,889	5,500	6,111	6,722	7,334	7,945	8,556	9,167
1/8	917	1,222	1,528	1,833	2,139	2,445	2,750	3,056	3,361	3,667	3,973	4,278	4,584
3/16	611	815	1,019	1,222	1,426	1,630	1,834	2,037	2,241	2,445	2,648	2,852	3,056
1/4	458	611	764	917	1,070	1,222	1,375	1,528	1,681	1,833	1,986	2,139	2,292
5/16	367	489	611	733	856	978	1,100	1,222	1,345	1,467	1,589	1,711	1,833
3/8	306	407	509	611	713	815	917	1,019	1,120	1,222	1,324	1,426	1,528
7/16	262	349	437	524	611	698	786	873	960	1,048	1,135	1,222	1,310
1/2	229	306	382	458	535	611	688	764	840	917	993	1,070	1,146
5/8	183	244	306	367	428	489	550	611	672	733	794	856	917
3/4	153	204	255	306	357	407	458	509	560	611	662	713	764
7/8	131	175	218	262	306	349	393	436	480	524	568	611	655
1	115	153	191	229	267	306	344	382	420	458	497	535	573
1 1/8	102	136	170	204	238	272	306	340	373	407	441	475	509
1 1/4	92	122	153	183	214	244	275	306	336	367	397	428	458
1 3/8	83	111	139	167	194	222	250	278	306	333	361	389	417
1 1/2	76	102	127	153	178	204	229	255	280	306	331	357	382
1 5/8	70	94	117	141	165	188	212	235	259	282	306	329	353
1 3/4	65	87	109	131	153	175	196	218	240	262	284	306	327
1 7/8	61	81	102	122	143	163	183	204	224	244	265	285	306
2	57	76	95	115	134	153	172	191	210	229	248	267	287
2 1/4	51	68	85	102	119	136	153	170	187	204	221	238	255
2 1/2	46	61	76	92	107	122	137	153	168	183	199	214	229
2 3/4	42	56	69	83	97	111	125	139	153	167	181	194	208
3	38	51	64	76	89	102	115	127	140	153	166	178	191

$C. S=$鑽削速度（ft/min）

$D=$鑽頭直徑（in）

$N=$主軸每分鐘廻轉數（r. p. m）

例題: 欲以高速鋼鑽頭鑽一$\frac{1}{2}''$之孔，主軸每分鐘廻轉數為 764 次，求其鑽削速度?

$$C. S=\frac{\pi DN}{12}=\frac{3. 14\times\frac{1}{2}\times764}{12}=100 \text{ (ft/min)}$$

13-3-2 進刀量（Feed）

鑽頭之進刀係指每旋轉鑽頭一圈，鑽頭前進的距離，亦卽鑽削的深度，而自動進刀時必須選適當的進刀量如表 13-2B 示鑽孔時之進刀量。

表 13-2B 鑽孔時之每圈進刀量

鑽　　頭　　直　　徑		每　轉　進　刀　量	
厘米（mm）	英寸（in）	mm/Rev	in/Rev
3 以下	$\frac{1}{8}$以下	0. 025～0. 05	0. 001～0. 002
3～6	$\frac{1}{8}\sim\frac{1}{4}$	0. 05 ～0. 1	0. 002～0. 004
6～2	$\frac{1}{4}\sim\frac{1}{2}$	0. 1 ～0. 18	0. 004～0. 007
12～25	$\frac{1}{2}\sim 1$	0. 18 ～0. 4	0. 007～0. 015
25以上	1 以上	0. 4 ～0. 6	0. 015～0. 025

13-3-3 切削劑（Cutting fluids）

切削劑通常為一種重油，將其噴於切削刀具上，驅除因切削產生的熱量和切削，減少刀具與工件間之摩擦，增加刀具切削效果並獲得較良好之工作面與精光度。

最優良的切削劑為猪油，但因其價格較昂貴而甚少使用，通常均以廉價的油類混合代替使用。而蘇打水、肥皂與洗濯鹼之混合成水溶性切削液，或可溶性油類及用蘇打水加猪油成複合性切削液，均可用作一般的冷卻溶劑。

鑽孔用之切削液有礦物油，化合物，或用動植物，礦物等油所製成之乳狀液。其功用有:

1. 帶走因摩擦產生的熱量，降低切削刃口之溫度。

2. 增加切削工作之效能，改善施工面的光整程度。

3. 消除切屑作用。

常用的切削冷卻劑可歸納為兩種基本分類，一為油基 (Oil-Base) 冷卻劑，一為水基 (Water-base) 冷卻劑，市面上的各種不同冷卻用的混合油，其主要差異在其所具有的不同黏度 (Viscosity)，和不同的加進物及其百分比。高黏度油 (High-Viscosity Oils) 一般被認為具有較佳的潤滑效果，但是在冷卻能力上則較差。低黏度油 (Low-Viscosity Oils) 可提供較好的冷卻特性，但其潤滑和清潔功效不佳。一般常用之混合油，帶有硫氯附加物，其黏度範圍在 100 到 108 之內者，為最普通的油基冷卻劑。因所有的油均具有不易弄乾淨及具有某種程度引起火災之危險，因此有些廠方人員主張使用水基冷卻劑。

13-3-4 鑽床附屬工具

在鑽床上裝置工作物 (或工作件、工件、另件、零件等) 不但要安裝正確且須堅牢安全，當然最初的劃線工作必須準確，但為達到滿意的鑽削結果，配合鑽床使用的附屬工具是不可或缺的，否則沒有夾持牢固，致使工作扭動、滑動，不但是傷害操作人員，損壞機器，往往鑽頭因不平衡而折斷，如圖 13-46 所示。

經常使用的工作件夾持器及其
裝設方法分述如下：

1、鑽床虎鉗

鑽床虎鉗（Drill vise）是用於
鑽床工作臺上夾持且支住工作件其
種類很多，有些具有虎鉗的功能，
有些兼具鑽模(Jigs)效用。圖13-47
為一簡單的鑽床虎鉗。圖 13-48 為
一在工作臺上任何位置均能夾持工
件的安全式虎鉗。

圖 13-46　鑽頭折斷起因於工作物沒
有夾牢有彈住

圖 13-47　鑽床虎鉗

圖 13-48　安全式的虎鉗

2、平行桿 (Parallel bars)

平行桿係以鑄鐵或鋼料製成的長方塊而且兩對面互為平行，在工廠裏常見的平行桿每種尺寸均有一組（兩支）相同，用來墊高或保持工件的水平。圖 13-49 所示為一般所用的平行桿。其配合其他夾具使用的情形則如圖 13-50, 13-51 所示。

3、 T型槽栓和螺帽 (T-slot bolt and Nut)

鑽床床臺上有 T 型槽，藉 T 型槽螺栓和螺帽，如圖 13-52A、B。可將一些不規則工件或虎鉗等夾緊固牢如圖 13-53, 13-54 所示。另外略加改變形式如圖 13-55 之 T 槽夾 (T-slot clamp)，亦可以用來夾固工作物。

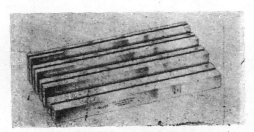

圖 13-49　平行桿

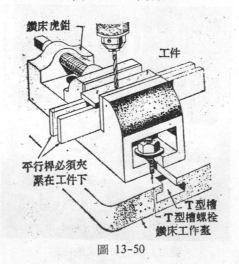

圖 13-50

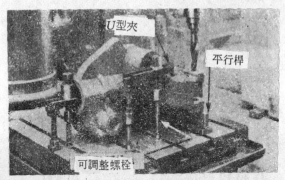

圖 13-51　用U型夾及可調整螺栓夾緊奇形工件

圖 13-52(A)　T型槽螺栓

圖 13-52(B)　T型槽螺帽

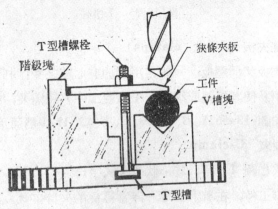

圖 13-53　夾緊圓形工件

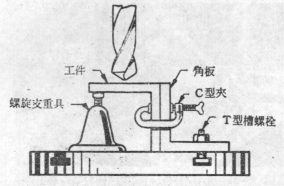

工件　　角板　　C型夾

螺旋支重具　　T型槽螺栓

圖 13-54　用螺旋支重具及角板夾緊工件

圖 13-55　T槽夾

4、狹條夾板 (Strap clamps)

狹條夾板又稱壓板，一般常用者約有七種之多，利用桿槓原理壓住工件，不易使其扭轉或滑動，平常視工件夾持需要，選用適當壓板來緊固之如圖 13-56 A、B、C、D、E、F、G、H、I 為通用的九種壓板。

5、C 型夾 (C-clamp)

C型夾如圖 13-57，其形狀像英文字母的C，有各種不同尺寸以夾持不同的工件，在鑽床上是一非常輕便的夾持工具，其應用情形如圖 13-58, 13-59 所示。

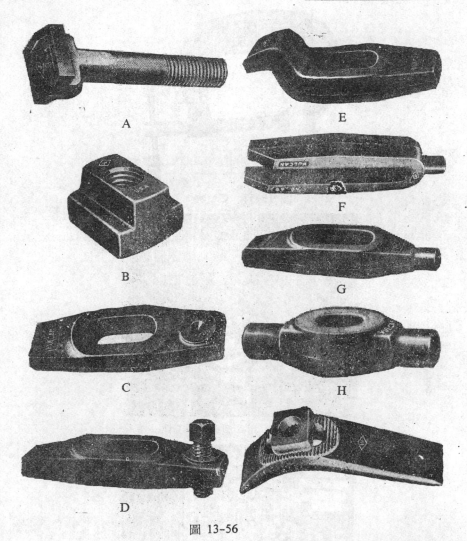

A

E

B

F

G

C

H

D

圖 13-56

6、平行夾 (Parallel clamp)

平行夾又稱工具製造技術員用的平行夾 (Toolmaker's clamp) 或機械技術員用平行夾 (Machinist's clamp) 如圖 13-60 以夾持工件便於鑽孔。圖 13-61 所示為其應用在鑽孔夾持工作上的情形。

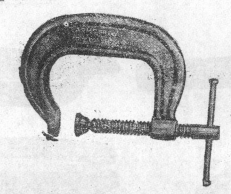

圖 13-57　C型夾

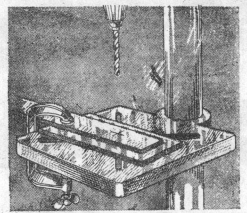

圖 13-58　用C型夾緊固工件

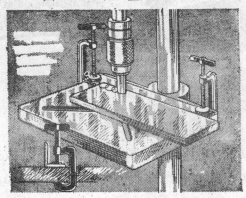

圖 13-59　使用C型夾之情形

圖 13-60 平行夾

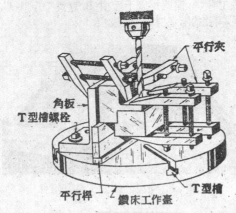

圖 13-61 使用平行桿，平行夾及角板夾緊工作物之情形

7、 螺旋千斤頂 (Jack screw)

螺旋千斤頂又稱爲活動頂枕或簡稱千斤頂， 能够昇高約 50mm 之垂直距離，以支持不規則形狀的工件使成水平夾持。圖 13-62 所示爲五種不同的安裝工作物的千斤頂而應用情形則如 13-63 所示。

8、 階級承塊 (Step block)

階級承塊又稱梯枕，用以支持工作物的邊端或壓板的另一端，其功能與螺旋千斤頂相仿，如圖 13-64。

9、 V 槽塊 (V-blocks)

V槽塊又稱V型枕，如圖 13-65，因其成V形且爲 90°角，用於支持圓形或方形工作物。其應用情形則如圖13-64，圖13-66,圖13-67 所示。

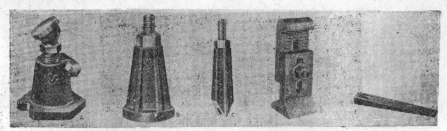

圖 13-62 裝設工具 A. 龍門鉋床千斤頂 B. 立式千斤頂 C. 支撐千斤頂 D. 可調整的階進塊 E. 裝設楔

圖 13-63 典型的裝設工具和附件

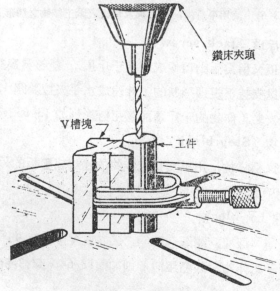

鑽床夾頭

V槽塊

工件

圖 13-64 V槽塊的使用情形

圖 13-65 V槽塊

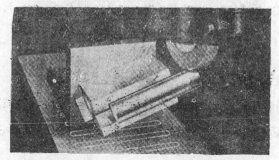

圖 13-66 磁性夾盤及磁性V槽塊夾緊角板及工件之情形

圖 13-67 一對V槽塊及C型夾夾緊工件之情形

10、角板 (Angle plate)

角板又稱工具士用曲鐵 (Toolmaker's knee)，角板兩面成直角與 C 型夾配合使用以夾固工件。其使用情形則如圖 13-68 所示。

圖 13-68　用角板、C 型夾夾緊工件之情形

11、模板 (Drill jig)

在同樣的許多工件上需要鑽取相同的孔徑，利用鑽模板（又稱鑽模），不但不必劃線且夾持簡易精確度高，又可節省許多時間和金錢，普遍被使用。

鑽模因其用途及構造不同而有不同之種類，一般言之，鑽模是用來保證工作物上所要鑽、鉸或攻牙之孔能在正確的位置上加工的一種設備，操作人員可以利用鑽模將鑽頭引導至正確位置，在大多數的工作情況中，工作物要靠鑽模支持，使工作物很迅速地裝好，完工後又可迅速地取出。有些工作物構造簡單，鑽模可直接夾緊到工作物上。鑽模本身可以不必固定在機器上，可在鑽床工作臺上移動，可限制及控制刀具的行徑。使用鑽模鑽孔，工作速度可以加快，精密度可以提高，不需要熟練的操作員工卽能使所鑽的每一孔的位置在所需的公差範圍內。以達工件可互換性的目的。如圖 13-69 所示爲使用鑽模的情形及其所鑽的工件。

圖 13-69

12、模導套 (Drill bushing)

鑽模導套是後鑽模板發展出來的，在鑽孔時用來導引正確的孔徑位置，既適合做模板及可鑽孔，圖 13-70 爲一般常見的三種導套及其使用情形：(1) 平頭導套 (Flush bushing) (2) 凸緣導套 (Flange bushing) (3) 滑移導套 (Slip bushing)。導套是用工具鋼製成，經硬化熱處理到洛氏硬度 RC60～RC 64 度，使具有耐磨表面，其導套內外徑圓心度宜精密到 0.0003吋 或 0.001mm，一般導套長度約爲導套孔直徑的兩倍。鑽頭和導套孔壁之間的間隙通常是0.005吋至0.001吋，太緊易發生拖曳 (Drag) 現象，過鬆也會造成孔之不準確性。鑽模導套的標準化已很普通，美國標準學會 (ANSI) 已建立其標準規格系統，日本工業標準 (JIS) 也有標準規格系統，如 JIS B5201 爲固定導套之各部尺寸及插入式導套之各部尺寸表。

美國標準學會 (ANSI) 將鑽導套分爲：

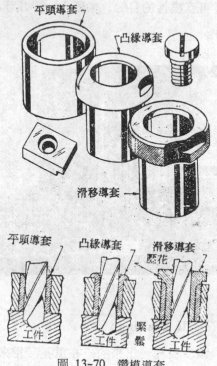

圖 13-70 鑽模導套

（1）壓入式導套（Press-fit bushing），如圖 13-71A 所示為兩種壓入式導套，一為無頭，一為有頭，直接裝設在導套板上，不用襯套，適用於不需要更換導套的短期生產工作上。無頭導套用在軸向負荷較輕的地方，而有頭導套則可抵抗重大的軸向負荷。

（2）可更換式導套（Renewable bushing）用在已經安裝在導套板中的襯套上，如圖 13-71B 所示，（a）為滑移式導套（Slip renewable bushing），用在需要更換導套以便進行一個以上的鑽孔操作，如鑽孔、鉸孔，攻牙等。（b）為固定導套（Fixed renewable bushing），係固定在襯套中，直到已被磨損後再更換。

（3）導套襯套（Bushing liner）又稱主導套（Master Bushing），

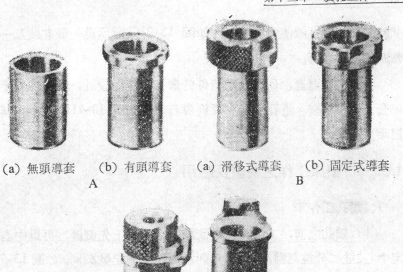

(a) 無頭導套　　(b) 有頭導套　　(a) 滑移式導套　　(b) 固定式導套

A　　　　　　　　　　　　　　　B

C　導套襯套

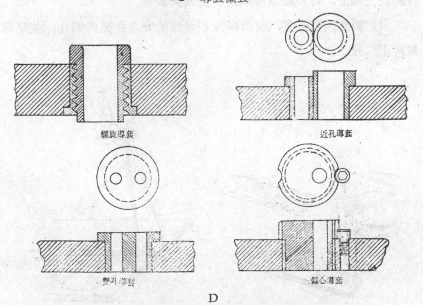

螺旋導套　　　　　　　　　　近孔導套

雙孔導套　　　　　　　　　　偏心導套

D

圖 13-71　美國標準學會（ANSI）鑽頭導套

其特點為可以免除使用鎖機構，如圖 13-71C 所示為一個有頭及一個無頭的導套襯套。

（4）特殊導套，係為適應特殊的鑽孔工作而設計，常見者有雙孔導套、偏心導套、近孔導套和螺旋導套等，如圖 13-71D 所示為其剖面圖。

13-3-5　鑽床工作之要領及應用

1、鑽孔工作法

（1）鑽孔之前，工作物應在欲鑽孔之位置上先劃線，再以中心冲定中心，並以分規劃圓，必要時用刺狀衝打眼作記號識別。如圖 1.3-72, 13-73。

（2）將工件夾裝於床臺上，選用適當尺寸鑽頭查看刃口是否鋒銳，再裝於主軸上，可用鑽頭夾頭或斜度套筒裝上。

（3）調整床臺高度，使鑽頭能在最短的安全距離內鑽孔，並準確地對正位置。

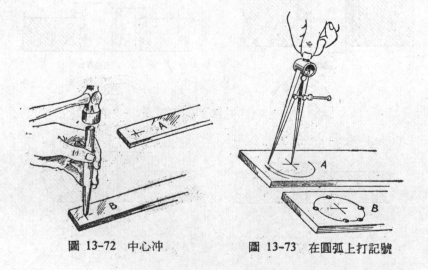

圖 13-72　中心冲　　　　　圖 13-73　在圓弧上打記號

（4）選用適當主軸廻轉速度，並起動開關。

（5）先鑽一小孔以不超過所需鑽孔直徑，然後檢查其中心是否正確，識別方法，以比較所鑽之錐孔和分規所劃的圓弧是否同心，否則必須用中心冲重新修正，最後才鑽孔。如圖 13-74, 13-75, 13-76 所示爲修正要領及步驟。

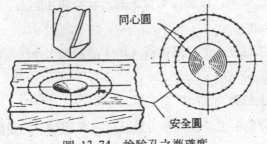

圖 13-74　檢驗孔之準確度

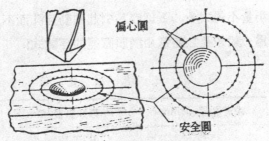

圖 13-75　鑽出之孔與劃圓

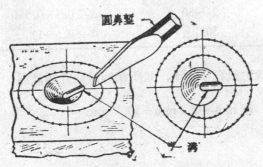

圖 13-76　鏨切一溝以導正鑽頭

（6）注意鑽削時聲音和出屑情形是否正常。

（7）填注切削液，切屑太多必須停止鑽削，用鐵線鈎出，再以毛刷清除。

（8）於通孔鑽削時，當接近底部，宜減輕施加壓力，否則鑽頭易折斷，或夾在工件內，甚至危害工作人員。

（9）退出鑽頭，檢驗後切掉電源，收拾使用之工具，卽完成一般鑽孔工作。

以上所述爲沒有使用鑽模板（Jig）的鑽孔工作法，如使用鑽模板則劃線工作卽可省略。

2、鑽床上鉸孔

鉸孔可分爲手工鉸孔及機力鉸孔，有關鉸刀之種類及構造等於13-5 再做詳細的說明。今特先將機力鉸孔的工作要領說明之。

（1）鉸削量不得太多，否則容易引起顫動且孔面不光滑和鉸刀易變鈍。下表爲一般鉸孔之前選用鑽頭直徑的經驗式：

鉸 孔 之 鑽 頭 直 徑

鉸光孔徑 d(mm)	鑽頭直徑 mm
5 以下	d—0.1
5～20	d—(0.2～0.3)
21～50	d—(0.3～0.5)
50以上	d—(0.5～1)

例如用機力鉸孔 18mm，其所用的鑽頭直徑應爲：

$$18\,mm - 0.3\,mm = 17.7\,mm$$

(2) 若所使用孔徑以英寸表示時，一般鉸孔直徑在 $\frac{1}{2}$ 吋以下時，宜選用比鉸孔孔徑小 $\frac{1}{64}$ 吋的鑽頭來鑽孔，而鉸孔直徑在 $\frac{1}{2}\sim1\frac{1}{2}$ 吋時，宜用比鉸孔徑小於 $\frac{1}{32}$ 吋的鑽頭來鑽孔。

(3) 選擇適當鉸刀並檢查刃口是否鈍化，並擦拭乾淨，切忌於柄部上油。

(4) 鉸刀裝於主軸上，開動空轉查看是否對正中心以及夾緊的程度。

(5) 一般鉸削的主軸廻轉數爲鑽孔的三分之二，而每轉的進刀量約爲 0.0015″～0.004″。

(6) 對正工作物孔徑中心，使用充份的切削劑，猪油是鉸鋼料最佳的切削劑。然後以適當的壓力鉸削。

(7) 鉸刀不得反轉退出孔件，必須與鉸削相同方向廻轉退出。

(8) 清拭乾淨，將塞規插進孔內，到底部檢驗，如尚不理想，重複 3-8 項之工作。

(9) 鉸刀卸下宜用布接住，以免割傷手指，擦拭乾淨上油存放於固定盒內。

3、鑽錐坑孔

錐坑孔 (Countersink) 爲將圓孔擴大成錐形凹孔，便於螺釘或木螺釘裝上時，能與工作物面平齊，而無隆起現象，並可切除工件鑽孔後，所留之毛邊，通常錐坑鑽頭角度爲 82°，如圖 13-77。

鑽錐坑時應注意 (1) 宜緩慢速度鑽切，以免跳動，(2)用手慢慢進刀，(3) 使用適當的切削液。

若需鑽相當多同樣的鑽孔，可使用鑽床進刀桿上的固定停止器，它能有效地協助加速完成鑽切工作。其鑽錐坑孔的工作情形如圖 13-77

所示。錐坑孔之大小應與螺釘配合，過大或過小均為不妥。

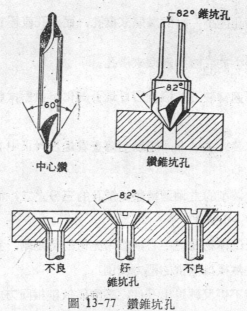

圖 13-77　鑽錐坑孔

4、鑽柱坑 (Counter boring)

鑽柱坑係於鑽孔完成以後，以平頭鑽 (Counter bore)，在圓孔上端鑽削擴大直徑孔，使槽頭螺栓之頭部可以埋入工件內，如圖 13-78 所示為鑽柱坑的工作情形。用來鑽削鑽柱坑的平頭鑽係中空體，前端沒有切削作用，沿內孔裝一導桿 (Pilot) 在側方向 由一沈頭螺絲固定引導平頭鑽前進及維持中心的對正，鑽柱坑的速度須較一般鑽孔為慢，在導桿伸入孔中之前須加油，以免將孔壁磨損，當然鑽削鋼料時宜加入切削液。如圖 13-79A 為平頭鑽。13-79B 為導桿。

5、鑽魚眼孔 (Spot facing)

在有斜度或圓角頂部裝置螺絲，則該面無法與螺栓頭或螺帽密切接合，容易受到機器振動或彎曲力矩影響而鬆脫，若欲得良好的接觸

圖 13-78 鑽槽頭螺栓的柱坑

圖 13-79A 平頭鑽

圖 13-79B 導 桿

面，必須將圓孔頂部之周圍鑽除少量金屬，且不必太深，以能獲得光滑平整的承面為主，來配合螺栓或螺帽的墊圈，此一淺碟圓孔承面頗似魚眼，故稱魚眼孔和鑽柱坑有點類似。如圖 13-80, 13-81。

6、鑽床上攻螺紋

(1) 手工攻絲

在鑽床上攻製內螺絲可以手工方式引之，其使用方法與鉗工攻絲

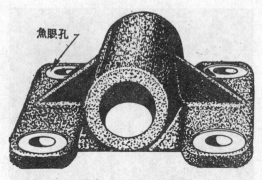

圖 13-80 魚眼孔

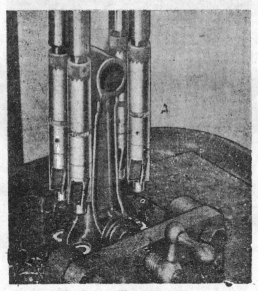

圖 13-81 鑽魚眼孔之情形

相似，惟將選用鑽頭鑽孔後關閉電源，不必移動工件，只要清拭乾淨
並於主軸上夾裝一 60° 的頂心，頂住螺絲攻，配合鑽床進刀桿的適當
壓力，同時轉動板手，即可依手動攻絲要領行之。如圖 13-82，不過
應當注意，此種攻絲方法，不能用動力代替人工，否則將鑽頭折斷，
損害工件甚至危害到操作人員的安全。

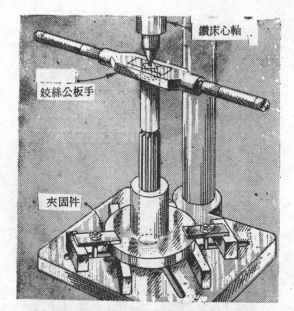

圖 13-82　用鑽床心軸使鉸刀或螺絲攻定位

（2）機器攻絲

在鑽床上只要另裝一個專為動力攻絲的附件如圖 13-83（Tapping attachment），攻絲時，即可開動馬達，由於該附件有一摩擦接合器（Friction Clutch），若攻絲至底部，或受到阻碍時，即打滑（Slip），不損壞攻絲，並且當鑽床手丙下壓時，螺絲攻正轉攻絲，若提起時，即反方向旋轉螺絲攻自孔為退出，操作甚為方便，效果較高。圖13-84，13-85。

7、鑽床上研磨（Lapping）

鑽床上若使用銅套研磨具（Copper-head lap）能够在一般磨輪（Grinding wheel）無法在 $\frac{3''}{8}$ 直徑以下的內孔，研磨時，非常有效，經過鉸光後再微量研磨至 0.001″～0.002″ 尺寸，內孔並達到光整程度。放大如圖 13-86，使用時需要高速廻轉，加注適當切削液並做上

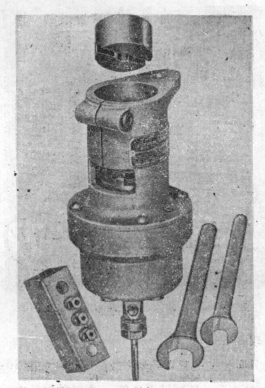

圖 13-83 攻螺絲之附件

下 (Up and down) 較長時間研磨。

13-4 搪 孔

在已經鑽妥之孔或心型所製之孔做內加工，使孔徑加大，尺寸更精確，謂之搪孔，實施搪孔的設備稱爲搪床 (Boring machine)。搪孔亦可在鑽床、車床或銑床上裝置搪孔刀具而成。因此搪床之形式與鑽床或銑床都很相似，常見的搪床有鑽模搪床、立式搪床、臥式搪床三種。

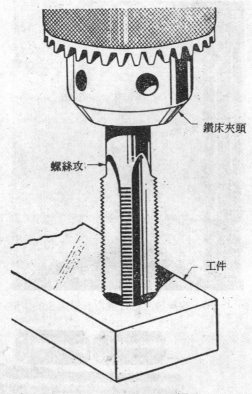

圖 13-84 在鑽床上攻螺絲

13-4-1 鑽模搪床（Jig boring machine）

　　此種搪床是專為製造精密夾具或鑽模之用，外形與鑽床、立式銑床相似，如圖 13-87 所示。除搪孔外尚可作鑽孔及端銑工作。常用於夾具、鑽模、模子、量規及其他精密件之鑽孔、定位及搪孔之用。機器上有兩個針盤指示計，分別控制縱向、橫向之尺寸、精度可達±0.0001 吋。

　　鑽模搪床亦可作數字控制的操作，作少量之精密加工工作，適合於各種精密模具、規儀之製作。

圖 13-85 攻螺絲之附件裝置在鑽床上的情形

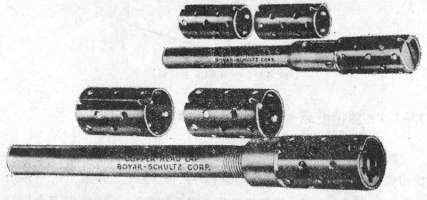

圖 13-86 銅套頭研磨具

13-4-2 立式搪床

立式搪床之工作物在水平枱上旋轉而加工，可作面層切削，亦可作直立車削及搪孔，因此又稱爲旋轉鉋床。工具裝置在可調整高度之

圖 13-87 鑽模搪床

橫軌上。常作大外徑或內孔之加工，諸如大皮帶輪、磨輪、馬達大型外殼、飛輪等製品的加工。

13-4-3 臥式搪床

臥式搪床與立式搪床正好相反，工作物固定不動而工具旋轉，工具之水平轉軸裝置在可調整高度之垂直機架上。工作枱可作橫向及縱向運動，亦可轉動，可作各種角度之搪孔工作。枱面尾座上有一直立柱，用以支持通過大件孔眼之搪刀桿。如圖 13-88 所示。

13-4-4 搪孔刀具

搪孔用的刀具，因工件所須擴大孔徑大小的不同，而有各種不同形式之搪孔刀，如圖 13-89 所示。A 圖為單尖式搪刀，先經鍛打後磨成所須形狀。B 圖亦採用鍛造者，C 圖則把刀尖固定在可鎖緊之橫桿

圖 13-88 臥式搪床

上，而此小刀尖卽爲一般高速鋼刀尖。這三種形式之搪刀大都在車床上實施搪孔工作，搪刀固定在車床之刀架上進給者。

　　D圖爲雙刃式搪刀，兩邊同時切削，速度較快，如圖 13-90 所示。E圖近似多槽式鑽頭，亦如銑刀，前端有引導，確保孔之同心。常用於在孔之一端切圓槽或擴大孔徑之加工。F圖則爲多片式之搪刀，與銑刀相似，切削速度快，亦可調整直徑。

　　大型鑄件之搪刀，則常採用如圖 13-91 所示之搪刀桿上固定搪刀，搪刀桿在另一端上支持。搪刀的固定，則如圖 13-92 所示，將刀片固定於搪刀桿之槽內，以螺絲鎖緊之。

13-5　鉸孔與鉸刀

　　鉸刀是利用它的四周鋒利的切刃把已鑽成的粗孔作稍許的擴大並且把孔壁鉸光，換句話說鉸刀乃是用來鉸出孔的製造公差和改良孔壁

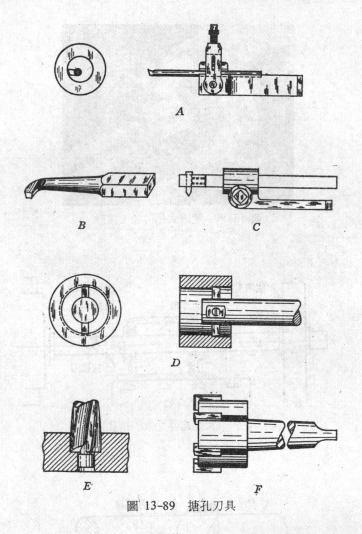

圖 13-89　搪孔刀具

表面的光度。一般情形下鉸刀能鉸大孔徑約在 0.127～0.381 公厘之間，也就是說在未鉸之前所鑽的孔徑要比所希望的孔徑小出約 0.127～0.381 公厘，由此可知鉸孔是一種比較 精密的加工，它的工作不外乎(1) 鉸出尺寸較精確的孔徑 (2) 鉸出較光滑的孔壁 (3) 鉸出圓度較真確的孔形 (4) 鉸出直度較好的孔長。

圖 13-90　雙刃式搪刀加工情形

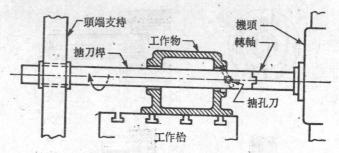

圖 13-91　大型鑄件之水平搪孔方式

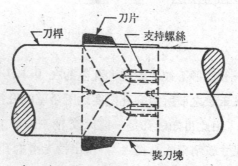

圖 13-92　固定在刀桿上之搪刀

如圖 13-93 所示為常見鉸刀的各處名稱，為使鉸刀能順利進入已鑽的孔內，必須在鉸刀的頂端作相當引導的起切錐，作相當的倒角，切刃亦應該有相當好的間隙角，但有時在鉸光不透插的孔場合，也會省去起切錐及倒角等。

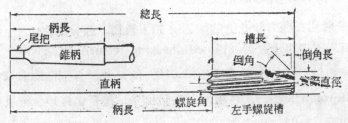

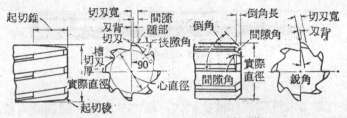

所示左手螺槽　零銳角右手轉切　直柄式　銳角及時鐘方向絞

圖 13-93

鉸刀依其形狀和用途之不同而分有下列各類：

- 手鉸鉸刀
- 夾定機用鉸刀
- 筒式鉸刀
- 錐式鉸刀
- 可調整直徑的鉸刀

- 直柄鉸刀
- 錐柄鉸刀

- 粗鉸鉸刀
- 光鉸鉸刀

$$\begin{cases} \text{整體鉸刀} \\ \text{鑲刃鉸刀} \end{cases}$$

$$\begin{cases} \text{直刃鉸刀} \\ \text{螺旋切刃鉸刀} \end{cases}$$

一般用在機力鉸孔上的鉸刀有如下數種，茲分述之：

1. 有槽夾定鉸刀 (Fluted checking reamer)

此種鉸刀能鉸除 0.005″～0.010″ 的尺寸，各叉齒均有適當的隙角 (Clearance angle)，各齒端有微量倒角，能很精確地鉸光孔徑。其形狀如圖 13-94。

圖 13-94　有槽夾定鉸刀

2. 菊花鉸刀 (Rose reamer)

菊花鉸刀有直柄式和推拔柄式，槽亦分直槽和螺旋槽兩種，其切削功能主要在各叉齒前端，而槽僅為切屑的排出和切削液的輸送而已，鉸刀刀齒在靠近柄端的直徑較前端為小，略有間隙，一般菊花鉸刀鉸削量較大，只用為粗鉸工作，並不做為光鉸鉸削。如圖 13-95。

圖 13-95　菊花鉸刀

3. 殼形鉸刀 (Shell reamer)

殼形鉸刀又稱空心鉸刀 (Hollow reamer)，是為經濟理由將軸桿與鉸刀分開，如圖 13-96A 為殼形鉸刀本體，而圖 13-96B 為鉸刀之心軸 (Arbor)，其心軸之一端有古板，以傳遞扭轉力用，心軸有極微的斜度，與鉸刀中心孔相互配合，若鉸刀損壞只更換鉸刀不必與實體式鉸刀一樣全部換掉，而達到經濟鉸光目的。

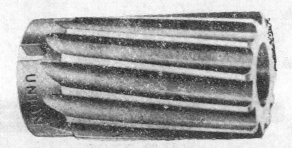

圖 13-96 A　殼形鉸刀

圖 13-96B　殼形鉸刀柄

4. 夾定伸張式鉸刀（Chucking expansion reamer）

此種鉸刀皆為直槽式，鉸刀為中空，內有螺紋且各槽切成分裂式，螺紋內有一調整螺絲，上緊後其直徑微微加大，主要用於當鉸刀磨損或鈍化時以調整螺絲加大鉸刀直徑，再加以磨銳使恢復原來尺寸，但由於各刄齒皆為獨立，須小心使用，否則甚易折斷。如圖 13-97。

圖 13-97　夾定伸張式鉸刀

5. 推拔銷夾定鉸刀（Taper-pin chucking reamer）

此種係以高蝸線角形成，機力推拔銷鉸刀，特別為鉸切推拔孔而設計，切屑因其蝸旋構造而不致阻塞其槽中，可高速鉸孔，鉸刀每吋士$\frac{1}{4}$吋的斜度，能光整斜度孔。如圖 13-98。

圖 13-98　推拔銷夾定鉸刀

6. 散工鉸刀 (Jobber's reamer)

如圖 13-99，散工鉸刀爲一直槽推拔柄的機力鉸刀，它的形狀與手工鉸刀極爲相似，爲精密的光鉸用。

圖 13-99　散工鉸刀

鉸刀周圍的齒數本可不必硬性規定，然爲便於一般設計方便，下表所列數據可以作爲相當的參考，表中符號及其所指都要和第13-100圖對照，b 及 r 的單位都是公厘，因爲鉸之前所鑽之孔尺寸不僅不夠精確，而且它的圓度也不夠理想,所以所有鉸刀的切刃數都採用偶數，希望相對的兩切刃正好和鉸刀的中線相對正，而且把它們各它相鄰各切刃的間隔角度也做成不均勻，但和它中線相對的間隔角度則相同，參考圖 13-101，$W_1 \fallingdotseq W_2 \fallingdotseq W_3 \cdots$ 等，依照圖示 $W_1 = W_4$，$W_2 = W_5$ 及 $W_3 = W_6$ 等，那各間隔角度也可以作相當的標準化，如下表所列，凡鉸刀切刃數在 6 到 16 時所用分度盤的一周孔數爲 49，切刃數在 18 到 22 時候所用分度盤一周的孔數是 27。

直徑 公厘	切刃數	a	b
3~6	6	80°	0.4
7~10	6	80°	0.5
11~12	8	80°	0.7
13~16	8	80°	0.9
16~17	8	80°	1.1
18~19	8	85°	1.1
20~23	10	85°	1.1

直徑 公厘	切刃數	r	b
24~30	10	25	1.3
31~43	12	25	1.6
44~59	14	25	1.9
60~78	16	35	2.2
79~100	17	35	2.5

除把鉸刀裝在轉塔車床使用之外，多是使鉸刀有相當的游動，圖13-102所示其中的兩種方法，都是用揷銷抵緊和支持，若鉸刀爲筒式

铰刀切刃數	$W_1=$	分度曲柄搖動 轉數	多孔數	$W_2=$	分度曲柄搖動 轉數	多孔數	$W_3=$	分度曲柄搖動 轉數	多孔數	$W_4=$	分度曲柄搖動 轉數	多孔數	$W_5=$	分度曲柄搖動 轉數	多孔數
6	58°2′	6	22	59°33′	6	32	62°5′	6	44						
8	42°	4	32	44°	4	44	46°	5	6	48°	5	16			
10	33°	3	34	34°30′	3	41	36°	4	—	37°30′	4	8	39°	4	15
12	27°30′	3	3	28°30′	3	8	29°30′	3	14	30°30′	3	19	31°30′	3	24
14	23°30′	2	30	24°15′	2	34	25°	2	38	25°45′	2	43	26°30′	2	46
16	20°30′	2	14	21°	2	17	21°30′	2	20	22°15′	2	23	22°45′	2	26
18	17°20′	1	25	18°	2	—	18°40′	2	2	19°20′	2	4	20°	2	6
20	15°	1	18	15°40′	1	20	16°20′	1	22	17°	1	24	17°40′	1	26

鉸刀牙數	$W_6=$	分度搖柄轉數	曲動多加孔板	$W_7=$	分度搖柄轉數	曲動多加孔板	$W_8=$	分度搖柄轉數	曲動多加孔板	$W_9=$	分度搖柄轉數	曲動多加孔板	$W_{10}=$	分度搖柄轉數	曲動多加孔板	$W_{11}=$	分度搖柄轉數	曲動多加孔板
12	32°30'	3	30															
14	27°	3	—	28°	3	5												
16	23°15'	2	29	24°	2	32	24°45'	2										
18	20°40'	2	8	21°20'	2	10	22°	2		22°40'	2	14						
20	18°20'	2	1	19°	2	3	19°40'	2		20°20'	2	7	21°	2	9			
22	16°20'	1	22	17°	1	24	17°40'	1		18°20'	2	4	19°	2	3	20°	2	6

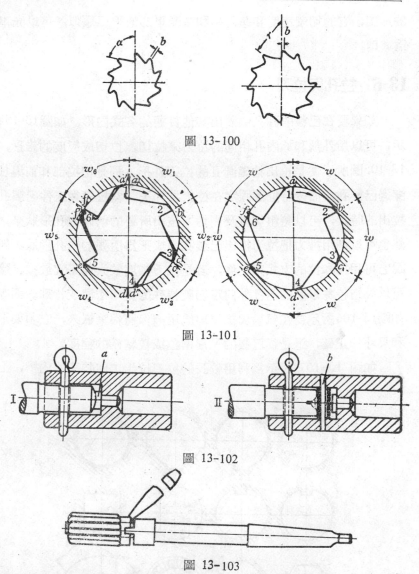

圖 13-100

圖 13-101

圖 13-102

圖 13-103

的話，可以藉重鉸刀桿和鉸刀孔的裝配而達到鉸刀游動的目的，如圖 13-103 所示。

現在鉸刀的尺寸，鉸刀形狀，鉸刀的裝法以及鉸刀所用的切削速度等都有相當的瞭解，應該可以作鉸孔的工作了，鉸孔是一種較精確

的加工，它的切削速度和進刀率和在光車的情形相類似，可以光車的
為準則。

13-6 拉孔與拉刀

如果要在已製的圓孔中製出其他貫通的各式內形，如圖13-104所
示，可以用外形和那內孔相同的拉刀來拉切，拉切成輕度的錐形，如
13-105圖所示便是拉出精確圓孔的拉刀外形，那是把拉部和前導柱先
穿過已製孔，而後將拉部固定在拉床拉桿上，當拉刀從工件已製孔中
拉出的時候，可以藉粗切齒及光切刃拉出所要的精確內孔形狀來，自
然也可以利用推力把拉刀推出已製孔而成形為所要的內孔形狀，即是
說它可用推和拉的方式來工作，若是拉刀長度較大而不宜於推，除了
可以製造特殊形狀的內孔外尚可切製特殊的貫串槽溝或特殊表面等。
如圖13-106所示為在氣輪周緣拉出鳩尾槽俾將輪葉嵌入，它須要形狀
和尺寸皆正確，這是從已製的V形槽拉成較精確的程度。

如圖 13-107 所示為利用較長的拉刀拉出工件特形的內槽，上部

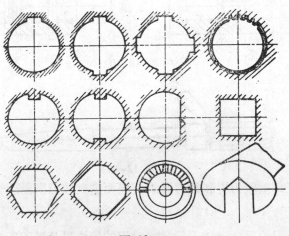

圖 13-104

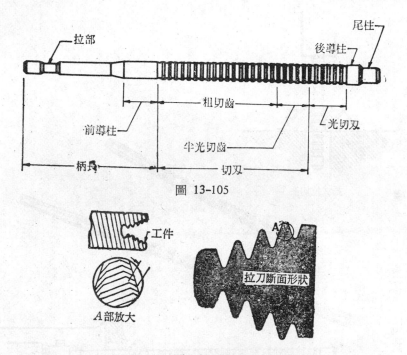

圖 13-105

圖 13-106

的圖則表示如何用較短的拉刀從工件孔推過而製成它特形的內孔，這都是把工件固定不動，必要時也可以將拉刀固定而使工件相繼的經過拉刀，圖 13-108 所示爲在一個無鏈條上裝置不少工件的夾具，將工件夾定在夾具上，隨無端鏈條向拉刀行進，如此可連續的拉出多件工件來，這叫做連續拉切法。但拉切不能爲工件的內孔，只能爲工件的表面或工件的較大缺口特形。

　　如圖 13-109 所示爲拉製圓孔拉刀的例示，最後內孔的尺寸公差爲 0.9985/0.9965，原有已製孔的直徑爲 15/16 吋，故而拉刀粗拉齒最初直徑爲 0.930 吋可以順利通過已製孔，在第 37 齒時它的直徑已到了 0.9955 吋，平均每齒可增加直徑 0.00187 吋，就是說這段拉齒中相鄰的高差爲 0.000935 吋，在中間拉齒部分前四齒平均使直徑增

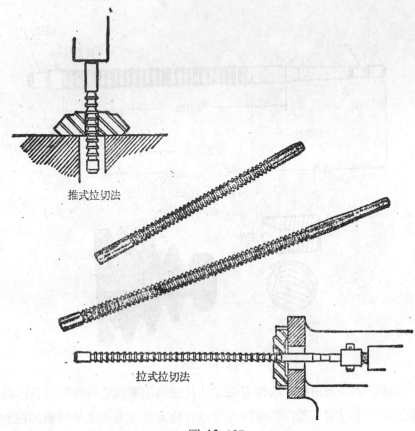

推式拉切法

拉式拉切法

圖 13-107

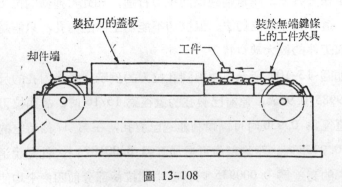

裝拉刀的蓋板

卸件端

工件

裝於無端鍵條
上的工件夾具

圖 13-108

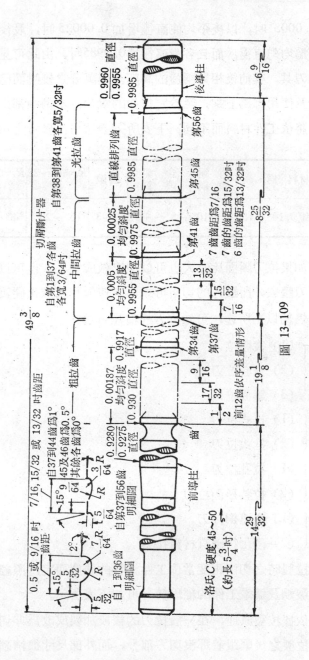

圖 13-109

加 0.0005 吋，以後平均使直徑增加 0.00025 吋，最後在光拉齒部分拉刀爲均勻直徑，而且各齒直徑爲0.9985吋，由此可見拉刀是如何精確的刀具，其前後相鄰兩齒的高度差僅萬分之幾吋而已，故而造價、保管及使用都爲上乘，至於它每齒的銳角，本例中都是正的15度，事實它將依工件材料而不同，下表所列數據可作參考之用。

工件材料	鋁，鎂	靑銅黃銅	含鉛黃銅	鑄鐵	$R_c=12\sim22$ 鋼	$R_c=23\sim35$ 鋼	不銹鋼
拉齒銳角	10°～15°	0°～10°	-5°～+5°	6°～8°	15°～20°	8°～12°	12°～18°

　　如果拉刀斷面比較大也可以把它做成空心，也可以把拉刀的切齒鑲到刀體去，所鑲入的切齒可以爲高速鋼片或碳化硬質材料。

　　總結以上所述，可知拉刀的種類可爲

　　　　(1) 實體拉刀
　　　　(2) 空心拉刀
　　　　(3) 鑲齒拉刀

　　　　(1) 拉式拉刀
　　　　(2) 推式拉刀

　　　　(1) 拉孔拉刀
　　　　(2) 拉特形面拉刀

　　　　(1) 高速鋼拉刀
　　　　(2) 碳化物硬質材料拉刀

　　拉製時之切削速度當依工件材料的硬度而定，照經常以高速鋼拉刀拉製鋼及鑄鐵工件的經驗統計可如下表所示。

　　依據拉製原理，在一般拉刀的後段加製或改爲非切刃的斷面，可以在拉製之後緊跟着那沒切刃部分，而外部尺寸很精確的各環工具，

工件材料爲碳鋼及低合金鋼

勃式硬度	85～125	125～175	175～225	225～275	275～325	325～375
切削速度 呎／分	30	25	20	20	15	10

工件材料爲灰鑄鐵

勃式硬度	110～140	150～190	190～220	220～260	250～320	
V_{60} 呎/分	30	30	25	20	15	

工件材料爲不銹鋼

勃式硬度	135～185	140～225	225～275	275～325	325～375	375～425
V_{60} 呎/分	25	25	20	15	8	5

則可作出更光亮和更硬緻的孔面，因此可使工件使用壽命更可增加，
如圖 13-110 所示，該圖下方的圖顯示每一個沒切刃而作壓光的工具
情形。

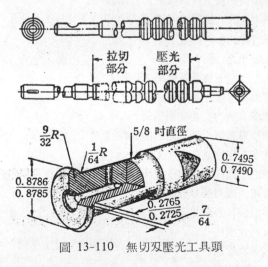

拉切部分　壓光部分

$\frac{9}{32}R$　$\frac{1}{64}R$　5/8 吋直徑
0.8786／0.8785　0.7495／0.7490
0.2765／0.2725　$\frac{7}{64}$

圖 13-110　無切双壓光工具頭

複 習 題

1. 常見的鑽床可分那幾種?
2. 何謂多軸鑽床,其優點何在?
3. 試繪一簡圖以說明鑽頭之各部名稱。
4. 市面上或工廠裏常見的小型麻花鑽頭組盒一盒子共有多少隻鑽頭? 最小的尺寸和最大尺寸各為何?
5. 中心鑽頭的主要用途為何?
6. 常見的特殊鑽頭有那些?
7. 鑽頭之鑽削速度受到那些因素之影響?
8. 鑽削低碳鋼、中碳鋼和高碳鋼時,如使用高速鋼鑽頭,其鑽削速度各為何?
9. 如何依照鑽頭直徑之大小而選用適當的鑽床主軸轉速。
10. 切削劑 (或切削液) 的主要用途有那些?
11. 常用的切削劑有那幾種?
12. 研磨鑽頭時應注意那些要點?
13. 手工研磨鑽頭之步驟為何?
14. 鑽頭之角度與工作物之關係為何?
15. 鑽頭折斷的主要發生原因為何?
16. 鑽頭唇外緣斷裂的發生原因及防止方法為何?
17. 如何防止鑽成之孔大於鑽頭直徑。
18. 如何使用平行桿。
19. C 型夾的主要用途為何?
20. 如何在鑽床工作臺上夾緊圓條形工作物?
21. 階級枕及螺旋支重器之重要用途為何?
22. 鑽模板及鑽模導套的主要功用為何?
23. 鑽模板及鑽模導套與大量生產的關係如何?
24. 鑽孔之前宜在工作物上做那些工作?
25. 鑽孔前所鑽之小孔被發現與分規所劃之圓弧線不同心時應如何修正?
26. 在鑽床上常用的機力鉸刀有那幾種?
27. 如何選用機力鉸孔的鑽頭直徑。
28. 怎樣鑽錐坑孔及鑽柱孔。
29. 如何在鑽床上攻螺紋。

30. 如何在鑽床上做研磨工作。
31. 如何製作高精度的孔? 常用那些方式?
32. 鉸刀有那些形式? 各有何特性?
33. 搪床有何用途? 有那些形式。
34. 試述搪孔刀具的形式及其特性。
35. 為什麼鉸刀在使用時都使它有相當的浮動?
36. 鉸刀可分那幾種?
37. 絲攻可分那幾類?
38. 拉刀是作什麼用途?
39. 拉刀可分那幾種?

第十四章　鋸切工作

　　許多加工材料的準備，通常都採用鋸切工作，裁成適當長度或大小的材料，以配合各種機械加工之實施，最簡單之鋸切工作有時不便於在機器上操作，使用手弓鋸以人工爲之。手弓鋸之長度有多種，一般在 200～300mm 之間，鋸條齒數有每吋 (25.4mm) 14, 18, 24, 32 齒等，由經過淬火，回火等熱處理之工具鋼製成，如圖 14-1 所示。

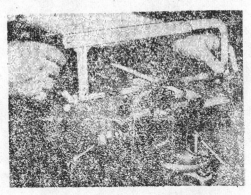

圖 14-1 手 工 鋸 切

　　金屬之鋸割隨着工業技術之改進，改換手弓鋸鋸切，演進爲使用動力操作的鋼鋸機 (Power hacksaw) 和帶鋸機 (Band saw) 等鋸切工作母機來鋸削。動力傳達的方式有往復、旋轉或直線運動等三種。因此凡使用動力驅動的鋸切裝置和機器設備者均可稱爲鋸床 (Sawing machine)。

14-1 鋸床型式

14-1-1 往復式鋼鋸機 (Reciprocating saw)

往復式鋼鋸機的鋸架和鋸條與手弓鋸相似，鋸架以連桿連結於廻轉輪面，由偏心作用使鋸架作往復運動，圖 14-2A 爲乾式鋸割之往

圖 14-2A 乾鋸切之鋼鋸機

圖 14-2B 濕鋸切之鋼鋸機

復鋼鋸機，圖 14-2B 爲濕式鋸割之往復鋼鋸機，兩者主要不同是濕式鋸割增加一冷卻循環系統。

近代所使用的往復式鋼鋸機已由如圖 14-2 所示之輕型鋼鋸機改良爲大量生產之重型鋼鋸機。由曲柄連桿式逐漸地進步到液壓式傳動。茲分別說明其構造如下：

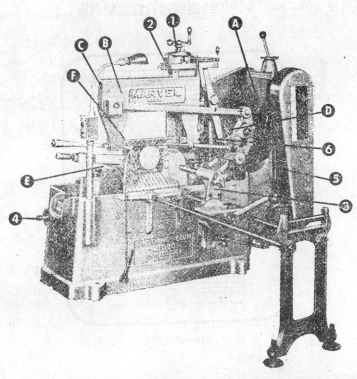

①進刀機構（手動，自動均可）　Ⓐ變速箱剖面圖
②直立 V 形槽導塊　Ⓑ鋸架
③長度限規　Ⓒ鋸架剖面圖
④配衡彈簧旋鈕　Ⓓ曲柄軸承之剖面圖
⑤電器設備　Ⓔ快速夾緊虎鉗
⑥冷卻邦浦　Ⓕ鋸條握持件

圖 14-3　高速重型鋼鋸機之構造圖

1. 重型曲柄式鋼鋸機 (Heavy-duty power hacksaw)

如圖 14-3 所示，其各部份構造及名稱，能够適合各種不同的直線切割，以手動或自動來做切割進給，同時因曲柄帶動附有快速回歸行程 (Quick return stroke) 的裝置，其切割行程需要 212° 之圓周運動，而回歸行程只須 148°，加速切削效果。如圖 14-4 所示，爲美國馬爾博 (Marvel) 鋸床的快速回歸行程之說明圖。

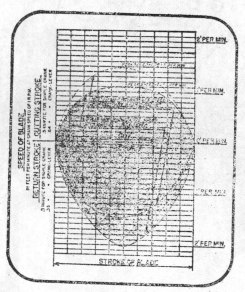

圖 14-4　馬爾博 (Marvel) 鋸床快速回歸行程之說明表

2. 液壓式往復鋼鋸機 (Hydraulic power hacksaw)

由液壓控制，則有較佳的控制進給壓力，甚至可以自動循環操作，如圖 14-5 所示，而圖 14-6 爲一可以旋轉 45° 用來斜切工作件。

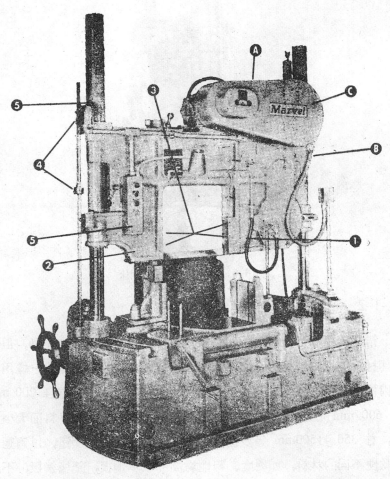

①鋸片支架	④自動制止器	Ⓑ冷卻管
②護罩	⑤安全開關	Ⓒ護罩
③冷卻噴孔	Ⓐ馬達	

圖 14-5　液壓式往復鋼鋸

圖 14-6　可旋轉 45° 之鋸床

14-1-2. 帶鋸機

　　帶鋸機是利用環形帶狀之鋸片，由傳動輪帶動成旋轉運動，但在割切材料位置時則成爲直線切割，其主要用途和往復鋼鋸機一樣用於準備材料。帶鋸機之規格，可視切材料厚度而定，一般有自 200 mm 至 600 mm 的各種規格，又可依據柱至鋸條可容納的材料面大小而分，有 350～1500mm 等多種，金屬用帶鋸機一般可變速，以適應鋸切軟硬不同的材料，如硬度、靱性均高的戰車鋼板，鍋爐鋼板，不銹鋼板，合金鋼以及經硬化的工具鋼，和硬度靱性較低的軟鋼和非鐵金屬等。以期達到低成本而有效的切削工作。

　　一般而言帶鋸機用途較廣，與往復式鋼鋸機比較，其優點如下：

　　1. 帶鋸機可以切削任何物件，自石棉至鋅，不論物質之 厚 或
　　　 薄、硬、靱、黏、軟或磨料，甚至鋼、鐵、油布、石頭、橡

皮及塑膠等，只要選用適當鋸條，鋸齒空間足夠均可切割。

2. 帶鋸機為密閉鋸齒沒有終端，作同一方向連續均勻切削，不浪費切削行程。

3. 可以直接在劃線上切削，只要引導工作物進入鋸帶內隨劃線切削，同時能在一次操作中沿三方向或複製零件鋸割。

4. 利用適當的環帶形工具；可鋸、可銼、可研磨、打光工作物。

5. 鋸口極薄，如圖 14-7 所示較節省材料，鋸條成環狀可以焊接，充分使用每個鋸齒，鋸條壽命提高並減少其費用。

圖 14-7　帶鋸在鋸切金屬中鋸槽最薄

6. 鋸削時視界良好，操作者容易觀察，減少錯誤發生。另外帶鋸機與其他切削工具亦有不同，它有下列六大特點如圖 14-8。

　(1) 鋸切時不受幾何形狀的限制

　(2) 使用較低馬力

　(3) 工件夾持簡單

　(4) 可以連續鋸削

　(5) 鋸齒保持銳利

　(6) 減少材料損失

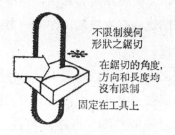

不限制幾何
形狀之鋸切

在鋸切的角度,
方向和長度均
沒有限制

固定在工具上

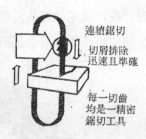

連續鋸切

切屑排除
迅速且準確

每一切齒
均是一精密
鋸切工具

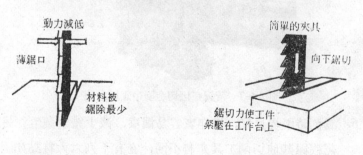

動力減低

薄鋸口

材料被
鋸除最少

簡單的夾具

向下鋸切

鋸切力使工件
緊壓在工作台上

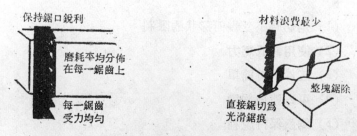

保持鋸口銳利

磨耗率均分佈
在每一鋸齒上

每一鋸齒
受力均勻

材料浪費最少

整塊鋸除

直接鋸切為
光滑鋸痕

圖 14-8 帶鋸鋸切優點的列示、

帶鋸機的種類及其構造如下:

1. 水平式帶鋸機 (Horizontal band saw)

　　水平式帶鋸機通常均由液壓帶動控制進給，非常平穩，配合可調整的夾持具，能於切斷時自動停止機器及昇高鋸條至鋸割開始位置。同時又分為乾式 (Dry-cutting) 和濕式 (Wet-cutting) 兩種鋸割，若以切削劑加注鋸切處不但可以提高切割速度亦能加速進給。水平式帶鋸機的構造如圖 14-9 所示。

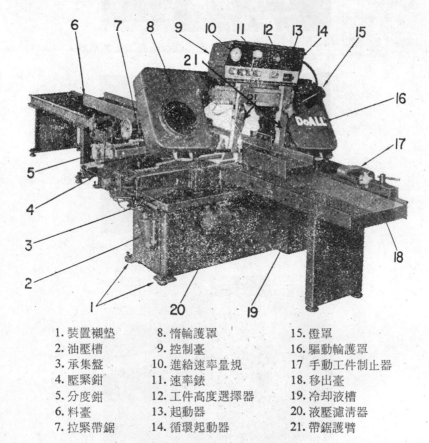

1. 裝置襯墊	8. 惰輪護罩	15. 燈罩
2. 油壓槽	9. 控制臺	16. 驅動輪護罩
3. 承集盤	10. 進給速率量規	17 手動工件制止器
4. 壓緊鉗	11. 速率錶	18. 移出臺
5. 分度鉗	12. 工件高度選擇器	19. 冷却液槽
6. 料臺	13. 起動器	20. 液壓濾清器
7. 拉緊帶鋸	14. 循環起動器	21. 帶鋸護臂

圖 14-9　水平式帶鋸機之構造

圖 14-10　鋸切圓盤鋼料之鋼鋸機，正在加工的情形

圖 14-11　鋸切大型金屬工件之臥式帶鋸機正在使用中

圖 14-12　鋸切斜角工件之臥式帶鋸機

鋸割實例如圖 14-10, 14-11, 14-12。

2. 立式帶鋸機 (Vertical band saw)

立式帶鋸機其鋸條可調整到適當緊度。適當緊度由兩個導輪 (Carrier wheel) 引導鋸條做直線運動方向之切削，下輪 (The lower wheel) 為驅動帶鋸，上輪 (The upper wheel) 成為對準鋸條，經鋸

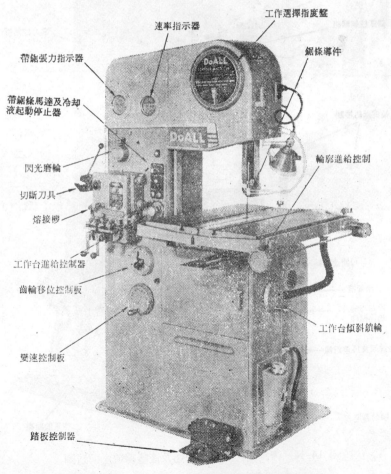

速率指示器

工作選擇指度盤

帶鋸張力指示器

鋸條導件

帶鋸條馬達及冷却液起動停止器

閃光磨輪

輪廓進給控制

切斷刀具

熔接椿

工作台進給控制器

齒輪移位控制板

工作台傾斜鎖輪

變速控制板

踏板控制器

圖 14-13　顯示上、下兩傳動輪之帶鋸機構造圖

道 (Saw guide) 通過床臺 T 槽回到下輪，完成自動循環操作如圖14-13, 14-14 所示。

立式帶鋸機目前常作為割切模型之輪廓， 當做輪廓機 (Contour machine) 使用。 為了鋸片能穿入孔內鋸切， 以及使用時鋸片斷開後

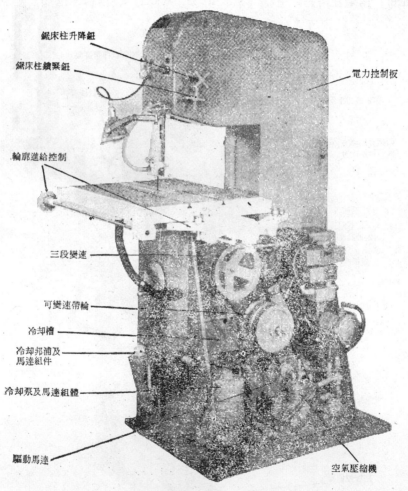

鋸床柱升降鈕

鋸床柱鎖緊鈕

電力控制板

輪廓進給控制

三段變速

可變速帶輪

冷却槽

冷却邦浦及馬達組件

冷却泵及馬達組體

驅動馬達

空氣壓縮機

圖 14-14　帶鋸機之傳動、變速及液壓系統之構造圖

接合更方便，帶鋸機均附有熔接及磨輪設備。如圖 14-15 所示，可將鋸條更換小段銼刀 (如圖 14-16)，作曲面之銼削之連續銼光加工。

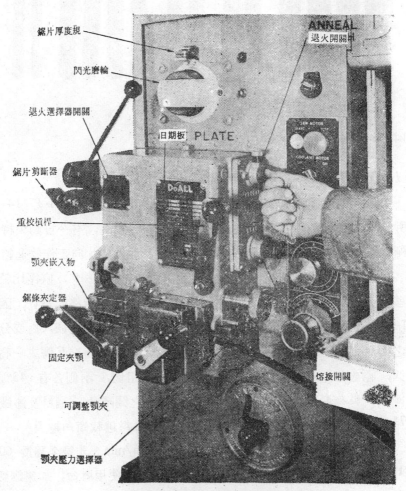

鋸片厚度規
閃光磨輪
退火選擇器開關
鋸片剪斷器
重按槓桿
頸夾嵌入物
鋸條夾定器
固定夾頸
可調整頸夾
頸夾壓力選擇器

ANNEAL
退火開關
日期板 PLATE
DoALL
熔接開關

圖 14-15 帶有熔接及研磨設備之鋸床

圖 14-16　在帶鋸機上使用之各種銼刀

14-1-3　圓　鋸　床

1. 圓鋸機 (Circular saw machine)

　　圓鋸機之鋸片大，旋轉速低，鋸切如銑刀作用，如圖 14-17, 14-18
所示，桿料由液壓虎鉗，在水平及垂直方向夾固之，有一自動夾持式
桿料推送器，可將材料推送到指定的長度，而由鋸片向工作物進給。

　　圓鋸機之鋸片與銑床之開槽銑刀相似，如圖 14-19，直徑比較大
些，但一般不超過 400mm，鋸齒損壞無法更換，價格較昂貴，因而
限制其使用範圍。目前均採用大直徑鋸片，以可更換式嵌入齒或分段
之刀片組成之。圓鋸機齒形如圖 14-20 所示，各齒交互磨成一高一
低，兩者相差約 0.25～0.50mm，高齒為粗切，兩側各有 45° 之
側角，低齒磨成正方，為完成加工。鋸片之間隙角，鋼料及鑄鐵為
7°，非鐵金屬為11°，後傾角為 10～20°，材料越軟傾角越大。

　　圓鋸機的切割速度，鐵金屬為 8～25 m/min，非鐵金屬為 60～
1250 m/min，鋸切時加注潤滑劑，可提高工具使用壽命，加速鋸切進
給。

2. 摩擦鋸機 (Friction sawing)

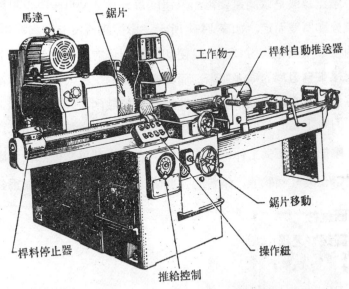

馬達　　鋸片　　工作物　　桿料自動推送器

鋸片移動

桿料停止器

操作鈕

推給控制

圖 14-17　圓　　鋸　　機

圖 14-18　自動圓鋸機

　　摩擦鋸機是以高速旋轉，線速度每分鐘 3,000～15,000 呎視材料的成分和厚度而定，如表 14-1 所示，摩擦鋸機沒有鋸齒，約有23mm深的 V 形刻痕在其刃口上，以便切割時兩側有適當的餘隙。其鋸切作用，係來自刀片的周邊速率，而非來自齒的尖銳，由於速率高，帶來摩擦熱，使金屬變軟，讓刀片進入金屬組織內，好像熱刀進入牛油一樣。刃口上留有刻痕之目的，是把軟化的金屬微粒剔排出來。

　　摩擦割切不受工件硬度的限制，它主要利用摩擦熱使切斷部位處於半熔化的紅熱狀態，鋼料的強度降低而被鋸片拉去，成為鋸切口，

金屬切割之圓鋸

圖 14-19　分段槽孔圓鋸

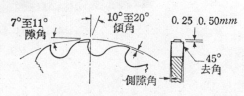

圖 14-20　圓鋸齒之齒形

此溫度未達鋼料之熔點，鋸切口不會有熔化的痕跡，此種鋸切法是針對鋼料的鋸削，非鐵金屬容易黏貼鋸片，不太適用。

表 14-1　磨擦鋸切之工作選擇表

SAE 之鋼類	鋸　條　速　度			鋸　條　節　距		
	厚度 $\frac{1}{16}"-\frac{1}{8}"$	厚　度 $\frac{1}{8}"-\frac{1}{4}"$	厚　度 $\frac{1}{4}"-\frac{1}{2}"$	厚　度 $\frac{1}{16}"-\frac{1}{8}"$	厚　度 $\frac{1}{8}"-\frac{1}{4}"$	厚　度 $\frac{1}{4}"-\frac{1}{2}"$
碳鋼 #1010-#1095	3,000	5,000	12,000	18	14	10
錳鋼 #T1330-#1350	3,000	5,000	12,000	18	14	10
易切鋼 #X1112-#X1340	3,000	5,000	12,000	18	14	10
鎳鋼 #2015-#2515	3,000	6,000	13,000	18	14	10
鎳鉻鋼 #3115-#3415	3,000	6,000	13,000	18	14	10
鉬鋼 #4023-#4820	3,000	6,000	13,000	18	14	10
鉻鋼 #5120-#5150	3,000	6,000	12,000	18	14	10
鉻鋼 #51210-#52100	5,000	10,000	14,000	18	14	10
鉻釩鋼 #6115-#6195	5,000	12,000	15,000	18	14	10
鎢鋼 #7260-#71360	5,000	12,000	15,000	18	14	10
N. E. steels #8024-#8949	5,000	12,000	15,000	18	14	10
矽錳鋼 #9255-#9260	5,000	12,000	15,000	18	14	10
其他鋼類						
裝甲板	3,000	9,000	13,000	18	14	10
不銹鋼	3,000	9,000	14,000	18	14	10
鋰	4,000	12,000	15,000	18	14	10
鑄鋼	3,000	9,000	12,000	18	14	10
鑄鐵						
灰鑄鐵	3,000	5,000	7,000	18	14	10
展性鑄鐵	3,000	5,000	7,000	18	14	10
米漢納鑄鐵	3,000	5,000	7,000	18	14	10

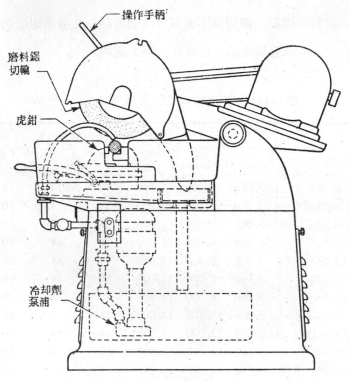

操作手柄

磨料鋸
切輪

虎鉗

冷却劑
泵浦

圖 14-21　磨料圓盤鋸切機

圖 14-22　乾式磨料切割機

3. 磨料圓盤(Abrasive disk)

磨料圓盤如圖 14-21，14-22 所示，有濕切及乾切兩種方式，濕切是使用橡膠黏合的磨輪，其切割速度一般約為 2500m/min 由於磨粒的作用而割切，可得精確的鋸切面。乾切是用樹脂結合的磨料盤，以約 5000m/min 之高速進行切割，最大直徑可以割切 50mm 之實料桿或 80mm 之管料。

14-2　鋸切刀具

14-2-1　帶鋸條（又稱鋸片）之各部份名稱

(1) 齒 (Teeth)：帶鋸之鋸齒是指前緣 (Front edge) 或切邊 (Cutting edge)，其齒的作用為鋸削。

(2) 齒面 (Tooth face)：齒面為鋸齒將工作物鋸削時與切屑接觸之處，如圖 14-23 所示。

(3) 齒溝 (Tooth gullet)：在齒之底部，於齒面及次一齒之背部曲面以內之喉部，其目的在於切削中除去切屑。

(4) 齒背 (Tooth back)：齒面相對的表面，如圖 14-24 所示。

(5)鋸齒背隙角 (Tooth-back clearance angle)：為帶鋸切邊與齒背之間的角度。如圖 14-23 所示。

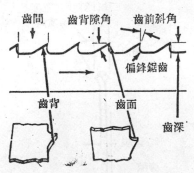

圖 14-23　鋸片之各部份名稱

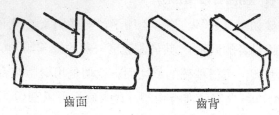

齒面　　　　　　　齒背

圖 14-24　齒面和齒背

　　(6) 鋸齒斜度角(Tooth rake angle)：從垂直帶鋸之後邊緣至齒面間之角度，如圖 14-23 所示。

　　(7) 齒距 (Tooth spacing)：相鄰兩對應鋸齒間之距離。

　　(8) 旁隙角 (Side clearance angle)：每一鋸齒彎曲之度數，其角度大小視鋸齒之節距及所欲鋸口之大小而定。如圖 14-25 所示，旁隙角又稱側隙角。

　　(9)旁間隙 (Side clearance)：帶鋸之刃口斜度與齒面間之尺寸差異謂之旁間隙，又稱側間隙，其功用爲供給帶鋸兩邊切削時之空隙，正常之旁間隙可以減少摩擦熱之傳導及防止直線鋸切時之偏斜。如圖 14-25。

　　(10)刃口斜度 (Set)：齒彎曲之量，當切削時留下齒背之側隙。如圖 14-25 所示。

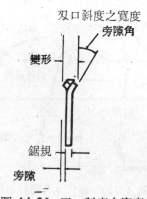

刃口斜度之寬度

旁隙角

變形

鋸規

旁隙

圖 14-25　刃口斜度之寬度

(11) 鋸路（Set pattern）:　鋸齒刀口斜度的形式，有斜式鋸路（Raker-set）、直式鋸路（Straight-set）、波浪式鋸路（Wave-set）三種，如圖 14-26 所示，斜式鋸路爲在一無斜度之齒後，接續爲兩相對偏斜之鋸齒。波浪形係成羣偏斜，一羣齒向右變偏斜，而另一羣齒向左偏斜。直式鋸路係整個鋸齒均成對稱偏斜，一齒向右，接續一齒向左。

(12) 鋸口（Kerf）: 鋸削所開之口。如圖 14-27 所示。

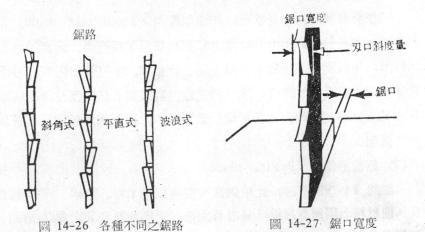

圖 14-26　各種不同之鋸路　　　圖 14-27　鋸口寬度

(13) 鋸規（Gage）: 鋸規爲鋸背之厚度，如圖 14-25 所示。

(14) 節距（pitch）: 鋸條每吋（25.4mm）長度之鋸齒數謂之節

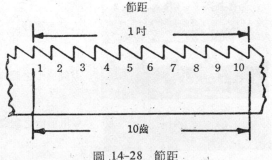

圖 14-28　節距

距，通常工作物越厚，使用節距越大之鋸條卽鋸條每吋齒數越少。如圖 14-28 所示。

14-2-2 帶鋸條之種類

機械加工用的帶鋸， 製有九種不同的帶鋸片， 其構造和功用如下：

（1）精密鋸條（Precision saw blade）

精密鋸條其鋸齒極爲堅硬，鋸齒斜度角（Tooth rake angle）等於零度，不易銼削，然而其鋸條之背部則較爲柔順圓滑。鋸條的轉速比較慢，用於鋸削鐵金屬及非鐵金屬、合金鋼、木材及塑膠等，可得非常精細的鋸面。如圖 14-29A 精密鋸條製成斜式鋸路及波浪鋸路兩種型式，前者用途較廣，用於鋸切鐵及鉶料，惟不適用於薄片、管或角之鋸削。

（2）鋸齒形鋸條（Buttress blade）

如圖 14-29B 所示，此種鋸條可快速鋸削木材、塑膠、非鐵金屬及其他材料。因鋸齒形鋸條具有特別形狀之鉤齒及寬潤之齒間空隙，能够導使切屑迅速除去，並降低鋸片高速轉動所產生之熱量。鋸齒係永久加硬者，惟鋸條背面較爲靭滑（Smooth）可翹曲，以提高鋸條壽

A精密鋸條

B鋸齒形之鋸條

C爪形齒之鋸條

圖 14-29 帶鋸機所使用之不同鋸條之外形

命。

(3) 爪形齒鋸條 (Claw-tooth blade)

如圖 14-29C 所示，與鋸齒形鋸條相似，因具有 10°之鋸齒正斜度角 (Positive rake angle)，而使產生切屑片較其他鋸齒方便，用於快速鋸削輕金屬及其合金，木料等。

(4) 摩擦鋸條 (Friction-sawing blade)

如圖 14-30 所示，摩擦鋸片可以抵抗翹曲，耐高溫磨蝕，鋸削速度在 3,000～15,000ft/min 之高速切削，因鋸齒之高速接觸工作物，使工作物集中摩擦熱而軟化，連接下來的鋸齒得以鋸除軟化部份，如此可以很快有效地重覆鋸切工作物。由於鋸條上之鋸齒因接觸工作物時間甚為短暫不致於因摩擦熱軟化，適用於甚難鋸切的硬化鋼料，其摩擦鋸床構造與一般帶鋸機類似，惟因承受高速震動，需要堅固底座，以及防護火花之設備，而操作人員務必要有安全裝備必携帶石綿手套和安全眼鏡。所鋸切之工件表面極為光整。

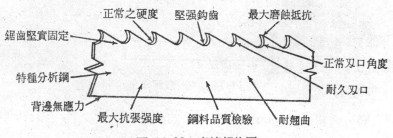

圖 14-30　摩擦鋸片圖

(5) 扇形齒鋸條(Scallop-edge blade)

以鋸削薄軟金屬作快速切縫之用，鋸齒呈扇形雙斜齒之切邊，如圖 14-31 所示，此種鋸條並不產生除去切屑的鋸口，而僅將所切割金屬分離，因此沒有切屑或塵埃，表面由於刮削作用極其光滑。

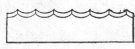

圖 14-31　扇形齒鋸條

. (6) 刀口鋸條 (Knife-edge blade)

　　刀口鋸條具有一筆直之切邊，並有單邊斜角及雙邊斜角兩種，用來鋸削軟及纖維質等材料如圖 14-32。

　(7) 彈性鋸條 (Spring-tempered blade)

　　如圖 14-33，常用於翻砂工場，以修整輕金屬鑄件如鋁、鎂及其合金之鑄件。

　(8) 金剛石齒鋸條 (Diamand-tooth blades)

　　於每鋸齒上鑲嵌入鎢合金等材料，對於硬而脆之材料，可以用此鋸條沿劃線處鋸切，準確度很高，如圖 14-34 所示。

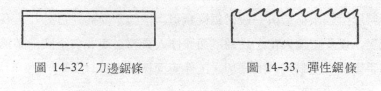

圖 14-32　刀邊鋸條　　　　　圖 14-33　彈性鋸條

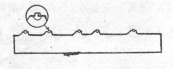

圖 14-34　稜形齒鋸條

　(9) 蝸旋齒鋸條 (Spiral-tooth saw blade)

　　蝸旋齒鋸條不同於一般帶鋸條，它可以鋸割任何方向而不必轉動工作物，其鋸齒呈 360° 的切削邊蝸旋於鋸條本體，共有四種直徑尺寸；①0.020″ ②0.040″，③0.050″ ④0.074″；如圖 14-35 所示。用來鋸切木料、塑膠、黃銅、鋁及鋼件等任何材料。由於鋸削時的接觸面積很大，鋸削速度不得超過 2000ft/min 鋸削實際情形如圖 14-36 所示。

直徑 0.020″

直徑 0.040″

直徑 0.050″

直徑 0.074″

圖·14-35　四種不同直徑之蝸旋齒形鋸條

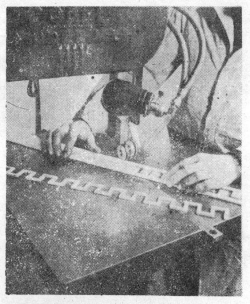

圖 14-36　蝸旋齒形鋸條鋸切任何方向之情形

14-2-3 鋼鋸條之選擇

鋼鋸條通常由碳鋼（Carbon steel）或高速鋼（High-speed steel）等製成，其鋸條有不同之種類規格，一般言之，長、寬、厚之規格如下：長度從12″～32″，厚度從0.050″～0.125″，而寬度從$\frac{5}{8}$″～$2\frac{1}{2}$″不等。選用鋼鋸條必須有適當的齒距（Pitch），如圖 14-37 及表14-2所示。

太細　　　　　　　　太粗　　　　　　　　適當

圖 14-37　鋸條節距的選擇

表 14-2　鋼鋸機鋸齒之選用表

被鋸切材料	切削性	每　吋　齒　數 最　小　材　料　厚　度				
		¼″	½″	¾″	1″	2″以上
容易鋸切	1 (70%以上)	10	6	6	4	4
中等難度鋸切	2 (50%-70%)	10	10	6	6	4
很難切削	3 (40%-50%)	10	10	10	6	6

一般選用鋼鋸條必須注意下列原則：

(1) 在鋸割行程中至少要有兩鋸齒與工作物接觸。

(2) 大斷面的鋸割必須使用粗鋸齒鋸條，留有較大齒間空隙來排除切屑。

（3）鋸割小斷面或薄件宜選用細鋸齒鋸條。

（4）軟而易鋸切金屬宜用粗鋸齒鋸割。

（5）硬而難鋸切的金屬須用細鋸齒鋸條，如此每英寸（25.4mm）之切削刃口數較多以利鋸削。

1. 鋼鋸條的形狀

鋼鋸條鋸齒的形狀有三種，如圖 14-38 所示。

（1）直齒式鋸條（Straight-tooth），前斜角爲零度，最爲普遍；

（2）清角齒式鋸條 （Undercut-tooth） 用於大而粗工件的鋸割如圖 14-39A；

（3）隔齒式鋸條（Skip-tooth） 用於高速鋸割非鐵金屬、塑膠、木料等，有足夠切屑空間，如圖 14-39C 所示。

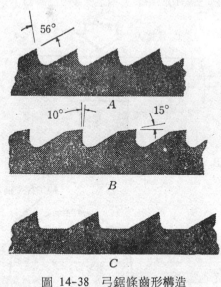

圖 14-38　弓鋸條齒形構造
（A)直齒式　（B)清角齒式　（C)隔齒式

2. 鋼鋸機之鋸削速度和進給

選擇鋸削速度和進給時，必須要考慮下列因素：鋸切壓力，鋸床

的堅固性，有沒有震動，鋸削行程，切屑空間大小，以及使用冷卻劑
等。表 14-3 爲公制鋼鋸機鋸切表，表 14-4 爲英制之鋸削速度與進
給關係，表 14-5 爲使用鋼鋸機必須注意事項和鋸切效果不好之原因
及補救辦法。

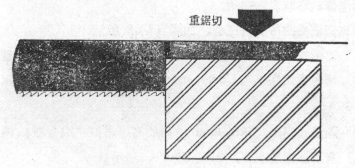

A. 重鋸切使用於大型工件或堅硬材料上

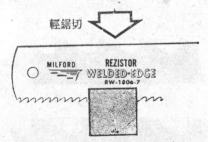

B. 輕鋸切使用於小型工件及軟性材料上

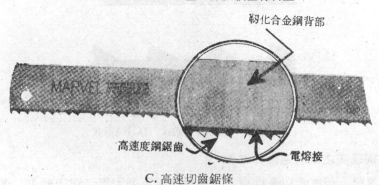

C. 高速切齒鋸條

圖 14-39　各種鋸條使用之情形

表 14-3 公制鋼鋸機鋸切表

材　料	2.54mm 鋸　齒　數	衝程數／每分	壓力（重量Kg）	註
鋁和鋁合金	4～6	150	27	
黃銅（鑄造）	6～10	135～150	27	
青銅（鑄造）	6～10	135	56	
鑄　　鐵	6～10	135	56	
高　炭　鋼	6～10	90	56	冷卻劑
冷　輥　鋼	4～6	135	56	冷卻劑
高速度鋼	6～10	90	56	冷卻劑
中　炭　鋼	4～6	135	67	冷卻劑
鋼　　管	10～14	135	27	冷卻劑

表 14-4 英制鋼鋸機之齒距、切割速率和進給量之參考

材料種類	節　距（每對齒數）		速率	進　給	
	鋸切2″或2″以下之材料	鋸切 2″以上之材料	每分鐘之衝程數	每一行程之進給量（英寸）	承載壓力磅數
鋁合金	6	3	100-150	.003-.012	60
純　　鋁	6	3	100-135	.003-.012	60
黃　銅					
易削銅	6-10	3-6	120-150	.003-.012	60
硬化銅	6-10	6	100-135	.003-.006	60
管料銅	10-14	10-14	120-150	.003-.006	60
青　銅					

商 業 靑 銅	6-10	3-6	90-120	.003-.006	120
錳 靑 銅	6-10	6	60-90	.003-.006	60
銅	6-10	3-6	90-120	.006-.009	120
高密度銅					
合 金	4	3	50-75	.006-.009	300-400
赫史特合金					
鈦					
鑄 鐵	6-10	4-6	90-120	.009-.012	120
展 性 鑄 鐵	6-10	6	90	.006-.009	125
鑄 縮 管	10-14	10-14	90-120	.003-.009	60-100
鎂	6	3-4	120-150	.009-.015	80
鎳 合 金					
英 高 鎳	6-10	3-6	50-80	.003-.009	125
蒙 納 合 金	6-10	3-6	60-90	.003-.009	100-150
鎳	6-10	3-6	60-90	.003-.009	100-150
白 銅	6-10	6	60	.003-.009	150
合 金 鋼	6-10	3-6	60-120	.003-.009	100-150
碳 鋼 刀 具	6-10	6	60-90	003-.009	120
冷 軋 鋼	6	3-6	100-135	.006-.012	125
熱 軋 鋼	6	3-6	100-135	.006-.012	125.
高 速 鋼	6-10	6	60-90	.003-.006	120
機 械 用 鋼	6-10	3-6	100-135	.006-.009	150
管 料 鋼	10-14	6-14	90-135	.006-.009	50-100
不 銹 鋼	6-10	3-6	60-90	.003-.009	100-150
結 構 用 鋼	6-10	6-10	90-135	.003-.006	120
工 具 鋼	6-10	6	60-90	.003-.009	120

表 14-5　鋼鋸機使用注意

故　　障	原　　　　因	補　　　　　　　救
折斷鋸條	沒開動前鋸條接觸工作物。	機器開動後慢慢放下鋸條。
	換新鋸條鋸老路。	新鋸條要自新的地方鋸切，故材料轉另一邊。
	鋸條不夠緊。	寬25mm的鋸條以扭力扳手加約 55kg力，寬38mm鋸條約加90kg力。
	鋸切薄料壓力太大。	減少壓力。
	用磨損的鋸條。	換新鋸條自新路鋸切。
	材料沒夾緊。	確實夾工作物。
鋸切不直	鋸條不夠緊。	
	鋸齒已經磨損。	
	工作物內的特別硬點使鋸條跑出鋸切線。	材料轉邊，換鋸條。
	壓力太大。	減少壓力檢視有無改善。
	鋸架滑槽磨損。	調整鋸架。
鋸條磨損過早	速度太快。	注意表 10-3 衝程數。
	鋸條回程沒提昇。	檢查機器調整。
	壓力太大。	
	鋸齒方向相反。	行程為鋸切，鋸齒向前裝。
	鋸齒和材料不相稱。	注意表 10-3 材料和鋸齒數。
	缺少切削劑。	噴乳化切削劑。
鋸條在銷孔處斷裂	鋸條太緊。	
	鋸條沒裝好。	鋸條面要靠平鋸架。
	鋸架兩頭銷太小或磨損	換正確大小銷。
鋸齒粗剝削聲	大工作物面鋸齒太多。	注意表 10-3 材料和鋸齒。
	薄材料上鋸齒太少。	注意表 10-3 材料和鋸齒。
	鋸角。	經常有兩鋸齒在工作物上。

14-2-4 帶鋸條之選擇

帶鋸條以一圈（如30公尺）配合帶鋸機之剪切焊接設備使用，鋸條寬度自 2mm 至 25mm 有數十種之多，如要求直或正確鋸切之加工時宜使用寬鋸條，曲線圓弧小的鋸切使用狹鋸條，配合鋸切材料之不同，其選用的鋸切速度也不一樣，如表 14-6 爲一般帶鋸條之鋸切表，表 14-7 爲鋸齒形鋸條之鋸切表，表 14-8 爲英制帶鋸機鋸削速度表。

表 14-6 常用帶鋸條之鋸切表

材　　　　　　　　料	材料尺寸 mm			材料尺寸 mm		
	12—25	25—50	50以上	12—25	25—50	50以上
	鋸齒數／25.4mm			鋸切速度m/mim		
炭　　　鋼（SAE1010–1095）	14	10	6	52	45	37
快　削　鋼（SAE1112）	12	8	6	75	60	45
鎳　鉻　鋼（SAE2115–3415）	14	10	6	30	25	18
鉬　　　鋼（SAE4023–4820）	14	10	6	37	30	22
鎢　　　鋼（SAE7260–71360）	14	10	8	25	18	15
矽　錳　鋼（SAE9255）	14	10	8	30	22	15
高　速　度　鋼	14	10	8	30	22	15
不　　銹　　鋼	12	10	8	18	15	12
角　　　　　鋼	14	14	10	57	52	45
薄　　　　　管	14	14	14	75	60	60
鋼	14	12	8	45	22	15
鑄　　　　　鐵	12	10	8	60	55	48
鋁　和　鋁　合　金	8	6	6	75	75	75
	8	8	8	75	75	75
青　　銅　　（鑄）	10	8	8	55	37	15
鎂	8	8	8	75	75	75
塑　　　　　膠	12	8	8	75	75	75
木　　　　　材	8	8	6	75	75	75

表 14-7　鋸齒形鋸條之鋸切表

材　　　料	鋸齒數／25.4mm	鋸切速度 m/mim
鋁 和 鋁 合 金	3～4	750～1050
鋁（鑄）	2～3	1050～1350
鋁（鍛造）	3～4	450～ 750
黃　　　　銅	3～4	300～ 450
銅	3～4	300～ 450
鉛	3～4	750～1050
鎂	2～4	900～1200
鋅	3～4	750～3500

表 14-8　英制帶鋸機之鋸削速率表

第一類：容易加工

AISI 規格	說　　明	平均鋸削速率(ft/min)	
		碳 鋼 鋸條	高速鋼鋸條
1010-1035	低 碳 鋼	150-175	300
1040-1050	中 碳 鋼	100-150	200
1108-1130	易切低碳鋼	150-175	300
1137-1150	易切中碳鋼	100-150	250
第二類：中等困難機械加工			
1065-1095	高 碳 鋼	80-125	150
1320-1345	錳 鋼	70-125	200
2317-2517	鎳 鋼	75-100	175
3115-3315	鎳 鉻 鋼	50-100	200
4017-4068	鉬 鋼	75-135	200

4130–4150	鉻 鉬 鋼	50–100	225
4317–4340	鎳 鉻 鉬 鋼	50–100	200
4608–4820	鎳 鉬 鋼	50–100	200
5045–5160	鉻 鋼	40–100	200
50100–52100	碳 鉻 鋼	50–125	150
6117–6152	鉻 釩 鋼	40–100	175
8615–8750	鉬 鋼	50– 90	175
9255–9262	矽 鋼	50–125	150
9310–9850	鎳 鉻 鉬 鋼	50– 80	175
A-2, O-1, O-2, O-6	工具及模用鋼	70–125	175
H-2, H-4	高溫加工用工具鋼	50–125	150
S-1, S-5	防震用工具鋼	50–125	150

第三類: 困難加工

2515	5 ％鎳鋼	50– 80	100
T-1, T-2	高 速 鋼	50– 80	100
T-4, T-5	高 速 鋼	50– 80	100
T-6, T-8, T-15	高 速 鋼	50– 80	75
M-1, M-2	高 速 鋼	40– 80	100
M-3, M-10	高 速 鋼	35– 75	90
D-2, D-3	模 用 鋼	60– 90	100
D-7	模 用 鋼	50	75
308, 309, 310	不 銹 鋼	50– 90	75
314, 316, 317	不 銹 鋼	50– 90	75
330, 420, 430, 446	不 銹 鋼	50– 90	75
446	不 銹 鋼	50– 90	75
302, 304, 321, 347, 440	不 銹 鋼	50– 90	100
303, 420F, 430F, 440F	易削不銹鋼	60–100	150

14-2-5　冷卻液與潤滑劑（Coolant and lubricant agents）

通常切削鑄件及銅類等材料不得加注冷卻液或潤滑劑，但鋸割工具鋼、軟鋼及普通合金鋼材料時，施予大量的冷卻液或潤滑劑，來沖洗切屑，降低摩擦熱其切削效率可以提高，也可延長鋸條壽命，並

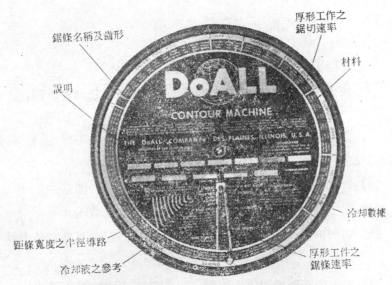

圖 14-40　杜奧爾公司的操作選擇表

圖 14-41　鋸切削冷卻液使用情形

較能得到良好的精光表面及較快的鋸削速度。 如圖 14-40 爲杜奧爾
(DoAll) 公司所用的工作選擇表，此表提供鋸切那種工件材料應使用
何種冷卻劑和那種鋸切速率的有關資料，使人一目了然，甚爲方便。
如圖 14-41 爲鋸切加注冷卻液之情形。

14-3 鋸切工作法

14-3-1 使用鋼鋸機之安全注意事項

（1）安裝工件時，必須停止鋸床運動。

（2）長形工件必須使用支持架，防止掉落或引起鋸片折裂，如圖
14-42 所示。

（3）鋸條要保持銳利狀態，鈍化的鋸條鋸割效果不好 且 容 易 斷
裂，造成意外傷害。

（4）當昇起鋸架時，注意用手扶上不可使其遽然掉落。

（5）鋸削時，避免量測尺寸或用手靠近鋸削區域內。

（6）切勿以手清除毛邊，應該以銼刀銼除，否則毛邊容易刮傷手
指。

（7）工場內隨時携帶安全眼鏡，以防鐵屑或髒物飛入眼睛。

圖 14-42 重形自動液壓式鋸機

14-3-2　使用帶鋸機之安全注意事項

(1) 鋸條導件必須裝於距離鋸割工作物端約 10～12mm 內。

(2) 開始鋸切前，應檢查鋸條的緊度，並調整鋸削速度。

(3) 在水平式帶鋸機上鋸切長形工件，必須使用支持架頂住，防止掉落或損傷鋸片等意外發生。

(4) 檢查鋸條是否在良好狀態中。

(5), (6), (7) 與 14-3-1 節一樣。

14-3-3　鋸床操作練習

一、鋼鋸機之操作

(1) 將鋸床之變速操作桿進入高速（或低速）檔位。

(2) 檢查鋸條緊度，鎖緊調整螺釘，並注意鋸齒朝前。

(3) 固定工件於適當位置，必須牢固，如圖 14-43。

圖 14-43　在鋼鋸機上工件固定的方式

(4) 按下起動開關，自由往復移動 1 ～ 3 分鐘。

（5）以手扶起鋸架，慢慢降下，直至鋸齒卽將與工件接觸的高度為止。

（6）輕輕放下鋸齒已經進入工件一個行程以上時， 認為操作正常，可以放手打開冷卻液開關，進行鋸切。

（7）鋸切工作中手不可接觸鋸床及鋸條並注意鋸切工作進行的情況。

（8）材料切斷後電源開關自行切掉。

（9）關閉切削液。

（10）拉上鋸架，反復進行次一鋸切操作。

二、鋸削速度之控制

鋼鋸機的速度，以每分鐘往復的行程數來控制，通常有四種速度可供變換，35, 70, 100, 140；視鋸削是乾式或濕式切削，並配合切削工件材質不同其每分鐘的往復行程數亦不一樣。可參考表 14-4 以選擇正確的鋸削速度。

帶鋸機的速度控制，可以參照製造廠商的工作選擇表（Job selector），如圖 14-40 針對鋸削速度、工件材料、進給之大小、冷卻劑等不同，而變換所需的適當的速度。可進一步地參考表14-6, 14-7, 14-8。

三、鋼鋸條之安裝

（1）選擇適當鋼鋸條。

（2）拆下定位夾具之固定螺帽。

（3）配合鋸條長度，調整定位夾具的位置。

（4）將鋸條套入鋸架之兩頭夾定框架內， 注意鋸齒朝前安裝固定。

（5）鎖緊夾定具螺帽。

（6）鎖緊拉力調整螺絲將鋸條拉緊，拉力不足時，鋸條易彎曲變形而折斷。

四、帶鋸條之焊接

帶鋸條是成捲，長度 30～150公尺，當需要時，可將所需長度在帶鋸機之剪切附件上切斷如圖 14-44，而帶鋸正常長度之決定，係以兩

圖 14-44　使用剪切裝置切取鋸條之適當長度

輪間中心距離之兩倍加一輪周長度再減約 25mm 之伸張量，經帶鋸床之磨削接頭的砂輪研磨其切斷鋸帶之兩端，對頭焊接及回火，卽完成焊接鋸條工作，焊接鋸條的程序如下：

（1）選擇適當鋸條，剪成所需之長度。

（2）鋸條兩端，對齊鋸齒和背磨平磨光鋸條端部與背要垂直，如圖 14-45 所示。

磨平

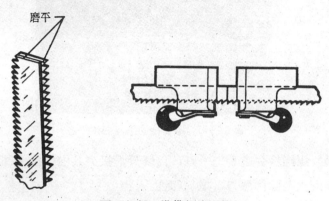

圖 14-45　準備鋸條焊接

（3）將鋸條兩端夾於焊接附件上， 保持接頭端部平直， 如圖 14-46 所示。

圖 14-46 使用針頭熔接器上之夾鉗對準鋸條兩端

（4）接下焊接開關，對頭焊接。

（5）鬆開鋸條夾具（Saw clamps），卸下鋸條，檢查接頭部份是否平直如圖 14-47 如不符合時必須剪除重新焊接。

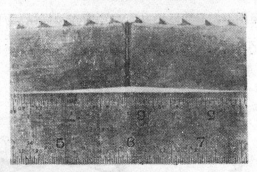

圖 14-47 熔接後的鋸條必須平直

（6）鋸條接合處若是平直，再裝於焊接夾具內，接下回火開關，使鋸條回火消除內應力，增加靱性。

（7）取下鋸條，在砂輪上磨除高出部分，保持鋸條同樣厚度，注意不能過熱否則會軟化。如圖 14-48。

圖 14-48　熔接後鋸條須磨平

（8）利用鋸條厚度規（Saw blade thickness gage）裝置，如圖 14-49 所示，檢查磨削過之鋸條厚度，完成焊接手續。

圖 14-49　鋸條熔接研磨後之厚度在鋸床附件上
（鋸條厚度規）檢驗其厚度尺寸

五、帶鋸條之安裝

（1）打開安全覆蓋將鋸條鋸齒朝前裝於兩輪上。

（2）旋扭把手調整鋸條張力。

（3）用手旋轉上輪，檢視鋸條軌跡是否經常在輪中央，否則可以藉鋸條軌跡調整螺絲校正。

（4）若鋸條行走軌跡在輪中央上，調整上下導片和導輪，導片間寬度為鋸條及兩薄紙厚，而導輪應儘量接近鋸條背面。

（5）旋轉上輪，視其行程有無阻擋，上下導片和導輪是否正常地導引鋸條旋轉。

（6）增加鋸條張力直至所需緊度為止。

六、鋸床下料

鋸床下料其動力利用機械代替人力以鋸斷材料之操作，必須注意下列事項：

(1) 於材料上劃出鋸割線。

(2) 調整鋸切衝程。

(3) 調整鋸切速度。

(4) 調整控制下鋸進給壓力。

(5) 開動鋸床，鋸架以手扶住漸漸降下試鋸，並用冷卻液冷卻鋸條，沖洗鋸屑。

(6) 使用自動機構完成鋸切。

(7) 停止機器取料。

七、鋸床之維護與保養

鋸床在啟動前，必須將所有護罩裝上，檢查傳動部份的潤滑油是否充足，定期更換。旋緊固定螺絲，並保持機臺的清潔，啟動機器到達全速度運轉，觀察其傳動平靜正常，否則於正常操作時必須修護完整，俾讓鋸床能發揮最大效用且提高壽命。記得每位操作人員必須事先了解鋸床構造，熟悉操作要領，保養方法，尤其使用後立即清潔切屑，擦除冷卻劑，以防機器表面受損，影響鋸床功用。定期保養是維護鋸削情況最好的法則，記取「保養重於修護，修護重於購置」的養護原則。

14-3-4 鋸切工作要領

一、鋼鋸機鋸割圓桿

1. 選擇適當鋸條，變換鋸削衝程數。

2. 固定材料於鋸削位置。

3. 校正鋸條與圓桿中心線要互相垂直。

4. 以鋼尺量測鋸削材料尺寸並劃線作記號，亦可以使用材料切斷規（Cut-off Gage）如圖 14-50 所示，固定每次切斷的尺寸。

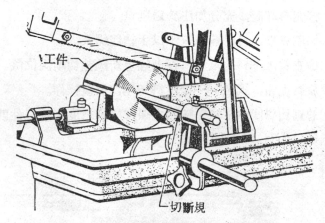

圖 14-50　用切斷規固定每尺切斷的尺寸

5. 若材料太長，須使用支持架頂住如圖 14-51 保持鋸切時之平衡。

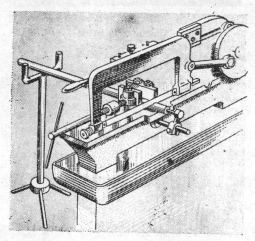

圖 14-51　使用支座切削長形工件

6. 當材料確實調整於適當位置上，旋緊移動夾顎並夾緊工件。

7. 起動開關，以手扶住鋸架慢慢使鋸條接觸工作，直至鋸床能正常鋸削爲止才放手。

8. 打開冷却液，充分加注於鋸削口。

9. 切割完畢，自動關掉電源以手扶起鋸架。

10. 檢查鋸床下料的尺寸，否則宜重新調整切斷規位置。

11. 放鬆虎鉗，調定另一次材料切削，反復操作。

12. 若鋸切斜度件，只須轉置虎鉗成所需斜度夾持工件卽可如上述要領鋸切，如圖 14-52 所示。

圖 14-52　鋸切 45° 的斜度件時，虎鉗之位置

二、水平式帶鋸機鋸割

水平式帶鋸機可以鋸切方塊等平直之材料，並且能做 0° 至45°間的任何角度鋸切，其工作程序如下：

(1) 檢查虎鉗位置，必須使其與鋸條成垂直。若鋸口成某一角度時，則固定於該角度。

(2) 調整鋸條引導架之寬度，略較工作件爲寬，必要時使用切斷規固定工件伸出長度。

(3) 夾持工件於鋸床虎鉗上，如圖 14-53 所示爲平直鋼料，如圖 14-54 所示爲圓形鋼料，如圖 14-55 所示爲多片角鋼同時固定的情形，必須確定鋸切位置以免浪費材料。

圖 14-53　在臥式帶鋸機上鋸切構
造用鋼料

圖 14-54　在臥式帶鋸機上鋸切圓
形工件

圖 14-55　多片重疊的角形鋼料

　　(4) 夾緊工件，檢查鋸條緊度，並調定鋸切完成時自動停止操作。

　　(5) 起動開關，鋸切一輕微鋸痕，然後停止機器，檢查鋸切長度是否正確，否則必須再調整至適當為止。

　　(6) 正式起動鋸床，打開冷却液，進行鋸切。注意切削液應對準鋸口 (Kerf) 位置。

　　(7) 鋸切完畢，自動停止機器操作，重複前述步驟，反復鋸切工件。

　　(8) 若鋸切斜度工件，只須旋轉虎鉗為工件斜度角，如圖 14-56

圖 14-56　在臥式帶鋸機上鋸切斜形工件

所示，其餘工作程序如前述工作法。

三、立式帶鋸機鋸切

立式帶鋸機（Vertical band saw）係用來鋸切平直（Straight）、斜度（Angular）及輪廓件（Contour）之切割，同時可做工件之外形（External）和內部（Internal）之鋸切，其工作程序如下：

1. 工作臺在水平位置之直線鋸切

（1）取一欲鋸切之工作物，先劃線。

（2）決定該工作所需鋸條之正確尺寸與種類，並詳閱帶鋸機上之工作選擇表（Job-Selector）。

（3）選定鋸削速度。

（4）配戴安全眼鏡，若需以手持工作物鋸切時，應選帶皮革或石棉手套，以免手指被工件毛邊割傷。

（5）調整鋸條導片（或件），直至距工作件最高點 10～12mm，固定之。如圖 14-57A, 14-57B 所示為兩種導件之形式。

（6）起動開關，使機器運轉至所需速度。

（7）將工作物緩緩移近與轉動中之帶鋸在劃線處接觸。

（8）施工作物以輕壓力，並保持穩定，切勿推之過急，慢慢進行鋸切，必要時加注冷卻劑。雙手應遠離轉動中之鋸條。

圖 14-57A　嵌入式帶鋸導件　　圖 14-57B　滾子式帶鋸導件

(9) 跟隨劃線前進，直至工作物完成。

(10) 停止機器，將工作物移出，如圖 14-57C。

圖 14-57C　鋸切完成之工件

(11) 將切屑及廢物除去，　清理機器，　準備下一工作項目之鋸

　　(12) 圓形工件或不規則工件的夾持，必須使用虎鉗（Vise）、工模（Jig）或夾具（Fixture）等將之適當地夾緊，如圖14-60至圖14-66

圖 14-58　液壓式輪廓進給使用在帶鋸機之固定床臺上

圖 14-59　角板爲固定工件最普遍的方法

圖 14-60　使用簡單的夾具固定工件鋸槽的情形

圖 14-61　使用分度夾具鋸切十等分
　　　　　之工件

圖 14-62　使用特殊夾具在鋸床上鋸
　　　　　切45度角工件

圖 14-63　具有放大鏡之夾緊裝置

所示。

2. 工作臺傾斜在一角度之直線鋸切

（1）取出工作物，正確地劃出所欲鋸切之線。

圖 14-64 分割高碳鋼及高鉻工具　　圖 14-65　用工作臺夾緊做斜度鋸切
　　　　　鋼圓筒之輪廓帶鋸機

(2) 參閱工作選擇表，決定所用之鋸條尺寸和種類。

(3) 裝鋸條，調定導片或導輪。

(4) 選定適當之鋸削速度。

(5) 將工作臺傾斜至所需之角度並固定之。若鋸切重形工件，宜使用導件或夾具輔助固定，如圖 14-65。

(6) 將工作物置於工作臺上，並緩緩移至鋸條附近。

(7) 調整帶鋸導板至正常位置，約在距工作物最高點 10~12mm 處。

(8) 起動開關，使鋸條運轉至定速。帶上安全眼鏡。

(9) 施以穩定壓力，工作物沿劃線處導向鋸條，直至鋸削完成。

(10) 停止機器，取出工作物。

(11) 清理機器完成一次鋸削工作。

3. 鋸切工件內輪廓

(1) 取一欲鋸切工作物，先劃線。

(2) 接近鋸切線邊緣鑽一導孔，足以使鋸條在孔內活動自如，如

圖 14-66 所示。若爲一密閉四方形，應於每個直角處鑽導孔。

圖 14-66　在工件邊緣鑽一孔，以導入鋸條做內輪廓之鋸切

（3）決定鋸條尺寸和種類。

（4）於帶鋸剪切及焊接附屬設備上，剪斷鋸條，一端通過導孔，注意鋸齒朝下。

（5）研磨鋸條剪斷缺口，成爲平整光滑，置於焊接夾具內焊接，回火及磨平焊接後的突出部，如圖 14-67 完成焊接手續。

圖 14-67　鋸條對頭熔接之附屬設備

(6) 根據帶鋸機工作選擇表，決定鋸削速度。

(7) 裝置鋸條於兩輪上，調整導片於適當位置並固定之。

(8) 配戴安全眼鏡，必要時使用皮手套。

(9) 起動開關，使鋸條運轉至定速。

(10) 將工作物慢慢接觸鋸條，依劃線位置導引鋸切，直至鋸切完成，如圖 14-68 必要時可以加注潤滑劑。

圖 14-68　內輪廓之鋸切

(11) 停止機器，旋鬆鋸條，剪斷鋸條，取出工作物，並研磨鋸條端部備下一鋸切工作。

(12) 使用刷子清除鋸屑，擦拭床臺，完成一次鋸切工作。

四、銼切外輪廓

(1) 選擇適當的銼帶 (File band) 如圖14-69所示，和導具 (Band guide)。

(2) 將導具裝於導柱上 (Guidepost)，如圖 14-70 所示。

(3) 銼帶裝於輪面上，利用張力接合銼帶成密閉性，如圖 14-71 所示為未接合的銼帶。

圖 14-69　銼帶 A. 為鎖帶溝，B. 內鎖接頭，C. 條距片，D. 彈性鋼帶。

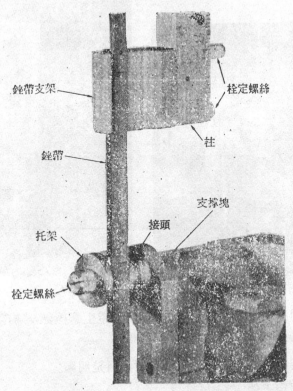

圖 14-70　銼帶導件之各部份名稱

(4) 戴上安全眼鏡。

(5) 將導板下降至距離工作物最高點約 12mm 處固定。

(6) 起動機器，俟銼帶運轉至定速。

(7) 將工作物緩緩接觸銼帶，施以輕壓力沿劃線處銼削至完成，如圖 14-72。

(8) 銼削完畢，停止機器，鬆脫銼帶及導具，取出工作物，清理機器，完成銼切工作。

五、摩擦鋸切工作

摩擦鋸機 (Friction sawing) 能够鋸切平直或輪廓形工件，鋸削速

圖 14-71　未接合的銼帶　　　　　圖 14-72　銼帶的使用情形

度參考表 14-1 利用鈍邊 (Dull edge) 產生摩擦熱， 有效鋸切軟金
屬，其工作程序：

(1) 將欲鋸切工件劃線，必須要劃清楚明顯。

(2) 固定工件。

(3) 決定鋸條種類和尺寸，參考表 14-1 並調定鋸削速度。

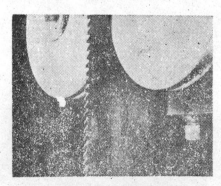 

圖 14-73　鈍化狀帶齒之摩擦鋸機　　　圖 14-74　摩擦鋸切硬化彈簧線管

圖 14-75　摩擦鋸切硬化銑刀

　　(4) 配戴安全眼鏡、手套及工作服。

　　(5) 起動機器，使鋸條全速旋轉 1 ～ 3 分鐘。

　　(6) 將工件緩緩接近鋸片， 必須固緊工件 如 圖 14-73, 14-74, 14-75 所示。

　　(7) 沿工件劃線位置切割直至完成爲止。

　　(8) 停止機器，取下工件，清理工作臺完成鋸切工件。

複　習　題

1. 何謂鋸床? 鋸床可分爲那幾類?

2. 鋼鋸機與帶鋸機有何不同?

3. 試說明重型曲柄式鋼鋸機與液壓式往復鋼鋸機的異同。

4. 帶鋸機較往復式鋼鋸機有何優點?

5. 帶鋸機有那幾種型式? 各有何特點?

6. 何謂輪廓機? 有何功用?

7. 摩擦鋸機爲何不太適用於非鐵金屬的鋸切?

8. 摩料圓盤的濕切與乾切兩種方式有何不同?

9. 解釋下列名詞: (1)齒溝 (2)齒距 (3)鋸路 (4)鋸規

10. 機械加工用的帶鋸條有那幾種? 其功用爲何?

11. 試述蝸旋齒鋸條的特點。

12. 選用鋼鋸條應注意那些原則?

13. 影響鋼鋸機的鋸削速度和進給的因素有那些?

14. 鋼鋸機使用時會發生那些鋸切效果不佳? 其原因何在?

15. 如何正確地安裝帶鋸條?

16. 試述焊接帶鋸條的要領?

17. 鋸床下料時,應注意那些事項?

18. 如何鋸切工件的內輪廓?

19. 如何在鋸床上銼切外輪廓?

20. 何謂摩擦鋸切? 其工作程序為何?

第十五章 鉋 床

15-1 鉋床的形式

鉋床分爲牛頭鉋床 (Shaper) 與龍門鉋床 (Planer) 兩類: 牛頭鉋床發明於西元 1800 年左右,英國海軍用以製造船舶、木料、樺槽的木工機器,於西元 1836 年 James Nasmyth 研究發展成爲第一部金屬加工機器,因此牛頭鉋床又名爲 Nasmyth 鋼臂, 用於加工金屬的平面、垂直面、斜面、曲面、鍵槽、輪齒等。如圖 15-1 所示,爾後因大型工件及大量生產之加工需要而發展了龍門鉋床, 如圖 15-2 所示。其兩者之區別如下:

1. 牛頭鉋床祇能作小型工件之切削,龍門鉋床特別適於大型工件

圖 15-1 牛頭鉋床

圖 15-2　龍門鉋床

之切削。

　　2. 牛頭鉋床工作情形是工件固定，鉋刀作往復鉋削，龍門鉋床是鉋刀固定，工件作往復運動。

　　3. 牛頭鉋床係工件向鉋刀作橫方向進給，龍門鉋床係鉋刀向工件做垂直方向及橫動方向之進給。

　　4. 牛頭鉋床之衝錘，可由齒輪或液壓方式傳動，一般採用曲柄齒輪，曲柄（搖臂）組合之快速急回連桿機構，龍門鉋床床臺由齒輪或液壓法傳動。

　　5. 牛頭鉋床之切削速度為變速運動，而龍門鉋床之切削速度為近似等速運動。

15-2、牛頭鉋床

　　牛頭鉋床因體積小，運動部分輕巧、操作簡便，鉋削行程容易調整，刀具切削時無衝擊現象，摩擦部分少，所需動力亦較少，可鉋削多種工作，其效率較龍門鉋床為高，而且價格較低，一般工廠皆有此種設備，其種類分述如下：

15-2-1 依傳動機構之形式分

（1）曲柄式牛頭鉋床（Crank shaper）：如圖 15-3 為刀具之水平往復運動由曲柄齒輪之廻轉及曲柄之擺動而得此名。

圖 15-3 曲柄式牛頭鉋床

（2）齒輪式牛頭鉋床（Geared shaper）：如圖 15-4 所示，是利

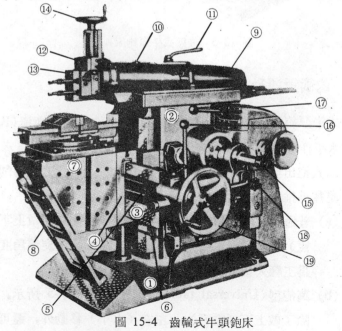

圖 15-4 齒輪式牛頭鉋床

用齒輪及齒條之嚙合廻轉運動，引導刀具作往復運動。

(3) 液壓式牛頭鉋床（Hydraulic shaper）：如圖 15-5 所示，其刀具之水平往復運動由液壓（油壓）來控制的。

圖 15-5　液壓式牛頭鉋床

15-2-2　依衝錘運動之形式分

(1) 臥式牛頭鉋床(Horizontal shaper)：其構造原理是衝錘（Ram）作水平往復運動如圖 15-3 所示，一般由刀具切削方式分：

　①臥式推出切削型式（Push out cutting type）：刀具切削行程是往外推出者，由床臺又可分爲下列二種：

　　(a) 普通型（Regular rhythm type）：床臺只能做上下（垂直）、左右（水平）方向移動，而不能做旋轉角度者，爲工廠大量生產工件所使用。

　　(b) 萬能型（Universal table type）：如圖 15-5 所示，床臺除了做上下（垂直）、左右（水平）移動外，還可以做旋轉角度，用於斜角或斜面之加工，不需要將工件拆卸重裝就可加工，為工廠製造較精密的工具。

②臥式拉入切削牛頭鉋床 (Draw cut type)：此專為改進臥式推出切削型鉋床在推出切削時，防止工件末端發生顫紋 (Chattering) 或彎曲之弊病而設計者，適宜作重切削，鉋削時工件受刀具拉力作用壓於機柱上，可減少橫軌及鞍座之變形，而且衝錘的震動可減少，唯體積大，價格較昂，故一般較少使用。

(2) 立式牛頭鉋床 (Vertical shaper)：圖 15-6 立式牛頭鉋床衝錘係作上下垂直急回運動，刀具作垂直切削內孔及鉋角度，因此又稱為插床 (Slotter)，其圓形工作臺除了可以前後左右移動進給外，亦可旋轉進給，可鉋削加工成曲面或不規則的形狀。一般對於製造槽，鍵槽，內外齒輪的齒形，採用立式鉋床之特殊型，名為開鍵槽機 (Key Seater) 來製造。

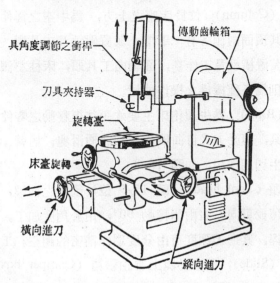

圖 15-6　立式牛頭鉋床

15-2-3　牛頭鉋床之規格

（1）臥式牛頭鉋床的規格：以衝錘刀具所能鉋削之最大長度尺寸的立方體表示，其規格有公、英制兩類

①公制：200, 350, 400, 500, 600, 700, 800mm

②英制：7″, 12″, 14″, 16″, 18″, 24″, 36″

（2）立式牛頭鉋床的規格；以衝錘最大長度乘工作臺的直徑來表示。

15-2-4　臥式牛頭鉋床之構造與功用

一、曲柄式牛頭鉋床

（1）曲柄式牛頭鉋床之構造（如圖15-7）

1. 床座（Base）：又稱基座，為一個重量頗大之鑄件，供安裝其他零件，亦為貯存油料、潤滑機件之場所。

2. 床柱（Column）：位於床座之上方，為中空之鑄件，容納各種驅動機件，其頂面兩側各有一導槽，裝置衝錘及工具頭（牛頭），其前方垂直面裝置橫軌及工作臺，面朝向工具頭，床柱左側有潤滑表及蓋板，右側則為各種機構之操作位置。

3. 衝錘（Ram）：為牛頭鉋床主要水平往復移動之零件，衝錘之工具頭挾緊刀具，傳動方式自曲柄齒輪經曲柄滑塊、搖臂、連桿而得的動力行程產生切削作用，如圖 15-8。

4. 工具頭（Tool head）：圖 15-9 位於衝錘之前端，係用以裝置鉋刀，其旋轉板可向左右兩側轉動 90°，用於角度加工。工具頭上有上下進刀螺桿，其進刀深度可由分度環作精密的調整。工具頭旋轉板上有滑動塊（Slide），而滑動塊上有拍擊箱（Clapper box）亦可左右擺動固定，拍擊塊（Clapper block）以直銷裝於拍擊箱之上端類似鉸

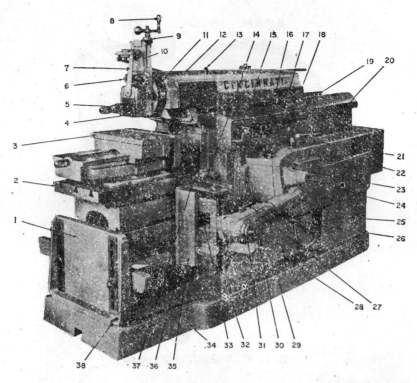

圖 15-7　牛頭鉋床之主要零件圖

1. 床臺支架
2. 床臺
3. 虎鉗
4. 拍擊板
5. 夾刀柱
6. 拍擊箱
7. 刀具提昇桿
8. 球柄
9. 進給螺桿刻度盤
10. 刀具滑座
11. 旋轉刻度頭
12. 衝錘
13. 衝錘定位軸

14. 橫樑控制夾
15. 電動離合器和制動桿
16. 起動按鈕
17. 自動橫向進給選擇器
18. 油壓表
19. 衝錘護罩
20. 變速桿
21. 後列齒輪操縱桿
22. 馬達起動器
23. 衝程指示鎹
24. 衝程調整軸
25. 起動馬達
26. 快速操縱桿

27. 橫向進給嚙合桿
28. 外視油量計
29. 床柱
30. 手動升降桿
31. 手動橫向進給操縱桿
32. 橫樑
33. 橫向進給螺桿
34. 底座
35. 鞍床
36. 上昇螺桿
37. 橫樑護罩
38. 床臺支架軸承

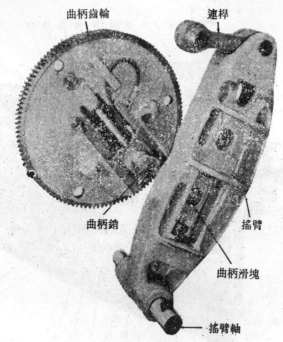

曲柄齒輪

連桿

曲柄銷

搖臂

曲柄滑塊

搖臂軸

圖 15-8 牛頭鉋床之傳動機構

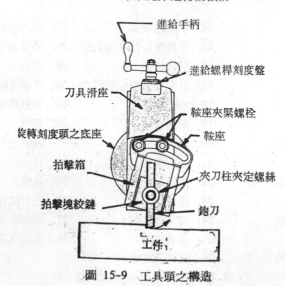

進給手柄

進給螺桿刻度盤

刀具滑座

鞍座夾緊螺栓

旋轉刻度頭之底座

鞍座

拍擊箱

夾刀柱夾定螺絲

拍擊塊絞鏈

鉋刀

工件

圖 15-9 工具頭之構造

鏈作用，拍擊塊上裝置刀具柱（Tool post），當刀具在切削衝程時，刀具因工件之阻力而將拍擊塊抵緊於拍擊箱內支撐，當刀具在回復衝程時因離心力之關係，逼使拍擊塊向外擺開，不致使鉋刀在工件上摩擦而損耗。在鉋削側面或鉋角度時，拍擊箱傾斜旋轉，目的在使鉋刀在回復衝程時離開鉋削面，不致於刮傷加工面。

5. 橫軌及工作臺（Cross rail and table）：如圖 15-7 所示，橫軌及工作臺，共同裝置於床柱前面之垂直面導軌上，兩者由垂直螺桿操縱可同時升降，以適應工件的大小，工作臺由橫向螺桿操縱可在橫軌上作水平方向移動（卽爲工件之進刀）。工作臺之上面及左右側，皆有倒 *T* 形槽，用以挾住工件或虎鉗，工作臺之前端由附於基座之托架所支持，以承受鉋刀加於工作枱之力，其高低隨工作臺之升降而調整，工作臺可旋轉角度爲萬能工作臺。工作臺之上下運動，須先鬆開機柱前方橫樑之隙片夾緊螺絲，然後將把手旋轉工作臺右側之最低螺桿柄，可旋轉一對斜齒輪及升降螺桿（Elevating screw），工作臺做上下運動，待高度調整好後不可忘記鎖緊隙片夾緊螺絲及工作臺支持桿（Outer support）以避免工作臺向前垂下，通常以不動工作臺而調整鉋刀高低位置爲宜，若調整量過多時才調整工作臺的高度。

6. 馬達、皮帶輪及副軸：一般馬達採用 3 相，2 極或 4 極 1 ～ 5 馬力，供給動力，驅動機器。大型機器用齒輪或液壓系統傳達動力，可得 6 種，8 種，12 種變速，如表 15-1。

表 **15-1** 牛頭鉋床所需馬力

行程（mm）	所 需 馬 力	行程（mm）	所 需 馬 力
300～400	2	500～600	4 ～ 6
450	2 ～ 3	750	6～7.5

(2) 曲柄式牛頭鉋床運動機構

1. 往復運動機構與急回原理: 如圖 15-10 所示牛頭鉋床由馬達動力之旋轉運動，變爲直線運動，其動力由馬達帶動皮帶輪（齒輪）經變速箱傳至床柱內之小齒輪 (Pinion) g ，再傳至曲柄齒輪（Crank gear）G 作廻轉運動，曲柄銷 P 隨曲柄齒輪作旋轉運動，曲柄銷裝於滑塊 S 內，而滑塊又裝於搖臂 A 內，搖臂一端套於 H 軸，使曲柄銷之廻轉運動變爲搖臂之搖擺運動；搖臂上端以連桿 L 連接於衝錘，使搖臂之搖擺運動變爲衝錘之往復運動。曲柄銷由左死點 P（搖臂中心軸線與曲柄梢廻轉圓相切之點）隨曲柄齒輪順時針方向廻轉至右死點 P'

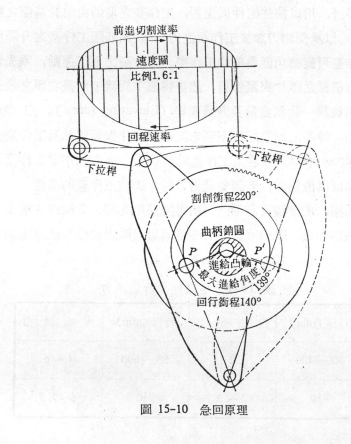

圖 15-10 急回原理

時夾角為220°，衝錘由後端往前移動是為切削衝程，當曲柄銷由 P' 點順時針方向轉 140° 回至 P 點，衝錘由前往後移動是為回復衝程，因曲柄齒輪之迴轉為等速，故切削衝程所佔的角度（220°）為回復衝程（140°）的 1.6 倍，因此切削衝程所佔的時間與回復衝程所佔的時間比為 1.6：1，故其速度比為 1：1.6，回復衝程之速度較快，稱為急回運動原理。

2. 衝程長短與衝錘位置之調整機構：如圖 15-11 所示，曲柄銷至曲柄齒輪中心距離由螺桿調整，若調整曲柄銷至 P 點再順時針方向迴轉曲柄齒輪至 P' 點，此時衝錘由後方移動至前方最大之距離稱為衝程長度；若曲柄銷越遠離曲柄齒輪中心，則衝程越長，越近中心則衝程越短，若在中心點上衝錘固定不動。衝程長度視工件之鉋削長度再加 20~25mm，通常調整鉋削前端 a 有 15mm 之空隙，使拍擊塊確實回至拍擊箱座並供給自動進刀的時間；鉋削後端 b 有 5~10mm 之空隙，使鉋屑確實去除。

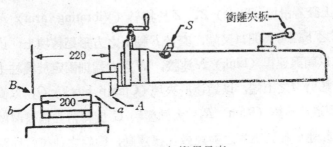

圖 15-11 衝程長度

(1) 衝程長短調整：先旋轉手輪得知衝程大小，以逆時針方向放鬆自動進刀機構螺母，又放鬆衝錘夾板，若已知衝程太短，則用扳手順時針方向迴轉自動進刀螺桿；若已知衝程太長，則用扳手以逆時針方向迴轉自動進刀螺桿，其調整量可由衝錘指標得知，然後順時針方向鎖緊衝錘夾板及自動進刀機構螺母。其調整方法如下：

衝錘往復運動機構: 如圖 15-12 所示，衝錘（Ram）R 係套於

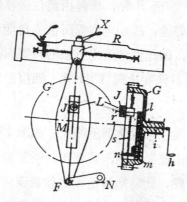

圖 15-12　衝錘往復運動機構

機柱（Pillar）I 之鳩尾槽中做往復運動，R 之前端裝置工具頭，機柱 I 內裝有驅動機構（Driving mechanism），由塔輪或電動機（馬達）傳來之動力，傳達於塔輪或馬達同一軸上之小齒輪，再由小齒輪與後列齒輪（Back gear），帶動大圓盤輪或齒輪 G，G 輪上有曲柄銷 J，J 上套着滑塊（Slide）Z，Z 於搖臂（Vibrating arm）M 之槽孔中，M 之下端可為開口叉端，套於 F 軸上之方形廻轉塊上；或 M 之下端 F 處以銷與連桿（Link）N 連接，N 之右端則固定於機柱上做左右擺動。搖臂 M 之上端，以銷連於夾塊（Clamp block）O，以衝錘壓板桿 X 固定於衝錘（Ram）R，大圓盤輪 G 旋轉帶動搖臂 M 做搖擺運動，因此連於搖臂上端之衝錘做往復運動，衝錘之往復行程距離視曲柄銷 J 所畫圓軌跡之直徑的大小而定。變換 J 至 G 之半徑方向距離卽能調節鉋削衝程之距離，其變換之操作方式如下：

旋轉衝程調整手柄（Stroke regulator or stroke adjusting shaft）h，由 i 軸經過一組嚙合齒輪 l 與 m 及一對斜齒輪 n 等帶動螺桿 S 旋轉，由於螺桿 S 之旋轉，套於 S 桿之螺帽及曲柄銷卽可變換其廻轉半徑 r 之距離。

(2) 衝程位置調整：待衝程長短調整後，放鬆衝錘夾板，**轉動衝錘定位軸**（逆時針方向廻轉時，衝錘位置前移；順時針方向廻轉時，衝錘位置退後），然後鎖緊衝錘夾板。其調整方式如下：

　　若欲變換衝錘鉋刀位置時，如圖 15-13 所示，先將衝錘夾板桿（Ram clamp）a 放鬆（逆時針方向廻轉），旋轉衝錘位置調整桿（方形端心軸 Square end spindle）之衝錘定位軸（Ram positioning shaft）b 則經過一組斜齒輪旋轉螺桿 c，螺桿 c 套於螺帽組 d，卽衝錘對 d 產生變換位置向前推進或向後退縮，直至調整適當位置後，鎖緊衝錘夾板桿 a，使 c 與 d 固定。

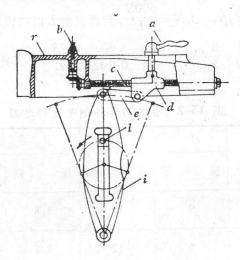

圖 15-13　衝錘刀位置之調整

(3) 衝錘變速機構：如圖 15-14 所示，衝錘速度之變換可由變極馬達及變速齒輪箱得 6 種、8 種或12種變速，每分鐘衝程數由11～220 次，選用速度時，須考慮下列因素：①材料的種類②刀具的材料③切削的深度④進刀的大小。鉋床之鉋削速度係指鉋削衝程之速度，鉋削衝程與回復衝程速度比約為 2 : 3，卽鉋削衝程佔 $\frac{3}{5}$ 的時間，回

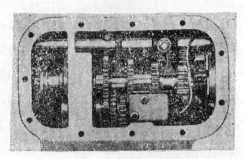

圖 15-14 齒輪變速裝置

復衝程佔 $\frac{2}{5}$ 的時間，鉋削長度(L)以mm表示，鉋削速度 (S)以m/min

表示，N代表每分鐘之衝程數，因此在鉋削衝程時之鉋削速度

$$S=\left(\frac{L}{1000}\div\frac{3}{5}\right)N, \quad \therefore N=\frac{600S}{L}, 若爲英制L以吋表示，\ S以ft/min$$

表示，$S=\left(\frac{L}{12}\div\frac{3}{5}\right)N \quad \therefore N=\frac{S}{0.14L}\fallingdotseq\frac{7S}{L}$，其鉋削速度 參閱 表

15-2 表 15-3。

表 15-2 普通刀具鉋削速度和進刀

鉋削速度 m/min 材料	刀 具		進 刀 量 m/min	
	炭 鋼	高 速 鋼	炭 鋼	高 速 鋼
鑄鐵（軟）	9	18	1.8	2.1
鑄鐵（硬）	6	12	1.8	2.1
低 碳 鋼 中 碳 鋼	7.5	15	1.1	1.4
硬 鋼	6	12	1.1	1.4
黃 銅	10	20	1.4	1.4

註①精鉋削速度爲表列粗鉋削速度之 0.6 倍。

②工件愈硬，鉋削速度愈慢。

表 15-3 碳化物刀具鉋削速度

工 件 材 料	鉋削深度 mm	進刀 mm/行程	鉋削速度m/min
鑄 鐵（軟）	0.8～12.5	0.12～0.5	最 快 速 度
鑄 鐵（硬）	0.8～12.5	0.12～0.5	30
鑄 鋼	0.8～6.3	0.12～0.25	45
低 碳 鋼	0.8～11.1	0.25～0.38	30
中 碳 鋼	0.8～9.5	0.25～0.38	45
高 碳 鋼	0.8～6.3	0.12～0.5	45
黃 銅	0.8～11.1	0.25～0.38	30

例 1 設工件長度為150mm，每分鐘衝程數為50，求其鉋削速度？

解 衝程長度＝工件長度＋工件前後留隙 20mm

$$L=150+20=170 \qquad N=50 \qquad S=\frac{N \times L}{600}$$

$$S=\frac{50 \times 170}{600}=14.2m/min$$

例 2 擬以每分鐘15公尺之速度鉋削工件，設衝程長度為 150 公厘，求其每分鐘衝程數？

解 $S=15m/min \qquad L=150mm$

$$N=\frac{S \times 600}{L}=\frac{15 \times 600}{150}=60次／分$$

例 3 擬以高速鋼刀具鉋削 140mm 長低碳鋼工件，求其每分鐘衝程數？

解 由表 7-2 查知　　　$S=15$m/min　　　$L=140+20=160$mm

$$N=\frac{S\times600}{L}=\frac{15\times600}{110}=56.3\risingdotseq56次／分$$

例 4 若上題改以碳化物刀具鉋削工件，求其每分鐘衝程數？

解 由表 7-3 知　　　$S=30$m/min　　　$L=160$mm

$$N=\frac{S\times600}{L}=\frac{30\times600}{160}=112.5\risingdotseq113次／分$$

4. 工作臺與自動進刀機構：工作臺之構造於前面已介紹，工作臺的水平移動稱為進刀，可用手動或動力自動進刀，自動進刀的方式有兩種：

(1) 利用棘輪及爪的進刀方式：如圖7-15，齒輪 A 裝在曲柄齒輪

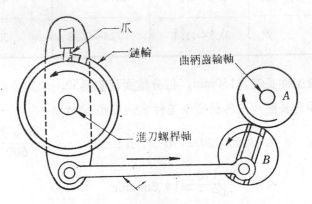

圖 15-15　利用棘輪及爪的自動進刀

的軸上，當曲柄齒輪轉動至回復衝程時，齒輪 A 順時針轉動140°，相對地齒輪 B 逆時針亦轉動140°，連桿軸與齒輪 B 中心產生偏移，所以連桿向右移動而推動臂桿上端的爪向左擺動，而爪推動棘輪作逆時針方向廻轉，棘輪裝於水平進刀螺桿上，故棘輪轉動就產生進刀。當衝錘向前鉋削，曲柄齒輪轉動 220°，齒輪 A, B 亦轉動 220°連桿向左移動，而爪係單邊斜面，於是爪向右滑移與另一輪齒嚙合產生無效運

動，爪之推動輪齒數可由齒輪 *B* 中心滑槽刻度與連桿刻劃之距離由連桿螺絲鎖緊固定，又工作臺的水平進刀向左或向右，可謂整爪面的方向決定。進刀機構之棘輪與爪之關係：如圖 15-16，*O* 爲橫向進刀螺桿 (Cross feed screw) 套有棘輪 *r*，爪 *P* 以 *O* 爲中心由連桿 *C* 推動向箭頭方向搖動，當爪 *P* 向左搖動時，推動 *r* 之槽口 (Notch) 使其向左旋轉。爪向右搖動時 *r* 靜止不動，爪 *P* 斜面受到棘齒之推力而使 *P* 上升而套入下次之既定槽口中，卽可傳導工作臺做一定之橫向進刀，若將把手 *K* 向上拉起，然後將 *q* 銷插入相反方向之銷孔中，則工作臺可做與前相反方向之橫向進刀，若 *q* 銷不在銷孔中，則工作臺靜止不做橫向進刀運動。

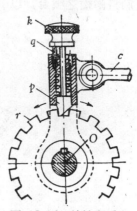

圖 15-16 棘輪與爪之關係

(2) 利用凸輪產生自動進刀的方式：如圖 15-17 所示，凸輪裝在曲柄齒輪軸上，當曲柄齒輪在回復衝程時，凸輪由最低點升高至最高

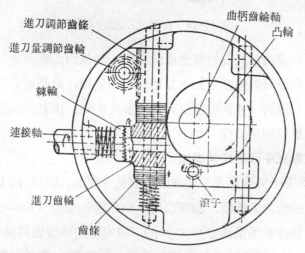

進刀調節齒條
進刀量調節齒輪
棘輪
連接軸
進刀齒輪
齒條
曲柄齒輪軸
凸輪
滾子

圖 15-17 利用凸輪的自動進刀

點推動。滾子齒條往右邊移動，此時進刀齒輪在齒條上轉動，其轉動量由進刀調節齒輪及進刀調節齒條來控制，進刀齒輪與**連接軸**間由棘輪傳達運動，**連接軸**與進刀螺桿間裝置斜齒輪反向機構，利用撥桿控制斜齒輪之嚙合，以改變進刀方向，如圖 15-18 再經進刀螺桿使床臺

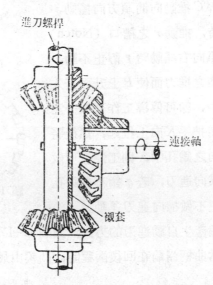

圖 15-18　自動進刀之反向機構

進刀；當凸輪由最高點廻轉至最低點時，齒條因受壓簧之反作用力往上移動，而進刀齒輪在齒條上以相反方向廻轉，此時進刀齒輪上之棘輪產生無效運動，連接軸與進刀螺桿靜止不動，床臺亦無進刀，表示此時衝錘在做鉋削衝程。

二、液壓式牛頭鉋床的構造

　　圖 15-19A為液壓式牛頭鉋床的構造外觀圖，圖15-19 B 為液壓式牛頭鉋床的液力系統圖，油置放於床柱底邊的油槽 (Reservoir) 中，以定速馬達推動油幫浦 (Oil pump)，將定壓的油經過調節閥 (Regulating valve)，送入油缸後端推動活塞及活塞桿；衝錘裝置於活塞桿

圖 15-19A 液壓式牛頭鉋床

上就可產生鉋削衝程，當調節閥反向時，定壓油送入油缸前端推動活塞及活塞桿就可產生回復衝程， 當壓力油推動活塞時， 另一端之油則返回油槽，衝程的長短由機械力推動調節閥來控制定壓油的流量而定，衝程位置之調整以撥桿調整，工件之進刀係由另一油管通入進給油缸 (Feed cylinder) 而將油壓力變為機械力， 使工件做進刀運動，其進刀速率可由進刀手輪 (Feed handle) 變換。 通常使用之油幫浦有齒輪幫浦 (Gear pump)、輪葉式幫浦 (Vane type pump) 及活塞式幫浦 (Piston pump) 三種， 其中以齒輪幫浦之構造最簡單， 使用最普遍。使用液壓之工具機越來越廣泛其優點如下：

　　①切削速率可連續變換，操作容易。

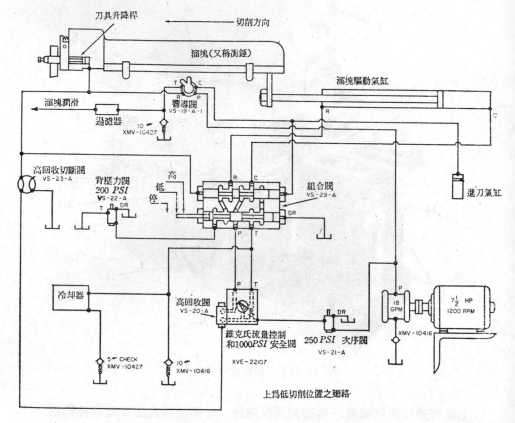

圖 15-19B　液壓式牛頭鉋床之液力系統

②倘若鉋刀超過負荷時發生滑移。

③若遇障礙物，即發生失速（Stall）現象，避免傷害刀具或機械，適於使用超硬合金刀具。

④液壓牛頭鉋床之衝錘往復行程速率除了兩端以外，甚為均勻，而曲柄式牛頭鉋床之往復行程速率則顯著不同，如圖 15-20 所示。

15-2-5　鉋床之鉋削原理與鉋削速度及鉋削時間

鉋床之鉋削原理係利用急回運動之原理而得，其鉋削之速度大小

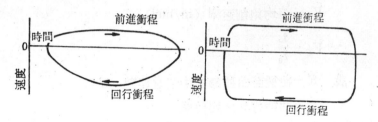

圖 15-20　牛頭鉋床速率圖

可由調整曲柄之長短而得其原理如下:

急回運動 (Quick Return Motion) 機構原理: 如圖 15-21 所示曲柄 m 作逆時針向旋轉時，搖臂 i 做搖擺運動，搖臂擺動之兩端位置為 X 及 Y，曲柄旋轉 θ 角即爲鉋削行程，曲柄旋轉 ϕ 角即爲回復行程，因曲柄爲等速廻轉，故鉋削行程之時間較回復行程之時間長，鉋刀在各位置之速率由圖中所示，V_c 爲鉋削行程之速率，V_r 爲回復行程之速率，鉋刀在各位置時之速率均不相同，V_c 與 V_r 之比率視鉋刀行程之長短而不同，在最大行程時約爲 $1\frac{1}{2}:1$，行程愈短，比率愈小。

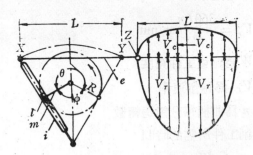

圖 15-21　急回運動機構原理

設: L＝鉋刀行程距離 (m)

t_0＝鉋削行程所需時間 (min)

$$V_C = 平均鉋削速率 \text{ (m/min)}$$

$$\therefore \quad V_C = \frac{L}{t_0}$$

設 $\quad R = $ 曲柄至曲柄齒輪中心之距離 (m)

$\quad n = $ 曲柄每分鐘廻轉數

$\quad C = $ 曲柄梢之圓周速率

$\therefore \quad C = 2\pi Rn \text{ m/min}$

在鉋削行程時曲柄旋轉 θ 角，其弧長為:

$$S = 2\pi R \times \frac{\theta}{360}$$

故鉋削行程所需時間為

$$t_0 = 2\pi R \times \frac{\theta}{360} \times \frac{1}{C} = 2\pi R \times \frac{\theta}{360} \times \frac{1}{2\pi Rn} = \frac{\theta}{360n} \text{ min}$$

平均鉋削速率為

$$V_C = \frac{L}{t_0} = \frac{L}{\dfrac{\theta}{360n}} = \frac{360Ln}{\theta} \text{ m/min}$$

回程平均速率為

$$V_r = \frac{360Ln}{\phi} \text{ m/min}$$

設: W 為鉋切工件寬度

$\quad V_C$ 為鉋削速率

$\quad n$ 為曲柄每分鐘廻轉數

故鉋削工件所需的時間

$$T = \frac{W}{V_C \cdot n} \text{ min}$$

鉋削速度參閱表 15-2 表 15-3

通常在粗鉋削時，鉋削深度須淺，進給須大（此法與車床車削相反），若鉋削鑄鐵時，切削深度須深，以免損傷双口，細鉋削時使用寬双口之鉋刀，此時鉋削深度須淺，進給須大。牛頭鉋床鉋刀所負的鉋削力依工件材料硬度而異，表 15-4 係德國 Hegner 及 Fischer 兩人所發表之鉋削力。

表 **7-4** 牛頭鉋床之鉋削力

工件材料	單位面積鉋削力 K(kg/mm²)	工件材料	單位面積鉋削力 K(kg/mm²)
鋼（軟）	85～130	鑄　鐵	55～130
鋼（中）	150～200	黃　銅	50～100
鋼（硬）	230～320		

　　設　d 為鉋削深度（mm）

　　　　f 為進給（mm）

　　　　a 為理論上鉋屑斷面積 $= d \times f$

　　　　K 為單位面積之鉋削力

　　故鉋床之切削力（F）為 $K \times a = KaKg$

15-2-6　鉋削動力與時間

　　設: D：鉋削深度（Inch）

　　　　F：一次鉋削寬度（ipw）進刀量（進給）

　　　　S：鉋削速率（fpm）

　　　　K：常數，鑄鐵為 3，易切削鋼為 6，青銅為 1.5，則
　　　　　　鉋削馬力 $= D \times F \times S \times K$

　　若使用雙機頭（工具頭）則鉋削所需馬力為上式值之兩倍。若使用三個機頭則所需之馬力為三倍。

例 鉋削一籌鐵，鉋削深度 0.5 吋，進給量 0.05 吋， 鉋削速率 250 呎／分，求鉋削馬力為若干？

解 $D=0.5''$, $F=0.05''$, $S=250tt/min$　　$K=3$

$$\therefore \quad HP=D\times F\times S\times K=0.5\times0.05\times250\times3$$
$$=18.75HP$$

15-2-7 鉋床工作之安全事項

1. 工件安裝之安全

(1) 確實瞭解鉋床之構造性能，並做使用前之檢查。

(2) 加注潤滑油於摩擦與廻轉部分。

(3) 正確的安裝工作物及刀具。

(4) 調整衝錘之衝程及位置後，檢查各螺桿及衝錘夾扳扳手是否已鎖緊。

(5) 選用特定的扳手或規格合適的開口扳手， 不可使用 活動扳手，使用後應卽除去扳手。

(6) 若使用磁力夾頭，應接上磁力，查驗磁力是否有效。

(7) 依材料種類、切削深度、進刀之大小、刀具之材料而選擇適當之速度。

(8) 作小量之試鉋，查驗所有夾持部位是否夾妥，再行鉋削。

(9) 作變速操作時，衝錘之運動必須停止。（使用拉桿者例外）

2. 人員及場地的安全

(1) 人員穿着合適的工作服。

(2) 操作時應站立於鉋床旁邊，頭不可過低而導致鐵屑飛入眼中或發生碰傷。

(3) 清除鐵屑應用刷子去除。

(4) 衝錘前方應置放擋鐵屑板，以免飛屑四濺傷人。

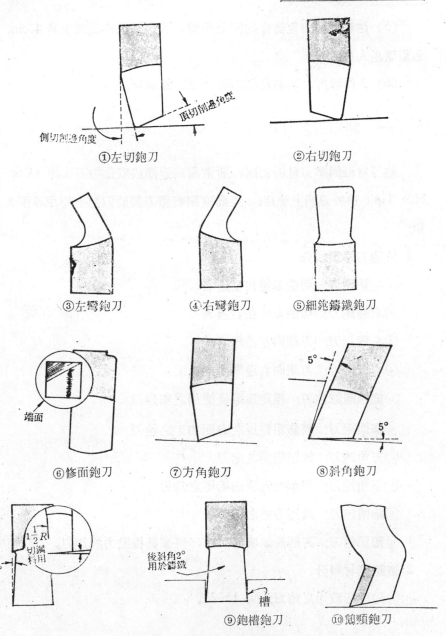

頂切削邊角度

側切削邊角度

①左切鉋刀　　　　　②右切鉋刀

③左彎鉋刀　　④右彎鉋刀　　⑤細鈍鑄鐵鉋刀

端面

⑥修面鉋刀　　⑦方角鉋刀　　⑧斜角鉋刀

$\frac{1}{2}R$

切削料用

後斜角2°
用於鑄鐵

槽

⑨鉋槽鉋刀　　　⑩鵝頸鉋刀

圖 15-22 鉋刀各種鍛造形式

(5) 注意最大回復衝程的安全距離，若與牆壁之距離少於 45cm，必須禁止人員通行。

(6) 工作場所，要有良好的照明及通風設備。

15-2-8　鉋床用之刀具

鉋刀材料與車刀材料相同，通常為高速鋼或碳化物刀尖塊（Carbide Tip）焊於刀柄上使用，及高速鋼實體刀裝於刀把上使用等兩大類：

1. 依鉋刀之型式分

①左切鉋刀：切削双邊在左邊者

②右切鉋刀：切削双邊在右邊者

③左彎鉋刀：刀頭向左邊彎者

④右彎鉋刀：刀頭向右邊彎者

⑤細鉋鑄鐵鉋刀：粗鉋鑄鐵後使用之細鉋刀

⑥修面鉋刀：精修粗鉋後之表面加工之鉋刀

⑦方角鉋刀：鉋削肩角之鉋刀

⑧斜角鉋刀：鉋削右向斜面鳩尾之鉋刀

⑨鉋槽鉋刀：鉋削方槽之鉋刀

⑩鵝頸鉋刀：刀柄前端成鵝頸形，可減低振動力的鉋刀。

2. 依鉋削材料分

①鉋削鑄鐵用之鉋刀：圖 15-23。

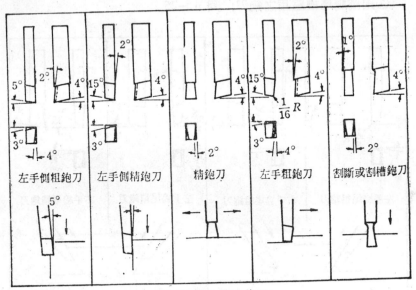

圖 15-23 鑄鐵鉋刀

②鉋削軟鋼用之鉋刀: 圖 15-24。

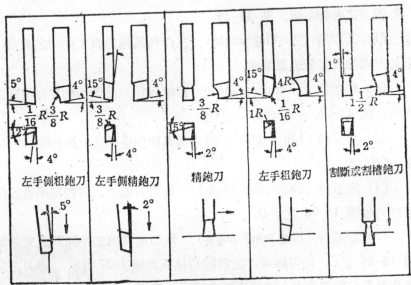

圖 15-4 軟鋼鉋刀

③鉋削鳩尾槽座用之鉋刀: 圖 15-25。

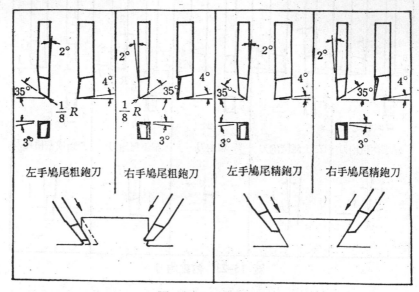

圖 15-25　鳩尾鉋刀

3. 鉋刀之各部名稱: 圖 15-26

(1) 工作角 (Working angle)：工作角為鉋刀與工件間之夾角，依鉋刀式樣及安裝位置而異。

(2) 切削角 (Cutting angle)：切削角為刀面與切削工作面間之夾角，圖 15-26, $\angle A = 90° - \angle D$。

(3) 切双角 (Lip angle)：為刀面與切削邊間之夾角如圖 15-26 之 $\angle B$。

(4) 後斜角 (Back rake angle)：鉋刀刀面與鉋刀底部平行線間之夾角如圖 15-26 之$\angle D$。

(5) 前隙角 (End relief angle)：鉋刀前端與工件面間之夾角如圖 15-26, $\angle C$。鉋刀與車刀之前隙角比較如圖 7-27 所示，車刀之前隙角因刀尖與工件中心之高低而有不同的角度，一般車刀之前隙角為

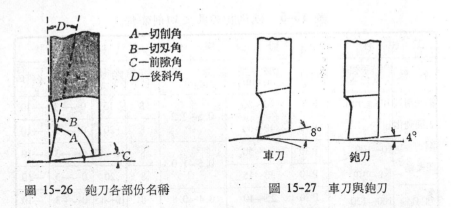

A—切削角
B—切双角
C—前隙角
D—後斜角

車刀　　　鉋刀

圖 15-26　鉋刀各部份名稱　　　　圖 15-27　車刀與鉋刀

8～15°，而鉋刀因鉋切工件平面故前隙角爲固定，一般爲 4°。

(6) 邊際角 (Side relief angle)：鉋刀側切削邊與底邊垂直線間之夾角。一般爲 2°～3° 如圖 15-28。

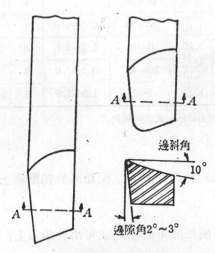

A————A

邊斜角
10°

A————A

邊隙角2°～3°

圖 15-28　邊際角與邊斜角

(7) 邊斜角 (Side rake angle)：鉋刀刀面與底面平行線間之夾角，一般爲 10°，高速鉋床所使用之刀具通常爲碳化物刀具 (Carbide tools)，其進刀速度及角度，參閱表 15-5。

表 15-5　碳化物刀具之切削條件

| 工件材料 | | 刀具材質 | 切削條件 | | 双口形狀 | | | |
名稱	抗張強度布氏硬度		切削速度〔m/min〕	進刀〔mm〕	前隙角〔°〕	後斜角〔°〕	双背角〔°〕	平行後斜角〔°〕
構造用鋼	70Kg/mm²	P 30	40~60		8	15	0~-3	-10
表面硬化	以下	P 40	40~60	0.5~1.2	8	20	0~-3	-10
鋼	70~100	P 30	30~50		8	10~15	0~-3	-10
回火鋼	Kg/mm²	P 40	30~45	0.5~1.0	8	20	0~-3	-10
工具鋼	100~120	P 30	25~40	0.4~0.8	8	10~15	0~-3	-10
		P 40	20~30		8	20	0~-3	-10
回火鋼	Kg/mm²	P 50	15~25	0.5~1.0	8	20	0~-3	-10
	HB 180	K 20	25~40		8	15~20	0~-3	-10
	以下	K 30	18~30	1.0~1.6	8	20	0~-3	-10
鑄鐵	HB 180~220	M20 K 10	30~50	0.5~1.0	8	10	0~-3	-10
		K 20	20~35	1.0~1.6	8	10~15	0~-3	-10
	HB 220~250	M20 K 10	20~40	0.5~1.0	8	10	0~-3	-10
		K 20	15~25	1.0~1.6	8	5~10	0~-3	-10

註: 平行後斜角係沿双口所形成之後斜角。

4. 刀把的種類

實體鉋刀需夾持於刀把上，然後鎖緊於拍擊箱上才能使用，刀把的種類有 4 種:

(1) 車床上所使用的車刀把，亦可用於鉋床上，因其有 $16\frac{1}{2}°$ 之斜孔，磨前隙角時要加上 $16\frac{1}{2}°$，裝置時才能獲得正確之角度。

(2) 水平直孔式刀把，夾持鉋刀之槽孔與刀把平行，鉋刀之前隙角恰等於 4° 即可。

(3) 旋轉式（萬能）刀把（Swivel head toolholder）：旋轉頭共

有五個位置可利用，鉋刀的裝置位置皆是平行式，其剛性相同，可做五種不同平面之鉋削，使用上很方便。圖 15-29。

　　①若作淺量鉋削時，鉋刀可裝置於 刀 把 之 前方。圖 15-30。

　　②若鉋削鍵槽及作重切削時，鉋刀及刀把必須

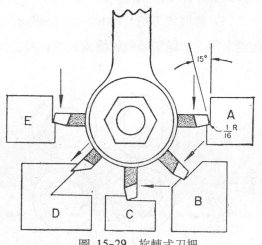

圖 15-29　旋轉式刀把
(A)垂直切削
(B)斜角切削
(C)水平切削
(D)鳩尾角切削
(E)垂直切削

圖 15-30　淺量鉋削之鉋刀双刀把裝置

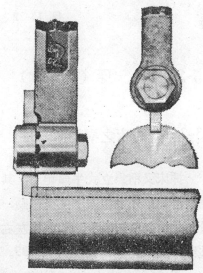

圖 15-31　重鉋削之鉋刀双刀把位置

反向裝置，以增加剛性。圖 15-31。

　（4）伸臂式刀把（Extension toolholder）：圖 15-32 專為內孔的鉋削之用，如輪轂的內鍵槽或其他特殊工作之用。

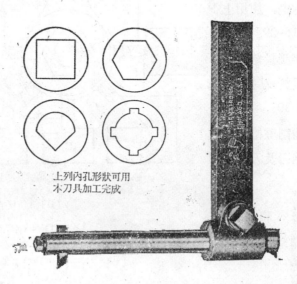

上列內孔形狀可用
本刀具加工完成

圖 15-32　伸張式刀把

15-3 插　　床（Slotter）

15-3-1　插床之構造

　插床又稱為立式牛頭鉋床，其構造與一般牛頭鉋床相似，其差異為衝錘運動為垂直上下往復運動，而非水平前後往復運動。工作臺裝於笨重的基座滑軌上，可前後左右移動，又能旋轉指度，衝錘又可調整至10度做角度鉋削。圖 15-33。

　圖 15-34 表立式牛頭鉋床之衝錘自垂直位置傾斜 10 度之情形。

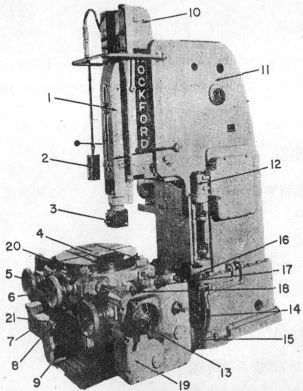

1. 衝錘
2. 開關
3. 衝頭
4. 旋轉臺
5. 橫向進刀機構
6. 旋轉進刀機構
7. 床臺
8. 鞍座
9. 縱向進刀機構
10. 衝鎚滑座
11. 床柱
12. 控制閥
13. 分度頭
14. 進料唧筒
15. 驅動馬達
16. 橫向進刀把手
17. 縱向進刀把手
18. 旋轉臺把手
19. 齒輪箱
20. 90度指示錶座
21. 系列號碼

圖 15-33 立式牛頭鉋床之各部名稱

圖 15-34 衝錘傾斜調整

15-3-2 插床之規格

以衝程之最大長度而定規格，小型者其衝程範圍為 0～150mm，大型者其衝程範圍為75～550mm，其傳動方式有：①皮帶輪及齒輪傳動②油壓傳動。

15-3-3 插床之優點

①工件易於安裝對準。

②工件夾持容易。

③工件易於度量。

④鉋削壓力作用於工作臺下端之基座，不易損壞。

⑤衝錘可傾斜至10度，鉋削斜槽很方便。

15-3-4 插床之分類

(1) 依床身及工作臺能否移動分：

①床身固定者

②床身能上下移動者

③工作臺傾斜者

④工作臺不能傾斜者

(2) 依刀具衝錘運動方向分：

①刀具衝錘作垂直上下運動者

②前後（左右）傾斜方向上下運動者

(3) 依刀具衝錘上下運動機構分：

①曲柄與槽孔滑環（Crank and slotted link）機構者

②曲柄與連桿機構者

③曲柄與連桿機構者（惠氏急回運動機構）

④齒輪機構者

⑤油壓機構者

15-3-5　插床之刀具

（1）立式牛頭鉋床用標準型刀具與龍門鉋床、牛頭鉋床等所用之刀具，因切削情形之不同而有差異，圖 15-35 爲標準型刀具，前隙角爲 4°～8° 後斜角爲 5°～7°，圖 15-36 係各種形狀之整體刀具 (Solid tool) 套於夾刀柱 (Tool post) 而使用者，通常此種刀具之刀口小而刀柄粗。亦有將刀具鎖緊於刀把上，再將刀把裝於夾刀柱上使用。

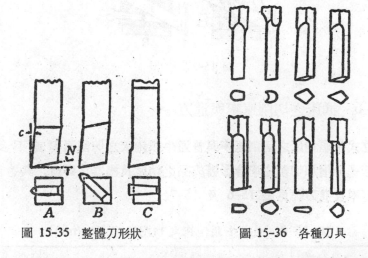

圖 15-35　整體刀形狀　　　　圖 15-36　各種刀具

（2）立式牛頭鉋床刀具於回復衝程時，不能如普通牛頭鉋床或龍門鉋床之刀具能够擺起而減少刀具與切削面之磨擦。卽插床刀具在切削行程與回復衝程時刀具固定，因此刀具在回復衝程時仍與工件表面發生摩擦而刀口容易磨損。

爲了改正上述之缺點，若有充分之空間時，可使用圖 15-37 所示之刀把。*A* 爲有斜面離隙之保險塊（Relief block）以銷 *P* 銷合於刀把上，保險塊以銷爲中心可做微小之搖動，保險塊 *A* 上方以彈簧 *C* 之張力貼緊於刀把上，如圖 15-37A 刀具 *B* 以固定螺釘 *S* 頂緊圓形楔子 *W* 以固定刀具。

圖 15-37A 係在切削衝程工作情形，保險塊 *A* 以彈簧 *C* 貼緊於上方，同時又以刀具之切削力推向上方。

圖 15-37B 係在回復衝程情形，刀具因無切削阻力，保險塊 *A* 上之彈簧因受壓縮故與刀把上部分離之傾向，可減少刀具之磨耗。

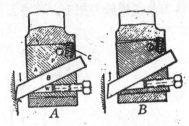

圖 15-37 刀把

15-3-6 插床之切削速率與進刀

立式牛頭鉋床之切削速率與普通牛頭鉋床之切削速率差不多相等，若過分增加切削速率會影響成品之精度及機器之壽命。其適宜之切削速率及進刀詳見表 15-6 及 15-7。

表 15-6 立式牛頭鉋床之切削速率 (m/min)

工件材料 刀具材料	鑄 鐵	鑄 鋼	鑄 銅	黃 銅	鋁
碳 鋼 刀 具	6～15	6～12	6～19	25～35	25～40
高 速 鋼 刀 具	8～20	8～15	8～24	40～50	40～50

表 15-7 立式牛頭鉋床之進刀 (mm/衝程)

工件材料 刀具材料	鑄 鐵	鑄 鋼	黃銅 靑銅
碳 鋼 刀 具	0.2~2	0.1~2	0.2~2
高 速 鋼 刀 具	0.2~5	0.2~5	—

15-4 龍門鉋床 (Planer)

龍門鉋床係使用單鋒刀具切削較大平面的工具機，刀具只作橫方向之移動及作垂直上下移動，而工作固定於工作臺作往復運動。

15-4-1 龍門鉋床之種類

(1) 龍門鉋床依機柱 (Housing) 的構造可分爲五種:

①標準型（雙機柱型）龍門鉋床 (Standard planer or doublehousing planer)：圖 15-38 機柱在床身的兩側，機柱與頂橫樑形成龍門故稱爲標準型龍門鉋床，橫軌可在機柱上做上下移動。橫軌上裝有一個或兩個刀具頭，除了可在橫軌上做左右移動外，並可旋轉至所需

圖 15-38 標準型龍門鉋床

角度，亦有在機柱上裝置橫刀具頭上下移動鉋削工件之側面。

　　②單機柱型龍門鉋床 (Open side planer)：　圖 15-39 床身側面只有一個機柱，因此橫軌成為懸臂樑，機柱必須相當堅固，此種鉋床適於鉋削寬大之工件。

圖 15-39　單機柱型龍門鉋床

　　③坑式龍門鉋床 (Pit type planer)：兩個機柱與橫軌同時在坑兩側之工作臺導面作前後往復運動，工件置於坑上，用於鉋削大形工作。

　　④邊線龍門鉋床 (Edge planer)：利用油壓夾住大件鋼板鉋削鋼板邊緣者，用於造船廠鉋削熔接用鋼板邊緣之槽角。

　　⑤特種龍門鉋床 (Special planer)：可分為

　　　　a. 曲柄龍門鉋床 (Crank planer)：利用曲柄推動工作臺做往復運動者，為一種小型龍門鉋床。

　　　　b. 軌道龍門鉋床 (Rail guide planer)：可同時鉋削多支軌條而設計之龍門鉋床。

　　　　c. 立式龍門鉋床 (Vertical planer)：　其鉋削情形與插床相似，鉋刀做上下鉋削運動鉋削大型工件之垂直面。

15-4-2　龍門鉋床之規格

龍門鉋床之尺寸大小規格係以工作臺長度×切削工件之最大寬度×最大高度表示。

例：3000mm×1500mm×1200mm 之龍門鉋床卽指工作臺之長度爲 3000mm，切削工件之最大寬度爲1500mm，最大高度爲1200mm。

15-4-3 龍門鉋床之構造與各部名稱

龍門鉋床之構造可分爲六大部分：①床座②工作臺③機柱④橫軌⑤鞍部⑥機頭。

(1) 床座 (Bed)：爲一大型長方形的堅固機械鑄件，其上方有精密加工的 V 形槽軌道，用以引導床臺作直線往復運動，亦可防止刀具於鉋削時， 因橫向壓力而引起振動。其內部有壓力潤滑系統及貯油池，潤滑油經幫浦抽取潤滑 V 形槽及其他部位。

(2) 工作臺 (Table)：圖 15-40 爲一長方形之鑄件， 裝於床座滑動形槽上，工作臺爲精密加工之平臺，具有準確精光之 T 形槽及附

圖 15-40 工作臺

件 T 形螺栓，用以挾固工件或虎鉗。臺上亦具有鉸孔，作為工件停止及提動之用。工作臺之推動方式有用齒輪及齒條式，液壓式曲柄式三種：

①利用齒輪及齒條傳動：將齒條鎖緊於工作臺底面中央部分，正齒輪及其他人字齒輪系統裝置於床座中，利用皮帶輪之皮帶掛持開帶 (Open belt) 或交叉帶 (Closs belt) 控制齒輪之正反轉，引導工作臺作往復運動。為改正其傳動衝力過大不確實之缺點，不用皮帶傳動，用電磁正逆轉馬達傳動， 經螺旋齒輪或蝸桿 齒輪傳動齒條 以減少衝力，得到均勻的往復運動。圖 15-41。

圖 15-41　工作臺傳動輪系

(a) 圖 15-42 表示置於床座中推動工作臺之齒輪機構，動力經

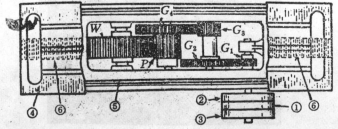

圖 15-42　推動工作臺之齒輪機構

由皮帶輪①②③傳至兩對減速齒輪 G_1 G_2 及 G_3 G_4 與 G_4 同軸之小齒輪 P 再傳導至大齒輪 W 推動工作臺底面之齒條⑥工作臺卽可作往復運動。

(b) 圖 15-43 爲進給調節器 (Feed control) 之構造，M 軸係圖 7-93 G_2 G_3 之軸，M 軸上凸緣 F 之兩側有皮墊 (Leather washer) L，圓盤 O 以皮墊之摩擦力帶動旋轉，M 軸依工作臺行程作旋轉，但圓盤 O 邊緣之 K 銷爲固定於床身之阻銷 (Stop pin) 如圖 15-44 之 a, b，所以圓盤 O 之旋轉角度恒爲一定。若欲變換進給，只需調整圓盤 O 邊緣上之把手 A (Adjusting knob)，則能變換連桿 N 下端之半徑距離卽可。

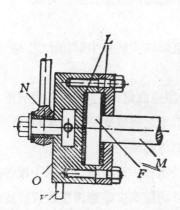

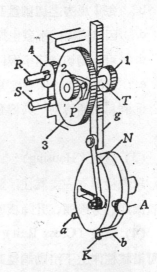

圖 15-43　進給調節器之構造　　　　圖 15-44　進給機構

(c) 圖 15-44 表示整個進給機構：　連桿 N 推動進給齒條 g 做上下運動，帶動小齒輪 1 做旋轉棘輪 (Ratchet wheel)，2 係套於 T 軸上，因此 2 與 1 同時旋轉，大齒輪 3 套於 T 軸可自由旋轉，當齒條 g 上升時，棘輪順時針方向旋轉；g 下降時，棘輪逆時針方向旋轉。

設大齒輪 3 上面之爪（Pawl）*P* 上端與棘輪 2 嚙合，則齒輪 3 因受棘輪 2 順時針方向推動爪，再推動大齒輪 3 作順時針方向旋轉；若爪 *P* 之下端與棘輪 2 嚙合，則齒輪 3 只做逆時針方向旋轉，齒輪 3 之旋轉傳至齒輪 4，則由進給桿 *R* 之旋轉帶動刀具做上升或下降之移動，若將齒輪 4 套入進給螺桿 *S*，則由 *S* 之旋轉帶動橫軌上之鞍架做左右進給運動。

②利用油壓傳動：工作臺連接於活塞桿，活塞桿一端的活塞置於油池內，利用齒輪泵輸送液壓油推動活塞而作往復運動。其優點如下：

a. 可獲得無階級性之速率變化。

b. 每 1 馬力之切削量甚大。

c. 因無齒輪，不發生振動，切削面光滑，鉋刀壽命可延長。

d. 可提高切削速率與回程速率之比，可縮短工作時間。

e. 機件減少，保養容易。

③利用曲柄傳動：其傳動機構原理與曲柄式牛頭鉋床之原理相同。

(3) 機柱（Housing）：為一大型垂直鑄件，雙機柱型有兩支機柱，單機柱型有一支機柱，豎立於床臺之側以支持橫向床軌（橫軌）、橫軌機頭、旁機頭、升降橫軌及控制傳動機件等。

(4) 橫軌（Cross Rail）：係裝於膝柱垂直滑槽上之水平機件，橫軌可沿膝柱作上下滑動調整高度，欲調整高度時應將壓板螺桿放鬆，將升降指示桿扳至上升或下降位置，用扳手轉動升降螺桿傳至斜齒輪再傳導至垂直之螺桿，即可使橫軌上升或下降，亦可用手按快速升降馬達按鈕，其升降之極限皆裝置極限切斷開關（Limit Switch）確保安全。高度調整完畢，鎖緊壓板，防止鉋削時橫軌突然下降，損壞刀具及工件。橫軌上裝置一個或兩個機頭組，每一個機頭組皆套有一支與橫軌平行之橫向進刀螺桿，用扳手轉動可使機頭的鞍在橫軌上作左右橫方向之移動及自動垂直進刀桿等如圖 15-45 檢驗橫軌與工作臺之平

圖 15-45　橫軌頭控制桿

行度，可將橫軌下降鎖緊，將量表 (Indicator) 以磁力固定於機頭上，用扳手轉動橫向進刀螺桿，使機頭組橫向經過橫軌檢視量表讀數是否有誤差，若有誤差調整上升螺絲使橫軌每端相等，保持水平。

　　(5) 鞍部 (Saddle)：係裝於橫軌滑板上之機件組，其前方有圓形滑槽承面，以裝置機頭鞍部環面刻以角度，後端裝有與自動進刀桿及橫向進刀螺桿之螺母座，　其主要功能為支持機頭做鉋削工作。　如圖 15-46。

　　(6) 機頭 (Tool head)：又名工具頭，其構造、操作與牛頭鉋床相似圖 15-46 旋轉橫軌螺桿，可使機頭作橫向進刀，旋轉垂直進刀螺桿可作垂直進刀，通常機頭具有動力自動垂直進刀，轉動桿子 D，使齒輪 $G_1 G_2$ 嚙合，其動作由進刀桿經離合器傳至兩對斜齒輪 $G_1 G_2$，與 $G_3 G_4$ 至

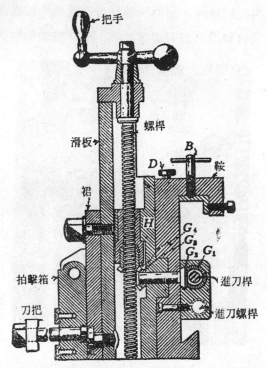

把手

螺桿

滑板

裙

B
D
鞍

H
G₄
G₃
G₂ G₁

拍擊箱

進刀桿

刀把

進刀螺桿

圖 15-46　機頭及鞍部

垂直進刀螺桿；機頭滑板裝於轉動板(Swivel plate)上，轉動板以四支螺栓固定於鞍部，放鬆螺栓機頭可以左右轉動 70°，滑板上裝有拍擊箱、拍擊塊及夾刀柱，並利用油壓推動拍擊塊及刀具作擺動，使刀具在工件回程時不致損壞刀口並作自動進刀之操作，旁機頭圖 15-47 置於膝柱上作側面鉋削工件，其構造與操作與上述機頭相同。目前機頭亦有用 $\frac{1}{2}$ 馬力之馬達操作刀架上下及左右移動，甚為方便。

15-4-4　鉋刀的種類

(1) 實體鉋刀：可分為風鋼整支鍛造而成及用高速鋼或碳化物刀尖塊鑲焊於刀把上而成，可分為左右向粗鉋刀、圓頭粗鉋刀、方頭粗

圖 15-47　旁機頭

鉋刀、左右向邊鉋刀、左右向鳩尾鉋刀，如圖 15-48。

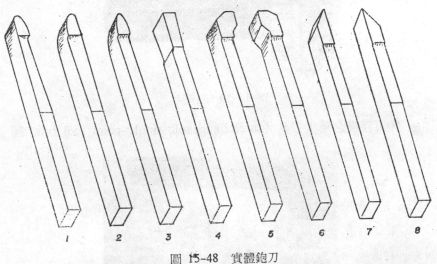

圖 15-48　實體鉋刀

(2) 刀把夾裝鉋刀：　因刀把夾持方式之不同可分爲下列三種形式：

①普通夾裝鉋刀：　圖 15-49 係直柄式與牛頭鉋床鉋刀之形式相同。

圖 15-49　普通夾裝鉋刀

②羣鉋刀 (Gang planer tool)：圖 15-50 數支鉋刀裝於刀頭柄上，並且可在柄上藉舌與承座之轉動而偏斜一定之角度，當角度固定以後由螺絲鎖緊刀頭不致滑動；刀頭上有刻度，可將刀具很迅速而準確固定於其所需要的進刀深度，由於鉋削力較小，故進刀與鉋削深度較普通夾裝鉋刀爲大，而且刀具在切削端之折裂可減少。

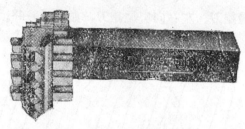

圖 15-50　羣鉋刀

③可互換之單尖刀具 (Interchangeable single-point tool bits) 圖

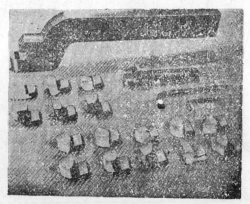

圖 15-51　互換之單尖刀具組

15-51: 爲新近所發展的型式，在不同的操作中，只變換刀尖而不必牽動整個刀具，刀尖底部具有鋸齒，裝配時可以推入刀把之鋸齒槽內鎖緊，並可左右移動定位，刀尖磨銳可用另備之磨刀夾挾持研磨。刀尖與刀把製成 *E, G, J* 三種尺寸，*E* 最小，*J* 較大。刀尖可用高速鋼或碳化鎢製成。

15-4-5 鉋削速率

龍門鉋床之鉋削速率依鉋刀種類、工件種類、機械的強度、切削深度、進刀的大小而定，切削速率不可過大以免開始鉋削時刀口被衝破之顧慮，通常切削速率每分鐘爲 20m，回程速率每分鐘20~50m。切削工件時間與進刀的大小有關，因此在可能範圍內進刀愈快愈佳，通常粗鉋軟鋼料進刀爲 1.5~4.5mm, 粗鉋鑄鐵工件進刀爲 3~6mm, 細鉋削進刀爲 6~12mm, 表 15~8 爲龍門鉋床之鉋削速率。

表 15-8 *龍門鉋床之鉋削速率* (m/min)

鉋 刀 材 料		高	速		鋼	超	硬	合	金
切削深度 (mm)		3	6	12	25	1.5	2.5	3	10
進刀 (mm/行程)		1	1.5	2.5	3	1	1	1.5	1.5
工件材料	鑄　鐵（軟）	30	25	20	17	100	80	65	55
	鑄　鐵（硬）	15	11	8	—	55	43	35	—
	普　通　鋼	23	18	13	10	100	75	58	43
	特　種　鋼	13	10	8	—	70	53	40	—
	青　　　銅	50	50	40	—	※	※	※	※
	鋁	70	70	50	—	※	※	※	※

※使用工作臺最大速率

15-4-6 龍門鉋床之基本操作

(1) 龍門鉋床之起動與停止

檢查電源電路， 橫軌是否離開工作臺及固定， 刀具是否離開工件，拉上電源，按下主開關按鈕，再按下第二開關按鈕，此時主馬達 (10~25HP) 開始運轉，將撥桿扳入已選擇好之衝程數輪系指標上（衝程長短與每分鐘衝程數成反比，如表 15-9）。

表 15-9　衝 程 數

衝 程 數 ／ 分	衝 　程
8	48″
11	48″
15	40″
21	30″
29	24″
40	18″

一般衝程數在 29, 40 因衝力太大之故， 較少使用。一般先撥入每分鐘15次之衝程數中，拉上起動桿，此時床臺開始做往復移動，再將衝程長短刻度盤邊的扳手扳至 *IN* 或 *OUT*（*IN* 代表增長衝程，*OUT* 代表減少衝程）再扳動刻度盤邊的撥桿至所需之衝程長度， 再拉下起動桿，此時床臺靜止不動，放鬆衝程位置隙片桿，用扳手轉動衝程位置調整螺桿使床臺至定位，選擇適當之水平或垂直進刀速度，拉上起動桿至 *IN* 位置即可進行起動（若欲快速調整橫軌之高度，必須先放鬆橫軌壓板桿，至定位時立卽鎖緊橫軌壓板）。

(2) 刀具之安裝

龍門鉋床之鉋刀裝持方式與牛頭鉋床鉋刀之裝法相同。

（3）工件之安裝

安裝工件可參閱前幾章所述，小工件之安裝可將虎鉗固定於工作臺上，再將工件夾持於虎鉗上，卽可加工。

大工件之安裝，可以利用壓板（圖 15-52），階級塊（圖15-53），可調節之墊塊（圖15-54），T 型槽夾頭（圖15-55），標準鉋床千斤頂（圖15-56），垂直千斤頂（圖 15-57），支撐千斤頂（圖 15-58）停止塊，T 型螺栓，平行塊等附件配合運用，卽可夾固工件成水平，

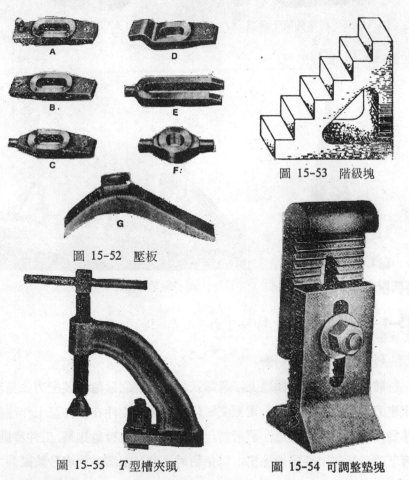

圖 15-52 壓板

圖 15-53 階級塊

圖 15-55 T 型槽夾頭

圖 15-54 可調整墊塊

圖 15-56 標準鉋床千斤頂

圖 15-57 垂直千斤頂

如圖 15-59 實施卽可。

圖 15-58 支撐千斤頂

圖 15-59 工件夾固情形

15-4-7 龍門鉋床之特殊工作

(1) 龍門鉋床上研磨

　　將砂輪機固定於機頭上，選擇及裝上適宜之砂輪（裝配方法見車床車刀研磨章節），接上電源使砂輪廻轉並使工件在工作臺上作往復移動，卽可研磨，注意：研磨前，機頭應提高使砂輪廻轉，工件移動，再下降砂輪與工件慢慢接觸，以免研磨過深，損壞工件或砂輪碰裂之危險。

（2）龍門鉋床上鑽孔、搪孔、銑孔

將龍門鉋床機頭上裝置馬達、變速輪及心軸附件等套上鑽頭、搪刀，及銑刀，移動工作臺及昇降橫軌之高低就可在工件上鑽孔、搪孔、銑切、鉋削。尤其適合於生產大的夾具及工模（Jig）。

複　習　題

1. 鉋床的種類有那些？

2. 牛頭鉋床的傳動機構爲何？

3. 鉋削的速度如何計算？

4. 鉋刀的種類有那幾種？

5. 鉋刀的各部名稱爲何？

6. 如何安裝鉋刀？

7. 在鉋床上工作如何夾持工件？

8. 如何調整鉋床的衝程？

9. 如何鉋削作用？

10. 如何鉋曲面？

11. 鉋斜面的方法有那幾種？

12. 龍門鉋床的種類有幾種？

13. 龍門鉋床刀具的安裝要領爲何？

第十六章 銑 床

銑床是利用多叉口形成之銑刀刀具(Milling cutter)。銑刀經固定後而快速旋轉，工作物移向銑刀，以此達到銑切金屬的工作母機。通常銑床可運用各種不同的銑刀來銑製或加工平面、曲面、斜面、鍵槽、齒輪、螺旋槽、凸輪等工作件，加工範圍非常廣泛；由於銑床隨着銑削功能之轉變，其形式大小與種類繁多，市面上採購也方便。

銑床之切削速度均勻，銑刀安裝容易，大多數的工作臺皆可作縱向、橫向、垂直、角度或旋轉之進給（又稱進刀）。如此可增大切削量、加工精確且速度快，目前許多鑽床、鉋床、拉床、銑齒機等工作，均可由銑床完成，在生產工廠內為一重要之工作機械。

16-1 銑床形式

銑床可區分為一般工作用與特殊工作用兩大類。通常依設計的形式及功能可分為：

(1) 柱膝式銑床

A. 臥式銑床　B. 立式銑床　C. 萬能式銑床

(2) 生產用銑床

(3) 龍門式銑床

(4) 搪孔型銑床

(5) 特種銑床

(6) NC 銑床

16-1-1 柱膝式銑床

柱膝式銑床為較普遍、應用較廣的一種銑床，能做各種不同操作，在機械工廠，或模具與工具製造工廠是不可或缺的工作母機。工作物裝於床臺上可作縱向、橫向，及垂直三方向移動，且可達到精確的銑削工作。由於裝設銑刀的心軸位置之不同，另可區分為：

A. 臥式（普通）銑床(Plain milling machine)

　　如圖 16-1 和 16-2 所示，為一臥式銑床，裝配銑刀的心軸呈水

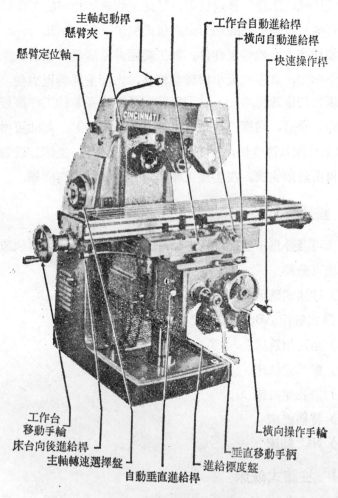

圖16-1　普通銑床之構造

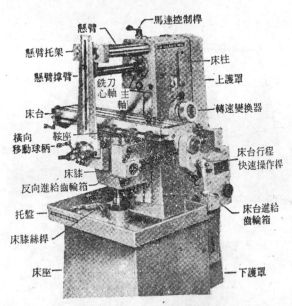

圖16-2　小型普通銑床構造

平。　其構造雖然簡單但結實耐用，　心軸由懸臂、　轉軸及頭端支架支
持，主轉軸呈中空，前端有每呎 $3\frac{1}{2}$ 吋之斜度，俾能準確地將銑刀軸
裝於中心位置上。床臺三方向之進給都配有精密刻度盤，手動操作或
自動進給均可。主要用於做銑削平面和成形面等之加工。

B. 立式銑床（Vertical milling machine）

　　立式銑床如圖16-3, 16-4 所示，爲一直立式心軸，心軸上裝置銑
刀，垂直於床臺。而其銑刀轉軸又可分爲：（1）與床柱成一體，（2）能
上下滑動，（3）可左右傾斜等三種，其他構造和臥式銑床者類似。立
式銑床使用端銑刀、面銑刀、T型槽銑刀等作銑削平面，溝槽，端面
等加工，此外如做鑽孔、紋孔、搪孔等工作也均能達到精確的加工尺
寸；因此有逐漸取代直立鑽床和搪床的工作之趨勢。

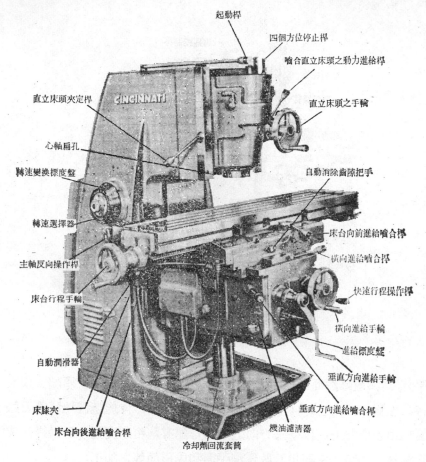

起動桿

四個方位停止桿

嚙合直立床頭之動力進給桿

直立床頭夾定桿

直立床頭之手輪

心軸扁孔

轉速變換標度盤

自動消除齒隙把手

轉速選擇器

床台向前進給嚙合桿

橫向進給嚙合桿

主軸反向操作桿

快速行程操作桿

床台行程手輪

橫向進給手輪

進給標度盤

自動潤滑器

垂直方向進給手輪

床膝夾

垂直方向進給嚙合桿

床台向後進給嚙合桿

機油濾清器

冷却劑回流套筒

圖16-3 ·立式銑床之構造

C. 萬能銑床 (Universal milling machine)

萬能式銑床，如圖16-5所示，其外形與臥式銑床相似，所不同者是工作臺除了作三方向進給外，在水平方向尚能做相當角度的轉動，並在床臺上附有分度頭(Dividing head)設備，可作鑽頭的螺旋槽，螺旋正齒輪、斜度、銑刀、凸輪及齒輪螺旋等之銑削加工，另外萬能銑床亦可裝設立銑設備、旋轉臺附件、虎鉗、插床附件等，以進行各種不同的操作，加工範圍極為廣泛。而且工作臺移動的進給速度，起動和停止均可用自動循環方式控制之。

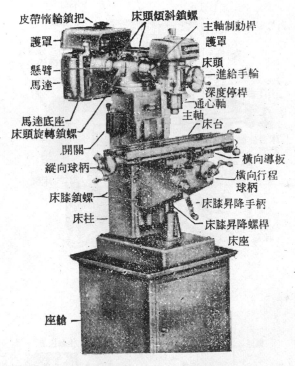

皮帶惰輪鎖把
床頭傾斜鎖螺
主軸制動桿
護罩
護罩
床頭
懸臂
進給手輪
馬達
深度停桿
通心軸
馬達底座
主軸
床台
床頭旋轉鎖螺
開關
橫向導板
縱向球柄
橫向行程
球柄
床膝鎖螺
床膝昇降手柄
床柱
床膝昇降螺桿
床座
座槍

圖16-4　小型立式銑床

16-1-2　生產用銑床(Production milling machine)

生產用銑床又稱臺座式銑床 (Bed-type milling machine)，其主要構造為工作臺與鞍座成為一體，而固定於銑床柱的底座上，非常堅固，並具伸縮性，操作容易，但加工範圍卻受到限制，其優點是在大量生產工廠製造同一零件時，僅需半技術工人卽可操作，甚至一人可以控制多部銑床。生產用銑床為適應各種不同之用途，有臥式，立式和立臥組合式等各種不同之型式，如圖16-6，圖16-7，圖16-8所示。

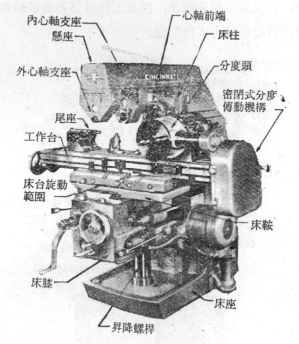

內心軸支座
懸座
外心軸支座
心軸前端
床柱
分度頭
密閉式分度傳動機構
尾座
工作台
床台旋動範圍
床鞍
床膝
床座
昇降螺桿

圖16-5　萬能銑床

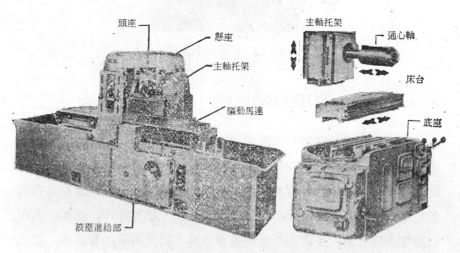

頭座
懸座
主軸托架
驅動馬達
液壓進給部

主軸托架
通心軸
床台
底座

圖16-6　生產式銑床的主要構件

圖16-7 雙頭銑床

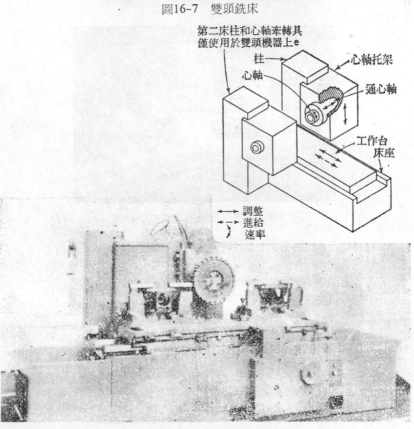

圖16-8 臺座式的生產銑床

16-1-3 龍門式銑床(Planer type milling machine)

龍門銑床如圖16-9，16-10 除鉋刀更換為銑刀外，其餘構造與龍門鉋床相類似，通常裝置銑刀在心軸上，一般可分單軸、雙軸和多軸三種；銑刀可以裝在水平的橫樑上使成垂直，或者裝在床柱下面使成水平，每一種都能單獨變換旋轉速度，一般均以液壓傳動工作臺。驅動馬力較大，適合於大型工作件的銑切，比龍門鉋床更具有效率，精密度也較高，廣受使用。圖16-10 所示為用來加工巨型車床之床面的情形。

圖16-9　附有三個床頭之龍門式銑床

圖16-10　龍門式銑床

16-1-4　搪孔型銑床(Boring milling machine)

搪孔銑床是以搪孔(Boring)爲其主要用途，其構造雖然是以搪床爲主體，惟可以將銑刀裝於主軸上，以進行銑削操作，如此可以同時搪孔和銑削併用，搪孔銑床可分臥式和立式兩種，作汽缸。鑽模(Jig)、精密內孔或搪孔的銑削。如圖16-11A, 16-11B所示。

圖16-11A　精密搪孔型銑床

16-1-5　特種銑床(Special-milling machine)

銑床之中，有許多使用於某種特定加工上，或爲了製作某種工作

圖16-11B　精密臥式搪孔及銑床設備

而設計的銑床，這類銑床一般均具有特殊的銑削功能，因此通稱為特種銑床，其不同的形式有:

A. 行星式銑床(Planetary milling machine)

行星式銑床之工作物固定不動或只作旋轉運動，其他的動作均由銑刀來完成。工作物與銑刀的關係及銑削方式如圖 16-12所示。首先銑刀在中心位置，銑切開始時，銑刀作徑向的進給至適當的深度，然後作內或外的行星運轉。可做各種斜面、軸承面、大型孔徑及各種短形內外螺紋的銑切。

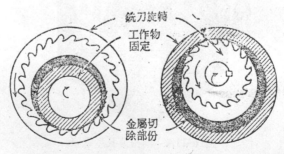

圖16-12　行星銑床銑削方式

B. 複製銑床 (Duplicating milling machine)

複製銑床又稱靠模銑床，其工作件之銑切，以原有之模型尺寸為

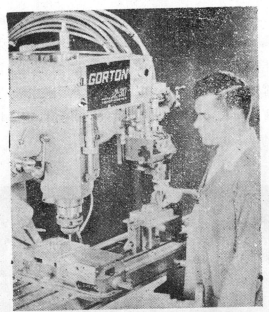

圖16-13A　用手工操作的複製銑床

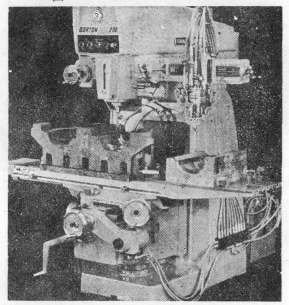

圖16-13B　液壓式靠模銑床

基準，沒有收縮或放大。模型及工作物裝置在工作臺之前端，銑刀的升降係利用氣壓式或油壓式的靠模切削裝置，使描摹器與模型接觸，藉以使銑刀能按照模型作上下、前後、左右等銑削工作和移動，對於形狀複雜之零件加工非常方便，如圖 16-13 所示。16-13A 為用手工操作控制的複製銑床， 16-13B 為液壓式靠模銑床，16-13C 為可以銑製三個尺度的模具或工具的複製銑床。

圖16-13C　可以銑製三度空間尺寸之模具或工具的複製銑床

C. 工具和模具銑床(Tool and die milling machine)

工具和模具銑床，如圖 16-13D，可以進行銑削曲面或不規則面之加工，銑刀能夠精確而自動地銑切複雜的工作件，同時又具有普通銑床的功能。

圖16-13D 工具和模具銑床

16-1-6 NC 銑床

NC 銑床又稱數值控制銑床 （Numerical controlled milling machine)，是根據數字控制卡或帶的指令，自動地控制銑床，作各種

圖16-14 數值控制之立式銑床

不同方向和大小的進給、切削速率的銑削工作，有時也可自動地調整冷卻劑之流量，並可檢驗工作物。甚至於有些*NC*銑床亦可以自動地更換刀具。*NC*銑床一般均以立式銑床使用數字控制較多，銑刀軸上備一旋轉搭（Turrect）可裝六，八，或十把刀具，以做不同精密銑削工作。如圖 16-14，圖16-15所示。

圖16-15　數值控制多角頭刀架銑床

16-2　銑　刀

16-2-1　銑刀之基本形狀

銑刀銑削與車床車削基本上不同之點是車床車削係使刀具（車刀）獲得進給而由工作物旋轉；相反地，銑床銑削則使刀具（銑刀）旋轉而由工作件獲得進給，銑刀的刀口隨銑刀形式之不同而有所區別，如圖16-16所示，為各種不同銑刀之各部份名稱。

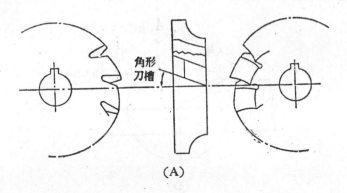

(A)

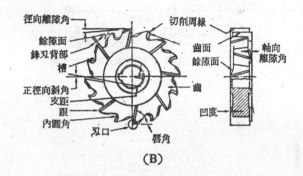

(B)

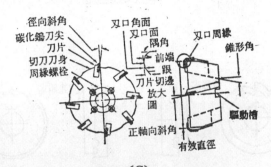

(C)

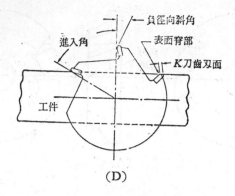

(D)

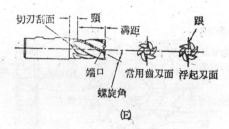

(E)

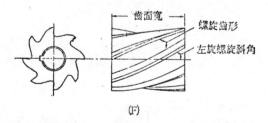

(F)

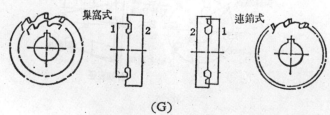

(G)

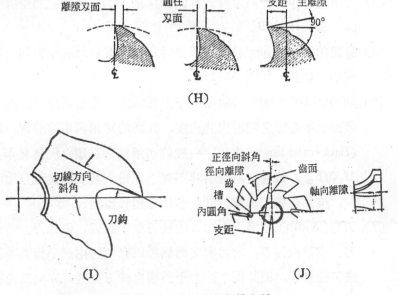

圖16-16　銑刀的各部份名稱

a. 角形溝槽　　　　b. 周邊銑刀　　　　c. 平面銑刀
d. 平面銑削　　　　e. 端銑刀　　　　　f. 普通銑刀
g. 巢窩式與連銷式銑刀

1. 銑刀各部份名稱

(1) 角形溝槽 (Angular flute) 在兩刀齒間和銑刀軸相交成一空間角度，如圖 16-16A所示。

(2) 銑刀本體 (Body) 銑刀本體形成銑刀主體，必須施以適應材質的熱處理，將內部應力完全排除；用來夾緊刀片之托架或夾頭。有時本體是不包括刀齒或刀柄的實體及嵌入刀具部份。

(3) 間隙 (Clearance) 在銑刀刀齒離隙 (Relief)直面後方的額外空間，用以消除刃口和工作物間不必要的摩擦，如圖16-16B所示。

(4) 刀槽（Flute）一個刀齒的背面和鄰接一個刀齒面間的空屑空間，如圖16-16B。

(5) 螺旋角(Helix angle)螺旋形刀齒和銑刀圓柱軸的平面間所形成的刄口角，如圖 16-16F。

(6) 傾角(Rake angle)刀齒面或在刀齒面上一點的切線與已知參考面或中心線之間所夾的角度，此角的功用與車刀的背斜角(Back-rake angle)相仿，一般銑切鋼料為正傾之規格有 M_2，M_7和T_{15}，每種規格皆有其不同之成份，其成份之百分比不同，但其化學元素角，銑削鑄件宜用負傾角。

(7) 刀寬(Width) 周邊上有刄口的銑刀如平銑刀、側銑刀、角銑刀、成形銑刀等，均將對旋轉軸形成直角的兩個平行面叫做銑刀的側面，而此兩平面的距離謂之銑刀寬度，亦成為能夠銑削的最大寬度。

(8) 銑刀直徑(Diameter) 表示銑刀的大小，從刀齒的最大外徑度量所得。

(9) 刀軸孔徑(Hole)刀軸孔徑公差可大可小，但孔徑必須製成標準尺寸。

16-2-2 銑刀材料

銑削時銑刀之材質必須具備下列條件:

1. 紅熱硬度 (Red hardness)要高。
2. 因加熱而引起的硬度變化必須很少。
3. 耐磨性要大。
4. 靱性好。
5. 熱處理、加工研磨及其他操作處理容易。
6. 售價大眾化。

製造銑刀材料有高碳鋼、高速鋼、碳化物或非鐵金屬合金鑄成；而目前最普通的是高速鋼和燒結碳化物兩種；茲分別說明如下：

(1) 高碳鋼(High-carbon steel)

鋼含碳量 0.6～1.50％時，稱高碳鋼，而用於銑刀材料，一般鋼含碳量為1.0％～1.3％者，業經熱處理後，可做精切削與製作準確定型的銑刀，但高碳鋼，靱性較差，耐磨性不高，其紅熱硬度約至 300°C卽失去刀刃口的硬度。

(2) 高速度鋼 (High speed steel)

高速鋼含有鐵及不同成份的碳、鉻、鎢、鉬、釩及鈷等合金元素；其切削速度可達到高碳鋼 2～2.5 倍，具有極高的耐磨性和耐衝擊力，紅熱硬度達600°C之高溫仍維持良好切削性，整體成型的銑刀均為高速鋼材料所製成。依美國鋼鐵學會（AISI）之規格，一般高速鋼可以分為兩種類別，如用英文字母來說明，是 *T* 類和 *M* 類，*T* 是鎢之代號，有時用 *W* 代表，*M* 是鉬之代號，常用則近似。

(3) 燒結碳化物合金(Sintered carbides alloy)

基本上為鎢(W)、鈦(Ti)、鉭及(Ta)鋯(Tc) 的硬碳化物用鈷當結合劑 (Cobalt binder) 黏合在一起製成，也可能含有鉻和鎳成份在內。燒結碳化物為一種粉末冶金 (Powder metallurgy) 的產品，由碳化物粉末和鈷粉末或碳化鋯(Tc)粉末；在球粉末機(Ball mill)內均勻混合約一星期以上，然後倒入所希望之形狀金屬模裡，施以 1000psi 壓力，擠壓成所需胚料形狀，再放在電爐內加熱約 1400～1500°C燒結 (Sintered)，以增加硬度，使得容易處理及成形，然後再以各種加工方法成型及最後燒結至完成過程。

在燒結碳化物添加鈦(Ti)和鉭 (Ta) 之理由，除改善硬度和靱性外，對於斜度面之磨耗 (Crater) 抵抗之增加甚為有效。若只有碳化鎢者叫做單元碳化物系，於單元碳化物系加碳化鈦者稱二元碳化物系，而再加碳化鉏者則稱做三元碳化物系，藉此予以區分。

　　燒結碳化物處於常溫的硬度，雖比高速鋼高約20％，但其最大特點是於銑切加工過程之紅熱硬度可高達 900°C，刀双尖硬度也不會發生變化，其切削速度爲高速鋼之2～5倍，適合於用做高速割削或重切削的工作，此類切削材料最忌振動 (Vibration)，是故機器之剛性要好。一般常用的銑刀材料，有C-2, C-6和C-7三種。

16-2-3　銑刀之負傾角

　　負傾角銑刀（如圖16-17）是因二次世界大戰中研究改進的順銑削方法，主要針對鑲齒形碳化物銑刀，做高切削速度和較大切削深度之鑄件而言。由於碳化物刀片初觸及工件的是刀片的刀尖，若以正傾角銑削時，因刀片非常脆硬，突然碰擊受有折力，很容易使該刀片双口

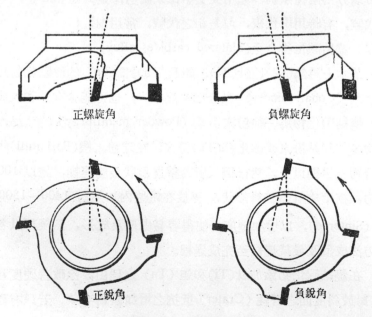

正螺旋角　　　　　　　　負螺旋角

正銳角　　　　　　　　負銳角

圖16-17　正負角銑刀

折斷或脆裂，甚至使刀片焊接部分脫離而掉落。一旦改爲負傾角時，刀片和工作件接觸是由刀背逐漸向刃口，且所受的力是壓縮力不是碰擊力，如此工作件加諸於刀片的力量集中在刀背上，碳化物刀刃既不會折斷也不致於掉落。

使用負傾角的碳化刀具必須要提高至每分鐘150公尺或200公尺以上的切削速度，否則銑削效果不良、刀具壽命減低而且工作件表面亦不光滑。

爲什麼在較高切削速度及較大切削深度時，採用負傾角銑刀刃口會降低切削力呢？因爲銑刀克服較大阻力而增高切削馬力提升銑切的動能，在此高動能迅速切削下所產生摩擦熱能，將驟然提高，傳及工件材料致使該材料的強度因回火或退火而降低，於是促使切削力降低是其主要理由。

使用負傾角銑刀之優點：

(1) 可避免碳化物刀片的折裂或脫落。

(2) 可以提高碳化物刀刃的切削速度和切削深度。

(3) 減少銑削時間，增加單位時間切屑之切落量。

(4) 提高每部銑床的生產量。

(5) 可以避免工件材料黏附在切刃上阻塞銑削，由於切削處工件材料的溫度比較高，又切屑因銑刀片很快滑壓過工件，不易滯留。

(6) 工件表面較使用正傾角銑刀銑削來得光滑。

(7) 切屑因受高熱而變成暗紅色，因熱能集中切屑上而工件主體較使用正傾角銑刀銑削，容易發散熱能，如此工作件表面溫度並不呈暗紅色。

(8) 因切落的切屑較大而多，銑刀相鄰間隔寬，比起同樣條件的正傾角銑刀的切刃數要來得少且經濟耐用。

(9) 不須冷卻劑且能保持低溫，因熱能集中於切屑而呈軟弱情形脫離工件本體，不惟不須潤滑冷卻劑且可避免因冷卻而使刀双碎裂現象。

使用負傾角銑刀銑削之缺點:

(1) 對於耐熱鋼或不銹鋼等加工銑刀，因不易使切屑軟化，故切削效果不彰。

(2) 銑床馬力要大，每部均須在20Hp以上，甚至40Hp，不是普通銑床所能承擔的。

(3) 使用馬力大，工作臺受力亦大，於是銑床在受較大力而仍保持相當精度的話，造價高，維護亦須謹慎。

16-2-4 銑刀之形式

(1) 普通銑刀 (Plain milling cutter)

普通銑刀又稱平銑刀，呈圓柱形，其外圓周上具有銑刀齒，用於銑削與銑刀軸平行之工作平面。普通銑刀刀齒有直齒、斜齒和螺旋齒三種如圖 16-18，直刀齒的平銑刀標準刀寬均在 25mm以下，若超過

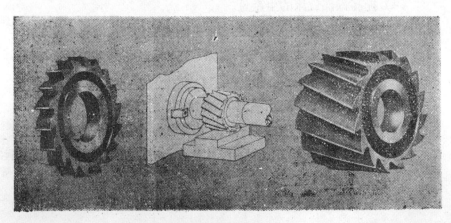

圖16-18A 輕負荷之通銑刀

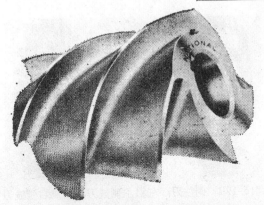

圖16-18B 螺旋銑刀

此寬度因接觸面太大容易引起震動，斜齒銑刀較直齒銑刀好些，卻不如螺旋齒平銑刀理想；因螺旋刀齒銑刀刀口逐漸接觸工作物，可有兩齒以上同時銑削，降低剪切應力，防止顯着的震動，並能得到較佳的工作面，所需動力較小且減低顫動現象。刀齒的螺旋數和銑削工作有密切關係，螺旋條數少的刀齒槽寬大，能容納更多切屑，適於重切削，同理，螺旋條數多的細刀齒用於輕切或精切削。

(2) 側銑刀 (Side milling cutter)

側銑刀與平銑刀相似，除圓周上有刀齒外，側面亦有切刃口，能夠同時銑出與銑刀軸平行及垂直的平面。

側銑刀分單側有刀齒、雙側均有刀齒以及交錯側銑刀的刀齒三種如圖 16-19，圖16-20 交錯側銑刀因刀齒作相反方向傾斜，銑削時橫

圖16-19A 側銑刀，左圖為高速度鋼銑刀，右圖為碳化物刀尖銑刀。

圖16-19B 側銑刀，左爲左側銑刀，右爲右側銑刀

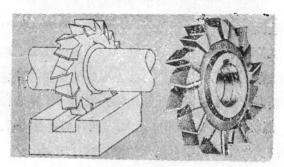

圖16-20 交錯側銑刀

向應力相互抵消，適用於重銑削和深切削。另外有聯鎖側銑刀(Inter
locking side cutter) 是將兩把銑刀的內側像靠背似地組合成，此種銑
刀雖經過多次磨銳，只要在銑刀轂上加薄墊片（Washer）仍能保持正
確之槽寬。

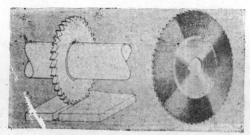

圖16-21A 鋸割銑刀

(3) 鋸割銑刀(Metal-slitting cutter)

鋸割銑刀，頗似普通銑刀或側銑刀，唯其厚度較薄，約自0.5mm至 3.5mm每相隔0.5mm有一種尺寸，如圖16-21A所示，刀齒皆向圓周兩側微凸，以產生間隙，避免摩擦或銑刀在銑削時被材料夾住。而鋸割銑刀亦具有側刀齒的，其刀厚自1.5mm至5mm尺寸如圖 16-21B所示。而圖 16-21C 所示，則爲螺旋槽銑刀。鋸割銑刀主要用於鋸割槽或鋸斷。

圖16-21B 鋸割鋸刀 左：交錯齒 右：單側齒

圖16-21C 螺旋槽銑刀

(4) 角銑刀(Angular cutter)

角銑刀之銑刀齒與銑刀軸既不平行也不垂直，角銑刀分爲單側角銑刀和雙側角銑刀兩種；而單側角銑刀有右側式和左側式，標準角度為 30°，45°，60° 三種均非常普遍，而雙側角銑刀兩側角度相等如 45°，60°, 90°等夾角。如圖16-22A和圖16-22B所示。

角銑刀多用於銑切棘齒輪、鳩尾槽、銑刀及鉸刀槽的加工。

圖16-22A 單側角銑刀

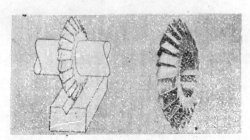

圖16-22B 雙側角銑刀

(5) 面銑刀(Face mill cutter)

面銑刀是在垂直於旋轉軸的端面有切削刀刃，用來銑削平面，一般面銑刀外徑均在 150mm 以上，利用套桿裝在立銑床之主軸口上，其銑削阻力較平銑刀小，能做強力銑削，通常面銑刀均採用嵌片式裝置刀片，如圖16-23所示，其優點：

①以碳化鎢刀片裝置容易，並可節省成本。

②切削效果良好。

⑧若刀刃缺損，只須拆卸更換刀片就能繼續使用。

圖16-23 裝有嵌入刀片的面銑刀

(6) 端銑刀 (End mill)

端銑刀,如圖 16-24,於刀桿之圓周面及頭端上皆有刀齒,可成

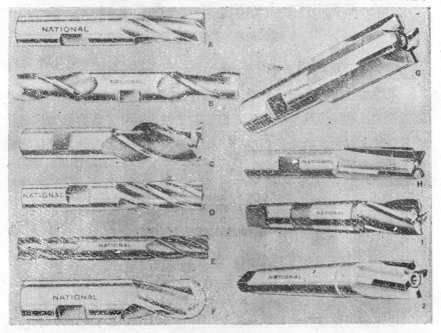

圖16-24 端銑刀

A. 雙槽單端	D. 多槽單端	G. 碳化物刀尖,直槽	J. 碳化物刀尖,
B. 雙槽雙端	E. 四槽單端	H. 碳化物刀尖,螺旋槽	錐柄且螺旋槽
C. 三槽單端	F. 雙槽球端	I. 多槽斜錐柄	

直齒，亦可成螺旋齒，常用於狹窄平面的修整，以及溝槽和模子內凹下部份的端面加工。端銑刀直徑在20mm以內者爲直柄式刀桿，20mm以上者爲推拔式刀柄。而超過50mm時，端銑刀與刀柄分開如圖16-25所示，稱爲殼形端銑刀 (Shell end mill)，其目的在更換銑刀時，可不必更換刀柄，加工較寬平面，頗似面銑刀，多半利用端面刀刄與外圓周刀刄來銑削，適合於階級面之加工。

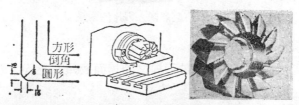

圖16-25　殼形端銑刀

（7）T型槽銑刀(T-slot cutter)

　　T型槽銑刀，如圖 16-26, 用以銑削工作臺之T形槽。其T形槽先用側銑刀或端銑刀銑削中心槽，然後較寬部份再用T型槽銑刀銑切，銑刀齒間有較大之排除切屑空間。半圓鍵座銑刀和T型槽銑刀形狀相同，唯沒有側刀齒如圖16-27。

圖16-26　T形槽銑刀

（8）成型銑刀 (Formed milling cutter)

　　成型銑刀是爲特定形狀的銑削工作而設計。如欲銑削特殊形狀的曲面時，須使用成型銑刀；由於銑刀本身，係特殊形狀的關係，卽使重新磨修刀刄口面時，亦須使刀齒的前斜面經常向着中心，如此方不致於改變原來的形狀。其種類很多，如銑切內圓角、外圓角、半圓槽

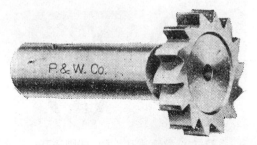

圖16-27 半圓鍵銑刀

、齒輪、鏈輪、螺絲攻、絞刀等成型銑刀。如圖16-28所示。

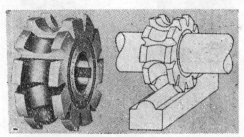

A. 凹面銑刀

B. 圓角銑刀

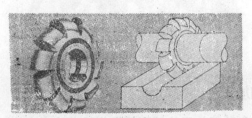

C. 凸面銑刀

D. 左: 齒輪銑刀　右: 開槽銑刀

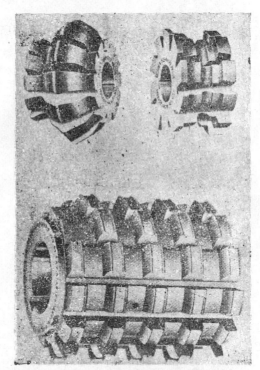

E.　特種成型銑刀

圖 16-28　各種成型銑刀

16-3　銑切加工

銑床之銑削係使銑刀旋轉而使工作物進給來完成加工作業；依照

銑刀旋轉方向與工作件進給方向的不同，區分爲兩種銑削法。(1) 逆銑法，(2) 順銑法。

　　於銑床上，面對銑刀轉軸，反時針方向爲正旋轉，順時針方向爲倒旋轉。茲將兩種銑削法和螺桿反空隙裝置的特點敍述如下：

　　(1) 逆銑法

　　銑切時銑切旋轉方向與工作物進料方向相反，如圖 16-29 所示，其優點：

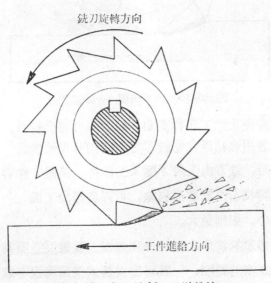

銑刀旋轉方向

工件進給方向

圖16-29　向上銑削——逆銑法

A.　適合使用沒有螺桿反空隙裝置的銑床上銑削。

B.　銑刀刀齒由工作件內往外銑切，不受切屑阻塞，加工面不受刮擦，表面光潔。

C.　不受工作物表面之黑皮（如鑄件）損及銑刀。

　　(2) 順銑法

　　銑切時銑刀旋轉方向與工作物進刀方向相同，如圖 16-30 其優點：

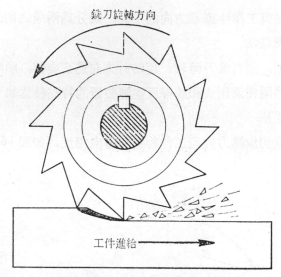

圖 16-30 向下銑削——順銑法

A. 銑削非硬化的工作物表面，銑刀刃口壽命較長。

B. 對於應用燒結碳化物銑刀之重銑削效果較佳。

C. 銑削時，銑刀由上向下壓入工作物，裝置工件容易。

D. 銑切時沒有滑動摩擦現象，可得良好加工面。

E. 震動小，切削量大。

但順銑法必須於銑床床臺螺桿和螺帽上裝置反空隙設備，以消除銑削時螺桿與螺帽的間隙，一般輕型或舊式銑床均沒有螺桿反空隙設備，不宜使用順銑法，另外順銑法對於銑削鑄件或粗糙工作面宜避免採用。至於螺桿反空隙裝置如圖 16-31 係於螺桿上多添加一螺帽與原螺帽相反方向頂住螺桿且固定之，使螺桿在兩螺帽間解除軸心方向的空隙，避免銑削時震動。

16-3-1　銑削工作

一、銑平面

銑削平面的方法很多，在臥式銑床上裝置普通銑刀，以銑削工件

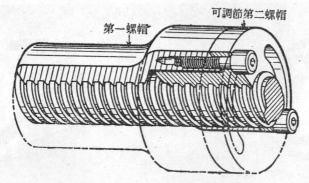

圖 16-31 螺桿反空隙裝置

平面是最常見的，也是最基本的銑削工作，其操作程序如下：

1. 檢測工件尺寸，確定所留的加工量有多少，如圖16-32。

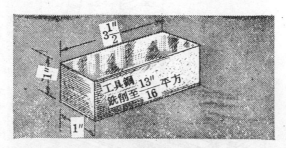

圖 16-32 銑平面前須先劃線

2. 選擇有足夠寬度的銑刀以銑削工件之最寬表面。螺旋式的普通銑刀能得到較佳效果。如圖16-33所示。

3. 清拭床臺與虎鉗，固定虎鉗於床臺，並檢驗其水平及垂直度如圖16-33A, 16-33B所示，裝置工作物於虎鉗上。若萬能銑床因其工作臺可以旋轉，故必須校正工作臺，否則如銑削方向與工作物不平行，也許將銑不到一些角落。而普通銑床因工作臺固定不能旋轉無此顧慮。

4. 在虎鉗上鎖緊工作物時，以塑膠榔頭輕敲工作物，在工作物與

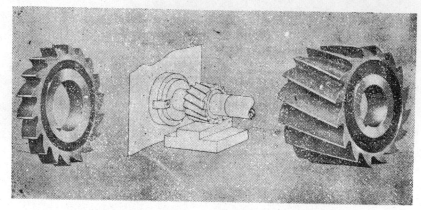

圖 16-33　普通銑刀，A: 直齒式，B: 螺旋齒式

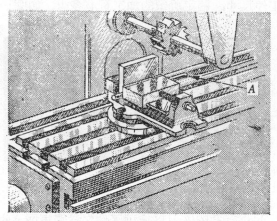

圖16-33A　工件被夾緊定位以備銑削四週

平行塊間放一紙片抽拉平行塊上的紙片，如紙片均勻被壓住，表示工作物底面水平，再將工作物確實固定於平行塊上。

5. 選擇適當的銑刀軸，軸承套環，及間隔環，並儘可能將銑刀裝於刀軸內側，並注意若螺旋銑刀，其銑削方向應使銑削時，所產生的軸向力傾向床柱。

6. 調整銑床主軸的轉數和進給量。

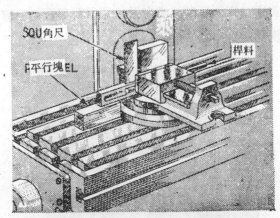

圖16-33B 銑削前使用角尺檢驗

7. 放一紙條於工作物上，移動工作物，使銑刀與工作物相接觸，抽動紙條，若能感覺滑動，即可將昇高手輪的刻度表歸零。

8. 移開工作物，使完全離開銑刀，再昇高工作臺，予以正確的初銑削深度，鎖緊昇降臺座於床身上。

9. 開動機器，銑刀轉動，移動工作臺，使工作物逐漸與銑刀接觸。

10. 使用切削劑，手動進給試削約為5～8mm。

11. 停止銑刀轉動，測量工作物尺寸；若須預留精加工量或尚未到達所需尺寸，必須降下床臺，移回至起削位置，再昇高至所需銑削刻度，固定床架。開動機器，以自動進刀方式完成工作。注意銑刀不得直接從銑削面退回，如此銑刀切邊容易鈍化或缺裂，而且工作面易留下刀痕。

12. 銑削完成，降下床架，停止機器，卸下工作物。

13. 檢查工作物尺寸。

14. 用細銼或油銼去其毛邊，並將工作物擦拭乾淨，塗上一層輕機油。

15. 清理銑床。恢復縱向、橫向及上下移動等機構至原來之位置。

16. 平面銑削實例如圖16-33C, D所示。

圖16-33C　立式、臥式兩用銑床，銑削平面的情形

圖16-33D　在臥式銑床上，裝置多把銑刀銑削鑄造工件的情形

二、側　　銑

側銑是用側銑刀銑削工件側面或肩面，亦可做銑切平面和銑槽的工作。

　　直形刀齒之側銑刀用於淺切削，而深切削宜選用斜齒或交錯齒的側銑刀，至於單側銑刀因只有單一側有刀齒不適宜於銑槽等兩側同時作銑削工作。如圖16-34　16-35

圖 16-34　側銑刀

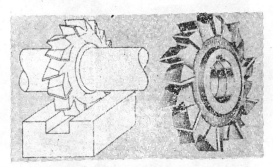

圖 16-35　錯齒側銑刀

　　側銑的工作程序與銑平面相同，惟銑削深度大時，宜注意臥式銑床之支持架(Over arm support)與虎鉗或夾具等相遇，銑削前應計算預留空間，以免發生碰擊。同時如果要求側銑工作準確，對於虎鉗或夾具所夾持的工作物，必須要針對銑刀軸校正其平行和垂直度。如圖16-36，16-37所示。

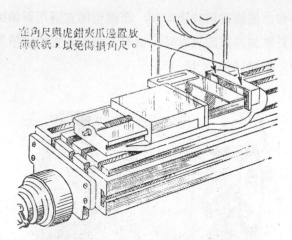

在角尺與虎鉗夾爪邊墊放
薄軟紙，以免傷損角尺。

圖 16-36 虎鉗與機器臺柱連接一起

圖 16-37 使用針盤指示錶檢查垂直度

三、騎銑

側銑與騎銑，均利用側銑刀銑削垂直工作面。側銑是以一把側銑刀在一個垂直面上銑切，而騎銑是用兩把側銑刀以間隔環隔離一定間隔同時在兩平行側面上銑削。爲了消除軸向力，一爲左側銑刀，一爲右側銑刀，刀齒方向向內，對於間隔某一距離的平行面，或四方形、六角形等銑削工作，非常方便，如圖16-38, 16-39，16-40所示。

圖 16-38 騎銑削

圖 16-39 使用在騎銑削加工上的幅形心軸支持具

騎銑對銑削圓形工件，所裝兩側銑刀必須對準圓桿工件的中心，如此才能得到平均的兩平行之工作面，剛開始以紙片檢驗圓桿工件和銑刀側面的接觸點，然後歸零，其計算方式如圖16-41所示。

$$L = \frac{S}{2} + \frac{D}{2} + t + 0.02$$

式中 L: 銑刀自接觸邊移動距離(mm)

圖 16-40 使用騎銑刀銑削成方形頭

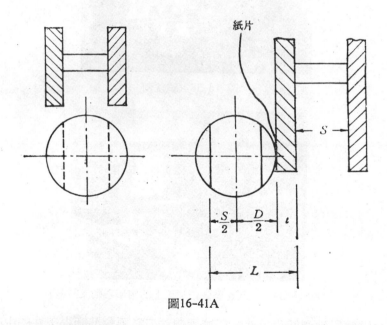

圖16-41A

S：兩側銑刀間距離(mm)

D：圓桿工件直徑(mm)

t：銑刀寬度(mm)

0.02：薄紙片厚度(mm)

例題 騎銑削一圓桿對邊距離爲 20mm，銑刀寬度爲 12mm，求正四方頭和正六角頭工件之 D 及 L。

1. 正四方頭:

已知 $S=20mm$, $t=12mm$

$\therefore D=\sqrt{2}S$

$=1.414 \times 20=28.28mm$(採用29mm)

$L=\dfrac{S}{2}+\dfrac{D}{2}+t+0.02$

$=\dfrac{20}{2}+\dfrac{29}{2}+12+0.02$

$=36.52mm$

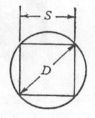

圖16-41B

2. 正六方頭:

已知 $S=20mm$, $t=12mm$

$\therefore D=\dfrac{2}{\sqrt{3}}S$

$=1.155 \times 20=33.1mm$ （採用

34mm)

$L=\dfrac{S}{2}+\dfrac{D}{2}+t+0.02$

$=\dfrac{20}{2}+\dfrac{34}{2}+12+0.02$

$=39.02mm$

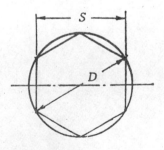

圖16-41C

四、排 銑 (Gang milling)

排銑是由騎銑演變而來，在銑刀軸上裝兩個或兩個以上相同或不同直徑銑刀之工作法，可以同時銑切若干不同的槽或面，只需一次加工。排銑所需動力較大，進刀要緩慢，銑削速度要以其中最小銑刀外徑來計算，並注意如有成對的螺旋銑刀其刀齒方向要相對，而且每一銑刀宜依它的功用排列。如圖16-42。

圖 16-42　由七把銑刀組成作成形銑削

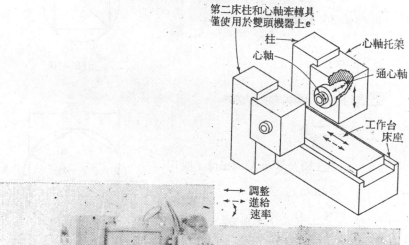

第二床柱和心軸牽轉具
僅使用於雙頭機器上e

柱

心軸

心軸托架

通心軸

工作台
床座

調整
進給
速率

圖16-43B　此上圖爲座式生產性銑床的主要部件和其運轉情形，而下
　　　　　圖則爲座式生產性銑床已被組合做爲往復式的面銑加工

五、面 銑 (Face milling)

用面銑刀銑削平面的工作稱面銑，面銑刀如圖 16-43A 所示是銑

圖16-43A 面銑刀

圖 16-44 立式銑床附件

刀中最笨重，刀片可置換，其外徑在 100mm 以上，適用於重型銑床，如龍門銑床。面銑刀裝在臥式銑床上，如圖 16-43A, B 所示，刀面與工作面成垂直，若裝在立式銑床則成水平。圖 16-44 為殼形銑刀裝在立式銑床作面銑工作的情形。

六、端 銑 （End mlling）

係使用端銑刀銑切垂直或水平的平面。臥式、立式均能適用。圖 16-45為臥式銑床上銑削情形，圖16-46～48所示，為在立式銑床銑削螺旋、溝槽和角度孔的情形。

圖 16-45　使用端銑刀銑削一方形頭

圖 16-46　使用端銑刀銑削心軸的情形，端
　　　　　銑刀裝置在高速萬能銑床附件上

圖 16-47 使用立、臥兩用銑床做垂 圖 16-48 使用立臥兩用銑床銑削
直端銑削加工的情形 斜端面的情形

　　端銑刀配合分度頭銑削四方、六角頭等工件，非常方便，不必像
騎銑計算移動距離與銑刀間距，只要利用分度頭，甚至奇數等份的銑
削工作都不受限制，都可以加工。

七、鋸割銑削(Metal-slit milling)

　　鋸割銑削係使用鋸割銑刀剪斷工件或開槽，如開螺釘槽及銑割板
金等工作。　鋸割銑刀如圖 16-49A, B 　所示厚度約 0.8 mm～5. mm

圖16-49A　鋸割銑刀 圖16-49B　帶有側屑隙
之鋸割鋸刀

$\left(\dfrac{1}{32}'' \sim \dfrac{3}{16}''\right)$沿刀齒向內厚度漸小，形成銑切時的**邊間隙角**，其精確度亦較普通金屬鋸床為高。一般使用鋸割銑削時，宜注意下列幾點：

1. 鋸割銑刀只用來做剪斷或開槽等工作，不得割削工件之側面或端面，如圖16-49C，因為鋸割銑刀將朝沒有阻力的一側移去，致使銑刀彎曲，槽不正。

2. 銑切時銑刀要與工件垂直，否則會產生一分力斜向旁邊，刀片易被夾住而變成彎曲。

3. 裝置工作物於工作臺上時，切割槽口應對準於 T 形槽上，使銑切工件底部留下空隙。如圖16-50。

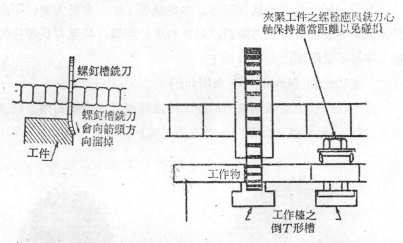

圖16-49C 螺釘槽銑刀之銑削　圖 16-50 切割之口應在 T 形槽之上。如此，在工作物之下方能有適當的空隙以容納銑刀

4. 鋸割銑刀裝在銑刀軸上，須盡可能朝向床柱，以減少震動。同時在銑刀軸與銑刀間應使用鍵（Key）以防止滑動。若僅僅靠軸承套環或間隔環之阻力，容易發生滑動而損傷了刀片。

5. 第一次進刀必須用手操作慢慢開始，必要時才使用自動進給。

6. 工件不能用壓板固定，須用虎鉗夾持時，注意銑刀下仍須留適當之空隙，不可令其銑割到虎鉗本體。一般銑刀均以反時鐘方向銑削，其利在於防止切屑阻塞，如圖16-51。

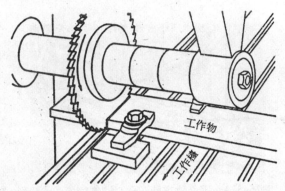

圖 16-51　將工作物固定於工作枱上，銑刀以反時鐘方向切割之

八、銑槽或銑鍵槽

銑槽或銑鍵槽時，應視槽寬而定，可用鋸割銑刀，平銑刀，側銑刀，端銑刀或 T 形銑刀，半圓鍵銑刀(Woodruff cutter)等來銑削。銑槽或銑鍵槽之前，應先對準工作位置，對準位置是銑槽的重要工作，其要領如圖16-52所示。

$$S = \frac{D}{2} + \frac{t}{2} + 0.02$$

式中　　$S =$ 銑刀移動距離(mm)

　　　　$D =$ 工作物直徑(mm)

　　　　$t =$ 銑刀寬度(mm)

　　　　$0.02 =$ 薄紙片的厚度

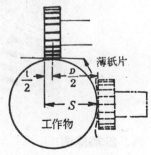

圖 16-52　鍵槽中心之對正法

若工作物的直徑為20mm, 銑刀厚度為 10mm, 則銑刀面自與工件歸零點至起削位置之距離 $S = \dfrac{20}{2} + \dfrac{10}{2} + 0.02 = 15.02 \text{mm}$, 其工作程序與一般銑削方法相同, 可以參考圖16-53A, B、16-54, 圖16-55為 T 槽銑削的情形。

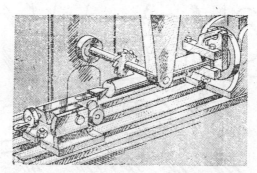

圖16-53A　工作物夾持在兩心間銑削槽溝的情形

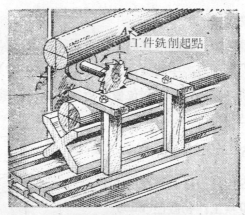

圖16-53B　銑半圓鍵

九、銑鳩尾槽

工作上鳩尾槽的加工, 可以在鉋床上鉋削, 也可以在立式銑床上銑削。如果在銑床上加工更能夠得到較佳的準確度。鳩尾槽加工之前

圖 16-54 用端銑刀銑削手鏈眼孔

圖 16-55 使用T型端銑刀銑削T型槽

應先用端銑刀銑槽，再用角銑刀或鳩尾狀銑刀銑出所需要的角度和尺寸。

圖 16-56 使用萬能高速銑床附件，端銑一凸輪型槽

十、銑 曲 面

不規則面或曲面的工件，可以在臥式或立式銑床來銑削，通常均需使用分度頭或帶有分度器圓盤附件，及工作臺與分度頭的連動機構。銑削螺旋，凸輪等曲面的工作情形如圖16-56～16-58所示。

圖 16-57　銑削曲軸時，使用特別裝置件

圖 16-58　配有靠模附件的立式銑床

十一、成形銑削

成形銑削係以成形銑刀，如凹面銑刀(Concave milling cutter)、凸面銑刀(Convex milling cutter)、圓角銑刀(Corner rounding milling cutter)、齒輪銑刀(Gear milling cutter)，開槽銑刀 (Fluting cutter)等，分別銑削各種工作，各種成形銑刀的形狀可參閱前述，其銑削情形，則如圖16-59所示。

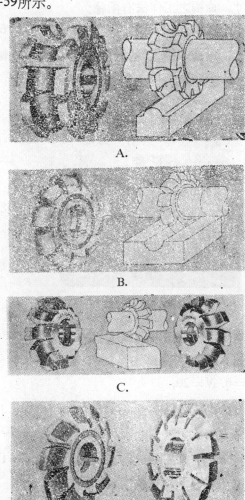

A.

B.

C.

D.

圖 16-59 　A. 爲凹面銑刀　　　　B. 爲凸面銑刀

C. 爲圓角銑刀　　　　D. 左爲齒輪銑刀右爲開槽銑刀

十二、正齒輪之銑削法

用銑床銑削正齒輪 (Spur gear) 時，工件須先在車床加工成齒輪外徑之大小尺寸。齒輪之工作法有兩種:

(1) 成形法: 以成形銑刀銑削，如圖16-60，圖16-61。

(2) 創成法: 以齒輪刨製機 (Gear-Shaper)、齒輪刮製機 (Gear shaving maching)、滾齒機 (Gear hobbing maching) 來銑削，如圖16-62, 16-63, 16-64。

圖 16-60　銑削正齒輪

應用成形齒輪銑刀銑削正齒輪之範例:

設銑切模數 6 ，齒數20，用 Brown & Sharpe型分度盤:

1. 已知$M=6, N=20$,

　　　　　外徑$OD= M\times(N+2)= 6 \times(20+2)=132$mm

　　　　　齒厚$t =1.57\times M=1.57\times 6 =9.42$mm

　　　　　全齒深$a + d =2.157\times M=2.157\times 6 =12.942$mm

　　　　　模數 6 選擇銑刀號數NO. 6 （查表 16-1）

　　　　　分度頭分度$\frac{40}{20}= 2$ 圈

圖 16-61　銑床上銑削齒輪

圖 16-62　切齒刀的使用

圖 16-63　使用齒輪刮製機銑削凸輪軸

圖 16-64　使用滾齒機銑齒之情形

2. 將工件在車床車削至 132mm 之外徑，並車內孔可裝於套軸上銑削。

3. 裝置銑刀、分度頭、尾座於銑床上如圖 16-65。

4. 工作件裝於套軸上或圓盤附件上如圖 16-60, 61。

5. 校正中心。

6. 分度盤上任一圈孔數均可，每銑切一齒均轉動兩圈即可。

7. 移動床臺，使工作物中心對準銑刀欲銑切位置如圖16-65。

圖 16-65

8. 昇高床臺，工作物上置於薄紙片，俟與銑刀接觸，抽拉紙片感覺滑過，於昇高床架手輪刻度歸零。

9. 略降下床臺，移動工件至起削位置（約離銑刀3~5mm）

10. 昇高床臺歸零點至全齒深之 $\frac{2}{3}$ 為 (12.942 × $\frac{2}{3}$ = 8.628mm)

11. 固定床架，開動機器，銑刀廻轉正常，手動逆銑法銑削，若順利時，依慢速加切削劑自動進給。

12, 銑完每一齒，必須降下工件移回起削位置，再銑削次一齒，以防銑刀齒邊鈍化，刮傷工作面。

13. 粗齒完畢，接着同樣方法。精銑全齒深之 $\frac{1}{3}$ 部份。

14. 卸下工件，擦拭乾淨，以齒輪齒檢驗齒厚，以確定精確度及**修**

整依據如圖16-66。

圖 16-66　使用輪齒卡規量測齒輪

銑　刀　號　數	No. 1	No. 2	No. 3	No. 4	No. 5	No. 6	No. 7	No. 8
銑　切　齒　數	135 以上 及 齒條	55 ～ 134	35 ～ 54	26 ～ 34	21 ～ 25	17 ～ 20	14 ～ 16	12 ～ 13

表 16-1　銑刀號數表

十三、螺旋之銑削法

1.螺旋線與蝸線

螺旋線 (Helix) 為在圓柱上之一點，一方面旋轉一方面沿軸向前進所產生的曲線，如螺旋銑刀和鉸刀，螺旋齒輪或鑽頭等均由螺旋槽所形成，如圖16-67A

蝸線 (Spiral)為一點作下列三種不同運動所產生之曲線：

(1) 繞軸旋轉。

(2) 平行軸前進。

(3) 與軸之徑向距離增加或減少。

當一圓柱狀工作件置於銑床兩頂心間，工作臺自動前進時，分度頭主軸徑由床臺螺桿齒輪傳動機構面旋轉工件，螺旋槽便由銑刀銑削完成。若由一圓錐面工作件夾持於頂心間，將錐形斜面，或由萬能分度頭旋轉成水平，依銑螺旋方式銑削卽成蝸線。

螺旋線和蝸線之基本形成如圖16-67，銑切要領於後面詳述。

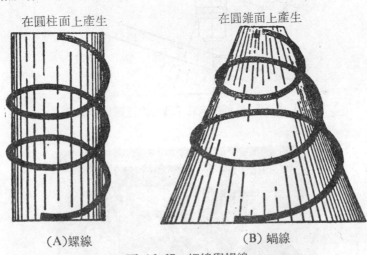

在圓柱面上產生　　　在圓錐面上產生

(A)螺線　　　　　　　(B)蝸線

圖 16-67　螺線與蝸線

2. 銑切螺旋

銑切螺旋時必須注意的三項原則如下：

(1) 臥式銑床工作臺或立式銑床之工具頭要旋轉一銑切螺旋之螺旋角(Helical angle)。如圖16-68。

(2) 配掛工作臺螺桿齒輪和分度頭上蝸桿齒輪之傳動機構。如圖16-69。

(3) 銑床須能自動進給銑削。

3. 螺 旋 角

銑切螺旋時螺旋之角度，是指螺旋本身和中心線所成的角度。

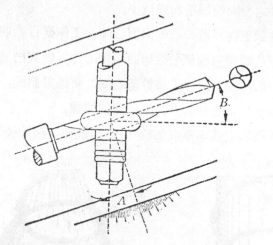

圖 16-68 銑削螺線時工作臺之正確移動位置

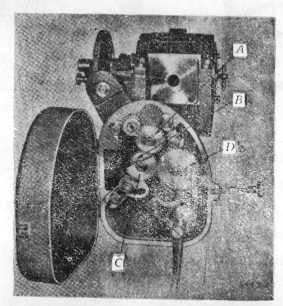

A＝分度頭蝸桿齒輪　　　　　B＝第一中間齒輪
C＝第二中間齒輪　　　　　　D＝工作臺進給螺桿齒輪

圖 16-69 分度頭及其齒輪變換

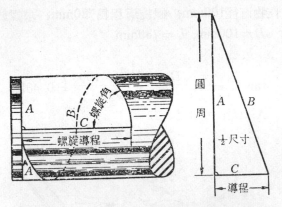

圖 16-70　圓周和導程是決定螺旋角的要素

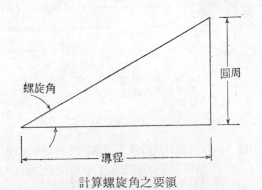

計算螺旋角之要領

若以工作物圓周長度（πD）爲垂直邊，導程爲底邊當作一直角三角形之兩邊，斜邊與底邊所形成的角度爲螺旋角。如圖16-70。

依三角正切定理，得螺旋角之正切爲圓周長除以導程，計算式如下：

$$\tan A = \frac{\pi D}{L}$$

A: 螺旋角

D: 工作物直徑(mm)

L: 導程(mm)

例題 工作物直徑100mm，螺旋導程為780mm，求螺旋角多少？

已知　$D=100$mm, $L=780$mm

∴

$$\tan A = \frac{\pi \times D}{L} = \frac{3.14 \times 100}{780} = 0.402$$

$$A = \tan^{-1} 0.402 = 22°$$

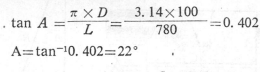

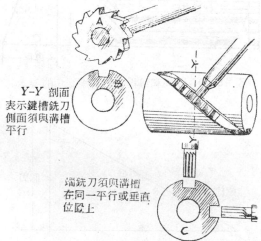

Y-Y 剖面
表示鍵槽銑刀
側面須與溝槽
平行

端銑刀須與溝槽
在同一平行或垂直
位置上

圖 16-71　使用鍵槽銑刀或端銑刀銑削螺旋槽

圖 16-72　銑削左旋螺槽

　　銑切螺旋時床臺或工具頭，必須調整爲螺旋角，使銑刀與螺旋槽平行，否則造成槽寬大，如圖16-71。螺旋一般有左旋與右旋。銑切左旋螺槽時，床臺沿順時鐘方向調整等於銑刀之螺旋角角度如圖 16-72 若右旋螺槽則依反時鐘方向調整如圖16-73。

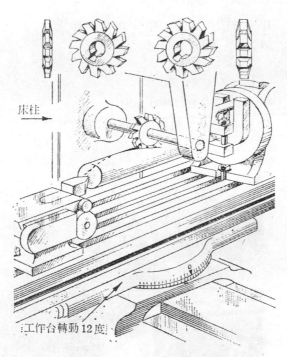

床柱 →

工作台轉動12度

圖 16-73　使用成型銑刀銑削螺旋線

4. 配掛齒輪廻轉比

　　分度頭內蝸桿與蝸輪轉速比爲40:₁，若所配掛齒輪，分度頭上蝸桿齒輪與床臺進給螺桿齒輪齒數相等時，則表示床臺手柄搖轉一圈（單式配掛法），工作物前進一個螺桿節距(Screw pitch)距離，同時工

作物旋轉 $\frac{1}{40}$ 圈。因之產生兩種配掛齒輪之廻轉比如下：

1. 單式齒輪配排法（圖16-74）

$$\frac{W}{S}=\frac{L}{40\times p}$$

2. 複式齒輪配掛法（圖16-75）

$$\frac{W\times B}{A\times S}=\frac{L}{40\times p}=\frac{W\times B}{A\times S}$$

式中

L：工作物導程(mm)

P：床臺螺桿之節距(mm)

圖 16-74　單式齒輪配掛圖例

W: 分度頭之蝸桿所配掛齒輪數

S: 床臺進給螺桿所配掛齒輪數

A: 第一中間齒輪

B: 第二中間齒輪

註: 使用$B\&S$型分度頭12個標準正齒輪: 24(兩個), 28,
　　　32, 40, 44, 48, 56, 64, 72, 86, 和 100。

　　銑切右旋或左旋工作物除床臺旋轉螺旋角度外，另外工作物本身
的廻轉方向亦是決定因素。銑切右旋如圖16-74，圖16-75卽可，但若
銑切左旋因方向與右旋相反分別於不同齒輪組合上各加一惰輪(I)。

圖 16-75　複式齒輪配掛圖例

　　銑削螺旋之範圖如圖 16-76，圖 16-77，圖 16-78，圖16-79，圖
16-80。

圖 16-76 銑削螺旋齒輪

圖 16-77 銑削一階級左旋螺旋

例題 設床臺螺桿每吋(25.4mm) 4 牙，擬銑切 導程為 130mm 螺旋，求齒輪配掛。

公式

1.
$$\frac{W}{S} = \frac{L}{40 \times p}$$

$$= \frac{130}{40 \times \frac{25.4}{4}}$$

$$= \frac{130}{254} = \frac{65}{127}$$

2. 以數學輾轉相除法求分數之因素

$$
\begin{array}{r}
65)\overline{127}(1 \\
\underline{65} \\
62)\overline{65}(1 \\
\underline{62} \\
3)\overline{62}(20 \\
\underline{60} \\
2)\overline{3}(1 \\
\underline{2} \\
1)\overline{2}(2 \\
\underline{2} \\
0
\end{array}
$$

圖 16-78 使用端銑刀銑削螺旋

圖 16-79　端銑刀固定在方栓槽銑床銑削情形

圖 16-80　移轉工作臺銑削螺旋齒輪

3. 方格計算

		1	1	20	1	2
1	0	1	1	21	22	65
0	1	1	2	41	43	127

4. 採用 $B\&S$ 型分度盤及標準齒輪取 $\dfrac{22}{43}$ 值

$$\therefore \quad \frac{W}{S} = \frac{22 \times 2}{43 \times 2} = \frac{44}{86}$$

配掛齒輪: $W = 44$齒

$$S = 86齒$$

惰輪一個（任意）

5. 誤差

$$\frac{W}{S} = \frac{L}{40 \times p}$$

$$\therefore \quad L = \frac{W}{S} \times 40 \times p$$

$$= \frac{22}{43} \times 40 \times \frac{25.4}{4}$$

$$= \frac{22}{43} \times 254$$

$$= 129.95 \text{(mm)}$$

誤差 $= 130\text{mm} - 129.95\text{mm} = 0.05\text{mm}$

6. 如何以雙角銑刀 (Double-angle cutter) 銑削螺旋銑刀之程序:

已知: (1) 工作物直徑爲60mm

(2) 螺旋條數15

(3) 螺旋角11°19′

(4) 右旋

(5) 刀叉背(Land) 0.8mm

(6) 雙角銑刀爲48°−12°

(7) 床臺螺桿節距5mm

(8) 使用臥式銑床及B&S標準分度。

銑削步驟

1. 計算導程:

查三角函數表$\tan 11°19' = 0.200$，又$D = 80\text{mm}$

$$\therefore \quad \tan A = \frac{\pi D}{L}$$

$$\therefore \quad L = \frac{\pi D}{\tan A} = \frac{3.14 \times 60}{0.200} = 940(\text{mm})$$

2. 搭配齒輪計算:

$$\frac{W}{S} = \frac{L}{40 \times p}$$

$$= \frac{940}{40 \times 5} = \frac{942}{200} = \frac{471}{100}$$

		4	1	2	2	4	3
0	1	4	5	14	33	146	471
1	0	1	1	3	7	31	100

因廻轉比數目無法配合標準齒輪，採一近似值$\frac{33}{7}$。

$$\therefore \quad \frac{W}{S} = \frac{33}{7} = \frac{11}{7} \times \frac{3}{1}$$

$$= \frac{11 \times 4}{7 \times 4} \times \frac{3 \times 24}{1 \times 24}$$

$$= \frac{44}{28} \times \frac{72}{24}$$

用複式齒輪配掛法，得$W = 44$齒，$A = 28$齒，$B = 72$齒，$S = 24$齒，不加惰輪。

導程誤差: $L' = \frac{33}{7} \times 40 \times 5 = 942.857\text{mm}$

$$\therefore \quad L' - L = 942.857\text{mm} - 942\text{mm} = 0.857\text{mm}（誤差）$$

3. 銑削每一螺旋，分度曲柄的搖轉數為

$$n = \frac{40}{N}$$

$$= \frac{40}{15} = 2\frac{10}{15}$$，即旋轉 2 圈又在15孔圈上進第10孔。

4. 將1. 2. 3 資料計算完畢後，旋轉床臺依逆時鐘方向轉動 11°19′ 而固定。

5. 配掛銑削螺旋的傳動齒輪①分度頭蝸桿齒輪齒數為44，②第一中間齒輪齒數為28，③第二中齒輪齒數為72，④床臺螺桿齒輪齒數為24，不加惰輪。

6. 安裝雙角銑刀、分度頭、尾座、工件裝在心軸上套於兩頂心間，頂心間加油如圖16-81。

圖 16-81　工作臺向右旋轉12度

7. 固定扇形臂 (Sector arm)，於分度盤 15圈孔數再加上10個間隔，即扇形臂包括11孔。

8. 工作物端以劃線臺劃一水平線如圖16-82。

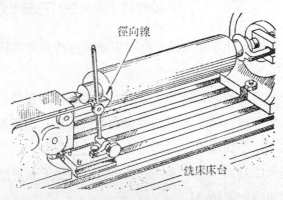

徑向線

铣床床台

圖 16-82 劃工件之徑向線

9. 拔出分度銷，搖轉分度曲柄 $2\frac{10}{15}$，插進分度銷，劃第二條線如圖16-83。

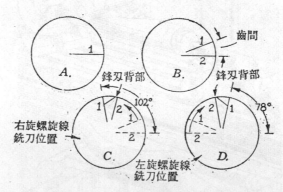

齒間

A.

B.

鋒刃背部 102°

鋒刃背部 78°

右旋螺旋線銑刀位置

左旋螺旋線銑刀位置

C.

D.

圖 16-83 右旋和左旋螺旋線之佈置

10. 因基準線位於水平上，而銑刀銑削是在工作件的垂直位置，因此必須將所劃基準線如圖 16-83C 移動至上方，雙角銑刀之**側角**度爲 12°，故搖動分度曲柄，使分度頭沿水平位置逆時鐘方向旋轉90°＋12°＝102°，卽

$$\frac{102°}{9°} = 11\frac{5}{15}（圈）$$

表示如圖 16-83C 由 2 位置移至 1 位置上，只要分度曲柄逆時針方向沿分度盤上15圈孔數繞$11\frac{5}{15}$ 圈卽能到達所需位置，如圖16-84所示銑刀眞正銑削位置。

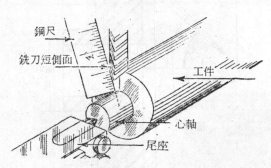

鋼尺
銑刀短側面
工件
心軸
尾座

圖 16-84　檢查工件位置

11. 上下和前後（橫向）手動調整床臺，使雙角銑刀一側面和 1 線對齊而另一面離 1 線等於刀叉背(Land) 的距離爲 0.8mm，此爲新銑削螺旋銑刀之刀叉寬度。

12 開動機器，起動銑刀心軸，小心銑切第一條螺旋，並注意工作物上刀口寬以確定深度。

13 分度$2\frac{10}{15}$圈，銑削第二條螺旋，直至第15條完畢。

十四、斜齒輪銑削法

斜齒輪係兩軸中心線交叉所使用的齒輪，斜齒輪各部份名稱及重

要公式如圖16-85A、B，斜齒輪嚙合的軸互成90°時兩輪大小一樣。若面角爲（Face angle)45°，此斜齒輪稱爲斜方齒輪，如圖 16-86B 所示。另有嚙合兩軸大於或小於 90° 者，如圖 16-86A，又斜齒輪達成完全嚙合的大齒輪(Gear)和小齒輪(Pinion) 之有關尺寸如表16-2。

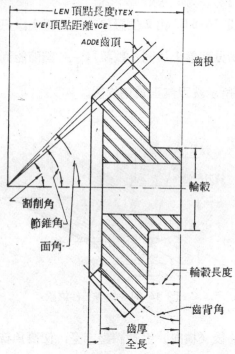

圖 16-85A　斜齒輪之各部名稱

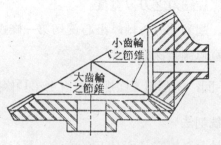

圖 16-85B　大齒輪之節錐

表16-2　大齒輪與小齒輪之尺寸對照表

大齒輪			小齒輪
5.200	節	徑	2.600
0.100	齒	頂	0.100
0.1157	齒	根	0.1157
1.250	孔	徑	0.750
5/16×5/32	鍵	槽	3/16×3/32
0.7	齒	面	0.7
5.400	外	徑	2.800
10	節	距	10
52	齒	數	26
0.1570	弦　線　齒　厚		0.1569
0.1011	齒	頂	0.1023

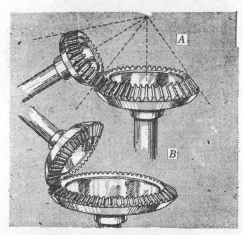

圖 16-86A　斜齒輪嚙合情形

斜齒輪通常由生產專用的單能機來銑削，若使用一般銑床銑削因

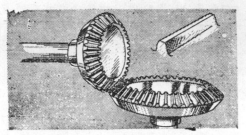

圖 16-86B 斜齒輪組

其斜齒輪的齒形與正齒輪不同，由齒的外邊緣逐漸沿齒內邊緣縮小；因此選用銑刀要比銑削同齒數的正齒輪要薄些，並且需偏位 (Offset) 銑削，無法得到眞實、正確的齒形；斜齒輪嚙合情形如圖 16-87 所示。

圖 16-87 斜齒輪組

1.斜齒輪之繪製

設節錐角(Pitch-cone angle) 爲30°，節圓直徑 5 吋，30齒之斜齒輪，繪製之步驟如下：

(1) 計算徑節($D.P.$)

$$D.\ P. = \frac{N}{D}$$

$$= \frac{30}{5}$$

$$= 6$$

(2) 劃一虛線PO，及與 PO 垂直平分的節圓直徑AB中心線，使 $AB=5''$，如圖16-88，虛線PO及中心線AB。

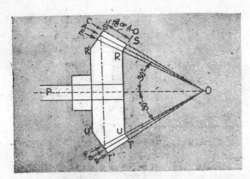

圖 16-88　斜齒輪的安置

(3) 繪$\angle AOP = \angle BOP = 30°$。

(4) 取$S'S = \frac{3}{10}AO$, $R'S'=S'S$, $R'S' \perp AO$, $R'S' /\!/ RS$。如圖 16-89。

(5) 同理求$U'T'$, UT。

(6) 連接各對應線得出如圖16-88之粗實斜齒輪。

2. 銑刀選擇

欲應用銑床銑製斜齒輪時，所使用的銑刀，必須具有以斜齒輪之節圓(Pitch circle)為半徑之假設正齒輪之齒形如圖16-90A中所示。

選擇銑刀中，

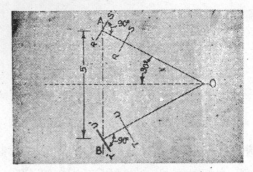

圖 16-89　斜齒輪之繪製

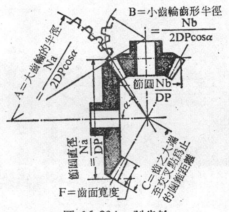

圖 16-90A　斜齒輪

$A=$ 決定大齒輪(gear)之齒形半徑

$B=$ 決定小齒輪(Pinion)之齒形半徑

$N_a=$ 大齒輪齒數

$N_b=$ 小齒輪齒數

$\alpha=$ 大齒輪之節錐角

$N_a'=$ 大齒輪銑刀選定所假設之齒數

$N_b'=$ 小齒輪銑刀選定所假設之齒數

公式　$N_a' = \dfrac{N_a}{\cos\alpha}$

$$N_b' = \frac{N_b}{\sin\alpha}$$

另外在選擇銑刀中，亦可以兩倍之 A, B，各自再以徑節($D.P.$)可以得以大齒輪及小齒輪的所需換算正齒輪齒數，再根據此齒數查表16-1查出銑刀之正確相近號數；例如： $A = 3\frac{1''}{2}, DP = 8$，求所選用之銑刀？

公式　$N_a' = 2A \times DP$

$N_b' = 2B \times DP$

$\therefore\ N_a' = 2 \times 3\frac{1}{2} \times 8$

$=56$齒——故選用NO. 2銑刀

3. 銑刀之偏位量(Offset)

依所計算選用的銑刀銑削斜齒輪，完成粗銑工作。因斜齒輪齒形是成梯狀，外緣寬內緣窄；必須求出銑刀之中心偏移量，而依此偏位量銑削經粗銑後之齒一邊，，然後用同量偏位量銑削齒之另一邊，達到所需斜齒輪之齒形；計算公式如下：

$$\varepsilon = \frac{t}{2} - \frac{f}{D.P.}$$

式中

$\varepsilon =$偏位置（吋）

$t =$銑刀在節圓線上的量取之齒厚（吋）

$D.P. =$徑節

$f =$係數

係數 f 根據節錐半徑(C)（如圖16-90（A）表示齒之大端至交叉點為止的圓錐距離）與齒面寬度(F)之比來決定，表16-3為求 $C:F$ 之值，查出係數 f。

表16-3 銑削斜齒輪偏位因素

節 錐 半 徑：齒 徑：齒 寬＝C：F

銑刀號數	$\frac{3}{1}$	$\frac{3\frac{1}{4}}{1}$	$\frac{3\frac{1}{2}}{1}$	$\frac{3\frac{3}{4}}{1}$	$\frac{4}{1}$	$\frac{4\frac{1}{4}}{1}$	$\frac{4\frac{1}{2}}{1}$	$\frac{4\frac{3}{4}}{1}$	$\frac{5}{1}$	$\frac{5\frac{1}{2}}{1}$	$\frac{6}{1}$	$\frac{7}{1}$	$\frac{8}{1}$
1	0.254	0.254	0.255	0.256	0.257	0.257	0.257	0.258	0.258	0.259	0.260	0.262	0.264
2	0.266	0.268	0.271	0.272	0.273	0.274	0.274	0.275	0.277	0.279	0.280	0.283	0.284
3	0.266	0.268	0.271	0.273	0.275	0.278	0.280	0.282	0.283	0.286	0.287	0.290	0.292
4	0.275	0.280	0.285	0.287	0.291	0.293	0.296	0.298	0.298	0.302	0.305	0.308	0.311
5	0.280	0.285	0.290	0.293	0.295	0.296	0.298	0.300	0.302	0.307	0.309	0.313	0.315
6	0.311	0.318	0.323	0.328	0.330	0.334	0.337	0.340	0.343	0.348	0.352	0.356	0.362
7	0.289	0.298	0.308	0.316	0.324	0.329	0.334	0.338	0.343	0.350	0.360	0.370	0.376
8	0.275	0.286	0.296	0.309	0.319	0.331	0.338	0.344	0.352	0.361	0.368	0.380	0.386

註：根據上表偏位值之計算公式：

$$偏位 = \frac{T}{2} - \frac{表內值}{P}$$

P＝被銑削齒輪之徑節

T＝沿節線之銑刀厚度

例題　銑削一24齒之斜齒輪，徑節$D.P=6$，節錐角$\alpha=30°$ 齒面寬度$F=1\frac{1}{4}$吋，求偏位量 ε 等於多少？

已知：$N=24, D.P.=6, \alpha=30°, F=1\frac{1}{4}''$

(1) 求節錐半徑(C)；參考圖16-90A，依三角學公式：

$$C=\frac{D}{2\sin a}$$

$$\because\quad D=\frac{N}{DP}$$

$$\therefore\quad D=\frac{24}{6}=4\ (\text{吋})$$

$$\therefore\quad C=\frac{4}{2\times\sin 30°}=\frac{4}{2\times\frac{1}{2}}=4\ (\text{吋})$$

(2)　$f=\dfrac{C}{F}$

$$=\frac{4}{1\frac{1}{4}}$$

$$=\frac{16}{5}=3\frac{1}{5}\ (\text{約}\ 3\frac{1}{4}:1)$$

(3) 由於銑削24齒，故選用NO. 5銑刀，表16-2中可以根據NO. 5 銑刀與$\dfrac{C}{F}=3\frac{1}{4}/1$，查出 $f=0.285$。

(4) 依公式算出偏位量 ε，設以輪齒游標卡規 (Gear-tooth ver-nier caliper)量取NO. 5銑刀 $t=0.1745''$

$$\varepsilon=\frac{t}{2}-\frac{f}{DP}$$

$$= \frac{0.1745}{2} - \frac{0.285}{6}$$

$$= 0.03975 \text{ (吋)}$$

4. 銑削斜齒輪之步驟:

(1) 依已知資料選擇銑刀。

(2) 計算偏位量。

(3) 夾工件於分度頭主軸上。

(4) 由圖16-85A得知,割削角 (Cutting angle) 等於節錐角 (Pitch cone angle) 減去齒頂與節錐半徑之正切。

∴ 割削角= 節錐角−tan⁻¹ $\dfrac{齒頂}{節錐半徑}$

分度頭應仰起一割削角度,使正銑削之斜齒輪位於水平位置上如圖16-90B,圖16-91所示。

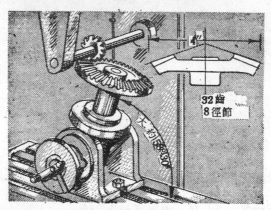

圖16-90B　銑削一斜齒輪

(5) 計算所銑削斜齒輪在分度盤上分度圈數及位置。

(6) 開動機器,檢視有無異常現象。

(7) 粗銑至齒形小端的寬度及所需深度, 並注意手輪上的歸零。

圖 16-91 直斜齒輪固定在分度頭上銑削之情形

(8) 完成粗銑，依計算所得偏位量銑削齒之一邊，注意偏位量一般均不大，可以換算以轉動分度盤的圈孔數，若剛好卽行銑削此量，一旦沒有剛好適合此偏位量之分度數，調整分度頭主軸之度數以適此銑削；甚至有人建議配合齒形規只用銼刀修整卽可；齒之一邊修好，相反方向再修整另一邊，偏位量如圖16-92所示。

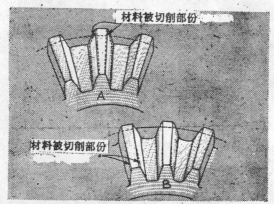

圖 16-92 精銑削預留之材料部份

(9) 檢查修整並去其毛邊。

至於使用切齒機銑削直齒斜齒輪如圖 16-93，銑削蝸旋斜齒輪如圖16-94，用切齒機銑削在大量生產中能獲得精密銑削，速度又快，且操作簡單，比用一般銑床銑削方便多，效率也高。

圖 16-93
使用切齒機銑削直齒斜齒輪之情形

圖
16
-
94
削蝸旋斜齒輪的情形

十五、齒條銑削法

齒條,係齒輪直徑爲無限大的直徑齒輪,因銑削齒條的銑刀可以直接選用 NO.1(135 齒以上及齒條);而在銑床上銑製齒條的附件必須具有:

(1)具有銑削齒條用的銑刀頭。

(2)節距分度裝置。

(3)齒條裝配用虎鉗。

如此任一齒條(徑節或模數齒條)均可用銑刀銑削如圖 16-95所示。

(1)銑刀頭

圖 16-95 銑製齒條的附件

銑刀頭,須裝於銑床之主軸端。銑床主軸轉動,經斜齒輪,及正齒輪系而傳動銑刀軸旋轉;其轉速與主軸轉速相同。而選用 No.1的銑刀,最大銑刀直徑爲120mm。

(2) 齒輪分度裝置

旋轉分度手輪，使床臺每次僅移送齒條一個齒距(Pitch)。

(3) 虎鉗

必須能適合於特別長工件的夾持，並藉床臺 T 形槽夾緊與床臺進給平行，並宜防止銑削產生應變。

(4) 齒條之銑削

1. 用齒條虎鉗固定工作件，裝配於銑床床臺上。

2. 選用適當No. 1的銑刀直徑裝於銑刀軸上。

3. 調整齒距分度。

4. 若銑削螺旋齒條須依銑削正齒輪方式計算螺旋角，轉動床臺與螺旋角相等角度。

5. 工件以手輪進給，用薄紙片試驗接觸銑刀，然後調整手輪上刻度盤為零之讀數。

6. 離開銑刀，昇高一齒條全深距離，銑削第一齒。

7. 原位置降下超過全齒深距離，輪動齒條分度附件一圈，再昇高超過零刻度之全齒深距離，銑削第二齒。

8. 重複銑削至所須齒條數。

十六、蝸桿及蝸輪銑削

蝸桿(Worm)通常可藉由車床車削，或於銑床上依銑削螺旋齒輪方法銑削如圖16-96。

而蝸輪(Wormgear)在銑床上銑削須要分兩次作業:

①以普通齒輪銑刀粗銑削。

②更換滾齒刀(Hobbing cutter)，精銑蝸輪。

圖 16-96 銑削蝸桿的情形

第一次粗齒作業，可以完全依銑削正齒輪或螺旋齒輪的方法來操作，唯蝸輪變換分度頭與床臺所配掛之齒輪 ， 必須根據蝸桿的導程來計算；公式如下

$$L_w = \pi \times D \times \tan\alpha \times K$$

式中　$L_w =$ 蝸桿導程

　　　$D =$ 蝸桿節圓直徑

　　　$\alpha =$ 蝸桿蝸旋角

　　　$K =$ 蝸桿之螺紋條數。

因之粗銑時，床臺旋轉之角度爲蝸桿蝸旋角，導程爲 L_w，代入銑削螺旋齒輪公式求出所需配掛齒輪數，依分度頭分度完成粗銑作業。

　　粗銑完畢，須將銑刀更換爲滾齒刀，使蝸輪軸與裝滾齒刀的心軸要互相垂直。而粗銑後的蝸輪夾持於兩心間，注意不必用牽轉具（或鷄心夾頭），其他不變。如此於滾齒操作中，當齒被銑削時，直接由滾齒刀來驅動蝸輪。銑削開始是先將床臺慢慢昇高，輕輕地使蝸輪與滾齒接觸，觀察其蝸輪與滾齒刀位置是否適當、正確，然後固定床臺不讓其做左右、前後移動。開動機器滾齒刀旋轉，蝸輪亦跟着轉動，於是蝸輪逐漸昇高至所需尺寸，直至光整爲止。

十七、凸輪銑削法

在一般的萬能銑床上備有萬能分度頭及床臺自動聯送分度頭主軸進給機構卽可銑削凸輪，其實凸輪的銑削與銑削螺旋齒輪類同，通常

圖 16-97　銑銷凸輪槽的情形

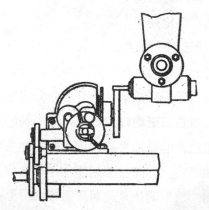

圖 16-98　在垂直位置銑削凸輪

由端銑刀裝置於垂直銑削附件上，最重要的是銑削凸輪時，不管旋**轉**任何角度端銑刀心軸與凸輪工件心軸要互相平行， 沿齒之周圍銑削之。圖16-97爲銑削凸輪槽之情形，圖16-98爲在垂直位置銑削凸輪。水平銑削凸輪和一般銑削螺旋齒輪一樣。

圖16-99 爲水平位置銑削凸輪。其目的在於床臺進給時，工作件（凸輪）亦旋轉，分度頭主軸與銑刀的中心距離逐漸縮短，表示銑割變深且凸輪半徑變短，產生一螺旋凸部，此螺旋導程與所配掛齒輪之導程相同。

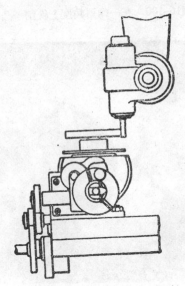

圖 16-99 在水平位置銑削凸輪

如圖16-100，16-101 所示，爲在於分度頭主軸俯仰成任何 0°到 90°間之角度，可以得到大範圍而不同導程之凸輪。

16-3-2 銑削速率、進刀、冷卻劑與材料之配合

一、銑削速率與進刀

銑削速率係指銑刀廻轉的表面速度以每分鐘多少公尺 （m/min）

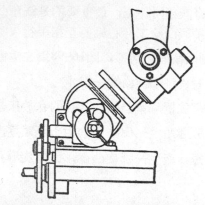

圖16-100　在一傾斜角度上銑削一凸輪

圖16-101　使用垂直附件、長導程及短導程附件；以銑削均勻升降的凸輪

表示；換言之，當轉動之銑刀進料時，其切除屑片之速度即為銑刀之切削速率。然而銑削速率、銑切寬度、進刀量及主軸廻轉速度皆為變數；進料（又稱進給或進刀）及銑削速率須視工作物材料而選定。由於切削工作時，銑刀與工作物間產生摩擦力，因摩擦生熱，致使銑刀過熱回火而減低銑刀的強度，甚至造成銑刀缺裂損壞，因此工作物材

料和銑刀本身的材質成爲銑削速率的重要因素，如表16-4

表16-4 銑刀和各種工件材質的銑削速率(m/min)

工作物材料 \ 銑刀 銑削	高速度鋼銑刀		碳化物刀具銑刀		冷却劑（或切削液）
	粗削	精削	粗削	精削	
鑄　　鐵（軟）	15-18	24-33	54-60	105-120	乾
鑄　　鐵（硬）	12-15	20-27	42-48	75-90	乾
展　性　鑄　鐵	24-30	33-39	75-90	120-150	礦油，硫化礦油
鑄　　　　鋼	13-18	21-27	45-54	60-75	硫化礦油，礦猪混合油
銅	30-45	45-60	180	300	硫化礦油，礦猪混合油
黃　　　　銅	60-90	60-90	108-300	180-300	乾
青　　　　銅	30-45	45-54	180	300	硫化礦油，煤油
鋁	120	210	240	300	煤油，硫化油
鎂	180-240	300-450	300-450	300-450	煤油，礦猪混合油
低碳鋼（SAE 1020）	18-24	18-24	90	90	煤油，礦猪混合油
（粗進刀）、（細進刀）	30-36	30-36	135	135	煤油，礦猪混合油
中碳鋼（SAE 1035）	22-27	27-36	75	75	煤油，礦猪混合油
錳　　　　鋼	52-60	52-60	120-150	120-150	煤油，礦猪混合油
工具鋼（SAE 1050）	18-24	30	60	60	煤油，礦猪混合油
鎳　鋼（SAE 2315）	27-33	27-33	90	90	硫油，礦猪混合油
鎳鉻鋼（SAE 3150）	15-18	21-27	60	60	煤油，礦猪混合油
鉬　鋼（SAE 4340）	12-15	18-21	60	60	硫化礦油
不　銹　　鋼	30-36	30-36	72-90	72-90	硫化礦油

　　銑削速率、進刀及銑削深度對加工效率有密切關係；而銑削速率與進刀的選擇視工作物材質，銑刀之形式和材質，銑床性能，裝置工作物的方式，銑削方法，切削劑，工作物表面光度等條件來決定，一般選定銑削速率和進刀的原則如下：

(1) 銑刀的因素；直徑和刀面寬度小的削銑刀可以作較高轉速的銑削工作。重型銑刀進刀要快；角銑刀等刀尖強度較脆弱其銑速率與進刀均要小。兩片以上複合應用的銑刀應該以大銑刀爲計算標準。

(2) 工作物的切削性；材料的軟硬影響其切削速率，硬質材料選用低速銑削，銑切鑄件宜先倒角，瞭解各種材料之前應以慢速開始再逐漸調整。

(3) 材料之切削量；粗切削時銑削速率要較慢些，若銑床、銑刀有充分的強度，且機械動力足夠，則進刀可加快。至於精細加工時，進刀量要小，銑削速率要快，並視容許之加工範圍而定。

(4) 加工面光度程度；如用高速銑削，進刀量小時可得良好的加工面光度。

(5) 冷卻劑；良好而適當的使用冷卻劑，能够減少銑刀和工作物的摩擦，便於清除切屑和具有潤滑作用，可以提高銑削速率和工作效果。

(6) 銑床性能和安裝工作物方式；銑床堅牢而工作物裝置穩定時，銑切震動減低，可以提高銑削速率及重銑削。

(7) 銑刀壽命；銑刀磨損或缺裂時，進刀量與銑削速率均要減低。

二、銑削速率 (Cutting speed)之計算

銑削速率是以銑刀刀口銑削工作物之圓周速度，其計算公式爲：

$$V = \frac{\pi DN}{1000}$$

$$或 \quad N = \frac{1000V}{\pi D}$$

式中　V＝銑削速率(m/min)

D＝銑刀直徑(mm)

N＝銑刀每分鐘廻轉數(R. P. M)

例題　平銑刀外徑為75mm，銑刀每分鐘做 100 次廻轉，則其銑削速率為：

$$V = \frac{\pi \times 75 \times 100}{1,000} = 23.55(\text{m/min})$$

　　銑削速率對銑刀的壽命有甚大的影響，若將銑削速率取得過高，銑刀的磨耗量便加速，因此應參考上一節所述的影響銑刀銑削速率之因素，愼重選擇，通常比較實用的銑削速率可以參考及比照表16-4所列之資料而定。

三、進　刀

　　進刀（又進給），係工作物對銑刀旋轉軸之移動距離。因此要根據銑床的工作臺、鞍座、膝臺，使工作件做左右、前後、上下任何方向，或朝由其中任兩個方向組合的方向移動；甚至亦可使工作件做旋轉運動進給，俾得扭轉的加工方向。進刀量可以由下列的方程式表示之：

$$F = Ft \times T \times N$$

N＝每分鐘之廻轉數$(R. P. M.)$

T＝銑刀齒條數（或齒數）

Ft＝銑刀每廻轉一刀齒之移動距離(mm/Rev.)

F＝每分鐘進刀距離(mm/min)

表16-5所示者係銑叉每廻轉一刀齒的進刀量(Ft)之標準。

如欲銑削同一材質之工作件時，每一刀叉進刀量取大一點時，則刀叉尖摩擦工作件表面的次數就比每一刀叉進給小者為少，因此可以延長叉尖壽命，而每一刀叉進給以在不損及叉尖強度、光製面粗度的範圍爲適當。

表16-5　銑刀每回轉一刀齒之進刀量(Ft)mm/t

工作物 ＼ 銑刀	面銑刀		螺旋平銑刀		T槽和側銑刀		端銑刀		成形銑刀		鋸割銑刀	
	H.S	T.C	H.S	T.C	H.S	T.C	H.S	T.C	H.S	T.C	H.S	T.C
鋁	0.55	0.50	0.45	0.40	0.33	0.30	0.28	0.25	0.17	0.15	0.12	0.12
黃銅和青銅	0.35	0.30	0.28	0.25	0.20	0.17	0.17	0.15	0.10	0.10	0.07	0.07
鑄鐵	0.33	0.40	0.25	0.33	0.17	0.25	0.17	0.20	0.10	0.12	0.07	0.10
低碳鋼 (含碳量0.01～0.30%)	0.30	0.40	0.25	0.33	0.17	0.22	0.15	0.20	0.10	0.12	0.07	0.10
中高碳鋼 (含碳量0.30～1.4%)	0.25	0.35	0.20	0.28	0.15	0.20	0.12	0.17	0.07	0.10	0.07	0.10
不銹鋼	0.15	0.25	0.12	0.20	0.10	0.15	0.07	0.12	0.05	0.07	0.05	0.07

附註:　1.　H.S.代表高速度鋼銑刀。　　T.C.代表碳化鎢銑刀

　　　　2.　精銑削時上表數字應減至一半或三分之一。

例題　設銑削中碳鋼速度爲 25mm/min，銑刀一刀齒進刀爲 0.20 mm/t，螺旋平銑刀外徑爲 75mm，銑刀刀齒條數爲 10，求 (1) 銑刀每分鐘廻轉次數，(2) 每分鐘進刀速度。

解　(1) $N = \dfrac{1000\,V}{\pi D} = \dfrac{1000 \times 25}{3.14 \times 75} = 107$ (R.P.M)

(2) $F = Ft \times T \times N = 0.20 \times 107 \times 10 = 214$ (mm)

例題　銑刀爲 3 條刀齒之碳化鎢端銑刀，銑刀外徑爲 20mm，求 (1)其粗銑削不銹鋼之主軸廻轉數(2)每分鐘之進刀量。

解　(1) 查表16-4取 $V = 80$　$N = \dfrac{1000V}{\pi D} = \dfrac{1000 \times 80}{3.14 \times 20}$

　　　$= 1274$ (R.P.M.)

(2) 查表16-5得 $Ft = 0.12$

$\therefore$　$F = Ft \times T \times N = 0.12 \times 3 \times 1274 = 458.6$ (mm/min)

四、進刀深度

所謂進刀深度，係指銑刀叉尖切入工作物表面的厚度。每一次需要多少進刀深度須視工作件銑削至光製尺寸的加工裕度來決定，例如銑床之進刀深度為 6mm 而達到光製尺寸，考慮如何銑削？是分成幾次？每次進刀深度宜若干？茲列於下：

(1) 銑削一次完成(進刀6mm)。

(2) 銑削三次完成（每次進刀分別為3mm, 2.5mm, 0.5mm)。

(3) 銑削三次完成（每次進刀各為2mm, 2mm, 2mm)。

(4) 其他方法

上面所述，仍須依據銑床本身牢固性、銑刀的材質、工作物材質與形狀、光銑的粗度面來決定，通常上列方法以(2)項的銑削要領為最優良。

五、銑削寬度

銑削寬度對於普通銑刀、側銑刀、端銑刀等並不成為大問題，但在面銑刀時則銑削寬度對面銑刀直徑若太小時，震動多半會變大，而叉尖壽命也會在磨耗前破損或缺裂，故壽命會減低；一般面銑刀銑削之銑削寬度，以對銑刀直徑之50～60％程度為最佳。

六、銑削劑（又稱切削液）

銑削機構與車床、鉋床、鑽床來比較顯得複雜多了，尤其銑刀刀具售價昂貴，重新研磨困難，因此需要有優良的切削液來提高銑刀壽命和增加銑削作業的效率。

切削液在銑切鋼料或熟鐵時，能帶走切屑，冷卻銑刀與工作物的摩擦熱，得到較佳的工作面，提高銑切效果。通常高級礦物油、豬油為最好的切削潤滑劑，參考表16-4。不過目前大部份由可溶性油劑，加水混合比例為20：1 成乳白色的水溶液所取代，因其價廉，散熱良好，並能適應多種切削操作。為了節省切削劑鐵床內部均設有自動循環及過濾設備，如此於銑切時，可以大量或依照實際需要的情形加注切削液；唯銑切鑄鐵或銅件時不宜使用切削劑。

16-3-3 銑刀軸與銑刀夾具

銑刀心軸(Arbor) 呈水平方向固定者，如臥式銑床，可分為兩種標準尺寸: (1)A型式，和(2)B型式心軸。如圖16-102所示。

A 型式心軸，桿端可以直接套於支持架、銅合金軸承內。B 型式心軸，軸桿上有軸承套環配於支持架軸承，能獲得更大的支撐力。

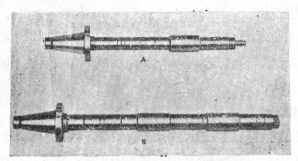

圖16-102　銑刀心軸A: A型式，B: B型式

銑刀心軸，軸桿部份均裝有間隔環 (Spacing ring) 和軸承套環(Bearing collar)，如圖16-103所示，茲分別說明於下:

圖16-103　A為間隔環　B為軸承套環

間隔環，如圖16-103A 所示，被用以使銑刀準確地裝置於銑刀心軸上。若僅裝上單獨一把銑刀，則當作墊圈俾使銑刀更加牢固，如兩

把以上銑刀同時使用時，則作爲銑刀間的間隔距離用途。間隔環兩端
面需經研磨礪光，其公差在±0.002mm。寬度有 0.05, 0.1, 0.2, 0.5,
1, 2, 3, 4, 5, 6, 7, 8, 10, 20, 30, 40, 50, 60, 70mm 等各種尺寸，裝置前應
擦拭乾淨，不容有污物夾於其間。

　　軸承套環，如圖16-103B 所示，與間隔環相類似，所不同者在於
外徑略大於間隔環，間隔環是作爲銑刀間距離的調整而軸承套環必須
以鍵來和銑刀心軸連成一體固定於支持架上，作廻轉運動。

　　至於立式銑床和部份臥式銑床所使用的銑刀心軸，其標準型式分
別爲：

(1) 彈簧夾頭 (Spring chuck)，如圖16-104夾持較小型的銑刀，
　　配以拉桿，由上收緊而夾緊銑刀。如端銑刀或鑽頭等銑削工
　　作。

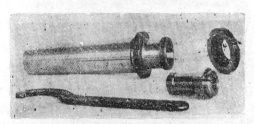

圖16-104　彈簧夾頭

圖16-105A　殼形端銑刀之心軸

(2)套殼銑刀心軸(Shell mills arbor)

如圖16-105所示，為用以安裝套殼端銑刀，而如圖16-106所示者則為裝置面銑刀之用，兩者均使用同一標準錐度，軸端有螺絲孔，以拉桿拉入銑床主軸錐度孔內固緊旋轉。

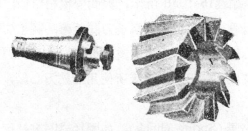

圖16-105B　殼形端銑刀及其心軸

圖16-106銑刀接頭

（3）筒夾（Collects）筒夾與殼形銑刀心軸相仿，均以斜度裝入銑床主軸孔內，惟筒夾斜度較小，不必再使用拉桿，夾持銑削較輕切削的斜柄式銑刀。如圖 16-107 所示。

16-4　分度頭及其使用法

分度頭能在銑床工作時，將工作物之圓周等分為所需要之數，如齒輪或各種螺桿之銑削；而這種銑切工作，在使工作物轉動某一角度，或一圈的若干分之一；甚至於銑床床臺進給之際同時旋轉，藉以銑削螺旋槽，而作此分等或分度的機構稱之為分度頭　(Index　or

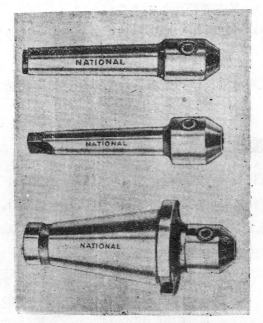

圖16-107(A)　直柄式端銑刀之夾具

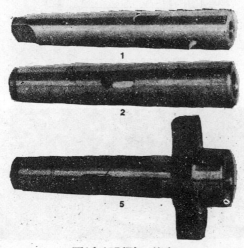

圖16-107(B)　筒夾

dividing head)，其主要使用目的有二：

1. 對裝配於分度頭的工作件進行分度以作分刻度或等分的銑削工作。

2. 將裝配成水平、傾斜或垂直的工作件作連續旋轉之進給(Feed)工作。

16-4-1 分度頭之構造

分度頭是利用蝸桿及蝸輪以40：1之減速比的機構，如圖 16-108工作物轉軸裝於蝸輪上，軸端裝有斜孔可裝置中心頂針，軸外形有螺旋可裝上夾頭，轉軸上另有U形件，以便於使用牽動具時維持工作物正確之轉動，如圖16-109所示。

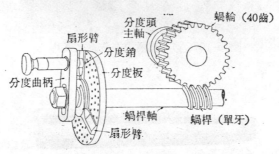

圖16-108 分度頭原理

圖16-109 分度頭

圖16-110 廻轉比5:1之萬能分度頭

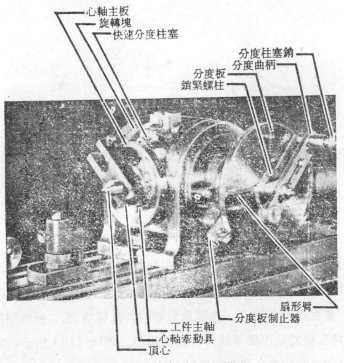

心軸主板
旋轉塊
快速分度柱塞
分度柱塞銷
分度曲柄
分度板
鎖緊螺柱

扇形臂
分度板制止器
工件主軸
心軸牽動具
頂心

圖16-111 分度頭之主要構件

　　蝸桿之轉軸通過分度板及兩個扇形臂(Sector arm) 裝上曲柄，柄端有分度梢(Index Pin)，可插入分度板(Index plate)之孔內，由於分度板不能轉動，故此稍插入孔內後，曲柄卽不動，而主轉軸之位置亦為固定。

　　分度板上有若干同心圓，每一同心圓上各有若干等距之孔，以幫助曲柄記取一圈中之等分數，此等分數由工作物之分等而得。分度板上之兩支扇形臂，是在兩次銑削間協助記憶孔數，以避免每次記數之繁複及防止錯誤產生。

　　分度頭亦有廻轉比5：1用於製作少數等分的分度銑削工作，如圖16-110所示。

　　至於一般萬能分度頭之構造及剖面圖，則如圖16-111, 圖16-112, 圖16-113所示。

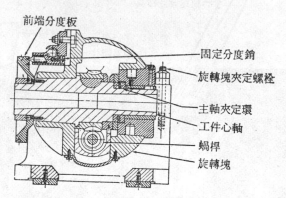

圖16-112　萬能分度頭之剖面圖之一

　　分度板上之孔圈數日常用的有兩種設計，如表16-6所示。利用分度板孔圈可做更多分度，主軸內孔成錐孔，一般均為 Brown & Sharpe (B&S) 錐度，可裝頂心，外圓周為螺絲，以裝夾頭。 分度頭尚可旋轉成一角度便於銑削錐形鉸刀、傘齒輪等。圖16-114A 所示，為辛辛那提 (Cincinate)之多數孔的分度板組。

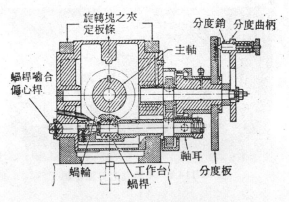

圖16-113 分度頭剖面圖之二

表16-6 分度板孔圈孔數目

布朗沙普 （B&S）	板	1	15	16	17	18	19	20				
	板	2	21	23	27	29	31	33				
	板	3	37	39	41	43	47	49				
辛辛那提 （Cincinate）	正	面	24	25	28	30	34	37	38	39	41	42	43
	反	面	46	47	49	51	53	54	57	58	59	62	66
辛辛那提 附盤 如圖16-113	板	A	30	48	69	91	99	117	129	147	171	177	189
		B	36	67	81	97	111	127	141	157	169	183	199
	板	C	34	36	79	93	109	123	139	153	167	181	197
		D	32	44	77	89	107	121	137	149	163	179	193
	板	E	26	42	73	87	103	119	133	149	161	175	191
		F	28	38	71	83	101	113	131	143	159	173	189

　　另外分度頭於其上置一顯微鏡檢讀主軸之旋轉角其構造與普通分度頭類似，稱為光學分度頭，最高精度可達到15秒。如圖16-114B 所示。

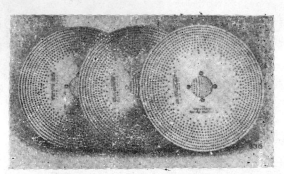

圖16-114A　多數孔之分度板組

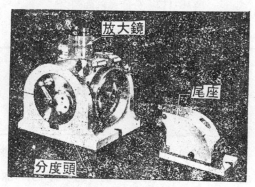

圖16-114B　光學分度頭

一、分 度 法

使用分度頭分度的方法，通常有四種方法；

(1) 直接分度法(Direct indexing)

(2) 簡單分度法(Simple indexing)

(3) 角度分度法(Angle indexing)

(4) 差動分度法(Differential indexing)

1. 直接分度法

利用工作物轉軸上的分度板而不經蝸桿與蝸輪之分度法稱為直接分度，要行直接分度之前先將蝸桿與蝸輪分離，拔出直接分度板上揷梢，用手轉動直接分度板至所定孔數，再將插梢扣上，將此反覆卽可把圓周分割成所需等分數。直接分度板的孔圈數通常爲24等距孔，可分2, 3, 4, 6, 8, 12, 24等分，若要分角度，兩孔間成中心角爲15°，如要45°只轉三個孔卽成，直接分度法使用方便，節省時間，但分度範圍過於狹窄。

2. 簡單分度法

大部份銑床均採用簡單分度法，拔出分度梢，轉動分度曲柄(Index crank)，經蝸桿和蝸輪旋動主軸而配合工作物所希望的旋轉量，再將分度梢扣入分度盤的方法謂之簡單分度法。蝸桿與蝸輪之廻轉比爲40：1，和5：1，其計算方法相同，40：1用得較多，茲說明如下：

$$n: 分度曲柄轉數 \quad n = \frac{40}{N}$$

40: 工作物轉一圈所需分度曲柄轉速（若廻轉比5：1時，要用5）

N：工作物一圈的銑切次數。

若工作物一圈之銑切數不能被40整除，則利用扇形臂，定出分度曲柄一圈的分數。

例 1 欲將裝配於主軸的工作件（如齒輪），分成20等分；

$$n = \frac{40}{N} = \frac{40}{20} = 2$$

在任一孔圈數上，每銑切一齒，搖動分度曲柄兩圈。

例 2 利用$B\&S$分度板，以銑切18齒的齒輪，應如何分度。

$$n = \frac{40}{18} = 2\frac{4}{18} \qquad \left(2\frac{4}{18} = 2\frac{6}{27}\right)$$

於$B\&S$分度板上有18孔圈位置上，第一次將分度銷插入第一孔內，銑切第一齒，俟第一齒銑切完畢後，拔出分度銷，搖轉分度曲柄旋轉兩圈回到第 1 孔位置上，再移動孔圈中四個間隔，即第 5 孔上插入分度銷，成爲 $2\frac{4}{18}$。分度銑切第二齒，而銑切第三齒時，從銑切第二齒，分度銷在第 5 孔的位置上拔出，順時針旋轉 2 圈又 $\frac{4}{18}$ 圈，再將分度銷插入第 9 孔，依次類推直至完成第十八齒。（圈外的阿拉伯數字，爲說明方便，特別寫上，實際上沒有這些數字）

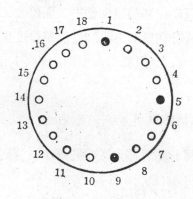

例 3 使用分度板（Cincinnate 型），銑削14齒正齒輪

$$n = \frac{40}{14} = 2\frac{12}{14} = 2\frac{6}{7} = 2\frac{24}{28}$$

1. 裝置分度頭於銑床床臺適當位置上，注意床臺與分度頭底面的清潔並校正中心。如圖16-115所示。

2. 選擇辛辛那提分度板正面一片，裝於分度頭上。

3. 工作物裝於分度頭主軸夾頭與尾座的兩心間，旋動分度頭主軸，檢查工作件是否偏心，有沒有垂直銑刀軸線如圖16-115之虛線所示。

4. 調整分度曲柄上之分度銷於28孔圈上（42孔圈亦可）。

5. 將分度板上之扇形臂（又稱分度片）的固定螺釘鎖住，如圖

圖16-115　銑刀安置的正確位置

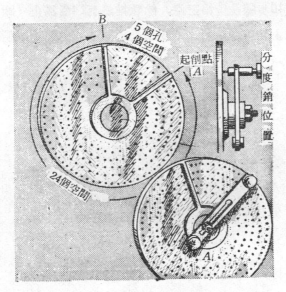

圖16-116　扇形臂之使用

16-116所示。

6. 啟動銑床，注意銑刀廻轉方向（逆銑法），移動床臺對準工作
  爲當起削位置。

7. 床架昇高調整至所需切削深度，此時手輪刻度盤上調整定爲
  零，並旋緊床架固定桿。

8. 銑切第一齒。

9. 銑切第一齒完後，放鬆床架固定桿，降下床架，並移動床臺至
   起削位置，再昇高床架至零刻度，固緊床架。

10. 放鬆分度頭主軸固定桿，拔出分度銷，搖轉分度曲柄自起削點
    開始 2 圈後再進至扇形臂第25孔（自原孔算起）上插入分度銷
    ，固定分度頭主軸，進行銑切第二齒。

11. 銑切第三齒時重覆 9 之程序，移動扇形臂 A 沿順時鐘方向接觸
    分度銷。

12. 重複10步驟銑切第三齒，餘類推銑至14齒爲止（圖16-117）。

13. 爲防止齒隙之影響，分度頭是應單一方向運動或順時鐘轉動。

圖16-117　在正齒輪上銑齒

3. 角度分度法（Angular indexing）

　　將工作件的圓周分割爲某角度時，與簡單分度法一樣適用於角度

分度，搖動分度曲柄一圈使分度頭主軸轉動 $\frac{1}{40}$ 圈，等於360°÷40＝9°

（度），或540′（分），或32,400″（秒），若要分47°時；

$$\frac{47}{9} = 5\frac{2}{9} = 5\frac{4}{18}$$

於18孔圈上轉動 5 圈又四個間隔（或自起削至第 5 個孔）卽可。

表16-7 角度分度表

注：*H 是移動分度孔圈的孔數；†C 是分度孔圈

值	H	C
0.0204	1	49
0.0213	1	47
0.0233	1	43
0.0244	1	41
0.0256	1	39
0.0270	1	37
0.0303	1	33
0.0323	1	31
0.0345	1	29
0.0370	1	27
0.0408	2	49
0.0426	1	47
0.0435	1	23
0.0465	2	43
0.0476	1	21
0.0498	2	41
0.0500	1	20
0.0513	2	39
0.0526	1	19
0.0541	2	37
0.0555	1	18
0.0588	1	17
0.0606	2	33
0.0612	3	49
0.0625	1	16
0.0638	3	47
0.0645	2	31
0.0666	1	15
0.0690	2	29
0.0698	3	43
0.0732	3	41
0.0741	2	27
0.0769	3	39
0.0811	3	37
0.0816	4	49
0.0851	4	47
0.0870	2	23
0.0909	3	33
0.0930	4	43
0.0952	2	21
0.0968	3	31
0.0976	4	41
0.1000	2	20
0.1020	5	49
0.1026	4	39
0.1034	3	29
0.1053	2	19
0.1064	5	47
0.1081	4	37
0.1111	2	18
0.1111	3	27
0.1163	5	43
0.1176	2	17
0.1212	4	33
0.1220	5	41
0.1224	6	49
0.1250	2	16
0.1277	6	47
0.1282	5	39
0.1290	4	31
0.1304	3	23
0.1333	2	15
0.1351	5	37
0.1379	4	29

值	H	C
0.1395	6	43
0.1429	3	21
0.1429	7	49
0.1463	6	41
0.1481	4	27
0.1489	7	47
0.1500	3	20
0.1515	5	33
0.1538	6	39
0.1579	3	19
0.1613	5	31
0.1622	6	37
0.1628	7	43
0.1633	8	49
0.1666	3	18
0.1702	8	47
0.1707	7	41
0.1724	5	29
0.1739	4	23
0.1765	3	17
0.1795	7	39
0.1818	6	33
0.1837	9	49
0.1852	5	27
0.1860	8	43
0.1875	3	16
0.1892	7	37
0.1905	4	21
0.1915	9	47
0.1935	6	31
0.1951	8	41
0.2000	3	15
0.2000	4	20
0.2041	10	49
0.2051	8	39
0.2069	6	29
0.2093	9	43
0.2105	4	19
0.2121	7	33
0.2128	10	47
0.2162	8	37
0.2174	5	23
0.2195	9	41
0.2222	6	27
0.2222	4	18
0.2245	11	49
0.2258	7	31
0.2308	9	39
0.2326	10	43
0.2340	11	27
0.2353	4	17
0.2381	5	21
0.2414	7	29
0.2424	8	33
0.2432	9	37
0.2439	10	41
0.2439	12	49
0.2500	2	8
0.2500	5	20
0.2553	12	47
0.2558	11	43
0.2564	10	39
0.2581	8	31

值	H	C
0.2593	7	27
0.2609	6	23
0.2632	5	19
0.2653	13	49
0.2667	4	15
0.2683	11	41
0.2703	10	37
0.2727	9	33
0.2759	8	29
0.2766	13	47
0.2777	5	18
0.2791	12	43
0.2821	11	39
0.2857	14	49
0.2857	6	21
0.2903	9	31
0.2927	12	41
0.2941	5	17
0.2963	8	27
0.2973	11	37
0.2979	14	47
0.3000	6	20
0.3023	13	43
0.3030	10	33
0.3043	7	23
0.3061	15	49
0.3077	12	39
0.3103	9	29
0.3125	5	16
0.3158	6	19
0.3171	13	41
0.3191	15	47
0.3226	10	31
0.3243	12	37
0.3256	14	43
0.3265	16	49
0.3333	5	15
0.3333	6	18
0.3333	7	21
0.3333	9	27
0.3333	11	33
0.3333	13	39
0.3404	16	47
0.3415	14	41
0.3448	10	29
0.3469	17	49
0.3478	8	23
0.3488	15	43
0.3500	7	20
0.3514	13	37
0.3529	6	17
0.3548	11	31
0.3590	14	39
0.3617	17	47
0.3636	12	33
0.3659	15	41
0.3673	18	49
0.3684	7	19
0.3704	10	27
0.3721	16	43
0.3750	6	16
0.3784	14	37
0.3793	11	29

值	H	C
0.3810	8	21
0.3830	18	47
0.3846	15	39
0.3871	12	31
0.3878	19	49
0.3888	7	18
0.3902	16	41
0.3913	9	23
0.3939	13	33
0.3953	17	43
0.4000	6	15
0.4000	8	20
0.4043	19	47
0.4054	15	37
0.4074	11	27
0.4082	20	49
0.4103	16	39
0.4118	7	17
0.4138	12	29
0.4146	17	41
0.4186	18	43
0.4194	13	31
0.4211	8	19
0.4242	14	33
0.4255	20	47
0.4286	9	21
0.4286	21	49
0.4324	16	37
0.4348	10	23
0.4359	17	39
0.4375	7	16
0.4390	18	41
0.4419	19	43
0.4444	8	18
0.4444	20	45
0.4468	21	47
0.4483	13	29
0.4490	22	49
0.4500	9	20
0.4516	14	31
0.4545	15	33
0.4595	17	37
0.4615	18	39
0.4634	19	41
0.4651	20	43
0.4667	7	15
0.4681	22	47
0.4694	23	49
0.4706	8	17
0.4737	9	19
0.4762	10	21
0.4783	11	23
0.4815	13	27
0.4828	14	29
0.4839	15	31
0.4848	16	33
0.4865	18	37
0.4872	19	39
0.4878	20	41
0.4894	23	47
0.4898	24	49
0.5000	8	16
0.5000	9	18

值	H	C
0.5000	10	20
0.5102	25	49
0.5106	24	47
0.5116	22	43
0.5122	21	41
0.5128	20	39
0.5135	19	37
0.5151	17	33
0.5161	16	31
0.5172	15	29
0.5185	14	27
0.5217	12	23
0.5238	11	21
0.5263	10	19
0.5294	9	17
0.5306	26	49
0.5319	25	47
0.5333	8	15
0.5349	23	43
0.5366	22	41
0.5385	21	39
0.5405	20	37
0.5454	18	33
0.5484	17	31
0.5510	27	49
0.5517	16	29
0.5532	26	47
0.5555	10	18
0.5555	15	27
0.5581	24	43
0.5610	23	41
0.5625	9	16
0.5641	22	39
0.5652	13	23
0.5676	21	37
0.5714	12	21
0.5714	28	49
0.5745	27	47
0.5757	19	33
0.5789	11	19
0.5806	18	31
0.5814	25	43
0.5854	24	41
0.5862	17	29
0.5882	10	17
0.5897	23	39
0.5918	29	49
0.5926	16	27
0.5946	22	37
0.5957	28	47
0.6000	9	15
0.6000	12	20
0.6047	26	43
0.6060	20	33
0.6087	14	23
0.6098	25	41
0.6111	11	18
0.6122	30	49
0.6129	19	31
0.6154	24	39
0.6170	29	47

值	H	C
0.6207	18	29
0.6216	23	37
0.6250	10	16
0.6279	27	43
0.6296	17	27
0.6316	12	19
0.6326	31	49
0.6341	26	41
0.6364	21	33
0.6383	30	47
0.6410	25	39
0.6452	20	31
0.6471	11	17
0.6486	24	37
0.6500	13	20
0.6512	28	43
0.6522	15	23
0.6531	32	49
0.6552	19	29
0.6585	27	41
0.6596	31	47
0.6666	10	15
0.6666	12	18
0.6666	14	21
0.6666	16	24
0.6666	18	27
0.6666	20	30
0.6666	22	33
0.6666	26	39
0.6735	33	49
0.6744	29	43
0.6757	25	37
0.6774	21	31
0.6809	32	47
0.6829	28	41
0.6842	13	19
0.6857	20	29
0.6923	27	39
0.6939	34	49
0.6957	16	23
0.6969	23	33
0.6977	30	43
0.7006	14	20
0.7021	33	47
0.7027	26	37
0.7037	19	27
0.7059	12	17
0.7073	29	41
0.7097	22	31
0.7143	15	21
0.7143	35	49
0.7179	28	39
0.7209	31	43
0.7222	13	18
0.7234	34	47
0.7241	21	29
0.7273	24	33
0.7297	27	37
0.7317	30	41
0.7333	11	15
0.7347	36	49
0.7368	14	19
0.7391	17	23
0.7407	20	27
0.7419	23	31

值	H	C
0.7436	29	39
0.7442	32	43
0.7447	35	47
0.7500	12	16
0.7500	15	20
0.7551	37	49
0.7561	31	41
0.7568	28	37
0.7576	25	33
0.7586	22	29
0.7619	16	21
0.7647	13	17
0.7674	33	43
0.7692	30	39
0.7742	24	31
0.7755	38	49
0.7760	36	47
0.7777	21	27
0.7777	14	18
0.7805	32	41
0.7826	18	23
0.7838	29	37
0.7872	37	47
0.7879	26	33
0.7895	15	19
0.7907	34	43
0.7931	23	29
0.7949	31	39
0.7959	39	49
0.8000	12	15
0.8000	16	20
0.8049	33	41
0.8065	25	31
0.8085	38	47
0.8095	17	21
0.8108	30	37
0.8125	13	16
0.8140	35	43
0.8148	22	27
0.8163	40	49
0.8181	27	33
0.8205	32	39
0.8235	14	17
0.8261	19	23
0.8276	24	29
0.8293	34	41
0.8298	39	47
0.8333	15	18
0.8367	41	49
0.8372	36	43
0.8378	31	37
0.8421	16	19
0.8462	33	39
0.8485	28	33
0.8500	17	20
0.8511	40	47
0.8537	35	41
0.8571	18	21
0.8571	42	49
0.8605	37	43

值	H	C
0.8621	25	29
0.8649	32	37
0.8666	13	15
0.8696	20	23
0.8710	27	31
0.8718	34	39
0.8723	41	47
0.8750	14	16
0.8776	43	49
0.8780	36	41
0.8788	29	33
0.8824	15	17
0.8837	38	43
0.8868	16	18
0.8888	24	27
0.8919	33	37
0.8936	42	47
0.8947	17	19
0.8966	26	29
0.8974	35	39
0.8980	44	49
0.9000	18	20
0.9024	37	41
0.9032	28	31
0.9048	19	21
0.9070	39	43
0.9090	30	33
0.9130	21	23
0.9149	43	47
0.9184	45	49
0.9189	34	37
0.9231	36	39
0.9259	25	27
0.9268	38	41
0.9302	40	43
0.9310	27	29
0.9333	14	15
0.9355	29	31
0.9362	44	47
0.9375	15	16
0.9394	31	33
0.9412	16	17
0.9444	17	18
0.9459	35	37
0.9474	18	19
0.9487	37	39
0.9500	19	20
0.9512	39	41
0.9524	20	21
0.9535	41	43
0.9565	22	23
0.9574	45	47
0.9592	47	49
0.9630	26	27
0.9655	28	29
0.9677	30	31
0.9697	32	33
0.9730	36	37
0.9744	38	39
0.9756	40	41
0.9767	42	43
0.9787	46	47
0.9796	48	49

*H 是移動分度孔圈的孔數
†C 是分度孔圈

通常角度分度有一分度表可查閱比較，如表16-7同時因角度若細分到分(')或秒 (")，往往無法剛好配合分度板的圈孔數，以致產生微小誤差，特舉例說明之。

例 1 求24°45'之分度。

$$24° = 24 \times 60' = 1,440'$$

$$45' \qquad = \underline{\quad 45' \quad}$$
$$\qquad\qquad\qquad 1,485'$$

$$1,485' \div 540' = 2.7500$$

於角度分度表上，除整數 2 圈外的小數為0.7500可於表16-7查出 $H=12$, $C=16$代表於 16 孔圈數上旋轉分度曲柄移動12個孔間隔，（自起削點第13孔）而每一角度的總轉數為 $2\frac{12}{16}$。

例 2 求18°26'之分度。

$$18° = 18 \times 60' = 1,080'$$

$$26' \qquad = \underline{\quad 26' \quad}$$
$$\qquad\qquad\qquad 1,106'$$

$$1,106' \div 540' = 2.0481$$

所需小數值 $\qquad = 0.0481$

與表16-7最接近數值$\dfrac{= 0.0476}{0.0005}$

$$540' \times 0.0005 = 0.27'$$

$$0.27 \times 60'' = 16.2'' \text{（誤差）}$$

查表16-7得$H = 1$, $C = 21$，總分度數為$2\frac{1}{21}$圈。

例 3 求24°54'23"之分度。

$$24° = 24 \times 60 \times 60 = 86,400''$$

$$54' = 54 \times 60 \qquad = 3,240''$$

$$23'' \qquad = \frac{23''}{89,663''}$$

$$89,663'' \div 32,400'' = 2.7674$$

查表16-7剛好得$H = 33$，$C = 43$總分度數爲$2\frac{33}{43}°$。

例 4　求$39°51'21''$。

$$39° = 39 \times 60' \times 60'' = 140,400''$$

$$51' = 51 \times 60'' = 3,060''$$

$$21' \qquad = \frac{21''}{143,481''}$$

$$143,481'' \div 32,400'' = 4.4284$$

所需小數值　　　　　　　$= 0.4284$

與表16-7最接近數值$\dfrac{= 0.4286}{0.0002''}$

$$32,400'' \times 0.0002 = 6.48''（誤差）$$

查表16-7得$H = 9$，$C = 21$總分度數爲$4\frac{9}{21}$圈。

　　除了查表來求得角度分度外，同樣可依一般的簡單分度法來計算，惟必須將度、分、秒轉換爲每一分割數，分度曲柄的總圈數。

例 5　以度（°）爲角度單位，求$25°$之分度。

公式

$$n = \frac{N}{9°}$$

　　　　　　　　N：欲分割之角度數

　　　　　　　　n：分度曲柄搖轉圈數

　　　　　　　　$9°$：旋轉分度曲柄一圈等於分度頭
　　　　　　　　　　　主軸轉動$9°$

$$\therefore \quad n = \frac{25°}{9°} = 2\frac{7}{9} \text{ 或 } 2\frac{14}{18} \text{——搖轉 2 圈又} \frac{14}{18} \text{圈}$$

例 6 以分($'$)爲角度單位，求12°12′之分度。

公式

$$n = \frac{N}{540'}$$

1.   ∴   12° = 12 × 60 = 720′

      12′ $= \dfrac{12'}{732'}$

$$n = \frac{732}{540} = 1\frac{192}{540} = 1\frac{16}{45}$$

2. 由於分度板上沒有45孔之分度圈，以數學輾轉相除法求分數的因素：

16)45(2

     $\dfrac{32}{13}$)16(1

        $\dfrac{13}{3}$)13(4

          $\dfrac{12}{1}$)3(3

            $\dfrac{3}{0}$

3. 將上項右側因素記入方格內如下：

		2	1	4	3
1	0				
0	1				

註：方格左側 $\dfrac{1\ |\ 0}{0\ |\ 1}$ 是表示分數中分母大於分子的方式，若分子大於分母則要寫成 $\dfrac{0\ |\ 1}{1\ |\ 0}$ 。

		2	1	4	3
1	0	A	B	C	D
0	1				

$A = 2 \times 0 + 1 = 1$

$B = 1 \times A + 0 = 1 \times 1 + 0 = 1$

$C = 4 \times B + A = 4 \times 1 + 1 = 5$

$D = 3 \times C + B = 3 \times 5 + 1 = 16$

		2	1	4	3
0	1	A'	B'	C'	D'

$A' = 2 \times 1 + 0 = 2$

$B' = 1 \times A' + 1 = 1 \times 2 + 1 = 3$

$C' = 4 \times B' + A' = 4 \times 3 + 2 = 14$

$D' = 3 \times C' + B' = 3 \times 14 + 3 = 45$

上面計算數塡入方格內

		2	1	4	3
1	0	1	1	5	16
0	1	2	3	14	45

5. 分度盤若選用辛辛那提 (Cincinnate) 型正面，可選用孔圈爲 $\frac{10}{28}\left(=\frac{5}{14}\right)$ 總分度數爲 $1\frac{5}{14}$ 即於28孔圈中進入自起削點1圈後又第11個孔（第10間隔），而選取的數目越靠近方格右側越準確。

6. 誤差 $540' \times \dfrac{5}{14} = 192'51.42''$, $192'51'' - 192'0'' = 51''$

例 7　以秒($''$)爲角度單位，求 $29°25'16''$ 之分度。

公式

$$n = \frac{N}{32,400}$$

1. $29° = 29 \times 60' \times 60'' = 104,400''$

         $25' = 25 \times 60''$ $= 1,500''$

         $16''$ $= \dfrac{16''}{105,916''}$

$$n = \frac{105,916}{32,400} = 3\frac{8716}{32,400} = 3\frac{2179}{8100}$$

2. 以數學輾轉相除法求分數的因素:

     2179)8100(3

        $\dfrac{6537}{1563}$)2179(1

           $\dfrac{1563}{616}$)1563(2

              $\dfrac{1232}{331}$)616(1

                  $\dfrac{331}{285}$)331(1

                     $\dfrac{285}{46}$)285(6

                        $\dfrac{276}{9}$)46(5

                           $\dfrac{45}{1}$)9(9

                             $\dfrac{9}{0}$

3.

		3	1	2	1	1	6	5	9
11	0	1	1	3	4	7	46	237	2179
0	1	3	4	11	15	26	171	881	8100

4. 上項方格中可適用孔圈爲 $\frac{4}{15}$, 選用 *B&S* 或 Cincinnate 正面之

分度板均可, 卽15孔圈中旋動 3 圈後又進入第 5 孔。

5. 誤差

$$32,400'' \times \frac{4}{15} = 8,640''$$

$$8716'' - 8640'' = 76'' = 1'16'' \text{ (誤差)}$$

4. 差動分度法

當不能於簡單分度法中得到分度時, 必須使用差動分度。 差動 (Differential) 是由於二移動結合而得所需的分度值;(1)分度曲柄單獨移動值, (2) 分度盤本身移動。分度頭主軸和分度盤藉變換齒輪取得連繫, 若使分度曲柄旋轉, 主軸便旋轉而轉動變換齒輪, 而分度盤便面朝和分度曲柄成同方向或反方向旋轉。其構造和拔出分度銷搖動分度曲柄傳動的順序如圖16-118。

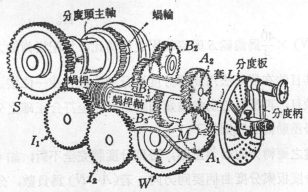

圖 16-118 差動分度頭構造

蝸桿 → S → I_1 → I_2 → W → A_1 → A_2 → B_1 → B_2 → B_3 → 分度盤

圖中 I_1 和 I_2 為惰齒輪作為改變廻轉方向之用。

若 S 及 W 齒輪大小相同（其他 A_1, A_2, B_1, B_2, B_3 為齒數相等且固定之齒輪）在其間有二惰輪，則將分度銷自分度盤孔內拔出，而分度曲柄作順時鐘方向轉動一圈時分度頭主軸廻轉 $\frac{1}{40}$ 圈，經變換齒輪組合，使分度盤作逆時鐘方向倒轉 $\frac{1}{40}$ 轉，如分度曲柄轉動40次，工作物卽可因分度盤倒回一圈，而需再轉動分度曲柄一轉。利用此微差得到41次的完整分割。反之惰輪只放一個因分度板同向旋轉，工作物只能作39次的分割。上述 S 和 W 廻轉比為40：1，一旦改變齒輪 S 和 W 之廻轉比可得任何數目之分度。

B&S型分度頭備有之正齒輪齒數為：24（兩個），28, 32, 40, 44, 48, 56, 64, 72, 86和100共12個齒輪。

差動分度之計算公式　　　　式中，　　　N：擬分度之數目。

$$(A-N) \times \frac{40}{A}$$

A：接近 N 之分度數目，

$\frac{40}{A}$ 為分度曲柄的搖轉數　　　　　　而可用簡單分度之數目。

$(A-N) \times \frac{40}{A}$ 為齒輪 S 與齒輪 W 之廻轉比，為配掛齒輪之依據。

差動分度其目的在使無法用簡單分度法分割的數目找一位接近能用簡單分度的數目，再配以差動齒輪彌補誤差而完全符合正確之分度數目，因此配掛差動輪的原則如下：

分度盤之廻轉方向必須正確，否則分度將完全不對；如 $(A-N)$ 為正數，分度板與分度曲柄要同方向，若 $(A-N)$ 為負數，分度板與分度曲柄要相對方向旋轉，因此 ..

1. 齒輪組合為單式組合，如圖16-119所示，而$(A-N)$為正數用一個惰輪。

2. 齒輪組合為單式組合如圖16-120A，而$(A-N)$為負數，用二個惰輪。

3. 齒輪組合為複式組合(Compound gear)，而$(A-N)$為正數，不必用惰輪。

圖16-119　裝一只惰輪之差動分度簡單式配掛齒輪組

圖16-120A　裝兩只惰輪之差動分度單式配掛齒輪組

4. 齒輪組合爲複式組合，如圖16-120B，而（$A-N$）爲負數，用
   一個惰輪。

5. 齒輪組合配掛詳表如表16-8。

圖16-120B　裝一只惰輪之差動分度複式配掛齒輪組

例 1　使用$B\&S$型標準變換齒輪，作57之分度。

　　方法（一）

　1. 設$A=60$

　　　分度曲柄轉數$n=\dfrac{40}{60}=\dfrac{2}{3}=\dfrac{12}{18}$ 即18孔圈上自起𨒅點進入第

　　　13孔。

　2. 廻轉比($S:W$)

$$\frac{S}{W}=(A-N)\times\frac{40}{A}$$

$$=(60-57)\times\frac{40}{60}$$

$$=3\times\frac{2}{3}=\frac{2}{1}$$

　3. 配掛齒輪

$$\frac{2}{1} \times \frac{24}{24} = \frac{48}{24} = \frac{S}{W} \qquad S=48, \quad W=24$$

用一個惰輪

方法（二）

1. 設 $A=56$,

$$分度曲柄轉數\ n = \frac{40}{56} = \frac{5}{7}$$

$$= \frac{15}{21} 即21孔圈上自起削點進入第16孔,$$

2. 廻轉比 $(S:W)$

$$\frac{S}{W} = (A-N) \times \frac{40}{A}$$

$$= (56-57) \times \frac{40}{56}$$

$$= -\frac{5}{7}$$

3. 配掛齒輪

$$\frac{S}{W} = -\frac{5}{7} \times \frac{8}{8} = -\frac{40}{56}$$

$$S=40, W=56,\ 使用兩個惰輪$$

方法（三）

1. 設 $A=54$

$$分度曲柄轉數\ n = \frac{40}{54} = \frac{20}{27} 即\ 27\ 孔圈上自起削點進入第21$$

孔。

2. 廻轉比 $(S:W)$

$$\frac{S}{W} = (A-N) \times \frac{40}{A}$$

$$= (54 - 57) \times \frac{40}{54}$$

$$= -3 \times \frac{40}{54} = -\frac{20}{9}$$

3. 配掛齒輪

$$-\frac{20}{9} = -\frac{5}{3} \times \frac{4}{3}$$

$$= -\frac{5 \times 8}{3 \times 8} \times \frac{4 \times 16}{3 \times 16}$$

$$= -\frac{40}{24} \times \frac{64}{48}$$

$\therefore S = 40$，第一中間齒輪 $= 24$，第二中齒輪 $= 64$，$W = 48$，

惰輪一個。

表16-8 差動分度表

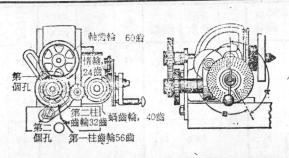

分數度	分度孔圈	分度圈數	分數度	分度孔圈	分度圈數	分數度	分度孔圈	分度圈數	分數度	分度孔圈	分度圈數
2	Any	20	8	Any	5	15	39	$2\frac{26}{39}$	23	23	$1\frac{17}{23}$
3	39	$13\frac{13}{39}$	9	27	$4\frac{12}{27}$		33	$2\frac{22}{33}$	24	39	$1\frac{26}{39}$
	33	$13\frac{11}{33}$		18	$4\frac{8}{18}$		18	$2\frac{12}{18}$		33	$1\frac{22}{33}$
	18	$13\frac{6}{18}$	10	Any	4	16	20	$2\frac{10}{20}$		18	$1\frac{12}{18}$
4	4	Any	11	33	$3\frac{21}{33}$	17	17	$2\frac{6}{17}$	25	20	$1\frac{12}{20}$
5	8	Any		39	$3\frac{13}{39}$	18	27	$2\frac{6}{27}$	26	39	$1\frac{21}{39}$
	39	$6\frac{26}{39}$	12	33	$3\frac{11}{33}$		18	$2\frac{4}{18}$	27	27	$1\frac{13}{27}$
6	·33	$6\frac{22}{33}$		18	$3\frac{6}{18}$	19	19	$2\frac{2}{19}$	28	49	$1\frac{21}{49}$
	18	$6\frac{12}{18}$	13	39	$3\frac{3}{39}$	20	Any	2		21	$1\frac{9}{21}$
7	49	$5\frac{35}{49}$	14	49	$2\frac{42}{49}$	21	21	$1\frac{19}{21}$	29	29	$1\frac{11}{29}$
	21	$5\frac{15}{21}$		21	$2\frac{18}{21}$	22	33	$1\frac{27}{33}$	30	39	$1\frac{13}{39}$

表16-8　差動分度表（續）

分數度	分度孔圈	分度圈數	分數度	分度孔圈	分度圈數	分數度	分度孔圈	分度圈數	分數度	分度孔圈	分分圈度
30	33	$1\frac{11}{33}$		21	$1\frac{3}{21}$	41	41	$\frac{40}{41}$	47	47	$\frac{40}{47}$
	18	$1\frac{6}{18}$		27	$1\frac{3}{27}$	42	21	$\frac{20}{21}$	48	18	$\frac{15}{18}$
31	31	$1\frac{9}{31}$	36	18	$1\frac{2}{18}$	43	43	$\frac{40}{43}$	49	49	$\frac{40}{49}$
32	20	$1\frac{5}{20}$	37	37	$1\frac{3}{37}$	44	33	$\frac{30}{33}$	50	20	$\frac{16}{20}$
33	33	$1\frac{7}{33}$	38	19	$1\frac{1}{19}$	45	27	$\frac{24}{27}$			
34	17	$1\frac{3}{17}$	39	39	$1\frac{1}{39}$		18	$\frac{16}{18}$			
35	49	$1\frac{7}{49}$	40	Any	1	46	23	$\frac{20}{23}$			

表16-8　差動分度表（續）

分數度	分度孔圈	分度圈數	蝸齒輪	第一個孔		軸齒輪	惰輪	
				第一柱齒輪	第二柱齒輪		第一個孔	第二個孔
51	17	$\frac{14}{17}$	24			48	24	44
52	39	$\frac{30}{39}$						
53	49	$\frac{35}{49}$	56	40	24	22		
	21	$\frac{15}{21}$	56	40	24	72		
54	27	$\frac{20}{27}$						
55	33	$\frac{24}{33}$						

表16-8　差動分度表（續）

分度數	分度孔圈	分度圈數	蝸齒輪	第一個孔		軸齒輪	惰輪	
				第一柱齒輪	第二柱齒輪		第一個孔	第二個孔
56	49	$\frac{35}{49}$					31	
	21	$\frac{15}{21}$						
57	49	$\frac{35}{49}$	56			40	24	44
	21	$\frac{15}{21}$	56			40	24	44
58	29	$\frac{20}{29}$						
59	39	$\frac{26}{39}$	48			32	44	
	33	$\frac{22}{33}$	48			32	44	
	18	$\frac{12}{18}$	48			32	44	
60	39	$\frac{26}{39}$						
	33	$\frac{22}{33}$						
	18	$\frac{12}{18}$						
61	39	$\frac{26}{39}$	48			32	24	44
	33	$\frac{22}{33}$	48			32	24	44
	18	$\frac{12}{18}$	48			32	24	44

表16-8 差動分度表（續）

分度數	分度孔圈	分度圈數	蝸齒輪	第一個孔		軸齒輪	惰輪	
				第一柱齒輪	第二柱齒輪		第一個孔	第二個孔
62	31	$\frac{20}{31}$						
63	39	$\frac{26}{39}$	24			48	24	44
63	33	$\frac{22}{33}$	24			48	24	44
63	18	$\frac{12}{18}$	24			48	24	44
64	16	$\frac{10}{16}$						
65	39	$\frac{24}{39}$						
66	33	$\frac{20}{33}$						
67	49	$\frac{28}{49}$	28			48	44	
67	21	$\frac{12}{21}$	28			48	44	
68	17	$\frac{10}{17}$						
69	20	$\frac{12}{20}$	40			56	24	44
70	49	$\frac{28}{49}$						
70	21	$\frac{12}{21}$						
71	27	$\frac{15}{27}$	72			40	24	

表16-8　差動分度表（續）

分數度	分度孔圈	分度圈數	蝸齒輪	第一個孔		軸齒輪	惰輪	
				第一柱齒輪	第二柱齒輪		第一個孔	第二個孔
	18	$\frac{10}{18}$	72			40	24	
72	27	$\frac{15}{27}$						
	18	$\frac{10}{18}$						
73	49	$\frac{28}{49}$	28			48	24	44
	21	$\frac{12}{21}$	28			48	24	44
74	37	$\frac{20}{37}$						
75	15	$\frac{8}{15}$						
76	19	$\frac{10}{19}$						
77	20	$\frac{10}{20}$	32			48	44	
78	39	$\frac{20}{39}$						
79	20	$\frac{10}{20}$	48			24	44	
80	20	$\frac{10}{20}$						
81	20	$\frac{10}{20}$	48			24	24	44
82	41	$\frac{20}{41}$						

表16-8　差動分度表（續）

分度數	分度孔圈	分度圈數	蝸齒輪	第一個孔		軸齒輪	惰輪	
				第一柱齒輪	第二柱齒輪		第一個孔	第二個孔
83	26	$\frac{10}{20}$	32			48	24	44
84	21	$\frac{10}{21}$						
85	17	$\frac{8}{10}$						
86	43	$\frac{20}{43}$						
87	15	$\frac{7}{15}$	40			24	24	44
88	33	$\frac{15}{33}$						
89	27	$\frac{12}{27}$	72			32	44	
	18	$\frac{8}{18}$	72			32	44	
90	27	$\frac{12}{27}$						
	18	$\frac{8}{18}$						
91	39	$\frac{18}{39}$	24			48	44	
92	23	$\frac{10}{23}$						

16-4-2　分度頭之使用法

　　分度頭之全部構件如圖16-121，其安裝分度頭之要領：

　　1. 將銑床之工作臺降低，用布擦拭臺面及槽內，務必使其乾淨不得留置切屑。

2. 移動分度頭置於工作臺右側，最好由兩人搬動，慢慢地放下。

3. 選擇適當位置，分度頭底面的鍵座與工作臺的 T 型槽須對準。

4. 用 T 型螺栓固緊。

萬能分度頭可以轉動任意角度，作水平，垂直和各種角度方向的銑削。

圖16-121A　分度頭，分度盤與腳座

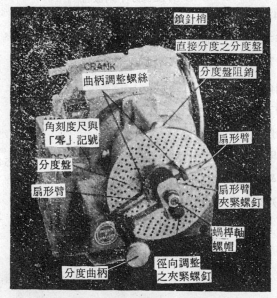

圖16-121B　萬能分度頭主要構件的名稱

複 習 題

1. 常見的齒輪有那幾種? 其各類的主要用途為何?

2. 如何銑削平面?

3. 何謂側銑與騎銑?

4. 銑槽與銑鍵槽之要領為何?

5. 如何銑削正齒輪?

6. 銑削斜齒輪之步驟為何?

7. 凸輪之銑削法為何?

8. 分度頭的構造與原理為何?

9. 銑床工作有何特性? 銑床有那些形式?

10. 銑床加工之兩種進給方法各有何優劣點?

11. 銑切材料的時間如何計算?

12. 試述銑刀之齒形及其角度對銑切作用之影響。

13. 試用布郎夏普（*B & S*）分度板分下列數目

      (a)41,   (b)18,   (c)70,   (d)80

14. 試用辛辛都提（Cincinnate）分度板分下列數目:

      (a)17,   (b)28,   (c)74,   (d)33

15. 求下列角度之分度

      (a)$17°24'$ (b)$7°$,   (c)$11°30'$ (d)$37°$

16. 求下列角度的接近分度和誤差

      (a)$29°54'$ (b)$72°15'50''$ (c)$14°57'30''$ (d)$54°42'$

17. 試用 *B & S* 型標準變換齒輪，作下列數目之分度。

      (a)127   (b)96   (c)177   (d)263   (e)323

第十七章 磨 床

　　磨床 (Grinding machine)，係使用高速旋轉的磨輪 (Grinding wheel) 或稱砂輪來磨削微量金屬的工作機械。通常磨床依其磨削方式分為非精密輪磨(Non-precission grinding)和精密輪磨 (Precision grinding) 兩種；而非精密輪磨僅於砂輪機 (Sand grinder) 上，以手動做研磨鑿子，車刀，中心衝，尖衝等不求高精度之粗磨削工作；至於精密輪磨是用來對車床車削或銑床銑削後之零件，做更高精度與光滑面的磨削，以及對有屑加工（Chip-machining），如車，鉋，銑等無法加工之熱處理工件之磨削工作，均能有效地研磨至所需的精確度。精密輪磨因磨床種類與設備之不同，磨削所達之精確度亦互異，一般而言，可達 0.01mm 至0.0005mm 的精度。

　　磨床是精密工業不可或缺的金屬加工機械，尤其是高級鉗工如鑽模與夾具 (Jig & fixture)、沖床用的衝模 (Die & punch) 等工件其加工過程都要用到磨床，因此，使用磨床做精密磨削是機械技術人員必備的技術之一。磨床一般具有三點特性:

1. 轉速相當高，磨料細，於短時間內可完成極精密的加工面和準確的尺寸。
2. 能研磨經過熱處理等硬化的工件及一般超硬的工作物。
3. 磨削壓力小，對極薄而輕（如鐘錶零件）之工件亦可加工。可磨削平面、外圓、內孔及一般之規則面或型面等。

17-1 輪磨的方式

　　輪磨係由砂輪（或稱磨輪）以高速旋轉，依磨削方式而有不同的輪磨方法，分述如後。

17-1-1 平面輪磨法 (Surface grinding)

如圖 17-1 磨輪旋轉而工件做往復移動，成為磨削平面的基本方法。平面輪磨法均應用於平面磨床上。夾持工作物的工作臺可以上下、左右及前後移動。

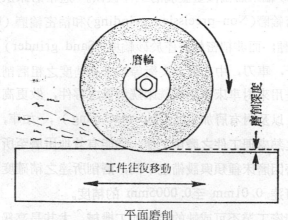

磨輪

磨削深度

工件往復移動

平面磨削

圖 17-1 平面磨床中磨輪與工件之關係

17-1-2 外圓輪磨法 (Cylindrical grinding)

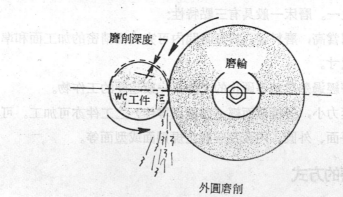

磨削深度

磨輪

工件

外圓磨削

圖 17-2 外圓磨削中磨輪與工件之關係

如圖 17-2 所示，磨削圓柱形工件之外徑。磨輪與工件同時旋轉且方向相反，利用兩者接觸點之相對速度而產生磨削效果。外圓輪磨主要將工件支持於兩頂心之間，磨輪固定於一定位置，工作物則一方面以較慢速度旋轉，一方面通過砂輪面，完成圓柱形或錐形圓件之精密磨削。外圓輪磨法通常在外圓磨床或萬能磨床上使用。

17-1-3 內圓輪磨法 (Internal grinding)

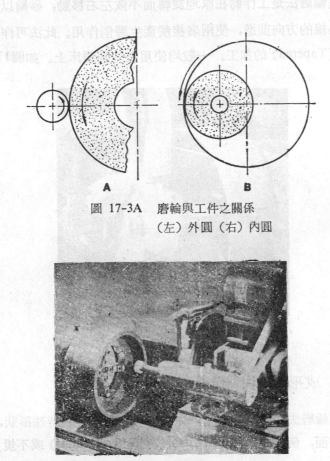

圖 17-3A 磨輪與工件之關係
(左) 外圓 (右) 內圓

圖 17-3 B 內圓磨削之實例

　如圖17-3所示磨削內孔，通常是砂輪與工作物作同方向的旋轉，其接觸點產生相對速度，達到磨削效果。隨着工件的位置不同，可以磨削圓徑內孔或斜度內孔，甚至不規則形狀之內孔。內圓輪磨法使用於萬能磨床、內圓磨床及工具磨床上最多。

17-1-4　直進輪磨法（Plunge-cut grinding）

　直進輪磨法是工作物在原地旋轉而不做左右移動，砂輪以垂直工作物中心線的方向前進，使兩者接觸產生磨削作用。此法可作圓柱或錐形物（Tapered）的加工。一般均使用在外圓磨床上。如圖17-3C。

圖 17-3 C　直進輪磨

17-1-5　成形輪磨法　（Form grinding）

　成形輪磨法又稱型磨法，係先將砂輪修整成某一特殊形狀，以輪磨工件表面，例如內圓角（Fillets）、外圓角（Rounds）或不規則形狀之螺紋、齒輪等之研磨。成形輪磨法能使用於外圓磨床、平面磨床、內圓磨床和特種磨床上。

17-1-6 無心輪磨法 (Centerless grinding)

如圖 17-4 所示，由一砂輪和一調整輪 (Regulating wheel) 組成，工作物無須支持於兩頂心間，亦無須任何夾具夾持，僅由工作物支持片 (Work rest blade) 支撐以防下墜，其輪磨方式是使工作物通過兩個一定間隔的砂輪間，因調整輪不具磨削作用約略傾斜，以使工作物有一軸向力自動推送磨削。一般工廠裏常常使用的車床頂心 (Lathe centers)、滾子軸承 (Roller bearings) 等均由無心磨床 (Centerless grinding machine) 來完成。

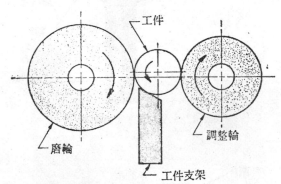

圖 17-4 無心磨床中磨輪與工件位置之關係

17-1-7 刀具和工具輪磨法 (Cutter and tool grinding)

輪磨銑刀、鑽頭、鉸刀及各種切削刀具的工作，通常由工具磨床 (Tool grinder) 來負責，至於各型刀具的磨削要領後面章節將會論述。

17-1-8 手動輪磨法 (Off-hand grinding)

前面七種輪磨方法在精密輪磨中加工，均能達到準確的精度，而手動輪磨是以手持車刀、鉋刀、鑽頭、鑿子、中心衝、劃線針等於砂輪機上研磨，是一種非精密的輪磨方式。操作雖甚爲簡便，但卻是一種帶有相當高技術性的工作方法。標準的砂輪機如圖 17-5A 所示，圖 17-5B 爲附有傾斜臺之工具磨床，圖 17-5C 爲圓盤磨床，圖 17-5D 爲大型圓盤磨床。

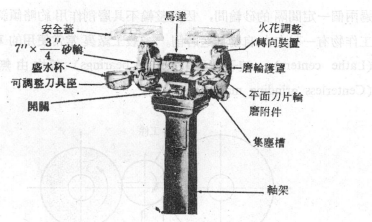

圖 17-5 A　標準型砂輪機

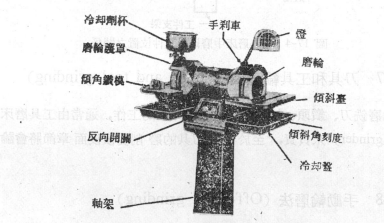

圖 17-5 B　附有傾斜臺之工具磨床

圖 17-5 C　圓盤磨床

圖 17-5 D　大型圓盤磨床

圖 17-6　平面磨床

1. 橫向進給手輪	10. 工作臺	19. 橫向進給方向桿
2. 標度盤鎖緊螺帽	11. 輪蓋	20. 橫向進給調整螺絲
3. 工作臺手輪	12. 直立柱	21 快速定位桿
4. 調整導套之螺絲	13. 工作臺牽動具	22. 油位玻璃管
5. 調整導套	14. 牽動具鎖螺	23. 底座
6. 工作臺調節桿	15. 微量進給調整把手	27. 床座
7. 工作臺反向桿	16. 升降手輪之鎖螺	40. 上端升降螺絲蓋
8. 塵灰擋板	17. 升降手輪	
9. 反向桿之接觸輥輪	18. 微量進給鎖	

17-2 磨床的形式

17-2-1 平面磨床 (Surface grinder)

平面磨床係用來將經過鉋床、銑床等預備加工(Preparator work)過的工作物面（預留磨削加工量 0.20～0.30mm）作最後光製的磨削機器。圖 17-6 所示為平面磨床之各部份構造名稱。其床臺可做橫向（即前後方向）之進給和縱向（即左右方向）之往復運動，並備有控制擋板，以使床臺改變運動方向做繼續磨削操作。床臺也可升降以配合工作物之大小及磨削深度。圖 17-6 所示的磨床可由手動或自動操作均可。砂輪則沿機柱作上下調整作適當的磨削深度。

平面磨床依工作臺（又稱床臺）的形式分往復式 (Reciprocating table) 和旋轉臺式 (Rotary table) 兩種；而砂輪之轉軸又各分為水

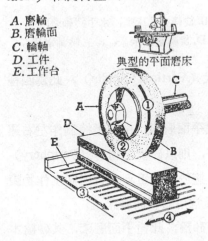

A. 磨輪
B. 磨輪面
C. 輪軸
D. 工件
E. 工作台

典型的平面磨床

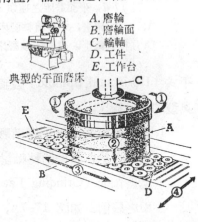

A. 磨輪
B. 磨輪面
C. 輪軸
D. 工件
E. 工作台

典型的平面磨床

磨削動作

1. 磨輪轉向　　2. 向下進給
3. 工作台往復移動 4. 橫向進給

(A)

磨削動作

1. 磨輪轉向　　2. 向下進給
3. 工作臺往復移動 4. 橫向進給

(B)

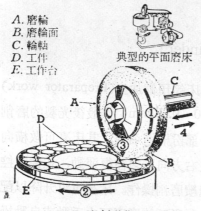

A. 磨輪
B. 磨輪面
C. 輪軸
D. 工件
E. 工作台

典型的平面磨床

A. 磨輪
B. 磨輪面
C. 輪軸
D. 工件
E. 工作台

典型的平面磨床

磨削動作

1. 磨輪轉向　　2. 向下進給
3. 工作臺往復移動　4 橫向進給

(C)

磨削運動

1. 磨輪轉向　　2. 向下進給
3. 工作臺轉向

(D)

圖 17-7　平面磨床之種類

A. 往復式床臺，水平轉軸磨床　　**B.** 旋轉臺式床臺，水平轉軸磨床
C. 往復式床臺，直立轉軸磨床　　**D.** 旋轉臺式床臺，直立轉軸磨床

平式 (Horizontal Spindle) 及直立式 (Vertical Spindle)，此爲四種
典型的平面磨床，如:

1. 往復式床臺，水平轉軸磨輪之平面磨床，由液壓控制作左右運
   動和進給。因砂輪轉軸呈水平，則以砂輪之周邊 (Periphery)
   爲磨削面 (Grinding Face)，適於一般重型或長條狀工作物表
   面之磨削。如圖 17-7A，爲最常用的平面磨床。

2. 往復式床臺，爲直立轉軸式的砂輪；此種平面磨床，其砂輪本
   身呈環狀、杯狀，或圓盤狀。使用於齒輪面、墊圈、汽缸蓋板
   以及其他機件之平面磨削，如圖 17-7B。

   往復式平面磨床磨削之工作面有很多類型，茲將各式各樣情況
   列永如圖 17-8。

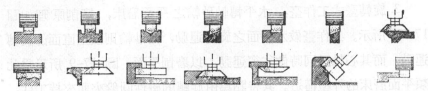

圖 17-8 往復式工作臺磨床磨削平面之實例

A. 調整工件至磨輪之微調把手	G. 磨輪
C. 選擇凹面或凸面之調整手輪	H. 磨輪轉速之調整桿
B. 工件升降之調整手輪	J. 衝程長度調整具
D. 磁性夾頭旋轉之起動停止按鈕	K. 磨輪快速滑動具
E. 磁性夾頭之開關	L. 磨輪滑動反向桿
F. 固定工件之磁性夾頭	M. 磨輪轉速之調整桿

圖 17-9 往復移動輪頭之旋轉式平面磨床

3. 旋轉臺式工作臺，水平轉軸砂輪之平面磨床，磨削原理如圖 17-7C 所示。工作臺做水平面之旋轉運動，而砂輪則做垂直面的旋轉運動，而其心軸又同時做往復運動，以磨削平面。圖 17-9 所示為此類平面磨床的外型構造。其特點為由旋轉的磁性圓盤夾頭夾持工件，作上下調整，並由砂輪主軸，類似牛頭鉋床的衝頭 (Shaper Ram)，作往復進給以磨削平面或凸凹面等工作。並適合工具室(Tool room)和其他多種生產用途之研磨。另外一種水平旋轉式的平面磨床則如圖 17-10 所示。其工作原理與圖 17-9 所示者類似。

4. 旋轉臺式，直立轉軸磨輪；其磨削原理，如圖 17-7D 所示，工作臺做水平旋轉運動。砂輪亦做水平旋轉運動，亦同時向下進給運動。其結構名稱則如圖 17-11 所示。粗磨削時砂輪轉軸可作若干角度的傾斜，以減少砂輪與工作物之接觸面積，而增大磨削深度。當砂輪轉軸回復垂直位置時，砂輪與工作物又互成平行，可作精密磨削。一

圖 17-10 旋轉式工作臺之平面磨床

般言之，各種不同外形的工件（Workpieces）夾持於磁性夾盤上有各
種不同的排列方式，如圖 17-12 所示。爲了要有效地使用直立主軸，
操作使用旋轉臺式平面磨床時，應注意下列幾點：

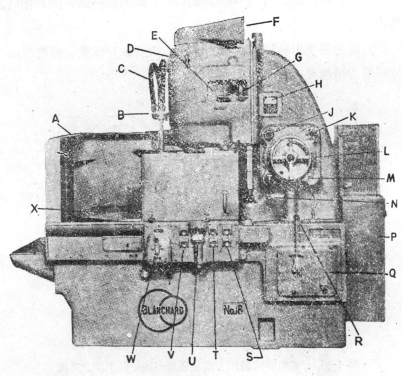

A.	鋼板護罩	J.	進給變更器	S.	控制泵
B.	水旋塞	K.	油流指示錶	T.	輪式操縱
C.	25馬力感應馬達	L.	進給盤與手輪	U.	床臺回動控制
D.	磨輪頭	M.	油濾清器	V.	夾頭轉動控制
E.	出氣口	N.	進給及頭座升降桿	W.	夾頭開關
F.	進氣口	P.	控制櫃	X.	單片鋼磁性夾頭
G.	輪磨修整器	Q.	帶有油泵之夾頭變速箱		
H.	安培計	R.	夾頭速度控制器		

圖 17-11　主軸式旋轉磨床

（1）選擇適合工作需要的砂輪磨粒和等級。

（2）適當的進給量並儘可能自動磨削（Self-sharpening）。

（3）工件固定時，各部份所受之荷重要均勻。

（4）工作物的加工面（Working face）排列要一致，使磨削時連續而均勻。

（5）視需要使用砂輪修整器（Wheel dresser）修整砂輪磨削面，保持研磨的精確度。

圖 17-12　在主軸式磨床上置放各種不同形狀工件之方法

17-2-2　外圓磨床（Cylindrical grinder）

外圓磨床主要是研磨圓柱體外徑、斜度、肩角，或成形的工作面。通常工作物裝在兩頂心之間，其磨削基本原理如圖 17-13 所示。使用外圓磨床應注意下列事項:

（1）砂輪與工件兩者間迴轉方向要相同。磨輪的線速度約爲每分鐘1680～2000公尺，而工作物之相對轉速約爲每分鐘20～30公尺。

A. 磨輪
B. 磨輪面
C. 磨輪軸
D. 工件
E. 頂心

典型的外圓磨床

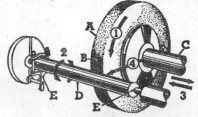

磨削運動

1. 磨輪　　　2. 工件
3. 橫向回動　4. 進給

圖 17-13　外圓磨床之磨削動作

圖 17-14A　普通式液壓外圓磨床

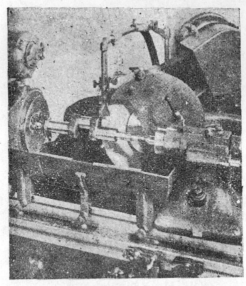

圖 17-14 B　磨削外徑和肩之工作

　　(2) 工件磨削面大於砂輪面時，工作物沿砂輪軸向進給，讓砂輪通過工作物之全長。橫向進給量 (Traverse feed)，爲工作物 每轉動一圈約爲砂輪輪面寬度之 $\frac{1}{2}$ ～1 倍左右。

　　(3) 若砂輪面大於工作物長度者，則以直進輪磨法 (Plunge cut grinding) 直接由砂輪進給。

　　(4) 磨削深度粗磨時約爲0.05mm，精磨約爲0.005mm。

　　外圓磨床一般具有三個主要構造；詳細部份如圖 17-14 所示。

　　(1) 輪頭: 輪頭是裝砂輪之廻轉部份，並能對工作物作橫向進給之設備。

　　(2) 床臺: 床臺可作縱向往復運動作直進 (Plunge-cut) 進給。

　　(3) 頭座和尾架: 頭座單獨由馬達帶動主軸旋轉，工作物裝於頭座與尾架之兩頂心間，或僅以頭座之夾頭 (Chuck) 或面盤 (Face plate) 夾持，隨床臺作往復移動。

17-2-3 內圓磨床 (Internal grinder)

內圓磨床可做各種斜度、軸襯、銑刀、齒輪及量具等內孔的磨削；於內孔磨削時，工件應先鑽孔或搪孔並保留約 0.20~0.30mm 尺寸。內圓磨床加工的方式有：

(1) 砂輪作定位旋轉；工作物緩慢轉動沿砂輪主軸方向往復移動進給。

(2) 工作物在定位緩慢轉動，砂輪快速旋轉並作軸向進給。

(3) 工作物固定不動，砂輪旋轉並依內孔尺寸作偏心運動 (Ecc-

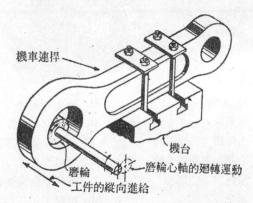

圖 17-15 A 行星磨床的操作原理。磨輪心軸的廻轉運動，使磨輪能掃過全部的孔面。機臺作緩慢的往復運動。

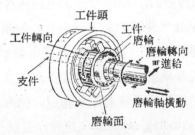

圖 17-15 B 內圓磨削之動作原理

A. 控制桿開關	G. 反向牽動具
B. 收緊筒夾，夾定工件桿	H. 橫動反向暫停操縱
C. 工件頭之旋轉底座	J. 自動進給選擇器
D. 手動往復移動手輪	K. 電氣操縱
E. 橫向速率控制閥	L. 磨輪進給橫滑臺
F. 橫動反向桿	M. 磨輪頭

圖 17-15 C　液壓式萬能內圓磨床

entric motion) 及軸向進給，頗似行星之有自轉和公轉，此類大都用於笨重或形狀不規則且不便轉動之工件內孔。如圖 17-15A。

(4) 利用無心磨削原理，使工作物外圓由數個滾輪 (Roller) 推動而旋轉，內圓孔受砂輪磨削，如此可確保內外圓同心。

內圓磨床的構造原理和外圓磨床很相近，如圖 17-15 所示。而萬能磨床 (Universal grinding machine) 可兼作磨削內外圓孔工作，如圖 17-14 所示。 內圓磨床目前有逐漸取代鉸刀 (Reamer) 的趨勢，以作內圓孔精確的磨削。

17-2-4 無心磨床 (Centerless grinder)

一、外圓無心磨床 (External centerless grinder)

外圓無心磨床係不需夾頭、心軸或其他夾持工具以磨削工件外圓的工作機械，主要有三個基本構件；如圖17-16所示。

(1) 砂輪 (Grinding wheel)

(2) 調整輪 (Regulating wheel) 或稱進給輪

(3) 工作件支持片 (Work rest blade)

砂輪及調整輪均依順時針方向轉動，而工件則逆時針旋轉，因而產生「向下磨削」的軸向力，故需有一支持片托住並協助工作物從一端引入，而在另一端脫離。調節輪一般常用橡膠黏合的磨料輪，因其有適當的磨擦力推動工作物旋轉，其轉動的表面速度約 15～60m/min。調節輪的功用有三：

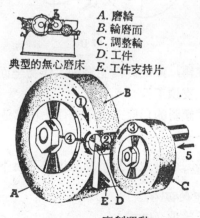

典型的無心磨床

A. 磨輪
B. 輪磨面
C. 調整輪
D. 工件
E. 工件支持片

磨削運動

1. 磨輪　　　　2. 工件
3. 調整輪　　　4. 進給

圖 17-16　無心磨床

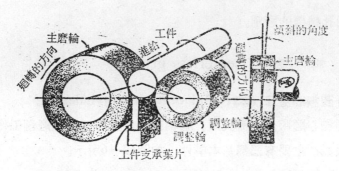

圖 17-17 A　無心磨床的主要元件。兩輪皆爲磨輪，
不過調整輪並無切削作用。調整輪專作
調整工件轉速之用，以防止工件轉得太
快。

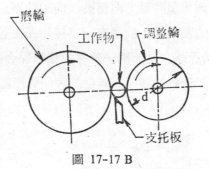

圖 17-17 B

（1）使工作物旋轉，俾使砂輪能磨削工作物全面。

（2）於水平線上支頂工件。

（3）由調整輪軸傾斜的角度來決定工作物橫移速度，其傾斜角度
範圍一般在 0～8°左右。如圖 17-17。

　　至於工作物橫移的進給量於無滑動產生時可由下式表示：

$$F = \pi d N \sin \alpha$$

式中　F＝每分鐘進給量（mm）

N＝調整輪每分鐘轉數（R. P. M.）

d＝調整輪直徑（mm）

α＝調整輪軸之傾斜角

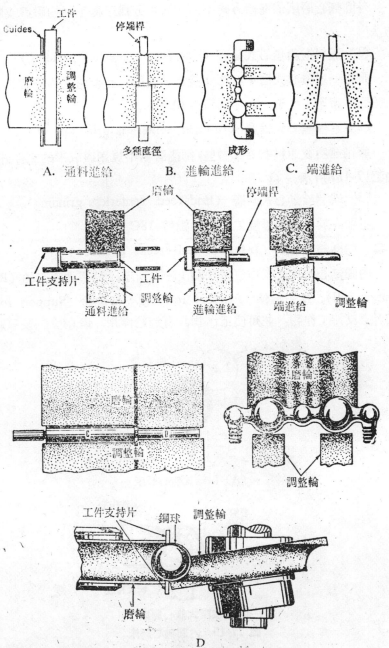

A. 通料進給　　B. 進輪進給　　C. 端進給

圖 17-18　無心磨床之操作原理及應用情形

外圓無心磨床依進給方式不同，又可分為三種不同的研磨或磨削方法：

(1) 通料進給無心式輪磨 (Thrufeed centerless grinding)

是指一般無心式磨床，工件能自動進給，完全通過砂輪和調整輪之輪面，磨削工件全面，如圖17-18A所示。

(2) 進輪無心式輪磨 (In-feed centerless grinding)

磨削速度較通料進給式慢些,卻能磨削不規則或成形的工件外圓，如圖17-18B所示。

(3) 端進給無心式輪磨 (End-feed centerless grinding)

主要在於磨削斜錐度工件，如圖17-18C。

二、內圓無心磨床 (Internal centerless grinder)

內圓無心磨床之工作原理如圖 17-19 所示，利用調整滾輪 (Regulating roll)、壓力滾輪 (Pressure roll) 及支持滾輪 (Support roll) 三者來支持工作物，並可使工作物具有進給作用。磨削完工後只將壓

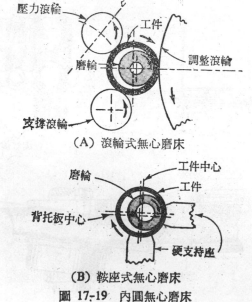

(A) 滾輪式無心磨床

(B) 鞍座式無心磨床

圖 17-19 內圓無心磨床

力滾輪移開，即可將工作物卸下並裝上另一件繼續磨削，通常均採用自動操作方式，配合儲料箱可做大量生產的磨削工作。

三、無心磨床和一般磨床之比較

無心磨床之優點：

(1) 工作件無須鑽中心孔，可以節省操作時間。

(2) 工作件安裝與取下方便，操作容易。

(3) 工作件支持穩定，無震動、噪音或使工作件彎曲之虞。

(4) 不須熟練工人，即可作業。

(5) 間接機構傳動少，效率增高。

(6) 將調整滾輪軸使之側傾，即可自動押送工作件磨削。

無心磨床之缺點：

(1) 有鍵槽處或直徑大小互有變化之工件，不便安裝及施工。

(2) 空心工件，其外圓與內圓甚難同心。

17-2-5 刀具和工具磨床 (Cutter and tool grinder)

機械加工中若刀具變鈍後尚繼續使用，則加速減低刀具之壽命，並且也會降低工作效率，必須適時將刀具加以磨利。最好是每一次僅磨去極小部份的材料來保持刀具的銳利度，並維持切削功能。一般單

圖 17-20 手動研磨砂輪機

鋒刀具如車刀、鉋刀等均由操作人員以徒手方式，在砂輪機上研磨至所需要的角度。此種砂輪機如圖 17-20 所示，由一個馬達和兩個磨輪所組成。馬達心軸向外伸出，兩個磨輪分立在馬達心軸兩端。磨輪的磨粒有粗細之分，粗磨粒的砂輪磨削刀具之粗糙外形，細磨粒砂輪則磨削刀具光細的表面並磨銳刀叉口。操作時刀具被支持在扶架上，用手動方式在輪面上移動磨削刀具。

　　在銑刀、絞刀、鑽頭等多叉邊刀具上進行輪磨時，必須適應各種需求。萬能刀具和工具磨床 (Universal Cutter and Tool Grinder) 是專為磨利多叉邊刀具於一定刀角或磨光工具而設計。利用不同的附件，可作平面、外圓和內圓等磨削工作。其構造如圖 17-21 所示，主要由工作頭 (Work Head)、輪頭 (Wheel Head) 及床臺 (Table) 等所組成。工作頭是安裝於床臺 T 形槽上，用來夾持工作件除能固定任意角度外又能旋轉，而輪頭則裝有砂輪和馬達可做昇降、前後調整及高速旋轉。床臺一般分上下座，上座可旋轉一定角度便於磨削錐度。上座臺面的 T 形槽可裝頭座和尾座如圖 17-22 所示。下座則連接上座作往復運動或橫向進給移動。床臺移動視磨床構造不同，通常可以手動和自動來操作。

17-3 砂　　輪

17-3-1　砂輪之組成

　　砂輪係用具有小型刀叉及尖端的磨料和結合劑製成，以放大鏡檢視任何砂輪均可發現許多仿如銼刀齒狀的刀叉，磨料是由堅硬而強靱的礦粒組成，折裂時呈現許多尖銳的刀邊和多型的角頭，以作磨削工作，而結合劑則作為黏結磨粒的原料，如圖17-23。圖17-24所示，則為砂輪晶粒的大小與金屬切削率之關係。磨粒之大小粗細和工件材質的軟硬，均會影響其切削率。

A. 頭座	F. 磨輪頭
B, 頭座上軸	G. 磨輪頭
C. 縱向滑座	H. 恆立
D. 轉盤	J. 縱向
E. 分度機構	K. 橫

圖 17-21 萬能刀具及工具磨床

圖 17-22 刀具及工具磨床

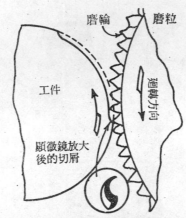

圖 17-23 磨粒從磨輪的邊緣上伸出, 形同
一羣小刀, 切出很細的切屑。

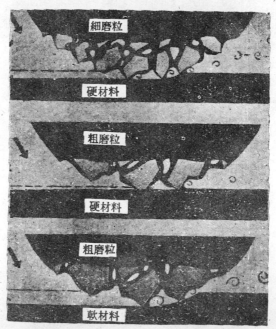

圖 17-24 砂輪顆粒之大小與切削率之關係

　　理想的砂輪是磨粒尖頭，具有最大硬度來磨削工作物，而當磨粒鈍化後，能自動自結合劑間剝落，出現新磨粒。選擇砂輪的性質時必須注意下列六大要項: (1) 磨料的種類，(2)磨粒度，(3)結合材料，(4) 結構，(5) 等級，(6) 砂輪標記。

一、磨料種類 (Kinds of abrasive)

　　磨料種類可分爲天然磨料和人造磨料兩種，茲分別說明於下:

　　A. 天然磨料 (Natural abrasive)

　　天然磨料取自天然砂石，價格低廉，用於玻璃、刀剪木工鑿鉋等工業，這些磨料包括燧石 (Flint)、石榴石 (Garnet)、剛砂(Emery)、氧化鐵粉末 (Crocus) 以及金剛石 (Diamond) 等，除了金剛石，天然磨料均較人工磨料硬度軟得多，依莫氏 (Mohs) 硬度表指示氧化鐵粉末爲 6，燧石爲6.9，石榴石爲 7.5～8.5，剛砂爲 8.5～9.0而人造磨料通常均超過10以上，因此形成逐漸取代天然磨料的趨勢。

　　B. 人造磨料 (Artificial abrasive)

　　一般常用之砂輪磨料均爲人造的，因人造砂輪之轉速快且磨料大小、硬度及結構等可以控制。用於現代高速磨削作業的砂輪其磨料通常爲氧化鋁 (Al_2O_3) 和碳化矽 (SiC) 兩種，其中氧化鋁製作的磨輪約75%，依其應用此兩種磨料製作時有不同的純度，純度愈高，則磨粒愈是硬脆，其物理性質如表17-1。

表 17-1　磨料的物理性質

磨料	純　　　　度	比　　　重	MOHS氏硬　　度	硬度順序
A	Al_2O_3 93.0 %以上	3.92以上	12	5
WA	Al_2O_3 98.8 %以上	3.93以上	12	4
PW	Al_2O_3 99.75%以上	3.93以上	12	3
C	SiC 94.0 %以上	3.16～3.24	13	2
GC	SiC 98.0 %以上	3.16～3.24	13	1

註: 硬度順序係以 1 表示最硬

氧化鋁磨料砂輪用於研磨抗張力較高的金屬材料如高速鋼、合金鋼及碳鋼等；而碳化矽磨料砂輪則適用於低抗張強度，且硬脆之材料，如黃銅、鋁、紫銅、鑄鐵、大理石、瓷器、花崗石及玻璃等，此兩種磨料之輪磨特性如表17-2。

表 17-2 不同磨料種類之特徵

種　　類	代　號	顏　　色	特　　　　　性
氧　化　鋁 （Al_2O_3）	A	褐 色 磨 料	性硬韌,可磨削抗拉強度高於30kg/mm²的材質，如硬鋼等。
	WA	白 色 磨 料	性略韌，可磨削特別強韌抗張度在50kg/mm² 以上的材質，如高速工具鋼等。
	PW	玫 瑰 色 磨 料	性韌，可作工具磨削或表面磨削。
	SA H	單結晶白色磨料	適用於高硬度磨削，比WA 磨料的材質硬。
碳　化　矽 （SiC）	C	黑 色 磨 料	性脆,用以磨削抗張強度低於30kg/mm²以下的材質，如鑄鐵、銅、石等。
	GC	綠 色 磨 料	硬而脆，可磨削超硬合金如鎢碳鋼、冷輾鋼之磨光等。

氧化鋁及碳化矽磨料砂輪之製法相似。由電爐出來的礦物，經壓碎至直徑約 150mm 之塊料，然後運至磨料磨粉廠用威力強大的軋碎機將塊料軋成約 20mm 或更細的碎料，最後再經過一連串之鋼製軋碎滾輪軋成細粒，以磁鐵分離器，吸去磨粒中鐵雜質，往蒸汽或熱清水

洗滌，以適合製造各種砂輪、磨料。

　　人工磨料除了氧化鋁和碳化矽兩種外，爲磨削或切割碳化刀具、磁器、玻璃、石英、大理石、花崗岩等非金屬材料時，一般均使用金剛石磨料。其記號 D 代表天然磨料，SD 代表人造磨料，SND 代表選粒天然磨料，而 ASD 代表防護人造磨料，如磨料有金屬塗層可以防止磨粒脫落，不論乾磨或濕磨均可提高兩倍壽命。砂輪修整器如碳化硼 (Boron carbide) 是經由電爐 (Electric furance) 高溫高壓力混合焦炭 (Coke)、硼酸 (Boric acid) 提煉而成的天然磨料，碳化硼耐磨性極高，可整修砂輪或切割燒結碳化鎢等硬金屬材料，如圖17-25所示。

圖 17-25　使用碳化硼修整棒整修磨輪

二、磨粒粒度 (Grain sizes)

　　磨粒的大小叫做粒度，以篩網目號數表示，如圖17-26，17-27，17-27 A 所示，網目的大小是以每英寸 (25.4mm) 直線上有多少個篩網孔數表示如圖 17-28。所謂粒度號數，即每一號數皆有一定尺寸規格，號數愈大其粒度愈細，愈小者粒度愈粗，例如舊號晶粒之磨料，表示該磨料恰能過一10網目的篩孔，代表該篩之網目爲 $\frac{1}{10}$ 吋之正方

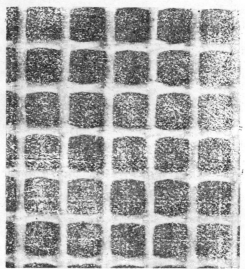

圖 17-26　使用鋼絲網分辨磨粒，圖上爲放大九倍之20網目篩孔

（A）　60網目之篩孔

（C）　60網目之磨粒

（B）　60網目之篩孔放大16倍

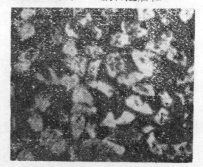

（D）　60網目之磨粒放大16倍

圖 17-27　60網目之篩孔及其磨粒

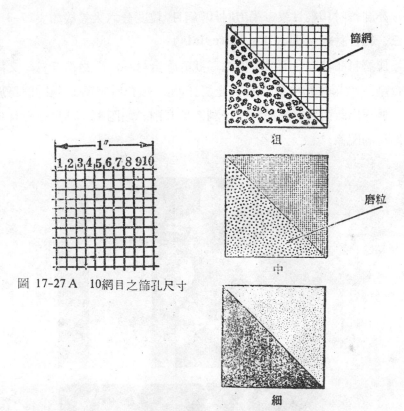

圖 17-27 A 10網目之篩孔尺寸

圖 17-28 粒度是經由篩網來分辨

表 17-3 實用粒度大小

極 粗	粗	中	細	極 細	粉 粒
4	12	30	70	150	280
6	14	36	80	180	320
8	16	46	90	220	400
10	20	50	100	240	500
	24	60	120		600

形，亦卽每吋10網目或每平方吋100網目，粒度分六大等級如表17-3。

三、結合材料 (Bonding materials)

使磨料晶粒膠合而成爲砂輪形狀的膠合材料，稱爲結合料，又稱結合劑。當單獨顆粒變鈍或完全折落時，結合料將已變鈍的磨料放棄，暴露出新而尖銳的磨粒，以利繼續磨削。如圖 17-29 爲結合材料與磨粒的關係。

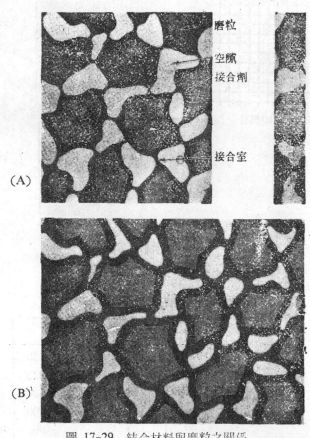

圖 17-29　結合材料與磨粒之關係

A、軟結合度砂輪

B、硬結合度砂輪

結合材料在砂輪中黏結磨粒，必須具備下列條件：

(1) 磨輪的結合度從軟到硬，須能做較大範圍的調節。

(2) 能獲得適當之氣孔。

(3) 必須容易製成任意的形狀。

(4) 可以耐得住輪磨時的阻力和衝擊力，並保持安全性。

(5) 承受高速旋轉所引起的離心力。

符合上述條件的 結合材料， 一般有六種主 要原料， 分別詳述如下：

(1) 熔結合料 (Vitrified bond)

熔結合料又稱黏土結合劑，係用黏土和磨粒均勻混合，壓成砂輪形狀置於電爐，溫度約 3000°F，經100小時燒結而成。約有75%以上的砂輪應用此種結合料，既可靠又堅固、多孔、磨粒脫落良好，可以快速磨除較多工件材料，同時不受水、酸、油或普通溫度等影響。黏土結合之砂輪磨削速度必須在 1890～1950m/min 中工作。唯一缺點是熔結合的砂輪缺乏彈性，不能製成較大直徑的砂輪，若製成薄形砂輪亦不安全。

(2) 水玻璃結合料 (Silicate bond)

水玻璃結合劑又稱半熔結合料， 係利用矽酸鈉和磨料混合， 由金屬模壓製經數小時乾燥後，在電爐內 260°C～300°C 溫度下烘燒20～80小時後，爐冷一至三日而成。水玻璃結合砂輪之結合度較軟，但磨損快；不適合於外圓輪磨，常用於磨製鑽頭、鉸刀、銑刀等刀具或刀片之精細邊緣，而不適用於粗磨，砂輪直徑可以大至 1500mm。

(3) 橡膠結合料 (Rubber bond)

磨料係純由橡膠、蟲膠，或膠木加上硫 (Sulfur) 之硬化劑，共同在加熱之滾輪間擠壓，滾壓到適當之硬度後，切成輪形再經加壓硬化而成。橡膠結合料砂輪，富彈性、強度高、韌性良且耐震，適合製

造極薄至0.4mm厚度的磨輪，如圖17-30為橡皮磨輪，圖17-31, 17-32
為橡皮磨輪切割金屬的情形，由於安全係數極高，轉速可以較熔結合
砂輪高，用於磨削表面光度高的工作件如鋼球、軸承內外環、鋸條與
工作件狹窄之處所。以及用於切斷金屬或做無心磨床研磨工作之調整
輪。

圖 17-30　橡皮磨輪

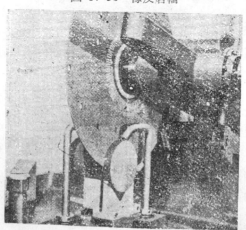

圖 17-31　橡膠結合料磨輪切割圓料金屬時使用冷卻液之情形

圖 17-32 使用橡皮磨輪切割管件

(4) 樹脂結合料 (Resinoid bond)

磨料與熱硬化性合成樹脂及液體 溶劑共同 混合成 可塑性 之混合物, 以適當形狀之模子成形, 送入電烘爐 (Electric oven) 加熱約 300°F 烘烤視砂輪大小需要數小時至 3～4 天的時間, 一旦冷 卻成形, 即成為非常堅硬的一種人造有機物砂輪。樹脂結合砂輪可製成各種結構, 如自硬磨輪、緊密磨輪、粗磨輪、開孔磨輪、細磨輪等, 一般磨削速度可以高達 2850m/min, 用以做切斷、手提研磨, 或鑄造工廠等粗磨冷切削工作。

(5) 蟲膠結合料 (Shallac bond)

將磨料在蒸汽中加熱與蟲膠混合, 使每一 顆磨粒 均附上 一層蟲膠, 然後置於鋼模中加壓加熱成胚形, 放於電烘爐內蓋上砂粒, 加溫約 300°F 烘烤數小時即成。蟲膠結合砂輪強度高, 富彈性, 用於研磨表面精、光度高的工作件如滾子、凸輪軸等工作, 如圖 17-33。

(6) 金屬結合料 (Metal bond)

圖 17-33　使用蟲膠結合料磨輪磨削輥輪

　　金屬結合料用於製造金鋼石砂輪（Diamond wheels）或電化學砂輪(Electrochemical wheels)。對於溝槽狀的砂輪具有高效率的耐久性(Durability) 和耐磨性。一般金剛石砂輪除用金屬結合料外，仍可利用樹脂結合料及黏土結合劑，此將產生很好的效果，如圖 17-34 所示為各種金剛石磨輪及其修整器。而電化學砂輪需利用電解原理，因此砂輪必須成導體才行。

圖 17-34　各種金剛石磨輪及其修整器

四、砂輪結構（Structure）

　　砂輪的結構或砂粒之排列，通常以 1 至15之號數，表示單位容積內磨輪晶粒結合的密度情形，組織結構越鬆的砂輪號數越大，其內氣孔越多，自然具有較大的切削空間，能快速磨削工作物。如圖 17-35 所示，砂輪結構可以分爲密 (1～5)、中 (6～10)、鬆 (11～15) 三大類。

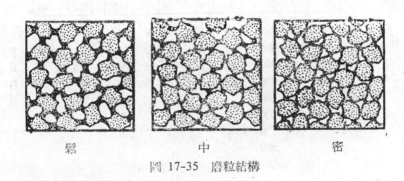

鬆　　　　　中　　　　　密

圖 17-35　磨粒結構

五、砂輪等級 (Grade)

黏結磨粒使晶粒成形之結合強度謂砂輪等級，又稱結合度，結合度大小，代表磨輪的軟硬，結合度較小的砂輪叫做軟磨輪，結合強度大的砂輪稱爲硬磨輪。磨輪太軟，磨耗太快；磨輪太硬則磨粒不容易脫落且磨削效果差。軟硬要適度，主要視工作件材料及磨削速度來決定。

砂輪之等級以英文字母 A 至 Z 之各字母來表示，共分五等級:

(1) 極軟——A, B, C, D, E, F, G 爲其符號代表。

(2) 軟 -——H, I, J, K

(3) 中硬——L, M, N, O

(4) 硬——P, Q, R, S

(5) 極硬——T, U, V, W, X, Y, Z

六、砂輪標記 (Grinding wheel markings)

砂輪上貼有標記，說明砂輪的性質，圖 17-36 爲中國砂輪公司標記之一例。

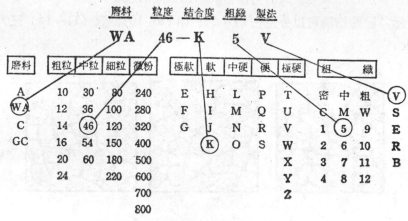

圖 17-36　砂輪標記例（中國砂輪公司）

　　圖 17-37 所示其標記符號為 *32A46—H8VBE*，內中 32為前置號碼是製造廠商的編號表示磨料確實的種類，*A*是氧化鋁，46為磨粒粒度（中），*H*為等級（中），8是結構（中），*V*表示熔結合材料，

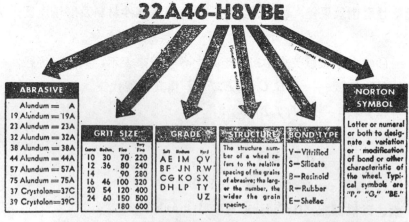

圖 17-37　美國諾頓（NORTON）公司之砂輪標記舉例

前置號碼	(1) 磨粒種類	(2) 粒度大小	(3) 等級或硬度	(4) 結構	(5) 結合料種類	(6) 製造者記錄
32	A	46	H	8	V	BE
製造廠商對	A 氧化鋁	粗　　細	軟至硬	密至鬆	V Vitrified	廠商私人用
產品之編號	C 碳化矽	10　70	A 軟　N	1 密　9	S Silicate	來表示磨輪
		12　70	B　O	2　10	R Rubber	之特徵
		14　90	C　P	3　11	B Resinoid	
		15　100	D　Q	4　12	E Shellac	
		20　120	E　R	5　13	O Oxychloride	
		24　150	F　S	6　14		
		中　180	G　T	7　15鬆		
		30 極細	H　U	8		
		36　220	I　V			
		46　240	J　W			
		54　280	K　X			
		60　320	L　Y			
		400	M　Z 硬			
		500				
(任意選用)		600		(任意選用)		(任意選用)

圖 17-38　諾頓公司標準砂輪標記之二

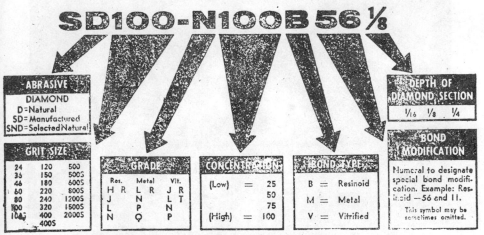

圖 17-39　諾頓公司金剛石砂輪之標記

BE 爲製造廠商的記錄， 其目的在 便於製 造廠商之辨識。 請參照圖 17-38詳細說明。而圖17-38則爲美國諾頓（Norton）公司金剛石砂輪 之標記，其表示格式與內容和一般砂輪之標記略有不同。讀者宜參閱 各製造商的各種砂輪規格和標記，以免選用錯誤。

17-3-2 選擇砂輪應考慮之因素

磨削工作是否良好，多數決定於所選用的砂輪是否適當，選擇砂 輪時應考慮的因素包括有：

一、砂輪之尺寸及形狀

各種不同尺寸和形狀的砂輪有很多，如圖 17-40 而砂輪的基本形 狀已被標準化，共分九種，其尺寸和形狀如圖 17-41 所示，砂輪面的 標準形式以英文字母表示，如圖 17-42。

圖 17-40 一般磨輪的型式（美國 NORTON 公司的產品）

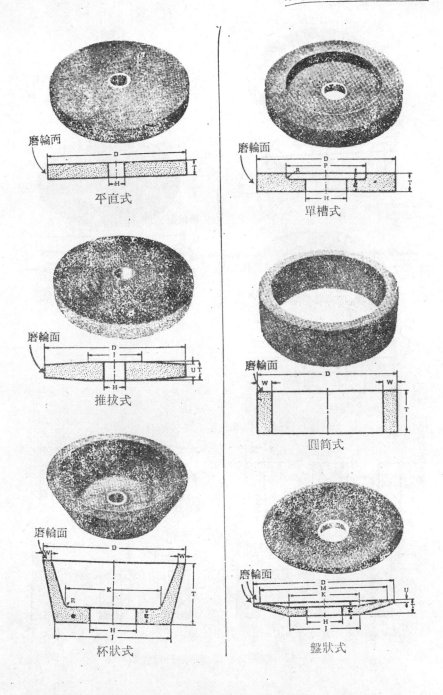

磨輪兩

平直式

磨輪面

單槽式

磨輪面

推拔式

磨輪面

圓筒式

磨輪面

杯狀式

磨輪面

盤狀式

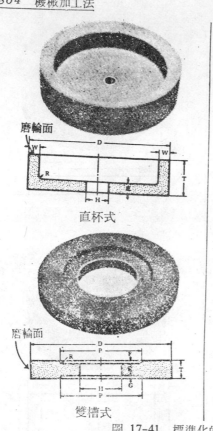

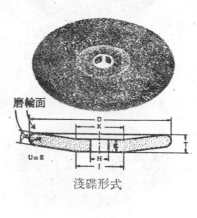

直杯式

淺碟形式

雙槽式

圖 17-41 標準化的九種砂輪形式

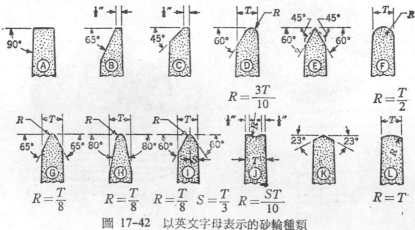

圖 17-42 以英文字母表示的砂輪種類

　　承載磨輪 (Mounted wheel) 如圖 17-43，均為小型磨輪，具有各種尺寸與形狀，可以在難以伸入之處磨削，並可做內磨削操作，承載磨輪係將磨輪裝於鋼軸或心軸而裝入鑽頭車床、磨床或手提夾頭內

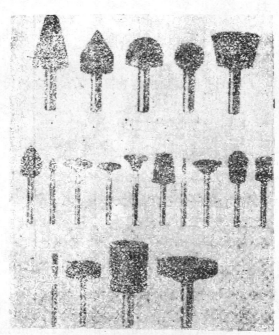

圖 17-43　承載磨輪

圖 17-44　承載磨輪磨削實例

研磨。承載磨輪在磨輪操作中對於特別小孔的輪磨極其困難之角頭或極小面積的輪最為有用，如圖 17-44 所示，為承載磨輪正在工作的情形。

二、磨　料

磨料是構成砂輪的最重要的材料，選用時必須特別注意適合磨削要求，一般磨料必須具備的特性有：

(1) 硬度：磨料的硬度要比工作物高，如鑽石之洛氏 (Rockwell) 硬度數為80的話，則碳化矽為25，氧化鋁為20，燒結碳化物18，硬鋼為8，玻璃為4等。這只是為使讀者容易了解起見而做之比喻，實際上硬化鋼之洛氏硬度卽為 $Rc60$ 左右。

(2) 需有足够強度抵抗輪磨的正壓力。

(3) 磨耗抵抗：磨粒對某一種材料具有高磨耗抵抗，但同一種磨料對另一種同硬度之材料可能會有低磨耗抵抗。

(4) 當磨粒變鈍，須能容易剝落，產生新的銳叉磨粒。

(5) 具有抗熱性，在輪磨時溫度不致使磨粒鈍化。

磨粒之切削作用，由於磨輪之周緣有很多之磨粒，如以46號粒度之砂輪為例，直徑460mm，寬 50mm，磨削速度 1500m/min，每分鐘約39,000,000個磨粒與工作物產生輪磨作用。磨屑的產生如圖17-45，17-46 有的類似推土機，有的類似單叉刀，其後斜角 (Back rake angle) 為負值，而有些磨粒僅與工作物磨擦，沒有切削，磨輪之受力隨磨粒之變鈍而增大，其變鈍的原因，大半由高溫所造成，理想的砂輪需有自削性，卽使變鈍了的磨粒，可自行剝離脫落產生新銳叉的磨粒。

磨屑在接觸面之溫度可達 2000°F 至 3000°F，與空氣氧化產生火花，由輪磨液冷卻，工作表面之溫度在0.02mm深時約900°F, 0.1mm深時約為 500°F， 因此造成內應力殘留，使薄件彎曲， 降低重複性

圖 17-45 由磨輪磨除的磨屑放大圖

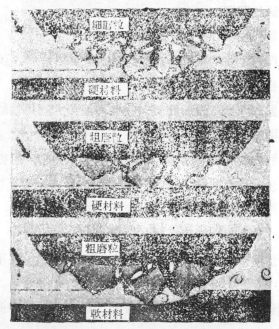

圖 17-46 磨輪磨料與材料軟硬所產生磨屑之比較圖

負荷之抗拉強度，殘留應力超過一定限度者，形成工作物表面之龜裂，而且產生之熱經輪磨液之冷卻，可改變工作物表面之機械性質，磨削面也因過熱而變更顏色，形成氧化薄層。然而較高的表面溫度還可加速磨粒與工作物之化學作用，使磨粒很快變鈍，這也就是鈦 (Titanium) 工件不容易輪磨的主因。 因此選擇磨粒必須謹慎， 注意下列原則:

(1) 粗磨粒適於軟性材料，細磨粒則適於硬性材料的磨削。

(2) 表面光度的要求，粗磨削使用粗粒(10～30)，精磨削用細磨粒(36～80)。

(3) 磨削量、磨削裕量大而表面光度不重要時使用粗粒。

(4) 砂輪和工作物接觸面積的關係，接觸面積大要用粗粒，如全面成形研磨和平面磨削，而槽和螺絲的磨削接觸面積小宜用細粒。

三、砂輪等級的選擇

選擇砂輪等級（結合度）的原則:

(1) 依工作物之硬度來區分: 軟材料用硬結合砂輪，硬材料因磨損大需用軟結合砂輪，易使磨粒脫落，以利磨削。

(2) 接觸面的大小: 砂輪和工作物接觸面積大的用軟結合度的，而面積小的用硬結合砂輪。

(3) 磨床的情況: 堅牢的機器宜用軟結合度砂輪，但輕型或已有鬆動的磨床須用硬結合砂輪。

(4) 砂輪廻轉的表面速度: 廻轉速度越高要用軟結合，而廻轉速度低因磨耗快，故須用硬結合砂輪。

(5) 進給快慢: 快速進給 時產生磨削 壓力較大， 宜用硬結合砂輪。

(6) 磨削量: 一次磨削量大時用硬結合砂輪，尤其手提砂輪機研磨削時。

四、砂輪之結構的選擇

選擇砂輪結構（組織）的原則有：

(1) 軟質材料需要大切屑空間，宜用粗結構的砂輪。

(2) 接觸面積大需要更大的切屑空間，用鬆組織砂輪。

(3) 使用密組織砂輪，磨削工作物可得更高精確尺寸和光度。

(4) 鬆組織砂輪，冷卻劑容易加入，冷卻效果良好。

五、選用砂輪原則

綜合選用砂輪之磨料，磨粒粒度，結構，等級及結合材料等，分別就各種研磨情況列表說明其關係如表 17-4。

表 17-4 選用砂輪原則

研　　磨　　情　　況	砂			輪	
	磨料	磨料粒度	結合度	組織	結合劑
工　作　物　（抗張強度硬軟）	✕	✕	✕	✕	
磨削方式（圓，無心，平面，切斷，手提）					✕
磨　床　（堅牢，輕型，鬆動）			✕		
砂　輪　轉　速　（快，慢）			✕		✕
進　給　速　度　（快，慢）			✕		
接　觸　面　積　（大，小）		✕		✕	
磨　削　量　（輕，重）			✕	✕	✕
表　面　光　度				✕	✕
冷　卻　（乾或濕）			✕	✕	✕

17-4 磨削工作

輪磨在生產過程中擔任極重要的角色，其主要優點有四：

1. 對經淬火硬化之工作物，因內應力產生變形，無法用一般切削刀具修正時，輪磨能對硬化金屬加工，其加工研磨量隨工件之大小、形狀，以及經熱處理之變形而定。

2. 輪磨可在很短時間內使工件達到極精確的尺寸。

3. 產生一極光滑的工件表面，如滑動面或接觸面等，可用輪磨達到所需之粗度範圍。

4. 薄件工作物可以使用電磁夾頭夾定，磨削甚為方便準確。

輪磨依粗細加工量可分為粗磨與精磨；粗磨主要是使工作物表面修整，可以迅速除去金屬，而精磨則必須考慮工作物之精度及表面粗度，一般精磨之前作一次或兩次之粗磨。基本的磨削工作有研磨平面、直角面、外圓、內圓、斜度、溝槽、刀具等，以下各別說明其工作程序：

17-4-1 基本的磨削工作

一、磨削平面

(1) 測量工件尺寸，檢查工作面的平面度和平行度。

(2) 選擇適當的砂輪，若第一次使用或更換的新砂輪，必須做音響檢查和平衡試驗。

(3) 加上安全墊圈裝妥砂輪，試轉一分鐘，若正常時再作砂輪修整。

(4) 裝置工作物，可視工作物外形及磨削狀況，固定於電磁夾頭，虎鉗，壓板，角板，兩頂心間，正弦板 (Sineplate)，V 型塊等之上，並注意校正工件的水平和垂直度。

(5) 如圖 17-47 所示，調整工作臺往復距離控制檔片位置，使左右距離相等，並且使工作臺的行程超過工作物兩端前後約 15mm。

(6) 遠離工作物面按下砂輪起動及油壓馬達之開關，細調工作臺

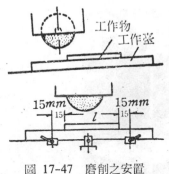

圖 17-47　磨削之安置

圖 17-48 A　磨削初接觸之情形

留有少許空隙

變速桿而使工作臺緩慢移動。

　　(7) 砂輪廻轉中，橫向進給床臺，使砂輪邊在工作物內約 3mm 處，降下砂輪接近工作的表面，微量調整以火花識別接觸。如圖 17-48。

　　(8) 按下吸塵器及冷卻劑之開關鈕，打開開關使用冷卻劑。

　　(9) 用手動作縱向移動（往復方向），同時橫向移動，檢查工作物面有無特高的地方，將突出部份先磨除。

　　(10) 砂輪在工作物右端外 15mm，並在邊外降下砂輪調整磨削深度，作粗磨削工作。

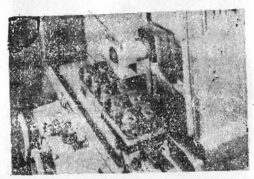

圖 17-48 B　使用磁性夾頭來研磨一組零件至極精密之情形

圖 17-48 C 使用不影響磁性夾頭的冷卻液以提高磨削效果

圖 17-49 大形工件固緊在磁性夾頭上之情形

(11) 往復床臺，回至起磨削位置，橫向進給床臺作第二次磨削，粗磨時橫向進給約砂輪寬度之 $\frac{1}{2}$，精磨爲 $\frac{1}{3}$ 或 $\frac{1}{4}$，自動進給其往復速度約爲 8～14m/mim。

(12) 精磨時視砂輪情況良否，以做是否修整砂輪之參考，然後繼續輪磨直到完全通過平面無火花發生爲止。

(13) 停止所有移動，使磨輪離開工件最大距離，關掉冷卻劑和吸塵器。

(14) 取下工件，量測尺寸，檢查平面度及表面組織。

(15) 若尚未合乎要求，回復第 5 步驟繼續研磨至所需要的尺寸規格。

(16) 使用細磨石除去工件銳邊及毛角。

(17) 若利用磁性夾頭，須使用脫磁器除去工作磁性。

(18) 平面磨削的實例如圖 17-48, 17-49, 17-50, 17-51 所示。

二、磨削直角面

(1) 修整砂輪面，並削正磨輪兩側面使略呈弧狀如圖17-52。

(2) 量測工件尺寸，決定研磨裕度。

圖 17-50　使用夾板固緊工件定位

圖 17-51 使用虎鉗固定工件

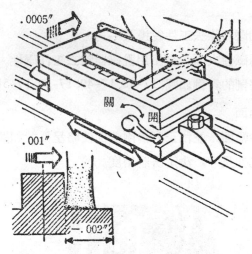

圖 17-52 磨削直角面，砂輪兩側面宜略弧狀

(3) 選擇工件夾持具，使用電磁夾頭。

(4) 安裝工件，配合壓板，並用針盤量表校正工件的正確位置。

(5) 移動床臺上的往復控制擋片至適當位置並固定之。

(6) 遠離工件，起動磨輪。

(7) 以手動調整使磨輪 距離橫平面 上方約 0.40mm ， 距離垂直面0.40mm，並使床臺往復移動，觀察是否恰當。

　（8）小心地以手動使磨輪向下移動輕輕接觸橫平面，並橫向移動接觸垂直面，接觸以出現火花爲原則。

　（9）分別記上接觸點之手輪刻度，昇離工作面。

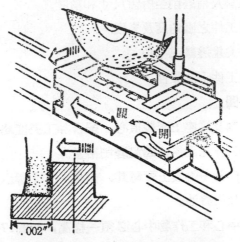

圖 17-53　磨削直角面左側

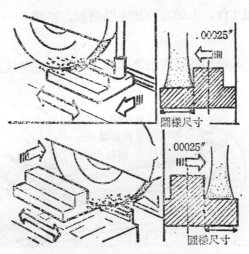

圖 17-54　磨削直角面之右側

(10) 開動冷卻劑及吸塵器，扭開冷卻開關。

(11) 開始縱向及橫向移動至接觸點位置，直至磨輪輕輕接觸垂直面。

(12) 由上而下磨削工作物之垂直面。如圖 17-53, 17-54。

(13) 經粗磨及精磨削至所需尺寸和精度。

(14) 檢查工件之直角度及光度。

(15) 除去尖銳邊緣或毛角。

(16) 除去工件上的磁性。

三、磨削外圓

(1) 在主軸及尾座上套裝頂心，配合加工長度略定尾座的位置。

(2) 測量工作物直徑，確定磨削裕量。

(3) 在工作物一端套上牽轉具，如圖 17-55 所示裝於兩頂心間，尾座邊頂心宜加注機油。

(4) 砂輪中心和工作物中心必須一樣高，如圖17-56。

(5) 調整並固定縱向進給控制擋片。

(6) 遠離工作，人站立一側開動磨輪，空轉 1～3 分鐘，觀察是否正常。

(7) 調整砂輪的外圓磨削速度和工作物之廻轉速度。

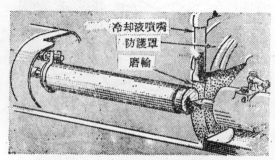

圖 17-55　在磨削工件端部開始之情形

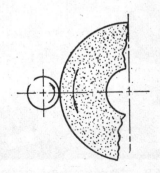

圖 17-56　磨輪中心和工作物中心必須一樣高

（8）用手動方式使砂輪進給接觸工作物至有微弱火花出現，卽時記下刻度手輪的指數，並注意砂輪與工件的廻轉方向必須相同。

（9）退出砂輪，移至尾座端，磨輪面$\frac{2}{3}$寬度接觸工作件，$\frac{1}{3}$輪面寬懸空，開始進給磨削深度，開動冷卻劑及吸塵器，打開冷卻系統的開關，開始進行粗磨削。粗磨每次磨削深度爲 0.02mm。

（10）經過一次或兩次的粗磨削後，整修砂輪爲精磨削。

（11）精磨削每次磨削深度約 0.005mm，以慢速進行自動磨削，

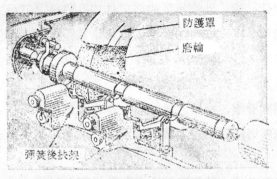

圖 17-56 A　彈簧式後扶架之裝置情形

圖 17-56 B　工件夾在筒夾內，磨削沒有中
心孔之長形零件端之外徑

表面光度轉為均勻。

（12）若需要換頭磨削時，應先完成粗磨再精磨，注意中心線不可偏移。

（13）磨削外圓實例如圖 17-56 A, 17-56 B 所示。

四、磨削內圓

（1）測量工作物內徑，確定磨削裕量。

（2）工件夾持於夾頭上，適當夾緊度以防彎曲。

（3）以針盤量表校正工作物對準中心如圖 17-57。

（4）選擇砂輪，砂輪外徑約為工作內孔直徑之三分之二為宜。

（5）調整並固定縱向往復控制擋片，其距離為磨削內孔長度，而砂輪行程以不使砂輪露出圓孔兩頭外 面約 6mm 為宜如圖 17-58，否則若自孔外進行磨削，易造成鐘口狀。

（6）開動機器，操作人員站立一側，讓砂輪空轉 1～3 分鐘。

（7）調整磨輪為所需之磨削速度，注意工件與砂轉迴轉方向必須相反。

（8）手動進給，試行磨削檢查圓孔是否有斜度。

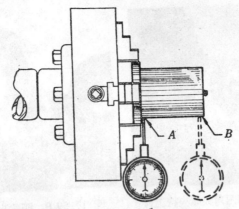

圖 17-57 工件的夾持必須調整到使
A 和 B 兩個讀數相同

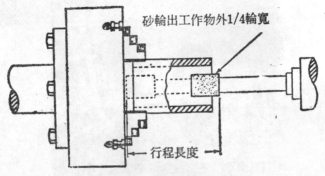

砂輪出工作物外1/4輪寬

行程長度

圖 17-58 內圓磨削砂輪行程

(9) 移回磨輪至起削位置，適量進給並作自動進給磨削。

(10) 精磨削內孔至所需尺寸，檢驗孔徑，完成工作。

(11) 內圓磨削的圖例如圖17-59～17-62所示。

五、磨削斜度

(1) 決定磨削工件之斜度。

(2) 旋轉砂輪輪軸之角度，注意轉動的角度與工件的斜角成為互
補，若工件角度需要30°，則互補為60°（90°−30°=60°），
如圖17-63。

圖 17-59 A 使用四角夾頭夾持工件 磨削內孔斜度之情形　　圖 17-59 B 四角夾頭夾持環形齒輪 磨削內孔直徑之情形

圖 17-60 使用磁性夾頭磨削軸襯之情形

圖 17-61 長形工作物端由中心扶架支持

圖 17-62 磨削零件之內部表面

(3) 選擇適當砂輪，視需要加以削正砂輪。

(4) 夾持工件在兩頂心上、夾頭，或適當的夾具上。

(5) 選擇適當的磨輪轉速和工件廻轉速度（$R.P.M.$）

(6) 遠離工件，開動機器，空轉1～3分鐘。

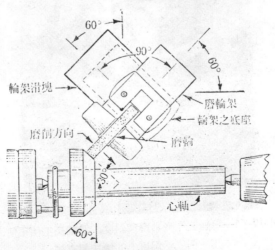

圖 17-63 磨削斜錐面

（7）配戴安全眼鏡。

（8）移動磨輪輕輕接觸工件直至有火花出現，記下手輪刻度讀數。

（9）起動吸塵器及冷卻劑，打開冷卻開關。

圖 17-64　磨削一錐形機件

圖 17-65　轉動工作臺來磨削斜度，遇細長工件須使用一個或兩個以上的後扶架支撐

圖 17-66 套在頭座內磨削斜度

（10）用手動試行磨削一次，情況良好方以自動進給。

（11）精磨每次 0.02mm 磨削深度直至所須斜度尺寸。

（12）磨削完畢，卸下工件，檢驗尺寸，完成工件。

（13）磨削斜度的圖例如圖17-64, 17-65, 17-66所示。

六、磨削溝槽

在磨床上磨削溝槽，圓弧，最重要的是選擇適當的磨輪，通常用中硬度結合的砂輪，磨粒之顆粒度在46～60之間，磨削的步驟與磨削外圓相似，唯需注意：

（1）使用平直砂輪，輪面寬度要比槽寬小，必要時宜削正砂輪。

（2）裝工作物，對準溝槽要與床臺往復方向平行，以針盤量錶校正之。

（3）開動機器，讓砂輪空轉1～3分鐘，操作人員立於一側。

（4）手動方式降下砂輪使砂輪在槽中間而接觸槽底，並磨削槽底至正確深度。

（5）砂輪於槽間，橫向移動，磨削槽側面尺寸。

（6）量測槽之尺寸及檢查表面光度，直至達成所要求的形狀大小爲止。

(7) 磨削溝槽之圖例如圖 17-67, 17-68 所示。

圖 17-67　磨削溝槽工件要對準磁性夾頭上之磁性線

圖 17-68　高速度平面研磨附件

17-4-2 工作物檢驗

一、外圓硏磨檢驗

（I）目視檢查，選用圓柱粗度比較儀（Cylindrical roughness

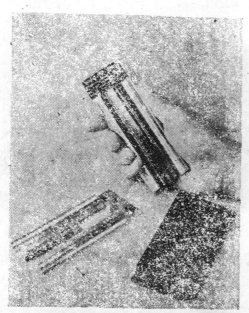

圖 17-69 圓柱粗度比較儀

圖 17-70 使用分厘卡量測工件直徑

scales) 以應精磨完工之檢驗如圖17-69。

(2) 使用分厘卡，隨時檢查磨削之外圓直徑，切記檢驗時磨床要在停止狀態下。如圖17-70所示。

(3) 使用卡規， 依 $Go, NoGo$ 卡規本身的重量， 感覺其通過為原則。如圖17-71。

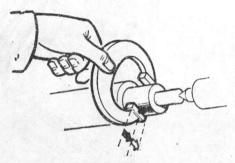

圖 17-71 A　可調整卡規　　　圖 17-71 B　持握卡規量測之情形

圖 17-72 A　表面測定放大儀　　圖17-72 B　在機器上檢驗工件表面加工度

(4) 使用表面測定放大儀(Profilometer amplimeter) 如圖 17-72 A，17-72B。正確地測定工件表面光度。

(5) 使用正弦桿及塊規檢驗斜度或角度如圖17-73所示。

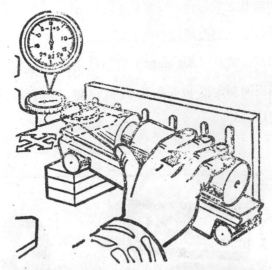

圖 17-73　使用正弦桿及塊規檢驗工件之斜度部份

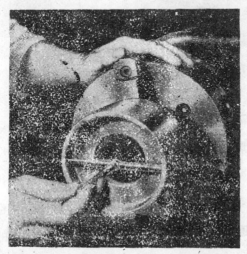

圖 17-74　調整套筒伸縮規量測內孔尺寸

二、內圓磨削之檢驗

(1) 使用內徑分厘卡，游標卡尺，缸徑規，塞規（*Go, NoGo*）
檢驗內孔直徑。如圖 17-74 所示爲使用可調整的套筒伸縮規
量測內孔之情形。

(2) 選擇適當之斜度規檢查內孔斜度。

(3) 利用空氣量具（Air gage）可以精密檢查內孔尺寸。

(4) 使用表面測定器 檢查內孔 表面 粗度（Surface roughness）
如圖17-75。

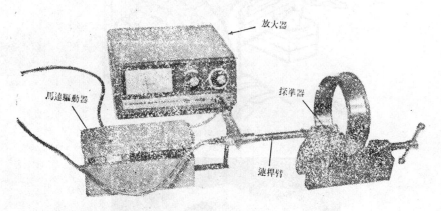

圖 17-75　表面測定器用來量測工件內徑之表面粗度

三、表面研磨之檢驗

工作物經研磨之表面如平度，垂直度，平行度，角度V形，鳩尾
形或成形面之檢驗，最主要的檢驗量具是針盤量表，然後配合外圓及
內圓所使用的特殊量具。隨着工件表面不同而檢驗方式也不一樣，其
目的在要求能迅速達成磨削效果，並確認工件磨削加工的可靠性。如
圖17-76所示。

圖 17-76 光度比較儀——是一組用來比較表面加工粗度的儀
　　　　器，亦可以利用光學放大設備來比較加工狀況。

17-4-3 磨削速度、進刀、材料及冷卻劑之關係

一、磨輪磨削速度 (Grinding wheel speed)

　　磨輪之磨削速度以每分鐘移動多少平面長度來計算，不能以每分
鐘多少廻轉數 (R. P. M) 為代表，一般熔結合 (Vitrified-bond) 磨
輪的磨削速度每分鐘為 1200～2000 公尺（相當於英制 4000～6500
ft/min），在外圓磨削時可以提高到 1680～2000m/min（相當於英制
5500～6500ft/min）。 磨削速度超過 2000m/min 磨粒間之內聚力鬆
弛，容易發生危險，宜避免使用，以防磨輪碎裂傷害人員和機器。通
常軟質磨輪 (Soft wheel) 的磨削速度均在 1680m/min 以下，至於
砂輪的廻轉數 (R. P. M.) 與磨削速度不能相混淆，其廻轉數隨着砂
輪直徑大小而不一樣；直徑大轉速低，直徑小轉速必須增高，唯不得
超過 2000m/min 之磨削速度。 如何決定砂 輪廻轉速 度不超過 2000
m/min; 第一，求出砂輪的圓周長度；第二，以所希望達到的磨削速
度除以圓周長，公式如下：

$$R. P. M. = \frac{G. W. S.}{C. W}$$

又　$G. W. S. = R. P. M. \times C. W.$

式中　$R. P. M. =$ 砂輪每分鐘的廻轉數

$G. W. S. =$ 磨輪的磨削速度（m/min）

$C. W. =$ 砂輪的圓周長（m）

例題　直徑 280mm 之砂輪，欲得 1680m/min 磨削速度，求 $R. P. M.$？

已知　$D = 280$mm，$G. W. S. = 1680$m/min

解　$C. W. = \pi D = \frac{3. 14 \times 280}{1000} = 0. 8792$(m)

∴　$R. P. M. = \frac{G. W. S.}{C. W.} = \frac{1680}{0. 8792} \div 1911$（轉）

例題　砂輪直徑 300mm，轉速為 3000 $R. P. M$，求磨削速度？

$$C. W. = \frac{3. 14 \times 300}{1000} = 0. 942\text{(m)}$$

$$\therefore \ G. W. S. = R. P. M \times C. W.$$

$$= 3000 \times 0. 942$$

$$= 2826\text{(m/min)}$$

此題磨削速度為 2826m/min 顯然超過最高限界 2000m/min，因此必須降低轉速，若砂輪轉速為 2000 *RPM* 時，得 $G. W. S = 2000 \times 0. 942 = 1884$(m/min) 方能符合所求。表 17-5 為英制磨輪廻轉數表，由於現代的製造技術日新月異，讀者在實際操作前應參考製造廠商建議的磨削速度，以決定最妥善的工作條件。表為17-6各形砂輪的使用速度，表17-7為各種工作的砂輪使用速度。

表 17-5 各種不同直徑磨輪每分鐘轉速與周邊速率之對照表

磨輪直徑 (inch)	周邊速率 (ft/min) —— 每分鐘轉速											
	4,000	4,500	5,000	5,500	6,000	6,500	7,000	7,500	8,000	8,500	9,000	9,500
1	15,279	17,189	19,098	21,008	22,918	24,828	26,737	28,647	30,558	32,467	34,337	36,287
2	7,639	8,594	9,549	10,504	11,459	12,414	13,368	14,323	15,279	16,233	17,188	18,143
3	5,093	5,729	6,366	7,003	7,639	8,276	8,913	9,549	10,186	10,822	11,459	12,115
4	3,820	4,297	4,775	5,252	5,729	6,207	6,685	7,162	7,640	8,116	8,595	9,072
5	3,056	3,438	3,820	4,202	4,584	4,966	5,348	5,730	6,112	6,494	6,876	7,258
6	2,546	2,865	3,183	3,501	3,820	4,138	4,456	4,775	5,092	5,411	5,729	6,048
7	2,183	2,455	2,728	3,001	3,274	3,547	3,820	4,092	4,366	4,538	4,911	5,183
8	1,910	2,148	2,387	2,626	2,865	3,103	3,342	3,580	3,820	4,058	4,297	4,535
10	1,528	1,719	1,910	2,101	2,292	2,483	2,674	2,865	3,056	3,247	3,438	3,629
12	1,273	1,432	1,591	1,751	1,910	2,069	2,228	2,386	2,546	2,705	2,864	3,023
14	1,091	1,228	1,364	1,500	1,637	1,773	1,910	2,046	2,182	2,319	2,455	2,592
16	955	1,074	1,194	1,313	1,432	1,552	1,672	1,791	1,910	2,029	2,149	2,268
18	849	955	1,061	1,167	1,273	1,379	1,485	1,591	1,698	1,803	1,910	2,016
20	764	859	955	1,050	1,146	1,241	1,337	1,432	1,528	1,623	1,719	1,814
22	694	781	868	955	1,042	1,128	1,215	1,302	1,388	1,476	1,562	1,649
24	637	716	796	875	955	1,034	1,115	1,194	1,274	1,353	1,433	1,512
26	588	661	734	808	881	955	1,028	1,101	1,176	1,248	1,322	1,395
28	546	614	682	750	818	887	955	1,023	1,092	1,159	1,228	1,296
30	509	573	637	700	764	828	891	955	1,018	1,082	1,146	1,210
32	477	537	597	656	716	776	836	895	954	1,014	1,074	1,134
34	449	505	562	618	674	730	786	843	898	955	1,011	1,067
36	424	477	530	583	637	690	742	795	848	902	954	1,007

例如: 如有一具 12inch 之磨輪，其週邊速率為 6,000ft/min，從上表中在 12inch 處尋一水平線，另在6,000ft/min 處尋一垂直線，兩線交點即為 1,910R. P. M.

表 17-6 砂輪重磨削速度 m/min

砂 輪 形 狀	V 或 S 結合劑	E 或 R 或 B 結 合 劑
平 直 形	1650～1950	1950～2850
單 雙 面 凹 形	1650～1950	1950～2850
環 形	1350～1950	1800～2800
斜 盆 形	1350～1800	1800～1950
400 mm 以上切割砂輪		2250～4200
400 mm 以下切割砂輪		3000～4800
螺 絲 磨 削 砂 輪	1650～3600	2850～3600

表 17-7 工作性質和磨削速度 m/min

工 作 種 類	磨 削 速 度
圓 周 外 面 磨 削	1,680～1,950公尺／每分
平 面 磨 削	1,220～1,830公尺／每分
內 徑 磨 削	610～1,830公尺／每分
排障磨削 R 或 B 法砂輪	2,130～2,900公尺／每分
切割工作 E.R.B 等法砂輪	2,740～4,850公尺／每分
鎢 炭 鋼 工 具 磨 削	1,070～1,220公尺／每分
銑 刀 與 工 具 磨 削	1,350～1,830公尺／每分
小 刀 類 磨 削	1,070～1,350公尺／每分
刀 劍 磨 削	1,220～1,520公尺／每分
汽 缸 磨 削	640～1,530公尺／每分
切 割 用 V 結 合 劑 砂 輪	1,520～1,830公尺／每分
工 具 濕 式 磨 削	1,520～1,830公尺／每分

二、工作物之表面速度（Work surface Speed）

對於一般性工件材料的表面速度約在 15～30m/min（相當 英制 50～100ft/min），若鋁、黃銅或其他較軟性材料可以提高到 60m/min，通常 15～21m/min 可以得到較佳的效果，由於工件越硬，施予磨輪的作用力越大，換言之，過高的表面速率對磨輪的磨耗大，也影響磨削精確度，而在精細研磨時因磨削阻力小，工件的表面速度可以提高 33%左右。計算公式如下：

$$R.P.M. = \frac{W_p S.S.}{C.W_p.}$$

式中

$R.P.M.$ ＝工件每分鐘之廻轉數

$W_p.S.S.$ ＝工件之表面速度（m/min）

$C.W_p.$ ＝工件之圓周長（m）

例題 在萬能磨床上有一 20mm 的工作件， 工件的表面速 度不超過 21m/min，求工件的廻轉數（$R.P.M.$）應多少？

已知 $D=20$mm， $W_p.S.S.=21$m/min

$\therefore\ C.W_p. = \pi D$

$$= \frac{3.14 \times 20}{1000} = 0.0628 \text{(m)}$$

$$R.P.M. = \frac{W_p.S.S.}{CW_p.}$$

$$= \frac{21}{0.0628} \doteqdot 334 \text{（轉／分）}$$

三、床臺移動速度（Table travel）

在粗磨削（Rough grinding）時床臺移 動速度， 當砂輪 旋轉一圈，最大移動量不得超過砂輪面之三分之二寬度；若精磨削（Finish grinding) 時，床臺移動速度以不超砂輪面三分之一寬度爲最佳效果，但極精細研磨時一般均低於八分之一。在平面磨床的加工上，決定床臺移動速度，可由上述的規定計算，但工件同時轉動時應該乘以該工件廻轉數。注意床臺移動速度單位爲 mm/min，一般粗磨爲75～3800 mm/min（相當英制3～150ipm）。

例題 砂輪面的寬度爲 20mm，工件之廻轉數爲 18$R.P.M.$ 求粗磨削時之床臺移動速度爲多少？

公式 $T.S = R.P.M \times W_w$

式中 $T.S =$ 床臺移動速度 (mm/min)

$R.P.M. =$ 工件每分鐘廻轉數

$W_w =$ 砂輪面寬度 (mm)

註：W_w 值在粗磨乘以 $\frac{2}{3}$，精磨乘以 $\frac{1}{3}$，極精細磨乘以 $\frac{1}{8}$。

解 已知 $W_w = 20mm$

$$T.S. = 18 \times \frac{2}{3} \times 20$$

$$= 240 (mm \times min)$$

四、磨削深度 (Depth of feed)

經過選擇適當的砂輪、磨輪磨削速度、工件之表面速度，和床臺的移動速度、並配合工件材料性質和動力因素後，在開始磨削時，磨削深度都應極少量，以便讓操作人員觀察是否工作正常，然後再以適當深度研磨，一般粗磨削深度每次爲 0.02～0.10mm，精磨爲 0.005～0.025mm。另外，由於磨削深度極微，不容易量測，操作者可以從磨削的火花量之多少來加予識別。火花量越多代表磨削深度較深，火花量少代表磨削深度較淺。火花之顏色因工件材料之不同而互異，火花之形狀與長短也因材質之差異而不同。

五、接觸面積

接觸面積係指磨粒在工作物中通過之弧長乘以輪磨寬度，各種輪磨之接觸弧長，如圖 17-77 所示，內圓輪磨之接觸弧線最長，外圓輪磨最短，平面磨削中，較長的接觸弧線，可以由大磨輪直徑及深切削來形成，由於接觸弧長增加，暴露於接觸面之磨粒數量也增加，每顆磨粒之相對壓力減少，且不容易剝離脫落，磨粒一旦變鈍則新的銳刄顆粒不易出現，造成磨粒間之阻塞使磨輪變硬，因此內圓磨削要比外圓磨削須要更具軟性之磨輪，如此接觸弧線增大，磨粒間隙也隨之加寬，供給較大的磨削空間，減少與工作物接觸之磨粒數量，而不致於因接觸的總壓力增大而過熱，影響尺寸精度之控制。

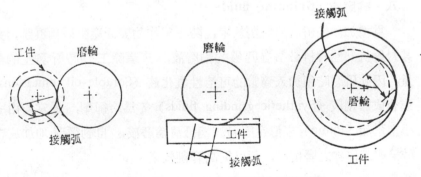

圖 17-77 磨削時工件與磨輪間之接觸面積

六、表面粗度

除了磨粒粗細之選擇對於表面粗度有很大影響外，磨輪之修整也不可疏忽，要得到良好的工作物表面，修整時進刀量要小，要相當謹慎，粗磨粒之磨輪經良好之修整配合磨削速度方能磨出相當良好的工作物表面。

七、機器之情況

磨削作用是否優良，受到磨床本身機器性能所影響甚大，重型而剛性強的磨床對振動的影響較少，而輕型或已磨損的機器，則因振動易使工作物表面產生波紋並減低精度。

機器振動 (Vibration) 之來源可能係因安裝或裝設 (Setting up) 不良而引起。磨削力量、旋轉不平衡，不精確或鬆動的球軸承、液壓系統中壓力顫動，或由機器工具之周圍如沖床、鉋床、壓床、或運輸設施經由地基而傳遞到機器等都有可能引起振動。

所有各種形式的磨床，其磨輪與工作物間相對之振動，都具有自行激發的特性，其振幅隨輪磨時間而增加，其頻率則視磨床、磨輪、磨削速度、工作物之表面速度、磨削深度、接觸面積、床臺移動速度與輪磨液等若干自然頻率而定。

八、輪磨液 (Grinding fluids)

為增加砂輪研磨的磨削效率，防止工作物表面產生砂輪痕跡，尤其對於抗熱性材料必須有足夠的輪磨液，來驅除工作時所發生的熱量，因此研磨時須加入適當的可溶性乳化液 (Soluble-oil emulsions) 或合成磨削液 (Synthetic grinding fluids) 等為冷卻劑，通常均由一小型幫浦 (Pump) 來傳送經過濾網澄清輪磨液，自動循環地加注在砂輪與工作物之磨削點，藉以提高磨削效果。

17-5 表面研磨

工件經輪磨後的表面，留下很多縱或橫方向的磨痕，若以油石、細粒晶粒與研磨油混合而成的研磨劑，或其他研磨材料，順着與輪磨方向成垂直或相交方向去擦磨，使工件表面磨痕逐漸消失而顯得更光滑。如此光整的表面與其他機件表面配合使用可以減少摩擦，更可以提高工件壽命，一旦裝成機械後則比較精密而且亦靈敏，這種擦磨工

件表面磨痕的方法，稱爲表面研磨。常用的表面磨削的加工方法有下
列數種:

17-5-1　搪　磨

搪磨 (Honing) 加工與其他加工不同，其他加工是使用點接觸之
割削工具 (如車刀、鉋刀)，利用磨輪輪磨時變爲線接觸的加工，而
搪磨係以面接觸來磨削工作件。搪磨工具 (Hone)，如圖 17-78 不需
要使用夾頭能夠自動對正 (Self-aligning)，可以減少費用昂貴的工模
(Jig) 和夾具 (Fixture) 設備。

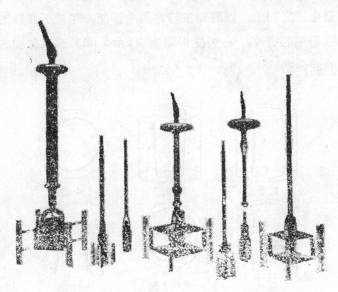

圖 17-78　搪磨工具

搪磨是以低表面速率 (Low-surface-speed) 之磨擦作用作功，
對研磨材料所產生之壓力及熱量很小。利用相等間隔裝配於放射狀的
搪磨頭 (Honing head) 主軸下端的數支桿狀磨石，如圖 17-78 之整
個表面積，在工作件 (Workpiece) 的孔內邊加壓接觸，孔內邊與搪

磨頭一起旋轉的同時，工作件並作往復運動，產生直而圓整的內孔。

　　搪磨首先用於汽車引擎汽缸的最後精密光製工作，有單軸及多軸研磨，自動或半自動等方式操作。目前搪磨已發展從最小內孔直徑3mm至最大直徑約 1000mm 之孔都能加工，並且在最後光製上能以高精密度和高效率的方法完成。

　　搪磨可以矯正 消除 孔徑 之畸變 (Distortion)、 熱應變 (Heat strains)、金屬裂口 (Fractured metal) 以及其他表面的畸形變化，如圖 17-79 所示。搪磨機 (Honing machine)，如圖17-80如與電氣或氣動式手工具配合使用，能作不同種類的修配或修整內孔之工作，亦可用於小量生產之加工。搪磨加工時常用冷卻劑，可使工作物的溫度均勻及沖除磨削的屑片， 一般使用豬油 (Lard oil) 或硫化油的礦物基及石油的混合劑。

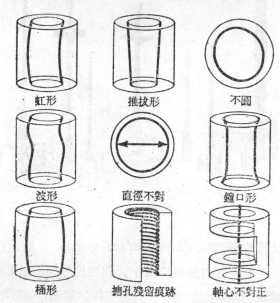

虹形　　　　　　　推拔形　　　　　　不圓

波形　　　　　　直徑不對　　　　　鐘口形

桶形　　　　搪孔殘留痕跡　　　軸心不對正

圖 17-79　常用搪磨法矯正之畸形孔

搪磨工具

工件

圖 17-80 搪 磨 機

17-5-2 研 磨

研磨 (Lapping) 是使工作物與研磨具表面接觸，並使兩者產生相對運動，在兩面間使用磨料細粉與油，或油膏與水等混合，以增進磨擦作用。研磨劑主要是使用鋼鋁石晶粒與金鋼砂晶粒。但因工作件材質之不同，可以使用氧化鉻、氧化鐵，或氧化鋁等不同之磨粒粉末。

研磨之功能有四：（1）能使工件產生一真正的平面；（2）能修整工件使成為極精密的尺寸；（3）可磨除微量的平面曲度；（4）可得到一精密配合。研磨在不同的平面，如平直面 (Flat)、圓柱面 (Cylinderical)、球面 (Spherical) 或特殊面上進行加工，均能得到很大的磨削效果。研磨的方式，一般而言，可分為下列三種：

（1）濕式研磨 (Wet lapping)

濕式研磨係將微細的鋼鋁石晶粒、金鋼砂晶粒等與研磨油混合而成的研磨劑，放入圓盤狀（Disk）之研磨具與工作物間，產生互相摩擦，藉晶粒之銳利削刄，將工作物表面不平或不均勻的微量材料削除，如圖17-81所示。

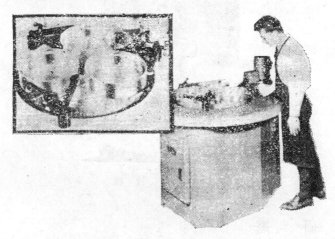

圖 17-81 濕式研磨法

(2) 乾式研磨（Dry lapping）

乾式研磨係先將晶粒嵌在鑄鐵、銅、黃銅等比較軟的圓盤表面上做爲研磨具。或者是在操作中藉研磨具表面與工件兩方接觸面間之壓力，使晶粒自動嵌在圓盤上，以磨削工作物的表面。

(3) 一般研磨（General lapping）

一般研磨所採用的研磨劑主要是以鋼鋁石晶粒與金鋼砂晶粒爲主。有時也採用氧化鉻、氧化鐵，或氧化鋁。所使用的研磨油爲石油、茶油、橄欖油等。不過如工件係鋼鐵材料則以石油系統之油基爲主。研磨具之材質要比工件之硬度較低爲佳。而研磨鋼料均用鑄鐵製的研磨具爲主，唯對於形狀特殊者，則可採用銅或軟鋼製的研磨具。

17-5-3 超光精磨 (Superfinishing)

超光精磨係與搪磨一樣，藉着精密搪床 (Precision honingmach-ine) 對磨床加工的圓筒外徑、孔內徑、平面等之工作表面，在很短的時間內精磨，消除一般機製加工及輪磨所留下的痕跡，俾改進工件表面之品質。

圓柱面的超光精磨，如圖 17-82A, B 所示，膠合的磨石寬度約為工件直徑的三分之二，長度相等，磨削速度 則比輪磨 加工慢約為

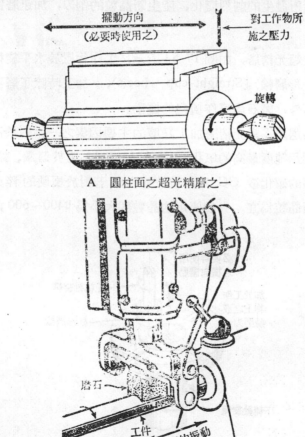

A 圓柱面之超光精磨之一

圖 17-82 B 圓柱面之超光精磨之二

10～25m/min 左右，振幅爲 1.5～6.5mm 之間，每分鐘 震動次數約爲 300～2000 次左右，磨石之接觸壓力爲 0.2～1.5kg/cm²。由於接觸壓力很低，操作時配合充分之輕級潤滑油，幾乎沒有熱及應變產生，因加工而起的變質層就少之又少了。超光精磨比搪磨更能以極短的時間將平滑面加工完成。主要是由於表面光製時，晶粒所留下來的印痕會變成正弦曲線之交叉且成互相重疊起來的形狀，由於印痕並沒有方向性而且極爲微細，光製面的粗度便極爲良好。另外晶粒因輪磨阻力方向，所發生的劇烈變化，產生新晶粒的削刃，加速磨削加工能力。

　　平面之超光精磨，如圖 17-83 所示，工作物置於水平旋轉臺上，磨具爲直杯形磨輪 (Straight-cup wheels)，加工時除了磨石及工作物皆可旋轉外，磨石尙可作橫向的擺動。

　　磨石的選擇爲超光精磨加工好壞的主要因素之一，對於碳鋼材質的精磨宜選用純度最高的氧化鋁 WA 的磨料，至於鑄鐵、鋁、黃銅則以純度高的碳化矽 GC 爲磨粒較適合；若對於極硬的 淬火鋼料則選用金剛石晶粒爲宜。一般使用的晶粒度大小爲 ♯400～600，結合度

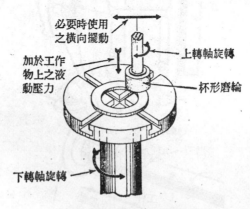

必要時使用之橫向擺動

上轉軸旋轉

加於工作物上之液動壓力

杯形磨輪

下轉軸旋轉

圖 17-83 單面之超光精磨

在 $H \sim M$ 之間, 結合劑通常以黏土結合劑為主, 但對於軟鋼、銅合金、輕合金則使用聚乙烯結合劑 ($P.V.A$)。 輪磨潤滑液則使用含有10～30％之錠子油 (Spindle oil) 滲混輕油的滑潤劑。圖 17-84 為超光精磨的實例。

凸輪操作臂

主軸承　　　　　曲柄銷軸承

圖 17-84　超光精磨實例

17-5-4 電解研磨 (Electrolytic grinding)

電解研磨是利用電化學 (Electrochemical) 原理來分解所需磨除之金屬工件表面之加工量。圖17-85為電解研磨機。

在電解過程中, 金屬磨輪 (Metal bond wheel) 接在陰極(－), 工件接在直流電源的陽極(＋)如圖 17-86 所示。直流電源經由電解質 (Electrolyte) 為導體形成一完整的通路, 然後由磨輪利用電解作用 (Electrolytic action) 來磨除工件的加工量。 電解研磨最大的優點是研磨後的工件沒有任何毛角 (Burrs), 也不受熱 (Heat) 的影響, 金屬組織結構不會被破壞。但必須使用較一般磨削機械為大的動力, 約

圖 17-85 電解研磨機

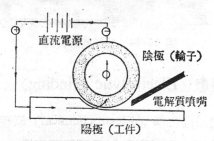

圖 17-86 電解研磨之程序圖

需50～3000安培定壓的直流電。

　　電解質的兩個主要作用是（1）傳送高電流（High current）從工件流經至磨輪；（2）對工件產生化學作用。當然因磨削結果有微細的磨屑流落，電解質必須用過濾器（Filter）清潔，以防止電阻的增高減低電解研磨的效果。

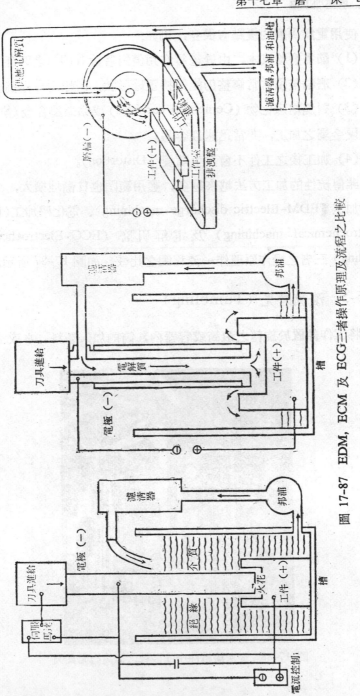

圖 17-87 EDM, ECM 及 ECG三者操作原理及流程之比較

使用電解研磨的優點有很多, 例如:

(1) 節省磨輪成本, 由於電解作用僅對磨輪有10%之磨耗力。

(2) 磨輪無須常常修整仍能保持正確形狀, 磨輪壽命提高。

(3) 對燒結碳化物 (Cemented carbides) 或鈷鉻鎢合金 (Stellite) 等極硬金屬之加工, 非常迅速且容易。

(4) 加工後之工件不會發生畸變 (Distortion)。

非傳統性的加工方法越來越多, 應用範圍也日漸地擴大, 今特將放電加工 (EDM-Electric discharge machining)、電化學加工 (ECM-Electrochemical machining) 及電解研磨 (ECG-Electrochemical grinding) 三者之操作原理作一流程圖之比較。如圖 17-87 所示。

17-5-5 滾筒磨光 (Tumbling)

將工作件置於旋轉之滾筒或容器內, 筒內加入磨料、水或油, 甚

圖 17-88 從灰鑄鐵件中除砂粒之滾筒磨光實例

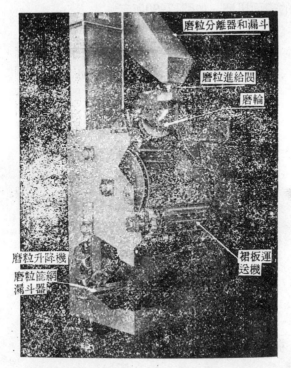

圖 17-89 滾筒磨光機之構造

至加入若干化學劑來增進研磨作用，經滾筒旋轉，工件與工件浸在磨料間產生摩擦作用而達到磨削的作用。至於磨料的選擇視工件的大小、形狀及材質而定，通常氧化鋁（Al_2O_3）用得最多。

滾筒磨光如圖 17-88, 17-89所示主要是磨除機件之銹皮、毛邊、氧化物等不光滑的表面。對形狀複雜而數量多的小工件之表面處理，最為經濟。

17-5-6　鋼刷輪刷光（Wire-wheel brushes）

以鋼絲製成之圓輪，旋轉時產生刷子作用，可以刷除擦痕、銹皮、毛邊及其他表面缺陷等，亦可將輪刷與適當磨料混合作為硬度不高之工件的表面研磨，如圖17-90所示。

圖 17-90　鋼絲刷光輪通常裝在磨床上使用

17-5-7　拋光 (Polishing)

　　拋光是利用布輪(Cloth-wheel)，如圖17-91所示，或布帶(Cloth-belt)，如圖17-92所示，表面塗敷一層磨料，作為工件表面之研磨加工。

　　拋光輪係用棉布、毛氈、皮革、帆布或類似材料等用膠黏或線縫結合而成適當面寬，兩側用金屬盤夾住固定，輪面上塗敷一層拋光劑或黏貼劑，然後迅速在盛有磨料的槽中滾過，俟乾燥再作第二次磨料之黏貼，常用的磨料是氧化鋁（Al_2O_3）和碳化矽（SiC）兩種。拋光劑是拋光輪上所塗的一層軟質切削用材料，如石灰、浮石、磨粉、鐵丹、砂粉等，與牛脂或重油混合的混合物。

　　不論是拋光輪或帶，必須是柔軟性，適合於不規則形狀的工件表面加工；而磨削量的大小及工件表面的光平度，則需視材料性質、輪

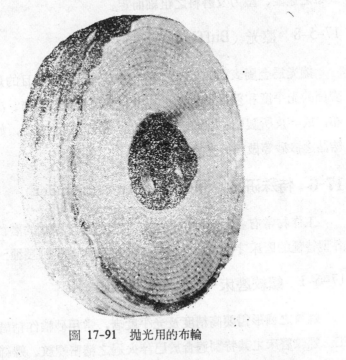

圖 17-91　拋光用的布輪

圖 17-92　拋光用的布帶

或帶之速度、壓力及磨料之粗細而定。

17-5-8　擦光 (Buffing)

擦光爲金屬表面加工之最後一步工作，主要的目的是在增進工件表面的光平度和獲得最高亮度。通常均以棉布、蔴布、法蘭絨、亞蔴布，或羊皮所製成的圓輪，輪上塗敷一層極細之磨料，如胭脂、或非結晶之矽砂等做爲擦光的磨輪。

17-6　特殊研磨 (Special-purpose grinder)

工作物常有各種不同的形狀，而這些特殊形狀的磨削，必須採用各型特種的磨床才能完成；常見的特種磨床有下列幾種：

17-6-1　螺紋磨床 (Thread grinder)

螺紋之齒形需要高精度及光平度者，常用砂輪作精磨削及造形加工。螺紋磨床尤其特別適合於已淬火過之精密螺紋、螺絲規、螺絲攻等完工之輪磨。研磨螺紋的砂輪形式有兩種如圖 17-93 （A）爲單紋輪磨 (Single-rib grinding wheel)（B）爲成形輪磨又稱多紋輪磨（Multiple-rib grinding wheels)。圖 17-94爲單紋砂輪裝置的情形，砂輪須通過螺桿之全長，研磨的線速度約爲 250～3000m/min，軸向進給速度視螺紋螺距而定，砂輪形狀必須正確，經常以鑽石修整，通常

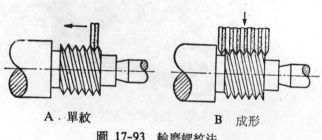

A．單紋　　　　　　　B．成形

圖 17-93　輪磨螺紋法

作二次或多次研磨。圖17-95爲成形磨輪的種類，圖17-96爲成形輪磨螺絲攻（Tap）的實際狀況， 於工作物未旋轉之前， 砂輪先接觸螺紋之全深， 然後令工作物慢慢旋轉， 砂輪移動一個 以上螺距 之軸向距離，工作卽完成。

螺紋磨床又可分 兩種形式， 一爲外螺 紋磨床 (External-thread grinders)， 一爲內螺紋磨床 (Internal-thread grinders)。茲分別說明於下：

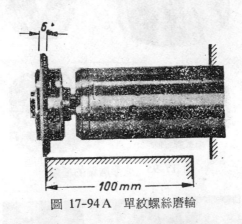

圖 17-94 A 單紋螺絲磨輪

圖 17-94 B 在外圓螺絲磨床上磨削一球槽導螺桿

圖 17-95　成形磨輪的種類

圖 17-96　使用多紋式螺模磨削螺紋攻

A. 外螺紋磨床:

　　一般用的外螺紋磨床，其構造如圖 17-97 所示。最大研磨直徑可至 150mm，兩頂心間支撐距離最長爲 450mm 左右，如圖 17-98, 各式各樣經磨削完成的外螺紋有美國·國家標準螺紋 (American national

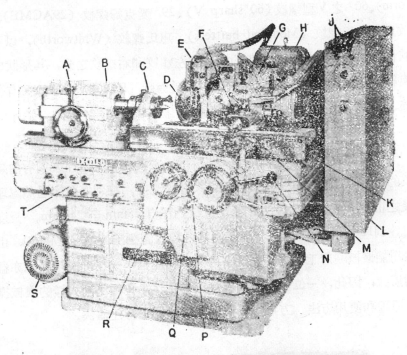

A. 快速領桿

B. 工作驅動及導螺桿軸套

C. 工件頭座

D. 磨輪

E. 冷卻閥

F. 尾座

G. 螺旋角刻度

H. 輪軸馬達

J. 整修磨輪信號燈指示

K. 工作臺滑座

L. 電氣部份

M. 工作臺控制具

N. 自動循環起動桿

P. 尺寸定位手輪

Q. 啓開以調整初磨削量

R. 手動整修滑移調整器

S. 工件驅動馬達

T. 控制盤

圖 17-97　外圓螺紋磨床

form)、60°之V型螺紋 (60°sharp V)、29°愛克姆螺紋 (29ACME)、改良鋸齒形螺紋 (Modified buttress)、惠氏螺紋 (Whitworth)，以及其他特殊形狀的螺紋。磨削的螺紋有左螺紋和右螺紋之分，其形狀成直線 (Straight)、斜面 (Tapered) 或鏟齒狀 (Relieve)。螺紋又有單線、雙線或多線式之分。螺距從每吋 1 牙至80牙不等。

B. 內螺紋磨床:

內螺紋磨床其構造如圖 17-99 所示。主要用於生產性磨削有內螺紋的工件上，能得到一相當精確之尺寸和光度。特別適合經過熱處理後之粗牙或細牙的內螺紋研磨。螺紋內徑自 25mm 至•240mm。長度可達到125mm 之範圍。各種不同的內螺紋磨削工件如圖 17-100。由於單能機械隨着工件需要而日新月異，功能也不一樣，磨削範圍亦益增廣大，因此，一位優秀的技術員工必須熟悉各種不同式樣的機械操作原理和使用方法。方可在未來的工作崗位上勝任愉快。

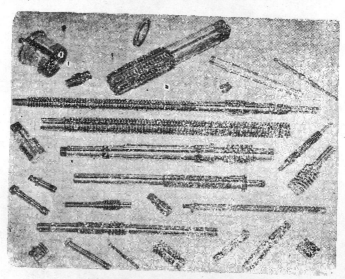

圖 17-98　外圓螺紋磨削之範例

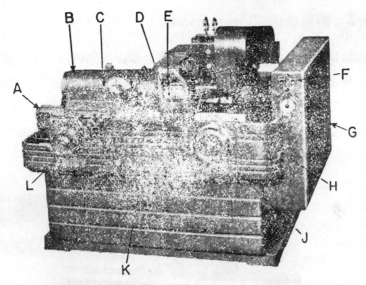

A. 工件驅動及導螺桿軸套
B. 工件頭滑座
C. 左向、右向螺紋及多分度之控制
D. 工件
E. 磨輪
F. 控制及指示燈

G. 電氣部份
H. 磨輪滑座
J. 手輪配件之尺寸控制
K. 操作員控制盤
L. 快速領桿

圖 17-99 內圓螺紋磨床

圖 17-100 在內圓螺紋磨床上工件磨削範例

17-6-2 齒輪磨床（Gear grinder）

齒輪精細加工的目的，在於修正其齒形、間隔與同心度等要求與規格，俾能與相嚙合之齒得到理想之共軛齒形，俾能在高速運轉中仍可精確無聲地傳動。齒輪磨床是順應上述需要，利用磨輪對齒輪齒形（尤其熱處理過的齒輪）做修整加工。不但在高速度下仍可以自動

圖 17-101（A） 磨削蝸桿螺紋

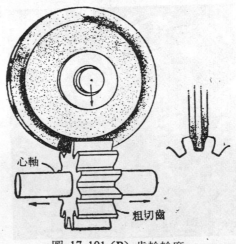

圖 17-101（B） 齒輪輪磨

化，亦能得到相當於高精確度的單能機械 所能完 成的加 工效果。 圖
17-101所示爲磨削蝸桿之情形。

圖17-102至圖17-106爲齒輪磨床應用的工作實例：

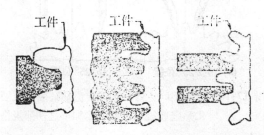

(A) 單齒磨輪　(B) 多齒磨輪　(C) 兩側接觸磨輪

圖 17-102 正齒輪磨削中工件與磨輪之關係位置

齒　輪　細　節

徑節	10	5	4	3	5	3	2.75
模數	2.5	5	6	8	5	8	9.5
齒數	23	44	80	80	120	100	379
面寬	2.2	2.4	4.7	4.7	11.8	7.1	16.5
梢直徑	2.8	9.2	19.8	25.7	24.8	32.6	132
壓力角	15°	20°	20°	20°	20°	15°	15°
螺旋角	26°	20°	10°	10°	15°	0°	7°
齒腹裕度	0.006	0.007	0.003	0.009	0.007	0.009	0.010
齒輪精度	S20	S30	S20	S20	S10	S30	S20

每　件　磨　削　時　間

粗加工時間	0.17	0.77	4.3	6.6	21.9	32.6	475
精磨時間	0.14	0.35	1.8	2.5	9.6	3.4	56
全部時間	0.31	1.12	6.1	9.1	31.5	36.0	531

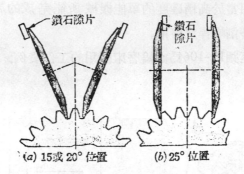

(a) 15或20° 位置　　(b) 25° 位置

圖 17-103 七種不同正齒輪和螺旋齒輪經碳化及硬
化熱處理後用碟型磨輪加工之細節規格

(資料來源: American Society for Metals 所出版的 Metals Handbook
第三冊 Machining)

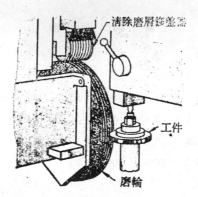

圖 17-104 蝸輪磨削情形, 磨輪上方附有清除磨屑
之修整器, 隨時保持輪面之準確度。

17-6-3　曲柄軸磨床 (Crank shaft grinder)

　　曲柄軸可用萬能磨床磨削, 但於大量生產時均採用效率與精度都
很高的專門性曲柄軸磨床。曲柄軸磨床具有利用油壓方式促使磨輪急
速接近工作件, 或離開工件的裝置。此為其與一般磨床不同之特點。

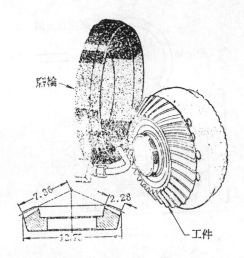

齒輪細節

型　　式………………………………………蝸旋斜齒輪
齒　　數………………………………………51
徑　　節……………………………………… 4
螺 旋 角……………………………………… 30°
全　　深…………………………………… 0. 475 in
齒與齒間之裕度…………………………… 0. 0003 in
表面光度………………………… 25 to 30 micro-in.

磨　　輪

型　　式…………………………………… Cup(a)
等級分類………………………………… A_s-54-J8-v
大　　小………………………………… 12-in. OD

操 作 條 件

輪　　速………………………… 1200rpm (3770 sfm)
進　　給………………………… 3. 2 sec per tooth (b)
冷 卻 劑…………… Straight mineral oil (no active sulfur)
生 產 率………………… 1. 7 pieces per hour (c)

圖 17-105 磨削一蝸線斜齒輪的細節及其操作加工之情形

（資料來源：如圖 17-103 所註）

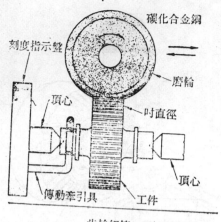

碳化合金鍋

刻度指示盤

頂心

磨輪

吋直徑

頂心

傳動牽引具　工件

齒輪細節

齒 輪 細 節

型　　式……Modified involute spur（−0.0012in. at tip; + 0.0002in. at pitch diam）

齒　　數………………………………………………………60

徑　　節………………………………………………………10

齒　　冠……………… 0. 1in. +0. 0000, −0. 0025in.

齒弧厚度……………… 0. 157in. +0. 000, −0. 002 in.

齒面光製……………………………… 12misro-in. max

磨　　輪

等級類別………………………………………A_s-60-I12-V

大　　小……………… 6-in. OD, 1/2in. width

外　　型……………Diamond dressed to modified involute

操 作 條 件

輪　　速……………………… 200 r pm (3142 sfm)

進　　給……………… 0. 002 in. per revolution of gear (a)

冷 卻 劑………………………… Gear-grinding oil

每件時間……………………………………… 12 min

圖 17-106 磨削正齒輪使其達成千分之十吋的光度

（資料來源：如圖 17-103 所註）

17-6-4 輥筒磨床 (Roll grinder)

輥筒磨床是用來輪磨輥軋機器或製紙機器、印刷機器等輥子。若直徑相等之圓柱形輥筒也可以利用外圓磨床來磨削，但爲了使輥子的接觸良好，必須將輥筒中央部份，輪磨加工爲中凸或中凹形。爲達此目的，則必須使用輥筒磨床。被加工成此形狀的輥子，如圖17-107於使用一定時間後應再予以修整輪磨，以確保其精確度。

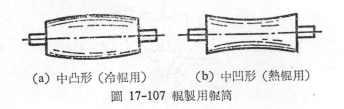

(a) 中凸形 (冷輥用)　　(b) 中凹形 (熱輥用)

圖 17-107 輥製用輥筒

17-6-5 栓槽軸磨床 (Spline shaft grinder)

栓槽軸磨床有使用一個磨輪，和使用三個磨輪等兩種型式。如圖17-108使用一個磨輪者係用成形輪磨的方法 (Form grinding)，在萬能磨床上安裝成形砂輪，藉進刀來輪磨工作物。至於三個磨輪者其工作方法亦同。

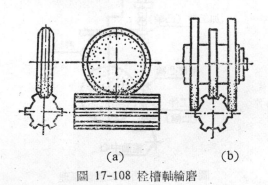

(a)　　　　　　(b)

圖 17-108 栓槽軸輪磨

17-6-6 中心孔磨床 (Center hole grinder)

中心孔磨床係為輪磨高精密度的中心孔，使達光製程度的單能機器。磨輪高速旋轉，並沿着中心孔周圍公轉，以進行輪磨，由於磨輪對中心孔之圓錐角，尚能作往復運動的關係，故可得到極佳的光製面。其磨削原理如圖17-109所示。

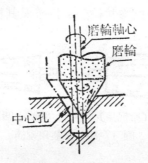

圖 17-109 中心孔輪磨

17-6-7 凸輪軸磨床 (Cam shaft grinder)

凸輪軸輪磨之原理，如圖17-110所示，是將工作件（凸輪）與標

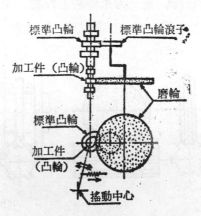

圖 17-110 凸輪軸磨削原理

準凸輪 (Master cam) 裝在同一軸上，標準凸輪藉着彈簧的壓力經常與被固定的標準凸輪滾子 (Roller) 接觸着。 若標準凸輪滾子沿着標準凸輪周緣旋轉滾動時，由於彈簧的作用，砂輪依照標準凸輪運動的軌跡來磨削工作件，使成爲所需的凸輪外形和尺寸。磨削量可依接觸壓力和磨削速度來調整。

17-6-8 磨帶磨床 (Abrasive belt grinder)

磨帶磨床係由砂粒 所組成的 磨粒帶 (Abrasive belt) 經由滾輪 (Roller) 傳動來磨削工件的機械如圖17-111。

磨帶磨床使用範圍廣泛，基於下面五種方法分別以圖說明之：

(1) 在一接觸的輪面上磨削如圖17-112所示。

(2) 在任一輪帶面上磨削如圖17-113所示。

(3) 於平臺 (Platen) 上磨削如圖17-114所示。

(4) 在滾筒上磨削如圖17-115所示。

(5) 於輥子內磨削如圖17-116所示。

(A) 磨帶磨床之操作範例

(B) 磨削裝飾品之外表

(C) 磨削壓鑄產品

圖 17-111

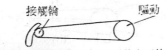

用凸輪控制磨削不規則形狀之工件

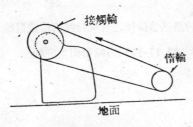

可做隨意的磨削工作

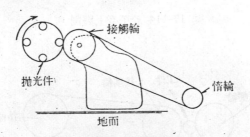

可用在抛光車床上

圖 17-112 帶輪面上磨削

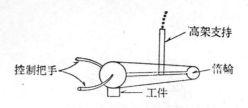

搖擺架磨輪用於磨削翻砂件

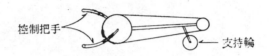

用於磨削熔接件之有支持輪的搖擺磨輪

圖 17-113 磨輪帶面上磨削

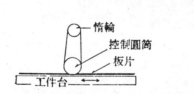

應用在單面板片上

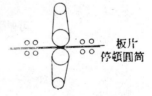

應用在磨光板片上

圖 17-114 於平臺上磨削

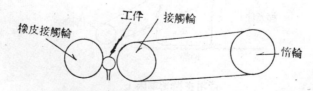

應用於輕型的無心磨削工作，左邊有橡皮接觸輪。

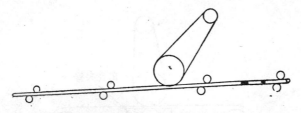

在輥筒上往復磨削

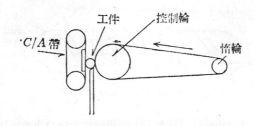

應用在較重磨削之工作

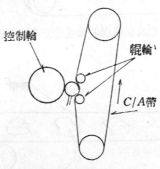

用在較精密之磨削工作

圖 17-115 在輥筒上磨削

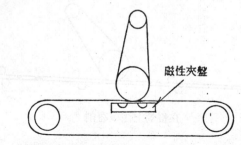

A. 在很薄之鋼件的磨削加工上使用磁性夾盤輸送帶

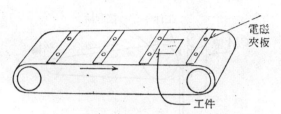

B. 在小零件的磨削加工上使用電磁的硬橡皮輸送帶

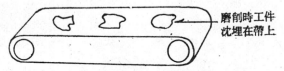

C. 用海棉或軟橡皮的輸送帶磨削非鐵類之工件

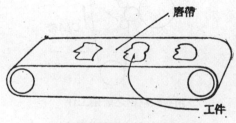

D. 用在重件磨削工作上

複 習 題

1. 砂輪的修整器可分為那幾類？其使用要領為何？

2. 試舉例說明磨削銑刀之要領。

3. 磨床工作首重安全，一般磨床之安全與正常操作程序為何？

4. 磨削外圓之工作步驟為何？

5. 如何磨削斜度？

6. 輪磨的方式有幾種？分別加以說明。

7. 磨床可分為那幾類？其各類磨床的主要用途為何？

8. 內螺紋磨床和外螺紋磨床之主要區別為何？

9. 試述無心式圓柱磨床的工作原理。

10. 試述磨料對磨輪之磨削效果的影響因素。

11. 簡述磨輪的製造步驟及其結合方法。

12. 選用磨輪時應考慮那些因素？

13 何謂電磁夾頭？如何在電磁夾頭上安裝工作物？

14 何謂磨削速度？如何計算及選用磨削速度？試舉一例加以說明。

15 常用的磨料有幾種？其特性如何？

16 砂輪的等級的表示方法為何？

17 如何選擇適當的砂輪？

18 何謂電解研磨？其主要用途為何？

19 拋光和擦光之區別何在？

20 何謂搪磨（Honing），何種工作情形需要使用搪磨？

21 何謂研磨（Lapping）？常見的研磨可分為那幾種？

第十八章 塑 膠 加 工

今日材料的應用，一日千里；除了金屬材料廣泛採用外，塑膠材料亦普遍被利用；在製造加工業上，有了金屬加工，而塑膠加工更是不可缺少。由於塑膠加工技術的進步，在我們日常生活中，塑膠成品使用，處處可見。回朔塑膠製品的大量生產，爲時尚未太久，查理‧固特異(Charles-Goodyear)氏於1839年發明硬橡膠，海特 (Hyatt) 氏於 1869 年研究成功賽璐珞 (celluloid)，是爲塑膠工業之創始。直至 1909 年，塑膠工業中最重要材料之一，酚甲醛樹脂 (Phenol formaldehyde resin)，方爲貝克蘭 (L. H. Backland) 博士及其助手所發明，從此塑膠工業才蓬勃發展。

塑膠 (Plastic) 一辭，由廣義言之係指任何可以用模製或塑製之材料。但近來演變成專指加熱、加壓方能成形之多種混合有機物質。又根據塑膠工程師協會 (The Society of plastics Engineers, SPE) 及塑膠工業協會 (The Society of Plastics Industry, SPI) 之塑膠定義是：「塑膠是含有高分子量物質爲主要成份的巨大複雜物料，最終成品爲固體，而在製造過程中，由於加熱及加壓而軟化可予塑型者。」

18-1 塑膠材料

18-1-1 塑膠材料之一般性質

塑膠材料在今日之應用，種類很多，其性質日新月異，逐日在改善中，但一般都具有下列共同性質：

①可塑性大，成形簡單。

②電絕緣性優良。

③對酸、鹼、油、藥品等之耐蝕性強，（此乃與金屬材料有顯著不同的特徵）。

④不易燃，耐熱性在有機物而言尚佳，（但遠不及金屬材料，不過對塑膠之耐熱性研究，不斷在努力進行，已有逐漸改善的傾向）。

⑤透明者多，且容易着色。

⑥比重輕且堅固（比重約 $1.1 \sim 1.5$ ，強度 $4 \sim 8kg/mm^2$），強度雖不及鋼材或銅合金，但比強度（強度／比重）相當之高。

　　各種塑膠都可以單獨直接成形使用，也可以添加石綿、紙漿等纖維物質以改善其機械性質或與布、紙等交互重疊成形使用。如 F. R. P (fiberglass, reinforced plastics)，乃以玻璃纖維爲加強劑之塑膠硬化材料。

　　塑膠之所以由家庭雜貨材料，逐漸發展應用於工業上，甚至應用於機械構造上，乃因有不斷地發明，製造更優越性能之製品所致，其中如 F. R. P. 等強化塑膠的發展，便是很好證明。

18-1-2　塑膠之分類

　　塑膠種類很多，依所用的製造原料可以分爲：

(1) 植物原料塑膠。

(2) 植物原料及石油原料塑膠。

(3) 石油原料及煤合成的塑膠。

(4) 石油原料和礦物原料塑膠。

(5) 礦物原料塑膠。

以上五種中以用石油原料和煤合成的塑膠在機械上用的較多。但是爲了易於區別塑膠加工的特性起見，常把塑膠區分成兩大類：

(一)熱塑性塑膠 (Thermoplastic plastic)

(二)熱凝性塑膠 (Thermosetting plastic)

　A.　熱塑性塑膠

　　此種塑膠加熱至一定溫度以上，便軟化而具有可塑性，加工成形後冷卻則硬化；可以多次重複塑製，受熱卽變成可塑性，冷卻卽成固體，再受熱又變軟。由聚合而成之塑膠均屬此類。如乙烯 (Ethylene) 等單體分子，相互聚合而成巨大的聚乙烯 (Polyethylene PE) 等。其中重要者還有：壓克力 (Acrylics)、聚氯乙烯 (polyvinyl chloride PVC)、聚苯乙烯 (Polystyrene PS)、尼龍 (Nylon)、聚二氯乙烯 (Polyvinylidene chloride)、氟樹脂等。

　B.　熱凝性塑膠

　　將原料加熱則可具有可塑性，但隨縮聚合之進行而逐漸硬化，其間發生化學作用，但成形硬化者，卽使用熱也不再軟化。大多數熱凝性塑膠，其熔化溫度約在 350°F 左右，但加工後，不可回復其原有的流動狀態。這種反應與鷄蛋煮熟作用相似，一旦加熱，鷄蛋裏的流質就硬化，不能因受熱而再軟化。屬於此類者，酚樹脂 (Phenol resin)、尿素 (Urea resin)、聚酯 (Polyesters)、環氧樹脂 (Epoxy resin) 等等。

18-1-3　塑膠之構造 (Plastic structre)

　　要想知道塑膠受熱時發生的作用，首先應知道塑膠的分子構造。塑膠分子是由許多原子組成的，每一個原子與另一原子間以價鍵 (Valence bond) 來連接，形成鏈狀 (Chain-like) 結構。

　　熱塑性塑膠的原子及分子，是以尾對尾 (End to end) 方式相連，形成一長鏈 (Long-chain)，每條長鏈彼此獨立構成一單元。如圖 18-1(a) 所示。當受熱時，各鏈發生滑動現象產生塑膠流動性

(Plastic flow)，冷卻時，各鏈又保持固定狀態，但若再受熱，又會發生滑動 (Slipage)，這種熱冷循環 (Heatng-cooling cycles) 可重複很多次；當然，如果反覆進行次數太多，可能使塑膠的增塑劑 (plasticizer) 失散及褪色等毛病，影響塑膠的外觀及性質。

　　熱凝性塑膠在模塑以前，與熱塑性塑膠很相似，亦是鏈狀，但在受熱硬化 (Curing 或 Hardening) 時，分子間會起架橋 (Cross links) 作用，形成交叉的網狀 (Interconnected network) 結構，如圖 18-1(b) 所示。阻止分子鏈流動，因此不會因再受熱而流動。

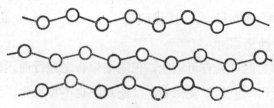

圖 18-1(a)　熱塑性塑膠結構

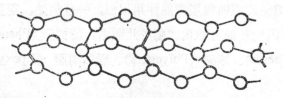

圖 18-1(b)　熱凝性塑膠結構

18-1-4　塑膠之製成

　　塑膠是用天然物料，例如木材、空氣、水、石油、天然氣及鹽等，經過合成方法製造的，利用複雜的化學方法，可以產生很多種相異的塑膠。化學家先把天然物料分解成基本的原子及分子，然後再用熱、壓力、化學作用做再組合 (recombines) 成塑膠分子。

　　茲舉聚苯乙烯 (Polystyrene) 之製造過程說明之，聚苯乙烯的基

本原料是煤炭 (Coal) 及石油 (Petroleum) 或天然氣 (Natural gas)；由煤炭中抽取出苯 (Benzene)，由石油或天然氣製取乙烯氣體 (Ethylene gas)，然後苯與乙烯化合成乙苯 (Ethyl benzene)，而後利用加熱加壓把乙苯製成苯乙烯。圖 18-2 所示其製造過程。

如果把乙烯氣體與由食鹽製得的氯氣 (Chlorine) 化合，則得到乙烯基樹脂 (Vinyl resins)，即氯乙烯 (Vinyl chloride)，如圖 18-3 示之。

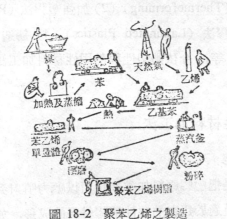

圖 18-2 聚苯乙烯之製造

圖 18-3 乙烯基塑膠製造

18-2 塑膠材料加工法

製造塑膠機件的原料多是粉狀或粒狀出售的，從這粉狀或粒狀的塑膠原料來製成成品或半成品，都需要使用成形模，但由於塑膠加工之特性有熱塑性及熱固性塑膠之區別，所以其使用的成形模亦各有不同，而由原料製成成品或半成品的模造方法可分為(1)射出模成形(2)螺旋式噴射塑模製(3)壓力模成形(4)傳遞壓力模成形(5)擠壓模成形(6)旋轉模成形(7)輾壓模成形等，由半成品製成成品的加工的方法有(1)加熱造形 (Thermoforming) (2)加強塑膠法 (Rienforced plasfics) (3)夾層塑膠法 (Laminated Plastics) (4)鑄造 (Casting) (5)銲接 (Welding) 等，今依熱塑性與熱固性材料加工法之不同分述如下:

18-2-1 熱塑性材料加工法

(1) 射出模成形:

射出模成形是把塑膠原料加熱液化而以壓力噴射到成形模裏去，可見此種成形法僅適於用在熱塑性塑膠材料的成形，如圖18-4所示。模造的時候是使塑膠傾入到它的漏斗裏去，利用在漏斗出口的往復運動柱塞衝程大小可以調整計量每次所噴射的塑膠重量，這計量好的塑膠原料漏到加熱室後被加熱到250°F 到 500°F 便能熔為液體狀態，溫度的高低依塑膠原料的特性而定，為使熔化的塑膠可以均勻噴射起見，在加熱室裏還裝有分流器一件，如圖 18-4 所示。

(2) 擠壓模成形:

此法是利用轉動的螺旋加壓使加熱溶化的塑膠經過一個穿孔的模孔而成形的。如圖 18-5 所示，塑膠原料自漏斗流入到加熱套內被加熱溶化成糊狀，而後被不斷旋轉的加壓螺旋向前推進擠向出口端的擠

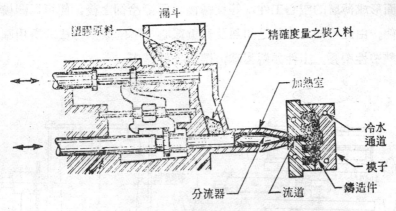

圖18-4　塑膠射出模成形（適用於熱塑性塑膠）

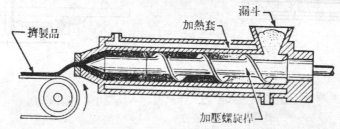

圖 18-5　塑膠擠壓成形機簡圖

製模，依擠製模穿孔的形狀，可得到等斷面形狀長條形的成品，這成品可以是圓柱形、圓管形、薄帶形或其他斷面形狀的長條成品。此法適用於熱塑性塑膠材料。

（3）旋轉模成形：

　　此法是用來製造空心形工件之用，此種成形模要依兩個軸來轉動，一個是主旋轉軸，另一個叫做副旋轉軸，如圖 18-6 所示，**A** 圖裏指示有四成形模裝於同一框架上，製造空心工件時先將塑膠粉放入成形模中，而後封閉成形模並將它裝入框架中，再起動兩電動機並調整各自的轉速使主旋轉軸轉速約為每分鐘 18 轉左右。副旋轉軸的旋轉速度約為主旋轉軸 1/3 左右。並且使成形模的溫度維持在 500°F 到 70°F 之間，如是由於離心力關係當塑膠粉溶化後便能在成形模的內表面形成薄層的空心工件，等旋轉後再逐漸冷卻之後，便可以開模取工件。由此可知，此種是加熱及藉重離心加壓的成形方法。所用原料為熱塑性塑膠。工件如塑膠球，塑膠洋娃娃等。

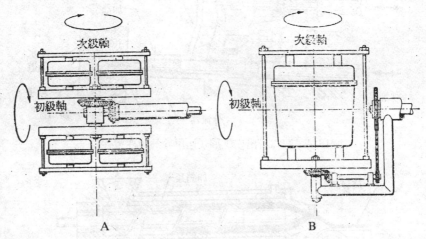

圖 18-6 旋轉模成形之工作原理，A為雙中心線裝置法，B為偏置臂裝置法

(4) 輥壓模成形:

輥壓模成形可先將塑膠粉及填料和加色顏料等先行均勻混合，成為混合塑膠原料，加熱後加入兩個輥壓的中間，如圖18-7所示；或者在輥壓的內部用蒸汽加熱，由於輥壓的表面線速相同的關係可以輥出較薄而寬的片狀工件，而後再經多次的伸長及擴寬的輥壓可以成為極薄的塑膠布，如是者連續不斷而能成為大捲的塑膠布。此法適用於熱塑性塑膠材料的加工。

(5) 加熱造形 (Thermoforming):

是將熱塑性之板加熱軟化，而後利用壓力之差或機械的方法，使其與某一個模子之形相同。板上加壓方法有多種，如利用兩面壓力差作自由造形 (Free forming) (壓力差者，在壓力或真空中兩者皆可)，

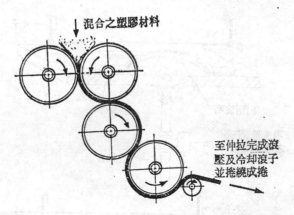

混合之塑膠材料

至伸拉完成滾壓及冷却滾子並捲繞成捲

圖 18-7　輾壓成形法製造軟片或薄板

眞空反彈造形 (Vacuum snapback forming)，眞空抽拉 (Vacuum drawing) 或吹壓成形 (Blowing pressure forming)，正壓力造形 (Positive pressure molding) 等。如圖 18-8A 及 B 所示，卽利用壓力差來自由造形，旣不使用公模亦不用母模，不論是抽氣或吹壓所成的球面，保持至冷却爲止，此種能在常溫下自然成形，雖然精度不太精確，但其成本不高，尙不少使用者。如 C 圖所示是眞空反彈造形法，此法塑膠板須先加熱軟化，並在週邊夾持之，室內抽空使板抽拉如虛線所示，然而利用公模使眞空度慢慢降低，而反彈與母模相貼合，故有人亦稱回貼成形法；此法使用時，須注意塑膠板與公模接觸後反彈移動宜減至最小，以避免面上留有痕跡，且公模在構造上必須具有適當的脫模角，以便使製品從模上脫下。如 D 圖所示爲正壓力成形模，此法是塑膠板在模中受空氣壓力成形，卽是將加熱的塑膠板夾定後，用壓縮空氣吹之，使板上得到正壓力之作用，使它和下方的母模表面貼合，待冷却後鬆脫夾定器便可取出成品，這種方法適用於工件形狀較複雜的情況。

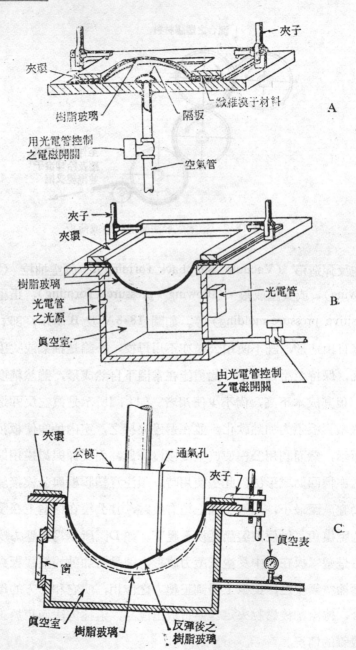

夾子

夾環

樹脂玻璃　隔板　纖維模子材料　A

用光電管控制
之電磁開關　空氣管

夾子

夾環

樹脂玻璃

光電管
之光源

眞空室　B.

光電管

由光電管控制
之電磁開關

夾環　公模　通氣孔

夾子

眞空表　C.

窗

眞空室　樹脂玻璃　反彈後之
樹脂玻璃

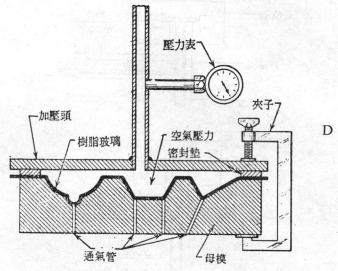

圖 18-8　熱塑性塑膠板之各種造形法

18-2-2　熱凝（固）性材料加工法

(1) 螺旋式噴射塑模製：

又如圖 18-9 所示，它和射出成形模非常相像，所不同的是它用螺旋式送料器。先把塑膠定量的送到傳遞室，而後由往復運動的柱塞把送來的塑膠擠到成形模裏去，因爲此成形模不但沒有水冷卻，而且還有蒸汽加熱的通路，所以當塑膠被擠送到成形模之後卽刻被加熱，同時還在受壓，在這受熱受壓情形下此塑膠原料可以在成形模 裏 成形，便可知這種成形法所用的塑膠原料是熱凝性塑膠。

(2) 壓力模成形：

此法是利用壓縮和同時加熱使塑膠品的成形方法，如圖 18-10 所示。此成形模的機構，多適用於熱凝性塑膠原料，當上成形模舉上時候，把塑膠原料計量放到下成形模的模窩裏去，此時下成形模通入蒸汽可維持在 250°F～400°F 的溫度，是故塑膠材料在下成形模裏將被

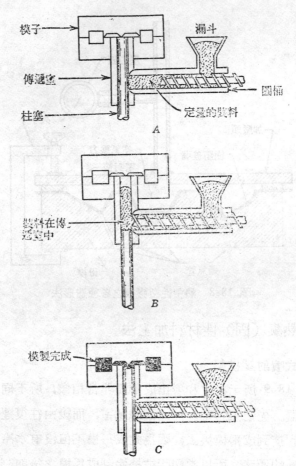

模子 ——→

漏斗

傳遞室 ——→

圓桶

柱塞 ——→

定量的裝料

A

裝料在傳
遞室中

B

模製完成

C

圖 18-9 螺旋式噴射塑製之循環程序（應用於熱凝性塑膠）

加熱，待把上成形模逐漸落入到下成形模的模窩裏去，塑膠材料將被壓縮成形，同時也改變了塑膠材料的分子結構而成形。此種成形模製造速率要比射出模成形爲低。

（3）傳遞壓力模成形：

如圖 18-11 所示，此模介乎噴射塑製和壓力模成形之間，用它來模造的時候是把塑膠材料放入上模的加熱槽裏，等到它在加熱槽裏溶

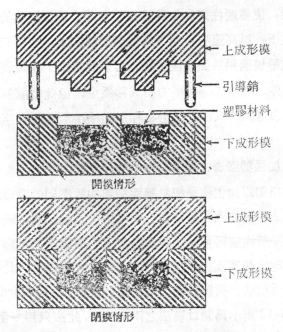

上成形模

引導銷

塑膠材料

下成形模

開模情形

上成形模

下成形模

閉模情形

圖 18-10　壓力模成形（應用於熱凝性塑膠）

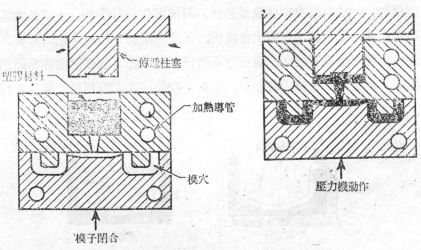

傳遞柱塞

塑膠材料

加熱導管

模穴

模子閉合

壓力機動作

圖 18-11　所示傳遞壓力模成形（適用於熱凝性塑膠）

化之後，使傳遞柱塞和加熱槽相互合閉。那麼溶化的塑膠便可以在受壓力之下，以高速噴射到下成形模的模穴裏，在模穴裏受冷卻成形。此種成形模適用於熱凝性塑膠。可以製造出不能用僅靠上下壓縮而成形的工件，所需工時較壓力模成形為少，但此種成形法的機構比壓力模成形複雜些；又因為噴射口和加熱槽中須有餘存原料，故比較耗用原料。

(4) 加強塑膠法 (Reinforces plastics)：

此種塑膠加工法是把熱凝性塑膠加入不同的纖維或纖維織品而成形的方法，所加入的可以為玻璃纖維、石棉、棉紗或人造纖維等；所使用的熱凝性塑膠可以為廉價的多元酯樹脂，亦可為環氧材料（其特性有優越之強度及化學抵抗力，矽基化合物等）。此類方法有開口模法、閉合模法、噴覆於模面法、單絲捲繞法 (Filament winding) 等。如圖 18-12 所示為開口模法之兩個例子，此法只用一個模子(公模或母模)，加工時將玻璃纖維及樹脂以人工佈置於模上，並用滾壓方式除去空氣。此種模子正常皆在空氣中熟化，但可使用真空或壓力袋以增加壓力。此法製品有玻璃纖維船體、飛機零件、行李箱、卡車及大客車零件等，閉合模法亦稱配合模法，係使用兩個互相配合之公母模，此模大都用金屬製造之，製品之兩面皆為光平面，細微之處亦能顯示出來，由於模子於使用時加熱，生產速度快、人工費用低。製品有行

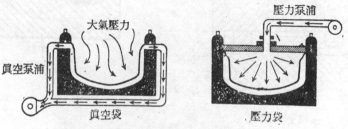

圖 18-12　用開口模法製造加強塑膠製品之兩個例子

李箱、頭盔、盤及機器外殼等。在一般商品製造上，亦使用若干其他
方法，如圖 18-13 所示爲噴覆於模面法，此法爲玻璃纖維與塑膠二者
同時噴覆於模面上；小船的船體或大件製品皆可用此法製作。另一種
方式爲單絲捲繞法，如圖 18-14 所示，係利用單股之纖維先通過液壓
塑膠浴池而後捲繞於心軸（卽模子）上，其製品有壓力箱、管子、及
火箭等需要高強度者。

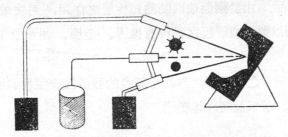

圖 18-13　玻璃纖維及塑膠同時用噴槍噴在模型上

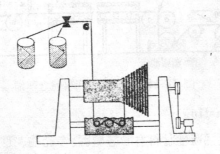

圖 18-14　用單絲捲繞法製造高強度製品

(5) 夾層塑膠法 (Laminated plastics):

　　夾層塑膠是利用紙張、纖維、石棉、木材、或類似材料之板，先
浸蘸或覆蓋以塑膠，而後加熱及壓力以製成商品之形狀或材料。此種
材料特性爲堅而強、耐撞擊、不易受熱及水之影響，並且使用於電氣
應用上之各種性質。最後的製品可以是數層到一百層以上，視所需要
的厚度及性質而定。

夾層材料之製造，是先將樹脂溶於溶劑之中變成液體，成捲之紙或纖維通過此液槽，使液體浸入於體內如圖 18-15 所示，此後再經過滾子之壓軋、烘乾及剪斷，卽成堅硬而孕積有塑膠之板。生產過程爲連續操作方式。如管之製造，是將準備妥當的薄料捲繞於鋼軸上，在循環之熱空氣中加熱熟化，或在管模內同時加熱及加壓。塑膠齒輪是用帆布基（Canvas base）材料所製，運轉時聲音甚小。安全玻璃亦爲夾層塑膠製品，由於兩面玻璃間熱塑性層之作用，可使玻璃破而不碎。其他用以製造夾層板之材料有橡膠、金屬、尼龍及抽絲玻璃等等。

熱凝性塑膠之夾層板，亦具有優良的強度及安定性。所用材料有酚醛、矽酮、環氧及蜜胺等塑膠。

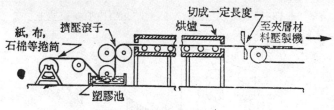

圖 18-15　夾層板所用材料之準備

（6）鑄造（Casting）：

用於鑄造之熱凝性材料有酚醛塑膠、多元酯、環氧及丙烯樹脂等。後者尤適宜於透視或其他需要特別清晰工件之製造。熱凝性塑膠有較優的澆鑄流動性，故在鑄造之用途上較熱塑性者爲廣。若塑膠製品之數量不多，其經濟利益不足以補償高價之製模費用時，則使用鑄造法爲之。空心鑄件，可用潑鑄法（Slush-casting）鑄造之。實體者可用石膏、玻璃、木材、或金屬模鑄造；若鑄件上有若干挖切之處，鑄模用合成橡膠製造之。鑄造法宜製造短桿、管子以及用於作進一步機器加工或雕切之各種形狀；其他鑄造件有各種轉鈕、鐘錶儀器殼子、手柄、鑽孔夾具、加強塑膠及飛機工業中板金工作所用之衝頭及模子等。

(7) 銲接 (Welding):

塑膠銲接通常應用熱凝性塑膠，可將單件拼接成各種不同形狀的物件，和金屬氣銲方式相同，如圖 18-16 所示，乃藉重電熱或氣體燃燒的火焰熱製造約在 400°F 溫度的熱氣，使這熱氣吹向接縫和所用的塑膠棒，如此可以使受熱熔化的塑膠類材料和接縫處熔化的塑膠接合一體，而達成銲接的目的。若要銲的塑膠厚度較小，僅可以用熱過的銅烙鐵加到疊縫上面，但須注意壓銲的時間不能過長，舉起烙鐵時要迅速，否則銲接處將不能得較光潔的表面。

除以上加工的方法外，塑膠加工情形可以和金屬材料加工的方法相同，對它可以車製、鑽孔、銑切及其他切削加工，是故塑膠加工的普遍化為人人皆知的。

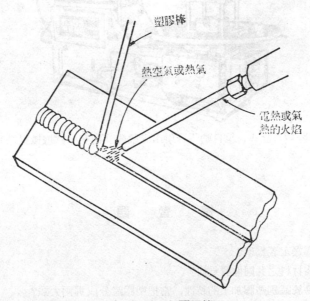

圖 18-16 塑膠銲接

18-3　塑膠加工的進步

　　塑膠應用於工業成品上,可稱日趨興盛,塑膠原料的增加及精良、塑膠加工機械的改良,日新月異,目前在我國臺灣地區石化工業的進步,塑膠原料的大量進口,塑膠成品的大量外銷,如此塑膠加工業日益進步,不論在加工機械、塑膠模形製造、塑膠成份的調配、加工過程的簡化、迅速等方面都有大力更新的現象,例如在加工機械方面有全自動塑膠鞋射出成型機的推出。如圖 18-17 所示,都是代表了塑膠加工的進步。

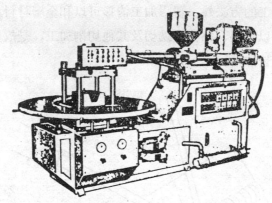

圖 18-17　立式、全自動膠鞋射出成型機 (南興塑膠機械提供)

複　習　題

1. 塑膠之定義為何?
2. 塑膠材料之共同性質為何?
3. 為易於區別塑膠加工的特性,常把塑膠區分成那兩大類?
4. 何謂熱塑性、熱凝性塑膠?

5. 塑膠之構造爲何？

6. 射出成形模之構造及作用爲何？

7. 擠壓成形模之構造及其作用爲何？

8. 加熱造形之加工法爲何？

9. 螺旋式噴射塑裝模之構造及其作用爲何？

10. 傳遞壓力成形模之構造及其作用爲何？

11. 鑄造、銲接之加工法爲何？

12. 試言夾層塑膠之加工法及其優點。

第十九章　數字控制

19-1　數字控制原理

19-1-1　靠模控制

當加工的形狀較複雜時，可用沿着模型驅動工具而加工成模型形狀的靠模控制機械，將描圖器連結於工具臺，使描圖器接觸模型，先對合描圖器的基準點，稍進給工具臺時，接觸模型的描圖器發生些微的位移的話，發生對應於該位移的力，使工具臺進退，進行回饋控制，使描圖器的位移成為 0，常對合基準點，沿着模型而驅動工具，此為靠模控制，如圖 19-1 所示。

數字控制是用指令紙帶取代此模型。

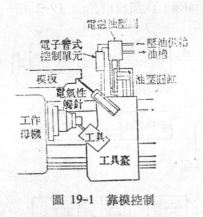

圖 19-1　靠模控制

19-1-2　回　饋

回饋 (Feed-back) 是檢出控制後所得的結果的狀態（輸出），將之送回輸入側，以便與指令的日標值，（基準輸入）比較，在閉合回路內，藉輸出與基準輸入之差驅動控制，將此差更正為零的控制方式稱為閉合回路（Closed loop）控制，反之，無此種回饋，以送出的指令控制的方式稱為開放回路控制。(Open loop Control)。

19-1-3 伺服機構

將機械性位置或速度等回饋控制的控制系統稱為伺服機構 (Servo mechanizm)。

依控制所用的驅動動力而分為油壓伺壓伺服機構、電氣伺服機構等。油壓伺服機構的應答速度快，可用小形而送出大力，電氣伺服機構無檢出器的遲延，因而便於遙控,電氣一油壓伺服機構取此兩優點，檢出利用電氣性偏差，將之電氣性放大，驅動電磁油壓閥，驅動強力的油壓機器。

依指令值多檢出值之為數位量或類比量而分為數位 (Digital) 伺服機構與類比 (Analog) 伺服機構如圖 19-2 所示。

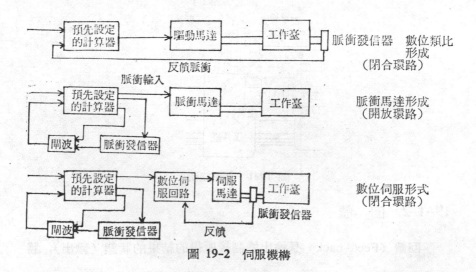

圖 19-2 伺服機構

19-1-4 量子化

日常經驗的溫度、力、時間等為連續變化的類比量,但表示,處理上是用不連續的階段性數值;以時間測定為例,運動會等是用1/10秒為單位,車站或大廈的時鐘則以 30 秒為單位移動,一般則用分為單位,長度方面,身高或衣服的尺寸等以 1mm 刻度的尺處理,設定適當大小的最小單位,以此單位的整數倍表示之事稱為量子化。

數值控制的工作母機則依機械所需的精度,量子化的大小通常用 10μ、5μ、1μ 等 (其中 $1\mu = 0.001$ mm)。

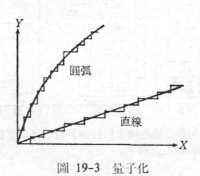

圖 19-3 量子化

如圖 19-3 所示,連續性圖形也可用在所需精度內的微小梯高和梯長近似畫成,此時的最小梯高、梯長為圖形表示上的量子化大小。

數值控制 (NC) 工作母機可說是以量子化的數值, 近似形成加工物的形狀,以數值命令控制的機械。

19-1-5 NC 工作母機的構成

一般 NC 工作母機是以指令紙帶、數值控制回路、伺服馬達、檢出器、工作母機、工作母機附屬裝置等構成。

指令紙帶可賦予數值和符號形成的記號式指令。

數字控制回路（裝置）由紙帶讀取裝置，數據分配器，*D-A* 變換器，可逆計算器，緩衝記發器 (Buffer register)，計算回路，時鐘脈衝發生器等構或，如圖 19-4 所示。

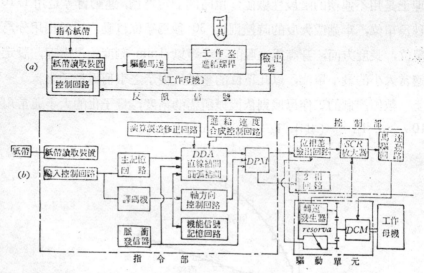

圖 19-4 NC 工作母機的構成與控制裝置〔控制裝置爲 HIDAM （輪廓控制）之例〕

19-2 命令形式

控制命令的方式有二，卽點至點及連續式。

19-2-1 點至點式 (Point to point)

所有數字控制的工具機，約佔 75% 爲點至點的控制方式。這種控制方式是命令工具或工作物自一位置移動至另一位置，分別沿各座標作不同方向的移動，如圖 19-5 上方之加工面 *FG*，工具由控制命令作 9 個 *x* — *y* 座標的移動，當然座標點愈多愈接近所規定之直線面，下圖爲圓弧亦分成 9 個座標點，與規定形狀有相當的差別，要有 100

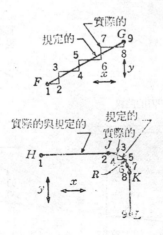

圖 19-5　點至點命令方式

點以上才能接近規定的圓弧，但命令方式趨於複雜，信號帶長度亦可觀，甚至於採用計算機設計孔帶的程式，但設備費用將加倍因此儘量避免採用計算機，以免增加成本。

19-2-2　連續式 (Continuous path)

　　連續式又稱爲輪廓式，工具位置的移動，必須依照一定的路線前進，假如程式上規定各相鄰點的命令甚爲接近，則工具所依之路線幾乎可維持一連續式，使實際的路線與規定的輪廓極相似。 如圖 19-6 所示。

　　輪廓加工機械之命令可用人工設計程式，但形狀除了圓、圓弧或直線外，大都用計算機計算其資料並打成孔帶。

　　圖 19-7 是直線及圓弧形狀，工具移動的路線與程式所規定者完全相同之連續式命令方式。

19-3　命令信號之儲存方式

　　數字控制之命令信號，都是以孔或磁性或成音信號等記號表示，

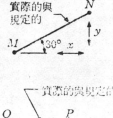

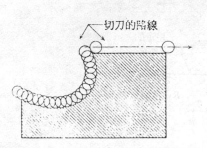

圖 19-6 連續式之加工路線

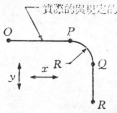

圖 19-7 連續式命令方式

這些記號由機械或電子式的讀帶機拾取後，轉送至控制系統、孔或磁性或聲音所用之孔或帶的材料，大都使用紙或乙烯膠卷。

沖孔帶或磁性帶之寬度為一吋，但沖孔帶有 8 個孔道而磁性帶有14個孔道。沖孔帶是採用打成孔狀之方式，磁性帶是用充磁的方式，成音帶是用聲音的信號。目前採用最多的是沖孔帶，而且沖孔帶可用與英文打字機相似之鍵盤式設備來打孔，工作非常迅速。

按照電子工業協會（EIA）標準式 1 吋寬 8 孔道之打孔方式有兩種，即二字碼十進位法與純二字碼式。

19-3-1 二字碼十進位法（Binary coded decimal）

各種數字控制操作中使用此種系統者有90％，所有點對點的命令系統及一部份連續控制系統採用此式，它具有下列幾項優點：

(1) 孔帶簡單，可用手打孔。

(2) 孔帶易於檢查，不需計算機即可檢驗孔之是否正確。

(3) 工作人員容易瞭解，不像其他形式之複雜。

在打孔之前，必須準備一製造程序單，詳細列出零件依照藍圖之施工步驟。程式設計人員（Programmer）將各種詳細資料納入單中，如工件的夾持、轉速、進給、工具及加工順序、命令的開始及終了等，用鍵式打字機作成資料卡，然後再送入卡帶轉換機製成孔帶。

圖 19-8 即為二字碼十進位孔帶，此帶中之孔道數規格及代表意義，數值說明於下：

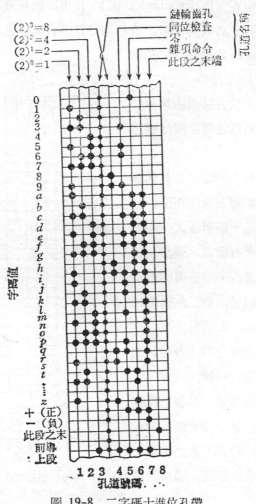

圖 19-8　二字碼十進位孔帶

（1）每一帶寬一吋，分 8 個孔道及一個鏈齒孔 (Sprocket hole)，編號依次由左至右，其中 #3, #4孔道間爲鏈齒孔。

（2）數字的輸入使用 #1，#2，#3，#4 及 #6 五個孔道，依次代表 $(2)^0 = 1$，$(2)^1 = 2$，$(2)^2 = 4$，$(2)^3 = 8$ 及 0，因此 7 則須於 #1，#2，#3 之三個孔道相同橫方向上沖孔。

（3）同位檢查 (Parity check) 在 #5 孔道，因每列橫方向之孔數（不包括鏈齒孔）必須爲奇數，否則讀帶器將自動停止，所以每遇上橫向成偶數孔時，必須在 #5 孔道加沖一孔。

（4）#7孔道代表其他的雜項命令。#8孔道代表每段落之開始或終了信號。

（5）26個英文字母亦有其代表的孔位記號，如圖上所示部份。

圖 19-9 爲一簡單程式一小段孔帶之簡圖。所有數目，通常用五位或六位表示之，一般金屬零件加工，有五位數卽可，前二位代表吋之十位及個位數，其後爲十進位之分數，亦卽最大可達99.999吋，而精密度可達千分之一吋。

字碼排列的方式，各製造廠家所採用者並不一致，冷卻劑的開或關皆可在孔內，特別工具之裝配，運動量等並無一定形式，須按說明製作之。

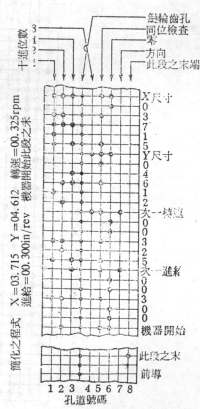

圖 19-9　簡單程式之二字碼十進位孔帶

19-3-2　純二字碼式 (Straight binary)

有些連續控制式者，採用純二字碼式以代替二字碼十進位法，這種孔帶，能於 2 吋長內同時控制五種動作，每行 8 個孔，最多可容納 128 個命令或信號，帶寬大都仍爲 1 吋及 8 個孔道，但也有 4 吋寬 20 孔道者。同樣的資料所需之帶長約爲二字碼十進位法的三分之一，同位檢查則在 #7 孔道上。

純二字碼系統之程式設計，數字是用 2 的乘冪數值表示之。亦卽所有阿拉伯數字，是將 2 的乘冪數加起來而得。2 的乘冪求出後，將各該數由右而左次序排列起來，卽爲純二字碼數字。

茲將 1～9 之阿拉伯數字轉換成二字碼數字的排法如下：

阿拉伯數字	2 的乘冪數之值	純二字碼數字
1	$1 \times (2)^0 = 1$	1
2	$[0 \times (2)^0] + [1 \times (2)^1] = 2$	10
3	$[1 \times (2)^0] + [1 \times (2)^1] = 3$	11
4	$[0 \times (2)^0] + [0 \times (2)^0] + [1 \times (2)^2] = 4$	100
5	$[1 \times (2)^0] + [0 \times (2)^1] + [1 \times (2)^2] = 5$	101
6	$[0 \times (2)^0] + [1 \times (2)^1] + [1 \times (2)^2] = 6$	110
7	$[1 \times (2)^0] + [1 \times (2)^1] + [1 \times (2)^2] = 7$	111
8	$[0 \times (2)^0] + [0 \times (2)^1] + [0 \times (2)^2] + [1 \times (2)^3] = 8$	1000
9	$[1 \times (2)^0] + [0 \times (2)^1] + [0 \times (2)^2] + [1 \times (2)^3] = 9$	1001

例如阿拉伯數字爲 1028 者，其純二字碼數字之表示法爲：

$$1028 = [1 \times (2)^2] + [1 \times (2)^{10}] = 4 + 1024 = 1028$$

其純二字碼數字可寫成 10000000100

$$1 \qquad 0\,0\,0\,0\,0\,0\,0 \qquad 1\,0\,0$$

$$0 \times (2)^0$$
$$0 \times (2)^1$$
$$1 \times (2)^2$$
$$0[(2)^9 + (2)^8 + (2)^7 + (2)^6 + (2)^5 + (2)^4 + (2)^3]$$
$$1 \times (2)^{10}$$

此 1028 數字是先加上小於此數字之 2 的最高乘冪之值，然後再加上 2 的其他乘冪之值，直至得到此數字爲止。

在純二字碼系統中，使用沖孔帶或磁性帶，二者皆用 2 之乘冪爲之。無孔或無充磁之處表示各該 2 之乘冪爲零，或根本未曾使用。圖 19-10 各孔所表示者：乙孔道之數爲 3，Y 爲 9，X 爲 1028，此系統

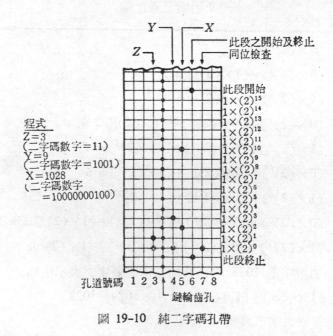

圖 19-10 純二字碼孔帶

中之各數字，記錄於縱的孔道中，並不是沖在橫的行列中。但每一橫中之孔數為偶數者，同樣也需要在同位檢查之#7孔道上加沖一孔。

圖 19-11 為一小段孔帶中同時給予若干個伺服單位以命令之純二字碼孔帶的沖孔形式。

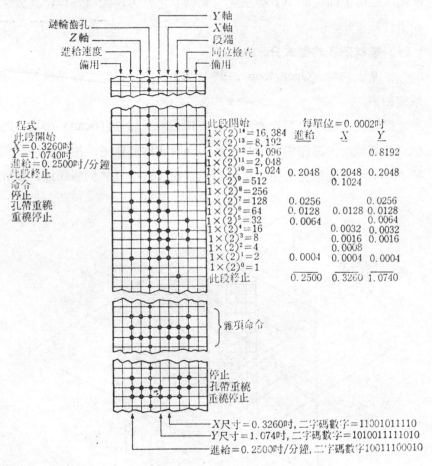

圖 19-11 純二字碼孔帶例

19-4 數字控制的方法及機能

19-4-1 數字控制之方法

此法係以儲存於帶 (Tape) 或打卡上之數字資料,來控制機器之運行操作,如控制傳動軸,導螺桿的速度及進刀等。一般可作一個,兩個,三個平面 (卽 XYZ 三度空間軸) 之進刀,圖 19-12,其分類如下:

(1) 控制系統的型式分

①開式廻路 (Open loop),圖 19-13 為開式廻路二軸系統其工作原理如下:

將打孔卡或打卡帶送入讀帶器 (Reader) 掃描 (Scan) 細讀,將個別的訊號送入譯印機 (Interpretation) 或控制單元,按指示開動伺服 (Servo) 控制單元或速度控制單元。而 X 伺服及 Y 伺服馬達,按孔

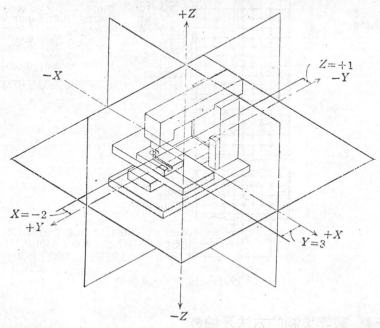

圖 19-12 銑床之 X, Y 及 Z 軸

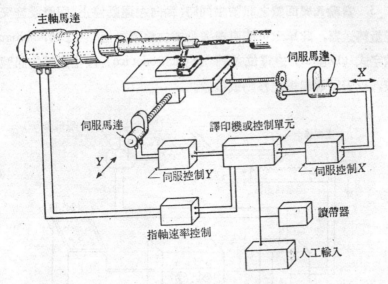

主軸馬達

伺服馬達

X

伺服馬達

譯印機或控制單元

Y

伺服控制Y

伺服控制X

指軸速率控制

讀帶器

人工輸入

圖 19-13　兩軸開式廻路數字控制系統

帶上之指令而移動工作臺。開式廻路系統與飛彈相似一經發射後無方向控制，此控制系統單元自讀帶器遞出移動方向及大小之工作指令，但不能接受移動實施情形的報告，此種簡單控制，適於精度不高之工作。

　　②閉合廻路（Closed loop）圖 19-14 爲單軸控制的閉合廻路系統其工作原理如下：

　　將打孔帶或卡，送入讀帶器掃描而發出工作命令，經分類反應到控制單元，使伺服馬達依孔帶上之指示量移動工作臺，並由能量轉送器（Transducer）發出訊號回饋（Feed back）至控制單元，精確指示工作臺之移動量，控制單元分析此反饋訊號而做下列一種或多種措施：

　　1. 記錄命令之準確性。

　　2. 對誤差作自動補償。

3. 當輸入與回饋之訊號相同時,軸向之運動停止,回饋設施又名為能量轉送器, 此單元可使直線運動或旋轉運動用類比式(Analogue)或數字式 (Digital) 之電位差計 (Synchrodevice) 產生連續的訊號或脈波, 以表示導螺桿之移動或位置。

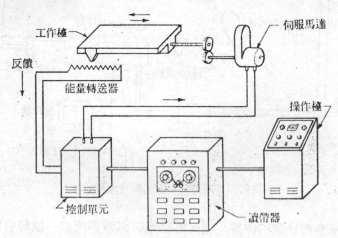

圖 19-14 單軸閉合廻路數字控制系統

19-4-2 數字控制之機能

數字控制的機能如圖 19-15 和圖 19-16 所示。

圖 19-15

M 機 能	進 給 速 度
M 1 主軸正轉	F0 快速進給
M 2 主軸逆轉	F1 M15＋F1 定 心
M 3 主軸停止	F2 M15＋F2 150 D5, D6.7, D8.5
M 4 潤 滑 油	F3 M15＋F3 100 D10.2, D12, D14
M 6 吹出 (T6)	F4 M16＋F1 預 備
M 7 暫 停	F5 M16＋F2 175 T12
M10 工作臺前進	F6 M16＋F3 200 T14, T16
M11 工作臺後退	F7 M17＋F1 187.5 T8
M12 工作臺分度	F8 M17＋F2 220 T6
M13 工作臺一時停止	F9 M17＋F3 225 T10
M14 主軸空氣清掃	
M15 進給用 (F1, F2, F3)	
M16 ｜ (F4, F5, F6)	
M17 ｜ (F7, F8, F9)	
M21 工具表示燈 750RPM D5	
M22 ｜ 500 D6.7	
M23 ｜ 500 D8.5	
M24 ｜ 330 D10.2	
M25 ｜ 330 D12	
M26 ｜ 220 D14	
M27 ｜ 220 T6	
M28 ｜ 150 T8	
M29 ｜ 150 T10	
M30 ｜ 100 T12	
M31 ｜ 100 T14	
M32 ｜ 100 T16	圖 19-16

19-5 數字控制在工作上的應用

幾乎所有 NC 車床均用字語位置格式做成程序，一篇資料方塊含有下列之文字。

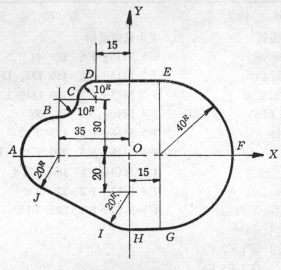

圖 19-17

位　置	字　語	數　字
N	順序數字	3
G	準備機能	2
X	橫向尺寸	5 或 6
Z	縱向尺寸	5 或 6
I	偏置在X之圓弧中心	5 或 6
K	偏置在Z之圓弧中心	5 或 6
F	進給率	3 或 4
S	主軸轉數	3
T	刀具數目	2
M	雜項功用	2

19-5-1　在 NC 車床上的加工工作

一、外徑車削，圖 19-18，圖 19-19

圖 19-19 之功用解釋:

方格 001

　由製作程式有兩秒鐘之停滯 (G04×02) 旋轉四方刀座進入切削位置，主軸開始運轉。

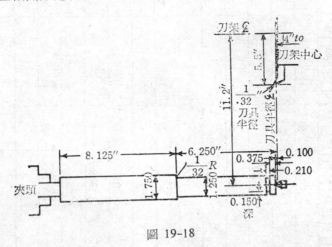

圖 19-18

方格 002

　預備機能 G01 刀具迅速作橫向進刀至所需工作物之切削位置，其進行為負 X 方向，圖 19-20，其進量為:

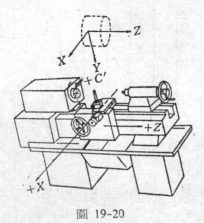

圖 19-20

順序數字	預備功用	增量 距離		至圓弧中心距離		進給功用	心軸速度	刀具號數	雜項功用	操作、刀夾、及刀夾位置
		橫向	縱向	平行於X	平行於Y					
N	G	X±	Z±	i	k	F	S	T	M	
001	04	02					57	11	03	分度工具，心軸CW
002	01	−05044	−06319			39651			08	迅速移至工作物
003		0025				02057				車至1¼直徑
004						400	54			面車肩
005		03	−08256			01211				車至1¾直徑
006		02	1389			14075				退回直徑
007	04						39			變速
008	01	−03181				5		34		迅速移至工作物
009		−0025				064				槽
010		05225	00685			38469			09	在X退回
011						5	57	11		在Z定位
012	04	02								變速
013									05	
014									02	

圖 19-19

11.2－5.5－0.625－0.031＝5.040

符號 X－05044

式中 11.2 為自四方刀座中心至工作物中心線距離。

5.5 為四方刀座中心至刀具尖端之橫向距離。

0.625 為精加工軸之半徑

0.031 為刀尖圓角

方格 003

刀具橫向進刀 G01量仍保持，刀具開始在負 Z 方向（縱向進刀）移動距離為 6.250＋0.100－0.031＝6.319

方格 004

車削肩至 0.250″ 正 X 方向（即退刀 0.25″）

方格 005

作負乙之移動距離（縱向進刀）為8.120＋0.031＋0.100＝8.251

0.100″ 係刀具切削之前進裕量。

方格 006

刀具退後正 X 為 3″，並向正 Z 方向移動使定位值進切刀面對於槽，而未切削，Z 方向之移動距離為：

0.100＋8.125＋6.250－0.210－0.375＝13.890″

方格 007

停滯 2 秒鐘，以便更換刀具及變換主軸轉數。

方格 008

刀具叉口此時已垂直定位於欲切槽之位置，距心軸 3.906″ 之距離，刀具迅速前進至工作物表面以上0.100吋，亦即自主軸之軸0.275吋之距離。

方格 009

此為直進切削，切削深度為負 X 移動距離為 0.250″

刀具將退回至車床程序開始之 X 位置，其移動距離為 5.225″

方格 011

刀座於正 Z 方向升移至其開始位置（即程序開始之處）。

方格 012

旋轉刀座，準備下一零件之加工。

方格 013

心軸離開，卸下工件。

二、螺絲切削

若 $\frac{5}{16}-18UNC\times2.6″$ 之螺絲其字語為:

Z : 代表螺紋長度

K : 代表螺紋導程（單紋時，導程等於節徑）

（雙紋時，導程等於二倍節徑）

假設五位設字具有四位小數則其程式應為:

$$Z\,26000 \quad K\,00556 \; (\frac{1″}{18}=0.0556″)$$

X : 代表螺紋之切削深度，

$$X00360 \; (螺紋深度=0.6495\times\frac{1}{18}=0.0360″)$$

而切削螺紋要分數次切削才能完成，故製作程式時亦要做成數次切削方能得到較好之效果。

19-5-2 在 NC 鑽床上的加工工作

一、四角刀座加工

加工品為車床的四角刀座，如圖 19-21 所示，在安裝具上安裝 6

個而加工，安裝具由安裝具上，基準突面，基準銷及原點用銷組成，原點到各基準突面（加工品的基準）的隔距一定，容易作成定位程序表。

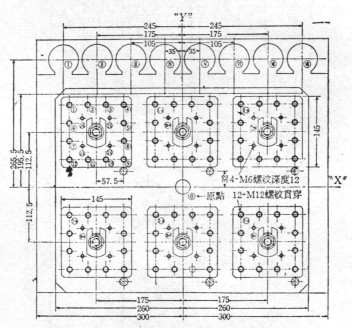

圖 19-21　加工例（其1）安裝圖

二、齒輪箱蓋加工

　　加工品為齒輪箱蓋，安裝是用圖 6-9 的標準形基準塊和加工品下的安裝塊，安裝如圖 19-22 所示，加工處有 20 處 *M*6 螺紋深度 12mm，2 處 *M*10 螺紋貫穿，5 處 11.5φ 鑽穿，2 處 12φ *H*7 紋孔深度 12mm，計 29 處，圖 19-23，圖 19-24 為其作業指導書，圖 19-25 為程序表一部份。

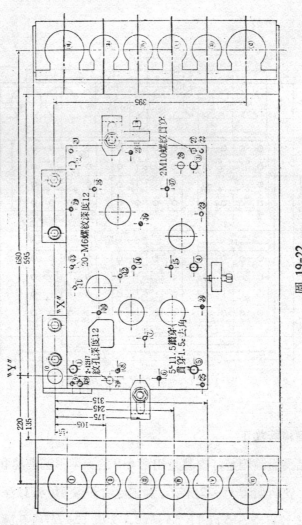

圖 19-22

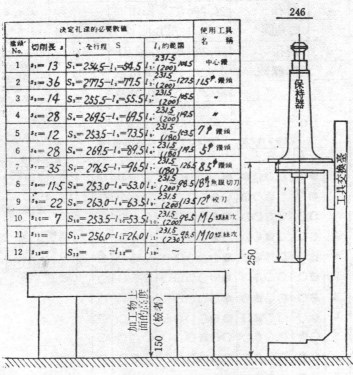

NC 900A 作業指導書		No. *200-1*
品　　名	裙板前蓋	同時加工加數　*1*
圖　　號	*A203-*	使用安裝具No.　*2*
機名 *A25L*	材質 *FC25*	切削液　*不要*
紙帶No.	*320*	日　　期　*'68.9-10*
程字表No.	*200*	作　　成　*池貝*

頭的位置
246

246

編號 No.	切削長 s	全行程 S	l_i 的範圍	使用工具 名稱
1	$s_1=13$	$S_1=254.5-l_1=54.5$	$l_1=\dfrac{231.5}{(200)}\sim104.5$	中心鑽
2	$s_2=36$	$S_2=277.5-l_2=77.5$	$l_2=\dfrac{231.5}{(200)}\sim127.5$	15° 鑽頭
3	$s_3=14$	$S_3=255.5-l_3=55.5$	$l_3=\dfrac{231.5}{(200)}\sim105.5$	〃
4	$s_4=28$	$S_4=269.5-l_4=69.5$	$l_4=\dfrac{231.5}{(200)}\sim119.5$	〃
5	$s_5=12$	$S_5=253.5-l_5=73.5$	$l_5=\dfrac{231.5}{(180)}\sim69.5$	7° 鑽頭
6	$s_6=28$	$S_6=269.5-l_6=89.5$	$l_6=\dfrac{231.5}{(180)}\sim119.5$	5° 鑽頭
7	$s_7=35$	$S_7=276.5-l_7=96.5$	$l_7=\dfrac{231.5}{(180)}\sim126.5$	8.5° 鑽頭
8	$s_8=11.5$	$S_8=253.0-l_8=53.0$	$l_8=\dfrac{231.5}{(200)}\sim98.5$	8° 魚眼切刀
9	$s_9=22$	$S_9=263.0-l_9=63.5$	$l_9=\dfrac{231.5}{(200)}\sim135$	12° 攻刀
10	$s_{10}=7$	$S_{10}=253.5-l_{10}=53.5$	$l_{10}=\dfrac{231.5}{(200)}\sim98.5$	M6 螺絲攻
11	$s_{11}=$	$S_{11}=256.0-l_{11}=26.0$	$l_{11}=\dfrac{231.5}{(230)}\sim98.5$	M10 螺絲攻
12	$s_{12}=$	$S_{12}=\quad-l_{12}=$	$l_{12}=\quad\sim$	

決定孔深的必要數值

保持器

工具交換點

250
150
加工物上面的高度 (檢查)

圖 19-23 環　規

工程 No.	作業內容	孔 No.	使用工具	主軸旋轉速度	主軸進給速度
	作業指導書				No. 200-2
I	中心鑽孔	1~29	中心鑽頭	1,600 rpm	0.1 mm/rev
II	鑽孔	1~5	11.5φ 鑽頭	500 "	0.15 "
III	鑽孔	26,27	"	" "	" "
IV	鑽孔	28,29	"	" "	" "
V	鑽孔	6~25	7φ 鑽頭	900 "	0.1 "
VI	鑽孔	6~25	5φ 鑽頭	" "	" "
VII	鑽孔	26,27	8.5φ 鑽頭	" "	" "
VIII	切魚眼	1~5	18φ 魚眼切刀	" "	" "
IX	絞孔	28,29	12φ H$_7$ 絞刀	250 "	0.3 "
X	攻螺紋	6~25	M6 螺絲攻	" "	限時器時間 2.9 sec
XI	"	26,27	M10 螺絲攻	" "	限時器時間 5.5 sec
XII					

下部圖表欄位：工程 | 主軸旋轉速度（H L）| 1 2 3 4 | 主軸進給速度 1 2 3 4 5 6 | 攻螺紋循環 I II III | 停止

I, II, III, IV, V, VI, VII, VIII, IX, X, XI, XII

主軸旋轉速度

50/2	1	2	3	4
H	290	520	900	1600
L	84	145	250	450

主軸進給速度

1	2	3	4	5	6
0.1	0.15	0.2	0.3	0.75 / 1.25	1.5 / 2.5

圖 **19-24** 螺紋規

NC 500A 900A 數值控制直立鑽床程序表									表號 No. 5183-1

品名	裙板前蓋			作 成			紙帶作皮		
機種名 A25L	圖號 A203-5183			日期 '67 4-25	姓名 惣具		日期	姓名	

工具 No.	作業内容	工具	轉數	高低變換	進給	孔 No.	X	Y	備考
I	中心鑽孔	中心鑽	1600	H	0.1	9	X- 1500	Y- 35000 CR	I工程
"	"	"	"	"	"	1	X 1500	Y- 3700 CR	
"	"	"	"	"	"	26	X 1500	Y-30200 CR	
"	"	"	"	"	"	29	X- 700	Y-11200 CR	
"	"	"	"	"	"	8	X 1283	Y-11508 CR	
"	"	"	"	"	"	6	X 86	Y-16207 CR	
"	"	"	"	"	"	28	X 43500	Y-26200 CR	
"							X-13500	Y- 2500 CR	
"							X-22000	Y- 2500 CR	工具卸下
II							X-22000	Y-10500 CR	工具夾持
"							X-13500	Y-10500 CR	II工程
"	鑽孔	11.5φ 鑽頭	520	H	0.15	1	X 1500	Y- 3700 CR	
"							X-13500	Y-10500 CR	III工程
"	鑽孔	"	"	"	"	26	X 1500	Y- 5000 CR	
"						27	X 46500	Y-28700 CR	
"							X-13500	Y-10500 CR	IV工程
"	鑽孔	"	"	"	"	28	X 43500	Y-26200 CR	
"						29	X- 700	Y-11200 CR	
"							X-13500	Y-10500 CR	
"							X-22000	Y-10500 CR	工具卸下
III							X-22000	Y-17500 CR	工具夾持
"							X-13500	Y-17500 CR	V工程
"	鑽孔	7φ 鑽頭	900	"	0.1	6	X 86	Y-16207 CR	
"	"					7	X 7993	Y-13222 CR	

圖 19-25

19-5-3 在 NC 銑床上的加工工作

一、試片加工

已有物品圖（圖 19-26）並決定要用的機械後，逐步決定機械的關係尺寸，加工物的鎖緊法、工具尺寸、加工條件，從加工物的大小決定作業原點，步入程式設計。

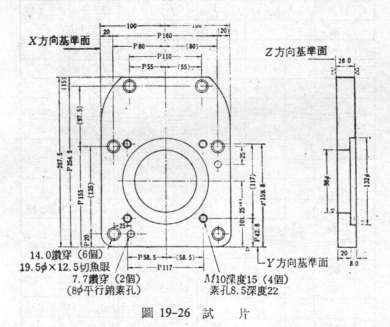

圖 19-26 試　片

98ϕ 孔爲重要的孔時，在第 2 工程進行的細加工應考慮加工應變，這不是 *NC* 本身問題，而是在普通加工中能有良好結果的加工技術也應活用於 *NC*。

工具尺寸，加工條件，機械關係尺寸，程式原點如圖 19-27 所示，工具 No. 1 的工程是依圖 19-28 而決定行程 230mm，此 230mm 中若如圖所示分攤切削長度 32mm，則應接近的距離爲 95mm，因而 *Z* 軸行程的 block 可決定如下，若整備工作符號表，則可順利推進這些計劃。

No.	切削工具	工具長 （起自量規線 mm）	主軸旋 轉數	進　　　給		切削長度 （mm）	摘要
				（mm/ min）	F		
1	97.5φ/13.15φ 搪孔		189	40	F 1	32	
2	98φ/132φ 搪孔		234	30	F 1	32	
3	4φ 中心工具		1000	70	F 2	10	
4	7.7φ 鑽頭		825	120	F 3	32	
5	8.5φ 鑽頭		825	150	F 3	32	
6	14.0φ/19.5φ 分級鑽頭		315	100	F 3	35	
7	M10−1.5螺紋		189	290	F 4	32	

原點關係的尺寸圖

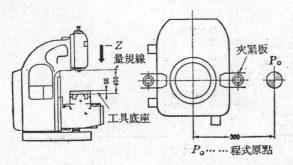

圖 **19-27**　工具尺寸加工條件

N001	F0		X-30000	⎫
N002		M03	Z-19500	No.1 切削工具加工完了
N003	F1		Z-3200	
N004	F0		Z22700	⎭
N005		M05	X30000	] 主軸停止回到原點，工具交換
N006			X-3000	⎫
N007		M03	Z-19500	No.2 工具細加工
N008	F1		Z-3200	⎭
N009		G04	X250	] 暫停而將底流溶
N010	F0	M05	Z22700	] 主軸停止，回到原點
N011	F0		X30000	
N012				] 工具交換
N013			X-22000	⎫
N014			Y2875	
N015		M03	Z-23400	
N016	F2		Z-1000	
N017	F0		Z1000	No.3 工具定心
N018			Y2500	
N019	F2		Z-1000	
N020	F2		Z1000	⎭
				] No.4 工具加工
		≀		] No.5 工具加工
				] No.6 工具加工
N091	F0		X-24150	
N092			Y5850	
N093		M03	Z-19500	正轉接近
N094	F4		Z-1700	攻螺紋，進給量配合導程
N095		M05		加工終了主軸停止
N096		M04		
N097	F5		Z1700	主軸逆轉
N098	F0	M05	X-11700	攻螺紋退回
N099		M03		主軸停止，往次一位置
N100	F4		Z-1700	主軸正轉
N101		M05		主軸停止
N102		M04		攻螺紋
N103			Z1700	主軸停止
N104	F0	M05	Y-11700	主軸逆轉
N105		M03		
N106	F4		Z-1700	
N107		M05		
N108		M04		
N109			Z1700	
N110	F0	M05	X11700	
N111		M03		
N112	F4		Z-1700	
N113		M05		
N114		M04		
N115			Z1700	
N116	F0	M05	Z19500	
N117			X241500	
N118			Y5850	

圖 19-30　程序表

工具 No. 2 的行程也同樣。

工具 No. 3 的. 4φ 中心工具的行程可由圖 19-29 決定如下:

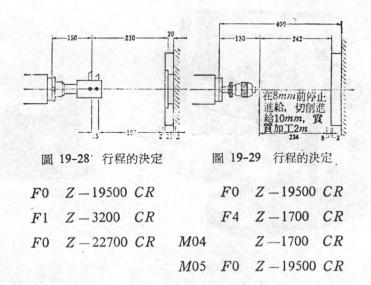

圖 19-28′ 行程的決定　　　　圖 19-29　行程的決定.

F0	Z −19500 CR		F0	Z −19500 CR
F1	Z −3200 CR		F4	Z −1700 CR
F0	Z −22700 CR	M04		Z −1700 CR
		M05	F0	Z −19500 CR

綜合以上而作成圖 19-30 所示的程序表。

二、縫紉機背加工

在此所示者是分度工作臺安裝於 *2MD−PII* 形銑床（圖19-31），對縫紉機臂（圖19-32）加工22處（圖19-33），所用工具（圖19-34）為43φ 超硬端銑刀（16處），14.3φ *SKH* 端銑刀（6處），加工時間的比較如圖 19-35 所示。

使用的分度工作臺是用冠齒輪分度，藉圓盤組選定分度數，在此例中進行 4 等分，90°分度。

首先對圖 19-33 的 A 面而主軸起動，從①加工到 ⑤，90°分度而在 B 面進行⑥加工，90°分度，在 C 面從 ⑦加工到 ⑬，90°分度，在 D 面進行⑭ ⑮加工，主軸停止，工作臺 90°分度，工具交換而再度起動，在 A 面進行⑯ ⑰加工，90°分度，B 面進行⑱加工而分度，在 C

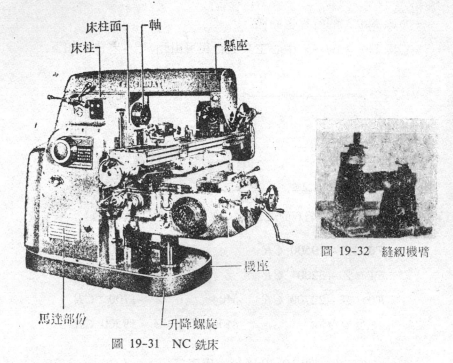

圖 19-31 NC 銑床

圖 19-32 縫紉機臂

面從⑲加工到㉒，最後㉒進行細削，接着主軸停止，工作臺分度繼續分度 2 次，露出 *A* 面，進行工具表示 No. 1，程式終了，全程式由 137 block 形成。

工作物素材為 *FC*15，傳統的工程，切削條件與 *NC* 機的比較如圖 19-36 所示，圖 19-37 抄錄部份程序表。

19-5-4　在 NC 立式搪床上的加工工作

一、有槽凸輪（依據直角座標指示）

切削圖 19-38 所示，有槽凸輪時，因已表示出刀具中心的路徑，宛如以鴨嘴筆描圖的場合，刀具不必偏位，程式設計較簡易，圖19-39 例示刀具路徑由圓弧構成的樣子，圖中黑圓為圓弧的移動點（2 圓的切點），圖中白圓為象限的轉變點。

（2MD－PⅡ形，日立精機）

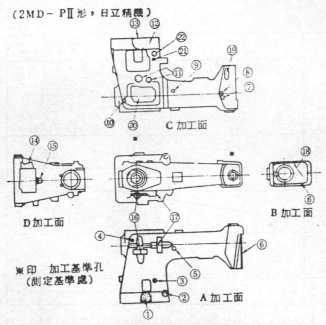

※印　加工基準孔
（測定基準處）

圖 19-33　加工處說明圖

圖 19-34　使用的工具

	傳統加工	2MD 加工	差
整　備　時　間	22.0 分	1.1 分	20.9 分
加　工　時　間	54.9 分	20.0 分	34.9 分
整　備　次　數	22 次	1 次	21 次

圖 19-35　加工時間的比較

No.	加工面	従来工程 工具名稱	工具尺寸(φ)	刃數	旋轉數(rpm)	切削速度(m/min)	進給速度(mm/min)	進刀深度	NC 工具名稱	工具尺寸(φ)	刃數	旋轉數	切削速度	進給速度	進給表示
1	A	粗銑刀	35.0	8	515	56.0	215	2							
2	A	"	"	"	"	"	"	"							
3	A	"	"	"	"	"	"	"							
4	A	"	"	"	"	"	"	"							
5	B	超硬高速巴易	152.0	12	266	130.0	230	3	超硬 端銑刀	43.0	8	470	63.5	190.0	F4
6	C	超硬 端銑刀	35.0	8	515	56.5	140	2							
7	C	"	"	"	"	"	215	"							
8	C	"	"	"	"	"	"	"							
9	C	"	"	"	"	"	"	"							
10	C	超硬 端銑刀	32.0	8	650	65.3	170	2							
11	C	"	"	"	"	"	"	"							
12	C	SKH 端銑刀	20.0	8	600	37.7	170	3							
13	D	SKH 端銑刀	36.0	8	300	34.0	215	4							
14	D	超硬 端銑刀	35.0	8	603	66.2	215	4							
15	A	ASKH 安络	48.0	12	199	30.0	260	4							
16	B	SKH 端銑刀	14.3	8	266	12.0	120	3							
17	C	"	14.3	4	515	23.0	140	3	SKH 端銑刀					120.0	F4
18	C	SKH	14.3	8	603	27.0	120	3		14.3	4	580	26.4	70.0	F3
19	C	SKH	10.0	4	400	12.5	140	4						70.0	F3
20	C	切角眼端銑刀	14.0	4	175	7.7	—	2						120.0	F4
21	C	超硬 端銑刀	32.0	8	650	65.3	170	2						30.0	F2
22	C							2						30.0	F2

圖 19-36 切削條件的比較

順　序 No.	F	G	XYZ	CR	備　　考
NN 001	F 0		X− 40473	CR	A面
NN 002			Y− 15000	CR	
NN 003			Z− 10000	CR	
N 004			M3	CR	主軸起動
N 005	F 5		X　　8500	CR	①切削
N 006	F 0		X　　4570	CR	
N 007	F 5		Z−　　953	CR	
N 008			X−　4570	CR	②切削
N 009			Z　　879	CR	
〳					
N 023	(F0)		X− 28856	CR	
N 024			M 71	CR	.90°分度
N 025			X　23400	CR	（B面）
N 026	F 5		X　10500	CR	
N 027			Y−　8300	CR	⑥切削
N 028			X−　7550	CR	
N 029			Y　　7800	CR	
N 030	F 0		X− 26350	CR	
N 031			M 71	CR	90°分度
〳					（D面）
N 067	(F0)		Y　　3212	CR	
N 068	F 5		X　　5980	CR	⑮切削
N 069	F 0		X　22110	CR	
N 070			M 5	CR	主軸停止
N 071			M 71	CR	90°分度
N 072			M 32	CR	工具表示 No.2
N 073	F 0		X− 38749	CR	（A面）
〳					
N 131			M 5	CR	主軸停止
N 132	(F0)		X　19626	CR	
N 133			Y　11500	CR	
N 134			M 71	CR	90°分度
N 135			M 71	CR	（D面）90°分度
N 136			M 31	CR	工具表示 No.1
N 137				ER	（A面）

圖 19-37　程序表的一部份

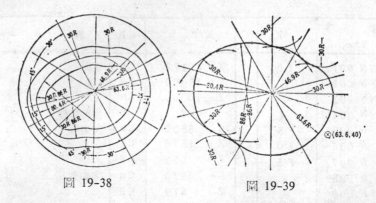

圖 19-38　　　　　　　　圖 19-39

以手計算程式時，須算出上示黑圖，白圓的座標，解下式而得 2 圓的交點或切點。

$$(x-a_1)^2+(y-b_1)^2=r_1{}^2$$

$$(x-a_2)^2+(y-b_2)^2=r_2{}^2$$

若是利用自動程式設計，設各中心點為 $p_1(a_1, b_1)$，$p_2(a_2, b_2)$，2圓為 $C_1=\dfrac{p_1}{r_1}$　$C_2=\dfrac{p_2}{r_2}$ 交點 $p_3=C_1/C_2$，則由電子計算機進行實際的計算，很省事。

圖 19-40 示其程式。

No	U	V	X	Y	F	P	K	W	A.S CM	CR ER
N001			X63600		F0	P1			S1	CR
N002				Y195000		P3			S4	CR
N003				Y 15000	F1				S4	CR
N004	U30000		X 88.15	Y 28675		P1		W1	A1	CR
N005	U 8815	V28675	X19935	Y 22370					C3	CR
N006	U31245	V34980	X 8120	Y 46190					A1	CR
N007	U 5195	V29550	X 8710	Y 28710					C3	CR
N008	U24965	V82295		Y 86000					A1	CR
N009		V86000	X43495	Y 74190					A2	CR
N010	U15170	V25880	X28975	Y 7765					A2	CR
N011	U77660	V20810	X80400						A2	CR
N012	U80400		X77660	Y 20810					A3	CR
N013	U28975	V 7765	X16170	Y 25880					A3	CR
N014	U43495	V74190	X26205	Y 81910					A3	CR
N015	U 9140	V28575	X17855	Y 24110					C1	CR
N016	U37850	V51110		Y 63600					A3	CR
N017		V63600	X63600						A4	CR
N018			X63600	Y210000	F0	P3			S2	CR
N019			X63600			P1			S3	CR
N020										ER

圖 19-40 程　序

二、凸輪外形的切削（圖 19-39）

此例不表示刀具中心的路徑，而是表示欲切削的加工物外形，故需刀具偏位，爲了練習起見，權且從 X 點出發，回到座標原點，試作程式（圖 19-41）。

No	U	V	X		Y	F	P	K	W	A.S CM	CR ER
N001			X	1		F0	P1	K1		S1	CR
N002					Y220000					S4	CR
N003					Y 40030	F1	P1			S2	CR
N004	U30000		X 8815		Y 28675				W1	A1	CR
N005	U 8815	V28675	X19985		Y 22370					C3	CR
N006	U31245	V34980	X 8120		Y .46190					A1	CR
N007	U 5195	V29550	X 8710		Y 28710					C3	CR
N008	U24965	V82295			Y 86000					A1	CR
N009		V86000	X43495		Y 74190					A2	CR
N010	U15170	V25880	X28975		Y 7765					A2	CR
N011	U77660	V20810	X80400							A2	CR
N012	U80400		X77660		Y 20810					A3	CR
N013	U28975	V 7765	X15170		Y 25880					A3	CR
N014	U43495	V74190	X26205		Y 81913					A3	CR
N015	U 9140	V28575	X17855		Y 24110					C1	CR
N016	U37850	V51110			Y 63600					A3	CR
N017		V63600	X63600							A4	CR
N018		V63600	X63600		Y220000	F0	P3			S2	CR
N019			X63600				P1	K2		S3	CR
N020											ER

圖 19-41 程 序

比起前例，從 No04 到 No18 的刀具實際動路（刀具路徑）不同，但指令相同，在 No19 的數值雖相同，此例的刀具則因（K2 W1）而多移動半徑量。

三、有槽凸輪（極座標）（圖 19-43, 圖 19-44）

此例如圖 19-42 所示，刀具中心路徑的數據由極座標表示，圖 19-44所示第 2 象限的數據屬於齒輪表示的凸輪，此例在 $\theta=90\sim180°$ 的範圍，每隔 $5°$，從 $r_0=36.00$ 到 $r_{1s}=73.00$。

從所給的 θ 和 r，求出對應的 $\triangle\theta$, $\triangle r$，作成增量式數據，利用極座標的長處，用圓工作臺練習程式設計。

用圓工作臺（C 軸）和心軸頭的左右運動（Y 軸）加工，當然，進刀深度得自凸輪進給（Z 軸），各作業平面是 p_1 爲 CY 平面，p_2 爲 YZ 平面，p_3 爲 CZ 平面。

θ	r		Δθ	Δr
90°	r_0	36.00		
			5	0
95	r_1	36.00		
			5	1.63
100	r_2	37.00		
			5	1.70
105	r_3	39.00		
			5	1.77
110	r_4	41.10		
			5	1.85
115	r_5	42.96		
			5	1.94
120	r_6	44.90		
			5	2.03
125	r_7	46.93		
			5	2.12
130	r_8	49.05		
			5	2.21
135	r_9	51.26		
			5	2.32
140	r_{10}	53.58		
			5	2.42
145	r_{11}	56.00		
			5	2.53
150	r_{12}	58.53		
			5	2.64
155	r_{13}	61.17		
			5	2.77
160	r_{14}	63.94		
			5	2.89
165	r_{15}	66.93		
			5	3.01
170	r_{16}	69.84		
			5	3.16
175	r_{17}	73.00		
			5	0
180	r_{18}	73.00		

圖 19-43　有槽凸輪

圖 19-42

　　首先在 (r_0, 90°) 對刀具賦予進刀深度，然後沿、(r_1, 95°) (r_2, 100°),……(r_{1s}, 180°)的軌跡前進，各點間設 r 與 $θ$ 為直線關係，將圖 19-42 所作成的 $\triangle θ$, $\triangle r$ 賦予 C 軸，Y 軸而作成程式。

　　程式只表示1/4旋轉，假使裝置中有X軸對稱，0點對稱，Y軸對稱的模式，則可用1/4的程式進行全加工。

　　用圓工作臺時的程式很簡單，但對切削條件稍有問題，亦卽進給速度在此例中，大有變化，大徑部的進給速度爲小徑部的值的2倍以上。

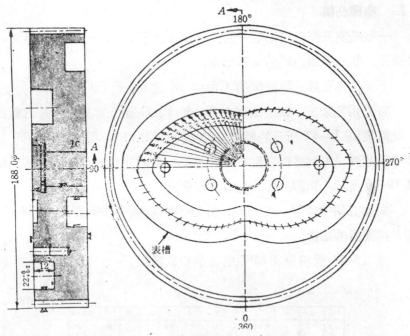

図19-44　有槽凸輪

表	槽		裏	槽		表	槽		裏	槽	
r	尺寸	導程	r	尺寸	導程	r	尺寸	導程	r	尺寸	導程
r_0	36.00		r_{19}	73.00		r_{10}	53.58		r_{29}	40.84	
r_1	36.00	0	r_{20}	73.00	0	r_{11}	56.00	174.31	r_{30}	38.29	183.75
r_2	37.00	117.07	r_{21}	68.44	328.39	r_{12}	58.53	182.16	r_{31}	35.90	172.30
r_3	39.33	122.40	r_{22}	64.16	307.87	r_{13}	61.17	190.37	r_{32}	33.66	161.50
r_4	41.10	127.94	r_{23}	60.15	288.65	r_{14}	63.94	199.01	r_{33}	31.55	151.42
r_5	42.96	133.70	r_{24}	56.39	270.65	r_{15}	66.83	207.94	r_{34}	29.58	142.00
r_6	44.90	139.75	r_{25}	52.87	253.89	r_{16}	69.84	217.37	r_{35}	27.73	133.06
r_7	46.93	146.02	r_{26}	49.57	237.90	r_{17}	73.00	227.16	r_{36}	26.00	124.78
r_8	49.05	152.64	r_{27}	46.47	223.00	r_{18}	73.00	0	r_{37}	26.00	0
r_9	51.26	159.55	r_{28}	43.57	209.09						
		166.75			196.00						

註: (1)各部的導程每隔5°，以銑刀中心軌跡表示。

(2)對於表槽，每90°共4處都為相同的曲線。

四、有槽凸輪

一般是有三點卽可確定一圓，依序求出隣接 3 點的圓弧，連接這些圓弧，卽成圓弧連成的有槽凸輪。

下面爲自動程式設計使用 Curve fit 之例。

首先用參數 J，藉讀值命令 Read, Pj, D 讀入記錄於卡片的數據（此時爲表 19-42 所示的數據），接着以 CRVFT, SIO/E(J), 80 的命令從起點 10 到終點自動口圓弧連結，如此求得的刀具中心路徑如圖 19-46 所示，實際的程式約有 6 倍長度。

對同區間的切削，圖 19-45 用 18 block，圖 19-46 則用 35 block，都可得圓滑的曲線。

圖 19-47 說明用 FAPT 的自動程式設計。

No	U	V	X	Y	F	P	K	W	A.S. CM	CR ER
1			X 3 6 0 0		F 0	P 2		.	S 1	CR
2				Y 5 0 0 0	F 1				S 4	CR
3			X 5 0 0			P 1			S 1	CR
4			X 5 0 0	Y 1 6 3					S 1	CR
5			X 5 0 0	Y 1 7 0					S 1	CR
6			X 5 0 0	Y 1 7 7					S 1	CR
7			X 5 0 0	Y 1 8 6					S 1	CR
8			X 5 0 0	Y 1 9 4					S 1	CR
9			X 5 0 0	Y 2 0 3					S 1	CR
10			X 5 0 0	Y 2 1 2					S 1	CR
11			X 5 0 0	Y 2 2 1					S 1	CR
12			X 5 0 0	Y 2 3 2					S 1	CR
13			X 5 0 0	Y 2 4 2					S 1	CR
14			X 5 0 0	Y 2 5 3					S 1	CR
15			X 5 0 0	Y 2 6 4					S 1	CR
16			X 5 0 0	Y 2 7 7					S 1	CR
17			X 5 0 0	Y 2 8 9					S 1	CR
18			X 5 0 0	Y 3 0 1					S 1	CR
19			X 5 0 0	Y 3 1 6					S 1	CR
20			X 5 0 0						S 1	CR

圖 19-45　程序表

P1 = 0/0 S1 = P1/0 , D S2 = P1/9000 , D C1 = P1/7300 C2 = P1/3600 P2 = S1/C1 , R P3 = 99999/0 S10 = P3/9000 , D	定義點、直線、圓，點為 X，Y 座標，直線為應通過的點（P1）和與 X 軸夾角度（0°，90°）；圓為中心和半徑（73 mm），P2 為直線 S1 和圓弧 C1 交點的右側。
J = 9	使數據讀入電子計算機時所用的參數。
1 , J = J + 1 READ , P(J)，D J1，P(J)/S10 , L	在 1 與 J1 之間反覆，以所給的數據定義 P10，P11 ～ P28，當作數據讀入電子計算機。
N = J - 1 P400 = P(N)，E N = J - 2 P401 = P(N)，E N = J - 3 P402 = P(N)，E	準備依次序用隣接 3 點，因 J =28，故成 P400 = P 27，P401 = P 26，P402 = P 25。
S400 = P400/P401 , N S401 = P401/P402 , N P(J) = S400/S401 S450 = P10/P11 , N S451 = P11/P12 , N P9 = S450/S451	用此自動程式設計，CRVFT 乃以圓弧連結隣接 3 點的手法在此求得通過 3 點 P400，P401，P402 的圓弧的中心 P(J)（起初為 P28）和通過 3 點 P10，P11，P12 的圓弧中心 P9。
J=J - 1	準備以圓弧從點 P10 連接到 P27。
F 0 X Y P/P2	在 XY 平面，以快速進給從點 P1 到點 P2。
F 1 X Z , 0/ - 5000	在 XY 平面以切削進給，進刀 50 mm。
F 2 X Y P 2/C1/P10 , L	在 XY 平面以切削進給，從 P2 出發，沿圓弧 C1 左轉（L）到點 P10。
CRVET , S10/E(J), 80 P(J)/C2/P(K) , L	從點 10（P10）開始（S），終點（E）為點 J（P27）。省略 P(K) 關係的說明，數 K，L，M，沿凸輪槽全周完成切削。

...8242
U1208V3914X...613918A2
U1369V3949X1558Y3885A2
U314V3586Y3600A1
V3600X314Y3586A2
U1555V3878X1387Y3942A1
U1387V3942X1216Y3998A1
U1198V3939X1019Y3969A1
U1080V4228X894Y4271A1
U866V4136X679Y4171A1
U771V4734X570Y4762A1
U572V4781X367Y4801A1
U353V4751X158Y4762A1
U153V4648Y4651A1
V4651X54Y4651A2
U6..V5119X280Y5111A2
U573V5067X500Y5050A2
U653V5240X743Y5213A2
U734V5148X962Y5110A2
U1011V5373X1244Y5324A2
U1210V5174X1441Y5115A2
U1611V5721X1852Y5648A2
U1853V5652X2094Y5567A2
U2096V5572X233..Y5476A2
U2264V5358X_523Y5250A2
U2751V5726X2995Y5602A2
U2967V5549X3209Y5413A2
U3338V5631X3578Y5481A2
U3486V5339X3721Y5178A2
U4126V5741X4366Y5561A2
U4358V5552X4594Y5358A2
U4632V5402X4860Y5198A2
U4794V5127X5020Y4906A2
U5311V5191X5532Y4955A2
U5370V4809X5581Y4562A2
U6277V5131X6489Y4861A2
U6543V4902X6748Y4616A2
U6551V4481X6740Y4190A2
U7272V636X7300A2
U7300X7272Y636A3
U6790V4221X6599Y4514A3
U6599V4514X6396Y4798A3
U6... ...5X6392Y5226A7

圖 19-46　　　圖 19-47 利用 **FAPT** 的 **CRVFT** 的程式與其說明

複　習　題

1. 何謂數字控制機械？
2. 開口式與閉路式控制系統的主要區別在那點？
3. 點至點與連續式的命令控制方式各有何特點？
4. 試述二字碼十進位法命令信號之製作方法及其優點。
5. 試述純二字碼式命令信號之製作方法及其特點。
6. 試述採用數字控制機器之優點與缺點。

第二十章　特殊加工

用碳化物或較硬不易加工金屬所製之機件，過去皆用鑽石輪磨加工，然因鑽石價昂而且輪磨費時，故至今已經研究改進而發展出若干經濟的特殊加工方法，大可類歸四種能量的應用：(1)機械的、(2)化學的、(3)電化的、(4)電熱的。上述四類可有各種若干加工方法，且各有其特點與用途。以下各節將逐步論述各種特殊加工方法。

20-1　金屬塗層法

一般金屬製品的表面都須作各種方式的表面處理，其主要目的乃在於增進產品的外觀以提高產品的品質，以促進產品的銷售量，增加產品的商業價值。表面處理對產品的作用有：抵抗磨損、防止電解分離、抵抗腐蝕。

為求使產品表面更耐磨、耐磨蝕，及美觀，常用金屬塗層法（Metal coating）。而所謂金屬塗層就是在金層表面加上一層一定厚度的某材料，或是將原材料的表面利用化學或電氣的方法處理成一種氧化層。金屬塗層的主要方法有三：

A. 電鍍 (Electroplating)

　　(1) 鍍鉻　　　　　　　(4) 鍍磷法(Parkerizing)

　　(2) 鍍錫　　　　　　　(5) 鍍鋁法（Calorizing)

　　(3) 鍍鋅　　　　　　　(6) 其他金屬電鍍

B. 陽極氧化法(Anodizing)

C. 表面硬化(Surface hardening)

(1) 熱處理

(2) 金屬噴焊

(3) 電鍍

(4) 熔接

在實施金屬塗層前，表面要先施以清潔處理，以增加塗層之附著力。清潔的方法視材料、尺寸、表面情況、及塗層金屬的種類而定，常用的有：噴砂、滾筒磨光、鹼性、酸性或有機物的洗滌，及電解清潔法。

20-1-1 電鍍(Electroplating)

電鍍是將工作物置於適當的電解液中，以欲鍍之純金屬為陽極，被鍍之工作物為陰極，通上 6～24 伏特之直流電，電解液中之金屬離子附積在工作物表面上，電解液中所失之金屬由陽極材料補充之。電鍍材料的性質及材料附積之速度視電流密度、電解液溫度、表面情況，及工作物材料之性質而異。

1. 鍍　鉻

鉻具有良好的硬度，耐磨性、抗蝕性皆佳，而且表面光滑。鍍鉻層約0.002吋。

鍍鉻法是以直流電通過電解槽中之陽極及陰極，並在電解液中加入適當的觸媒劑。電解液為飽和之鉻酸溶液，通電後鉻離子附積在陰極之工作物表面上，而陽極上之金屬鉻便繼續補充溶液中之鉻離子。

此法常用於須要耐磨、耐蝕，且外觀光亮平滑之產品電鍍，但電鍍速度緩慢，鉻成本高，故價錢稍貴。

2. 鍍　錫

錫可以電鍍法塗於熱鐵皮之表面，但厚度只有 0.00003 吋且易生小細孔，故若用以製罐頭用時須用快乾漆密封。鍍錫亦可用熱浸法，是將錫熔化爲液體，保持在 600°F 之溫度，將表面經清潔處理後之熟鐵皮浸入錫液槽中，取出後抖去多餘之錫液，在工件上可得0.0001吋厚的表面錫層。

3. 鍍　　鋅

鍍鋅多用於低碳鋼或熟鐵以防止空氣腐蝕。其法乃將鋅熔化於液槽內，維持在800°F 左右，將已做表面清潔之工作物浸入鋅液中，則工作物表面黏附一層鋅液，而多餘之鋅層可用滾子、攪拌器，或刷子等除去，卽得有適當硬度而表面美觀之鋅層。若於鋅液中加入少量的錫及鋁，則表面就更加明亮。

另外可將工件物放在含有高溫之鋅的微粒滾筒內滾動，而附上鋅層之滲鋅法，或用熔融之鋅噴佈法、電鍍法，皆可使工作物表面得到適當的鋅層。

4. 其他金屬的電鍍

鎳常用於鋼料或黃銅之防蝕作用及增加美觀。銅可用於鍍鎳前之底層電鍍，以增加鎳之黏結力並增進外觀。鉛主要是用於耐某種酸之電鍍用者，但很少使用它。銀則常用於非鐵金屬製作之餐具的電鍍。鋼或銅及其合金構件亦常鍍鎘，以減低對他種低電動勢金屬之電化腐蝕，增強耐蝕力。

5. 鍍磷法(**Parkerizing**)

此法又稱磷酸防蝕法，乃在鋼工件上鍍一磷化物薄層，作爲磁漆與噴漆之底層。施工方式是將鋼浸於 105°C 之磷酸二氫化錳之溶液中約15分鐘。另一發藍法(Bluing)是將鋼浸於330°C之熔融硝酸鉀約1～15分鐘。此外尚有多種塩類，可將欲予著色之黃銅或鋼浸入高溫之溶液中，但均爲有限度的應用，與不同程度的操作。

6. 鍍鋁法(**Calorizing**)

鍍鋁法又稱滲鋁防蝕法，其目的乃在於防止鋼受高溫作用時之氧化。此法是在高溫狀態下使鋁滲入於鋼之表面而形或氧化鋁保護層，使鋼料內部不會再行氧化。

20-1-2 陽極氧化法(Anodizing)

陽極氧化法乃為鋁及其合金之防蝕處理，使鋁或鋁合金之表面產生具有抗蝕性的氫氧化鋁薄膜。

陽極氧化處理之標準電解液為鉻酸水溶液，其純度至少為 99.5%，濃度可自 5～10% 不等。電解槽以鋼製成，並有散熱及冷卻用之蛇形管，及電解液攪拌設備，電源為 20～40 伏特可控制之直流機。為便於完成陽極氧化處理構件沖洗及乾燥，尚設有保溫 66～85°C 之熱水沖洗槽。

構件作陽極氧化處理前，須作表面清潔處理。電解液的溫度應保持在 32～37°C 之間，電壓逐漸增至 40V，直到工作完成為止。處理時間之長短，則視電解液內鉻酸含量而定，含 10% 鉻酸之電解液最低需 30 分鐘，如電解液較稀，則時間較長。

重鉻酸為一種鋁合金有效防腐之抑制劑。當施於氧化膜層上時，即被膜層吸收，而使其抗蝕力增強，故一般油箱均使用此法以增強其耐蝕性。其處理方法係將油箱置於 4% 重鉻酸鉀溶液內煮沸 30 分鐘。

陽極氧化層具多孔性，很美觀且有助於有機物及顏料之黏著，著色之鋁杯及水壺等即屬此例。

20-1-3 表面硬化法

表面硬化主要的目的在使機件表面有一耐磨耗的硬化層。處理方式有二：一是在機件表面熔附一硬化層，一是僅藉熱處理使機件表面有一硬化層，而不加任何材料於機件表面。

可以使金屬表面產生硬化層或加硬的方法有下列各種：

1. 熱處理(Heat treatment)

  (a) 滲碳法: 與含碳之固體、液體或氣體接觸加熱。

  (b) 特殊表面加硬法: 與含氮或碳或氮與碳之氣體接觸。

  (c) 感應硬化: 利用電感應及淬火。

  (d) 火焰硬化: 用火焰加熱並迅速淬火。

2. 金屬噴敷(Metal spraying): 使用金屬粉末噴射塗覆。

3. 金屬電鍍: 利用鉻或其他硬度較高的元素之電解堆積。

4. 熔接法(Welding processes)

  (a) 用高碳鋼或合金鋼。

  (b) 用鈷、鉻、鎢等非鐵金屬之硬元素。

  (c) 用燒結碳化物插入件或篩過之硬質顆粒。

  (d) 用鎳硼以鑄造或旋壓方式行之。

於上述各種表面硬化法中，電鍍法已於前面介紹過，而熔接法也於前幾章說明過，故不再贅述，現僅將熱處理及金屬噴敷兩種表面硬化法說明於後。

20-1-4 表面硬化熱處理

一、滲碳法(Carburizing)

由CO或 CH$_4$ 氣體分解而得之碳滲入鋼之表面而漸次擴散入於表面內層，然後施以熱處理而硬化表面者謂之滲碳法。在各種機械構件中須具備下列幾種性質者，常施以滲碳處理可得欲求之性質。

(1) 滲碳之構件容易加工。

(2) 鋼料內部必須有良好之強韌性，不因淬火而過度硬化者。

(3) 滲碳層硬度高並且有良好之耐磨性。

(4) 沃斯田鐵組織難以粗大化。

(5) 具有良好淬火性而不發生應變。

能具有上述五種條件之鋼有低碳鋼、鉻鋼、鉻鉬鋼、鉻釩鋼、鎳鉻鋼、鎳鉻鉬鋼等。卽以上各種鋼最適於施行滲碳處理。

滲碳處理有固體、液體、氣體三種滲碳法。

1. 固體滲碳法

此法乃將低碳鋼料置於鐵質滲碳箱內，箱內以木炭粉或焦炭粉為填充劑，而將鐵質箱密封後放入爐中加熱至 900～950°C，經數小時滲碳卽告完成。

滲碳劑以木炭粉為主，另以$BaCO_3$及$NaCO_3$為催化劑，最佳的比例是木炭60～70％，，$BaCO_3$20～30％及 $NaCO_3$10％以下，另因焦炭有稀釋作用，故常加入20～30％的焦炭。

填碳匣常以像高鎳高鉻鋼之耐熱合金鋼製成，以適於長期使用，工件外圍與匣壁間及物品與物品間都應留約 1/2 吋的空隙填以滲碳劑，以使物品表面得均勻加熱及均勻滲碳。滲碳溫度通常為815～950°C，亦有高達1090°C者，近來煉鋼法進步，1040°C 以上仍能保持微細晶粒，故高溫滲碳時，鋼之結晶不會過度粗化。滲碳爐有分次式、連續輸送式及兩列對流式。

2. 液體滲碳法

此法乃以NaCN 或 KCN為主之滲碳劑，將滲碳劑放入鐵質坩堝內，加熱熔解而成塩浴，再將所需滲碳之鋼料放入 750～900°C 之塩浴內加熱10～30分鐘，因而達到滲碳效果。滲碳厚度可達 6.25mm。

滲碳之深度因滲碳溫度及時間而異，可用下列公式計算其表皮深度：

$$C = K\sqrt{t}$$

式中： C：表皮深度；K常數。加熱後第一小時內碳之滲入深度。

$K = 0.3mm$，當溫度為815°C，

$K = 0.45mm$，當溫度為870°C，

$K=0.625mm$，當溫度為925°C

　　t：加熱時間

　　液體滲碳爐有二種：（a）內熱式：以電極通電流於融塩內部加熱。（b）外熱式：在融塩鍋外部以氣體或油或電阻體加熱。

　3.氣體滲碳法

　　此法係將低碳鋼成品放入密封之加熱爐內，一方面送入滲碳氣體，並以 900～950°C 經數小時加熱而進行滲碳工作。滲碳用氣體有高純度天然氣、丙烷或是甲烷、乙烷、丁烷及乙稀、松節油、礦油等碳化氫。但以前者為較優良。

　　氣體滲碳爐有二種：（a）分批式：（i）罩穴分批爐在地面下穴內，地面上有氣密之罩，爐內通以有壓力之氣體並裝有風扇以使氣體流通。工件經滲碳後冷於爐內，不易直接取出淬火。（ii）水平分批者，可在氣體作用下將工件自動淬火。（b）連續式：此爐用於每小時產量在200kg以上之生產能力，可得均勻之滲碳層深度。

　　氣體滲碳劑因有毒且易燃，並有爆炸性，故使用時應小心。

　二、氰化法

　　此法乃將鋼置於熔融氰化鈉塩槽內加熱於於 768°C以上時。表面滲入碳與氮，淬火於油或塩水中而得硬質表面。氰化法表面滲入氮量較液體滲碳法多，但碳量則較少。氰化作的化學式如下：

$$2NaCN+O_2 \longrightarrow 2NaCNO$$

$$4NaCNO \longrightarrow Na_2CO_3+2NaCN+CO+2N$$

$$2CO \longrightarrow CO_2+C$$

$$NaCN+CO_2 \longrightarrow NaCNO+CO$$

氰酸鈉（NaCNO）濃度愈高、溫度愈高，其分解愈快。故為得充分之氰化物，故所用的氰化物融槽內部必先加熱於704°C約4～8小時。

　　為減少熱量損失，故融槽之液面宜以石墨屑粉掩護之。並在槽內緩緩輸入空氣或二氧化碳，以保有適量的氰酸物。

　　另一乾式氰化法或氣體氰化法亦稱滲碳氮化法，是將碳鋼或合金鋼工件置於高溫氣體中，同時吸取碳與氮而後冷卻至室溫。碳可自含碳氣體或自液態碳化氫之蒸汽中得之。氮則自 NH_3 氣體中得之，即將 NH_3 氣體添加於氣體滲碳劑內。滲碳溫度較低，約 $700\sim900°C$ 左右，滲碳時間亦減短，所用氣體為稀釋氣滲碳用氣體及 NH_3 三者混合後經流量計預先混合後送入爐中。

　　處理後對於鋼之效果與液體氰化法相同，其表皮性質與滲碳及氮化相異，油淬火後表面硬度較高而變形較少。在 $700°C$ 以下時氮之擴散率及氮化鐵之形成緩慢，所以此法僅適用於薄表皮而不宜處理於較高溫以免變形過大。

三、氮 化 法

　　此法有氣體氮化法與液體氮化法兩種，現分述如後:

1.氣體氮化法

　　將鋼置於 NH_3 氣體內加熱於 AC_1 以下 $495°\sim565°C$ 左右，使氮吸入表面，不必淬火就能得硬質表皮。這表皮能耐磨損與擦刮，並能耐蝕、增長疲勞壽命，在氮化溫度下不軟化。因氮化之溫度較低，故工件變形較其他表面硬化小。氮化鋼中鋁、鉻、釩、鋼等元素可生氮化物，在氮化溫度處得以安定，有助於氮化。

　　分批式氣體氮化爐由四部分構成: (1) 封密物品之裝置，使與空氣或其他夾雜物隔離，(2) NH_3 氣體之導入管與排出管，(3)爐之加熱與溫度之控制，(4) 扇風機等使氣體循環流動之裝置。

2. 液體氮化法

　　此法乃將工件置於氰化物融槽內，氮化溫度在 $510°\sim560°C$ 間，使工作表皮內氮滲入多，碳較少。融槽內所用鹽類為 $60\sim70\%$ 之鈉鹽（NaCN 96. 5％＋$Na_2CO_3$2. 5％＋NaCNO0. 5％），$30\sim40\%$ 之鉀鹽

$(KCN96\% + K_2CO_30.6\% + KCNO0.75\% + KCL0.5\%)$。

　　碳鋼、低合金鋼及工具鋼皆適用此法，並能改善其疲勞強度。譬如SAE1015的鋼用此法於565°C 氮化90分鐘而後施行淬火，其無凹痕耐疲勞強度改進100%。

　　四、感應硬化法

　　使用感應加熱得表面硬化的方法，只是在耐磨面極快速的加熱及冷卻，而得到表面的硬化，不但不影響中心部分，更未改變其化學成分。當然所獲得之表面硬度，則視鋼料原來含碳量及硬化能之高低而定。

　　感應線圈之功用就像普通變壓器之初級線圈，將工件物置於其中而不接觸，當線圈通以高週波電流時，工件之表面因感應而產生電流，此電流是一種局部渦流，再加上磁滯損失，使工件表面生熱而溫度升高。當工件表面溫度上升到上臨界溫度時，此種功率損失所產生的熱效應亦隨而降低，所以沒有引起過熱之可能，感應線圈圍繞加熱之面，其內接有冷水，面上並有無數的小細孔。當工件達到適當溫度時，冷水在壓力之下自動噴出而淬火。

　　一般硬化所需要的時間視使用週波之高低，輸入功率大小，及硬化深度而定。因加熱時間僅需數秒鐘，即可得到約 3mm 之硬化層，工作迅速，再加上不生銹皮、清潔、不生變形、操作者不接觸高熱部分、處理費用低，故足以補償設備費用高昂的缺點。

　　五、火焰硬化法

　　此法乃是在其磨損面上迅速加熱而淬火硬化。硬化深度視工件之硬化能而定，施工時並無任何元素的加入或吸收。加熱係使用氧乙炔火焰將鋼料表面加熱至臨界溫度以上，火焰頭上附有冷水噴嘴，當加熱至規定的溫度後，迅即以水噴射冷卻。若控制正確，工件內部就不致受影響，而硬化層深度則除了工件本身的硬化能外，完全視加熱時間火焰溫度及冷卻速度而定。

火焰硬化操作方式有三種:

(1) 點硬化之固定法: 火焰及工件固定,而硬化的效果則只是局部性的。

(2) 連續硬化法: 火焰及工件是相對移動,當火焰繼續前進,工件於火焰加熱後立卽淬火。硬化鋼軌卽為一例。

(3) 旋轉或圓周狀快轉: 工件使用一個或多個火焰,當工件達到適當的溫度時立卽於其旋轉中予以淬火, 此法是常用於小工件, 其加熱時間較短, 旋轉法亦可用於連續移動之火炬或噴燈沿工件之邊緣進行。

火焰硬化層之深度容易控制,而且不生銹皮,設備可携至任何場所施工,非常方便。

20-2　金屬噴敷(Metal spraying)

金屬噴敷的噴槍設計視導入槍內之金屬形狀,所噴材料的種類、形狀及所需溫度而定。 現今因噴槍熔解溫度之提高, 故幾乎任何金屬、合金或瓷質材料皆可噴射, 材料可為桿狀、線狀或粉末狀態。

20-2-1　金屬線噴敷

此法乃金屬線藉兩個滾子推送,以一定的速度通過噴槍而達於噴嘴,經氧乙炔火焰熔化後,利用壓縮空氣之力而噴敷於準備妥當之表面上。圖20-1卽為金屬線噴敷用噴槍之剖面圖。鋼、青銅、黃銅、鋁及鎳等合金皆可做為噴敷的金屬線材料。

因噴敷之金屬與母體金屬間完全為機械式結合,所以母體表面在做噴敷前應做適切的準備工作。常用的方法是噴砂處理及鋼粒噴擊。圓柱工件可用切削加工。上列方法都是在於得到一粗糙面,使工件與噴敷料增強結合力。已噴敷之金屬亦具適當粗糙面,以便能接受下一

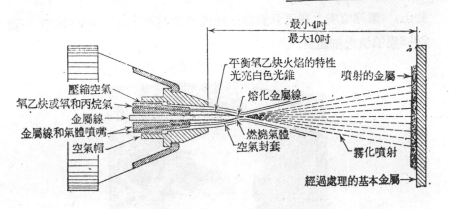

最小4吋
最大10吋
壓縮空氣
氧乙炔或氧和丙烷氣
金屬線
金屬線和氣體噴嘴
空氣帽
平衡氧乙炔火焰的特性
光亮白色光錐
熔化金屬線
燃燒氣體
空氣封套
噴射的金屬
霧化噴射
經過處理的基本金屬

圖20-1 金屬線噴敷之噴槍構造

層的噴敷，直到適當的厚度。

工件經金屬噴敷後，增加了多孔性，減低了抗拉強度，但抗壓強度及硬度皆增高。

20-2-2 金屬粉末噴敷

熱噴法(Thermospray) 是使用金屬或其他材料之粉末為原料，把粉末置於噴槍上部之小容器內，藉其自身重力作用流入混合氣體中，然後送至噴嘴處瞬即遇氧乙炔或氫氧焰而熔化。因此法火焰本身有足夠的作用力將霧化金屬以高速噴至準備妥當之金屬面上，故不需要另外使用壓縮空氣。圖20-2為金屬粉末噴敷情形。

此法所用的材料有不銹鋼、青銅、碳化鎢及各種熔合附層用合金。而其作用皆是為產生某種特殊性質之用，例如防蝕、隔熱及高度的耐磨性等。

20-2-3 電漿焰噴敷(Plasma flame spraying)

此法又稱高溫電離氣噴敷，乃利用氫、氮或氬通過電弧而離子化，並提高溫度超過 30000°F，材料通過此氣流，熔化並吹送至目的

物上，　離開噴嘴之高速氣體爲一種導體之電離子流，　故曰電漿。　圖
20-3爲噴槍之剖面圖。

圖20-2　金屬粉末噴敷法

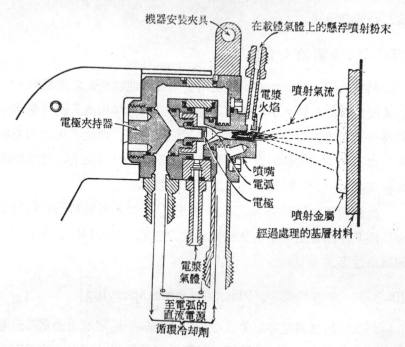

機器安裝夾具

在載體氣體上的懸浮噴射粉末

電漿
火焰

噴射氣流

電極夾持器

噴嘴
電弧

電極

噴射金屬

經過處理的基層材料

電漿
氣體

至電弧的
直流電源
循環冷却劑

圖20-3　電漿噴槍構造

電漿噴敷法之電漿溫度特高，故特別適宜於高溫金屬及耐火瓷質之噴敷。鈷、鉻、鎢、氧化鋁及氧化鋯皆為適用的材料。

噴敷結果是否優良，主要視噴敷面的性質及噴射速度而定。此法之優點是噴敷之工件不會歪曲，不生內應力，任何金屬材料甚至玻璃木材等非金屬材料皆能噴敷於其任何金屬表面，且皆有良好的結合力。

20-3 超音波加工(Ultrasonic machining, USM)

所謂超音波加工乃是將混合磨料之液體在工具與工作物間，以高速撞擊工作物面而達到切削作用。工具是裝置在電功轉運器或變能器 (Transducer)上，而此變能器可使工具以 0.001~0.005吋之振幅，作每秒20000~30000次之直線振動。工具的運動是由音波能量傳遞而產生，並由附有螺紋之支持架旋入變能器上，隨即有了超高頻率的直線振動，使磨料顆料作用於工作物上，產生了切削作用。

工具一般皆是外形與工作面相吻合的軟鋼或黃銅製成，磨料為碳化硼或其他材料，磨料粒度的大小則依加工之精度及工作面之光平度而定，一般可用精度 280 號或更細者，若用2 80 號粒度的磨料加工，則其公差可到 0.002吋。此法主要用於碳鋼、工具鋼、玻璃、寶石、瓷器及各種人造晶體材料的鑽孔、攻絲、製印模、製模具內孔等等加工。無熱應力產生、工作費用低廉、精密工作不需高級技術等項皆是此法的優點。

20-4 噴射加工(Jet machining)

噴射加工又區分為磨料噴射與液體噴射兩種。

20-4-1 磨料噴射加工(Abrasive jet machining, AJM)

此法類似噴砂處理，但磨料較細，速度較高。乃是利用壓縮空氣，携帶磨料以 500～1000呎／秒之高速撞擊在工作面上，以產生磨削作用。圖20-4即為噴射加工法。

切削用之磨料是以氧化鋁(Al_2O_3) 及碳化矽 (SiC) 為主，若是清潔、磨光或刻印用則用較軟的白雲石或重碳酸鈉為主。

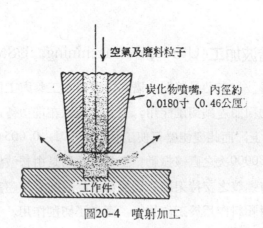

空氣及磨料粒子

碳化物噴嘴，內徑約
0.0180寸（0.46公厘）

工件件

圖20-4　噴射加工

此種加工法常用於脆弱材料的切削，或有用於研磨毛玻璃，去除金屬氧化層，消除疤痕，刻製模型，薄金屬之切割及鑽孔，晶體材料的切割造形等加工。　此法的缺點是切削速度太慢，切削玻璃量僅是0.001 吋³／分，而且不適於軟材料的加工，因磨料會因高速的撞擊而嵌入工件內。

20-4-2　水噴射加工(Water jet machining)

水噴射加工或稱流體噴射切割，是利用高速噴射的水流做切削工具，水柱直徑約0.010吋，速度高達 2000～3000 呎／分，此種加工法能割切木料、塑膠、織物，甚至陶瓷。但此法尚值發展階段，故缺點仍多，如缺乏適當的幫浦(pump)設備。

20-5 放電加工 (Electrical discharge machining, E.D.M.)

此法又稱火星加工或電氣腐蝕加工。乃是利用一刀具之電極與工作物之導體在非導體之液體媒質（冷卻液）間產生放電作用，將金屬除去或成形的加工方法。圖20-5為放電加工之示意圖。在工具與工作物之間充滿不導電的液體，並有一電壓在微間隙（約幾千分之一吋）間產生高電磁場，在此面積內的不導電液體就離子化而放出電荷，放出電荷的能量卽蒸發並分解絕緣體周圍的電導柱。當傳導不斷，放電荷柱之直徑卽擴大，電流增高，工具與工作物表面之熱量升高至熔點，而形成一金屬熔池。當電流中斷，則放射分子固體化，並與其他有機雜質流入冷卻液中。

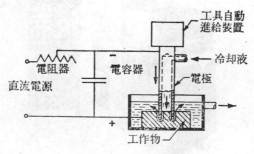

圖20-5 放電加工節圖

每一放電荷處都有一焊口，而因放電時電壓為常數，所以焊口的大小與工具及工作物間的放電量成正比。大電荷所加工的焊口大且表面粗糙，小電荷則能得較精細的加工，但加工速度較慢。若欲得較精細的表面而焊口較小則需將電流保持常數，並提高頻率。參看圖20-6所示者。

圖20-7為自動控制的放電加工機。現今已發展為數字控制（Numerical control)能高度精確地定出工具電極的各個位置。

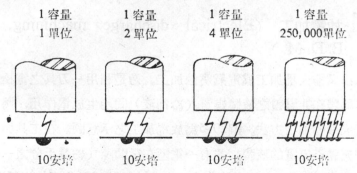

| 1 容量 | 1 容量 | 1 容量 | 1 容量 |
| 1 單位 | 2 單位 | 4 單位 | 250,000單位 |

10安培　　　10安培　　　10安培　　　10安培

圖20-6　電流一定，頻率提高可得較細之加工

圖20-7　放電加工機

　　放電加工的最大優點是不論工件硬度多高均能加工。並且因工具與工作物未接觸而沒有切削力量，故對極脆弱的零件均能加工。所製的成品形狀可較複雜且產品無毛邊，表面較光細。

　　雖然放電加工法有上述的優點，但仍有缺點，例如所加工的材料必須為導體；去除材料速度緩慢（精細加工只有 0.001 吋^3／小時，粗糙加工15吋^3／小時，一般大都在1.5～3 吋^3／小時左右），故並非大量生產的方法。

放電加工的精度可高達$8\sim10\mu$，而且目前正廣泛使用於碳化鎢的加工、沖模、鍛模、塑膠模等內形複雜的加工，並能用於淬火鋼件的補救加工。

20-6 電化加工 （Electrochemical machining, E. C. M.）

此法的原理跟電鍍類似，但因其工作物為陽極，工具為陰極，故可稱是反電鍍法。加工件的形狀皆是工具電極之複製，因此工具必須要有好的精度及光平度，一般工具電極的材料是銅、黃銅、石墨或銅鎢合金。工作物必須為導體、易切削、耐腐蝕，且易於傳送所需的電流。電解液皆用氯化鈉為多。圖20-8為電化加工的簡圖。

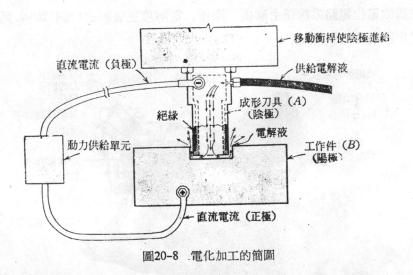

圖20-8 .電化加工的簡圖

工作物的精度受工具精度、表面亮度及電解液流動情況和電動密度的影響。若電流密度保持不變，則間隙維持均一。電解液溫度的增加有助於工作物表面的光平度，材料之切除速度亦加快，因而間隙加大，電阻增加，電流減少，材料的切除速度又恢復正常。因此可自動調整。

電化加工法有下列優點:

(1) 凡是導電體材料,不論軟硬皆可加工。

(2) 因不生熱,故無高溫時之金相變化或應力產生。

(3) 工具不與工作物接觸,故工具可用軟質材料製造。

(4) 不需切削力,故可用複式刀具加工。

(5) 工作面精光度高,可達5~10μ的RMS。

(6) 工件毛邊不須用人工清除。

電化研磨(Electrochemical grinding, ECG)與電化加工類似,除用電化分解外還採用磨料磨削(約是去除材料的10%)。陰極為金屬盤中鑲有磨料粒者,陽極為工作物,電解液亦為噴射式的冷卻液,故此法的電化電路系統係由陰極、陽極、電解液三者組成。圖 20-9 為電化研磨機的裝置圖。

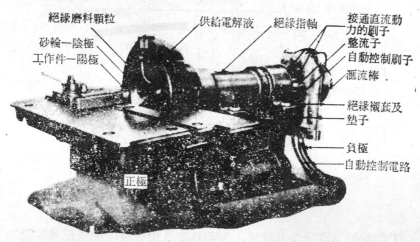

圖20-9　電化研磨機之裝置

電化研磨施工時,磨料粒使金屬盤及工作物間保持適當間隔,磨粒材料一般都採用鑽石。且施工時不產生熱量,無毛邊,可達8~12μ

的表面精光度，平均的切削速度是每100安培每分鐘0.010立方吋。

20-7　雷射光束加工（Laser Beam machining, LBM）

Laser是 Light amplification by stimulated emission of radiation 的縮寫，意思是輻射激發擴光器。LBM 就是利用一束極強的單色光束作用在材料上，使材料熔成液態進而去除金屬，為利用熱電加工的方法。

雷射發光原理是紅寶石中之一部分鉻離子因閃光激勵反復跳躍而產生光子，可使紅寶石中微弱的閃光放大。寶石放出的能量，使離開寶石之光束得以加速其強度，然後經過透鏡而集中到工作物上。圖 20-10 為雷射光發生器示意圖。

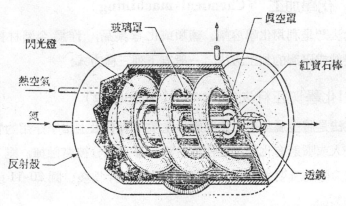

圖 20-10　雷射光發生器示意圖

雷射光是一道強烈的光束，將其投射在一顆金剛鑽上就可穿一小孔。它可以迅速精確地將金屬切削，或在金屬上穿孔，而且工具不與工作物接觸，可在 0.010～0.065 吋寬的金屬板上，精確地鑽一直徑 0.001 吋的小孔。加工時受熱影響區域很小，故可用在非金屬硬質材料的加工。但因這種方法的設備費用過高，操作效率低，精確度不易控制，只適用小工件的加工，故應用並不太廣。

20-8 電子束加工(Electron beam machining, EBM)

電子束加工是由於高速電子撞擊到工作物上而變成熱能，再因熱能的高度集中，足以將工作物材料揮發而達到切削的目的。此法可作精細的加工而不受高溫影響，可維持精確的公差。切削速度低，約0.01毫克／秒。但設備費用高，技術要求較高，須在眞空中施工，工作物的尺寸受到限制。而且因施工時產生X光輻射，故工作區要有輻射防護設施。

此法主要用途是半導體小工件的切槽或造形，及藍寶石的加工，可在任何材料上鑽直徑0.002吋的小孔。

20-9 化學加工 (Chemical machining)

此法乃是利用化學溶劑、鹽類或化學藥品，作爲金屬材料的銑切、浸蝕或研磨的加工方法。一般有下列三種方式:

20-9-1化學切胚料法(Chemical blanking)

此法是將金屬薄片先依照圖形塗敷一層有阻止化學作用的物質，然後浸入或噴射有化學腐蝕性的材料，暴露部分被腐蝕掉，剩下有塗覆的圖形即爲所要的成品。成品都是薄金屬片爲多。圖 20-11 即此法施工的製品。

此法的第一工作是依照工作形狀製作一影像，製作時金屬板上要清潔乾淨，以達所要求的化學純度。清潔後浸入照像阻止液中，然後吊起乾燥之，被覆材料層經紫外線的曝光、沖洗，則曝光部分就形成不腐蝕的保護層。作切胚料時必須兩面一齊曝光，而且影像位置要完全對正。此後工作物再經化學劑的噴射處理，以除去未經曝光部分的被覆層，接著就可腐蝕施工。

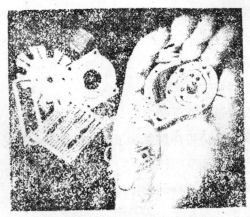

圖 20-11　化學切胚料法的製品

化學切胚料法具有下列優點：

a. 極薄件（1.5mm以下）加工不變形。

b. 硬脆材料加工不破碎。

c. 成品沒有毛邊。

d. 工具準備費用便宜。設計變更成本低。

缺點有三：

a. 工作人員技術要高，且照相設備要良好。

b. 工作物的厚度受到限制。

c. 腐蝕劑之氣體具有腐蝕性。

20-9-2　化學銑削（Chemical milling）

此法之操作是先將工作物徹底清潔，然後塗上一層化學防蝕的保護層於不腐蝕部分。其後再將工作物浸於熱鹼性溶液中，則不被保護部分卽被腐蝕，材料腐蝕的多少視浸入液中的時間而定。最後取出清洗乾燥，並將其保護層除去卽得所須成品。

保護層塗敷可用浸漬或噴佈行之，可塗二層或四層，皆視使用材料而異。塗敷後可用空氣處理或烘烤,以增加對腐蝕劑的抵抗。若腐蝕部分有深淺不同的要求, 則可用數層膠帶黏附, 於腐蝕時依次剝除,卽可得不同的腐蝕深度。

化學銑削之優點有:

(1) 曝露於腐蝕液中的面積有均勻的腐蝕深度。

(2) 機件於成形後仍可作腐蝕加工,以減少某一部分的厚度。

(3) 操作者不必有高度的技術。

(4) 板、片或結構件可均勻的作成斜度形狀。

(5) 有高精度的公差及光平的表面。

(6) 設備費用低。

缺點有:

(1) 只有鋁及鋁合金適於此法的加工。

(2) 表面粗度達50μ之RMS或更高。

(3) 腐蝕深度受限度,且易有腐蝕不均勻的現象。

(4) 某些情況使用保護層之費用頗高。

20-9-3 化學雕刻 (Chemical engraving)

此法施工與化學切胚料類似,但所雕刻的文字或圖案僅在金屬的一面,而所製的花紋可成凹下或凸起。幾乎任何金屬皆可加工,包括不銹鋼在內,細微之處亦可清晰製出。主要的用途是代替縮放雕刻機的工作,而製作各名牌或類似工件。

複 習 題

1. 主要的金屬塗層法有那些?

2. 何謂電鍍? 金屬常作那些電鍍工作?

3. 什麼叫陽極氧化? 有何特點?

4. 表面硬化的目的何在? 以何方法處理可得表面硬化?

5. 滲碳如何處理? 有何特性? 所得構件具有何特點?

6. 何謂氮化法? 有那些形式? 如何實施氮化法?

7. 何謂氰化法?

8. 說明感應硬化及火焰硬化的特點。

9. 何謂金屬噴敷? 有那些形式?

10. 特殊加工有那些加工方法?

11. 試述放電加工的原理及特性。

12. 說明化學加工的原理、種類及優點。

13. 何謂電化加工? 具有什麼特點?

14. 試述雷射加工、電子束加工的熱電加工原理。

15. 超音波加工的原理是什麼?

16. 如何利用磨料及水的噴射加工? 有何特性?

英文參考書目錄

Books:

1. Arthur K. Getman, Eugene D. Fink, *Shop Safety Education*. Delmar Publishers Incorporated, New York, 1949.

2. A. B. Draper, C. A. Ellsworth, W. P. Winter, *Manufacturing Processes Laboratory Experiments*. State College Pa., 1972.

3. AFS, *Copula Handbook*, American Foundryments Society, Des Plaines, Ill. 1975.

4. A. R. Bailey. & L. E. Samuels, *Foundry Metallography*, Metallurgical Services, Betchworth, Surrey, England, 1971.

5. Cyril Donaldson, etc. *Tool Design*, McGraw-Hill Book Company, New York, 1973.

6. Chris H. Groneman, Everett R. Glazener, *Technical Woodworking*, McGraw-Hill Book Co., New York, N. Y. 1966.

7. Harold V. Johnson, *Manufacturing Processes, Metals and Plastics*, Chas. A. Bennett Co., Inc. Peoria, Ill. 1973.

8. Holbrook L. Hortor, *Machinery's Handbook*, Industrial Press, New York, 1968.

9. James Anderson, Earl E. Tatro, *Shop Theory*, McGraw-Hill Book Company, New York, 1968.

10. Jack W. Chaplin, *Metal Manufacturing Technology*, McKnight-McKnight. Book Co., Bloomington, Ill., 1976.

11. John L. Feirer, *Woodworking for Industry*, Chas. A. Bennett Co., Inc. Peoria, Ill. 1971.

12. Jack M. Landers, *Construction Material, Methods Careers*,

The Goodheart-Willcox Co., Inc. South Holland, Ill. 1926.

13. Lawrence E. Doyle, etc., *Manufacturing Processes and Materials for Engineerings*, Prentice-Hall, Inc., New Jersey, 1969.

14. Machinability Data Center, *Machining Data Handbook*, Metcut Research Associates Inc., Cincinnati, Ohio, 1972.

15. *Metals Handbook Volume 3. Machining*, American Society for Metals, Metals, Metals Park, Ohio, 1972.

16. Oswald A. Ludwig, Willard J. McCarthy, Victor E. Repp, *Metalwork Technology and Practice*, Mcknight Publishing Company, Bloomington, Ill., 1975.

17. P. R. Beeley, *Foundry Technology*. London, England, Butterworths, & Co., Ltd. 1972.

18. Roy A. Lindberg., *Processes and Materials of Manufacture*, Allyn and Bacon., Inc. Boston, Ma. 1977.

19. R. Thomas Wright & Thomas R. Jensen, *Manufacturing Material Processing, Management, Careers*. The Goodheart-Willcox Company, Inc., South Holland, Ill. 1976.

20. S. I. Karsay, *Ductile Iron Production Practices*, American Foundryment Society. Des Plaines. Ill. 1975.

21. Saul Lapidus, *Wood, Metal and Plastic*, David Mckay Co., Inc. New York, N. Y. 1978.

22. S.W. Gibbia, *Wood Finishing and Refinishing*, Van Nostrand Reinhold Co., New York, N. Y. 1971.

23. Willard J. McCarthy and Robert E. Smith, *Machine Tool Technology*, McKnight & McKnight Publishing Co., Bloomington Ill, 1975.

24. Willis H. Wagner, *Modern Woodworking*, The Goodheart-

Willcox Co., Inc. South Holland, Ill. 1974.

Periodicals:

1. *Manufacturing, Engineering, and Management,* Dearborn, Mich. U.S.A.

2. *Modern Machine Shop,* Cincinnati, Ohio, U.S.A.

3. *Tooling and Production,* Cleveland, Ohio, U.S.A.

Catalogs:

1. Armstrong Bros. Tool Co., Chicago, Illinois, 1974.

2. Electroforce, Incorporated, Fairfield, Conn., U.S.A.

3. Gem Instrument Co. Cleveland, Ohio, U.S.A.

4. Grinding and Polishing Machinery Corp. Indianapolis, Indiana.

5. Hanchett Magna-Lock Corporation, Big Rapids, Michigan, U.S.A.

6. Harig Products, Inc. Elgin, Illincs, U.S.A.

7. Kondo Machine Works, Co., Ltd. Toyohashi Chity, Japan.

8. Mckilligan Industrial Supply Corp, New York, 1973.

9. Mitutoyo Meg. Co., Ltd, The Largest Manufacturing of Precision Measuring Tools in The World, Tokyo, Japan.

10. Precision Measuring Instruments, Mitutoyo MFG. Co., Ltd, Tokyo.

11. Ready Tool Company, Stratford, Conn. U.S.A.

12. Rockwell Manufacturing Company, Pittsburgh.

13. Russell T. Gilman Inc. Grafton, Wis. U.S.A.

14. Sansei Mfg. Co., Ltd. Shibaura, Minato-Ku, Tokyo, Japan.

15. Setco Industries, Inc. Machine Tool Division, Cincinnati, Ohio, U.S.A.

16. Snap-on Tools Corporation, Kenosha, Wis, 1971.

17. South Bend Lathe Works, South Bend, Indiana.

18. Stoffel-Fortuna Inc. Tuck ahoe, N.Y. U.S.A.

19. The Black and Deeker MFG. CD. Towson, MD.

20. The Carborundum Company, Bonded Abrasives Division, Niagara Falls, N.Y. U.S.A.

21. The L. S. Starrett Company, Athol, Massachusetts, 1970.

22. The New England Machine and Tool Company, Berlin, Connecticut, U.S.A.

23. Toyoda Cylindrical Grinding Machine, Tokyo, Japan.

三民科學技術叢書（一）

書　　　　　名	著　作　人	任　　　　職
統　　計　　學	王　士　華	成　功　大　學
微　　積　　分	何　典　恭	淡　水　工　商
圖　　　　學	梁　炳　光	成　功　大　學
物　　　　理	陳　龍　英	交　通　大　學
普　通　化　學	王澄明 魏明霞通	師　範　大　學
普　通　化　學　實　驗	魏　明　通	師　範　大　學
有　　機　　化　　學	王澄明 魏明霞通	師　範　大　學
有　機　化　學　實　驗	王澄明 魏明霞通	師　範　大　學
分　　析　　化　　學	鄭　華　生	清　華　大　學
實　驗　設　計　與　分　析	周　澤　川	成　功　大　學
聚合體學（高分子化學）	杜　逸　虹	臺　灣　大　學
物　　理　　化　　學	杜　逸　虹	臺　灣　大　學
物　　理　　化　　學	李　敏　達	臺　灣　大　學
化　學　工　業　概　論	王　振　華	成　功　大　學
化　工　熱　力　學	鄧　禮　堂	大　同　工　學　院
化　工　熱　力　學	黃　定　加	成　功　大　學
化　工　材　料	陳　陵　援	成　功　大　學
化　工　材　料	朱　宗　正	成　功　大　學
化　工　計　算	陳　志　勇	成　功　大　學
塑　膠　配　料	李　繼　強	臺　北　工　專
塑　膠　概　論	李　繼　強	臺　北　工　專
機械概論（化工機械）	謝　爾　昌	成　功　大　學
工　業　分　析	吳　振　成	成　功　大　學
儀　器　分　析	陳　陵　援	成　功　大　學
工　業　儀　器	周澤川 徐展麒	成　功　大　學
工　業　儀　表	周　澤　川	成　功　大　學
反　應　工　程	徐　念　文	臺　灣　大　學
定　量　分　析	陳　壽　南	成　功　大　學
定　性　分　析	陳　壽　南	成　功　大　學
食　品　加　工	蘇　茀　第	前臺灣大學教授
質　能　結　算	呂　銘　坤	成　功　大　學
單　元　程　序	李　敏　達	臺　灣　大　學
單　元　操　作	陳　振　揚	臺　北　工　專
單　元　操　作	葉　和　明	成　功　大　學

大學專校教材，各種考試用書。

三民科學技術叢書（二）

書　　　　名	著作人	任　　職
單 元 操 作 演 習	葉 和 明	成 功 大 學
程 序 控 制	周 澤 川	成 功 大 學
自 動 程 序 控 制	周 澤 川	成 功 大 學
電 子 學	余 家 聲	逢 甲 大 學
電 子 學	鄒 壽 昭 知 庭清	成 中功 原 大大大學 學學
電 子 學	傅 陳 勝利 光福 和	成 功 大 學
電 子 學	王 永 和	成 功 大 學
電 子 實 習	陳 龍 英	交 通 大 學
電 子 電 路	高 正 治	中 山 大 學
電 子 電 路 (一)	陳 龍 英	交 通 大 學
電 子 材 料	吳 朗	成 功 大 學
電 子 製 圖	蔡 健 藏	臺 北 工 專
組 合 邏 輯	姚 靜 波	成 功 大 學
序 向 邏 輯	姚 靜 波	成 功 大 學
數 位 邏 輯	鄭 國 順	成 功 大 學
邏 輯 設 計 實 習	朱 惠 勇康 峻 源	省 立 新 化 高 工
音 響 器 材	黃 貴 周	聲 寶 公 司
音 響 工 程	黃 貴 周	聲 寶 公 司
通 訊 系 統	楊 明 興	成 功 大 學
印 刷 電 路 製 作	張 奇 昌	中 山 科 學 研 究 院
電 子 計 算 機 概 論	歐 文 雄	臺 北 工 專
電 子 計 算 機	黃 本 源	成 功 大 學
計 算 機 概 論	朱 黃 息嘉 煌勇	成臺 北 市功 立 南大 港大 高工
微 算 機 應 用	王 明 習	成 功 大 學
電 子 計 算 機 程 式	陳 吳 澤生 建臺 光	成 功 大 學
計 算 機 程 式	余 政	中 央 大 學
計 算 機 程 式	陳 敬	成 功 大 學
機 器 人 基 本 原 理	杜 德 煒	美 國 矽 技 術 公 司
電 工 學	劉 濱 達	成 功 大 學
電 工 學	毛 齊 武	成 功 大 學
電 機 學	詹 益 樹	清 華 大 學
電 機 機 械	林 料 總	成 功 大 學
電 機 機 械	黃 慶 連	成 功 大 學
電 機 機 械 實 習	林 偉 成	成 功 大 學

大學專校教材，各種考試用書。

三民科學技術叢書（三）

書名	著作人	任職
電磁學	周達如	成功大學
電磁學	黃廣志	中山大學
電磁波	沈在崧	成功大學
電波工程	黃廣志	中山大學
電工原理	毛齊武	成功大學
電工製圖	蔡健藏	臺北工專
電工數學	高正治	中山大學
電工數學	王永和	成功大學
電工材料	周達如	成功大學
電工儀表學	毛齊武	成功大學
儀表學	周達如	成功大學
輸配電學	王載	成功大學
基本電學	毛齊武	成功大學
電路學	夏少非	成功大學
電路學	蔡有龍	成功大學
電廠設備	夏少非	成功大學
電器保護與安全	蔡健藏	臺北工專
網路分析	李杭祖學添鳴	交通大學
自動控制	孫育義	成功大學
自動控制	李祖添	交通大學
自動控制	楊維楨	臺灣大學
自動控制	李嘉猷	成功大學
工業電子	陳文良	清華大學
工業電子實習	高正治	中山大學
美日電子工業	杜德煒	美國矽技術公司
工程材料	林立	中正理工學院
材料科學（工程材料）	王櫻茂	成功大學
工程機械	蔡攀鰲	成功大學
工程地質	蔡攀鰲	成功大學
工程數學	孫育義高正治	成功大學中山大學
工程數學	吳朗	成功大學
工程數學	蘇炎坤	成功大學
熱工學	馬承九	成功大學
熱處理	張天津	師範大學
熱機學	蔡旭容	臺北工專

大學專校教材，各種考試用書。

三民科學技術叢書（四）

書　　　　　名	著　作　人	任　　　　職
熱　力　學　概　論	蔡　旭　容	臺　北　工　專
氣　壓　控　制　與　實　習	陳　憲　治	成　功　大　學
汽　車　原　理	邱　澄　彬	成　功　大　學
機　械　工　作　法	馬　承　九	成　功　大　學
機　械　加　工　法	張　天　津	師　範　大　學
機　械　工　程　實　驗	蔡　旭　容	臺　北　工　專
機　　動　　學	朱　越　生	成　功　大　學
機　械　材　料	陳　明　豐	工　業　技　術　學　院
機　械　設　計	林　文　晁	明　志　工　專
鑽　模　與　夾　具	于　敦　德	臺　北　工　專
工　模　與　夾　具	張　天　津	師　範　大　學
工　具　機	馬　承　九	成　功　大　學
內　燃　機	王　仰　舒	樹　德　工　專
精　密　量　具　及　機　件　檢　驗	王　仰　舒	樹　德　工　專
鑄　造　學	唱　際　寬	成　功　大　學
鑄　造　用　模　型　製　作　法	于　敦　德	臺　北　工　專
塑　性　加　工　學	林　文　樹	工　業　技　術　研　究　院
塑　性　加　工　學	李　榮　顯	成　功　大　學
鋼　鐵　材　料	董　基　良	成　功　大　學
焊　接　學	董　基　良	成　功　大　學
電　銲　工　作　法	徐　慶　昌	中　區　職　訓　中　心
氧乙炔銲接與切割工作法及實習	徐　慶　昌	中　區　職　訓　中　心
原　動　力　廠	李　超　北	臺　北　工　專
流　體　機　械	王　石　安	海　洋　學　院
流體機械（含流體力學）	蔡　旭　容	臺　北　工　專
流　體　機　械	蔡　旭　容	臺　北　工　專
靜　力　學	陳　健	成　功　大　學
流　體　力　學	王　叔　厚	前成功大學教授
流　體　力　學　概　論	蔡　旭　容	臺　北　工　專
應　用　力　學	徐　廷　良	成　功　大　學
應　用　力　學	朱　有　功	臺　北　工　專
應　用　力　學　習　題　解　答	朱　有　功	臺　北　工　專
材　料　力　學	王　叔　厚 陳　健	成　功　大　學
材　料　力　學	陳　健	成　功　大　學

大學專校教材，各種考試用書。